高 等 学 校 教 材

化学工程基础

（第4版）

武汉大学　主编

中国教育出版传媒集团

高等教育出版社·北京

内容简介

　　本书是普通高等教育"十一五"国家级规划教材,由武汉大学、厦门大学、兰州大学和南开大学的多位教师共同编写完成。全书共 11 章,内容包括化学工业与化学工程学、流体流动与输送、热量传递、传质分离基础、吸收、精馏、其他传质分离技术、化学反应工程基本原理、均相反应过程、气固相催化反应器和生化反应器。

　　本书可作为高等学校化学类专业及其他相关专业本科生的化工基础课教材或参考书,也可供相关科技人员参考。

图书在版编目(CIP)数据

　　化学工程基础／武汉大学主编．--4 版．--北京：高等教育出版社,2024. 12. -- ISBN 978-7-04-063313 -9

　　Ⅰ．TQ02

　　中国国家版本馆 CIP 数据核字第 2024DL7952 号

HUAXUE GONGCHENG JICHU

策划编辑	张　政	责任编辑	李　颖	封面设计	裴一丹	版式设计　杜微言
责任绘图	李沛蓉	责任校对	张　薇	责任印制	张益豪	

出版发行	高等教育出版社	网　　址	http://www.hep.edu.cn
社　　址	北京市西城区德外大街 4 号		http://www.hep.com.cn
邮政编码	100120	网上订购	http://www.hepmall.com.cn
印　　刷	唐山嘉德印刷有限公司		http://www.hepmall.com
开　　本	787mm×1092mm　1/16		http://www.hepmall.cn
印　　张	28.5	版　　次	2001 年 7 月第 1 版
字　　数	650 千字		2024 年 12 月第 4 版
购书热线	010-58581118	印　　次	2024 年 12 月第 1 次印刷
咨询电话	400-810-0598	定　　价	59.00 元

本书如有缺页、倒页、脱页等质量问题,请到所购图书销售部门联系调换

本书编委会

主编单位 武汉大学
参编单位 南开大学
兰州大学
厦门大学

编者（按姓氏笔画排序）
于 萍 车黎明 刘乃汇 叶李艺 严世强
李 军 邱 平 罗运柏 彭瑞超

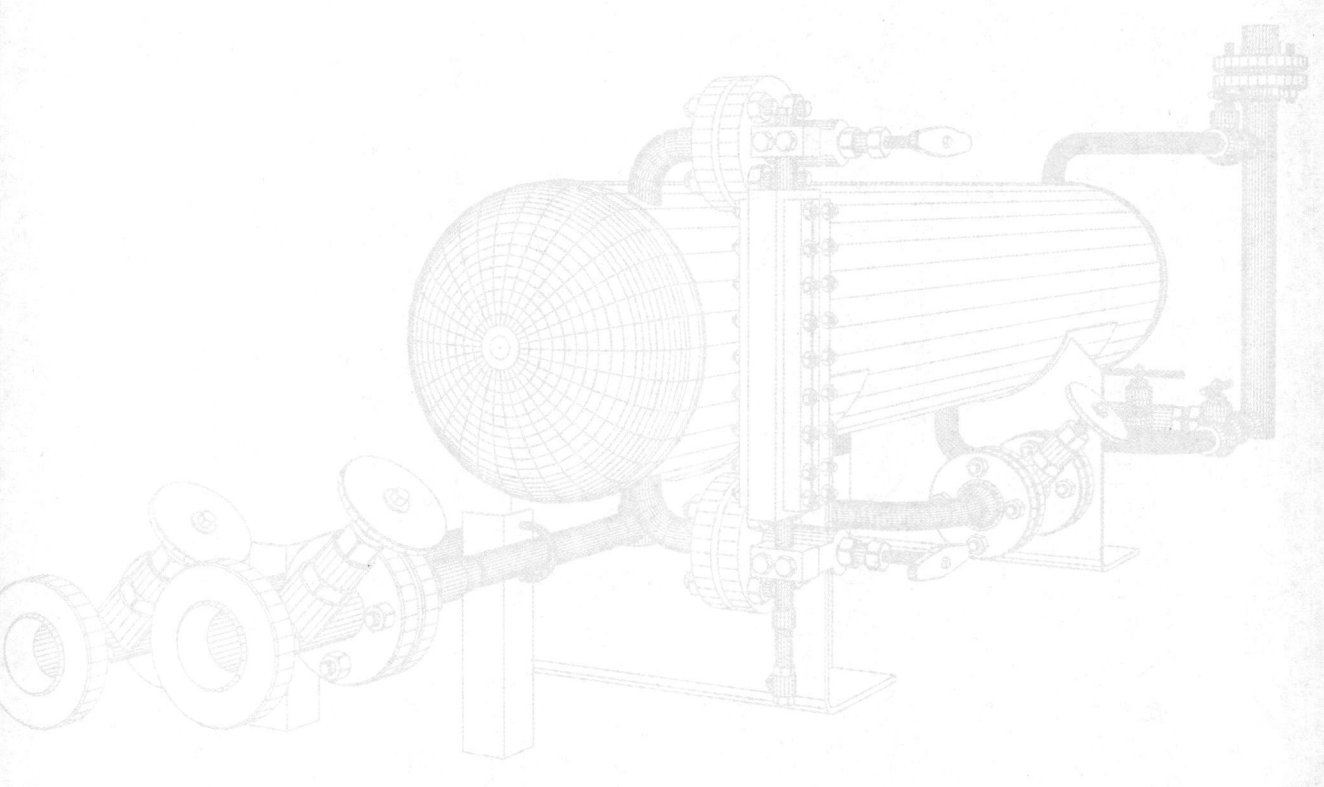

第四版前言

本书为普通高等教育"十一五"国家级规划教材,由武汉大学、厦门大学、兰州大学和南开大学四校合编,第一版于 2001 年出版,2009 年出版第二版,2016 年出版第三版。经过二十多年的传承和发展,本书被全国多所高等学校化学类相关专业选用,受到广大师生的欢迎。

2009 年,武汉大学的"化学工程基础"获批为国家精品课程,2013 年转型升级为国家精品资源共享课。2020 年,兰州大学的"化学工程基础"在中国大学 MOOC 平台上线。本书被列为这两门课程的主要参考资料。

化学工程基础是化学、应用化学和材料化学等理科化学类专业开设的主要专业基础课程之一,是一门实践性很强的技术基础课,具有理论与实践并重的特点,是衔接基础化学知识和化工生产实践的知识桥梁,在培养学生的创造能力和实践能力中起着重要作用。理科化学类专业学生的工程技术知识涉及不多,主要侧重化学基础理论知识和实验室基本操作与综合实验训练,了解化学工业与化学工程学的基本知识,掌握必要的化工传递过程和反应工程原理,对其未来的实验室研究成果转化为工程应用十分重要。

本书按照"化学类专业本科教学质量国家标准"规定的"化学工程基础"课程教学基本内容,针对理科化学类专业特点,将动量传递、热量传递、质量传递和反应工程("三传一反")的内容融为一体,使学生在不多的学时内了解和掌握化学工程学的基本原理,为学生从实验室研究到工程应用打下理论基础。本次修订于 2023 年 4 月启动,2023 年 7 月召开了线上启动会。本书继续保持了上一版的编写宗旨、风格和特色,基本内容、框架和结构不变,重点修订和更新了上一版教材中的部分图表、数据、习题、思考题、附录和配套视频,在重要知识点处配有编者讲解视频,通过扫描二维码可以观看,读者使用更加方便、实用。

参加本书编写和修订工作的有武汉大学罗运柏(第 1 章、第 8 章、第 9 章和附录)、于萍(第 2 章)和彭瑞超(第 10 章),兰州大学严世强(第 4 章和第 5 章),南开大学刘乃汇(第 6 章)和邱平(第 11 章),厦门大学叶李艺、车黎明(第 3 章)和李军(第 7 章)。全书由罗运柏整理定稿。

在本书的编写和出版过程中,得到了编者所在学校和广大任课老师与学生的大力支持,高等教育出版社的李颖和张政为本书的出版付出了辛勤劳动,一些教材使用单位的老师和学生对教材的修订提出了宝贵的意见和建议,如武汉大学的马玉龙、厦门大学的朱爱梅和西安科技大学章结兵等老师,在此一并致谢。

由于编者水平和能力有限,本书仍然会有不当或漏错之处,恳请广大读者和同行批评指正。

编 者

2024 年 2 月

第三版前言

本书第一版于 2001 年出版，2009 年出版第二版，为"面向 21 世纪课程教材"和"普通高等教育'十一五'国家级规划教材"，被全国许多高等学校理科化学类专业选用，受到广大师生的欢迎。

理科化学类专业学生的工程技术知识涉及不多，主要侧重化学基础理论知识和实验室基本操作与综合实验训练，了解化学工业与化学工程学的基本知识，掌握必要的化工传递过程和反应工程原理，对其未来的实验室研究成果转化为工程应用十分重要。

2015 年 11 月 28 日，编写人员在长沙开会商讨了本书第三版的修订原则和内容。编写人员征求了部分教材使用单位师生的意见和建议，按照"化学类专业本科教学质量国家标准"规定的"化学工程基础"课程教学基本内容，针对理科化学与应用化学的专业特点，在保持第一版和第二版风格的基础上进行了部分改写和更新，修订了第二版教材中的不当表述，补充或改写了"化学工业与化学工程学""传质分离基础""吸收""其他传质分离技术"和"主要参考文献"等部分内容，增加了部分章节的"思考题""物理量符号说明"和全书的常用专业术语"中英文对照表"。

本书修订的一个特色是结合互联网，在书中配备了重要知识点的讲解视频，由部分编者录制。读者可通过扫描书中二维码观看讲解视频，进一步理解书中内容，使学习更直观、深刻。

参加本书编写与修订工作的有武汉大学罗运柏（第 1 章、第 8 章和第 9 章）、于萍（第 2 章和第 10 章），南开大学李富生（第 6 章）、邱平（第 11 章），兰州大学严世强（第 4 章和第 5 章），厦门大学叶李艺（第 3 章）、李军（第 7 章）。全书由罗运柏整理定稿。

本书的再版得到编者所在学校和师生的大力支持。高等教育出版社鲍浩波编辑始终关心本书的编写和修订工作，李颖编辑、付春江编辑为本书的出版付出了辛勤劳动。一些教材使用单位的老师和同学提出了宝贵的建议。在此一并致谢。

由于编者水平所限，书中的不当或错误之处在所难免，恳请广大读者和同行批评指正，以期及时修订纠正。

编　者
2016 年 4 月

第二版前言

本书自 2001 年作为"面向 21 世纪课程教材"出版以来，全国许多高等学校理科化学类专业选用了本教材。2006 年，本版教材入选普通高等教育"十一五"国家级教材规划选题。

"化学工程基础"是理科化学类专业重要的技术基础课程。本书根据《普通高等学校本科化学专业规范（讨论稿）》和理科化学类专业培养创新人才的要求，既包括了一些传统的化工过程及设备，又介绍了一些化学工程技术的新进展，内容侧重于理科化学与应用化学专业学生所必须了解的化学工程学及化学反应工程学方面的基本知识。针对理科学生缺乏工程技术知识的实际情况，加强了"化学工业与化学工程"的内容，以便学生在接受化学工程知识之前对化学工业和化工过程有所了解。

与第一版教材相比，此次修订进一步突出了理科特点，改写了原书传质过程、吸收和新型分离技术等章节，适当介绍了实验研究用的反应器和增加了生化反应器的内容，删除了辐射传热和多相催化反应动力学。突出了"三传类似"的思想，对文字做了进一步的润色。

参加本书编写与修订工作的有武汉大学罗运柏（第一章、第八章和第九章）、于萍（第二章和第十章），南开大学李富生（第六章）、邱平（第十一章），兰州大学严世强（第四章和第五章），厦门大学叶李艺（第三章）、李军（第七章）。全书最后由罗运柏整理定稿。

本书初稿承蒙复旦大学徐华龙教授审阅；武汉大学马玉龙老师和周新花老师亲自参与了修订内容的讨论；贵州教育学院陈明元老师提出了很好的修改建议；高等教育出版社鲍浩波、刘佳为本书的出版付出了辛勤劳动；武汉大学教务部和武汉大学化学与分子科学学院对本书修订工作给予了大力支持，在此一并致谢。

限于编者的学识水平，教材中一定会有不当甚至错误之处，恳请广大读者批评指正，编者将不胜感激。

编　者
2009 年 5 月

第一版前言

根据教育部关于高等理科教育面向 21 世纪进行教学内容和课程体系改革的精神,在高等教育出版社的积极支持和具体组织下,由武汉大学、南开大学、兰州大学和厦门大学四校共同编写了这本《化学工程基础》教材,供理科化学专业和应用化学专业开设"化工基础"课程使用。

在理科化学系开设化学工程方面的课程由来已久,自新中国成立以来其教学内容已由"工业化学""化学工艺学"和"化工原理"逐渐演变成为今日的"化学工程基础"。

理科化学和应用化学专业培养的人才,应当既具有扎实的基础理论知识,又具有联系实际分析问题和解决问题的能力。化工基础课程担负的任务是:传授化工基础知识、培养学生的技术经济观点、提高他们从事应用和开发研究的能力,使他们在科技成果转变为生产力的过程中能较好地与工程技术人员相互配合。

本书在编写过程中着重考虑了以下几点:

一、针对理科学生缺乏工程技术知识的实际情况,增加了关于化学工业与化工生产过程的一般性介绍,以便学生在接受化学工程知识之前,对化学工业和化工生产过程有所了解。

二、在"流体流动""传热"和"传质"等三个传递过程的内容中,着重介绍了过程的基本原理和处理工程问题的思想方法,适当削减了以设备设计为目的的有关工科专业视为重点的内容,增加了反映学科发展的若干新知识,如膜分离技术、超临界萃取技术、反应与分离联用技术、变压吸附技术以及新型加热技术等。

三、在化学反应工程学的内容中,将基础知识单列一章,着重介绍建立数学模型的思想方法,同时将均相反应过程和多相催化反应过程各单列一章,试图加强有关内容的深度和广度。

四、考虑到现代化学工业和生物技术的相互渗透,增加了生化反应器一章。由于生化反应器和化学反应器有许多相似之处,故在介绍了化学反应工程的基本知识后,再介绍生化反应器,所占篇幅不大,但内容却获得了较宽的拓展,扩大了学生的工程技术知识视野。

参加本书编写的有武汉大学马玉龙(第一章、第八章和第九章)、周新花(第二章和第十章),南开大学李富生(第六章)、刘展红(第十一章),兰州大学严世强(第四章和第五章),厦门大学凌敬祥(第三章)、邓旭(第七章),全书最后由马玉龙整理定稿。

本书初稿承蒙福建师范大学蒋家俊老师审阅,提出了许多宝贵意见;武汉大学化学系郑洁修老师对初稿又做了多处修改,付出了辛勤的劳动;在编写和出版过程中,浙江大学俞庆森老师、北京师范大学王定锦老师、高等教育出版社王蕙烨老师和南京大学芮必胜老师等提出了许多很好的意见和建议,在此一并致谢。

　　由于作者学识水平有限，本书还会有许多不足之处，恳请读者指正，并将改进意见反馈给我们，以便再版时修改。

编　者

2000 年 11 月

目　　录

第 1 章　　　化学工业与化学工程学

　　化学工业是综合利用化学和物理方法将原料生产成化学产品的加工工业,包括基本化学工业、塑料、合成纤维、石油、橡胶、药剂和染料工业等,是利用化学反应改变物质结构、成分、形态等生产化学产品(如无机酸碱盐、稀有元素、合成纤维、塑料、合成橡胶、染料、油漆、化肥和农药等)的部门。化学工业是国民经济中的一个重要组成部分,它不仅为农业、轻工业、重工业和国防工业提供生产资料,也为人类衣、食、住、行各个方面提供必不可少的化工产品。

　　化学工程学是工程学科之一,以物理学、化学和数学为基础,结合工业经济基本法则,研究化学工业中具有共同特点的物理和化学变化过程及其有关的机理和设备。具体地说,研究化工单元操作和化学反应工程学,有关的动量传递、热量传递和质量传递的原理,以及化学热力学、化学动力学和系统工程等在化学工业中的应用,通过对过程的研究解决化学工业应用中出现的问题。

1.1　化学工业概述

1.1.1　化学工业发展概况

　　18 世纪,在纺织、印染、制皂工业的推动下,吕布兰(N.Leblanc)纯碱制造工艺成为近代化学工业的里程碑,它带动了硫酸、盐酸和漂白粉等化工产品的生产。19 世纪,以煤为基础原料的有机化学工业在德国迅速发展起来。但那时的煤化学工业规模并不大,主要着眼于各种化学产品的开发。

　　现代化学工业的发展从美国开始。19 世纪末 20 世纪初,石油的开采和大规模石油炼厂的兴建为石油化学工业的发展和化学工程技术的产生奠定了基础。与以煤为基础原料的煤化学工业相比,炼油业的化学背景不那么复杂多样,因此有可能也有必要进行工业过程本身的研究,以适应大规模生产的需要,这就是在美国产生以"单元操作"为主要标志的现代化学工业的背景。

　　在各种化工产品的生产过程中,采用了诸多物理加工过程。根据其操作原理,可归纳为应用较广的一些基本操作过程,如流体输送、搅拌、沉降、过滤、换热、蒸发、结晶、吸收、蒸馏、萃取和干燥等,这些基本操作过程称为单元操作,任何一种化工产品的生产过程都是由若干单元操作和化学反应过程组合而成的。

　　由于单元操作的发展,20 世纪 30 年代以后,化学机械从纯机械时代进入以单元操作为基础的化工机械时期。20 世纪 40 年代,因战争需要,三项重大开发同时在美国出现,即流化床催化裂化制取高级航空燃料油、丁苯橡胶的乳液聚合和制造首批原子弹的曼哈顿工程。前两者是用 20 世纪 30 年代逐级放大的方法完成的,放大比例一般不超过 50∶1。但是曼哈顿工程由于时间紧迫和放射性危害,必须采用较高的放大比例,达 1000∶1 或更高一些。这就要求依靠更加坚实的理论基础,以更加严谨的数学形式表达单元操作的理论。

曼哈顿工程的成功大大促进了单元操作在化学工业中的应用。20 世纪 50 年代中期提出了传递过程原理,把化学工业中的单元操作进一步解析为三种基本操作过程,即动量传递、热量传递和质量传递,以及三者之间的联系。同时,在反应过程中把化学反应与上述三种传递过程一并研究,用数学模型描述过程。连同电子计算机的应用及化工系统工程学的兴起,使得化学工业的发展进入更加理性和更加科学化的时期。

20 世纪 60 年代初,新型高效催化剂的发明,新型高级装置材料的出现,以及大型离心压缩机的研究成功,开始了化工装置大型化的进程,把化学工业推向一个新的高度。此后,化学工业过程开发周期已能缩短至 4～5 年,放大倍数达 500～20000。

20 世纪 70 年代后,现代化学工程技术渗入各个加工领域,生产技术面貌发生了显著变化。化学工业还同时面临来自能源、原料和环保三大方面的挑战,进入一个新的更为高级的发展阶段。

现代化的技术进步一日千里。20 世纪最后几十年的发明和发现,比过去两千年的总和还要多。化学工业也是如此。在这几十年中,化学工业在世界范围内取得了长足进步。化学工业在很大程度上满足了农业对化肥和农药的需要。随着化学工业的发展,人类对纤维的需要有近 2/3 是由合成纤维提供的。塑料和合成橡胶几乎渗透到国民经济的所有部门,在材料工业中已占据主导地位。医药合成不仅在数量上而且在品种和质量上都有了较大发展。化学工业的发展速度已显著超过国民经济的平均发展速度,化工产值在国民生产总值中所占的比例不断增加,化学工业已发展成为国民经济的支柱产业。

在原料和能源供应日趋紧张的条件下,化学工业正在通过技术进步尽量减少其对原料和能源的消耗,正在努力提供新的技术手段,用化学的方法为人类提供更新更多的能源。随着电子计算机的发展和应用,化学工业正在进入高度自动化的阶段。一些高新技术,如激光、模拟酶的应用,正在使化学工业生产的效率显著提高,技术面貌发生根本性的变化。化学工业对环境的污染进一步得到控制,将为改善人类的生存条件做出新的贡献。

1.1.2　我国化学工业的发展与进步

我国是化学技术发展最早的国家之一,早在纪元前就已经有了酿酒、冶铜、漂染和发酵等生产技术。但我国封建社会的时间过长,阻碍了化学工业的发展。1949 年以前,我国化学工业处于十分落后的状态,农药、基本有机合成产品和石油化工产品等几乎为空白,仅有少数染料、制药和涂料生产厂家,大多采用进口原料进行生产或半成品的加工。发展比较早并已形成一定生产能力的三酸两碱工业,也处于设备陈旧、技术落后、产量和质量都不能与发达国家相比的状态。

中华人民共和国成立以来,我国的化学工业取得了令世界瞩目的巨大成就,不仅化工生产所需要的原料已经做到了基本自给,而且基本无机化工产品、基本有机化工产品、化肥、农药、医药、涂料、染料、塑料、合成橡胶和合成纤维等产品也已基本配套齐全,已成为世界化学工业的重要组成部分。1949 年，我国化学工业总产值仅有 3.2 亿元。2022 年，石油和化工行业主营业务收入已达 16.56 万亿元。

目前，全国已有化肥、酸碱盐、医药、农药、新材料、高分子聚合物、涂料、信息材料等 20 多个行业，基本上已经形成布局合理、门类齐全、规模不断发展的化学工业体系。我国石油化工产业正处于其生命周期中的成长期，是世界石油化学工业中发展最快、市场增长潜力巨大和发展前景最为广阔的国家。尤其是近 10 年来，我国经济的快速发展和消费水平的不断提高，石油化工产品消费量迅速扩大，许多石化产品的消费量已经居世界第一位，我国正在发展成为世界石化产品市场中心。2022 年我国主要石油化工产品产量情况见表 1-1。

表 1-1　2022 年我国主要石油化工产品产量情况

产品名称	产量
原油	2.05 亿吨
天然气	2201.1 亿立方米
乙烯	2897.5 万吨
硫酸	9504.6 万吨
烧碱	3980.5 万吨
纯碱	2920.2 万吨
化肥（折纯）	5573.3 万吨
农药原药（折 100%）	249.7 万吨

注：数据引自中国石油和化学工业联合会《2022 年中国石油和化学工业经济运行报告》。

"十三五"以来，我国化工新材料在工艺技术和产业化方面取得了重要突破，氟硅材料、聚氨酯材料、工程塑料和高性能橡胶等行业的装置能力快速提升。氟硅树脂和橡胶、聚氨酯材料和储能材料领域生产能力快速提升。高性能分离膜材料、高性能纤维、工程塑料与特种工程塑料、高性能橡胶、新型特种涂料、新型特种胶黏剂和电子化学品领域产业化也有一定发展。

目前，我国石油化学工业的各个子行业突出绿色发展、资源综合利用和环境友好高质量发展，稳步推进结构调整和转型升级，大力推进科技创新和产业重组，深入实施创新驱动发展战略，化学工业步入"由大到强"的高质量发展时期，进入创新引领、绿色、低碳和可持续发展的新阶段。

1.1.3　化学工业分类

化工产品种类繁多，性质和用途也各不相同，按国民经济行业分类（GB/T4754—2017），化工产品属 C 类制造业，第 26 大类，化学原料和化学制品制造业，具体分类见表 1-2。

表 1-2　国民经济行业分类和代码（C 类制造业—26 化学原料和化学制品制造业）

代码				类别名称	代码				类别名称
门类	大类	中类	小类		门类	大类	中类	小类	
C				制造业	C	26	264	2646	密封用填料及类似品制造
	26			化学原料和化学制品制造业			265		合成材料制造
		261		基础化学原料制造				2651	初级形态塑料及合成树脂制造
			2611	无机酸制造				2652	合成橡胶制造
			2612	无机碱制造				2653	合成纤维单（聚合）体制造
			2613	无机盐制造				2659	其他合成材料制造
			2614	有机化学原料制造			266		专用化学产品制造
			2619	其他基础化学原料制造				2661	化学试剂和助剂制造
		262		肥料制造				2662	专项化学用品制造
			2621	氮肥制造				2663	林产化学产品制造
			2622	磷肥制造				2664	文化用信息化学品制造
			2623	钾肥制造				2665	医学生产用信息化学品制造
			2624	复混肥料制造				2666	环境污染处理专用药剂材料制造
			2625	有机肥料及微生物肥料制造				2667	动物胶制造
			2629	其他肥料制造				2669	其他专用化学产品制造
		263		农药制造			267		炸药、火工及焰火产品制造
			2631	化学农药制造				2671	炸药及火工产品制造
			2632	生物化学农药及微生物农药制造				2672	焰火、鞭炮产品制造
		264		涂料、油墨、颜料及类似产品制造			268		日用化学产品制造
			2641	涂料制造				2681	肥皂及洗涤剂制造
			2642	油墨及类似产品制造				2682	化妆品制造
			2643	工业颜料制造				2683	口腔清洁用品制造
			2644	工艺美术颜料制造				2684	香料、香精制造
			2645	染料制造				2689	其他日用化学产品制造

1.1.4　化学工业的特点与发展趋势

　　化学工业是多行业、多品种、多用途的工业部门，是国民经济的重要基础工业，关系到国计民生和高新科学技术的发展，对国民经济建设的发展和人民生活水平的提高起着十分重要的作用。

从工业发展速度看,化学工业之所以能够迅速发展,是因为它的产品已直接应用于国民经济的各个部门和人民生活的各个方面,如石油、电力、冶金、交通运输、邮电通信、机械电子、汽车、建筑、航天航空、能源和环境保护等都与化学工业密切相关。国民经济建设中一些需要解决的重大技术领域,也几乎都与化学工业的发展有关。例如,信息和微电子技术、生化技术、新材料技术与新能源技术等都要求化学工业为它们提供新产品,而这些新产品的研究、开发和生产又迫使化学工业应用现代科学技术进行技术更新和技术改造,从而推动化学工业的进一步发展。

1. 化学工业的特点

从化工产品的应用和化工技术的发展看,化学工业具有以下特点。

(1) 与人类的生存和发展息息相关

当前,世界正面临着人口增长、环境污染和能源短缺三大挑战。据联合国人口基金会统计,1804 年,全世界人口只有 10 亿,1927 年增加至 20 亿,1960 年为 30 亿。此后,人口迅速增长,1974 年达 40 亿,1987 年达 50 亿,1999 年 10 月达 60 亿。从 50 亿到 60 亿所增长的 10 亿仅用了 12 年时间,而且全世界人口还以每年 7800 万的速度增长,预计到 2050 年将达 80 亿,而全世界耕地面积却日益减少。"民以食为天",解决人类赖以生存的粮食问题就成为当今世界为之奋斗的重要目标之一。随着人口的增长和工业的发展,大气和水质已受到越来越严重的污染,每年流入海洋的石油达 1000 多万吨,重金属几百万吨。每年排入大气层中的二氧化碳约为 230 亿吨,而森林和植被遭到破坏造成的水土流失每年多达 240 亿吨。此外,已探明的世界能源储量按照目前能量消耗速度估计,储量丰富的煤也不过几百年就可消耗完。因此,人类将很快面临严重的能源短缺。

现在,化学工业已担负起了迎接三大挑战的重任。例如,化学工业可提供充足的化肥和农药、化学纤维、合成医药及各种新型合成材料等,以满足人口增长带来的衣、食、住、行的需要。在化工生产中合理利用现有能源和研究开发新能源,可解决越来越紧张的能源供应问题。除了加强化工生产中本身的"三废"治理外,还可提供环境治理新技术以改善人类生存的环境质量,等等。显然,化学工业的作用是其他工业所不能替代的。

(2) 原料路线、工艺路线和产品品种的多样性

在化工生产中,同一产品,有时可以用不同的原料加工而成。同一种原料,经过不同的加工,又可以得到不同的产品。即使采用同一种原料和相同的工艺过程,而工艺条件不同,也可以得到不同的产品。这在其他工业中是少见的。原料路线、工艺路线和产品品种的多样性,为化学工业的发展开辟了广阔的前景。

(3) 技术密集型和能源密集型

在化工生产中,从原料预处理、化学反应、产物分离提纯到获得合格产品,其工艺流程一般均较复杂,技术含量也较高。例如,由氢和氮反应合成氨,不仅需要在高温高压下催化合成,而且合成后的反应混合物还需要冷却、冷凝和液化等,分离出产物后,再将原料氮、氢等循环使用,技术含量较高,能源消耗也较大。由于其工艺技术在生产上实现有较大难度,所以该工艺从研制到实现大规模工业化生产,会经历较长时间。又如,信息和微电子工业用的超纯试剂和超纯气体,其纯度要求达到微克每升数量级(即杂质含量为十亿分之几),生产这类超纯物质必须采用高新技术和特殊设备。随着现代工业的不断发展,当前对化学工业产品的品种和质量的要求也越来越高,生产技术也应不断地更新和发展才能适应需要。所以,随着化学工业的发展,其技术密集程度也将越来越大。

此外,化工生产能源消耗量与其他工业相比也较大。据统计,2020 年,我国合成氨工业消耗能源约 7198.3 万吨标准煤,占石油和化学工业能源消耗总量的 10.5%,占全国能源消费的 1.4%,是我国化工行业的耗能大户。可见,化学工业也是能源密集型产业。

2. 现代化学工业的发展趋势

20 世纪 70 年代兴起的新技术革命浪潮是以高新技术的发展为中心的,它们是信息和微电子技术、生物技术、新材料技术、新能源技术、航天航空技术与海洋开发技术等,这些新技术都与化学工业有着密切的关系。今后化学工业的发展趋势主要有以下几个方面。

(1) 生产规模大型化

对于现代化学工业,生产规模的大型化是一个重要的特点和发展趋势。因为生产规模是决定化工过程经济效益的一个重要影响因素,通常在某一规模范围内,对于大部分化工厂,单位年生产能力的投资及生产成本,随着生产规模的增加而减小。因此,从 20 世纪 50 年代起,化工企业的生产规模显著增大。例如,乙烯单系列规模从 20 世纪 50 年代的 50 kt/a 发展到 70 年代的 100~300 kt/a,截至 2022 年年底,我国乙烯产能达 44820 kt/a,居全球首位。国内新建的乙烯装置最大生产能力已达每年百万吨。

(2) 原料和生产方法的多样化

化学工业能充分利用自然资源,用同一原料可以制造许多不同产品。例如,石油经过炼制可以得到各种用途的油品,进一步深度加工又可得到石油化工的基本原料乙烯、丙烯和芳烃等,进而可以合成纤维、塑料和橡胶等多种产品;而且,从不同原料采用不同的生产方法也可以制得同一产品。

采用生物技术生产化工产品早已为人类所熟知。例如,用粮食发酵生产乙醇、丙酮和乙酸。后来,这些产品的生产原料被廉价的石油化工原料所取代。但随着生物技术,尤其是重组技术的发展和环境保护意识的增强,发酵法生产乙醇技术又得到了进一步的完善和发展。据报道,将淀粉酶基因克隆到酵母菌中后,代替酵母菌用于淀粉发酵生产乙醇,已经取得了很好的效果,可使发酵时间缩短 9/10,能量消耗减少 60%。又如,丙烯腈水合制备丙烯酰胺,若改用酶催化水合技术,不仅收率高、无污染,而且投资和成本可减少 50%,能量消耗可减少 40%。化学工业和生物技术结合,将给化学工业的发展带来新的生机和活力。

我国煤炭资源较丰富,而石油和天然气资源相对短缺,在发展石油和天然气化工的同时,应充分利用我国煤炭资源,加大科研开发力度,加快发展煤化工和合成气化学。碳一化学的基础产品是甲醇,甲醇不仅可以衍生出上百种下游产品,而且还可用作车用燃料和燃料电池。目前,甲醇的下游产品中甲醛、聚甲醛、乙酸、二甲醚(DME)、甲基叔丁基醚(MTBE)、碳酸二甲酯、甲基丙烯酸甲酯(MMA)、甲烷氯化物、甲胺和甲醇蛋白等都是具有很好发展前途的产品。

(3) 产品的精细化和专用化

化学工业属于技术密集型工业。20 世纪 70 年代以来,由于市场、环境和资源的导向,各国都在进行化工产品结构和布局的调整,产品的精细化、功能化和专用化已成为化学工业发展的必由之路。而且,各国十分重视科研工作,加强技术开发和应用研究,搞好产品的更新换代,不断开拓新的市场。

目前,应大力发展的主要有化工新型材料,汽车、建筑、交通用的新型高档涂料,电子和信息产业用的功能材料、胶黏剂、专用化学品及纳米材料等。这些产业将成为精细化工行业新的经济增长点。另外,还有一些为其他行业配套的精细化工产品的需求增长很快,也会得到快速发展,主要有饲料添加剂、食品添加剂、造纸化学品、水处理化学品及生物化工产品等。

(4) 生产过程的节能与绿色化

在化工生产中往往产生大量的废气、废水和废渣。这些物质中不少是有害的,不仅污染环境,影响人类健康,还危害生态平衡。因此,世界各国都十分重视化工的"三废"治理,开展综合利用,合理利用资源和废物,开发各种无公害工艺和清洁安全生产,保护生态环境,造福人类。

我国是一个能源紧缺、资源短缺、人口众多的国家,节能、保护环境和节约资源是今后化学工业持续、快速和健康发展的重要内容和前提条件。化学工业要发展,必须在科学发展观的指导下,用信息技术和绿色技术改造传统化学工业,实施可持续发展战略,使其真正走上新型工业化的道路。我国传统化学工业要走出一条经济与资源、环境协调发展的新型工业化道路,尽可能充分地综合利用自然资源和能源,最大限度地维护自然界的生态平衡,实现"零污染",必须进行环境保护、推进循环经济、发展"绿色化工"。环境保护的趋势是发展环保型产品,采用先进技术,实现清洁生产,最大限度地降低"三废"排放量,一批落后的生产工艺势必被逐步淘汰。节约能源和资源方面的主要趋势是采用先进工艺技术,降低原材料消耗,增加节水措施,提高水的重复利用率等。加快化工废水处理设备、药剂和废气处理设备、排烟设备的系列化和成套化也将是发展的重点领域。

总之,在各化工生产企业中,都应大力提倡采用新工艺和新设备,提高管理水平和加强物料的综合利用,以降低能量消耗和生产成本,提高产品的市场竞争能力。以保护环境和节约资源为中心,切实减少废气和废水的排放,保护自然和生态环境,推进循环经济,建设生态产业,真正把化学工业建设成为可持续发展的"绿色工业"。

1.1.5　化工生产工艺及流程

将一种或几种物质经过物理和化学方法加工处理后,制成一种或几种化工产品的生产过程,称为化学工业的生产过程,简称化工生产过程。凡化工生产过程都有使物质的结构、组成或性质发生变化的化学反应参加,化学反应是这一过程的核心。围绕这一核心,在化学反应前一般要对参加化学反应的原料进行前处理,以满足化学反应对原料提出的要求。

在化学反应后,对反应产物还必须做后处理,通常是采用分离提纯操作,使产品达到要求的质量标准,同时不改变物质的化学性质。常见的物理操作有:固体和流体物料输送,物料的加热和冷却,非均相混合物料的分离,液体混合物料的蒸发、蒸馏和萃取,气体物料的吸收,以及物料的干燥和冷冻等,人们将这些物理操作统称为单元操作。单元操作的结果只改变物料的物理性质。尽管各种化工产品的生产过程各不相同,但都是由若干单元操作和反应过程组成的,只是不同的化工过程所包括的单元操作和反应过程的类型、数目及其组合方式不同。

描述从原料开始,经过一系列按一定顺序并相互衔接的单元操作和反应过程,生产合格产品的生产工艺过程称为化工工艺流程,用图表示的化工工艺流程称为化工工艺流程图。

化工工艺流程图的形式因表达的内容重点和繁简程度不同而有多种。例如,有用方框

和文字表示生产过程中工艺步骤和物料流向的工艺流程框图;有用设备示意图形表示生产
装置中各设备的配置和连接,以及各种物料在设备之间的运行方向的装置流程图;有以表示
管线布局为主并表明物料运行方向和设备连接顺序的管线图,以及描述控制测量位置和仪
表安装要求的带控制点的工艺流程图等。通常,在流程图内应表明物料的流向和分配关系、
设备的型式和组合方式、管路的连接和分布,以及物料的种类等内容。图中各种设备均可按
一定比例和规范用代号和示意图画出,并用线条将各设备之间的连接关系和次序表示出来。
有时还可以把各主要设备的设计参数和操作参数标注在图上,形成一份翔实而直观的技术
资料。

　　用方框和文字表示的工艺流程框图是最简单的工艺流程图,画这种流程图时,一般从左
向右,按原料转化为产品的工艺步骤顺序展开,方框之间用带箭头的线段连接,表示工艺步
骤或设备之间的连接关系及物料流向,设备或工艺步骤名称可标注在方框内或方框近旁。
图 1-1 所示为尿素生产工艺流程框图。

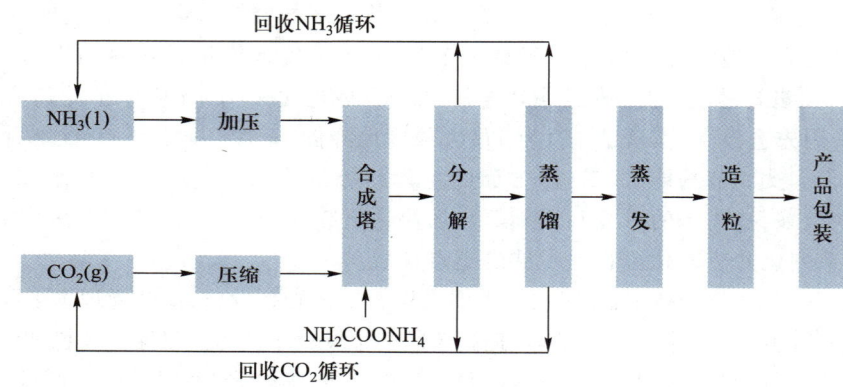

图 1-1　尿素生产工艺流程框图

　　尿素是用氨和二氧化碳在高温高压下直接合成的一种含氮量很高的中性速效肥料。反
应分两步进行:

$$2NH_3(l) + CO_2(g) \rightleftharpoons NH_2COONH_4(l) + 159.0 \text{ kJ·mol}^{-1}$$

$$NH_2COONH_4(l) \rightleftharpoons CO(NH_2)_2 + H_2O(l) - 28.4 \text{ kJ·mol}^{-1}$$

　　第一步为可逆放热反应,原料过量,反应几乎在瞬间完成,且转化率较高;第二步氨基甲
酸铵脱水为可逆吸热反应,反应速率较慢,转化率一般为 50%~70%。所以,第二步为反应速
率控制步骤。两步反应都在合成塔中完成。合成尿素的工艺方案有多种,我国普遍采用水
溶液全循环法流程。该流程包括二氧化碳压缩和液氨加压输送、尿素合成、未转化为尿素的
氨基甲酸铵分解,分解后氨和二氧化碳的循环使用,以及尿素溶液的蒸发浓缩和造粒等。
图 1-2 所示为尿素生产工艺流程图。

　　液氨经加压泵 1 加压到 20 MPa,并经液氨预热器预热到 45~55 ℃后进入合成塔 4;二氧
化碳经压缩机 3 压缩到 20 MPa,温度约 125 ℃后进入合成塔 4,进入合成塔的还有循环使用
的氨基甲酸铵溶液。物料在合成塔内先反应生成氨基甲酸铵,然后脱水生成尿素。二氧化
碳的转化率为 62%~64%。从合成塔顶部排出的物料含有尿素、未转化成尿素的氨基甲酸

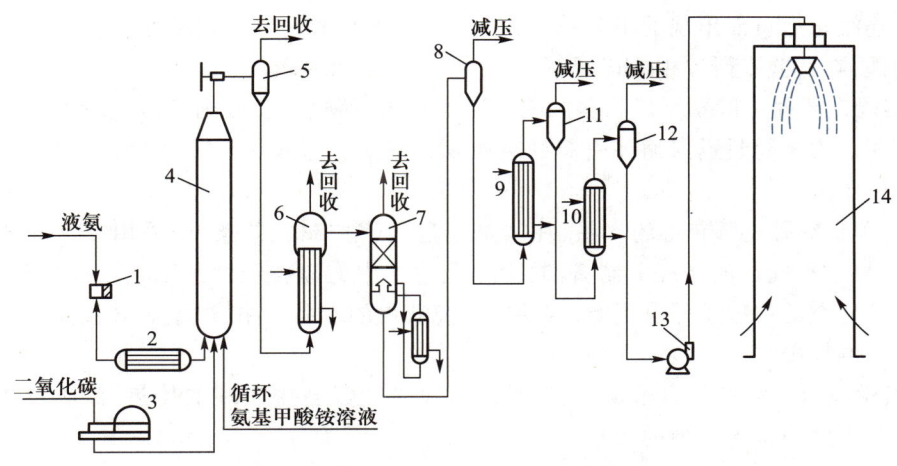

1—液氨加压泵;2—液氨预热器;3—二氧化碳压缩机;4—合成塔;
5—预分解器;6,7—中压、低压分解塔;8—闪蒸槽;9,10—一、二段蒸发加热器;
11,12—一、二段蒸发分离器;13—熔融尿素泵;14—造粒塔

图 1-2　尿素生产工艺流程图

铵、氨和水等,经减压后依次进入预分解器 5,中压及低压分解塔 6、7,通过加热和降压,使溶液中溶解的氨和二氧化碳及氨基甲酸铵分解产生的氨及二氧化碳与溶液分离后,自预分解器、中压及低压分解塔顶部排出送入回收系统回收。由低压分解塔底部排出的尿素水溶液被送入闪蒸槽 8,在负压下分离出少量的氨、二氧化碳和水蒸气后再经过两段蒸发脱水浓缩,得质量分数为 99.7% 的尿素,最后将熔融状态的尿素送入造粒塔 14 造粒,即得粒状尿素产品。

由图 1-1 和图 1-2 可见,尿素生产工艺流程由反应过程和单元操作过程组合而成。其中,反应过程有尿素合成、氨基甲酸铵脱水和分解;而单元操作则包括物料输送、传热、蒸发和蒸馏等过程。

1.1.6　实验室研究与化工过程开发

实验室研究成果要实现工业化,需要经过一个长期而艰巨的开发过程,其开发步骤也十分复杂,涉及技术、经济、社会、环境和安全等多方面的问题。开发项目越大,企业所承担的投资和风险就越大,因而必须有一套严密的开发程序以避免投资的失败。对于开发难度不大的项目或小型开发项目,其开发程序可根据实际情况适当简化或省略。

1. 实验室研究与工业生产

从化学工业的发展看,各种新产品、新工艺和新技术,在它们实现工业化之前,大多都是从实验室研究开始,然后经过逐步放大才达到生产规模的。所以,实验室研究和工业化生产既有紧密联系又有明显差别。但是,在实验室研究和工业生产之间,由于处理物料量等许多条件相差悬殊,两者的差别很大,实验室研究成果往往不能真实反映工业生产的情况。

① 实验室研究一般为间歇操作,而工业生产则多数为包括若干分离步骤在内的连续操

作。关于连续化后可能出现的工艺技术问题,以及在整个生产工艺流程中各工艺步骤之间的配合问题,在实验室研究中难以了解。

② 实验室研究一般不考虑物料的综合回收利用,而化工生产则多数应考虑未转化物料的返回利用。由于物料返回循环引起的杂质积累对工艺过程和产品质量的影响,在实验室研究中无法了解。

③ 由实验室研究所获得的产品,往往是经过精密控制工艺条件、采用较纯净的化学试剂,并在严格物料配比的条件下制备的;而工业生产中的原料纯度和工艺条件控制,都很难达到实验室研究的精度水平。因此,实验室研究获得的产品产率、质量和其性能都不足以作为生产样品的标准。

④ 实验室研究设备的容量很小,较难对大型工业设备中出现的传热、传质及物料的流动与混合等工程因素做充分的考察。

⑤ 实验室研究常用的设备多采用玻璃仪器,由于玻璃性脆,在其使用功能上往往受到限制,致使试验操作参数(如温度和压力)的变动范围受到限制,在实验研究中确定的操作参数,未必是工业生产的最佳工艺条件。

⑥ 在实验室研究中较少涉及设备腐蚀对生产过程和产品质量带来的影响,而工业生产则必须考虑设备材料被腐蚀及防腐蚀问题。

2. 化工过程开发

工业生产还必须从技术经济角度考虑原材料的品级及供应渠道,产品质量和市场销售,能源供应和消耗,建设投资和生产成本,以及"三废"治理和环境保护等。这些都是在实验室研究中很少考虑的一些问题。因此,将实验室研究成果直接用于大规模生产是不合适的,还必须在实验室研究成果的基础上,采用不同形式的研究方法和手段考察实验室条件下未能获得的各种技术经济信息。同时,还应论证该研究结果放大成为工业规模的可行性。只有经过科学论证,确认其工艺技术路线在技术上的可靠性,在经济上的合理性,并能提供设计生产装置的准确数据,才有条件去建立生产装置。这种由实验室研究过渡到建立生产装置的全过程,就是化工新产品、新工艺或新技术的开发过程,统称为化工过程开发。

化工过程开发是指把化学实验室的研究结果转变为工业化生产的全过程,包括实验室研究、模试、中试、设计、技术经济评价和试生产等许多内容。过程开发的核心内容是放大。化学工程基础研究的进展和放大经验的积累,特别是化学反应工程理论的迅速发展,使得过程开发能够按照科学的方法进行。中间试验不再是盲目地、逐级地,而是有目的地进行。化学工业过程开发的一个重要进展是可以用电子计算机进行数学模拟放大。中间试验不再像过去那样只是收集或产生关联数据的场所,而是检验数学模型和设计计算结果的场所。现代化学工业过程开发可以概括如下:

① 利用现有的情报资料、技术数据、同类过程的成熟经验、小试或模型试验的结果和化学化工知识,把化学工业过程抽象为理论模型。

② 进行工业装置的概念设计,并根据概念设计相似缩小为中试装置。

③ 反复比较电子计算机的数学模拟和中试结果,不断修正数学模型,使其达到一定精度,用于放大设计。

化工过程开发可以划分为开发所需的基础性研究、过程研究和工程研究三种不同内容的研究工作,如图 1-3 所示。其中,开发所需的基础性研究部分,是化工过程开发之初在实验室针对开发项目所进行的基础研究工作,其目的在于为化工过程开发收集所需的技术资料。从研究性质上看,属于应用基础或应用研究的范畴,与通常所说的基础理论研究不同。

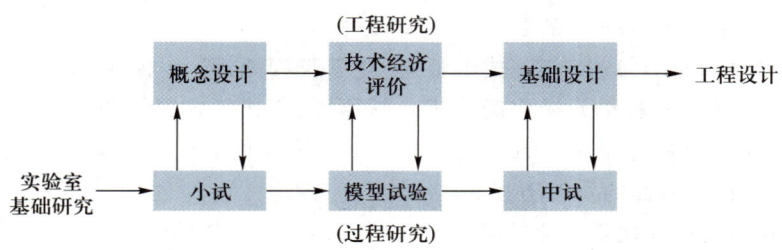

图 1-3　过程研究与工程研究

过程研究是在过程开发的基础研究之后,对已确立的课题所做的一系列的模拟试验研究工作,如模拟小试、模型试验和中试等。过程研究的重点是了解过程运行的特征和影响过程的因素、优化工艺条件、测定放大数据或判据等。其中,特别注重对物料的流动与混合、传热与传质等一些工程因素的考察,这些工程因素往往是产生放大效应的主要原因。

工程研究是指化工过程开发工作中的概念设计、基础设计和技术经济评价等步骤。这些步骤的研究方式是先综合从不同途径收集的资料,再进行分析构思,最终形成技术方案或评价结论。因为研究的侧重点是工业化的实施和实现的问题,故称为"工程研究"。工程研究是很重要的化工过程开发步骤,开发工作的质量、进度和成本在很大程度上都取决于工程研究的水平。

目前,化工过程开发的趋势是不一定进行全流程的中间试验,对一些非关键设备和很有把握的过程不必试验,有些则可以用计算机在线模拟和控制来代替。

1.2　化学工程学

1.2.1　化学工程学的形成与发展

化学工程学经过百年发展,经历了"单元操作"和"三传一反"两个里程碑,进入"产品工程""三传一反+X"和"多(介)尺度理论与方法"等新阶段,初步形成了以化学、物理学、数学和生物学的基本原理与方法为基础,以传递过程原理与化学反应工程为核心的学科知识体系。

19 世纪初,英国的 G.E.Davis 出版了第一本化学工程学专著《化学工程手册》,首次将化工生产过程的各步骤加以分类,系统阐述了物料输送、吸收与吸附、加热与冷却、蒸发与蒸馏、结晶与电解等,从化工产品的生产工艺中归纳出共性规律。这样,诞生了继冶金、机械、土建和电气四个工程学科后的第五个工程学科——化学工程学。

1888 年,美国麻省理工学院(MIT)开设了世界上最早的化学工程专业,并于 1920 年建立了化学工程系。接着,宾夕法尼亚大学、土伦大学和密歇根大学也先后设置了化学工程专业。这个时期化学工程教育的基本内容是工业化学和机械工程。1915 年，A.D.Little 明确提出"单元操作"这一基本概念，将复杂的化工生产过程归纳为有限的单元操作，如粉碎、过滤、萃取和精馏等。随后，出现了一批论述单元操作的代表著作，如 C.S.Robinson 的《精馏原理》（1922 年）和《蒸发》（1926 年），W.K.Lewis 的《化工计算》（1926 年），W.H.McAdams 的《热量传递》（1923 年），T.K.Sherwood 的《吸收和萃取》（1937 年）等。特别是 W.H.Walker、W.K.Lewis 和 W.H.McAdams 于 1923 年正式出版的《化学工程原理》一书，首次提出了量纲分析、相似论等概念，阐述了各种单元操作的物理化学原理，提出了定量计算方法，奠定了化学工程作为一门独立学科的基础。1950 年，G.G.Brown 等人的《单元操作》一书，则展示了近 40 年来化学工程在这方面的发展历程。

20 世纪 20 年代石油化学工业的崛起推动了各种单元操作的研究，一些重大的化学工艺开发使化学工程在工程界的学术地位飙升，而工程学科的深入研究又促进了工艺的不断改进和不断进步。1913 年，哈伯-博施法高压合成氨装置成功建成，对高压化学工程、催化剂开发有着重要意义。1920 年，从炼厂气中分离的丙烯合成出异丙醇，被誉为石油化工的开端。1923 年，费-托合成的成功是有机催化的典型范例。1926 年，大型温克炉投产，这是流态化技术的最初应用。1925 年和 1928 年，世界上第一种热塑性树脂与热固性树脂先后投产。1931 年，苏联的丁钠橡胶与美国杜邦的氯丁橡胶几乎同时投产。这些化学工艺的发现与发明，从多个领域孕育着化学工程各二级学科的问世。

20 世纪是化学工程学诞生与迅速发展并对人类文明进程产生重大影响的 100 年。20 世纪 40 年代，流态化技术应用于石油催化裂化过程，使石油化学工业产生了划时代的变化；溶剂萃取法用于核燃料后处理中钚的分离及精密精馏用于重水的提取，为核工业的发展奠定了基础；深层培养法用于大规模生产青霉素，标志着现代制药工业的产生。20 世纪 60 年代末，化工系统优化的出现并与计算机控制技术相结合为超大型现代化工企业的发展奠定了基础。在 20 世纪 80 年代之后，化学工程在理论上又有了一些新的突破，如超临界技术、纳米技术及化工过程综合化、集成化、大型化等；计算机技术和分形学理论在化工理论上的研究和在化工实践中的应用。这些不仅充实、完善了化学工程学的理论体系，而且进一步拓宽了化工实践的视野和思路，在理论和技术上为提高化工企业的生产效益提供了坚实的保障。

当今的化学工程学是支撑国民经济生产行业的重要理论支柱之一，它的发展、完善和创新，极大地带动了国民经济的发展，推动了社会进步。

1.2.2　化学工程学研究特点、内容和对象

化学工程学是在化学加工工业（CPI）的基础上发展起来的。它是以化学、物理学和数学为基础，结合其他技术以研究生产过程中共同规律的工程学科。化学工程的主要任务是通过反应、原料的混合与分离、能量和质量的传递，有效地实现化学加工工业的生产过程，获得品种繁多的产品，最优地利用资（能）源及保持良好的生态环境。

美国化学工程师学会在其《化学工程前沿》一书中对化学工程的定义如下：化学工程是深深地植根于原子、分子和分子转化的工程学科（chemical engineering is an engineering discipline with deep roots in the world of atoms, molecules and molecular transformations）。这个定

义强调了基础学科如物理学、化学、生物化学等在化学工程研究中的作用,淡化了具体的行业界限。

化学工程学有七个分支:热力学与基础数据(相平衡、化学平衡、能量利用与转换规律);单元操作(过程工业中共性物理过程及设备);传递过程(动量、热量、质量传递规律及"三传"统一性);分离工程(气液、液液、气固、液固、固固分离原理及装备);反应工程(反应器内返混、相相传递、相内传递与化学反应的偶合等);系统工程(从整体目标出发,对系统分析、分解、综合、优化);控制工程(结合"动态""反馈"等特点,研究控制理论在化工中的应用)。

化学工程学的研究对象是在液滴反应器的尺度范围内,其研究重点并不是化学现象本身,而主要是物理现象,或是在化学反应影响下的物理现象。此外,化学过程若要放大到生产规模时一般也离不开化学工程学。

对于不同时空尺度的化工过程内在联系的认识,是化学工程师将产品设计与过程、设备设计高效率地结合起来的一个重要基础。对不同尺度下过程的物理模型的建立、数学模型的抽提及在此基础上的设备设计、过程控制和优化,要求化学工程师具有雄厚的物理学基础和力学知识,掌握现代数学工具,如计算流体力学等。

作为一门工程学科,化学工程学的发展是与工业和社会经济发展密切相关的。经济发展的需求是学科发展的"火车头",而基础科学则是化学工程基础研究和工业进步的知识源泉,化学工程作为物质和能源生产的基础工程技术,本身就决定了它在未来社会中不可动摇的基础产业重要地位。然而,化学工程师的成功与否则取决于其对社会需求的敏感度,对互联网时代经济全球化背景下的"经济—产业—技术—社会"的内在联系的认识,以及其创新能力,而创新能力是建立在其自然科学功底和对现代高新技术的把握之上的。

我国化学工程学的建设应突出"生态化学工业"的发展方向,以"资源—能源—环境"综合开发为目标,将"产品工程"和"过程工程"相结合,将生物技术和信息技术与化学工程和工艺有机结合,形成以工业生物催化为核心的"生物化学工程"、以"过程和系统模拟优化"为基础的"数字化化学工程"及以"纳米加工技术及应用"为基础的"纳米化学工程",紧密结合我国国民经济发展的需要,主动拓宽学科服务的行业领域,在全球化竞争的背景下,增强中国化学工程的知识创新及产业发展能力。

20 世纪的化学工程学的发展过程表明,根据科学和工业的发展与进步,不断完善和更新学科体系框架和内容是学科持续发展的保证和生命力所在。在迅速发展的 21 世纪,我们更应积极注重学科框架体系的更新和完善。

1.2.3　化学工程领域发展趋势

进入 21 世纪,生命科学、信息技术、材料科学及环境科学迅速发展,并由此产生以计算机软件为代表的高新技术产业。化学工程为这些学科科技成果产业化提供了基础技术平台,高新技术产业的发展为化学工程科学工作者把高新技术引入化学工业提供了机遇,同时促使他们重新认识已经被认为是成熟学科的化学工程学的体系与内容。

现代化工最重要的特征之一是时空尺度的迅速扩展,从原子尺度下的原子、分子自组装过程,到考虑全球环境变化的生态过程,其时空跨度达 10 余个数量级。科学研究实践表明,对化工过程更机理化、更深层次的理解要求不断缩小研究的空间尺度,从设备的宏观尺度到多相流液滴、气泡、颗粒(团簇)的介观尺度,再深入胶束、纳米聚团、相界面的亚微观尺度和分子组装、超分子化学合成的分子尺度。在时间特性上,除了研究各类参数的时均值的分布规律,还要研究其在时域内的混沌行为。此外,为使不同的化工过程实现集成和优化,则需不断扩大研究的时空尺度。

当前的一些研究前沿主要集中在生物技术与生物医学工程相关的化学工程;信息材料与器件的化学工程;新型结构与功能材料的化学工程;资源与能源的高效、清洁和集约化利用,即绿色化学技术的化学工程;环境保护、安全工程与危险化学品管理的化学工程;微尺度化学物理加工过程的科学问题;多相流传递过程;表面与界面工程;计算机辅助的过程工程、过程控制与复杂系统分析。

21 世纪化学工程发展的趋势主要在于化学工程学的多尺度化、化工过程的绿色化、化工生产的逐步微型化和过程参数的极限化。

1. 化学工程学的多尺度化

界定在化学工程学新视野下面的多尺度,包括纳观尺度(nanoscale)、微观尺度(microscale)、介观尺度(mesoscale)、宏观尺度(macroscale)和兆观尺度(megascale)。传统的单元操作、反应器、蒸馏塔、换热器等的设计计算,属于介观尺度;工厂装置和生产过程的设计优化,属于宏观尺度。单元操作时代的化学工程学,主要是在介观尺度范围内了解单元设备的输入和输出关系,对设备内部状态和变化的研究甚少,尤其缺乏在微观尺度上的知识。"三传一反"阶段的化学工程学对微观尺度上的内部状态仅略知一二,对液滴、气泡和胶束的界面结构及控制规律的掌握远远不够。多数的化工体系,属于多结构层次的复杂体系,其过程不仅表现为物质状态的变化,而且呈现出结构层次上的变化,即多尺度效应。例如,开发一种化工过程,传统的办法一般要经历从实验室的微型实验研究和小型实验过渡到多级中试,最后实现工业化生产。其中,设备尺寸的变化可能导致设备内部结构的复杂变化和物质转化行为的剧变。传统的研究方法无法描述此复杂体系的内部结构及内在规律。采用多尺度研究,可以将这一化工过程分解成生产装置、反应器、流体力学与传递、催化剂与反应化学和原子与分子的分析,即用多尺度优化逼近。

多尺度研究方法能够达到多目标优化。最优先的目标是过程与生产的安全性,这不仅只是生产操作者的需要,投资者也需要最节省的投资及安全的运转;其次是优化环境的相容性;再次是废弃物最少的要求,等等。多尺度逼近可以达到生产流程先进、合理、安全、经济、环境友好的综合优化目的。多尺度研究方法首先是充分考虑系统内部结构特征,分析确定结构存在的临界条件及多重性质;然后是对复杂体系结构变化的机制进行量化,同时优化一种以上的目标函数,达到多目标综合优化的结果。预期这种研究方法在未来的化学工程学及其与不同学科交叉中将发挥重要的作用。

未来的化学工程学将会从致力于过程工程向产品工程,再向配方工程方向发展。化学工程师应融于工艺学中,对生产工艺进行创造、开发、交换、控制和取代。

2. 化工过程的绿色化

化工过程的绿色化就是清洁生产。1989 年,联合国环境规划署首次提出清洁生产,其定义是:对生产过程及产品采取整体预防性的环境策略,以减少对人类及环境的危害。包括节省原材料与能源,尽可能不采用有毒原材料,减少废弃物排放的数量和毒性,使生产过程对人类和环境的影响降至最低。清洁生产概念强调清洁能源、清洁生产过程和清洁产品三个重点内容。

清洁生产要实施全流程的污染控制,实现反应过程中废弃物的"零排放",用绿色化的工程取代现行需要末端污染治理的工程。真正认识和有效实施污染物质仅仅是未被利用的原料,污染物质加上创新技术就可转变为有价值的资源,绿色化工技术将会全面取代传统化工。在此进程中,"过程工程学"将起关键作用。

3. 化工生产的逐步微型化

微化学工程包括微型单元操作设备,如微型构造的传质、传热、混合、分离和反应设备等,微型传感技术,以及利用微型构造设备进行化学化工研究和生产的微化学工艺体系。其中,微反应技术代表了新的化学加工途径。

微反应器是一种借助特殊微加工技术,以固体基质制造的可用于进行化学反应的三维结构元件,具有狭窄规整的微通道、非常小的反应空间和非常大的比表面积。微反应器及其他微通道设备的通道特征尺寸(当量直径)在 $10^{-6} \sim 10^{-3}$ m。微反应器的微型化并不仅仅是尺寸上的变化,更重要的是其几何特性决定了微反应器内流体的传递特性和宏观流动特性,并进而导致其具有温度控制好、反应器体积小、转化率和收率高及安全性能好等一系列超越传统反应器的独特优越性,在化学合成、化学动力学研究和工艺开发等领域中具有广阔的应用前景。

4. 过程参数的极限化

极限技术是与高新技术相伴而产生的,如超高温技术、超高压技术、超真空技术、超低温技术、超临界技术、超重力场技术、微引力技术、失重技术和飞秒技术等。到目前为止,人们对物质状态的认识,绝大多数是在正常状态下的,而对物质处于各种极限状态的行为了解很少。正因为如此,过程参数极限化的分析和化工信息,受到化学家和化学工程师的广泛关注和期待。

此外,为了支撑相关过程工业跨越式的技术进步,提高原创力与国际竞争力,还必须为化学工程研究构筑强大的现代科学基础,主要领域包括:多相流传递与反应原理、表面与界面科学与工程、计算化学与计算化学工程、计算机辅助过程工程与控制原理、现代测试科学与技术等。

目前,化学工程技术面临的重大问题是如何开发节能工艺、设备和节能产品。人类社会文明的高速发展将伴随着巨大的能源消耗,能源短缺是 21 世纪社会经济发展的主要障碍,节能和寻找新能源已成为当务之急。

1.3 物料衡算与能量衡算

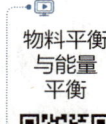
物料平衡
与能量
平衡

运用质量守恒定律,对生产过程或设备进行研究,计算输入或输出的物料流量及组分等,称为物料衡算。物料衡算是化工计算的基础。

1.3.1   物料衡算

根据质量守恒定律,在一个化工过程中,进入的物料量必等于排出的物料量和过程中累积的物料量,即

$$\sum m_i - \sum m_o = \sum m_A \qquad (1-1)$$

式中:$\sum m_i$ 为进入物料量的总和;$\sum m_o$ 为排出物料量的总和;$\sum m_A$ 为累积的物料量。

由此可对这一过程中的总物料或其中某一组分列出方程求解,这种运算被称为物料衡算。没有化学变化时,混合物的任一组分都符合这个通式;有化学变化时,其中各元素仍然符合这个通式。如果过程中累积的物料量是零,它就是稳定操作;反之,就是不稳定操作。

进行物料衡算时,首先要确定衡算范围(系统)、衡算对象及衡算基准,然后列出穿越系统边界的各股物料。间歇过程一般以批、次操作为基准;连续过程常以单位时间为基准,而单位时间流过的物料质量即为质量流量。所以,连续过程的物料衡算式可以表示为

$$\sum q_{m_i} - \sum q_{m_o} = \frac{dm_A}{d\vartheta} \qquad (1-2)$$

式中:q_{m_i},q_{m_o} 为每股输入、输出物料的质量流量,$kg \cdot s^{-1}$;$\dfrac{dm_A}{d\vartheta}$ 为物料质量累积速率,$kg \cdot s^{-1}$。

连续稳定过程中,设备内不应有任何物料累积,即 $\dfrac{dm_A}{d\vartheta} = 0$,所以

$$\sum q_{m_i} = \sum q_{m_o} \qquad (1-3)$$

例 1-1   丙烷充分燃烧时要使空气过量 25%,燃烧反应方程式为

$$C_3H_8 + 5O_2 \longrightarrow 3CO_2 + 4H_2O$$

试计算得到 100 mol 燃烧产物(又称烟道气)需要加入空气的物质的量。

解   以 1 mol 入口丙烷为计算基准,根据反应方程式,1 mol 丙烷需要 5 mol 的氧气与之反应,因氧气过量 25%,故需空气量为 $\dfrac{1.25 \times 5}{0.21}$ mol = 29.76 mol。其中,O_2 为 6.25 mol,N_2 为 23.51 mol。烟道气中各组分的物质的量为

C_3H_8	0 mol
CO_2	3×1 mol = 3 mol
H_2O	4×1 mol = 4 mol
N_2	23.51 mol
O_2	6.25 mol − 5 mol = 1.25 mol

从计算结果可以看出,当空气加入量为 29.76 mol 时,可产生烟道气 31.76 mol。要产生 100 mol 烟道气,需要加入的空气量为 $\dfrac{100 \times 29.76}{31.76}$ mol = 93.7 mol。

1.3.2　能量衡算

根据能量守恒定律,对于连续稳定过程,任何时间内通过各种途径进入系统的总能量必等于同一时间内系统传出的总能量。

各种形式的能量(机械能、化学能、电能等)与热之间可以互相转变,但在许多化工设备(如换热器、蒸馏塔等)中,往往没有或者不需要考虑这种能量转变,因而化工系统中的能量衡算常常简化为热量衡算。

进行热量衡算的基本方法与物料衡算的方法相同,也必须首先确定衡算范围与衡算基准,但应该注意两个问题。

① 进、出系统的各股物料所携带的热量包括物料的显热与潜热,即物料的焓。物料的焓值与其状态有关,而且是相对值。所以,进行热量衡算时,必须首先确定基准温度;如果有相变发生时,还须规定基准状态。通常,以 0 ℃、液态为基准,并规定 0 ℃时液态的焓为零。有关手册中饱和水蒸气性质表中所列水蒸气的焓值,就是以 0 ℃、液态为基准的。

② 进、出系统的热量不仅包括进、出物料所携带的热量,而且包括通过设备、管道的壁面由外界传入或由系统传出的热量。

因此,连续稳定过程的热量衡算的基本关系式可表示为

$$\sum Q_i = \sum Q_o + Q_L \tag{1-4}$$

式中:$\sum Q_i$ 为进入系统各股物料所携带的热流量,kJ·s^{-1} 或 kW;$\sum Q_o$ 为离开系统各股物料所携带的热流量,kJ·s^{-1} 或 kW;Q_L 为系统向环境散失的热流量,即"热损失",kJ·s^{-1} 或 kW。

而 $\sum Q_i = \sum (mH)_i$ 和 $\sum Q_o = \sum (mH)_o$,所以式(1-4)还可表示为

$$\sum (mH)_i = \sum (mH)_o + Q_L \tag{1-5}$$

式中:m 为物料的质量,kg 或 kg·s^{-1};H 为物料的焓,kJ·kg^{-1}。

1.3.3　单位制与单位换算

1. 单位与单位制

任何物理量都可用数字与单位的乘积来表示,运算中通常任意选定几个独立的物理量(如长度、时间等),称为基本量,根据使用方便的原则定出这些量的单位,称为基本单位。然后,其他物理量(如速度等)的单位便可根据它们与基本量之间的关系确定,这些物理量称为导出量,其单位称为导出单位。所有导出单位都是由基本单位相互乘除而构成的。

基本单位与导出单位的总和称为单位制。

长期以来,科技领域存在多种单位制并用的局面,同一个物理量在不同的单位制中具有不同的单位与数值,如 CGS 制和 MKS 制等。

1960 年,第 11 届国际计量大会通过了一种新的单位制,称为国际单位制(SI)。SI 规定了 7 个基本单位:长度单位 m(米)、时间单位 s(秒)、质量单位 kg(千克)、热力学温度单位 K(开[尔文])、电流单位 A(安[培])、发光强度单位 cd(坎[德拉])和物质的量单位 mol(摩[尔])。采用国际单位制后,每种物理量只有一个单位,所有物理量的单位都可以由这 7 个基本单位导出;而且,任何一个 SI 导出单位在由这 7 个基本单位相乘或相除导出时,都不需要引入比例系数。我国 1984 年公布了《中华人民共和国法定计量单位》,从 1991 年 1 月起,除个别领域外,不允许使用非法定计量单位。

2. 单位换算

各种单位制度目前尚未完全统一,不少文献资料中的数据仍是多种单位制并存,使用时需要进行单位换算。

(1) 物理量的单位换算

物理量单位换算是指物理量由一种单位换算成另一种单位,量本身无变化,但数值要改变。一般是先查出原单位与要换算单位之间的关系,再采用单位之间的换算因子与各基本单位相乘或相除的方法。

(2) 经验公式的单位变换

工程中经常会需要使用一些根据实验数据整理而成的经验公式,而这些经验公式中的各符号都要采用指定的单位。因此,在使用这些经验公式时,若已知数据与公式所指定的单位不同,就需要将整个经验公式加以变换,使经验公式中的各符号都采用计算者所需要的单位。

第 2 章　　　　　　　　　　　　　　流体流动与输送

流体没有固定形状，可以自由流动。化工生产中所涉及的物料及产品大多数为流体。所以，流体的输送是化工过程中的普遍问题。这就需要研究流体的流动规律，以便进行管路的设计、输送机械的选择及所需功率的计算。另外，化工设备中的传热、传质及化学反应过程大多数是在物料流动状态下进行的。流体流动规律在化学工程学中是极为重要的。它不仅是研究流体输送、液体搅拌、非均相物系分离及固体流态化等单元操作所依据的基本规律，而且与热量传递、质量传递和化学反应等过程都有着极为密切的联系。

化学工程中所研究的流体运动规律，不是流体分子的微观运动，而是流体在生产装置内的整体机械运动。它是由无数流体质点所组成的连续介质，因此，可以取大量流体分子组成的微团为流体运动质点，并以这样的质点为研究对象。其尺度虽远小于设备尺寸，但比流体分子运动的自由程大得多，这样就可以假定流体是由许多质点组成的、彼此间没有间隙、完全充满所占有空间的连续介质。这一假定称为流体的连续性假定，它对除高真空度稀薄气体以外的其他气体和液体均适用。

在考察流体流动规律时，还引入了"理想流体"的概念。所谓"理想流体"是相对于实际流体而言的。它是一种无黏性、在流动中不产生摩擦阻力的流体。运用理想流体概念来研究流体运动规律，可使复杂的流体流动现象合理简化。

2.1　流体静力学

流体静力学是研究流体在静止状态下平衡的规律。当流体处于静止状态时，作用于流体的重力和压力达到平衡；若平衡不能维持，便会产生流动。因此，静止流体的规律，实际上是流体在重力和外力作用下处于静止状态的流体内部压力变化的规律。

2.1.1　相对密度

密度：单位体积流体的质量称为流体的密度，单位为 $\text{kg} \cdot \text{m}^{-3}$。液体的密度基本上不随压力变化（极高压力除外），但随温度的变化而稍有改变，工程计算中，液体密度可视为常数；气体的密度则随温度和压力的改变而变化较大，根据理想气体定律可将气体的密度表示为

$$\rho = \frac{m}{V} = \frac{nM}{V} = \frac{pM}{RT} \tag{2-1}$$

式中：ρ 为气体密度，$\text{kg} \cdot \text{m}^{-3}$；$m$ 为气体的质量，kg；V 为气体的体积，m^3；n 为气体的物质的量，mol；M 为气体的摩尔质量，$\text{kg} \cdot \text{mol}^{-1}$；$p$ 为气体的压强，Pa；T 为气体的热力学温度，K；R 为摩尔气体常数，$8.314 \text{ J} \cdot \text{mol}^{-1} \cdot \text{K}^{-1}$。

相对密度：相对密度为物质密度与 4 ℃纯水密度之比，用符号 d 表示，量纲为 1。如硫酸

相对密度 d_4^{20} 为 1.84,是指 20 ℃时硫酸的密度和 4 ℃纯水密度的比值。

化工过程中所处理的流体物料往往是混合物。液体混合时,若忽略偏摩尔体积的影响,可近似按下式计算液体混合物的平均密度 ρ_m:

$$\frac{1}{\rho_m} = \sum_{i=1}^{n} \frac{w_i}{\rho_i} \tag{2-2}$$

式中:w_i 为液体混合物中 i 组分的质量分数;ρ_i 为液体混合物中 i 组分的密度。

气体混合物的平均密度用下式计算:

$$\rho_m = \sum_{i=1}^{n} \rho_i \varphi_i \tag{2-3}$$

式中:φ_i 为气体混合物中 i 组分的体积分数。

2.1.2 压强

流体作用于容器壁上的力称为压力,而流体垂直作用于单位面积上的力称为压强。压强的 SI 单位为 $N \cdot m^{-2}$,即 Pa(帕[斯卡]),现工程上常用 MPa(兆帕)作压强的计量单位。以前工程上习惯用的单位为千克力每平方米($kgf \cdot m^{-2}$),此外还有一些习惯用单位,如标准大气压(atm)、mH_2O、mmHg 等。它们的换算关系如下:

压强表压和真空度

$$1 \text{ atm} = 101\ 325 \text{ N} \cdot m^{-2} = 10\ 332.5 \text{ kgf} \cdot m^{-2}$$
$$= 10.33 \text{ mH}_2\text{O} = 1.03325 \text{ kgf} \cdot cm^{-2}$$

为了使用方便,工程上将 $1 \text{ kgf} \cdot cm^{-2}$ 近似地当成 1 atm,称为工程大气压(at),有

$$1 \text{ at} = 9.807 \times 10^4 \text{ N} \cdot m^{-2} = 735.6 \text{ mmHg}$$
$$= 10 \text{ mH}_2\text{O} = 1 \text{ kgf} \cdot cm^{-2}$$

通常,用测压表测压时所显示的读数,并非实际压强,而是表示以绝对真空为起点计算的绝对压强与当时当地大气压强的差值,称为表压强。表压强、绝对压强和大气压强三者的关系为

$$\text{表压强} = \text{绝对压强} - \text{大气压强} \tag{2-4a}$$

当体系内的绝对压强小于大气压时,用真空表测量,其读数为真空度,表示被测定系统的绝对压强低于大气压强的数值。真空度、绝对压强和大气压强三者的关系为

$$\text{真空度} = \text{大气压强} - \text{绝对压强} \tag{2-4b}$$

显然,真空度越高,被测系统的绝对压强越低。因此,真空度表现为表压强的负值。为了避免绝对压强、表压强、真空度三者混淆,在表示时应分别注明,如 200 $kN \cdot m^{-2}$(表压强),93 kPa(真空度)。关于真空度的标注还应指出当时当地大气压的数值。如果未加注明,则可认为该大气压数值为 1 atm。其关系见图 2-1。

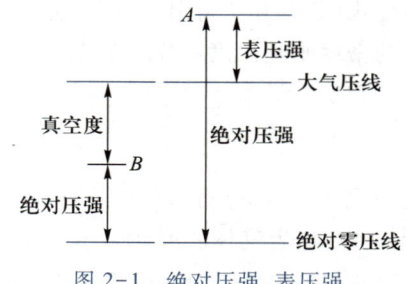

图 2-1 绝对压强、表压强与真空度的关系

例 2-1　测得一台正在工作的离心泵进、出口压强表的读数分别为 38 kPa(真空度)和 138 kPa(表压强)。如果当时当地的大气压为 1 at,试分别求泵的进、出口的绝对压强。并在一绝对压强、表压强和真空度关系图上表示之。

解　1 at = 98.07 kPa

泵进口绝对压强:

$$p_1 = 98.07 \text{ kPa} - 38 \text{ kPa} = 60.07 \text{ kPa}$$

泵出口绝对压强:

$$p_2 = 98.07 \text{ kPa} + 138 \text{ kPa} = 236.07 \text{ kPa}$$

图示参照图 2-1,略。

2.1.3　流体静力学方程

流体静力学方程表示流体处于静止状态下所受的压力和重力的平衡关系。如图 2-2 所示,取一垂直流体柱,其底面积为 A,其中流体的密度为 ρ,在距底面高度为 z 的水平面上作用的压强为 p,分析此水平面上厚度为 $\mathrm{d}z$ 的薄层流体所受的力。

① 向上作用于薄层底面的总压力 pA。

② 向下作用于薄层顶面的总压力 $(p+\mathrm{d}p)A$。

③ 薄层向下作用的重力 $\rho g \mathrm{d}z \cdot A$。

流体静止时,作用于流体柱的力处于平衡状态,三力之和应等于零,即

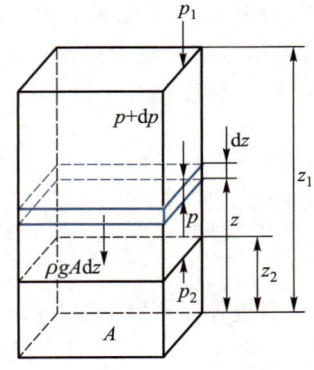

$$pA - (p+\mathrm{d}p)A - \rho g A \mathrm{d}z = 0$$

简化得

$$\mathrm{d}p + \rho g \mathrm{d}z = 0$$

若 ρ 为常数,积分上式得

图 2-2　流体静力平衡

$$\frac{p}{\rho} + gz = 常数 \qquad (2-5)$$

如果 z_1 和 z_2 分别为积分的下限和上限,而作用于 z_1 和 z_2 两个平面上的压强分别为 p_1 和 p_2,则

$$\frac{p_2 - p_1}{\rho} = gz_1 - gz_2 \qquad (2-6)$$

或

$$p_2 = p_1 + \rho g(z_1 - z_2) \qquad (2-7)$$

式(2-5)、式(2-6)和式(2-7)为流体静力学基本方程,现做如下讨论:

① 该方程表明静止流体内部的静压强仅与垂直位置有关,而与同一水平面上的不同位置无关,位置越低,压强越大。

② 压强 p 与流体的密度 ρ 有关。

③ 该方程还说明静止液体内部压强 p_2 随压强 p_1 而变,表明液面上所受的压强能以同样大小传递到液体内部,此规律即物理学中的帕斯卡原理。

2.1.4   流体静力学方程应用举例

1. U 形管压强计

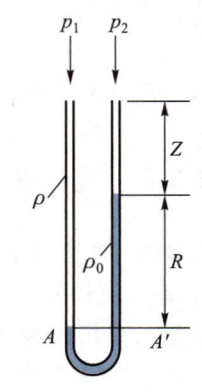

压强是化工生产中重要的控制条件。U 形管压强计是多种测压仪表中最简单常用的一种。如图 2-3 所示,一根 U 形玻璃管,内装密度为 ρ_0 的指示液,指示液应与被测流体不互溶且不发生化学反应,指示液密度 ρ_0 应大于被测流体密度 ρ。

测压时,U 形管的一端连接于被测系统,另一端则与大气相通。此时 U 形管两侧指示液的液柱高度之差即为被测系统的表压强(或真空度)。若将 U 形管两端分别连接于被测系统的两处(如孔板流量计前后连接的水平管),其压强分别为 p_1 和 p_2($p_1 > p_2$),则 U 形管压强计内指示液液柱高度的差值 R,即压强计读数,表示系统内这两处的压差。

图 2-3   U 形管压强计

U 形管压强计上处于同一水平面上的 A 和 A' 两处的压强应相等,因

$$p_A = p_1 + (Z+R)\rho g \qquad p_{A'} = p_2 + Z\rho g + R\rho_0 g$$

而 $p_A = p_{A'}$,所以

$$p_1 - p_2 = (\rho_0 - \rho)gR \qquad (2-8)$$

若被测流体是气体,则式(2-8)可简化为

$$p_1 - p_2 = \rho_0 gR \qquad (2-9)$$

式(2-8)和式(2-9)为 U 形管压强计的测压原理。若被测流体是某容器内的气体(如吸收塔顶部或底部的气体),且 U 形管的另一端与大气相通,即 p_2 为当地当时的大气压,则 $p_1 - p_2$ 表示被测气体的表压强;若 p_1 小于大气压,则 $p_2 - p_1$ 表示被测气体的真空度。

2. 微差压强计

如果需要精确测出一个很小的压差,可采用微差压强计,如图 2-4 所示。

U 形管上端设两个放大室,其直径与 U 形管直径之比要大于 10。压强计内装有 A、B 两种密度不同且不互溶的指示液。测压时,读数 R 变化时,放大室液面基本不发生变化。

由静力学基本方程式可得

$$p_1 - p_2 = Rg(\rho_A - \rho_B) \qquad (2-10)$$

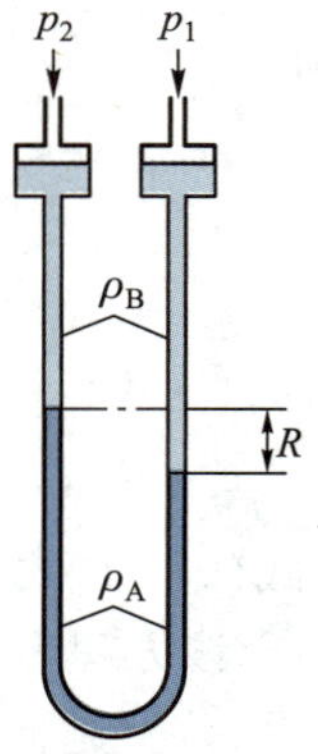

式中:ρ_A,ρ_B 分别为 A,B 两种指示液的密度。$(\rho_A - \rho_B)$ 值越小,则读数

图 2-4   微差压强计

R 越大,那么在测很小的压差时,也能精确读取 R 值。

3. 液位计

液位计是化工生产中指示生产设备内物料贮存量的仪表。根据静止液体内部压强变化规律设计的液位计为一直立的玻璃管,其上下两端分别与容器顶部和底部连通,如图 2-5 所示,玻璃管内液柱的高度即为容器内液面的高度。由于玻璃管与容器连通,A 和 B 两点处于静止流体内的同一水平面上,故

$$p_A = p_B$$
$$p_A = p_1 + \rho g h_1$$
$$p_B = p_2 + \rho g h_2$$
$$p_1 + \rho g h_1 = p_2 + \rho g h_2$$

所以

$$h_1 = h_2$$

表明玻璃管内液位与设备内液位等高。

4. 液封

液封是用液体的静压来封闭气体通道的装置,用以防止贮气柜或气体洗涤塔等生产设备内气体外溢。如果液封使用的液体为水,则称为水封;如为油则为油封。液封还用于压力设备超压时泄压,以及气体输送系统中防止气体倒流等。图 2-6 所示为乙炔发生器的水封装置。发生器内表压强超过规定值 $h\ \mathrm{mH_2O}$ 时,气体便由管 2 通过水封槽 3 排出,达到泄压目的。

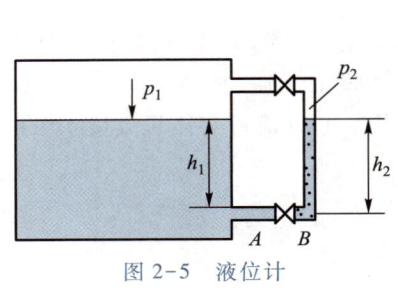

图 2-5　液位计

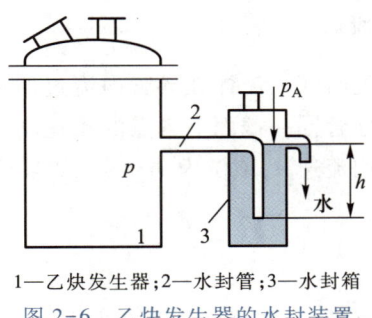

1—乙炔发生器;2—水封管;3—水封箱
图 2-6　乙炔发生器的水封装置

设乙炔发生器内最大压强为 p,器外大气压强为 p_A,则

$$p = p_A + \rho_{水} g h$$

水封高度 h 为

$$h = \frac{p - p_A}{\rho_{水} g} \tag{2-11}$$

式 (2-11) 为设计水封高度的公式,为了安全起见,一般确定的 h 值应略大于 $(p-p_A)/(\rho_{水}g)$。

2.2   流 体 流 动

化工生产中的流体物料多采用密闭管道输送。因此,研究流体在管道内的流动,就成为化学工程学的重要内容。流体流动像其他物质运动一样,要遵守质量守恒、能量守恒和动量守恒等规律。从这些规律中找出流体流动各参数的变化关系,然后去解决化学工程中的实际问题。

流体在管内的流动主要是轴向流动,可以忽略径向或其他方向的流动。因此,可按一维流动过程来加以分析。

2.2.1   流体的流量和流速

1. 流量

单位时间内通过导管任一横截面积的流体量称为流量。其中,流量用质量量度则为质量流量 q_m,单位是 $kg \cdot s^{-1}$ 或 $kg \cdot h^{-1}$;用体积量度则为体积流量 q_V,单位是 $m^3 \cdot s^{-1}$ 或 $m^3 \cdot h^{-1}$,质量流量和体积流量的关系为

流量

$$q_m = \rho q_V \tag{2-12}$$

式中:ρ 为流体密度,$kg \cdot m^{-3}$。

流量这一概念具有瞬时特性,它随时间而变化,而不是某一时间段的累计量。只有当流体做稳态流动时,流量才为一定值。

2. 流速

单位时间内流体在导管内流过的距离称为流速。对于实际流体,流体流动时的黏滞作用会使导管同一截面上各点的流速均不相同。通常所说的流速,是指整个管道横截面上流体的平均流速 u,单位为 $m \cdot s^{-1}$。如果导管的横截面积为 A,则流速与体积流量 q_V 的关系为

$$u = \frac{q_V}{A} \tag{2-13}$$

而质量流量 q_m 与流速的关系为

$$q_m = \rho q_V = \rho u A \tag{2-14}$$

当流体为气体时,因气体的体积随温度和压力的改变而变化,其体积流量应注明温度和压力条件。

3. 管径的计算

输送流体的管道一般多为圆形管,圆管的横截面积 $A = \frac{\pi}{4} d^2$,所以按一定流量 q_V 和流速 u 输送某种流体的管道直径 d 可根据下式计算:

$$d = \sqrt{\frac{4q_V}{\pi u}} \qquad (2-15)$$

4. 流速的选择

在进行上述计算时,流量是由生产任务决定的,应为已知值,而流速则有待于选择,流速的大小与管路建设投资和运行操作费用密切相关。当流量一定时,流速大,管径小,投资费用小;但流速大,管内流体流动阻力增大,输送流体所消耗的动力增加,操作费用则随之增多。反之,在相同条件下选择小流速,动力消耗固然可以降低,但管径增大后建设投资增加。因此,在选择流体输送管路时,应综合考虑建设投资费用和运行操作费用,选定最佳的经济流速。表2-1列举了若干流体在管道中常用的流速范围。

表 2-1　若干流体在管道中的常用流速范围

流体种类及状况	流速范围 $\mathrm{m \cdot s^{-1}}$	流体种类及状况	流速范围 $\mathrm{m \cdot s^{-1}}$
水及较低黏度液体	0.5~3	压力较高的气体	15~25
黏度较大的流体	0.5~1	常压饱和水蒸气	15~25
低压气体	8~15	0.5 MPa(表压强)饱和水蒸气	20~40
易燃易爆的低压气体	<8	过热水蒸气	30~50

2.2.2　稳态流动与非稳态流动

在流体流动系统内,任一空间位置上的流量、流速、压强和密度等物理参数,只随空间位置的改变而改变,而不随时间变化的流动称为稳态流动或稳定流动;否则,为非稳态流动或不稳定流动。

试设想如图2-7(a)所示的水贮槽,其底部有一排水管,若排水时不断向贮槽补充水,以维持水面高度不变,则槽内和排水管内各截面上的压强和流速恒定,不随时间变化,为稳态流动。如图2-7(b)所示,贮槽排水过程中无水补充,液面不断下降,则槽内和水管内各截面上的压强和流速均随时间改变,故为非稳态(不稳定)流动。

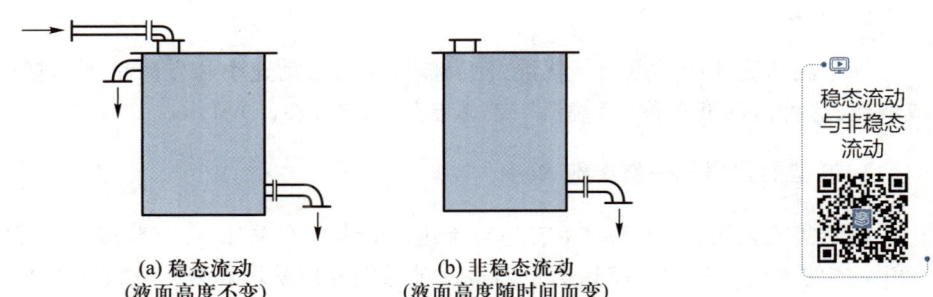

(a) 稳态流动　　　　　　(b) 非稳态流动
(液面高度不变)　　　(液面高度随时间而变)

稳态流动
与非稳态
流动

图 2-7　流体流动的两种形式

在连续操作的化工生产中,流体的流动大多为稳态流动。本章将以讨论稳态流动为主。

2.2.3 流动型态

1883 年,雷诺(O.Reynolds)通过实验成功地实现了对流体流动型态的观察。雷诺实验装置如图 2-8 所示,从槽 A 的顶端不断注入水,而由右侧溢流管排出多余水,以保持槽内水面恒定。槽的左侧水平安装一根玻璃管,并与另一水槽 B 相连接,在 B 槽左侧有一带控制阀 D 的出水口,槽内的水由此排出,并可由阀门 D 调节其流量,也就是调节水平管内水的流速。在水槽 A 的上方有一下口瓶 C,瓶内贮有示踪墨水,经由瓶下口细管和针形管插入水平玻璃管中心,将示踪墨水注入玻璃管内,并随管内水流动。通过观察不同的水流速度范围内示踪墨水流线的变化情况,可以判断管内水的流动型态。当管内水的流速较小时,示踪墨水呈一条直线与水流平行流动而不相互混扰,如图 2-8(a)所示;水流速度增大,墨水线开始弯曲并转变成波浪形,如图 2-8(b)所示;当水流速度增大到某一临界值时,墨水线不复存在,呈现不连贯的涡状混乱流动,继而与水混成一色,如图 2-8(c)所示。实验证明,管内流体流动存在着不同的流动型态。

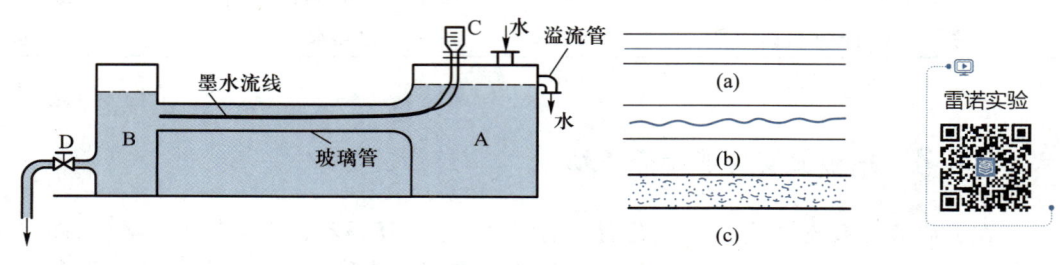

图 2-8 雷诺实验装置

1. 层流

管中流动流体的质点只沿管轴方向平行流动,而不做垂直于管轴的径向扰动,这种流动型态称为"层流"或"滞流",如图 2-8(a)所示。

2. 湍流

管中流动流体的质点相互扰混,使流体质点的流动速率和方向呈现不规则变化,甚至形成涡流,这种流动型态称为"湍流"或"紊流",如图 2-8(c)所示。

3. 流型的判据——雷诺数 Re

雷诺实验证明,流体流动型态除与流速 u 的大小有关外,还与管道的直径 d、流体的密度 ρ 和流体的黏度 μ 有关。将这四个因素通过量纲分析整理成为一个量纲为 1 的复合数群,作为判断流动型态的标准,称为"雷诺数",用 Re 表示,即

$$Re = \frac{du\rho}{\mu}$$

(2-16)

将各物理量的量纲代入式(2-16),则

$$Re = \frac{L \cdot L \cdot T^{-1} \cdot ML^{-3}}{ML^{-1} \cdot T^{-1}} = L^0 M^0 T^0$$

式中:L,M,T 分别是长度、质量、时间的量纲符号。所以雷诺数的量纲为 1,是一个纯粹的数值。

用流体在管内流动的雷诺数 Re 来判别其流动型态,当 $Re \leqslant 2000$ 时,流动型态为稳定层流;当 $Re \geqslant 4000$ 时,流动型态为稳定湍流;当 $2000 < Re < 4000$ 时,则为层流向湍流转变的过渡区域,是一种不稳定状态,有时出现层流,有时出现湍流,依赖于环境,如遇到流道弯曲、管壁粗糙或外来震动等都可能导致湍动。

两种不同流型对流体中发生的动量、热量和质量的传递将产生不同的影响。为此,工程设计上需要能够事先判定流型,在一般的工程计算中,过渡区域可按湍流处理。

2.2.4 牛顿黏性定律

牛顿黏性定律是一个实验性定律,是通过实验得出的。如果站在江边,人们可以看到,江中心水急浪大,江岸两边,水流速度小,证明流体存在一定的速度分布,如图 2-9 所示。

流体流动时,往往产生阻碍流体流动的内摩擦力,这种流动特性称为流体的黏性。衡量流体黏性大小的物理量,称为黏度。黏度的物理意义可用牛顿黏性定律说明。

如图 2-10 所示为两块平行而距离很近的平板,其面积为 A,板间充满静止流体。如果固定下板,对上板施加一恒定外力,使上板做平行于下板的匀速运动,则与上板接触并黏附在板面上的一薄层流体将以与上板相同的速度随上板运动,而与下板相接触并黏附在板面上的一薄层流体,则仍处于静止状态,其速度为零。两板之间的其余流体层的速度则呈线性分布。若将两板之间的流体看成由无数流体薄层构成,则各层流体的运动速度皆不相同,导致速度快的流体层对相邻速度慢的流体层产生牵引,而速度慢的流体层则对速度快的流体层产生阻滞。因此,在相邻两流体层之间因流层相对运动而产生了剪切力。这种剪切力称为流体的内摩擦力或黏滞力。实验证明,液体内摩擦力 F 的大小与两流体层的速度差 Δu 和接触面积 A 成正比,而与两流体层间的垂直距离 Δy 成反比,即

$$F \propto A \frac{\Delta u}{\Delta y}$$

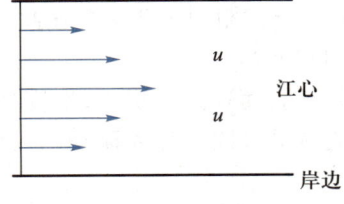

图 2-9　江面速度分布示意图

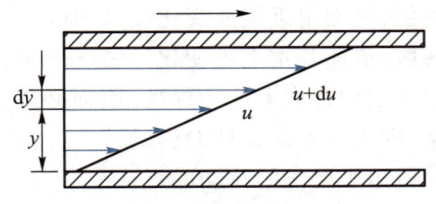

图 2-10　平板间流体速度变化

写成等式,则为

$$F = \mu A \frac{\Delta u}{\Delta y}$$

流体在圆管内流动时,u 和 y 不呈直线关系,故应写成 $\dfrac{du}{dy}$,称为速度梯度。所以

$$F = \mu A \frac{du}{dy} \tag{2-17}$$

令 $\tau = F/A$ 为单位面积上的内摩擦力(剪应力),则

$$\tau = \mu \frac{du}{dy} \tag{2-18}$$

式中:τ 为内摩擦力或剪应力,$N \cdot m^{-2}$;$\dfrac{du}{dy}$ 为垂直于流体流动方向的速度变化率,称为法向速度梯度,s^{-1};μ 为比例系数,称为动力黏度或黏度。

式(2-18)即为牛顿黏性定律。凡服从牛顿黏性定律的流体,如水、空气、一般气体和低相对分子质量溶液等,称为牛顿流体;而相对分子质量大的高聚物熔融体等,不服从牛顿黏性定律,则称为非牛顿流体。如泥浆、悬浮液、聚合物溶液或熔融体、生物类流体、油漆等均属非牛顿流体。本章仅讨论牛顿流体。

由牛顿黏性定律可见,当 $du/dy = 1 \ s^{-1}$ 时,$\mu = \tau$,所以黏度的物理意义是速度单位梯度为 $1 \ s^{-1}$ 时,因流体黏性而产生的剪应力。由牛顿黏性定律导出的黏度 SI 单位为 $N \cdot s \cdot m^{-2}$;而用 CGS 制表示的单位则为 $dyn \cdot s \cdot cm^{-2}$,称为 P(泊)。它们的换算关系为

$$1 \ P = 100 \ cP = 0.1 \ N \cdot s \cdot m^{-2} = 0.1 \ Pa \cdot s$$

黏度的数值一般由实验测定,它与压强的关系不大,但受温度影响。液体的黏度随温度的升高而减小,气体的黏度则随温度的升高而增大。

流体力学中常把流体黏度 μ 与密度 ρ 之比称为运动黏度,用符号 ν 表示,其单位为 $m^2 \cdot s^{-1}$。

$$\nu = \frac{\mu}{\rho} \tag{2-19}$$

2.2.5　边界层及边界层分离

实际流体沿壁面流动时,可在流体中划分出两个区域:边界层和主流区。

边界层:壁面附近流速变化较大的区域,$u = 0 \sim 99\% u_0$,流动阻力主要集中在此区域。

主流区:流速基本上不变化,$u \geqslant 98\% u_0$,流动阻力可以忽略。

在边界层内存在着速度梯度,因而必须考虑黏度的影响;而在边界层外,速度梯度小到可以忽略,则无须考虑黏性的影响。这样,在研究实际流体沿着固体界面流动的问题时,只要集中分析边界层内的流动即可。

1. 边界层的形成

如图 2-11 所示,当流体沿平行固体平面方向流向该平面时,在平面的前沿,尚能维持匀

速流动,一旦达到平面,在平面上就会黏附一薄层静止的流体,这层流体与相邻流体层之间产生内摩擦力,使流速减慢。这种减速作用将逐层向流体中心传递,形成一种速度分布,直到距平面一定距离之后,才能恢复到流体原来的 u,这一距离用 δ 表示,在 δ 距离内,流体层呈现速度梯度,这个速度梯度区域称为流动边界层。

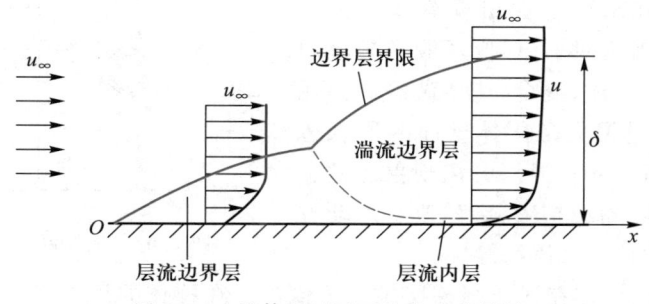

图 2-11　流体通过平面的流动边界层

在边界层内存在显著的速度梯度,即使流体的黏度很小,也会产生较大的内摩擦力,故流体流动时的摩擦阻力主要集中在边界层内。这样可使复杂的实际流体流动现象得以简化。

在边界层内,流体流动可能是层流,也可能是湍流,至于什么情况下是层流,什么情况下是湍流,应根据整个流体流动的速度而定。但是,即使流体流动处于高度湍流的状况,在靠近固体壁面处仍有一薄层流体呈层流状态。这层流体称为层流内层或滞流内层。可以认为,湍流流动流体内的摩擦阻力主要集中在层流内层之中。

流体在圆管中流动且进入管口时,边界层很薄,随着流体向前流动,边界层逐渐增厚,当边界层的厚度达到管道的半径时,边界层则在管道中心会合,此后边界层占满了整个管道截面,如图 2-12 所示。当流体做层流流动时,边界层内流体呈层流状态。若管内流体流动为湍流,在管道的入口处,仍然会形成层流边界层,其厚度也随着流体向前流动而增厚。当边界层增厚到一定程度后,边界层内的流体流动开始由层流过渡到湍流并形成湍流边界层,但在靠近管壁处仍有一薄层层流内层存在,在层流内层之外,应有一层既非层流也非湍流的过渡层,在过渡层之外,才是湍流层。

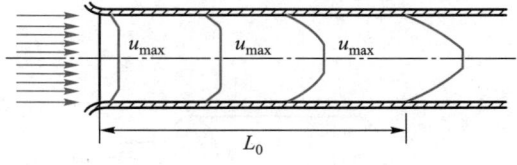

图 2-12　圆管内层流边界层的形成

湍流边界层内的层流内层厚度与管内流动的雷诺数有关,当 $Re = 10^5$ 时,层流内层厚度 $\delta_b = 0.026d$ (d 为管道直径)。流体流动从管道入口开始形成边界层,直至边界层在管道中心汇聚的长度,称为稳定段长度,用 L_0 表示,该长度也与流体流动的雷诺数有关,对于层流,稳定段长度近似为

$$\frac{L_0}{d} = 0.0575Re \tag{2-20}$$

对于湍流,稳定段长度较短,一般为圆管直径的 50~100 倍。由此可见,流体进入圆管的流动需要经过一定长度才能达到稳定,只有在稳定段之后,流动型态和速度分布才能保持稳定不变。

2. 边界层的分离现象

如图 2-13 所示,当流体通过曲面(如圆柱体表面、球面)流动时,若出现边界层脱离固体壁面的流动现象,则称为边界层分离现象。边界层脱离壁面后,在壁面上会出现流体空白区 $C-C'$,下游的流体倒流回来,形成两股逆向流动的流体,在空白区内碰撞,混合,产生漩涡而消耗能量。由于这种能量损失是固体壁面的形状造成的,故称为形体阻力。边界层分离现象还常发生在管道截面突然收缩或扩大,突然改变流动方向,以及流动过程中遇到障碍物等处。

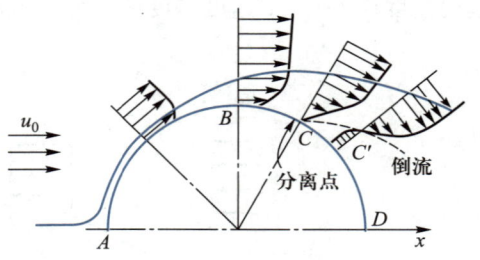

图 2-13   流体沿圆柱表面的流动

在 $C-C'$ 线以下,流体在逆压强梯度推动下倒流。在柱体的后部产生大量漩涡,造成机械能耗损,表现为流体的阻力损失增大。由上述可知:

① 流道扩大时必造成逆压强梯度。

② 逆压强梯度容易造成边界层的分离。

③ 边界层分离造成大量漩涡,大大增加机械能消耗。

2.2.6   流体在管内的速度分布

由于流体的黏性,当流体通过圆形管道时,管道横截面上各层的流速均不相同。一般在管中心处的流速最大,越靠近管壁流速越小,紧靠管壁的流速等于零。对于层流,流体质点平行于管轴流动,管内流体类似于多层圆筒重叠做相对运动,其速度分布规律用牛顿黏性定律导出为一抛物线曲线,如图 2-14 所示。

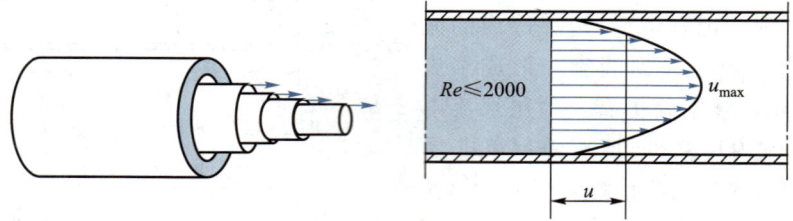

图 2-14   管内层流的速度分布

1. 层流时的速度分布

实验测得层流时速度分布如图 2-14 所示,分布曲线像一抛物线。管中心速度最大,沿径向至壁面渐减,平均速度为最大速度的一半。

2. 层流速度分布方程

设流体在半径为 R 的水平直管内做匀速流动,于管内取一段长为 l、半径为 r 的水平流体柱,如图 2-15 所示。

作用在水平流体柱 1、2 两端的压强分别为 p_1 和 p_2;在距管中心 r 处,流体的流速为 u_r,在 $r+\mathrm{d}r$ 处流速为 $u_r+\mathrm{d}u_r$,则流体沿半径方向的速度梯度为 $-\mathrm{d}u_r/\mathrm{d}r$,由牛顿黏性定律得

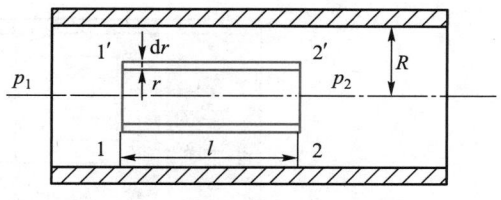

图 2-15 层流速度分布式推导

$$F = -\mu A \frac{\mathrm{d}u_r}{\mathrm{d}r} = -\mu (2\pi rl) \frac{\mathrm{d}u_r}{\mathrm{d}r} \qquad (2-21)$$

由于 r 越大,越靠近管壁,则 u_r 越小,故式中加负号。

克服内摩擦力使两流体层发生相对运动的推动力为

$$(p_1-p_2)\pi r^2 = \Delta p \pi r^2$$

流体做匀速运动时,推动力应等于内摩擦力,故有

$$\Delta p \pi r^2 = -\mu (2\pi rl) \frac{\mathrm{d}u_r}{\mathrm{d}r}$$

整理得

$$-\mathrm{d}u_r = \frac{\Delta p}{2\mu l} r \mathrm{d}r$$

当 $r=R$ 时,$u_r=0$,在 $r\sim R$ 积分上式,得

$$-\int_0^{u_r} \mathrm{d}u_r = \frac{\Delta p}{2\mu l} \int_R^r r\mathrm{d}r$$

$$u_r = \frac{\Delta p}{4\mu l}(R^2-r^2) \qquad (2-22a)$$

在管中心,$r=0$,流速最大,由式(2-22a)可得最大流速 $u_{\max}$,即

$$u_{\max} = \frac{\Delta p}{4\mu l} R^2 \qquad (2-22b)$$

式(2-22a)除以式(2-22b)得

$$u_r = u_{\max} \left[1-\left(\frac{r}{R}\right)^2 \right] \qquad (2-22c)$$

式(2-22c)表明圆管内流体做稳态层流流动时的流速呈抛物线分布。

3. 湍流速度分布方程

湍流速度分布不能用牛顿黏性定律导出,只能由实验测得它的分布图形。它不是抛物线分布,而是管中心处各点的流速几乎拉平,靠管壁部分才有明显的速度梯度,这条曲线随着管内流体流动雷诺数的增大而趋于平坦。管内湍流的速度分布如图 2-16 所示。不少研究者曾对湍流流速分布做过研究,并总结出以下经验式:

$$u_r = u_{\max} \left(1-\frac{r}{R} \right)^{1/n} \qquad (2-23)$$

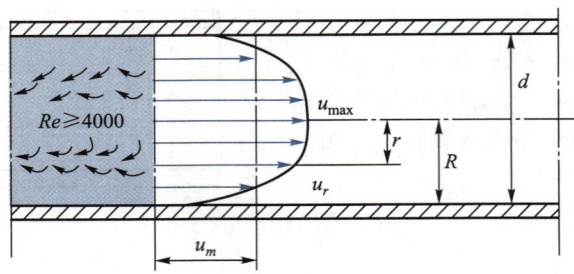

图 2-16　管内湍流的速度分布

式（2-23）中指数项 n 为雷诺数的函数，其值在 $6 \sim 10$。雷诺数越大，则 n 值越大。例如：

$4 \times 10^4 < Re < 1.1 \times 10^5$ 时，$n = 6$

$1.1 \times 10^5 \leq Re \leq 3.2 \times 10^6$ 时，$n = 7$

$Re > 3.2 \times 10^6$ 时，$n = 10$

2.3　流体流动系统的质量衡算

如果流体在密闭管道内做稳态流动，且流体完全充满管道，没有泄漏和积累，根据质量守恒定律，则有

流入系统的液体质量流量 = 流出系统的液体质量流量

如图 2-17 所示，流体充满管道连续通过直径不同的 1-1′，2-2′ 两个截面做稳态流动。设两截面面积分别为 A_1 和 A_2；流经截面的流体流速分别为 u_1 和 u_2，密度分别为 ρ_1 和 ρ_2。如果管道内各截面上的压强和温度不变，单位时间通过管道任意截面的流体质量 q_m（质量流量）均相等，即

$$q_{m1} = q_{m2} = q_m = 常数$$

或

$$A_1 u_1 \rho_1 = A_2 u_2 \rho_2 = Au\rho = 常数 \tag{2-24}$$

式（2-24）为流体做稳态流动时的物料衡算式，称为流体流动连续性方程。

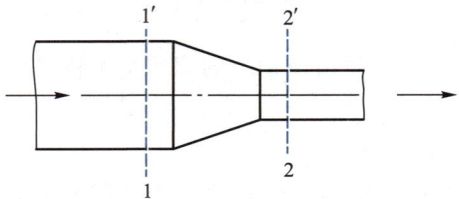

图 2-17　流体稳态流动时的质量衡算

对于不可压缩流体，因其密度在流体流动过程中不发生变化，可视为常数，所以式（2-24）可转变为

$$A_1 u_1 = A_2 u_2 = Au = 常数$$

即

$$q_{V1} = q_{V2} = q_V = 常数 \qquad (2-25)$$

式（2-25）说明做稳态流动的液体通过管道任意截面的体积流量相等。因此，液体流经各管道截面处的流速与该截面面积成反比。对于圆形管道，则有

$$u_1 / u_2 = A_2 / A_1 = \left(\frac{\pi}{4} d_2^2\right) \Big/ \left(\frac{\pi}{4} d_1^2\right)$$

$$= d_2^2 / d_1^2 \qquad (2-26)$$

流体流动连续性方程只适用于做稳态流动的流体。对于做非稳态流动的流体，由于流速随时间变化，连续性方程不能成立。

流体流动连续性方程常用于流体输送系统设计中管径及设备直径的计算，当生产任务已经确定，流体的质量流量或体积流量一定时，即可根据物料性质选定的最经济流速来计算管道或设备的直径。

2.4　流体流动系统的能量衡算

能量衡算

如图 2-18 所示的稳态流动系统，截面 1-1′ 和 1-2′ 之间为划定的能量衡算系统。假设有质量流量为 q_m 的流体自截面 1-1′ 进入衡算系统，则同时必有相同质量流量的流体自截面 2-2′ 离开衡算系统。由于流体本身具有一定的能量，因此，流体在流动过程中将伴随发生以下几种形式的能量变化。

（1）位能

流体在重力作用下，因其距离基准面有一定高度而具有的能量称为位能。质量流量为 q_m 的流体所具有的位能等于该流体从基准面升高至高度为 z 时反抗重力所做的功，其数值等于 $q_m g z$，单位为 $J \cdot s^{-1}$ 或 W。因此，截面 1-1′ 和截面 2-2′ 处的位能分别为 $q_m g z_1$ 和 $q_m g z_2$。

（2）动能

动能为流体运动所具有的能量。质量流量为 q_m 的流体分别以流速 u_1 和 u_2 通过截面 1-1′ 和截面2-2′ 时的动能分别为 $\frac{1}{2} q_m u_1^2$ 和 $\frac{1}{2} q_m u_2^2$，单位为 $J \cdot s^{-1}$ 或 W。

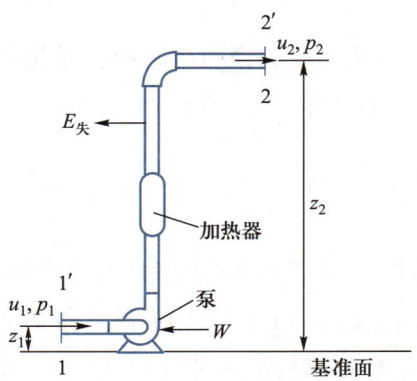

图 2-18　伯努利方程推导

（3）压力能

由于流体内部具有一定压强，流体流动时必须克服该压强对流体做功，方能进入流动系统。因此，进入流动系统的流体应具有能克服该压强做功所需要的能量。这种能量称为压力能。在图 2-18 所示的系统中，截面 1-1′ 和截面 2-2′ 处的压强分别为 p_1 和 p_2，截面面积分别为 A_1 和 A_2。若质量流量为 q_m 的流体的体积流量为 q_V，则单位时间内通过这两个截面的流体流经的距离分别为 q_V/A_1 和 q_V/A_2，而两截面上流体的压力分别为 $p_1 A_1$ 和 $p_2 A_2$，所以流体在两截面处克服流体压力所做的功为

$$(p_1 A_1) \cdot (q_V / A_1) = p_1 q_V$$

$$(p_2 A_2) \cdot (q_V / A_2) = p_2 q_V$$

单位为 $J \cdot s^{-1}$ 或 W。

（4）热力学能

热力学能是流体内部因分子运动而具有的能量,质量流量为 q_m 的流体在截面 1-1′ 和截面 2-2′ 处的热力学能分别为 $q_m U_1$ 和 $q_m U_2$,其单位为 $J \cdot s^{-1}$ 或 W。

（5）由输送机械获得的能量——$W(W)$

（6）摩擦能量损耗

由截面 1-1′ 到截面 2-2′,经过途中的管道和管件的摩擦损失为 $E_{失}(W)$。

分析了这六种能量之后,可以方便地列出在截面 1-1′ 至截面 2-2′ 范围的流体的能量衡算方程。即

截面 1-1′ 具有的能量 $\left(q_m g z_1 + \dfrac{q_m u_1^2}{2} + \dfrac{q_m P_1}{\rho} \right)$ + 由泵获得的能量 W = 截面 2-2′ 具有的能量

$\left(q_m g z_2 + \dfrac{q_m u_2^2}{2} + \dfrac{q_m P_2}{\rho} \right)$ + 摩擦损耗 $E_{失}$

$$q_m g z_1 + \frac{q_m u_1^2}{2} + \frac{q_m P_1}{\rho} + W = q_m g z_2 + \frac{q_m u_2^2}{2} + \frac{q_m P_2}{\rho} + E_{失} \tag{2-27}$$

式（2-27）为流体流动过程能量衡算方程。也可写为

$$g z_1 + \frac{u_1^2}{2} + \frac{p_1}{\rho} + H_e = g z_2 + \frac{u_2^2}{2} + \frac{p_2}{\rho} + \sum h_f \tag{2-28}$$

式中:$H_e = W/q_m$,$\sum h_f = E_{失}/q_m$,单位均为 $J \cdot kg^{-1}$。

如果再除以 g,得

$$z_1 + \frac{u_1^2}{2g} + \frac{p_1}{\rho g} + H_e' = z_2 + \frac{u_2^2}{2g} + \frac{p_2}{\rho g} + \sum H_f \tag{2-29}$$

式中:H_e' 为流体输送机械的有效压头,也称为扬程（流体输送机械对 1 N 流体所做的功）,$H_e' = W/(q_m g)$,m;$\sum H_f$ 为压头损失,$\sum H_f = E_{失}/(q_m g)$,m。

以上能量衡算式（2-27）、式（2-28）和式（2-29）称为"实际流体的伯努利方程",均适用于不可压缩的流动系统。

对式（2-27）进行讨论:

① 若无输送机械（$W=0$）,流体是理想流体,忽略摩擦损失（$E_{失}=0$）,则式（2-28）简化为

$$g z_1 + \frac{u_1^2}{2} + \frac{p_1}{\rho} = g z_2 + \frac{u_2^2}{2} + \frac{p_2}{\rho}$$

或

$$z_1 + \frac{u_1^2}{2g} + \frac{p_1}{\rho g} = z_2 + \frac{u_2^2}{2g} + \frac{p_2}{\rho g} \tag{2-30}$$

2.4 流体流动系统的能量衡算　　35

式(2-30)为原始的伯努利方程,也称为流体动力学方程,是伯努利(Bernoulli)首先从理论上导出的。

② 对于静止的、不可压缩的流体,有 $W=0$, $h_f=0$, $u_1=u_2=0$,则式(2-30)简化为

$$gz_1+\frac{p_1}{\rho}=gz_2+\frac{p_2}{\rho}$$

所以

$$p_2=\rho g(z_1-z_2)+p_1 \qquad (2-31)$$

式(2-31)与前面的流体静力学方程式一致,所以流体静力学方程是流体动力学方程的特例。

对流动流体进行能量衡算时应注意的问题:

① 选择基准面,为了计算方便,通常取衡算系统中两截面之一为基准面,则该截面的位压头 $z_1=0$,若另一截面在基准面上方,则 z_2 为正值;反之,为负值。

伯努利方程更确切的表达式为

上游截面的三项能量+从输送机械获得的能量=下游截面的三项能量+管道中的摩擦损失能量

② 选取衡算截面是为了划定能量衡算的范围,所选截面必须在连续流动系统以内,而且应与流体流动方向垂直,并保证截面上的已知条件充分。

③ 在使用能量衡算式时,对于式中各物理量,必须采用一致的单位制,如采用压头单位米液柱,则应指明液体的名称。

④ 确定流体输送机械的压头和功率时,不管应用伯努利方程的哪一表示式,在计算外加能量时都要注意其单位。

例 2-2 用虹吸管从高位槽向反应器加料,高位槽和反应器均与大气连通(图 2-19),要求料液在管内以 $1\ \mathrm{m\cdot s^{-1}}$ 的流速流动。设料液在管内流动时的能量损失为 $20\ \mathrm{J\cdot kg^{-1}}$(不包括出口的能量损失),试求高位槽的液面应比虹吸管的出口高多少。

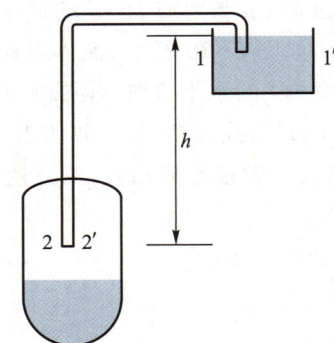

解 取高位槽液面为 1-1′截面,虹吸管出口内侧截面为 2-2′截面,并以 2-2′为基准面。列伯努利方程得

$$gz_1+\frac{u_1^2}{2}+\frac{p_1}{\rho}+H_e=gz_2+\frac{u_2^2}{2}+\frac{p_2}{\rho}+\sum h_f$$

式中: $z_1=h$, $z_2=0$, $p_1=p_2=0$(表压强), $H_e=0$。

图 2-19　例 2-2 示意图

因为截面 1-1′面积比截面 2-2′面积大得多,所以 $u_1\approx0$,而 $u_2=1\ \mathrm{m\cdot s^{-1}}$, $\sum h_f=20\ \mathrm{J\cdot kg^{-1}}$,代入得

$$9.81h=\frac{1}{2}+20$$

$$h=2.09\ \mathrm{m} \quad (即高位槽液面应比虹吸管出口高 2.09\ \mathrm{m})$$

值得注意的是,截面 2-2′必定要选在管子出口内侧,这样才能与题给的不包括出口损失的总能量相适应。

2.5   管内流动阻力

流体在管路中流动的阻力分为直管阻力和局部阻力。直管阻力又称为沿程阻力,是流体沿直管流动时因内摩擦而产生的能量损失。局部阻力是流体通过管路中的管件、阀门时,由于变径、变向等局部障碍,导致边界层分离产生漩涡而造成的能量损失。

流体流动的总阻力损失应为沿直管流动产生的摩擦阻力损失 h_f 和遇到变径、变向的障碍产生的局部阻力损失 h_f' 之和。即

$$\sum h_f = h_f + h_f' \tag{2-32}$$

由式(2-32)可知,质量为 1 kg 的流体流动时,其阻力损失为 $\sum h_f$。因此,体积为 1 m^3 的流体流动时,其阻力损失为 $\rho \sum h_f$。显然,$\rho \sum h_f$ 的单位与压强的单位一致,所以阻力损失可以用压强降来表示,即

$$\Delta p = \rho \sum h_f = \rho(h_f + h_f') \tag{2-33}$$

流体流动阻力的大小与流体的性质、流动型态、管路的特性和长度等因素有关。

2.5.1   直管阻力损失计算通式

流体在管内流动时产生的阻力可通过压强降 Δp 的测定来计算,由于产生阻力损失的原因是靠近管壁处流体内产生的摩擦应力,而管壁处的剪应力为 τ_w,压强降 Δp 与剪应力 τ_w 的关系可推导如下。

如图 2-20 所示,流体以流速 u 流过一直径为 d、长度为 l 的水平直管,压强 p_1 和 p_2 分别垂直作用于截面 1-1′ 和截面 2-2′。剪切力 F_w 作用于流体柱四周管壁,在做稳态流动时,三力达到平衡,即

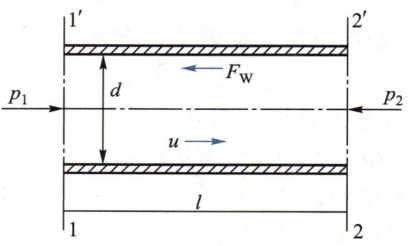

图 2-20   管内流体流动时压力降
与剪切力平衡关系

$$\frac{\pi d^2}{4}(p_1 - p_2) - F_w = 0$$

设

$$\frac{\pi d^2}{4}(p_1 - p_2) = \Delta p \left(\frac{\pi d^2}{4} \right)$$

$$F_w = \tau_w (\pi d l)$$

代入上式,则有

$$\Delta p = \frac{4l}{d} \tau_w$$

上式可以改写成

$$\Delta p = 8 \left(\frac{\tau_w}{\rho u^2} \right) \left(\frac{l}{d} \right) \frac{\rho u^2}{2}$$

并令

$$\lambda = 8\left(\frac{\tau_{\mathrm{w}}}{\rho u^2}\right) \tag{2-34}$$

则得

$$\Delta p = \lambda \frac{l}{d} \frac{\rho u^2}{2} \tag{2-35}$$

式(2-35)也可以写成

$$h_{\mathrm{f}} = \lambda \frac{l}{d} \frac{u^2}{2} \tag{2-36}$$

和

$$H_{\mathrm{f}} = \lambda \frac{l}{d} \frac{u^2}{2g} \tag{2-37}$$

若令 $f = \tau_{\mathrm{w}}/(\rho u^2)$，则有

$$\Delta p = 8f \frac{l}{d} \frac{\rho u^2}{2} \tag{2-35a}$$

$$h_{\mathrm{f}} = 8f \frac{l}{d} \frac{u^2}{2} \tag{2-36a}$$

$$H_{\mathrm{f}} = 8f \frac{l}{d} \frac{u^2}{2g} \tag{2-37a}$$

以上各式中，λ 为摩擦系数，f 为范宁因子，量纲均为 1。式(2-35)~式(2-37a)均称为范宁公式，是计算管内摩擦阻力的通用公式。

为了说明摩擦系数 λ 的物理意义，将式(2-37)改写为

$$\lambda = \frac{H_{\mathrm{f}} \Big/ \left(\dfrac{l}{d}\right)}{u^2 / (2g)}$$

摩擦系数

上式表明 λ 的物理意义为 1 N 流体在管道中流经一段与管道直径相等的距离所造成的压头损失与其所具有的动压头之比。λ 与剪应力有关，是流体物理性质和流动状况的函数。

范宁公式适用于不可压缩流体的稳态流动，既可用于层流，也可用于湍流，计算阻力损失的关键是确定不同流动型态下的摩擦系数。

2.5.2 层流流动的阻力损失计算

根据层流速度分布公式，平均流速是最大流速的一半，参见式(2-22b)，则有

$$u = \frac{1}{2} u_{max} = \frac{1}{2} \cdot \frac{p_1 - p_2}{4\mu l} \cdot R^2$$

$$p_1 - p_2 = \frac{8\mu l u}{R^2} = \frac{8\mu l u}{\frac{d^2}{4}} = \frac{32\mu l u}{d^2} \tag{2-38}$$

而由伯努利方程得到的直管阻力为

$$H_f = \frac{p_1 - p_2}{\rho g} \tag{2-39}$$

由直管阻力定义为

$$H_f = \lambda \frac{l}{d} \frac{u^2}{2g} \tag{2-40}$$

联立式(2-38)、式(2-39)和式(2-40)得

$$\lambda \frac{l}{d} \frac{u^2}{2g} = \frac{32\mu l u}{\rho g d^2}$$

$$\lambda = \frac{64}{\frac{d\rho u}{\mu}} = \frac{64}{Re}$$

此即层流时的 λ 计算公式。

2.5.3 湍流摩擦阻力计算与量纲分析法

摩擦阻力计算的关键是寻求摩擦阻力系数 λ 的计算。层流时, $\lambda = \frac{64}{Re}$,比较容易。但流体在管内做湍流流动时, λ 与许多因素($d, u, \rho, \mu, \varepsilon$)有关,用实验方法来求 λ 与上列因素的关系十分困难。量纲分析法是化学工程实验研究中经常使用的方法之一。

1. 量纲分析法与湍流时的摩擦系数

通过分析得知,影响摩擦系数的因素有流体的密度 ρ 和黏度 μ 、流体流动的平均流速 u 及管路直径 d 和管壁的粗糙度 ε ,因此摩擦系数 λ 为多个变量的函数,即

$$\lambda = f(\rho, \mu, u, d, \varepsilon) \tag{a}$$

若按通常实验方法,则先固定五个变量中的四个变量而改变其中的一个变量,测定该变量对摩擦系数 λ 的影响,然后按此方法依次测定每个变量对 λ 的影响,若每个变量改变 5 次(五个水平),则对于式(a)中的五个参数需进行 $5^5 = 3125$ 次试验,这种方法显然过于烦琐而无法实现。为此在化学工程计算中常采用量纲分析法来处理这类问题,即将许多影响因素,归纳整理成为数不多的几个特征数,然后以这几个特征数为变量,即可使实验的次数大为减少。现将量纲分析法简述如下。

为了简化,暂不考虑管壁粗糙度 ε 对于摩擦系数 λ 的影响,则式(a)可改写为以下幂函数形式,即

$$\lambda = Ad^a u^b \rho^c \mu^e \qquad\qquad (b)$$

式中:A 为常数;a,b,c,e 分别为变量的幂。根据等式两边量纲相等的原则,列出式(b)的量纲恒等式。

已知式(b)中各物理量的量纲为

$$\lambda = L^0 M^0 T^0$$

$$d = L$$

$$u = L \cdot T^{-1}$$

$$\rho = M \cdot L^{-3}$$

$$\mu = M \cdot L^{-1} \cdot T^{-1}$$

式中:L,M,T 依次为表示长度、质量和时间的量纲符号,因此

$$[L^0 M^0 T^0] = [L]^a [L \cdot T^{-1}]^b [M \cdot L^{-3}]^c [M \cdot L^{-1} \cdot T^{-1}]^e$$

根据量纲一致性原则,上式两边每个基本量纲的量纲指数应相等,故有

$$L: \quad a-b-3c-e=0$$
$$M: \quad c+e=0$$
$$T: \quad -b-e=0$$

若 e 为已知数,由上列三个方程联立解得

$$b=-e, \quad c=-e, \quad a=-e$$

代入式(b),得

$$\begin{aligned}\lambda &= Ad^{-e} u^{-e} \rho^{-e} \mu^e \\ &= A\left(\frac{du\rho}{\mu}\right)^{-e} \\ &= ARe^{-e}\end{aligned}$$

由此可见,通过量纲分析,可将 d,u,ρ,μ 四个变量简化为特征数 Re 一个变量。若考虑管壁的粗糙度对于摩擦系数的影响,也只有两个量纲为 1 的变量 Re 和 ε/d,即

$$\lambda = f\left(Re, \frac{\varepsilon}{d}\right) \qquad\qquad (2-41)$$

式中:ε/d 为管壁粗糙度 ε 和管径 d 之比,称为相对粗糙度,量纲为 1。

2. 粗糙度对 λ 的影响

由 $\lambda = f\left(Re, \dfrac{\varepsilon}{d}\right)$ 可以看出,除流型对 λ 有影响外,管壁的粗糙度 ε 对 λ 也有影响,但其影响因流型不同而异。

流体输送用的管道,按其材料的性质和加工情况大致可以分为两类:一类为光滑管,如玻璃管、黄铜管、塑料管等;另一类为粗糙管,如钢管、铸铁管、水泥管等。

管壁粗糙度可用绝对粗糙度 ε(ε 指壁面凸出部分的平均高度)和相对粗糙度 $\dfrac{\varepsilon}{d}$ 来表示。

ε 相同的管道,直径 d 不同,对 λ 的影响就不同。故一般用相对粗糙度 $\dfrac{\varepsilon}{d}$ 来考虑对 λ 的影响。

(1)层流

层流时,管壁上凹凸不平的地方都被有规则的流体层所覆盖,而流速又比较缓慢,流体质点对管壁凸出部分不会有碰撞作用,所以层流时 λ 与 ε 无关,粗糙度的大小并未改变层流的速度分布和内摩擦规律。

(2)湍流

前面我们已知道,湍流时靠管壁处总是存在一层层流内层,其厚度设为 δ_b。若 $\delta_b > \varepsilon$,则此时管壁粗糙度对 λ 的影响与层流相近;若 $\delta_b < \varepsilon$,则管壁突出部分便伸入湍流区与流体质点发生碰撞,使湍流加剧,此时 ε 对 λ 的影响便成了主要因素。Re 越大,层流内层越薄,这种影响越显著。当 Re 增大到一定程度,层流内层薄得使管壁表面凸出,完全暴露在湍流区内,则再增大 Re,只要 ε 一定,λ 就一定了,此时就进入阻力平方区,即阻力损失与 u^2 成正比:$h_f \propto u^2$。

化工生产中常用管道的粗糙度列于表 2-2。

表 2-2　化工生产中常用管道的粗糙度

材料	ε/mm	材料	ε/mm
玻璃、塑料、铜、铅	1.5×10^{-3}(可视为 0)	铸铁	0.46
钢或铸铁	0.05	木板	0.2~0.9
涂沥青的铸铁	0.12	混凝土	0.3~3
镀锌铁	0.15	铆钢	0.9~9

3. 湍流时的阻力损失计算

将式(2-41)代入式(2-40),可得湍流流动阻力损失:

$$h_f = \lambda \frac{l}{d} \frac{u^2}{2} \qquad (2-42)$$

式中:λ 由图 2-21 查取。

湍流流动中 λ 与 Re 和 ε/d 的关系需由实验确定,绘于双对数坐标上,见图 2-21。横坐标为 Re,右纵坐标为相对粗糙度 ε/d,左纵坐标为摩擦系数 λ。该图依照 Re 范围分为 4 个区:

层流区($Re \leqslant 2000$),位于图左上角的一直线。λ 与 Re 为直线关系,与 ε/d 无关。由 $h_f = 32\mu lu/(d^2\rho)$ 知,h_f 与 u 的一次方成正比。

过渡区($2000 < Re < 4000$),工程上一般按湍流处理,位于图左上部画有密斜线的区域,可将湍流曲线向左延长,再查取 λ。

湍流区($Re \geqslant 4000$ 的虚线以下区域),该区域 λ 与 Re 和 ε/d 均有关;当 ε/d 一定时,λ 随 Re 的增大而减小,但变化渐趋平缓;当 Re 一定时,λ 随 ε/d 的增大而增大。其中,最下面一条曲线为光滑管 λ 与 Re 的关系曲线。

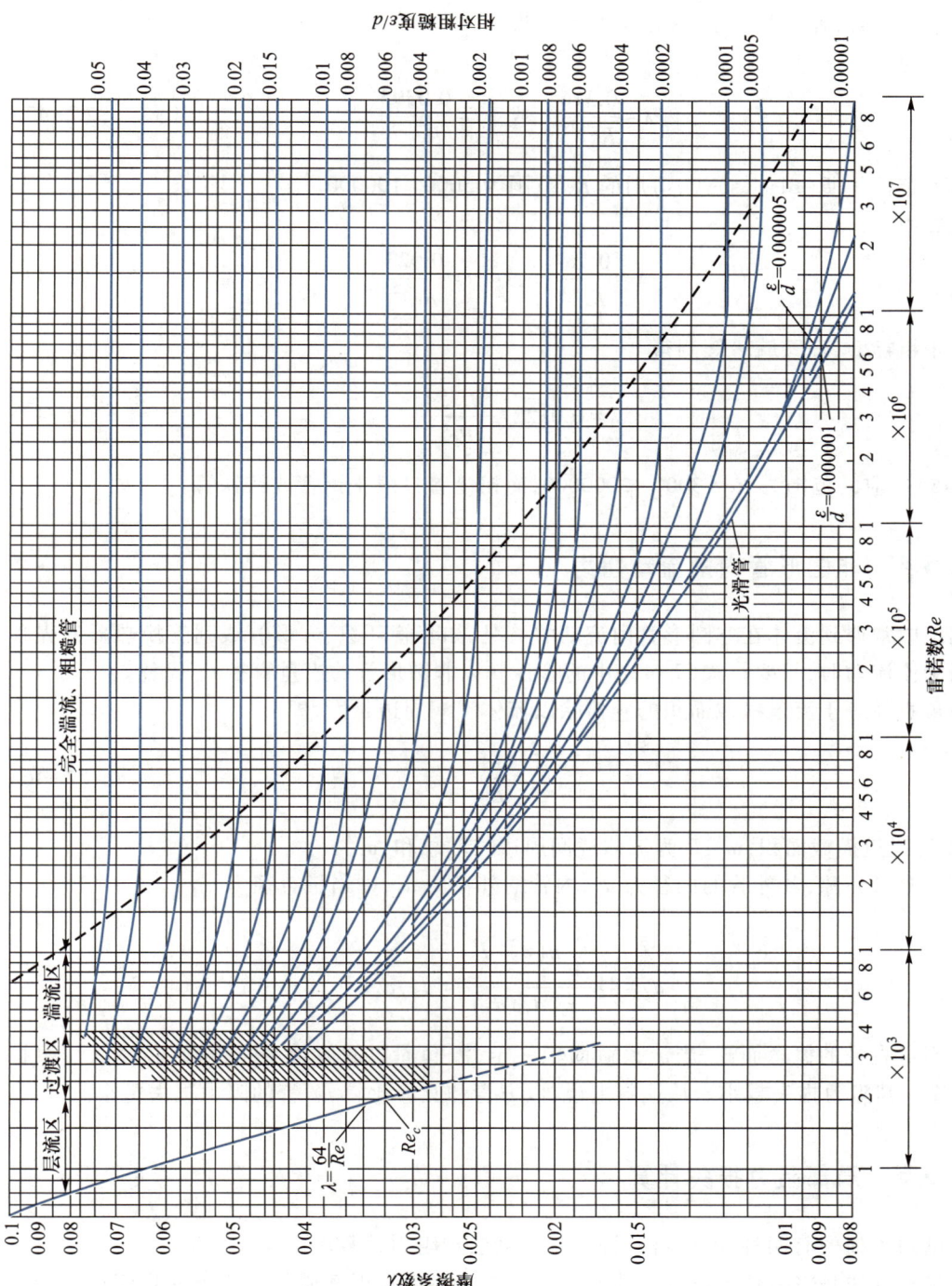

图 2-21　摩擦系数与雷诺数和相对粗糙度的关系

完全湍流区（$Re \geqslant 10000$ 的虚线以上区域），该区域曲线趋于水平，这表明 λ 仅与 ε/d 有关，与 Re 几乎无关。在范宁公式 $\Delta p = \lambda \cdot (l/d) \cdot \rho u^2/2$ 中，当 l/d 一定，λ 又为一常数，那么 $\Delta p \propto u^2$。也就是说，高度湍流时，压强降与流速的平方成正比，即高度湍流时的阻力的平方定律。

对于光滑管，经实验测定，有以下两种结果。

其一为

$$\lambda = \frac{0.316}{Re^{0.25}} \quad 或 \quad f = \frac{0.0395}{Re^{0.25}} \tag{2-43}$$

此式称为布拉休斯（Blasius）式，适用的 Re 范围为 $5000 \sim 100000$。

其二为

$$\lambda = \frac{0.184}{Re^{0.2}} \quad 或 \quad f = \frac{0.023}{Re^{0.2}} \tag{2-44}$$

对于粗糙管，经顾毓珍等测得

$$\lambda = 0.01227 + \frac{0.7543}{Re^{0.38}} \tag{2-45}$$

式（2-45）适应的范围为 $Re = 3000 \sim 3000000$，而粗糙管只限于钢管或铸铁管。

2.5.4　非圆形管内的流动阻力

化工中常遇到流体在非圆形管内流动的情况，如套管环隙、方形管或列管换热器的壳程等。当湍流流动时，只要将式（2-42）中的管径 d 以非圆形管的当量直径 d_e 代替。

当量直径等于流道横截面积的 4 倍除以流体浸润周边长度，即

$$d_e = \frac{4A}{L_p} \tag{2-46}$$

式中：A 为流道横截面积，m^2；L_p 为流体浸润周边长度总和，m。

对于套管环隙，若外管的内径为 d_2，内管的外径为 d_1，则当量直径为

$$d_e = 4 \times \frac{\frac{1}{4}\pi(d_2^2 - d_1^2)}{\pi(d_1 + d_2)} = d_2 - d_1$$

就当量直径的概念而论，当流道截面积一定，浸润周边的值越小，当量直径越大。根据式（2-42），其阻力损失越小。从这点上说，以方管和圆管比较，圆管的阻力损失更小。

2.5.5　局部阻力损失计算

局部阻力损失有两种计算方法，即当量长度法和阻力系数法。

当量长度法是将流体通过管件或阀门的局部阻力损失折算成与其相当的直管长度的摩擦阻力损失来计算。这个长度称为"当量长度"，以 l_e 表示。这样，局部阻力损失就可以用直管阻力损失计算公式计算：

$$h'_f = \lambda \frac{l_e}{d} \frac{u^2}{2} \tag{2-47}$$

或

$$\Delta p' = \lambda \frac{l_e}{d} \frac{\rho u^2}{2} \tag{2-48}$$

当量长度的值由实验测定,一般用 l_e/d 表示。计算时,根据管内径和管件或阀门的类型与开度利用图 2-22 查找。阻力系数法是将局部阻力引起的能量损失用动能的倍数来表示,即

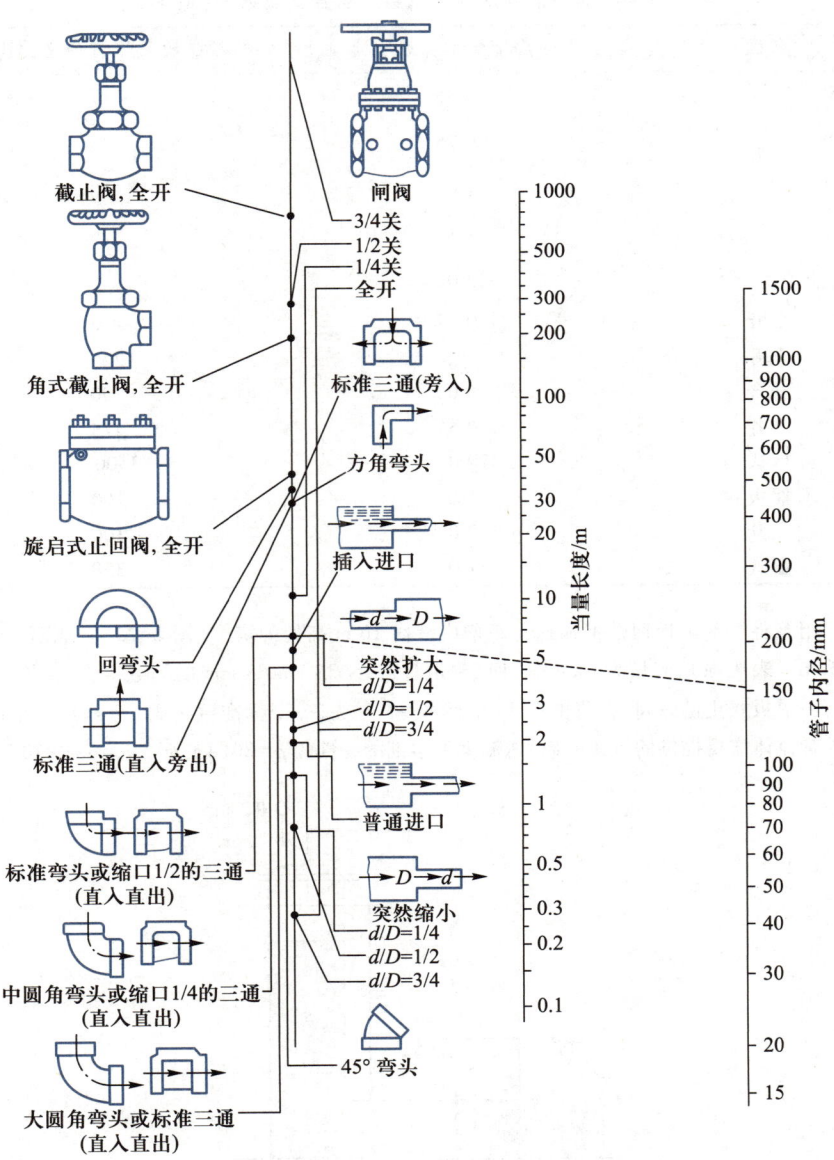

图 2-22 管件与阀门的当量长度共线图

$$h'_f = \zeta \frac{u^2}{2} \qquad\qquad (2-49)$$

或

$$\Delta p' = \zeta \frac{\rho u^2}{2} \qquad\qquad (2-50)$$

式中：ζ 为局部阻力系数，量纲为 1。

局部阻力系数的值由试验测定，见表 2-3。

表 2-3   管件与阀门的局部阻力系数与当量长度数据（适用于湍流）

名称		局部阻力系数 ζ	当量长度与管径之比 l_e/d
弯头，45°		0.35	17
弯头，90°		0.75	35
三道		1.0	50
回弯头		1.5	75
管接头，活接头		0.04	2
闸阀	全开	0.17	9
	半开	4.5	225
截止阀	全开	6.0	300
	半开	9.5	475
止逆阀	球式	70.0	3500
	摇板式	2.0	100
角阀	全开	2.0	100
水表	盘式	7.0	350

例 2-3   用泵将溶剂由地面贮槽输送至距槽内液面 10 m 高处的塔中（图 2-23）。地面贮槽通大气，塔中压强为 0.2 atm（表压强），流量为 6 $m^3 \cdot h^{-1}$ 时，输送管道为 ϕ38 mm×3 mm 的无缝钢管，管长 20 m。泵的吸入管路底部有一摇板式止逆底阀，管路中有 10 个标准 90° 弯头，一个标准截止阀（全开），一个闸阀（全开）。求输送单位质量流体需要提供的机械能（输送温度下溶剂的物性为 $\rho = 861$ $kg \cdot m^{-3}$，$\mu = 6.43 \times 10^{-4}$ Pa·s）。

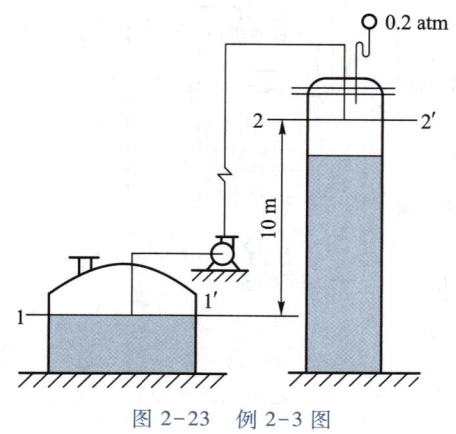

图 2-23   例 2-3 图

解　取贮槽液面为截面 1-1′,管路出口端面为截面 2-2′,并以截面 1-1′为基准面,在两截面间列能量衡算式:

$$\frac{p_a}{\rho}+H_e=\frac{p_2}{\rho}+z_2 g+\frac{u_2^2}{2}+\sum h_f$$

式中:H_e 为输送单位质量流体需要提供的机械能。

$$p_2-p_a=0.2\text{ atm}$$
$$=0.2\text{ atm}\times1.013\times10^5\text{ N·m}^{-2}\cdot\text{atm}^{-1}$$
$$=2.026\times10^4\text{ N·m}^{-2}$$

溶剂在管中的流速:　　$$u_2=\frac{q_V}{\frac{\pi}{4}d^2}=\frac{6\text{ m}^3\cdot\text{h}^{-1}/(3600\text{ s·h}^{-1})}{\frac{\pi}{4}\times(0.032\text{ m})^2}=2.07\text{ m·s}^{-1}$$

$$Re=\frac{du\rho}{\mu}=\frac{0.032\text{ m}\times2.07\text{ m·s}^{-1}\times861\text{ kg·m}^{-3}}{6.43\times10^{-4}\text{ Pa·s}}=8.9\times10^4\quad(\text{湍流})$$

取管壁粗糙度 $\varepsilon=0.3$ mm,则　　　　　$\varepsilon/d=0.00938$

查图 2-21 得,摩擦系数 $\lambda=0.038$,由表 2-3 查得各管件的局部阻力系数值分别为

90°标准弯头	$\zeta=0.75$
摇板式止逆底阀	$\zeta=2$
闸阀(全开)	$\zeta=0.17$
标准截止阀(全开)	$\zeta=6.0$

$$\sum h_f=\left(\lambda\frac{l}{d}+\sum\zeta\right)\frac{u^2}{2}$$
$$=\left(0.038\times\frac{20\text{ m}}{0.032\text{ m}}+0.75\times10+2+6.0+0.17\right)\times\frac{(2.07\text{ m·s}^{-1})^2}{2}$$
$$=84.46\text{ J·kg}^{-1}$$

因此,单位质量流体需获得的能量为

$$H_e=\frac{p_2-p_a}{\rho}+z_2 g+\frac{u^2}{2}+\sum h_f$$
$$=\frac{2.026\times10^4\text{ N·m}^{-2}}{861\text{ kg·m}^{-3}}+10\text{ m}\times9.81\text{ m·s}^{-2}+\frac{(2.07\text{ m·s}^{-1})^2}{2}+84.46\text{ J·kg}^{-1}$$
$$=208.2\text{ J·kg}^{-1}$$

本题也可将截面 2-2′取在管外塔的液面,此时流体流入充满溶剂的塔的大空间后,流体流动速度 u_2 可视为零,但应考虑到突然扩大损失,此处 $\zeta=1$,故两种方法的计算结果相同。

　　工程上计算流体流动阻力时,若能估计出管路在使用中的腐蚀情况,则应按估计的 ε 查取 λ 而不能用新管的 ε,较常用的办法是采用安全系数,即按使用情况将根据新管的 ε 查出的 λ 乘以大于 1 的安全系数。一般平均使用 5~10 年的钢管,其安全系数可取 1.2~1.3,以适应粗糙度的变化。

2.6　流体流量的测量

　　生产的连续控制及新型设备的研制和开发,需要测量流体的流量和流速。流量的测量方法很多,原理各异。本节中仅介绍以流体运动的守恒原理为基础的两种测量装置的工作原理。

2.6.1   孔板流量计

孔板流量计是在流体管道中安装一个带有圆孔的孔板构成的,其结构如图 2-24 所示。通过测量孔板前后压力差,即可确定管道中流体的流量。流体通过孔板时,流速增大,静压头减少,由静压头的减少值,可以测出流速。

孔板流量计测流量原理

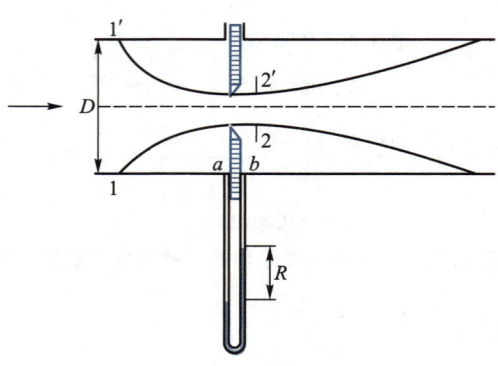

图 2-24   孔板流量计示意图

从图 2-24 可见,管内流速与孔板前后压强变化的关系,可用能量衡算关系导出。取孔板前流体截面尚未收缩处为截面 1-1′,取缩脉处(最小截面)为截面 2-2′,在两截面间列能量衡算式。若暂不计阻力损失,则有

$$gz_1 + \frac{u_1^2}{2} + \frac{p_1}{\rho} = gz_2 + \frac{u_2^2}{2} + \frac{p_2}{\rho}$$

因 $z_1 = z_2$,故

$$\sqrt{u_2^2 - u_1^2} = \sqrt{\frac{2(p_1 - p_2)}{\rho}} \tag{2-51}$$

根据流体流动连续性方程 $u_1 A_1 = u_2 A_2$,即

$$u_1^2 = u_2^2 \left(\frac{A_1}{A_2} \right)^2$$

代入式(2-51),得

$$\sqrt{u_2^2 - u_2^2 \left(\frac{A_1}{A_2} \right)^2} = \sqrt{\frac{2(p_1 - p_2)}{\rho}}$$

$$u_2 = \frac{1}{\sqrt{1 - \left(\frac{A_2}{A_1} \right)^2}} \sqrt{\frac{2(p_1 - p_2)}{\rho}}$$

式中:缩脉处的截面积 A_2 和该处的流速 u_2 均难以确定。为方便起见,用孔口截面 A_0 和孔口流速 u_0 代替,则应于公式中引入校正系数 C_1,即

$$u_0 = \frac{C_1}{\sqrt{1-\left(\dfrac{A_0}{A_1}\right)^2}}\sqrt{\frac{2(p_1-p_2)}{\rho}}$$

由于实际连接 U 形管压强计的两侧压孔位置并不在截面 1-1′和孔口处,故 U 形管压强计测出的压强差不是(p_1-p_2),而是(p_a-p_b)。因此,在公式中还应引入校正系数C_2,即

$$u_0 = \frac{C_1 C_2}{\sqrt{1-\left(\dfrac{A_0}{A_1}\right)^2}}\sqrt{\frac{2(p_a-p_b)}{\rho}}$$

式中:p_a,p_b 分别表示孔板前、后测压口的静压强。因 A_0,A_1,C_1,C_2 均为常数,可令 $C_0 = \dfrac{C_1 C_2}{\sqrt{1-\left(\dfrac{A_0}{A_1}\right)^2}}$,则

$$u_0 = C_0 \sqrt{\frac{2(p_a-p_b)}{\rho}}$$

式中:ρ 为被测流体密度。设 U 形管压强计的压强差读数为 R,指示液的密度为 ρ_0,则有

$$p_a - p_b = gR(\rho_0 - \rho)$$

代入上式得

$$u_0 = C_0 \sqrt{\frac{2gR(\rho_0-\rho)}{\rho}} \tag{2-52}$$

根据 u_0 计算流体的体积流量 q_V 为

$$q_V = u_0 A_0 = C_0 A_0 \sqrt{\frac{2gR(\rho_0-\rho)}{\rho}} \tag{2-53}$$

式中:C_0 称为孔流系数,量纲为 1,其数值由实验测定,通常在 0.6~0.7。

孔板流量计结构简单、制作容易,在安装时应注意孔板与管道轴线垂直,而孔板的孔口中心也应与管道轴线重合。

孔板流量计可采用更换不同孔口直径的孔板测量不同流量范围的流量,应用广泛;但局部阻力较大,若孔口边缘受流体腐蚀或磨损,应定期校正。

孔板流量计的缺点是阻力损失大。阻力损失是流体与孔板的摩擦阻力,尤其是缩脉后流道突然扩大形成大量漩涡造成的。为减少流体流过孔板的阻力损失,可用文丘里流量计代替。文丘里流量计是把锐孔结构改制成逐渐缩小后又逐渐扩大的流道,如图 2-25 所示。

文丘里流量计的流量:

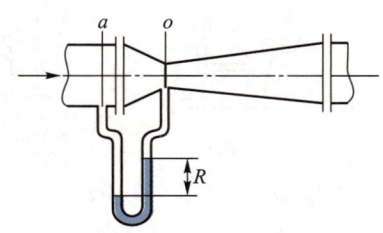

图 2-25　文丘里流量计

$$q_V = C_V A_0 \sqrt{\frac{2gR(\rho'-\rho)}{\rho}}$$

式中：C_V 值一般为 $0.98 \sim 0.99$。

文丘里流量计阻力损失小，大多用于低压气体输送的测量。加工精度要求较高，价格相对昂贵，安装时其本身要占较长位置。

2.6.2 转子流量计

转子流量计由一个倒锥形的玻璃管和一个能上下移动并且密度比流体密度大的转子所构成[图 2-26(a)]。转子的上浮高度，可以表示流体的流量。

转子流量计的工作原理如图 2-26(b)所示。当流体通过转子与管壁间的环隙时，由于流道截面缩小，流速增大，静压强下降，在转子上下产生压强差 Δp，形成垂直向上作用于转子的推力。当推力大于转子的重力时，转子上浮；反之，转子下降；若推力与转子的重力相等，则转子处于某一平衡位置而指示流体的流量。

如图 2-27 所示，对转子进行受力分析，设转子的体积为 V_f，密度为 ρ_f，其最大截面积为 A_f，而流体的密度为 ρ。当转子处于平衡状态时，则有

转子所受的推力 = 转子重力 - 流体对转子的浮力

即

$$\Delta p A_f = V_f \rho_f g - V_f \rho g$$

或

$$\Delta p = \frac{V_f g(\rho_f - \rho)}{A_f} \tag{2-54}$$

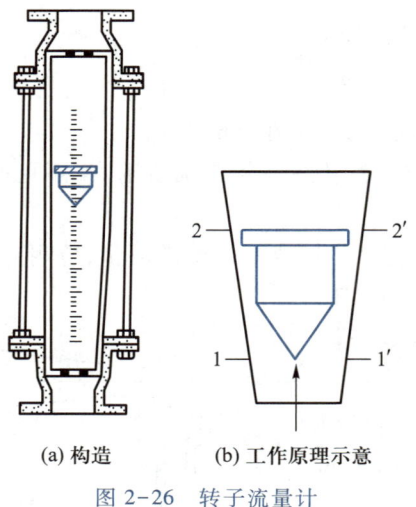

(a) 构造   (b) 工作原理示意

图 2-26 转子流量计

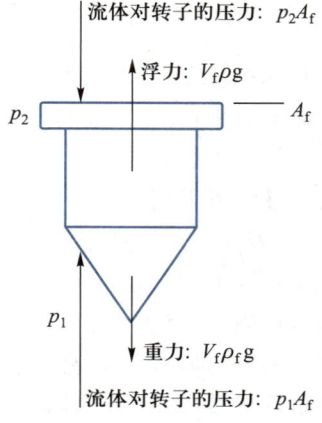

图 2-27 转子受力分析

当转子处于平衡状态时，转子稳定在锥管中某一高度，管壁与转子之间的环形面积不

变,对转子上、下两端面的流体截面列伯努利方程,见图2-26(b)。

$$z_1+\frac{p_1}{\rho g}+\frac{u_1^2}{2g}=z_2+\frac{p_2}{\rho g}+\frac{u_2^2}{2g}+\sum H_f$$

假定忽略位压头的变化($z_1 \approx z_2$),又忽略摩擦阻力损失($\sum H_f \equiv 0$),所以

$$\frac{p_1}{\rho}+\frac{u_1^2}{2}=\frac{p_2}{\rho}+\frac{u_2^2}{2} \tag{2-55}$$

设流体体积流量为 q_V,则 $u_1 A_1 = u_2 A_2$,代入式(2-55)得

$$q_V^2 \frac{1}{A_2^2}\left[1-\left(\frac{A_2}{A_1}\right)^2\right]=\frac{2(p_1-p_2)}{\rho}$$

$$q_V=\frac{A_2}{\sqrt{1-\left(\frac{A_2}{A_1}\right)^2}}\sqrt{\frac{2(p_1-p_2)}{\rho}}$$

令 $A_R=A_2$,称为转子与管壁之间的环隙面积,又令 $C_R=\frac{1}{\sqrt{1-\left(\frac{A_2}{A_1}\right)^2}}$,称为转子流量系数,

C_R 由实验测定。对于一定的转子,在一定流量范围内,A_2/A_1 为常数,所以 C_R 为常数,代入上式得

$$q_V=C_R A_R\sqrt{\frac{2(p_1-p_2)}{\rho}} \tag{2-56}$$

将式(2-54)代入,得

$$q_V=C_R A_R\sqrt{\frac{2gV_f(\rho_f-\rho)}{A_f\rho}} \tag{2-57}$$

式中:A_R 为转子与管壁之间的环隙面积,m²;C_R 为转子流量系数,量纲为1,由实验测定。

由于转子的体积 V_f、最大截面积 A_f 和密度 ρ_f 都固定不变,所以 q_V 与 A_R 成正比。故从环隙面积的改变,可以测出流体流量的大小。

由式(2-57)看到,流体的密度 ρ 影响流量 q_V。与孔板流量计不同,转子流量计在出厂前,是直接用 20 ℃ 的水(测量液体的转子流量计)或 20 ℃、101.325 kPa 的空气(测量气体的转子流量计)进行标定的,并将流量值刻于玻璃管上。当被测流体与上述条件不符时,应做刻度换算。

设下标 1 为标定流量计刻度的液体,下标 2 为被测流体,若二者的流量系数相同,且忽略黏度变化的影响,在相同刻度时,两种流体的流量关系为

$$\frac{q_{V2}}{q_{V1}}=\sqrt{\frac{\rho_1}{\rho_2}\cdot\frac{\rho_f-\rho_2}{\rho_f-\rho_1}} \tag{2-58}$$

如果被测定的是气体,ρ_1 和 ρ_2 的值均远比转子的密度 ρ_f 小,则式(2-58)可简化为

$$\frac{q_{V2}}{q_{V1}} = \sqrt{\frac{\rho_1}{\rho_2}} \qquad (2-59)$$

制造转子的材料有铝、不锈钢、玻璃、塑料等,可根据流体的性质和要求测定的流量范围选择。

转子流量计具有结构简单、读数方便、精度较高、阻力损失较小等优点,故应用较为普遍。但其不能经受高温、高压,在安装时注意保持垂直。

2.7   流体输送设备

用来输送流体并向流体提供能量的机械设备称为流体输送设备。其中,输送液体的设备多称为泵,而输送气体的设备则称为鼓风机或压缩机。化工厂常用的流体输送设备依其工作原理的不同,可分为离心式流体输送设备、往复式流体输送设备和旋转式流体输送设备。

2.7.1   离心泵的构造及工作原理

离心泵是离心式流体输送设备中具有代表性的一种机械。这种机械与离心式鼓风机同属一种类型,都是由高速旋转的叶轮和蜗形机壳组成的。流体在叶轮旋转产生的离心力作用下获得动能,然后通过机壳内流体通道的改变,使动能转变为静压能,从而使流体具有一定静压强而被输送至所需达到的位置。

1. 离心泵的构造和工作原理

(1) 离心泵的构造

如图 2-28 所示,离心泵主要由叶轮和泵壳组成。

① 叶轮。它是离心泵的重要部件,同电动机相连并被电动机带动高速运转。对它的要求是在流体能量损失最小的前提下,使单位质量流体获得较高能量。叶轮由 6~12 片向后弯曲的叶片组成。叶轮根据叶片结构分为开式、半开式和闭式三种,开式叶轮制造简

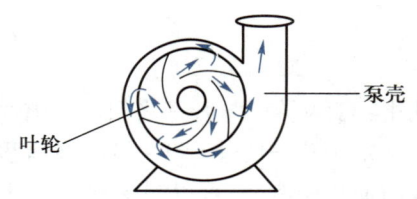

图 2-28   离心泵装置简图

单、清洗方便、不易堵塞,适用于输送含悬浮物的液体;半开式叶轮适用于输送含固体颗粒和杂质的液体;闭式叶轮因两侧有盖板,可使液体流动有序,减小摩擦阻力损失,适用于高扬程、清洁液体的输送。

② 泵壳。离心泵的泵壳呈蜗壳形,如图 2-28 所示。叶轮轴不在泵壳中心,它在泵壳内顺蜗壳形通道逐渐扩大的方向旋转,使叶轮甩出的高速流体沿蜗壳形通道逐渐减速流出,以减少能量损失,部分动能转化为静压能。所以泵壳又是一个能量转换装置。

泵壳内的液体高速运动,所以泵壳与叶轮轴要密封好,以免液体漏出泵外或外部空气漏进泵内。

（2）离心泵的工作原理

先将液体注满泵壳，叶轮逆时针高速旋转，将液体甩向叶轮外缘，产生高的动压头$\left(\dfrac{u^2}{2g}\right)$。由于泵壳液体通道设计成截面逐渐扩大的形状，高速流体逐渐减速，由动压头转变为静压头$\left(\dfrac{p}{\rho g}\right)$，即流体出泵壳时，表现为具有高压的液体。

离心泵
工作原理

在液体被甩向叶轮外缘的同时，叶轮中心液体减少，出现负压（或真空），则常压液体不断补充至叶轮中心处。于是，离心泵叶轮源源不断输送着流体。

（3）"气缚"现象

离心泵启动时须先使泵内充满液体，这一操作称为灌泵。

如果不进行灌泵，泵内充满空气，则由于空气密度太小，造成的压差或泵吸入口的真空度很小而不能将液体吸入泵内，此现象称为"气缚"现象。

当然，如果吸入口置于吸入液面之下，液体可借位差自动进入泵内，则无须人工灌泵。因此，泵在运转时吸入管路如果漏入空气，泵内流体的平均密度下降，将无法吸上液体。

为了避免气缚：① 吸入管应不漏入空气；② 在吸入管底口安装底阀，不使停车时泵内液体流出；③ 不用于输送因抽吸而沸腾汽化的低沸点液体或高温液体。

2. 离心泵的主要性能参数

离心泵的主要性能参数有扬程、流量、功率和效率，现分述如下。

（1）扬程

扬程又称泵的压头，指泵对每牛顿重力的液体提供的能量，用H'_e表示，单位为 m。泵的压头由实验测定。实验装置如图 2-29 所示，在泵的吸入口安装真空计 1，在压出口安装压强计 2 和流速计 3；分别取真空计和压强计测压点所在的水平面为截面 1-1′ 和截面 2-2′，并以截面 1-1′ 为基准面。设两截面间的垂直距离为 H，真空计和压强计测得的绝对压强分别为 p_1、p_2，通过测定或计算确定，两截面处管内流速分别为 u_1、u_2，则两截面间被输送流体的能量衡算式应为

$$z_1+\frac{p_1}{\rho g}+\frac{u_1^2}{2g}+H'_e=z_2+\frac{p_2}{\rho g}+\frac{u_2^2}{2g}+\sum H_f$$

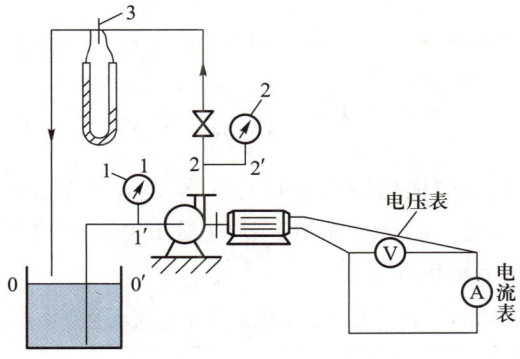

1—真空计；2—压强计；3—流速计

图 2-29　压头测定装置

由于两测压点之间的管路很短,流体流动的摩擦阻力损失 $\sum H_f$ 可以忽略不计,即 $\sum H_f = 0$,所以

$$H'_e = (z_2 - z_1) + \frac{p_2 - p_1}{\rho g} + \frac{u_2^2 - u_1^2}{2g}$$

令 $H_1 = p_1/\rho g$, $H_2 = p_2/\rho g$, $z_2 - z_1 = H_0$,则

$$H'_e = H_0 + H_2 - H_1 + \frac{u_2^2 - u_1^2}{2g} \tag{2-60}$$

式中: H'_e 为泵的扬程,m; H_1 为真空表上的读数,m; H_2 为压强计上的读数,m。

（2）流量

泵的流量指泵在单位时间内输送流体的体积,又称送液能力,用 q_V 表示,单位为 $\mathrm{m^3 \cdot s^{-1}}$ 或 $\mathrm{m^3 \cdot h^{-1}}$,可由实验测定。

（3）功率和效率

泵的功率有轴功率和有效功率两种表示方法。前者指电动机或其他原动机直接传递给泵轴的功率,用 P 表示,可由电流表 A[安]和电压表 V[伏]的读数得到:

$$P = A \cdot V \tag{2-61}$$

单位为 $\mathrm{J \cdot s^{-1}}$ 或 W;后者指流体实际获得的功率,用 P_e 表示,其计算式为

$$P_e = q_V H'_e \rho g \tag{2-62}$$

式中: q_V 为泵的流量, $\mathrm{m^3 \cdot s^{-1}}$; H'_e 为泵的扬程,m; ρ 为输送液体的密度, $\mathrm{kg \cdot m^{-3}}$; g 为重力加速度, $\mathrm{m \cdot s^{-2}}$。

由于泵输送流体时对流体所做的功不能全部被流体所获得,故泵的轴功率大于泵的有效功率,它们之间的关系为

$$\eta = \frac{P_e}{P} \tag{2-63}$$

式中: η 表示泵的效率,是反映泵内各种能量损失的参数。离心泵的效率一般为 $50\% \sim 70\%$,有些大型泵可以超过 80%。

若将式（2-62）代入式（2-63）,则泵的轴功率（单位为 kW）也可以表示为

$$P = \frac{q_V H'_e \rho \times 9.81}{1000\eta} \tag{2-64}$$

当为泵选配电动机时,除应依据轴功率的大小外,还应考虑泵在特殊情况下的超负荷运转及机械传动效率,而计入适当的安全系数。所以配用电动机功率应比轴功率大。表 2-4 为不同轴功率范围的配用电动机安全系数。

表 2-4　不同轴功率范围的配用电动机安全系数

所需轴功率/kW	$1.5 \sim 3.75$	$3.75 \sim 37.5$	37.5 以上
安全系数	1.2	1.15	1.1

3. 离心泵的特性曲线

离心泵的特性曲线是泵的 H_e, p, η 与 q_V 的关系曲线,它反映了泵的基本性能,其值可由实验测定。泵的制造厂在产品说明书或铭牌上附有泵的主要性能参数和特性曲线。特性曲线是指额定转数并在常温、常压下用水测定的值,如果用作输送其他液体,需做换算,不同型号泵的特性曲线均不同。图 2-30 是某型号离心水泵在转速 $n = 2900\ \text{r·min}^{-1}$ 下用 20 ℃ 清水测得的特性曲线。离心泵的特性曲线是在常温、常压下用水做实验测定的,如果用于输送其他流体,则需要加以换算。

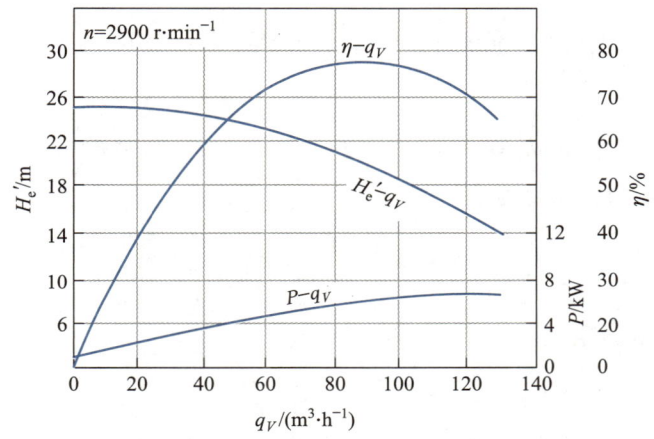

图 2-30　某型号离心水泵的特性曲线

（1）$H_e' - q_V$ 曲线

该曲线反映扬程和流量之间的关系。流量增大,扬程逐渐减小。不同型号的泵,其 $H_e' - q_V$ 曲线的形式不同,有的平缓,有的陡峭,与泵的结构有关。

（2）$P - q_V$ 曲线

该曲线反映流量和功率之间的关系。流量增大时功率也随之增大;当流量等于零时,功率最小。所以泵在启动时应关闭出口阀门,使泵在最小功率下启动,以免电动机超载。

（3）$\eta - q_V$ 曲线

该曲线反映流量与效率的关系。当 $q_V = 0$ 时,$\eta = 0$;随着流量的增大,效率也随之上升;达到峰值以后,流量增大,泵的效率反而下降。因此,在铭牌标示的流量及扬程下操作,泵的效率为最高。在实际工作中,由于输送条件的种种限制,往往不能保证在最高效率点下操作,于是将最高效率的 92% 区域规定为泵的高效区。在根据输送要求选用离心泵时,应尽量选用其特性处于这一区域内的泵。

例 2-4　用泵将地面贮槽中密度为 1840 kg·m^{-3} 的液体以 1.5 kg·s^{-1} 的流量送到贮罐中。如图 2-31 所示,地面贮槽内液面恒定,贮罐管的出口点高出地面贮槽液面 10 m,地面贮槽和贮罐皆通大气。输送管道内径为 25 mm,流动过程的能量损失为 52.0 J·kg^{-1}。若泵的效率为 50%,计算泵所需的轴功率。

解　在附图中取两截面如图所示,并以截面 1-1′ 为基准面,在两截面间列伯努利方程:

$$z_1 g + \frac{p_1}{\rho} + \frac{u_1^2}{2} + H_e = z_2 g + \frac{p_2}{\rho} + \frac{u_2^2}{2} + \sum h_f$$

由题意: $z_1 = 0, z_2 = 10\ \mathrm{m}, p_1 = p_2$, 故 $p_1 - p_2 = 0, \sum h_f = 52.0\ \mathrm{J \cdot kg^{-1}}$,
$u_1 = 0, u_2$ 可由流量方程求得,但需先求出体积流量 q_V。

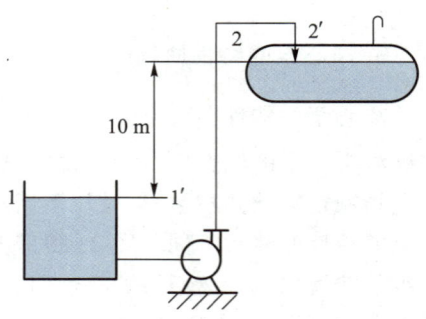

$$q_V = \frac{q_m}{\rho} = \frac{1.5\ \mathrm{kg \cdot s^{-1}}}{1840\ \mathrm{kg \cdot m^{-3}}} = 8.15 \times 10^{-4}\ \mathrm{m^3 \cdot s^{-1}}$$

$$u_2 = \frac{q_V}{\frac{\pi}{4} d^2} = \frac{8.15 \times 10^{-4}\ \mathrm{m^3 \cdot s^{-1}}}{0.785 \times (0.025\ \mathrm{m})^2} = 1.66\ \mathrm{m \cdot s^{-1}}$$

图 2-31   例题 2-4 图

将以上数值代入伯努利方程,得

$$H_e = 10\ \mathrm{m} \times 9.81\ \mathrm{m \cdot s^{-2}} + \frac{(1.66\ \mathrm{m \cdot s^{-1}})^2}{2} + 52.0\ \mathrm{J \cdot kg^{-1}} = 151.48\ \mathrm{J \cdot kg^{-1}}$$

泵的有效功率为

$$P_e = q_V \rho H_e = q_m H_e = 151.48\ \mathrm{J \cdot kg^{-1}} \times 1.5\ \mathrm{kg^{-1} \cdot s^{-1}} = 227.2\ \mathrm{W}$$

因泵的效率 $\eta = 50\%$,故泵的轴功率为

$$P = \frac{P_e}{\eta} = \frac{227.2\ \mathrm{W}}{0.5} = 454.4\ \mathrm{W}$$

4. 离心泵的安装高度

(1) 气蚀现象

在图 2-29 所示的管路中,在液面 0-0′ 与泵进口附近截面 1-1′ 之间无外加机械能,液体借势能差流动。因此,提高泵的安装位置,叶轮进口处的压强可能降至被输送液体的饱和蒸气压,引起液体部分汽化。含气泡的液体进入叶轮后,因压强升高,气泡立即凝聚。气泡的消失产生局部真空,周围液体以高速涌向气泡中心,造成冲击和振动。尤其当气泡的凝聚发生在叶片表面附近时,众多液体质点犹如细小的高频水锤撞击着叶片;另外,气泡中可能带有氧气等,从而对金属材料发生化学腐蚀作用。泵在这种状态下长期运转将导致叶片的过早损坏。这种现象称为泵的气蚀。

离心泵在产生气蚀条件下运转,泵体振动并发生噪声,流量、扬程和效率都明显下降,严重时,吸不上液体。为避免气蚀现象,泵的安装位置不能太高,以保证叶轮中各处压强高于液体的饱和蒸气压。

(2) 泵的安装高度

确定离心泵的安装高度是使用离心泵的一个重要问题。为解决这一问题,可按如图 2-32 所示的装置进行能量核算。取泵吸入口与水流方向垂直面为截面 1-1′,取贮槽水面为截面 0-0′,并以 0-0′ 截面为基准面,则

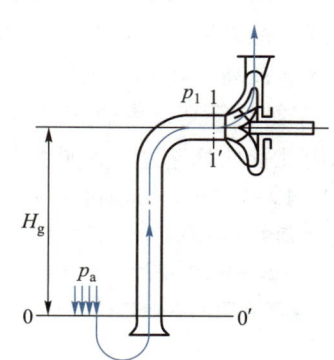

$$z_0 + \frac{p_a}{\rho g} + \frac{u_0^2}{2g} = z_1 + \frac{p_1}{\rho g} + \frac{u_1^2}{2g} + \sum H_f$$

式中: $z_0 = 0, z_1 = H_g$; p_a 为槽面大气压强, p_1 为泵入口压强; $u_0 = 0, u_1$ 为入口流速。设

图 2-32   离心泵的安装高度

$$(p_a-p_1)/\rho g = H_s$$

则

$$H_g = H_s - \frac{u_1^2}{2g} - \sum H_f \tag{2-65}$$

式(2-65)为离心泵安装高度 H_g 的计算式。

离心泵开始发生气蚀时的 (p_a-p_1) 称为允许吸入压强差,习惯上用 $H_s=(p_a-p_1)/\rho g$ 液柱高度表示,称为允许吸上真空高度。

影响离心泵安装高度的第二项 $u_1^2/2g$,为吸入管路上的流体动压头。当 u_1 较小时,H_g 较大,故吸入管管径常大于压出管管径,其目的就是减小吸入管路中的流体动压头。

影响离心泵安装高度的第三项 $\sum H_f$,为吸入管管路的阻力损失。为了减小阻力损失以增加泵的安装高度,在吸入管路上的管件、阀门应尽量减少。

泵的允许吸上真空高度 H_s 可由实验测定。产品说明书中所列的 H_s 值,是在 9.81×10^4 Pa 下输送 20 ℃清水时的测定结果。

(3) 泵的最大安装高度

在一定流量下,泵的安装位置越高,泵的入口处压强 A 越低,叶轮入口处的压强将更低。当泵的安装位置达到某一极限高度时,则 $p_1 \geqslant p_V$,气蚀现象遂将发生。此极限高度称为泵的最大安装高度 $H_{g,\max}$,即 $\dfrac{p_0-p_1}{\rho g}$。

例 2-5 某工段领到一台离心泵,泵的铭牌上标着:流量 $q_V=20$ m$^3\cdot$h^{-1},扬程 $H_e'=30.8$ mH$_2$O,转速 $n=2900$ r$\cdot$min^{-1},允许吸上真空高度 $H_s=7.2$ m,泵的流量和扬程均符合要求。若已知管路的全部阻力为 1.8 mH$_2$O,当时当地大气压强为 736 mmHg,试计算:

(1) 输送 20 ℃水时泵的安装高度为多少?

(2) 输送 90 ℃水时泵的安装高度又为多少?

解 (1) 求输送 20 ℃水时泵的安装高度,根据式(2-65):

$$H_g = H_s - \frac{u_1^2}{2g} - \sum H_f$$

已知 $H_s=7.2$ m,$\sum H_f=1.8$ mH$_2$O,$\dfrac{u_1^2}{2g}$ 通常数值较小,忽略不计,当时当地大气压强为 736 mmHg = 10 mH$_2$O,与泵出厂时实验条件基本符合,故 H_s 不用换算,即 $H_s=7.2$ m-1.8 m$=5.4$ m。

(2) 输送 90 ℃水时的安装高度

此时由于水温高,允许吸上真空高度会有很大变化,应进行换算如下:已知大气压强为 736 mmHg = 10 mH$_2$O,由表可查得 90 ℃时水的饱和蒸气压 $p_1=70.1$ kPa,该温度下水的密度为 965.3 kg$\cdot$m^{-3},故安装高度:

$$H_g = \left(7.2 \text{ m} - \frac{p_1}{\rho g}\right) - 1.8 \text{ m}$$
$$= \left(7.2 \text{ m} - \frac{70.1\times10^3 \text{ N}\cdot\text{m}^{-2}}{965.3 \text{ kg}\cdot\text{m}^{-3}\times9.81 \text{ m}\cdot\text{s}^{-2}}\right) - 1.8 \text{ m}$$
$$= -2.0 \text{ m}$$

计算出的 H_g 为负值,这说明此离心泵在输送 90 ℃的水时,其安装位置应在贮槽液面以下的 2.0 m 处。

例 2-6　某车间要将密度为 $1200\ \text{kg·m}^{-3}$的溶液以 $100\ \text{m}^3\text{·h}^{-1}$流量从贮槽送到高 10 m（从贮槽的液面向上计算）的高位槽内，如图 2-33 所示。贮槽内的压强为 0.1 MPa（绝对压强），高位槽内的压强为 0.05 MPa（表压强），导管的直径为 $\phi 159$ mm×4.5 mm，管路的长度为 150 m（直管长度加上局部阻力的当量长度）。假设管路的摩擦系数为 0.03，能否选用扬程 $H'_e = 17.1$ m、送液能力为 $0.0306\ \text{m}^3\text{·s}^{-1}$的离心泵？

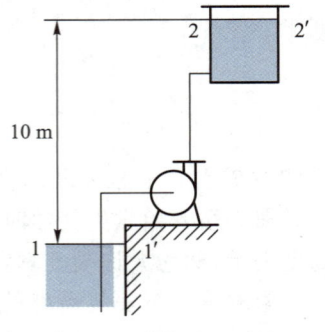

图 2-33　例题 2-6 图

解　该泵是否适用主要看其扬程和送液能力是否合乎要求。需要送液量：

$$q_V = \frac{100\ \text{m}^3\text{·h}^{-1}}{3600\ \text{s·h}^{-1}} = 0.0278\ \text{m}^3\text{·s}^{-1}$$

送液量符合要求。

所需泵的扬程：如图 2-33 所示，以截面 1-1′为基准面，在两截面间列伯努利方程，得

$$z_1 + \frac{u_1^2}{2g} + \frac{p_1}{\rho g} + H'_e = z_2 + \frac{u_2^2}{2g} + \frac{p_2}{\rho g} + \sum H_f$$

式中：$z_2 = 10$ m；$u_1 \approx u_2 = 0$；$\sum H_f = \lambda \left(\dfrac{l + \sum l_e}{d} \right) \dfrac{u^2}{2g}$，其中，$u$ 为溶液在管内的流速，可由流量公式计算。已知管路内径为

$$d = 159\ \text{mm} - 2 \times 4.5\ \text{mm} = 150\ \text{mm} = 0.15\ \text{m}$$

所以

$$u = \frac{q_V}{A} = \frac{100\ \text{m}^3\text{·h}^{-1}}{3600\ \text{s·h}^{-1} \times 0.785 \times (0.15\ \text{m})^2} = 1.57\ \text{m·s}^{-1}$$

因而

$$\sum H_f = 0.03 \times \frac{150\ \text{m}}{0.15\ \text{m}} \times \frac{1.57^2\ \text{m}^2\text{·h}^{-1}}{2 \times 9.81\ \text{m·s}^{-2}} = 3.77\ \text{m}$$

$$H'_e = 10\ \text{m} + \frac{p_2 - p_1}{\rho g} + \sum H_f$$

$$= 10\ \text{m} + \frac{0.05 \times 10^6\ \text{N·m}^{-2}}{1200\ \text{kg·m}^{-3} \times 9.81\ \text{m·s}^{-2}} + 3.77\ \text{m}$$

$$= 10\ \text{m} + 4.25\ \text{m} + 3.77\ \text{m} = 18.02\ \text{m}$$

泵的扬程不符合要求，故此泵不适用。

5. 离心泵的类型

离心泵的类型有多种，在化工生产中常用的离心泵有水泵、耐腐蚀泵、油泵、泥浆泵、液下泵、屏蔽泵、杂质泵、管道泵和低温用泵等。以下仅对几种主要的泵类型做简要介绍。

（1）水泵

水泵是一种输送水或物理性质类似于水的液体的离心泵。按其结构型式可分为 B 型、D 型和 Sh 型等。B 型是单级（一个叶轮）单吸（叶轮一面进水）悬臂式水泵。例如，4B91A 型水泵，其型号中数字 4 表示吸入口径为 4 in[①]（即 4 in×25 ≈ 100 mm），B 表示单级单吸悬臂式

---

① in 为非法定单位，1 in = 25.4 mm，下同。

离心水泵,91 表示扬程为 91 m 水柱,A 表示该泵的叶轮直径比基本型号 4B91 的叶轮直径小一级。D 型为多级(多个叶轮串联)水泵,级数一般为 2~9,最多可达 12 级。Sh 型为双吸式(叶轮两面同时进水)水泵,输液量较大,但扬程不高。例如,6Sh-9 型水泵为吸入口径 6 in (≈150 mm)的双吸式水泵,数字 9 不表示扬程,而是表示比转数被 10 除后的整数,其比转数应为 9×10=90。此转数并不代表叶轮的实际转速,只是在设计和研究泵时用来区分泵的类型和特性的一个指标。

(2)耐腐蚀泵

耐腐蚀泵是用来输送有腐蚀性液体的离心泵,其代号为 F,如 40FH-26 型耐腐蚀泵,数字 40 表示吸入口径为 40 mm,H 表示泵的材料为灰口铸铁(用于输送硫酸),26 表示泵的扬程为 26 mH_2O。

(3)油泵

油泵是用来输送油料的离心泵,由于油料易燃易爆,故对泵的密封性要求较高。我国生产的油泵代号为 Y。油泵类似于水泵,也有单级和多级、单吸和双吸之分。如 80Y-100×2 型表示单吸油泵,泵的吸入口径为 80 mm ,扬程为200 m,最后数字 2 表示叶轮的级数。

(4)泥浆泵

泥浆泵是输送悬浮液和稠厚浆液的离心泵,其代号为 P。这类泵的叶轮流道较宽,叶片数目少,常用开式和半开式叶轮。有关泥浆泵的型号可参看离心泵的产品说明书。

离心泵结构简单、流量均匀、操作方便、易于调节和控制,适用于输送各类液体或浆液,应用范围广泛,在化工生产中,占用泵数量的80%~90%。

6.离心泵的选用

选用离心泵一般按以下步骤进行:

① 首先,根据输送液体的性质和操作条件,选定泵的类型。

② 按输送任务中的最大流量和设计的输送管路系统计算所需压头(用伯努利方程式计算)。

③ 根据流量和所要求的压头从泵的产品目录中选用泵的合适型号。所选泵的流量和压头均应稍大于需要的流量和压头,而且应保证泵的操作范围在高效区,一旦泵的型号选定后,应列出该泵的各种性能参数。

④ 最后,根据泵的特性参数(流量 q_V 和扬程 H_e')核算泵的轴功率。

A. 查性能表或特性曲线,要求流量和压头与管路所需相适应。

B. 若生产中流量有变动,以最大流量为准来查找,扬程也应以最大流量对应值查找。

C. 若扬程和流量与所需要的不符,则应在邻近型号中找扬程和流量都稍大一点的。

D. 若几个型号都满足,应选一个在操作条件下效率最高的。

E. 为保险起见,所选泵可以稍大;但若太大,能量利用程度低。

F. 若被输送液体的性质与标准流体相差较大,则应对所选泵的特性曲线和参数进行校正,看是否能满足要求。

2.7.2 往复泵

1. 往复泵的构造及工作原理

往复泵是一种往复式气体输送设备,其基本构造、工作原理和 p-V 关系可对照简图 2-34 加以说明。这种设备主要由汽缸、活塞、排气阀和吸气阀组成。吸气阀和排气阀均为单向阀。

活塞在外力推动下做往复运动,由此改变汽缸内的容积和压强,交替地打开和关闭吸入、压出活门,达到输送液体的目的。由此可见,往复泵是通过活塞的往复运动直接以压强能的形式向液体提供能量的。图 2-35 中 DA 为吸气过程,AB 和 AB' 为压缩过程,BC 和 $B'C$ 为排气过程。其中,AB 为等温压缩过程,AB' 为绝热压缩过程。

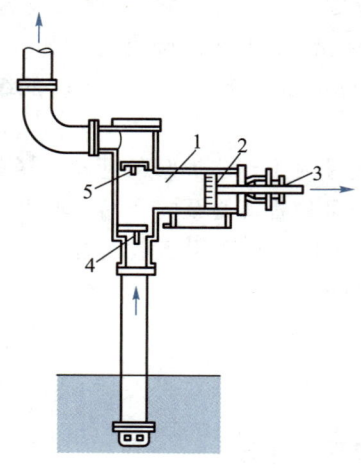

1—汽缸;2—活塞;
3—活塞杆;4—吸气阀;5—排气阀
图 2-34 往复泵装置简图

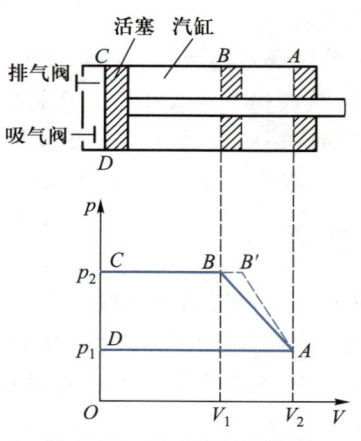

图 2-35 单动往复泵原理

2. 往复泵的类型

汽动往复泵直接由蒸汽机驱动,泵的活塞和蒸汽机的活塞共同连在一根活塞杆上,构成一个总的机组。按照作用方式可将往复泵分类如下:

(1)单动往复泵

活塞往复一次只吸液一次和排液一次。

(2)双动往复泵

活塞两边都在工作,每个行程均在吸液和排液。

3. 往复泵的流量调节

单动泵排液不连续且不均匀,见图 2-36(a);双动泵排液虽连续,但排液仍不均匀,见图 2-36(b);三联泵则可适当改善流量不连续和不均匀状况,其结构为三台单动泵并联,并使三台泵的冲程相互错开 120°,如图 2-36(c)所示。

往复泵的压头与流量无关,它只受泵体和输液管路承压能力的限制。适用于输送压头高且流量比较大的液体;对于输送高黏性液体,其效果也比离心泵好。但不宜输送有腐蚀性的液体或夹带有固体颗粒的悬浮液。

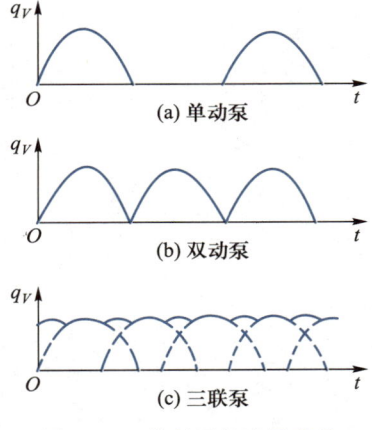

图 2-36　往复泵的流量曲线

2.7.3　旋转泵

旋转泵依靠泵体内转子的旋转来吸入排出液体,其型式有齿轮泵和螺杆泵等,它们的工作原理都是通过转子位移来输送液体的,故属于正位移泵的另一种型式。

1. 齿轮泵

齿轮泵的结构如图 2-37 所示。泵壳内安装一对相互啮合的齿轮,其一为主动轮,由电动机带动,另一为从动轮,与主动轮啮合并随主动轮反向旋转。在吸入口由于两齿轮的齿紧靠泵壳旋转拨开,空间扩大而形成低压,液体从这里吸入,然后随齿缝向前运动达到泵的排出口。由于两齿轮的齿在出口处合拢,空间缩小而形成高压排出液体。

齿轮泵的流量小,压头高,适宜于输送黏稠液体;但不能输送含固体颗粒的悬浮液。

2. 螺杆泵

螺杆泵由泵壳和紧靠壳体内腔壁的螺杆构成,如图 2-38 所示为双螺杆泵,其工作原理类似于齿轮泵,是利用相互啮合的螺杆来输送液体的。若需要高压,则采用长螺杆。螺杆泵能产生高压,输送液体的噪声低,效率高,适宜于输送高黏度液体。

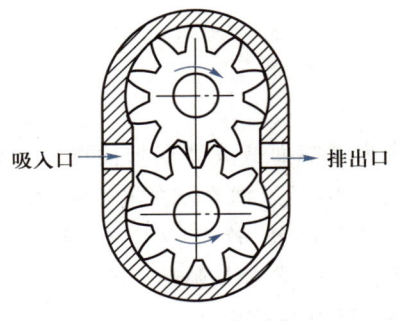

图 2-37　齿轮泵的结构

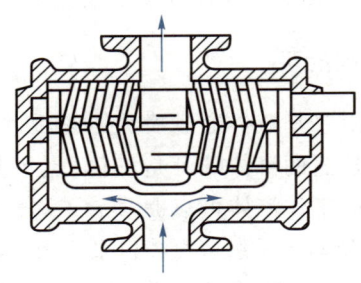

图 2-38　螺杆泵的结构

以上各种正位移泵在转动过程中调节流量,不能像离心泵那样采用关闭出口阀门的方法。因为出口阀门关闭后,泵仍在运转,液体不能排出,泵内压强急剧增高,容易造成泵体管路和电动机的损坏。故正位移泵的流量调节都采用旁路系统,如图 2-39 所示。吸入泵内的液体部分经支路阀门返回吸入管。流量的大小可由阀门 3 开启度的大小调节。安全阀的作用是防止排出管路中压力过高时,自动启开,泄回液体,以保证操作安全。

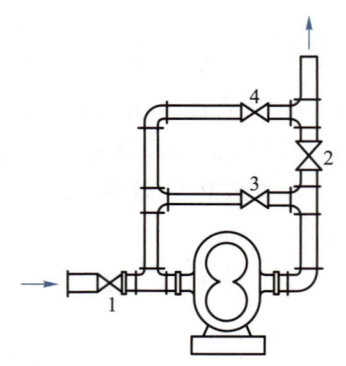

1—吸入管路上的阀;2—排出管路上的阀;
3—支路阀;4—安全阀

图 2-39   正位移泵的流量调节

2.7.4   真空泵

从系统中抽走气体使系统内压强低于大气压强的机械称为真空泵。

1. 水环真空泵

水环真空泵如图 2-40 所示,在圆形壳体内偏心安装一个旋转叶轮,叶轮上有辐射状叶片,壳内腔空间的一半充水。当叶轮顺时针方向旋转时,壳内腔空间的水受离心力作用抛向腔壁形成水环。水环起密封作用,使叶片之间的空间彼此隔开,由于叶轮偏心,此空间的容积随叶轮旋转而不断改变。当空间容积逐渐增大时,形成负压,气体从此吸入;当叶轮转至其对称位置,空间容积逐渐缩小时,形成正压,气体从此排出。

水环真空泵结构简单,易于制造和维修,操作可靠,最大真空度可达83 kPa左右,但效率低(30% ~ 50%),且真空度受水温限制。

2. 喷射泵

喷射泵是流体通过喷嘴加速后,使静压能转变成为动能而造成真空来抽送另一种流体的。被抽送的流体既可是气体,也可是液体。化工生产中用于抽真空的称为喷射真空泵。喷射泵的工作流体可以是蒸汽(称蒸汽喷射泵),也可以是水(称水喷射泵)或其他流体。图 2-41所示为单级蒸汽喷射泵。用水蒸气作工作流体,水蒸气高速从喷嘴 3 喷出,在喷射过程中,水蒸气的静压能转变为动能,产生低压而将另一种气体从气体吸入口 2 吸入,吸入的气体与水蒸气混合后进入扩散管 4,流速降低,使部分动能转变成静压能,然后从压出口 5 排出。

喷射泵有单级和多级等多种型式。多级喷射泵由两个以上单级喷射泵串联而成。其结构是由第一级排出的水蒸气和被抽送入的混合流体,经冷凝器将水蒸气冷凝后,再进入第二级喷射泵,以后各级以此类推,通常串联级数可多达六级。级数越多,达到的真空度也越高。

喷射泵无运动部件,其优点是结构简单、工作压力范围大、抽气量大、适应性强(可抽送含尘气体、易燃易爆及腐蚀性气体)。其缺点是效率低,一般只有10% ~ 25%。

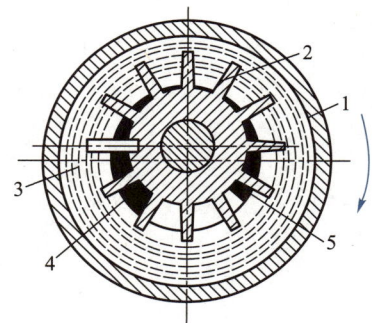

1—外壳;2—叶片;3—水环;
4—排出口;5—吸入口
图 2-40 水环真空泵简图

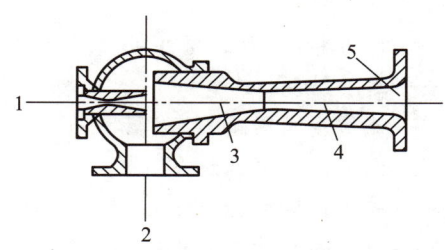

1—工作蒸汽入口;2—气体吸入口;
3—喷嘴;4—扩散管;5—压出口
图 2-41 单级蒸汽喷射泵

本章物理量符号说明

英文字母:

A——流道横截面积,m^2;

A_f——转子最大截面积,m^2;

A_R——转子与管壁间的环隙截面积,m^2;

d——圆管内径,m;

d_e——当量直径,m;

H_e——泵的扬程,m;

H_g——离心泵的安装高度或吸上真空高度,m;

l_e——当量长度,m;

m——流体的质量,kg;

M——气体的摩尔质量,$kg \cdot kmol^{-1}$;

p——气体的压强,kPa;

q_m——质量流量,$kg \cdot s^{-1}$;

q_V——体积流量,$m^3 \cdot s^{-1}$;

R——摩尔气体常数,$8.314\ J \cdot mol^{-1} \cdot K^{-1}$;

Re——雷诺数;

T——热力学温度,K;

u——速度,$m \cdot s^{-1}$;

V——流体的体积,m^3;

V_f——转子的体积,m^3;

w_i——液体混合物中 i 组分的质量分数。

希腊字母:

Δh——汽蚀余量,m(液柱);

ε——粗糙度，m；

ζ——局部阻力系数；

λ——摩擦系数；

μ——动力黏度，即黏度，Pa·s；

ν——运动黏度，$m^2 \cdot s^{-1}$；

Π——流体浸润周边长度总和 ，m；

ρ——流体的密度，$kg \cdot m^{-3}$；

ρ_f——转子的密度，$kg \cdot m^3$；

ρ_i——液体混合物中 i 组分的密度；

φ_i——气体混合物中 i 组分的体积分数。

思 考 题

2-1   简述密度和相对密度的概念及其关系。影响流体密度的主要因素有哪些？

2-2   流体压强（压力）的定义是什么？流体的静压能有何特性？

2-3   表示压强的常用单位有哪几种？它们之间有什么关系？

2-4   何谓绝对压强、表压强和真空度？它们之间的关系是什么？

2-5   何谓流体的体积流量、质量流量和质量流速，它们之间的如何换算？

2-6   何谓稳态流动与非稳定态流动？

2-7   什么是流体的黏性？黏度的定义和物理意义是什么？

2-8   "流体的黏度越大，内摩擦力越大"这种说法是否正确，为什么？

2-9   液体和气体的黏度随着温度和压力变化的规律是什么？

2-10   试述流体静力学基本方程式的推导条件、应用条件，以及各项的物理意义和单位。

2-11   说明静止流体内部的压强变化规律。试列举流体静力学基本方程式在化工生产中有哪些方面的应用？

2-12   试述连续性方程式成立的条件、表达式和物理意义。

2-13   在一连续、稳定的黏性流体流动体系中，当系统与外界无能量交换时，系统的机械能是否守恒？

2-14   简述伯努利方程式推导的应用条件、各项单位及其物理意义。

2-15   运用伯努利方程式进行计算时，为什么要取截面？截面的选取应具备哪些条件？

2-16   怎么判断流体的流动类型？

2-17   对气体来说，在什么情况下可以使用伯努利方程式？

2-18   当量直径是否表示与圆形截面面积相当的直径？

2-19   流体阻力产生的根源是什么？黏性流体在流动过程中产生直管阻力的原因有哪些？产生局部阻力的原因又是哪些？

2-20   试在圆形直管内示出层流和湍流的速度分布。最大流速与平均流速的关系是什么？

2-21   何谓水力半径？何谓当量直径？如何计算？

2-22   何谓光滑管、粗糙管？何谓绝对粗糙度、相对粗糙度？

2-23   若要降低流体阻力，应从哪几方面入手？

2-24   当流量给定时，怎样确定管径？管径是否越小越好，为什么？

2-25   管路分哪几种？各有什么特点？

2-26   简述孔板流量计的结构、工作原理及安装要求。

2-27   简述转子流量计的结构、工作原理及安装注意事项。

2-28 试比较孔板流量计和转子流量计的异同。

2-29 写出"ϕ61 mm×3.5 mm"中各部分字符的含义。

习   题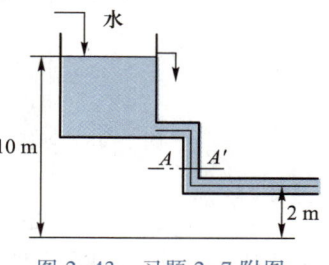

2-1 某设备上真空表的读数为 $1.33×10^4$ Pa,计算设备内的绝对压强与表压强。已知该地区大气压强为 $9.87×10^4$ Pa。

答:$8.54×10^4$ Pa; $-1.33×10^4$ Pa

2-2 一套管换热器的内管外径为 80 mm,外管内径为 150 mm,其环隙的当量直径为多少?

答:70 mm

2-3 某液体在一管路中稳定流过,若将管子直径减小一半,而流量不变,则液体的流速为原流速的多少倍?

答:4 倍

2-4 一定量的液体在圆形直管内做层流流动。若管长及液体物性不变,而管径减至原有的一半,问因流动阻力产生的能量损失为原来的多少倍?

答:16 倍

2-5 某反应器上有两个 U 形管压差计,如图 2-42 所示。测得 R_1 = 400 mm,R_2 = 50 mm,指示液为水银。为防止水银蒸气向空间扩散,于右侧的 U 形管与大气连通的玻璃管内灌入一段水,其高度 R_3 = 50 mm。试求 A,B 两处的表压强。

答:7161.3 Pa;60527 Pa

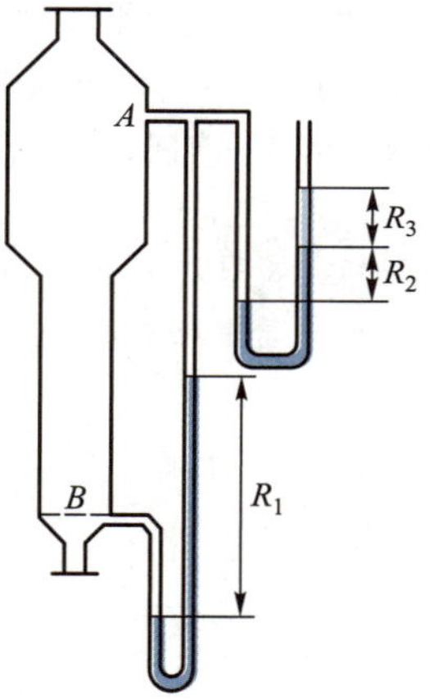

2-6 有一内径为 25 mm 的水管,如果管中水的流速为 1.0 m·s^{-1},求:

(1)管中水的流动类型;

(2)管中水保持层流状态的最大流速(水的密度 ρ = 1000 kg·m^{-3},黏度 μ = 1 cP)。

答:(1)湍流;(2)0.08 m·s^{-1}

图 2-42　习题 2-5 附图

2-7 如图 2-43 所示,高位水槽液面恒定,距地面 10 m,水从 ϕ108 mm×4 mm 的钢管中流出。钢管出口中心线与地面的距离为 2 m,管路的总阻力(包括进、出口等局部阻力损失)可按 $\sum h_f = 16.15\ u^2$ J·kg^{-1} 计算,式中 u 为水在管内的流速(m·s^{-1})。求:

(1)A-A'截面处的流速;

(2)水的流量。

答:(1)2.17 m·s^{-1};(2)61.32 m^3·h^{-1}

图 2-43　习题 2-7 附图

2-8 如图 2-44 所示,水在管内流动,截面 1-1′处管内径为 0.2 m,流速为 0.5 m·s^{-1},由于水的压强产生的水柱高 1 m;截面 2-2′处管内径为 0.1 m。若忽略水由 1 至 2 处的阻力损失,试计算截面 1-1′,2-2′处产生的水柱高度差 h。

答:0.19 m

2-9 如图 2-45 所示,三个容器 A、B、C 内均装有水,容器 C 敞口。密闭容器 A,B 间的液面高度差 z_1 = 1 m,容器 B,C 间的液面高度差 z_2 = 2 m,两 U 形管下部液体均为水银,其密度 ρ_0 = 13600 kg·m^{-3},高度差分别为 R = 0.2 m,H = 0.1 m,试求容器 A、B 上方压力表读数 p_A,p_B 的大小。

答:p_A = $2.727×10^4$ Pa;p_B = -7259.4 Pa

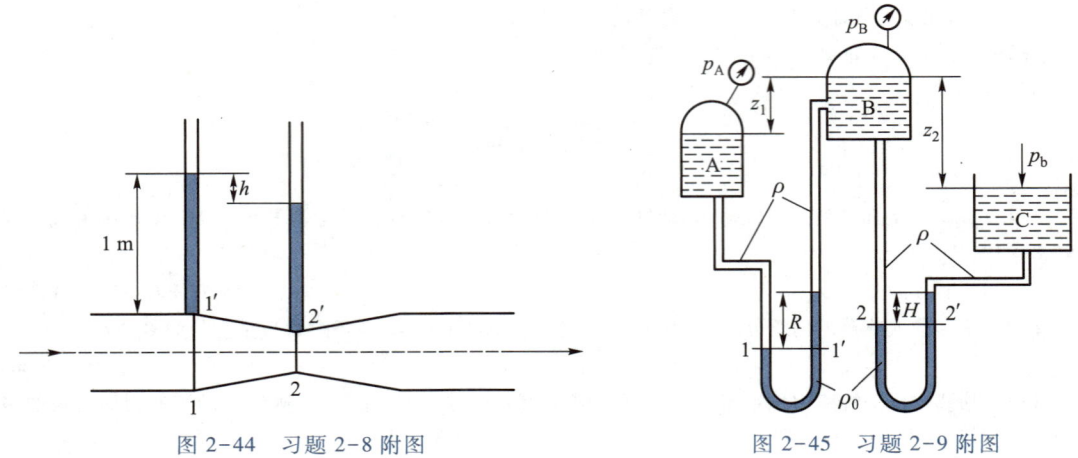

图 2-44   习题 2-8 附图   图 2-45   习题 2-9 附图

2-10   一车间要求将 20 ℃的水以 32 kg·s^{-1}的流量送入某设备中,若选取平均流速为 1.1 m·s^{-1},试计算所需管子的尺寸。若在原水管上再接出一根 ϕ159 mm×4.5 mm 的支管,如图 2-46 所示,以便将一半流量的水改送至另一车间,求当水总流量不变时,此支管内水的流速。

答:0.9 m·s^{-1}

2-11   如图 2-47 所示,在异径水平管段两截面(1-1′和 2-2′)连一倒置 U 形管压差计,压差计读数 R=200 mm(管中流体为水)。试求两截面间的压强差。

答:1962 Pa

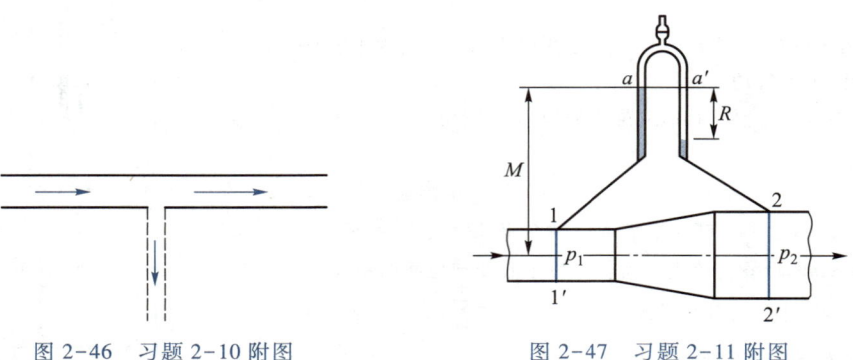

图 2-46   习题 2-10 附图   图 2-47   习题 2-11 附图

2-12   在稳定流动系统中,水连续从粗管流入细管。粗管内径 d_1 = 10 cm,细管内径 d_2 = 5 cm,当流量为 $4×10^{-3}$ m^3·s 时,求粗管内和细管内水的流速。

答:0.51 m·s^{-1},2.04 m·s^{-1}

2-13   20 ℃的水以 0.1 m·s^{-1}的平均流速流过内径 d = 0.01 m 的圆管,试求 1 m 长的管子壁上所受到的流体摩擦力大小。

答:0.0025 N

2-14   用风机通过内径为 0.3 m 的圆形导管从大气中抽取空气。导管壁开口接一 U 形管压差计,压差计读数为 245 Pa(2.5 cmH$_2$O)(真空度)。已知空气的密度为 1.29 kg·m^{-3},求空气的流量(入口与管路的阻力忽略不计)。

答:1.38 m^3·s^{-1}

2-15　某车间准备用一台离心泵将贮槽内的热水送到敞口的高位槽内,已知管子(钢管)规格为 $\phi60$ mm×3.5 mm,管内流速为 2 m·s^{-1},吸入管路的能量损失为 19.6 J·kg^{-1},压出管路的压头损失为 4 mH$_2$O(均包括全部的局部阻力损失在内),其余参数见图 2-48。试求该泵提供的有效功率。

答:655 W

2-16　用 $\phi108$ mm×4 mm 的钢管从水塔将水引至车间,管路长度 150 m(包括管件的当量长度)。若此管路的全部能量损失为 118 J·kg^{-1},此管路输水量为多少?(管路摩擦系数可取为 0.02,水的密度取为 1000 kg·m^3。)

答:79.13 m^3·h^{-1}

2-17　如图 2-49 所示,用泵将水从水池送至高位槽。高位槽液面高于水池液面50 m,管路全部能量损失为 20 J·kg^{-1},流量为 36 m^3·h^{-1},高位槽与水池均为敞口。若泵的效率为 60%,求泵的轴功率(水的密度取为1000 kg·m^{-3})。

答:8508.3 W

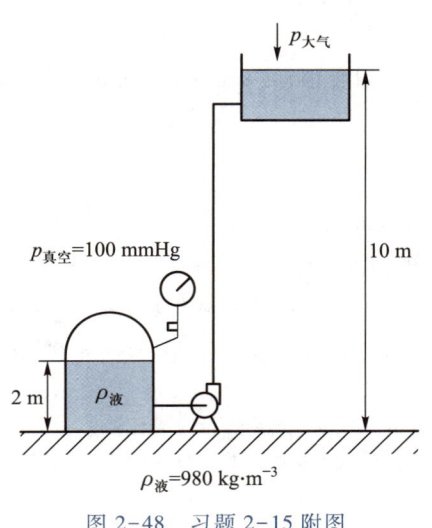

图 2-48　习题 2-15 附图

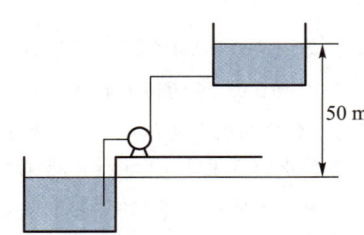

图 2-49　习题 2-17 附图

2-18　如图 2-50 所示,常温的水在管道中流过,两个串联的 U 形管压差计中的指示液均为水银,密度为 ρ_{Hg};测压连接管内充满常温的水,密度为 ρ_w;两 U 形管的连通管内充满空气。若测压前两 U 形管压差计内的水银液面均为同一高度,测压后两 U 形管压差计的读数分别为 R_1,R_2,试求 a,b 两点间的压力差(p_a-p_b)。

答:$\left(\rho_{Hg}-\dfrac{1}{2}\rho_w\right)(R_1+R_2)g$

2-19　如图 2-51 所示,用泵将贮槽中密度为 1200 kg·m^{-3} 的溶液送到蒸发器内。贮槽内液面维持恒定,其上方与大气相通。蒸发器内的操作压强为200 mmHg(真空度),蒸发器进料口高于贮槽内的液面 15 m,输送管道的直径为 $\phi68$ mm×4 mm,送料量为 20 m^3·h^{-1},溶液流经全部管道的能量损失为120 J·kg^{-1},求泵的有效功率。

答:1633 W

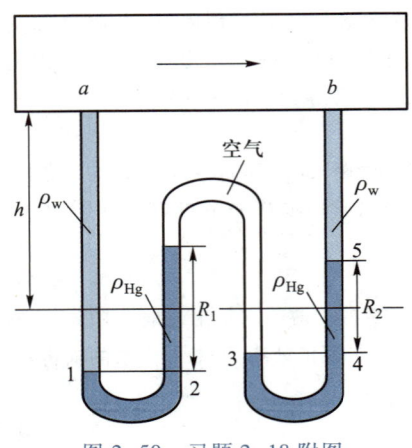

图 2-50   习题 2-18 附图

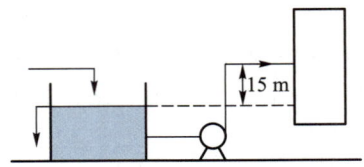

图 2-51   习题 2-19 附图

2-20   如图 2-52 所示的输水系统,输水量为 36 $m^3 \cdot h^{-1}$,输水管均为 ϕ 80 mm×2 mm 规格的钢管。已知水泵吸入管路的阻力损失为0.2 mH_2O,试求:

(1)水泵的扬程;

(2)若水泵的效率 $\eta = 70\%$,水泵的轴功率(kW);

(3)水泵吸入管路上真空表的读数。注:当地大气压强为 750 mmHg。

答:(1) 30.45 m;(2) 4.267 kW;(3) 51420 Pa(真空度)

2-21   如图 2-53 所示的输水系统,已知管内径为 $d = 50$ mm,在阀门全开时输送系统的 $l + \sum l_e = 50$ m,摩擦系数 λ 可取 0.03,泵的性能曲线在6~15 $m^3 \cdot h^{-1}$ 流量范围内可用下式描述:$H_e^1 = 18.92 - 0.82Q^{0.8}$,$H_e^1$ 为泵的扬程(m);Q 为泵的流量($m^3 \cdot h^{-1}$)。问:

(1)如要求输送量为 10 $m^3 \cdot h^{-1}$,单位质量的水所需外加功为多少?此泵能否完成任务?

(2)如要求输送量减至 8 $m^3 \cdot h^{-1}$(通过关小阀门来达到),泵的轴功率减少百分之多少?(设泵的效率变化忽略不计。)

答:(1) 128.13 $kJ \cdot kg^{-1}$;(2) 15.1%

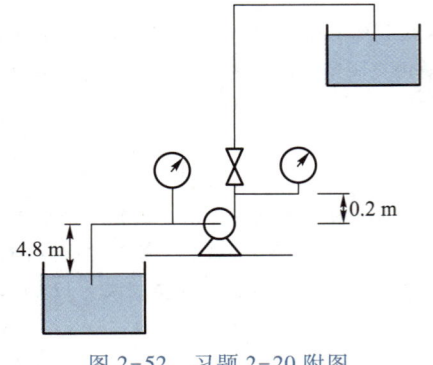

图 2-52   习题 2-20 附图

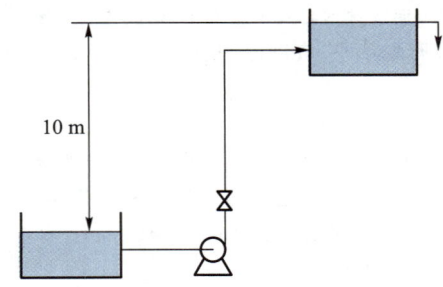

图 2-53   习题 2-21 附图

2-22   如图 2-54 所示,用泵将水由低位槽打到高位槽(均敞口,且液面保持不变)。已知两槽液面距离为 20 m,管路全部阻力损失为 5 mH_2O(包括管路进出口局部阻力损失),泵出口管路内径为 50 mm,其上装有 U 形管压差计,AB 长为 6 m,压强计读数 R 为 40 mm,R' 为 1200 mm,H 为 1 m。设摩擦系数为 0.02。求:

(1)泵所需的外加功($J \cdot kg^{-1}$);

(2)管路流速($m \cdot s^{-1}$);

（3）泵的有效功率（kW）；

（4）$A-A'$ 截面压强（Pa，以表压强计）。

答：（1）245.25 J·kg^{-1}；（2）$u=2.03$ m·s^{-1}；

（3）0.977 kW；（4）1.58×10^5 Pa

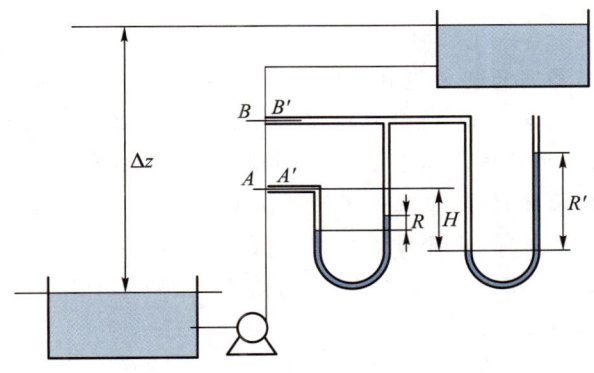

图 2-54　习题 2-22 附图

2-23　如图 2-55 所示管路，用离心泵将池 A 中水输送至高位槽中，已知离心泵的特性曲线为 $H_e=25-0.004\,q_V^2$（式中：H_e，m；q_V，m^3·h^{-1}）。吸入管路的阻力损失为 4 mH$_2$O（不含管路入口阻力损失），泵出口处装有压力表，泵的阻力损失可以忽略。管路为 $\phi57$ mm$\times3.5$ mm 规格的钢管。管路中 C 处装有一个调节阀，调节阀在某一开度时的阻力系数 $\xi=6.0$，两 U 形管压差计读数 $R_1=800$ mm，$R_2=700$ mm，指示液为 CCl$_4$（密度 $\rho_0=1600$ kg·m^{-3}），连通管指示液面上充满水，水的密度为 $\rho=1000$ kg·m^{-3}，问：

（1）管路中水的流量为多少（单台泵）？

（2）出口处压力表读数为多少（单台泵）？

（3）并联一台相同型号离心泵，写出并联后泵的特性曲线方程；

（4）若并联后管路特性曲线方程为 $H=13.5+0.006q_V^2$，求并联后输水量为多少？

答：（1）8829 Pa；（2）1.784×10^5 Pa；

（3）$H_e=25-0.004\times(q_V/2)^2=25-0.001q_V^2$；（4）40.53 m^3·h^{-1}

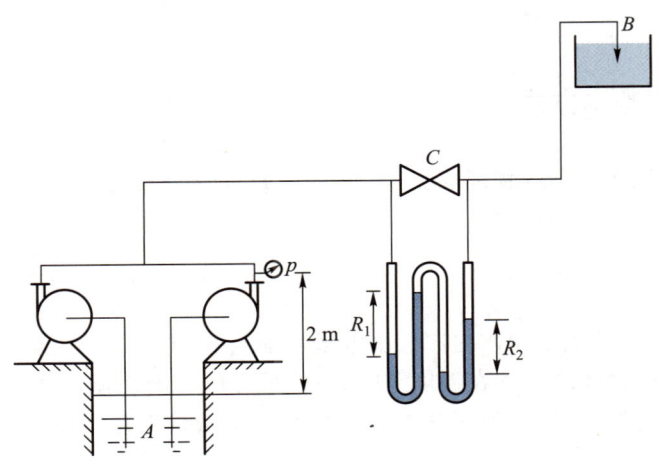

图 2-55　习题 2-23 附图

第3章　热量传递

热现象是自然界最普遍的物理现象,传热在生产、生活和科技领域中有着广泛的应用。化学工业与传热的关系尤为密切,在化工生产中,热量传递是常见的单元操作过程。如蒸发、蒸馏、干燥等,均需根据具体的工艺要求,对物料进行加热或冷却。对于化学反应器,更需有效地供给或移走反应热,使反应在一定的温度下进行;此外,化工生产中设备的保温、热能的合理利用及废热的回收等,也都涉及传热问题。化工生产中对传热过程的要求一般有两种情况:一种是强化传热过程,如各种换热设备中的传热;另一种是削弱传热过程,如对设备和管道的保温、保冷,以减少热损失。

因此,本章重点讨论传热的基本原理及其在化工生产中的应用。

3.1　概　　述

3.1.1　稳态传热与非稳态传热

凡是有温度差存在的地方,就存在热量传递。自然界中温度差无处不在,无时不有,因而热量传递就是自然界和生产技术中一种普遍存在的现象。在传热过程中,热量总是自发地由温度较高的物料传向温度较低的物料。

传热概述

传热过程可分为稳态传热过程和非稳态传热过程两大类。在传热进行时,物体各点温度不随时间改变、仅随位置变化的传热过程称为稳态传热过程,简称稳态传热;若物体各点温度既随位置变化、也随时间变化的传热过程则称为非稳态传热过程,简称非稳态传热。本章只讨论稳态传热过程。

3.1.2　传热基本方式

热量传递是常见而复杂的物理现象,为研究方便,可将传热按照传热机理划分为三种基本方式:热传导、热对流和热辐射。

1. 热传导

热传导简称导热,是依靠物体内部自由电子运动或分子振动来传递热量的,当物体内部或在两个直接接触的物体之间存在温度差时,较热部分的分子因振动而与相邻的分子碰撞,将其动能的一部分传给后者,导致了热能从温度较高部分向温度较低部分的传递。导热是物质的固有本质。

发生导热时,物体各部分之间不发生宏观相对位移。对于气体,导热是由于气体分子做无规则热运动、相互碰撞而引起。对于固体,导电体的导热由自由电子的运动而引起;

而非导电体则通过晶格的振动来传递热量。至于液体的导热,可以认为介于气体和固体之间。

2. 热对流

热对流简称对流,是指流体各部分质点发生相对位移而引起的热量传递,因而热对流只能发生在流体中。由于分子的无规则热运动是流体的固有本质,因此热对流必然伴随着导热现象。在化工生产中常见的是流体流过固体表面时,热量由流体传给固体壁面,或由固体壁面传给流体,这一过程称为对流传热或给热。显然,对流传热是热对流和热传导同时参与的热量传递过程。对流传热与流体的流动状况密切相关,而流体流动可以是由流体内部温度不同引起密度差异而导致的自然对流,也可以是人为输入机械能(如利用泵、风机等的作用)而造成的强制对流。

3. 热辐射

只要物体的温度高于绝对零度,物质的原子和分子就会振动而向外发射各种波长的电磁波。波长为 0.4~40 μm 的电磁波投射到另一物体上,能够被该物体吸收变成热能,故把这一波长范围内的电磁波称为热射线,由于热的原因而发出辐射能的现象称为热辐射。物体间通过热辐射而交换热量的过程称为辐射传热,它是一种动态平衡的过程。与导热和对流不同,热辐射无需任何介质,在真空中也可以传播,并且在能量转移过程中还存在着由热能→辐射能→热能的转换。

黑体是研究热辐射规律的理想模型,它是指吸收比为 1,即能全部吸收辐射能的物体,它同时也是发射本领最大的物体。黑体的辐射能力,即单位时间单位黑体表面向外界辐射的全部波长范围($\lambda = 0 \sim \infty$)的总能量,遵从斯蒂芬-玻耳兹曼(Stefan-Boltzmann)定律:

$$E_0 = \sigma_0 T^4 = C_0 \left(\frac{T}{100} \right)^4 \tag{3-1}$$

式中:E_0 为黑体的辐射能力,$W \cdot m^{-2}$;σ_0 为黑体的辐射常数,其值为 5.67×10^{-8} $W \cdot m^{-2} \cdot K^{-4}$;$C_0$ 为黑体的辐射系数,其值为 5.67 $W \cdot m^{-2} \cdot K^{-4}$。

式(3-1)表明,黑体的辐射能力 E_0 与热力学温度的四次方成正比。

通常,只有物体的温度大于 400 ℃(即 673 K)时,才发生明显的辐射传热,而在低温时,热辐射传递的热量一般可以忽略。

有关热辐射的计算问题,可参阅有关资料。

实际传热过程一般都不是单一的传热方式,如火焰对炉壁的传热,就是辐射、对流和导热的综合,而不同的传热方式则遵循不同的传热规律。为了分析方便,人们在传热研究中把三种传热方式分解开来,然后再加以综合。

3.1.3 热平衡方程与热流量方程

将热量由壁面一侧流体通过壁面传到壁面另一侧的过程称为传热过程。由于热辐射可以透过气体而不能透过液体,因此,一个传热过程可以包含导热和对流两种热量传递方式

（两侧流体都为液体时），也可以包含导热、对流、辐射三种热量传递方式（至少一侧流体为气体时）。在进行传热计算时，常用到热平衡方程和热流量方程。

1. 热平衡方程

若以某换热器为衡算对象，忽略热损失，当换热器中两流体无相变化时，根据热量衡算可得出热平衡方程为

$$\Phi = q_{m,h}c_{p,h}(T_1 - T_2) = q_{m,c}c_{p,c}(T_2' - T_1') \tag{3-2}$$

式中：Φ 为换热器的传热量，W；$q_{m,h}$，$q_{m,c}$ 分别为热、冷流体的质量流量，$kg \cdot s^{-1}$；$c_{p,h}$，$c_{p,c}$ 分别为热、冷流体的比定压热容，$kJ \cdot kg^{-1} \cdot K^{-1}$；$T_1$，$T_2$ 分别为热流体的进、出口温度，K；T_1'，T_2' 分别为冷流体的进、出口温度，K。

式（3-2）即为换热器的热平衡方程，它是传热计算的基本方程式，常用来计算换热器的传热量（有时也称为热负荷）。

若换热器的热流体有相变化，如饱和蒸气冷凝，且冷凝液在饱和温度下离开换热器时，则

$$\Phi = q_{m,h}r = q_{m,c}c_{p,c}(T_2' - T_1') \tag{3-3}$$

式中：r 为饱和蒸气的冷凝潜热，$kJ \cdot kg^{-1}$。

2. 热流量方程

热交换器或换热器是实现传热过程的设备。在换热器中，通常以热流量（或称传热速率）Φ 表示换热器的换热能力。

在稳态传热中，热流量与传热面积和两流体的温度差成正比，即

$$\Phi = KA\Delta T \tag{3-4}$$

式中：Φ 为热流量，W；K 为总传热系数，$W \cdot m^{-2} \cdot {}^{\circ}\!C^{-1}$ 或 $W \cdot m^{-2} \cdot K^{-1}$；$A$ 为总传热面积，m^2；ΔT 为两流体的温度差，${}^{\circ}\!C$ 或 K。

式（3-4）称为热流量方程或总传热速率方程，它是换热器计算和设计中最重要的方程式。

传热过程中，两种流体的温差是传热过程的推动力，在换热器传热面的不同位置上，流体的温差不同，因此在利用式（3-4）进行传热计算时通常采用平均温度差 ΔT_m。ΔT_m 与换热器的型式和冷、热流体流动方式有关，将在 3.4.2 中进行讨论。

在热流量的计算公式中，热流量和固体传热面积有关，若定义

$$q = \frac{\Phi}{A} \tag{3-5}$$

则称 q 为面积热流量，单位为 $W \cdot m^{-2}$，表示通过固体单位传热表面积热流量大小，也称为热流密度。

换热器的热流量与传热量在数值上相等，但意义不同，要注意它们之间的区别。

3.2　热　传　导

3.2.1　傅里叶定律

1. 温度梯度

为了直观描绘物体内部的温度分布情况,常用等温面形象表示。等温面是指某一瞬间温度场中具有相同温度值的点组成的面,它是平面或曲面。如图 3-1 所示,在等温面上温度处处相等,故等温面上无热量传递;而在不同的等温面上温度不同,即等温面不相交。因此,从任意一点起,沿着与等温面相交的任意方向移动时,温度都随移动距离而变化。这种温度随距离的变化率以沿着与等温面垂直的方向为最大,这一最大变化率的极限值称为温度梯度,即

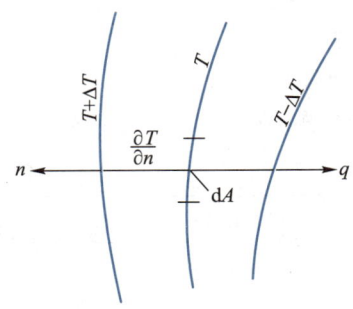

图 3-1　温度梯度和热流方向示意图

$$温度梯度 = \frac{\partial T}{\partial n} \quad (\mathrm{K \cdot m^{-1}})$$

温度梯度是垂直于等温面的向量,其正方向为温度增加的方向。对于稳态传热过程,用偏导数 $\frac{\partial T}{\partial n}$ 的意义是对不同等温面间的导热,只考虑沿法线方向的温度变化。因此,对一维稳态热传导,温度梯度为 $\frac{\mathrm{d}T}{\mathrm{d}n}$。

从傅里叶的生平"悟"如何面对挫折

2. 傅里叶定律

实验证明,对于一维稳态热传导过程,可用傅里叶(Fourier)定律来描述:

$$q = -\lambda \frac{\mathrm{d}T}{\mathrm{d}n} \tag{3-6}$$

式中:q 为面积热流量,$\mathrm{W \cdot m^{-2}}$;λ 为比例系数,称为导热系数(或热导率),$\mathrm{W \cdot m^{-1} \cdot K^{-1}}$;$\frac{\mathrm{d}T}{\mathrm{d}n}$ 为法向温度梯度,$\mathrm{K \cdot m^{-1}}$。式(3-6)中的负号表示热流方向和温度梯度的方向相反。

3.2.2　导热系数

由式(3-6)移项得

$$\lambda = -\frac{q}{\dfrac{\mathrm{d}T}{\mathrm{d}n}}$$

这表明导热系数在数值上应等于温度梯度为 1 K·m^{-1}时,单位时间内经过单位导热面积所传递的热量。它是物质导热能力的标志,物质的导热系数越大,则表示该物质的导热能力越强。它是由实验得到的物质的常数,与温度和压力等其他参数有关。

表 3-1、表 3-2、表 3-3 分别列出了常用固体材料、液体和气体的导热系数,从表中数据可以看出:

① 气体的导热系数最小,液体居中,固体(除绝热材料外)的导热系数最大;

② 在固体材料中金属材料的导热系数最大,建筑材料次之,绝热材料最小,其导热系数值的数量级为

金属 $10 \sim 10^2$ W·m^{-1}·K^{-1}

建筑材料 $10^{-1} \sim 10^0$ W·m^{-1}·K^{-1}

绝热材料 $10^{-2} \sim 10^{-1}$ W·m^{-1}·K^{-1}

表 3-1   常用固体材料的导热系数

物质名称	温度/℃	$\lambda/(\text{W·m}^{-1}\text{·K}^{-1})$
银	100	409.38
铜	100	379.14
铝	300	227.95
熟铁	18	61
镍	100	82.57
铸铁	53	48
钢(1% C)	18	45
铅	100	33
不锈钢	20	16
高铝砖	430	3.1
冰	0	2.33
玻璃	30	1.09
建筑砖	20	0.69
石棉	200	0.21
石棉	100	0.19
石棉板	50	0.17
硬橡胶	0	0.15
锯木屑	20	0.052
棉毛	30	0.050
软木	30	0.043
玻璃纤维(粗)		0.041
玻璃纤维(细)		0.029

表 3-2　几种液体的导热系数

液体	温度/℃	$\lambda/(W \cdot m^{-1} \cdot K^{-1})$
50%乙酸	20	0.35
丙酮	30	0.18
苯胺	0~20	0.17
苯	30	0.16
30%氯化钙盐水	30	0.55
80%乙醇	20	0.24
60%甘油	20	0.38
40%甘油	20	0.45
正庚烷	30	0.14
水银	28	8.36
90%硫酸	30	0.36
60%硫酸	30	0.43
水	30	0.62
水	60	0.66

表 3-3　几种气体的导热系数

气体	温度/℃	$\lambda/(W \cdot m^{-1} \cdot K^{-1})$
氢	0	0.16
二氧化碳	0	0.015
空气	0	0.024
空气	100	0.032
甲烷	0	0.030
一氧化碳	0	0.023
水蒸气	100	0.024
氮	0	0.023
乙烯	0	0.016
氧	0	0.024
乙烷	0	0.018
氨	0	0.022

　　固体物质的导热系数不仅与物质的种类有关,还和物质的结构、密度、温度、湿度等因素有关。

　　除水和甘油的导热系数值随温度的升高而增加外,其余液体的导热系数值均随温度的升高而减小。

　　气体的导热系数在很大的压力变化范围内随压力的变化很小,可以忽略,但随温度的升高而增大。静止气体的导热系数值很小,其导热性能很差,但对保温很有利。

　　各种物质的导热系数值均可由实验测定。

3.2.3   平壁的稳态热传导

图 3-2 所示为单层平壁的热传导,在平壁内部,距离左侧面 x 处,取一厚度为 $\mathrm{d}x$ 的微元,根据傅里叶定律:

$$q = -\lambda \frac{\mathrm{d}T}{\mathrm{d}x} = 定值$$

将上式分离变量并积分得

$$\int_0^\delta q \mathrm{d}x = -\int_{T_1}^{T_2} \lambda \mathrm{d}T$$

得单位面积上的热流量:

$$q = \frac{\lambda}{\delta}(T_1 - T_2) \tag{3-7}$$

式中:q 为面积热流量,$\mathrm{W \cdot m^{-2}}$;λ 为平壁的导热系数,$\mathrm{W \cdot m^{-1} \cdot K^{-1}}$;$\delta$ 为平壁的厚度,m;T_1,T_2 分别为平壁两侧的温度,K。

通过面积 A 的热流量用 $\varPhi$ 表示:

$$\varPhi = qA = \frac{\lambda A}{\delta}(T_1 - T_2) \tag{3-8}$$

上式可改写成
$$\varPhi = \frac{\Delta T}{\dfrac{\delta}{\lambda A}} = \frac{\Delta T}{R} = \frac{传热推动力}{热阻} \tag{3-9}$$

式(3-9)表明,热流量正比于传热推动力 ΔT,反比于热阻 R;当平壁厚度 δ 越大,而平壁面积 A 和物质的导热系数 λ 越小时,导热的热阻 R 越大。

在生产中经常遇到多层平壁的热传导,如由耐火砖、保温层和普通砖构成的三层复合炉壁的传热,如图 3-3 所示。

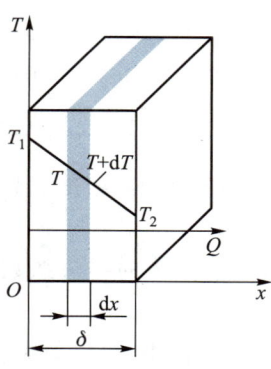

图 3-2   单层平壁的热传导

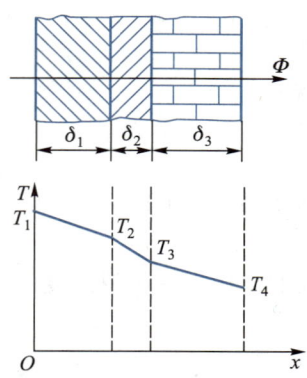

图 3-3   多层平壁的热传导

假定各层平壁之间接触紧密,可认为相邻两层平壁接触面上的温度相同。热量在各层平壁内没有积累,因而依次通过各层平壁的热量相等。

假设各层的厚度分别为 δ_1,δ_2 和 δ_3,导热系数分别为 λ_1,λ_2 和 λ_3,两外表面温度分别为 T_1,T_4,层间温度分别为 T_2,T_3,按照式(3-9)可得

$$\Phi = \frac{T_1 - T_2}{\dfrac{\delta_1}{\lambda_1 A}} = \frac{T_2 - T_3}{\dfrac{\delta_2}{\lambda_2 A}} = \frac{T_3 - T_4}{\dfrac{\delta_3}{\lambda_3 A}} \tag{3-10}$$

根据数学叠加定律,对 n 层平壁有

$$\Phi = \frac{T_1 - T_{n+1}}{\displaystyle\sum_{i=1}^{n} \frac{\delta_i}{\lambda_i A}} = \frac{\sum \Delta T}{\displaystyle\sum_{i=1}^{n} \frac{\delta_i}{\lambda_i A}} = \frac{\sum \Delta T}{\sum R} = \frac{总推动力}{总热阻} \tag{3-11}$$

式中:i 为壁层的序数;n 为多层平壁的层数。

3.2.4 圆筒壁的稳态热传导

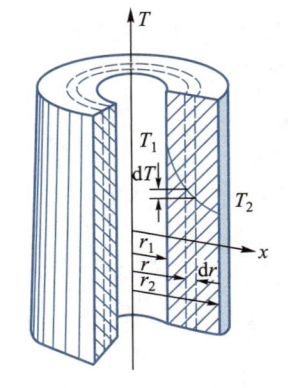

图 3-4 单层圆筒壁的热传导

在化工生产中经常会遇到通过圆筒壁的热传导,与平壁热传导相比,其不同之处在于圆筒壁的传热面积 A 不是常量,它沿半径而变化。在图 3-4 所示的圆筒壁上取一厚度为 dr 的薄层,此薄层距轴线的距离为 r,圆筒的长度为 L,则 $A = 2\pi rL$,故

$$\Phi = -\lambda 2\pi rL\left(\frac{dT}{dr}\right)$$

分离变量,并积分:

$$\int_{r_1}^{r_2} \frac{dr}{r} = \frac{-2\pi L\lambda}{\Phi} \int_{T_1}^{T_2} dT$$

$$\ln \frac{r_2}{r_1} = \frac{2\pi L\lambda}{\Phi}(T_1 - T_2)$$

$$\Phi = \frac{2\pi L(T_1 - T_2)}{\dfrac{1}{\lambda}\ln \dfrac{r_2}{r_1}} \tag{3-12}$$

式(3-12)即为单层圆筒壁的稳态热传导的热流量计算式。若传热面积 A 用平均传热面积 A_m 表示,式(3-12)也可写成与平壁热传导的热流量方程相类似的形式:

$$\Phi = \frac{A_m \lambda (T_1 - T_2)}{\delta} = \frac{A_m \lambda (T_1 - T_2)}{r_2 - r_1} \tag{3-13}$$

比较式(3-13)和式(3-12),则 A_m 应为圆筒壁内外表面积的对数平均值,即

$$A_{\mathrm{m}} = \frac{2\pi L(r_2 - r_1)}{\ln \dfrac{r_2}{r_1}} = \frac{2\pi L(r_2 - r_1)}{\ln \dfrac{2\pi L r_2}{2\pi L r_1}} = \frac{A_2 - A_1}{\ln \dfrac{A_2}{A_1}}$$

若 $A_2/A_1 < 2$ 时，则 A_{m} 可用算术平均值 $\left(A_{\mathrm{m}} = \dfrac{A_1 + A_2}{2}\right)$ 代替，其误差小于 4%，可以满足工程计算的要求。

多层圆筒壁的热传导方程，类似于多层平壁串联，可从单层圆筒壁的热传导方程推得：

$$\Phi = \frac{2\pi L(T_1 - T_{n+1})}{\displaystyle\sum_{i=1}^{n} \frac{1}{\lambda_i} \ln \frac{r_{i+1}}{r_i}} \qquad\qquad (3-14)$$

式中：i 为壁层的序数；n 为多层圆筒壁的层数。

例 3-1 某燃烧炉由三层砖紧密砌成，内层为耐火砖，$\lambda_1 = 1.00\ \mathrm{W \cdot m^{-1} \cdot K^{-1}}$，厚度为 230 mm；中间为保温砖，$\lambda_2 = 0.150\ \mathrm{W \cdot m^{-1} \cdot K^{-1}}$；外层为普通砖，$\lambda_3 = 0.900\ \mathrm{W \cdot m^{-1} \cdot K^{-1}}$，厚度为 230 mm。内壁温度为 700 ℃，要求普通砖内壁温度不超过 150 ℃，外壁温度不超过 60 ℃，试求保温砖的厚度及每平方米壁面损失的热量。

解
$$\Phi = \frac{T_1 - T_{n+1}}{\displaystyle\sum_{i=1}^{n} \frac{\delta_i}{\lambda_i A}} = \frac{T_1 - T_{n+1}}{R_1 + R_2 + R_3}$$

$$\frac{T_1 - T_3}{R_1 + R_2} = \frac{T_3 - T_4}{R_3}$$

式中：
$$R_1 A = \frac{\delta_1}{\lambda_1} = \frac{0.230\ \mathrm{m}}{1.00\ \mathrm{W \cdot m^{-1} \cdot K^{-1}}} = 0.230\ \mathrm{m^2 \cdot K \cdot W^{-1}}$$

$$R_2 A = \frac{\delta_2}{\lambda_2} = \frac{\delta_2}{0.150\ \mathrm{W \cdot m^{-1} \cdot K^{-1}}} = 6.67\delta_2\ \mathrm{m \cdot K \cdot W^{-1}}$$

$$R_3 A = \frac{\delta_3}{\lambda_3} = \frac{0.230\ \mathrm{m}}{0.900\ \mathrm{W \cdot m^{-1} \cdot K^{-1}}} = 0.256\ \mathrm{m^2 \cdot K \cdot W^{-1}}$$

$$\frac{700\ ℃ - 150\ ℃}{0.230\ \mathrm{m} + 6.67\delta_2} = \frac{150\ ℃ - 60\ ℃}{0.256\ \mathrm{m}}$$

解得 $\delta_2 = 0.200\ \mathrm{m}$，即保温砖层的厚度为 200 mm。

$$q = \frac{\Delta T}{\dfrac{\delta_1}{\lambda_1} + \dfrac{\delta_2}{\lambda_2} + \dfrac{\delta_3}{\lambda_3}}$$

$$= \frac{[(700+273) - (60+273)]\ \mathrm{K}}{0.23\ \mathrm{m^2 \cdot K \cdot W^{-1}} + 6.67 \times 0.20\ \mathrm{m^2 \cdot K \cdot W^{-1}} + 0.26\ \mathrm{m^2 \cdot K \cdot W^{-1}}}$$

$$= 351\ \mathrm{W \cdot m^{-2}}$$

即每平方米壁面损失的热量为 351 W。

3.3　对流传热

3.3.1　对流传热过程分析

当流体与固体壁面间发生对流传热时,由于流体沿壁面流动,在壁面附近存在着一层层流内层,在此薄层内流体质点分层流动,在平行的相邻两层之间没有流体质点做宏观运动,因此在垂直于流体流动的方向上不存在对流传热,只有热传导。由于流体的导热系数较低,致使层流内层的热阻很大,所以在该层内的温差也较大;在流体主体中,由于流体质点的剧烈湍动并充满漩涡,因此温度差极小;在层流内层和湍流主体之间有一缓冲层,在其内部,热对流和热传导同时存在,温度的变化较缓慢。图 3-5 所示为冷、热流体在壁面两侧的流动情况及与流体流动方向相垂直的某一截面上的温度分布情况。

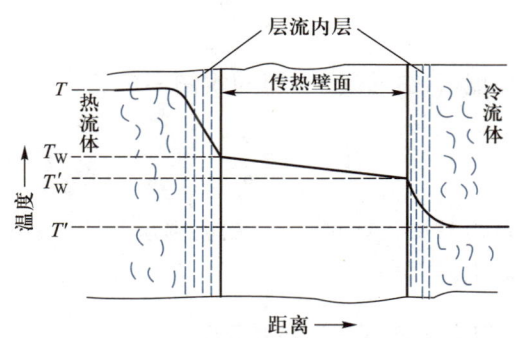

图 3-5　对流传热的温度分布情况

3.3.2　牛顿冷却定律

研究表明,对流传热与流体的流动情况、流体的性质、壁面的几何特征及流体相对于壁面的流动方向等多种因素有关,因此对流传热是一个极其复杂的过程。实践证明,对流传热的面积热流量 $q(\text{W} \cdot \text{m}^{-2})$ 与流体和壁面之间的温度差成正比。

流体被冷却时:　　　　　　　　　　$q = \alpha(T - T_{\text{W}})$　　　　　　　　　　(3-15a)

流体被加热时:　　　　　　　　　　$q = \alpha(T'_{\text{W}} - T')$　　　　　　　　　　(3-15b)

式中:α 为比例系数,称为传热膜系数,也常称为对流传热系数或给热系数,$\text{W} \cdot \text{m}^{-2} \cdot \text{K}^{-1}$;$T_{\text{W}}$,$T'_{\text{W}}$ 分别为热、冷壁的壁温,K;T,T' 分别为热、冷流体的主体温度,K。

式(3-15a)和式(3-15b)称为牛顿冷却定律。牛顿冷却定律并非理论推导出的结果,而只是一种简化处理方法,它假设通过单位传热面积的传热量与温度差和传热膜系数成正比。由于把影响对流传热的各种因素都归纳到传热膜系数 α 中,而影响 α 的因素又极为复杂,致使式(3-15a)和式(3-15b)的应用受到了一定的限制。故工程上常用传热有效膜的概念,将复杂的对流传热简化成传导传热来解决。

3.3.3　传热膜系数

1. 有效膜

式(3-15b)可改写成如下形式：

$$q = \alpha(T'_w - T') = \alpha \Delta T = \frac{\Delta T}{R} \tag{3-16}$$

式中：R 为对流传热的热阻，$m^2 \cdot K \cdot W^{-1}$。

假设一层厚度为 δ_t 的静止流体膜所具有的热阻，恰好和拟考查的对流传热过程的热阻相当，则将该静止流体膜称为传热有效膜。运用有效膜的概念，就可以把复杂的对流传热过程简化为有效膜内的热传导过程。因此，牛顿冷却定律可改写成

$$q = \frac{\lambda}{\delta_t} \Delta T \tag{3-17}$$

式中：δ_t 为传热有效膜的厚度。比较式(3-17)和式(3-16)得

$$\alpha = \frac{\lambda}{\delta_t} \tag{3-18}$$

显然，传热有效膜的概念与层流内层不同，层流内层是实际存在的，而传热有效膜为一假设的静止流体膜层，实际上并不存在。

2. 用量纲分析法求无相变时流体的传热膜系数 α

实验研究表明，影响传热膜系数的因素主要有以下五方面。

（1）流体的种类

液体、气体、蒸气的传热膜系数各不相同。

（2）流体的性质

主要有流体的密度 ρ、比定压热容 c_p、导热系数 λ 和黏度 μ 等。

（3）流体的流型

层流、湍流的传热膜系数各不相同，当流体呈湍流流动时，α 值随着 Re 值的增大和层流内层的厚度减薄而增大。

（4）对流的种类

自然对流和强制对流的 α 值不同。强制对流时的流体流速一般高于自然对流，故前者传热膜系数较大。

设流体的壁面温度为 T_1，流体主体温度为 T，相应温度下的密度分别为 ρ_1 和 ρ，流体的膨胀系数为 β，则流体因温度差 ΔT 而引起的密度变化为 $\rho_1 = \rho(1 + \beta \Delta T)$，故单位体积流体所受的浮升力为 $(\rho_1 - \rho)g = [\rho(1 + \beta \Delta T) - \rho]g = \rho g \beta \Delta T$。

（5）传热壁面的形状、位置和大小

如管、板或管束；水平安装或垂直安装，以及它们的直径、长度、高度等都影响 α 值。

由于影响 α 的因素如此复杂,要建立一个普遍适用的表达 α 值的解析式是十分困难的。但可以像处理流体阻力系数那样,用量纲分析的方法组成特征数方程式,然后由实验求出在特定条件下的参数。

在一定几何条件下(如圆管)的对流传热系数 α 是流体流动的流速 u、传热壁面特征尺寸 l、流体的黏度 μ、导热系数 λ、密度 ρ、比定压热容 c_p 及浮升力 $\rho g\beta\Delta T$ 的函数,即

$$\alpha = f(u, l, \mu, \lambda, \rho, c_p, \rho g\beta\Delta T)$$

在一定范围内,上式可以写成幂函数形式:

$$\alpha = ku^a l^b \mu^c \lambda^d \rho^e c_p^f (\rho g\beta\Delta T)^h \tag{3-19}$$

以长度 L、质量 M、时间 T 和温度 Θ 为基本量纲,则式(3-19)中各物理量的单位和量纲如表 3-4 所示。

表 3-4　式(3-19)中各物理量的单位和量纲

物理量	单位	量纲	物理量	单位	量纲
α	$W\cdot m^{-2}\cdot K^{-1}$	$MT^{-3}\Theta^{-1}$	λ	$W\cdot m^{-1}\cdot K^{-1}$	$MLT^{-3}\Theta^{-1}$
u	$m\cdot s^{-1}$	LT^{-1}	ρ	$kg\cdot m^{-3}$	ML^{-3}
l	m	L	c_p	$J\cdot kg^{-1}\cdot K^{-1}$	$L^2T^{-2}\Theta^{-1}$
μ	$kg\cdot m^{-1}\cdot s^{-1}$	$ML^{-1}T^{-1}$	$\rho g\beta\Delta T$	$kg\cdot m^{-2}\cdot s^{-2}$	$ML^{-2}T^{-2}$

将式(3-19)的各物理量写成量纲式,则有

$$MT^{-3}\Theta^{-1} = k\left[LT^{-1}\right]^a L^b \left[ML^{-1}T^{-1}\right]^c \left[MLT^{-3}\Theta^{-1}\right]^d \left[ML^{-3}\right]^e \left[L^2T^{-2}\Theta^{-1}\right]^f \left[ML^{-2}T^{-2}\right]^h$$
$$= kM^{c+d+e+h} L^{a+b-c+d-3e+2f-2h} T^{-a-c-3d-2f-2h} \Theta^{-d-f}$$

根据量纲的一致性原则,上式等号两侧各基本量的量纲指数相等,则

对于质量 M:　$1 = c+d+e+h$

对于长度 L:　$0 = a+b-c+d-3e+2f-2h$

对于时间 T:　$-3 = -a-c-3d-2f-2h$

对于温度 Θ:　$-1 = -d-f$

上述四个方程中有七个未知数,无法联立求解,可将其中的四个未知数改用其他三个未知数(a, f, h)来表示,则有

$$b = a+3h-1$$
$$c = f-a-2h$$
$$d = 1-f$$
$$e = a+h$$

再代入式(3-19)得

$$\alpha = ku^a l^{a+3h-1} \mu^{f-a-2h} \lambda^{1-f} \rho^{a+h} c_p^f (\rho g\beta\Delta T)^h \tag{3-19a}$$

或

$$\alpha = k \left(\frac{ul\rho}{\mu}\right)^a l^{-1} \left(\frac{c_p\mu}{\lambda}\right)^f \lambda \left(\frac{l^3\rho^2 g\beta\Delta T}{\mu^2}\right)^h \tag{3-19b}$$

移项得

$$\frac{\alpha l}{\lambda} = k \left(\frac{ul\rho}{\mu}\right)^a \left(\frac{c_p\mu}{\lambda}\right)^f \left(\frac{l^3\rho^2 g\beta\Delta T}{\mu^2}\right)^h \tag{3-19c}$$

式(3-19c)为表示对流传热关系的特征数式,式中包括四个特征数,其名称、符号及物理意义如表 3-5 所示。

表 3-5　表示对流传热关系的特征数

特征数名称	符号及表达式	物理意义
努塞特数(Nusselt number)	$Nu = \dfrac{\alpha l}{\lambda}$	表示对流传热膜系数的特征数
雷诺数(Reynolds number)	$Re = \dfrac{lu\rho}{\mu}$	表示流动类型的特征数
普朗特数(Prandtl number)	$Pr = \dfrac{c_p\mu}{\lambda}$	表示物性影响的特征准数
格拉斯霍夫数(Grashof number)	$Gr = \dfrac{\beta g\Delta T l^3\rho^2}{\mu^2}$	表示自然对流影响的特征数

式(3-19c)可写成特征数关系式:

$$Nu = f(Re, Pr, Gr) \tag{3-19d}$$

该式表明,当 Re,Pr,Gr 确定后,Nu 也就被确定了,而 Nu 中包含有待定的 α,只要已知流体的性质及流动状况并已知传热壁面的几何尺寸,α 就可算出。

流体无相变化的传热有强制对流传热和自然对流传热两种形式,有相变化的传热最常见的则是蒸气冷凝传热和液体沸腾传热,相应的传热膜系数的求算可参阅有关专业书籍。

在强制对流时,表示自然对流影响的 Gr 可以忽略;而在自然对流时,由于流体密度差而引起的流体质点的升力影响较大,Re 的影响可忽略,所以

自然对流　　　　　　　$Nu = f(Pr, Gr)$

强制对流　　　　　　　$Nu = f(Re, Pr)$

3. 流体无相变时强制对流传热膜系数的关联式

流体在圆形直管内做强制对流时的传热,对于低黏度液体:

$$Nu = 0.023 Re^{0.8} Pr^n \tag{3-20}$$

或

$$\alpha = 0.023 \frac{\lambda}{d} \left(\frac{du\rho}{\mu}\right)^{0.8} \left(\frac{c_p\mu}{\lambda}\right)^n \tag{3-20a}$$

式中:传热面特征尺寸 l 取管内径 d;定性温度(指确定流体物理常数的温度)取流体进、出口温度的算术平均值。

式中 n 的取值为

当流体被加热时 $\qquad\qquad\qquad\qquad n=0.4$

当流体被冷却时 $\qquad\qquad\qquad\qquad n=0.3$

式(3-20)的适用范围: $Re>10^4$; $Pr=0.7\sim160$;管长与管径之比 $\dfrac{L}{d}>50$ 。

若与上述条件不符,应对式(3-20)做适当修正:

① 对于高黏度的液体:

$$Nu=0.027Re^{0.8}Pr^{0.33}\left(\frac{\mu}{\mu_{\mathrm{w}}}\right)^{0.14} \qquad\qquad (3-21)$$

式中: μ 为在流体主体平均温度下的黏度,Pa·s; μ_{w} 为在壁温下流体的黏度,Pa·s。

传热面特征尺寸 l 取管内径 d 。定性温度:除 μ_{w} 取壁温下的 μ 外,其余同式(3-20a)。由于壁温为未知,往往要用试差法求取,较为麻烦,故工程计算中对 $\left(\dfrac{\mu}{\mu_{\mathrm{w}}}\right)^{0.14}$ 项可取近似值:当液体被加热时,取 $\left(\dfrac{\mu}{\mu_{\mathrm{w}}}\right)^{0.14}\approx1.05$;当液体被冷却时,取 $\left(\dfrac{\mu}{\mu_{\mathrm{w}}}\right)^{0.14}\approx0.95$ 。

适用范围: $Re>10000$, $0.7<Pr<16700$, $\dfrac{L}{d}>50$ 。

应当指明的是:式(3-20)中 Pr 数项的不同指数值和在式(3-21)中引入 $\left(\dfrac{\mu}{\mu_{\mathrm{w}}}\right)^{0.14}$ 一项,都是为了校正热流方向对 α 的影响,这是因为层流内层的温度和厚度可因热流方向不同而变化。例如,当液体被加热时,层流内层的温度高于液体的平均温度,该层内液体的黏度降低,层流内层的厚度减薄,使传热膜系数 α 增大;当液体被冷却时,正好相反,层流内层的液体黏度增大,厚度增厚,使传热膜系数 α 减小。对于大多数液体, $Pr>1$, $Pr^{0.4}>Pr^{0.3}$,故液体被加热时,取 $n=0.4$,得到的 α 值大于液体被冷却时的 α 值。

气体的黏度通常随温度升高而增大,因此当气体被加热时,层流内层中气体的温度升高,其厚度也随之增加,热阻增大使 α 值减小;气体被冷却时的情况正好相反,因大多数气体的 $Pr<1$,则 $Pr^{0.4}<Pr^{0.3}$,故气体被加热时, n 仍取 0.4,被冷却时 n 仍取 0.3。对于气体,不管被冷却或被加热, $\left(\dfrac{\mu}{\mu_{\mathrm{w}}}\right)^{0.14}$ 项均为 1。

② 对于 $Re=2000\sim10000$ 的流体,因湍流不充分,层流内层较厚,热阻大,使 α 值减小,此时可用湍流的公式计算,再乘以小于 1 的校正系数 f 。

$$f=1-\frac{6\times10^5}{Re^{1.8}} \qquad\qquad (3-22)$$

③ 对于 L/d 小于 40 的短管,因管内流动尚未充分发展,层流内层较薄,热阻小,故按式(3-20)算得 α 后,还需乘以系数 1.02~1.07 加以校正。

④ 对于圆形弯管,因流体在其内流动时,受离心力的作用,扰动加剧,使传热膜系数加大,故需乘以 $(1+1.77\,d/R)$ 项加以校正,此处 d 为管内径, R 为弯管曲率半径。

⑤ 对于在非圆形管道中做湍流流动的流体,其传热膜系数的计算有两个途径:

非圆形管内传热膜系数的求法

A. 采用当量直径 d_e 代替其特征尺寸 l,沿用圆形管道的计算公式进行计算,此法简单,但准确性较差。

B. 直接用特定情况下的有关经验公式计算,可参考有关化学工程学和传热学的专著。

4. 流体有相变时强制对流传热膜系数的关联式

流体的相态变化主要有蒸气冷凝和液体沸腾。相变流体要放出或吸收大量的潜热,但流体的温度不发生变化,因此在壁面附近流层中的温度梯度较高,从而对流传热系数较无相变时的更大。

(1) 蒸气冷凝时的对流传热膜系数

① 蒸气冷凝方式。当饱和蒸气与低于其饱和温度的壁面接触时,将放出潜热冷凝成液体。若冷凝液能很好地润湿壁面,在壁面上形成一层完整的液膜,这种冷凝方式称为膜状冷凝;若冷凝液不能完全润湿壁面,由于表面张力的作用,必在壁面上形成小液珠而沿壁面掉下,这种冷凝方式称为滴状冷凝,如图 3-6 所示。

在冷凝传热时,气相不可能存在温度梯度,热阻几乎全部集中在冷凝时形成的液膜内。滴状冷凝时,由于大部分壁面直接暴露在蒸气中,没有液膜阻碍传热,所以滴状冷凝的对流传热系数比膜状冷凝的高,但迄今为止,由于滴状冷凝难以持续维持,工业上遇到的多是膜状冷凝,所以工业冷凝器的设计都按膜状冷凝考虑。

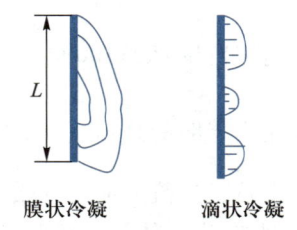

膜状冷凝　　滴状冷凝

图 3-6　膜状冷凝和滴状冷凝

② 蒸气在水平管外冷凝时的对流传热膜系数按下式计算:

$$\alpha = 0.725\left[\frac{r\rho^2 g\lambda^3}{n^{2/3}\mu d_0(T_s - T_w)}\right]^{1/4} \tag{3-23}$$

式中:n 为水平管束在垂直列上的管子数量,若为单根管,则 $n=1$;r 为汽化潜热,kJ·kg^{-1};ρ 为冷凝液的密度,kg·m^{-3};λ 为冷凝液的导热系数,W·m^{-1}·K^{-1};μ 为冷凝液的黏度,Pa·s;T_s 为饱和温度,K;T_w 为壁温,K。

③ 垂直壁面上膜状冷凝时,传热膜系数与液膜的流动型态有关。用来判断液膜流型的液膜雷诺特征数常表示为冷凝负荷(单位长度润湿周边上的冷凝液质量流量)的函数,即

$$Re = \frac{d_e u\rho}{\mu} = \frac{4\dfrac{S}{b}\cdot\dfrac{q_m}{S}}{\mu} = \frac{4M}{\mu}$$

式中:d_e 为当量直径,$d_e = \dfrac{4S}{b}$;S 为冷凝液流过的截面积,m^2;b 为润湿周边,m;q_m 为冷凝液的质量流量,kg·s^{-1};M 为冷凝负荷,kg·s^{-1}·m^{-1},$M = q_m/b$。

当 $Re \leqslant 1800$ 时,液膜呈层流流动,α 的计算式为

$$\alpha = 1.13\left[\frac{r\rho^2 g\lambda^3}{\mu l(T_s-T_w)}\right]^{1/4} \tag{3-24}$$

当 $Re>1800$ 时,液膜呈湍流流动,α 的计算式为

$$\alpha = 0.0076\left(\frac{\rho^2 g\lambda^3}{\mu^2}\right)^{1/3}Re^{0.4} \tag{3-25}$$

式(3-24)和式(3-25)的定性温度为膜温 $T=\dfrac{T_s+T_w}{2}$,特征尺寸 l 为管高或板的垂直高度 H。

（2）液体沸腾时的对流传热膜系数

在液体的对流传热中,伴有由液相变为气相,即在液相内部产生气泡或气膜的过程,称为沸腾。液体沸腾有两种情况:一种是液体在管内流动过程中受热沸腾,称为管内沸腾;另一种是将加热面浸入液体中,液体被壁面加热而引起的无强制对流的沸腾现象,称为大容器沸腾或池内沸腾。本节仅讨论大容器的沸腾传热。

① 沸腾曲线。随着温度差 ΔT 的不同,会出现不同类型的沸腾状态,可用沸腾曲线来表示温度差 ΔT 对对流传热膜系数的影响,如图 3-7 所示。

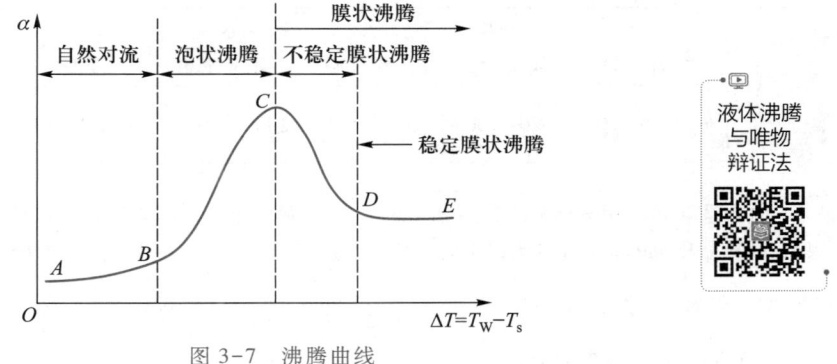

图 3-7　沸腾曲线

AB 段:ΔT 很小,无气泡产生,α 较小,加热面与液体之间的传热主要以自然对流为主,将此区称为自然对流区。

BC 段:随着 ΔT 的增加,气泡数目增多,并加速长大,对液体扰动大,使得 α 增加。此区称为泡状沸腾或泡核沸腾区。

CD 段:随着 ΔT 不断增大,汽化核心大大增多,产生的气泡来不及脱离加热面就已连成气膜,将加热面与液体隔开,造成 α 急剧下降,该阶段称为不稳定膜状沸腾或部分泡核沸腾。

DE 段:当 ΔT 继续增大,气膜稳定,加热面的温度较高,辐射传热的影响变得更加重要,故 α 基本不变,此时称为稳定膜状沸腾。

一般将 CDE 段称为膜状沸腾区。

在上述各阶段中,泡状沸腾具有对流传热系数大、壁温低的特点,因此工业生产中沸腾装置应在该状态下操作。

② 沸腾传热系数的计算。沸腾传热过程极其复杂,目前尚无可靠的计算其传热系数的一般关联式,有关的经验公式可查阅相关书籍。

3.3.4   对流传热小结

在分析对流传热过程中引入了虚拟的有效膜层的概念,即把全部热阻集中于有效膜层内。因此,可把传热膜系数与有效膜联系起来,凡能减少有效膜厚度的因素都可以提高传热膜系数。

对流传热是一个复杂的过程,根据引起对流原因的不同和流体的相态变化,可分为强制对流、自然对流、蒸气冷凝和液体沸腾等类型。不同类型的对流传热膜系数的计算式不同,可根据具体情况选用前述的采用量纲分析法结合实验得出的半理论半经验关联式或纯经验式。在选用时应注意以下几点:

① 注意所选关联式的适用范围、特征尺寸的选择和定性温度的确定。

② 关联式中各物理量采用统一的单位制。

③ 学会分析各关联式中各物理量对 α 值的影响,从而分析强化对流传热的措施。

④ 了解各种情况下 α 值数量级的概念,有助于判断和分析计算结果的正确性。表 3-6 列出了工业上常见传热情况下的 α 值范围。

表 3-6   工业上常见传热情况下的 α 值范围

传热情况	空气 自然对流	气体 强制对流	水 自然对流	水 强制对流	水蒸气 冷凝	有机蒸气 冷凝	水 沸腾
$\dfrac{\alpha}{W \cdot m^{-2} \cdot K^{-1}}$	5~20	20~100	200~1000	1000~15000	5000~15000	500~2000	2500~25000

例 3-2   某厂用一列管式换热器加热苯,苯在管内流动,由 20 ℃ 加热至 80 ℃,流量为 8.33 kg·s^{-1},管束由 38 根 ϕ25mm×2.5mm 的无缝钢管组成,水蒸气为加热剂,在管间流动,试求管壁对苯的传热膜系数。

解   苯的定性温度为

$$T_m = \frac{1}{2}(80 \text{ ℃} + 20 \text{ ℃}) = 50 \text{ ℃}$$

苯在 50 ℃ 的物性参数为

$$\rho = 860 \text{ kg} \cdot \text{m}^{-3} \qquad c_p = 1.80 \text{ kJ} \cdot \text{kg}^{-1} \cdot \text{K}^{-1}$$

$$\lambda = 0.14 \text{ W} \cdot \text{m}^{-1} \cdot \text{K}^{-1} \qquad \mu = 0.45 \times 10^{-3} \text{ Pa} \cdot \text{s}$$

$$Re = \frac{du\rho}{\mu} = \frac{d \dfrac{4q_V}{\pi d^2 n}\rho}{\mu} = \frac{4q_m}{\pi d\mu n}$$

$$= \frac{4 \times 8.33 \text{ kg} \cdot \text{s}^{-1}}{3.14 \times 0.02 \text{ m} \times 0.45 \times 10^{-3}\text{Pa} \cdot \text{s} \times 38} = 3.1 \times 10^4$$

$$Pr = \frac{c_p \mu}{\lambda} = \frac{1.80 \times 10^3 \text{ kJ} \cdot \text{kg}^{-1} \cdot \text{K}^{-1} \times 0.45 \times 10^{-3} \text{ Pa} \cdot \text{s}}{0.14 \text{ W} \cdot \text{m}^{-1} \cdot \text{K}^{-1}} = 5.79$$

由于苯被加热,故 $n = 0.4$,所以

$$\alpha = 0.023 \frac{\lambda}{d} Re^{0.8} Pr^{0.4}$$

$$= 0.023 \times \frac{0.14 \text{ W} \cdot \text{m}^{-1} \cdot \text{K}^{-1}}{0.02 \text{ m}} \times 31000^{0.8} \times 5.79^{0.4} = 1.27 \times 10^3 \text{ W} \cdot \text{m}^{-2} \cdot \text{K}^{-1}$$

3.4　热交换的计算

3.4.1　总传热系数

热能自热流体经过间壁传向冷流体的过程称为"热交换"或"传热"。其传递过程实际上是先由热流体以对流方式将热能传给与之接触的一侧间壁壁面,然后经过间壁的热传导将热量传给与冷流体接触的一侧壁面,最后由该壁面以对流方式将热量传给冷流体,形成一种对流-导热-对流的串联复合传热方式,如图3-8所示。

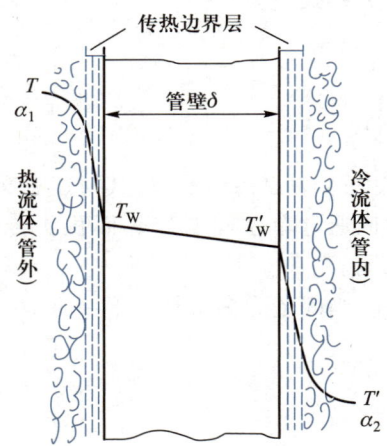

图3-8　流体的热交换

在稳态热交换过程中,每一串联段的热流量均相等。但是,不管计算哪一段的热流量,都必须知道间壁两侧的温度 T_{w} 或 T'_{w},而要测定 T_{w} 或 T'_{w} 通常是比较困难的,但是在间壁两边冷、热流体的主体温度却很容易测定,因此可以应用主体温度来求得通过间壁的总热流量。

热流体对间壁壁面的对流热流量:

$$\Phi_1 = \alpha_1 A_1 (T - T_{\mathrm{w}}) = \frac{T - T_{\mathrm{w}}}{\dfrac{1}{\alpha_1 A_1}} \tag{a}$$

间壁内导热的热流量:

$$\Phi_2 = \frac{\lambda}{\delta} A_{\mathrm{m}} (T_{\mathrm{w}} - T'_{\mathrm{w}}) = \frac{T_{\mathrm{w}} - T'_{\mathrm{w}}}{\dfrac{\delta}{\lambda A_{\mathrm{m}}}} \tag{b}$$

间壁壁面对冷流体的对流热流量:

$$\Phi_3 = \alpha_2 A_2 (T'_{\mathrm{w}} - T') = \frac{T'_{\mathrm{w}} - T'}{\dfrac{1}{\alpha_2 A_2}} \tag{c}$$

式中:T,T' 分别为热、冷流体主体的温度,K;T_{w},T'_{w} 分别为热、冷流体一侧的壁面温度,K;A_1,A_{m},A_2 分别为热流体一侧壁面的传热面积、间壁的平均传热面积和冷流体一侧壁面的传热面积,m^2;α_1,α_2 分别为热、冷流体的传热膜系数,$\mathrm{W \cdot m^{-2} \cdot K^{-1}}$;$\delta$ 为壁厚,m;λ 为器壁的导热系数,$\mathrm{W \cdot m^{-1} \cdot K^{-1}}$。

在稳态传热的情况下,串联传热过程的 $\Phi = \Phi_1 = \Phi_2 = \Phi_3$,它的总热流量等于各层的热流量,根据合比定律得总热流量方程:

$$\Phi = \frac{(T - T_{\mathrm{w}}) + (T_{\mathrm{w}} - T'_{\mathrm{w}}) + (T'_{\mathrm{w}} - T')}{\dfrac{1}{\alpha_1 A_1} + \dfrac{\delta}{\lambda A_{\mathrm{m}}} + \dfrac{1}{\alpha_2 A_2}} = \frac{T - T'}{R} = \frac{\Delta T}{R} \tag{3-26}$$

式中:R 为热交换过程的热阻。

$$R = \frac{1}{\alpha_1 A_1} + \frac{\delta}{\lambda A_m} + \frac{1}{\alpha_2 A_2} \tag{3-27}$$

1. 平面壁的总热流量方程式

若间壁为平壁或圆筒壁的壁厚与直径相比很小(薄管壁)时,则 $A_1 = A_m = A_2 = A$,总热流量方程式应为

$$\Phi = \frac{A(T-T')}{\dfrac{1}{\alpha_1} + \dfrac{\delta}{\lambda} + \dfrac{1}{\alpha_2}} = KA\Delta T \tag{3-28}$$

式中:K 为总传热系数,其物理意义为:间壁两侧流体主体温度之间的温度差为 1 K 时,单位时间通过单位间壁传热面积所传递的热量,单位为 $W \cdot m^{-2} \cdot K^{-1}$,与传热膜系数 α 的单位相同。

当间壁为多层复合平壁时:

$$K = \frac{1}{\dfrac{1}{\alpha_1} + \sum\limits_{i=1}^{n} \dfrac{\delta_i}{\lambda_i} + \dfrac{1}{\alpha_2}} \tag{3-29}$$

2. 圆筒壁的总热流量方程式

当传热面为圆筒壁时,$A_1 \neq A_m \neq A_2$,这时总传热系数随所选取的基准传热面不同而不同。在工程计算中,常以热交换器的外壁面积作为基准面积,设传热基准面积为 A_o,则式(3-29)可写成:

$$K_o = \frac{1}{\dfrac{1}{\alpha_o} + \dfrac{\delta}{\lambda} \dfrac{A_o}{A_m} + \dfrac{1}{\alpha_i} \dfrac{A_o}{A_i}} \tag{3-30}$$

或

$$K_o = \frac{1}{\dfrac{1}{\alpha_o} + \dfrac{\delta d_o}{\lambda d_m} + \dfrac{d_o}{\alpha_i d_i}} \tag{3-30a}$$

式中:d_o,d_m,d_i 分别表示圆管外径、平均直径和内径,m;α_i,α_o 分别为圆筒壁内侧、外侧流体的对流传热系数,$W \cdot m^{-2} \cdot K^{-1}$;$K_o$ 为按外表面计算的传热系数,$W \cdot m^{-2} \cdot K^{-1}$。

总传热系数也可以热阻 R 的形式表示:

$$R = \frac{1}{K_o} = \frac{d_o}{\alpha_i d_i} + \frac{\delta d_o}{\lambda d_m} + \frac{1}{\alpha_o} = R_{in} + R_W + R_{out} \tag{3-31}$$

式中:R_{in},R_W,R_{out} 分别表示管内、管壁和管外热阻,$m^2 \cdot K \cdot W^{-1}$。

式(3-31)表明,间壁两侧流体间传热的总热阻等于两侧流体的对流传热的热阻和器壁

导热热阻之和。当各项热阻具有不同的数量级时,总热阻的数值将由其中的最大热阻所决定。以化工厂最常用的列管式热交换器为例,管壁的热阻$\frac{\delta}{\lambda}$通常较小,可以忽略。当$\alpha_i \gg \alpha_o$时,K值趋近并小于α_o;反之,当$\alpha_o \gg \alpha_i$时,K值趋近并小于α_i。若要提高K值,应改善传热膜系数较小一侧流体的传热条件。

当热交换器操作一段时间后,在器壁表面逐渐会有垢层积聚,垢层虽然不厚,但因其导热系数很小,故内、外垢层的热阻R_{si}和R_{so}往往很大,在计算总传热系数K值时,污垢热阻就不能忽略,总热阻用下式表示:

$$R = \frac{1}{K_o} = \frac{1}{\alpha_o} + R_{so} + \frac{\delta d_o}{\lambda d_m} + R_{si}\frac{d_o}{d_i} + \frac{d_o}{\alpha_i d_i} \qquad (3-32)$$

若传热面为平壁或薄管壁,d_o,d_m和d_i相等或近于相等,则式(3-32)可简化为

$$R = \frac{1}{K_o} = \frac{1}{\alpha_o} + R_{so} + \frac{\delta}{\lambda} + R_{si} + \frac{1}{\alpha_i} \qquad (3-32a)$$

若热交换器使用过久,污垢层越积越厚,会使热流量值显著下降,故工厂常定期清垢。清垢的方法因垢层的种类而异,有机械法、化学法(酸碱处理)、溶剂法(或专门配制的表面活性剂处理)等。

工业用热交换器K值的大致范围和常见流体污垢热阻值分别见表3-7和表3-8。

表 3-7　工业用热交换器 K 值范围

换热流体	$K/(\mathrm{W \cdot m^{-2} \cdot K^{-1}})$	换热流体	$K/(\mathrm{W \cdot m^{-2} \cdot K^{-1}})$
气体-气体	10~30	冷凝蒸气-水	1420~4250
气体-水	17~280	冷凝蒸气-重油沸腾	140~425
重油-水	60~280	冷凝蒸气-轻质油沸腾	455~1020
轻油-水	340~910	冷凝蒸气-水沸腾	2000~4250
水-水	850~1700		

表 3-8　常见流体的污垢热阻值

流体	$R_s/(\mathrm{m^2 \cdot K \cdot kW^{-1}})$	流体	$R_s/(\mathrm{m^2 \cdot K \cdot kW^{-1}})$
水(1m·s⁻¹,$t>50$℃)		液体	
蒸馏水	0.09	处理过的盐水	0.264
海水	0.09	有机物	0.176
洁净的河水	0.21	燃料油	1.056
未处理的凉水塔用水	0.58	焦油	1.76
已处理的凉水塔用水	0.26	水蒸气	
已处理的锅炉用水	0.26	优质(不含油)	0.052
井水、硬水	0.58	劣质(不含油)	0.09
气体		往复机排出	0.176
空气	0.26~0.53		
溶剂蒸气	0.14		

3.4.2   传热的平均温度差

传热可分为恒温传热和变温传热两种。恒温传热是指在任何时间内经过间壁两侧进行热量交换的两种流体,其温度都不发生变化的传热过程,即热流体恒定在温度 T,冷流体恒定在温度 T'。例如,蒸发器间壁的一侧用饱和蒸气加热,另一侧则是沸腾的液体,两种流体的温度都保持不变,其传热温差 ΔT 可以简单地表示为

$$\Delta T_{m} = T - T' \tag{3-33}$$

变温传热是指在传热过程中,间壁一侧或两侧流体的温度沿传热壁面随位置而变化。化工厂中使用的热交换器的传热通常均为稳态变温传热。

在稳态变温传热情况下,由于传热温度差发生变化,热流量方程(3-4)应改用平均温度差表示:

$$\Phi = KA\Delta T_{m} \tag{3-34}$$

式中:ΔT_{m} 为对数平均温度差。

参与热交换的两种流体在间壁两侧流动的方向不同,平均温度差也不相同,工业上常用的热交换器间壁两侧流体流向大致有如图 3-9 所示的四种形式。

（a）并流:冷、热两流体在间壁两侧以相同的方向流动。

（b）逆流:冷、热两流体在间壁两侧以相反的方向流动。

（c）错流:冷、热两流体在间壁两侧彼此呈垂直方向流动。

（d）折流:冷、热两流体之一在间壁一侧只按一个方向流动,而另一侧的流体先与其做并流流动,然后折回与其做逆流流动,如此反复,称为简单折流;倘若间壁两侧的两种流体均做折流流动,或既有折流又有错流,则称为复杂折流。

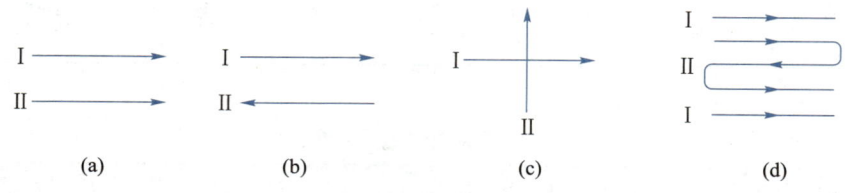

图 3-9   热交换器中流体流向示意图

图 3-10 所示为逆流和并流时温度沿传热壁面变化的情况。图中 T 代表热流体的温度,T' 代表冷流体的温度,ΔT_1 和 ΔT_2 则分别代表热交换器两端的温度差。现以逆流操作为例,推导稳态变温传热时的平均温度差 ΔT_m。

冷、热流体热交换的热量衡算式为

$$\mathrm{d}\Phi = q_{m,h}c_{p,h}\mathrm{d}T = q_{m,c}c_{p,c}\mathrm{d}T'$$

式中:$q_{m,h}$,$q_{m,c}$ 分别为热、冷流体的质量流量,$\mathrm{kg \cdot s^{-1}}$;$c_{p,h}$,$c_{p,c}$ 分别为热、冷流体的比定压热容,$\mathrm{J \cdot kg^{-1} \cdot K^{-1}}$。

由于是稳态传热过程,并假定两流体的平均比定压热容为常量,故将上式移项得

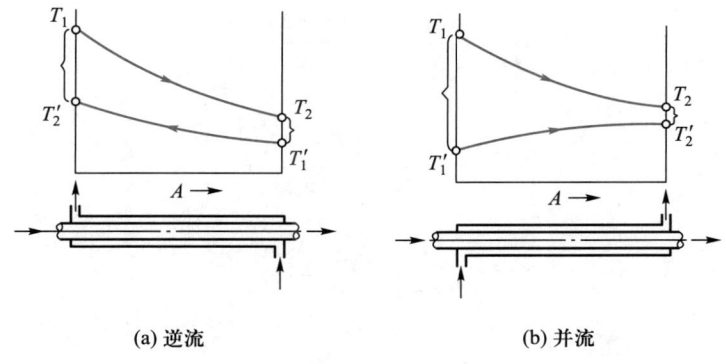

(a) 逆流　　　　　　　　(b) 并流

图 3-10　变温传热时的温度差变化

$$\frac{\mathrm{d}\Phi}{\mathrm{d}T} = q_{m,h}c_{m,h} = 常量$$

$$\frac{\mathrm{d}\Phi}{\mathrm{d}T'} = q_{m,c}c_{m,c} = 常量$$

如果将温度 T 或 T' 对传递的热流量 Φ 作图,则 T-Φ 和 T'-Φ 都是直线关系,如图 3-11 所示。可分别表示为

$$T = m\Phi + k$$

或

$$T' = m'\Phi + k'$$

将以上两式相减,得

$$T - T' = (m - m')\Phi + (k - k')$$

式中:m 和 m' 分别为直线 T-Φ 和 T'-Φ 的斜率;k 和 k' 分别为直线 T-Φ 和 T'-Φ 的截距。

如图 3-11 所示,显然,ΔT-Φ 也呈直线关系。

ΔT-Φ 直线的斜率为

$$\frac{\mathrm{d}(\Delta T)}{\mathrm{d}\Phi} = \frac{\Delta T_2 - \Delta T_1}{\Phi}$$

式中:$\mathrm{d}\Phi$ 为通过热交换器间壁任一微元面积的两侧流体传递的热流量。

$$\mathrm{d}\Phi = K(T - T')\mathrm{d}A = K\Delta T \mathrm{d}A$$

故

$$\frac{\mathrm{d}(\Delta T)}{K\Delta T \mathrm{d}A} = \frac{\Delta T_2 - \Delta T_1}{\Phi}$$

假定总传热系数 K 为常量,积分上式

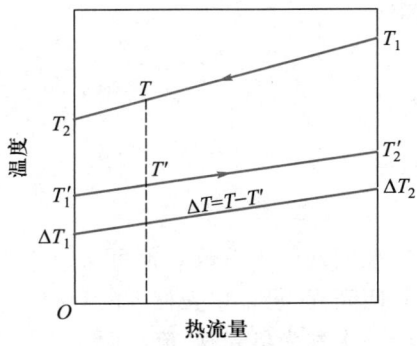

图 3-11　逆流时平均温度差的推导

$$\frac{1}{K}\int_{\Delta T_1}^{\Delta T_2}\frac{\mathrm{d}(\Delta T)}{\Delta T}=\frac{\Delta T_2-\Delta T_1}{\Phi}\int_0^A\mathrm{d}A$$

得

$$\frac{1}{K}\ln\frac{\Delta T_2}{\Delta T_1}=\frac{\Delta T_2-\Delta T_1}{\Phi}A$$

移项得

$$\Phi=KA\,\frac{\Delta T_2-\Delta T_1}{\ln\dfrac{\Delta T_2}{\Delta T_1}}\tag{3-35}$$

比较式(3-35)与式(3-34),则平均温度差等于热交换器间壁两端处冷、热流体温度差的对数平均值,即

$$\Delta T_{\mathrm{m}}=\frac{\Delta T_2-\Delta T_1}{\ln\dfrac{\Delta T_2}{\Delta T_1}}\tag{3-36}$$

ΔT_{m} 称为对数平均温度差,当 $\dfrac{\Delta T_2}{\Delta T_1}\leqslant 2$ 时,用算术平均温度差 $\dfrac{\Delta T_2+\Delta T_1}{2}$ 来代替对数平均温度差,误差 $\leqslant 4\%$,可满足工程计算的要求。

若换热器中两流体做并流流动,也可推导出与式(3-36)相同的结果。

工业上的换热器大多采用逆流操作,因为当冷、热流体的进、出口温度都一定时,逆流的 ΔT_{m} 值比并流的大。因此,在相同 K 值的条件下,为了完成同样的热负荷(Φ 值相同),采用逆流操作可以节省传热面积;或在传热面积相同时,采用逆流操作可以提高热流量。此外,逆流操作还可以减少加热剂或冷却剂的用量。并流操作只在加热热敏性物料时,为防止温度差过大的场合才应用。

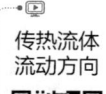

传热流体
流动方向

错流和折流时的平均温度差,可先按逆流计算,然后再乘以校正系数 φ (φ 恒小于 1)。

对数平均温度差校正系数 φ 与冷、热流体的温度变化程度有关,是下述 P 和 R 两个因数的函数,即

$$\varphi=f(P,R)$$

式中:

$$P=\frac{T_2'-T_1'}{T_1-T_1'}=\frac{冷流体的温升}{两流体的最初温度差}$$

$$R=\frac{T_1-T_2}{T_2'-T_1'}=\frac{热流体的温降}{冷流体的温升}$$

温度差校正系数 φ 值可从图 3-12 中查出,其中(a)、(b)、(c)分别适用于单壳程、双壳程和四壳程,每个单壳程内的管程(管内流体流径)可以是 2、4、6 或 8 程。管间(壳程)流体流经一次称为单壳程,流经两次为双壳程。

错流换热器的 φ 值可从图 3-13 中查取,其他复杂流向的 φ 值,可查阅有关手册或传热学书籍。

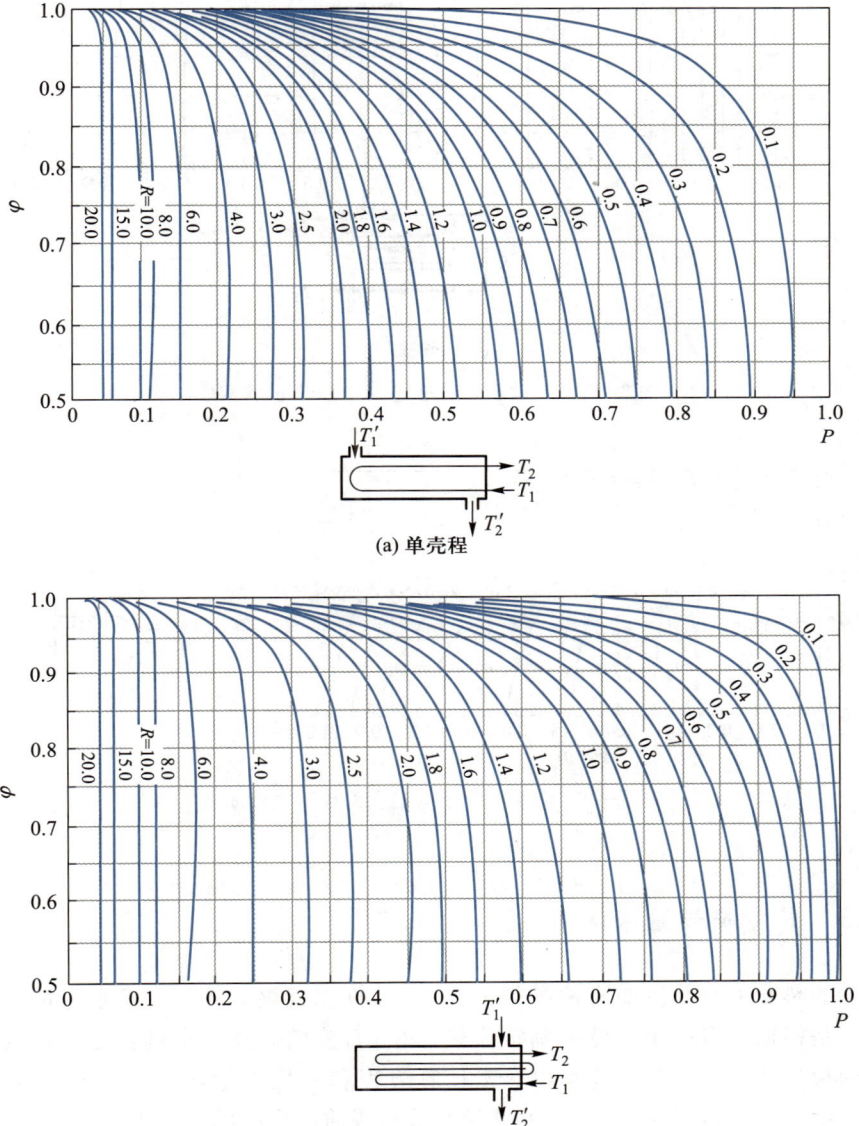

(a) 单壳程

(b) 双壳程

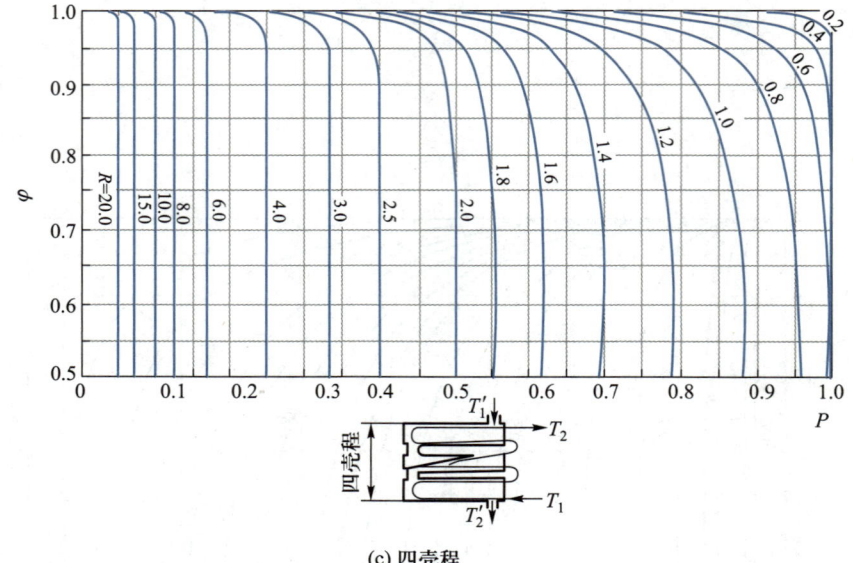

(c) 四壳程

图 3-12　对数平均温度差校正系数 φ 的求取

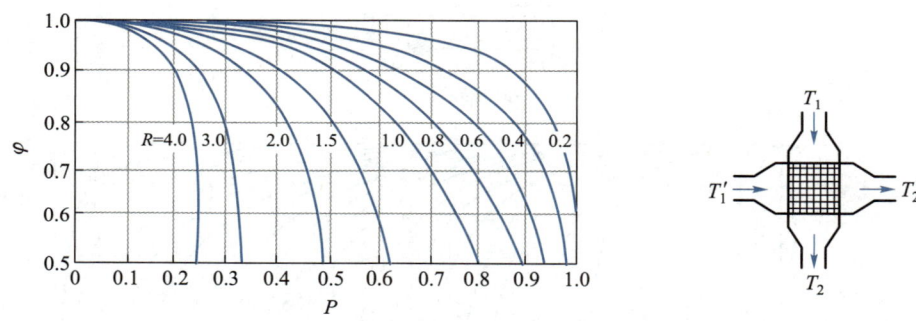

图 3-13　错流对数平均温度差校正系数 φ 值

3.4.3　热交换计算示例

　　换热器的热交换计算主要有两种类型：设计计算和校核计算。二者最大的区别在于设计计算往往是根据已有的生产任务确定换热面积；而校核计算则是确认已有的换热器是否能完成新的换热任务。两类计算均以热量衡算方程和总热流量方程为基础，常用的计算方法有平均温度差法和传热单元数法，本书仅要求掌握前面介绍的平均温度差法，有关传热单元数法可参阅有关资料。

　　例 3-3　在某钢制列管式换热器中，用流量为 30 m³·h⁻¹、温度为 20 ℃的冷水，将某石油馏分由 90 ℃冷却到 40 ℃，已知该馏分的流量为 9075 kg·h⁻¹，平均比定压热容为3.35 kJ·kg⁻¹·K⁻¹，水在列管式换热器的管间与油逆流流动，由模拟实验测知 $\alpha_{水}$ = 1000 W·m⁻²·K⁻¹，$\alpha_{油}$ = 300 W·m⁻²·K⁻¹，钢管的壁厚为 2.5 mm，其导热系数 λ = 49 W·m⁻¹·K⁻¹，试求所需的换热面积为多少？

校核计算示例

解　（1）换热量的计算。

$$\Phi = q_{m,h}c_{p,h}(T_1 - T_2)$$
$$= 9075 \ \text{kg}\cdot\text{h}^{-1} \times 3.35 \ \text{kJ}\cdot\text{kg}^{-1}\cdot\text{K}^{-1} \times [(273+90)-(273+40)] \ \text{K}$$
$$= 1.52\times10^6 \ \text{kJ}\cdot\text{h}^{-1}$$

（2）求冷却水的出口温度。

$$\Phi = q_{m,c}c_{p,c}(T_2' - T_1')$$

$$T_2' = \frac{\Phi}{q_{m,c}c_{p,c}} + T_1'$$

$$= \frac{1.52\times10^6 \ \text{kJ}\cdot\text{h}^{-1}}{30 \ \text{m}^3\cdot\text{h}^{-1} \times 1\times10^3 \ \text{kg}\cdot\text{m}^{-3} \times 4.18 \ \text{kJ}\cdot\text{kg}^{-1}\cdot\text{K}^{-1}} + 293 \ \text{K} = 305.1 \ \text{K} = 32.1 \ \text{℃}$$

（3）求平均温度差 ΔT_m。

$$\Delta T_1 = (273+90) \ \text{K} - (273+32.1) \ \text{K} = 57.9 \ \text{K}$$

$$\Delta T_2 = (273+40) \ \text{K} - (273+20) \ \text{K} = 20 \ \text{K}$$

$$\Delta T_m = \frac{\Delta T_1 - \Delta T_2}{\ln\dfrac{\Delta T_1}{\Delta T_2}} = \frac{57.9 \ \text{K} - 20 \ \text{K}}{\ln\dfrac{57.9 \ \text{K}}{20 \ \text{K}}} = 35.7 \ \text{K}$$

（4）求总传热系数 K：因壁厚较薄，可简化为平壁传热计算，且略去污垢热阻。

$$K = \frac{1}{\dfrac{1}{\alpha_水} + \dfrac{\delta}{\lambda} + \dfrac{1}{\alpha_油}}$$

$$= \frac{1}{\dfrac{1}{1000 \ \text{W}\cdot\text{m}^{-2}\cdot\text{K}^{-1}} + \dfrac{0.0025 \ \text{m}}{49 \ \text{W}\cdot\text{m}^{-1}\cdot\text{K}^{-1}} + \dfrac{1}{300 \ \text{W}\cdot\text{m}^{-2}\cdot\text{K}^{-1}}} = 228 \ \text{W}\cdot\text{m}^{-2}\cdot\text{K}^{-1}$$

（5）求传热面积 A。

$$\Phi = KA\Delta T_m$$

$$A = \frac{\Phi}{K\Delta T_m} = \frac{1.52\times10^6\times1000 \ \text{J}\cdot\text{h}^{-1}/(3600 \ \text{s}\cdot\text{h}^{-1})}{228 \ \text{W}\cdot\text{m}^{-2}\cdot\text{K}^{-1}\times35.7 \ \text{K}} = 51.9 \ \text{m}^2$$

3.5　热　交　换　器

3.5.1　热交换器的分类

　　热交换器是实现热能从一种流体传至另一种流体的设备，常称为换热器。换热器是广泛应用于化工、食品等许多工业领域的通用设备。在实际应用中，由于应用场合、工艺要求和设计方案的不同，出现了形式多样的换热器。

1. 按换热器作用原理分类

（1）直接接触式换热器

适用于参与换热的两种流体互相溶混，或允许两者之间有物质扩散、机械夹带的场合，如冷却塔、喷淋室。

（2）蓄热式换热器

冷、热流体交替流过换热面，换热过程分两个阶段进行。多用于从高温炉气中回收热量以预热空气或将气体加热至高温，如炼钢热风炉。

（3）间壁式换热器

参与换热的两流体被壁面隔开，不互相混溶。化工生产中的换热器多属于间壁式换热器。

（4）中间载热体式换热器

载热体在高、低温流体换热器内循环，多用于核能工业、化工过程、冷冻技术及余热利用中。

2. 按换热器的用途分类

按用途不同换热器可分为加热器、冷却器、蒸发器、再沸器、预热器、过热器、冷凝器等。

3. 按换热器传热面形状和结构分类

有管式换热器（一般承压能力高）、板式换热器（结构紧凑、传热效果好，但承压能力差）和特殊型式换热器。

3.5.2　间壁式换热器

在化工生产中，一般不允许参与换热的两种流体（物料）相互混合，所以多用间壁式换热器。若从结构来分类，则有下列几种：夹套式换热器、蛇管式换热器、套管式换热器、列管式换热器、板式换热器、翅片式换热器、板翅式换热器和热管换热器等。

1. 夹套式换热器

夹套式换热器主要用于反应过程的加热或冷却，如图 3-14 所示。通常用钢板或铸铁板制成容器，在容器外壁上再焊接或用螺钉固定一夹套，作为载热体（加热介质）或载冷体（冷却介质）的通道。通过容器间壁实现冷、热两流体间的换热。这种换热器的传热系数小，传热面积又受容器壁面的限制，因此只适用于传热量不大的场合。

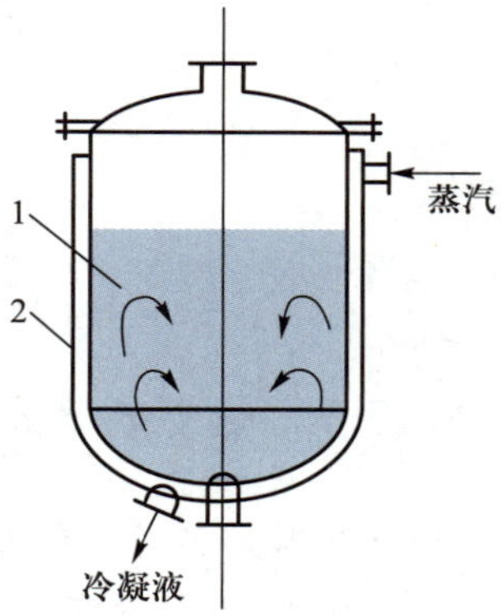

1—容器；2—夹套
图 3-14　夹套式换热器

2. 蛇管式换热器

蛇管式换热器有沉浸式蛇管换热器和喷淋式换热器两种。

（1）沉浸式蛇管换热器

多用金属管子弯成蛇管，沉浸在容器内的流体中，如图 3-15 所示。

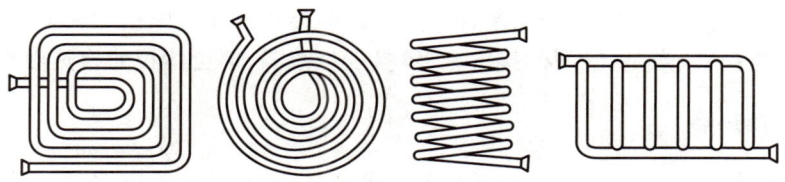

图 3-15 蛇管的形状

（2）喷淋式换热器

将蛇管固定在支架上并排列在同一垂直面上,热流体在管内流动,冷水由最上面的多孔分布管(淋水管)流下,洒布在蛇管上,并沿管面两侧下降至下面的管子表面,最后流入水槽排出,如图 3-16 所示。冷水在各管表面上流过时,与管内流体进行热交换。

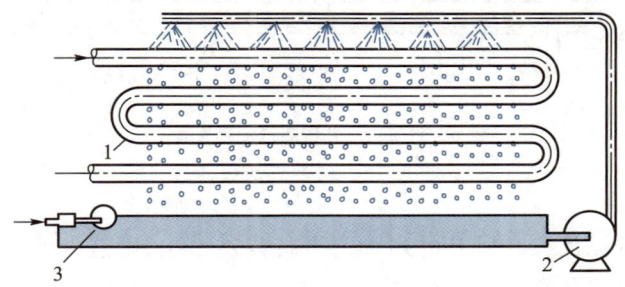

1—弯管;2—循环泵;3—控制阀
图 3-16 喷淋式换热器

这种设备常放置在室外空气流通处,当冷却水在空气中汽化时,可带走部分热量,而提高冷却效果。它和沉浸式蛇管换热器相比,具有便于检修和清洗、传热效果较好等优点,其缺点是喷淋不易均匀。

蛇管式换热器的结构简单,价格低廉,便于防腐蚀,能承受高压。主要缺点是体积大,总传热系数 K 值也较小。

3. 套管式换热器

套管式换热器系用管件将两种尺寸不同的标准管子连接成同心圆形式的套管,然后用180°的弯管将多段套管串联而成,如图 3-17 所示。

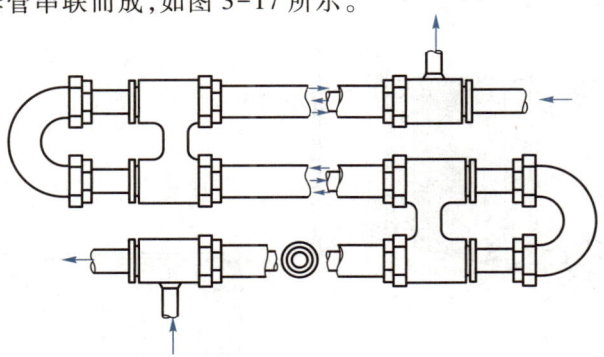

图 3-17 套管式换热器

套管式换热器的优点为:结构简单,能承受高压,传热面积可根据需要而增减,冷热流体可严格按逆流流动;缺点是:管间的接头多,容易发生泄漏,单位体积的换热面积也较小。

4. 列管式换热器

列管式换热器是化工生产中应用最广的一种换热器,它的型式有多种,但其主要结构是在一个圆筒形壳体内安装由许多平行管子(称为列管)组成的管束,见图 3-18。

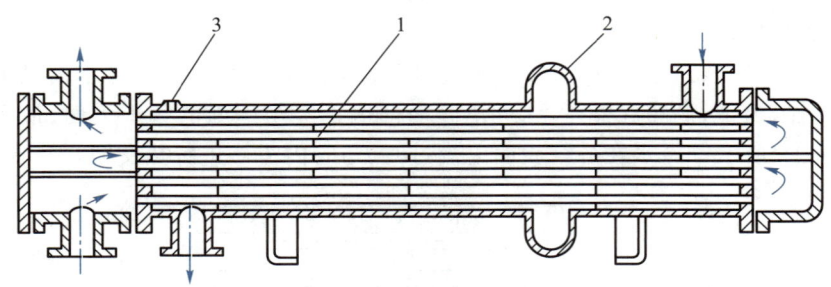

1—挡板;2—补偿圈;3—放气嘴

图 3-18   列管式换热器

如果管内流动的流体只在所有的列管内平行流过一次,则这种换热器称为单程列管式换热器。如果在换热器两端分配室内增设若干隔板,将全部管子分成若干组,流体每次只能流过一组管子,然后进入另一组管子返回。如此依次流过各组管子,最后由出口流出,这种换热器则称为多程列管式换热器。在多程列管式换热器中,由于流道变窄,流体的流速增加,传热膜系数增大,对传热有利;但程数增多后,流速增加而使流体流动的沿程阻力增大,且结构复杂,故程数不宜太多,工业上多为 2~4 程。

在换热器管间流动的流体,也可用安装折流板的方式增大流体的速度,并迫使流体的流动方向垂直于换热管,这样流体的传热膜系数也可以显著地提高。

5. 板式换热器

板式换热器有平板式换热器和螺旋板式换热器两种,其结构分别见图 3-19 和图 3-20。

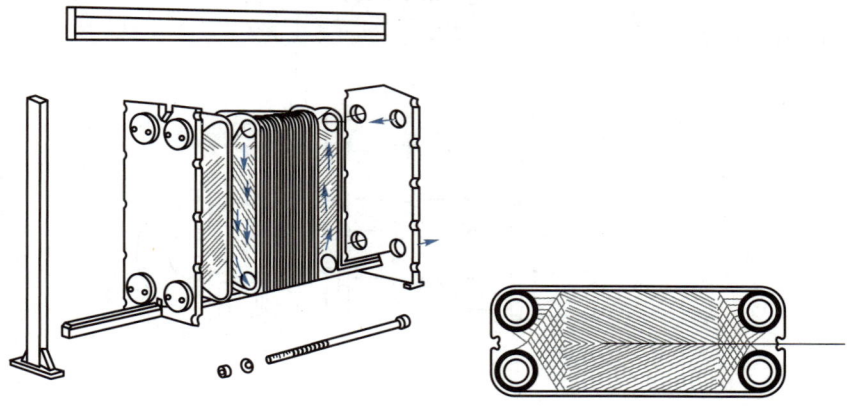

图 3-19   平板式换热器

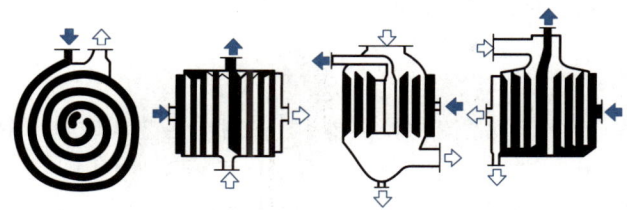

图 3-20   螺旋板式换热器

平板式换热器的每块平板表面常压成波纹或沟槽形状,不仅提高了板的刚度和强度,而且使流体流过波纹或沟槽时,容易形成湍流,提高传热系数。板面上的波纹根据需要可制成水平波纹、人字波纹、锯齿波纹等。

螺旋板式换热器由两张平行的薄钢板卷制而成,两板之间焊有定距柱以保持流道间距和增加螺旋板的刚度。流体在板间流动时,由于惯性力、离心力及定距柱引起的干扰作用,容易形成湍流,所以传热膜系数较大;而且在通道两侧可以保持完全逆流,传热温差较大;流体在螺旋通道中做螺旋运动时,可自行冲刷通道,减少结垢。

板式换热器制作简便,结构紧凑,能节约金属材料,在工业上得到了广泛应用。其缺点是操作压力和温度都不能太高。

6. 翅片式换热器

翅片式换热器的结构特点是在换热器的间壁上安装径向或轴向的翅片,如图 3-21 所示。常见的翅片形式如图 3-22 所示。

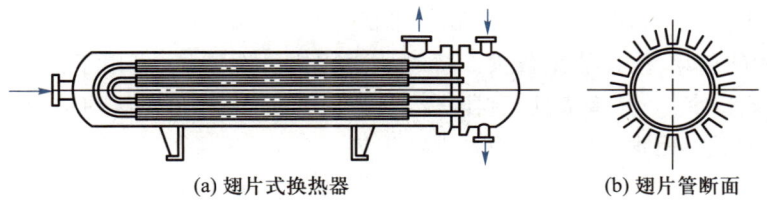

(a) 翅片式换热器   (b) 翅片管断面

图 3-21   翅片式换热器

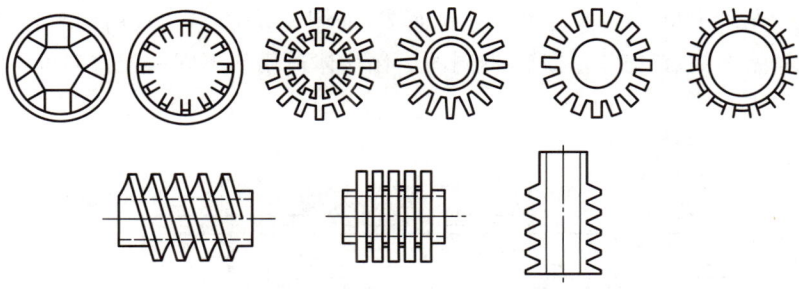

图 3-22   常见的翅片形式

翅片式换热器适用于两种流体的传热膜系数相差较大的场合。例如,用饱和水蒸气加热空气时,热阻主要在空气一侧,在空气一侧的管壁上安装翅片,既可增大传热面积,又可增加流体的湍动,从而达到强化传热的目的。

7. 板翅式换热器

板翅式换热器是一种高效、紧凑的换热器,随着制造工艺的改进和技术的提高,成本在不断下降,现已逐渐用于宇航、电子、原子能和石油化工等工业部门。

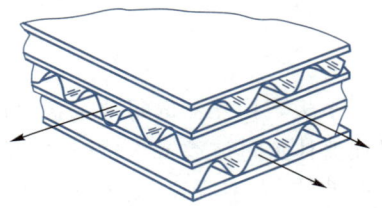

板翅式换热器由许多单元体组成,所谓单元体是指在两块平行的金属薄板之间安放波纹状或其他形状的金属翅片,其侧壁是密封的,然后将各单元体进行适当的排列并焊接固定,即可得到逆流、并流和错流的板翅式换热器的组装件,称为芯部或板束,如图3-23所示,然后将带有流体进、出口的集流箱焊到板束上,就成为板翅式换热器。板翅式换热器的翅片形式见图3-24。

图 3-23   板翅式换热器的板束

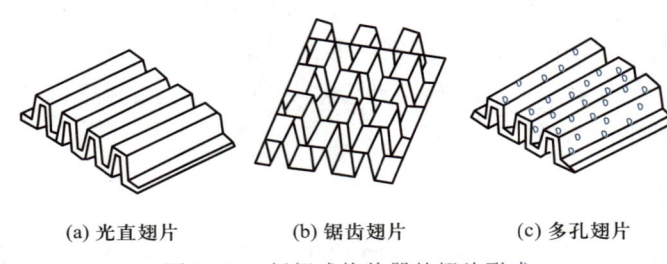

(a) 光直翅片　　　(b) 锯齿翅片　　　(c) 多孔翅片

图 3-24   板翅式换热器的翅片形式

板翅式换热器结构紧凑,1 m³ 的体积可提供 2500~4000 m² 的换热面积,由于加入了翅片,促进了流体的湍动,故传热系数大。板翅通常用铝合金制作,可用于低温或超低温的换热。其缺点是流道窄小,易堵塞且压强降较大,一旦结垢,清洗和检修均很困难,故只能用于洁净物料和对金属铝无腐蚀作用的物料进行传热。

8. 热管换热器

热管换热器是由传热元件——热管束制成的。最普通的热管是在一根抽除了不凝性气体的金属管内,充以少量的工作液体后密封而成,如图3-25所示。常用的工作液体有水、液氨、乙醇、丙酮、液态钠、液态锂、汞等,不同的工作液体适用于不同的工作温度。

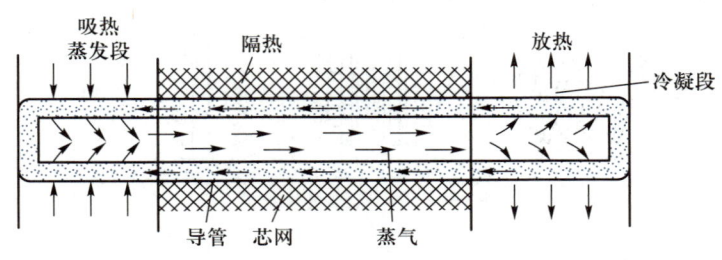

图 3-25   热管

热管换热器的结构如图 3-26 所示,热管束的蒸发段浸于热流体中,冷凝段浸于冷流体中,冷、热流体中间用隔板分开。当加热段受热时,工作液体受热沸腾,形成的蒸气流至冷却段放出潜热。冷凝液沿着有毛细结构的吸液芯在毛细管渗透力的作用下回流到加热段再次加热沸腾,热量则由加热段传至冷却段(加热段又可称为蒸发段,冷却段又可称为冷凝段),由于热管是通过液体沸腾和蒸气冷凝来传递热量,而沸腾和冷凝的传热膜系数都很大,热管表面还可用加装翅片来强化传热,所以热管换热器特别适用于气-气传热过程和气-液传热过程。热管换热器用于气-气传热过程时的传热系数比普通的列管式换热器大几十倍甚至上百倍,故传热效率很高。热管换热器目前在废热锅炉及预热各种工业原料气等方面得到了广泛的应用,并获得了良好的经济效益。

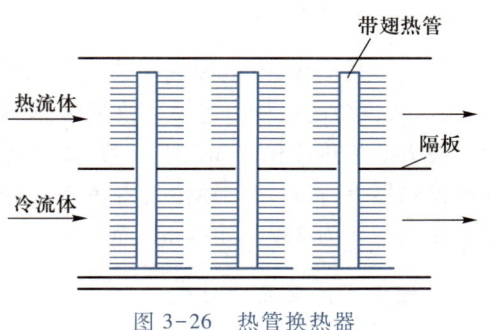

图 3-26 热管换热器

9. 各种间壁式换热器的比较

在化工生产中,经常要在各种特殊条件下进行热量交换。例如,操作压强高达 2×10^5 kPa,温度在 $-250 \sim 1500$ ℃ 的范围内变化,以及某些流体的腐蚀性又特强等,因此对换热器的要求必然多种多样。然而每一种型式的换热器都有其优缺点。在选择换热器的类型时,要考虑的因素很多,如流体的性质、压强和压强降、温度和温度差、结垢和腐蚀情况、流动状态、传热效果、检修和操作方便等。对于同一种换热器,在某些情况下使用较好,而在另外一些情况下,却又不能令人满意,甚至根本不能使用。现在新型换热器虽然不断出现而且应用日益广泛,但是老式换热器仍在广泛应用,如在釜式反应器中多用蛇管式和夹套式换热器,其他型式的换热器往往难以取代。又如列管式换热器在传热效果、紧凑性及金属耗量等方面虽然不如新型换热器(如板式、螺旋板式换热器),但它具有结构简单、可在高温高压下操作及材料范围广等优点,至今仍然是使用最普遍的换热器。当操作温度和压强均不太高,处理物料量较少,或处理腐蚀性流体而要求采用贵重金属材料制作时,才宜采用新型的换热器。总之,换热器选型需要根据具体情况综合考虑各种因素方能选定。

3.6 传热过程的强化

换热器在动力、核能、制冷、化工、石油、航空、火箭与航天等工业中,不仅是保证设备正常运转的不可缺少的部件,而且在金属消耗、动力消耗和投资方面,在整个工程中占有重要份额。因此,换热器的合理设计、运转和改进对于节省投资、材料、能源和空间而言是十分重要的,这涉及强化传热问题。

应用强化传热技术可以达到以下目的:① 减少初设计的传热面积,以减少换热器的体积和质量;② 提高换热器的换热能力;③ 使换热器能在较低温度差下工作;④ 减少换热阻力,以减少换热器的动力消耗。

上述目的要求是互相制约的,要同时达到这些目的是不可能的。因此,在采用强化传热技术前,必须先明确要达到的主要目的和任务,以及达到这一主要目的所能提供的现有条件,然后通过选择比较,才能确定一种合用的强化传热技术。

强化传热即提高冷、热流体间的热流量。从热流量方程 $\Phi = KA\Delta T_{\mathrm{m}}$ 看,增大平均温度差 ΔT_{m}、传热面积 A 或总传热系数 K 都可以提高热流量 Φ。在设计换热器和改进换热器或生产操作中,都是从这三方面来考虑强化传热的。

1. 增大传热面积 A

增大传热面积,可以提高热流量。但应指出,增大传热面积不应靠增大设备的尺寸来实现,而应从设备的结构上考虑。改进传热面的结构,提高设备的紧凑性,使单位设备体积内能提供较大的传热面积。如用螺纹管、波纹管代替光滑管,或采用翅片换热器、板式换热器及板翅式换热器等,都可增加单位设备体积的传热面积。例如,对于板式换热器,每立方米体积可提供传热面积为 $250 \sim 1500 \ \mathrm{m}^2$,而对于列管式换热器,每立方米的传热面积只有 $40 \sim 160 \ \mathrm{m}^2$。

2. 增大平均温度差 ΔT_{m}

增大平均温度差,可以提高热流量。但是平均温度差的大小主要取决于两流体的温度条件。通常,流体的温度已为生产工艺条件所规定,可变动的范围是有限的。当换热器间壁两侧流体均为变温时,采用逆流操作时可得到较大的平均温度差。

3. 增大总传热系数 K

增大总传热系数,可以提高热流量。总传热系数的表达公式可写为

$$K_{\mathrm{o}} = \frac{1}{\dfrac{d_{\mathrm{o}}}{\alpha_{\mathrm{i}} d_{\mathrm{i}}} + R_{\mathrm{si}} \dfrac{d_{\mathrm{o}}}{d_{\mathrm{i}}} + \dfrac{\delta d_{\mathrm{o}}}{\lambda d_{\mathrm{m}}} + R_{\mathrm{so}} + \dfrac{1}{\alpha_{\mathrm{o}}}}$$

由上式可见,要提高 K 值,就必须减小各项热阻。但因各项热阻在各种实际的热交换系统中所占的比例往往各不相同,因此应设法减小对 K 值影响较大的热阻,才对提高热流量有效。减小热阻的方法有

① 加大流速,增强流体湍动程度,减小传热边界层中层流内层的厚度,以提高对流传热膜系数,减小对流传热的热阻。例如,增加列管式换热器的管程数和壳程挡板数;将板式换热器的板面压制成凹凸不平的波纹,以及流体在螺旋板式换热器中受惯性离心力的作用,均可增强流体的湍动程度;而在管内装入麻花状铁片、金属螺旋圈或金属丝片等添加物,也有增强流体湍动程度的作用。但是,应考虑由流速加大而引起流体阻力的增大,以及造成设备结构复杂、清洗和检修困难等问题。当考虑强化传热措施时不能片面地追求提高对流传热膜系数,而不顾及其他后果。

② 防止结垢和及时清除垢层,以减小垢层热阻。例如,增加流速和添加缓蚀剂可减弱垢层的形成;安排易结垢的流体在管内流动和采用可拆卸的换热器结构,以便于清除垢层;也可以定期用机械法、化学法等清除垢层。

综上所述,强化传热的途径有多种。对于实际的传热过程,应掌握住影响传热的主要因素,结合传热设备结构、运转动力消耗及检修操作是否方便等全面考虑,才能提出经济上合理、技术上可行的强化传热方案。

本章物理量符号说明

英文字母:

A——面积,m^2;

b——厚度,m;

b——浸润周边,m;

C——辐射系数,$W \cdot m^{-2} \cdot K^{-4}$;

c_p——比定压热容,$kJ \cdot kg^{-1} \cdot K^{-1}$;

d——管径,m;

E——辐射能力,$W \cdot m^{-2}$;

f——校正系数;

g——重力加速度,$m \cdot s^{-2}$;

i——壁层的序数;

K——总传热系数,$W \cdot m^{-2} \cdot K^{-1}$;

L——长度,m;

M——冷凝负荷,$kg \cdot s^{-1} \cdot m^{-1}$;

m——指数;

N——程数;

n——指数;

n——管子数目;

p——压强,Pa;

q——面积热流量,$W \cdot m^{-2}$;

q_m——质量流量,$kg \cdot s^{-1}$;

R——热阻,$m^2 \cdot K \cdot W^{-1}$;

r——半径,m;

r——汽化潜热,$kJ \cdot kg^{-1}$;

T——热流体温度,K;

T'——冷流体温度,K;

T_w——壁面温度,K。

希腊字母:

α——传热膜系数,$W \cdot m^{-2} \cdot K^{-1}$;

β——体积膨胀系数,$\mathrm{℃}^{-1}$;

δ——厚度,m;

δ_t——传热有效膜厚度,m;

λ——导热系数,$W \cdot m^{-1} \cdot K^{-1}$;

μ——黏度,$Pa \cdot s$;

ρ——密度,$kg \cdot m^{-3}$;

σ_0——辐射常数，$W \cdot m^{-2} \cdot K^{-4}$；

Φ——热流量，W；

φ——系数；

ψ——校正系数。

下标：

c——冷流体；

e——当量；

h——热流体；

i——管内；

m——平均；

o——管外；

s——污垢；

W——壁面；

min——最小；

max——最大。

思　考　题

3-1　解释以下概念：

稳态传热　非稳态传热　热传导　热对流　热辐射　自然对流　强制对流　对流传热　传热过程　导热系数　对流传热膜系数　总传热系数　传热热阻　导热热阻　对流传热热阻　温度梯度　膜状冷凝　滴状冷凝　大容器沸腾　传热平均温度差　热流量(传热速率)　面积热流量(热流密度)

3-2　分析下列定律的内容、意义和应用：

傅里叶定律　牛顿冷却定律　斯蒂芬-玻耳兹曼定律

3-3　试用简练的语言说明导热、对流换热及辐射换热三种传递方式之间的联系与区别。

3-4　简述影响导热系数的因素。

3-5　冬天，经过在白天太阳底下晒过的棉被，晚上盖起来感到很暖和，并且经过拍打以后，效果更加明显，试解释原因。

3-6　简述玻璃温室保暖的原理。

3-7　一水平夹层内充满流体，试分析上下表面冷热状态颠倒时热量交换的方式有何不同？如果要通过实验来测定夹层中流体的导热系数，应采用哪一种布置？

3-8　掌握下列特征数的内容和意义：Nu，Re，Pr，Gr。

3-9　如何选取圆形直管强制湍流传热膜系数计算式中特征数的指数？为什么？

3-10　流体有相变时的对流传热膜系数为什么大于无相变时的对流传热膜系数？

3-11　湍流强制对流换热时，在其他条件相同的情况下，粗糙管的表面传热系数大于光滑管的表面传热系数？为什么？

3-12　什么叫膜状冷凝？什么叫滴状冷凝？膜状冷凝时热量传递过程的主要阻力在什么地方？

3-13　对换热表面的结构而言，强化冷凝换热的基本思想是什么？强化沸腾换热的基本思想是什么？

3-14　当人们刚从露天游泳池上来时，皮肤上会有一层水，假如这时没有太阳但有风，人们会感觉到比皮肤完全干时要冷得多；但当有太阳时就不会感觉那么冷。为什么？请分析两种情况下皮肤上所发生的所有传热过程并加以说明。

3-15　为强化传热,可采取哪些具体措施?

习　题

3-1　平壁炉的炉壁由三种材料所组成,其厚度和导热系数列于表3-9。

表 3-9　习题 3-1 附表

序号	材料	厚度 δ/mm	导热系数 λ/(W·m^{-1}·K^{-1})
1(内层)	耐火砖	200	1.07
2	绝缘砖	100	0.14
3	钢	6	45

若耐火砖层内表面的温度 T_1 为 1150 ℃,钢板外表面温度 T_4 为 30 ℃,又测得通过炉壁的热损失为 300 W·m^{-2}。试计算传导传热的面积热流量。若计算结果与实测的热损失不符,试分析原因并计算附加热阻。

答:1243 W·m^{-2};2.832 K·m^2·W^{-1}

3-2　ϕ50 mm×5 mm 的不锈钢管,导热系数 $\lambda_1 = 16$ W·m^{-1}·K^{-1},其外包装厚 30 mm 的石棉,导热系数 $\lambda_2 = 0.2$ W·m^{-1}·K^{-1},石棉层外再包 30 mm 厚的保温层,导热系数 $\lambda_3 = 0.07$ W·m^{-1}·K^{-1}。若不锈钢内壁温度为 260 ℃,保温层最外层的壁温为 35 ℃,问每米管长的热损失为多少?

答:138.9 W·m^{-1}

3-3　某蒸汽管外包扎有两层厚度相同的绝热材料,外层的平均直径为内层平均直径的两倍,而外层的导热系数为内层的 $\frac{1}{2}$。若将此两种绝热材料互换位置,各层厚度与原来的一样,设蒸汽管外壁温度及外层绝热层的外侧面温度与原来情况各个对应相等,各绝热材料的导热系数数值不因互换位置而异,问哪种情况的散热小?

答:(略)

3-4　常压下空气在内径为 25.4 mm 的管中流动,温度由 220 ℃降到 180 ℃,若空气流速为 15 m·s^{-1},试求空气与管内壁之间的对流传热膜系数。

答:53.8 W·m^{-2}·K^{-1}

3-5　有一列管式换热器,蒸汽在管外冷凝加热管内的冷水,水的进、出口温度分别为 20 ℃和 40 ℃,水的流速为 1 m·s^{-1},列管为 ϕ25 mm×2.5 mm 的钢管。求水在管内的对流传热膜系数。若水的流速减至 0.3 m·s^{-1}时,水在管内的对流传热膜系数将为多少?

答:4585.3 W·m^{-2}·K^{-1};1640 W·m^{-2}·K^{-1}

3-6　温度为 90 ℃的甲苯以 1500 kg·h^{-1}的流量通过蛇管时被冷却至 30 ℃,蛇管的直径为 ϕ57 mm× 3.5 mm,弯曲半径为 0.6 m,试求甲苯对蛇管的对流传热膜系数。

答:398 W·m^{-2}·K^{-1}

3-7　常压下温度为 120 ℃的甲烷,以 10 m·s^{-1}的平均流速在列管式换热器的管间沿轴向流动,离开换热器时,甲烷的温度为 30 ℃,换热器外壳内径为190 mm,管束由 37 根 ϕ19 mm×2 mm 的钢管组成,试求甲烷对管壁的对流传热膜系数。

答:62.2 W·m^{-2}·K^{-1}

3-8　在一双壳程、四管程的列管式换热器中,用水冷却某热流体。冷水在管内流动,进口温度为

15 ℃,出口温度为 33 ℃,热流体的进口温度为 130 ℃,出口温度为 40 ℃,试求两流体间的平均温度差。

答:51.5 ℃

3-9   某单程列管式换热器,由直径为 ϕ25 mm×2.5 mm 的钢管束组成,苯在列管内流动,流量为 1.25 kg·s^{-1},由 80 ℃冷却到 30 ℃,冷却水在管间和苯逆向流动,水的进、出口温度分别为 20 ℃和 40 ℃,测得水侧和苯侧的对流传热膜系数分别为 1.70 kW·m^{-2}·K^{-1}和 0.85 kW·m^{-2}·K^{-1},污垢热阻分别为 0.21 m^2·K·kW^{-1}和 0.176 m^2·K·kW^{-1}。若换热器的热损失可忽略,试求换热器的传热面积(苯的平均比定压热容为 1.9 kJ·kg^{-1}·K^{-1},钢的导热系数为 45 W·m^{-1}·K^{-1})。

答:13.74 m^2

3-10   热空气在冷却管外流动,α_o = 90 W·m^{-2}·K^{-1},冷却水在管内流动,α_i = 1000 W·m^{-2}·K^{-1},管外径 d_o 为 16 mm,管壁厚 δ = 1.5 mm,管材导热系数 λ = 40 W·m^{-1}·K^{-1},试求:

(1)总传热系数 K(不计污垢热阻和热损失);

(2)管外对流传热膜系数 α_o 增加一倍,传热系数有何变化?

(3)管内对流传热膜系数 α_i 增加一倍,传热系数有何变化?

答:(1)83.1 W·m^{-2}·K^{-1};(2)152.5 W·m^{-2}·K^{-1};(3)86.1 W·m^{-2}·K^{-1}

3-11   在并流换热器中,用水冷却油。水的进、出口温度分别为 15 ℃和 40 ℃,油的进、出口温度分别为 150 ℃和 100 ℃。现因生产任务要求油的出口温度降至 80 ℃,假设油和水的流量、进口温度及物性均不变,若原换热器的管长为 1 m,试求此换热器的管长增至多少米才能满足要求(设换热器的热损失可忽略)。

答:1.85 m

3-12   90 ℃的丁醇在逆流换热器中被冷却到 50 ℃。换热器的传热面积为 6 m^2,总传热系数为 230 W·m^{-2}·K^{-1}。若丁醇的流量为 1930 kg·h^{-1},冷却水的进口温度为 18 ℃,试求:

(1)冷却水的出口温度;

(2)冷却水的消耗量。

答:(1)29.4 ℃;(2)4820 kg·h^{-1}

3-13   一定流量的空气在换热器的管内呈湍流流动,从 20 ℃升至 80 ℃。压强为 180 kPa 的饱和蒸汽在管外冷凝。现因生产需要,空气流量增加 20%,而其进、出口温度不变,试问应采取何种措施,才能完成任务?(做定量计算,假设管壁和污垢热阻可忽略。)

答:(略)

3-14   某单壳程、单管程列管式换热器,壳程为水蒸气冷凝,温度为 140 ℃,管程走空气,进、出口温度分别为 20 ℃和 90 ℃,现将此换热器由单管程换为双管程,两管程的管数相等,且为原管程的一半。若空气流量不变,均为湍流流动,且假定 $\alpha_i \approx K$,求改双管程后空气的出口温度(略去管壁及污垢热阻,空气的物性不变)。

答:113.9 ℃

3-15   有一套管式换热器进行逆流操作,管间通流量为 2.1 kg·s^{-1}、进口温度为 130 ℃的空气。当管内通流量为 0.5 kg·s^{-1}、进口温度为 30 ℃的冷水时,空气的出口温度为 70 ℃。已知空气侧的传热膜系数为 0.05 kW·m^{-2}·K^{-1},水侧的传热膜系数为 2.0 kW·m^{-2}·K^{-1},空气和水的平均比定压热容分别为 1.0 kJ·kg^{-1}·K^{-1}和 4.2 kJ·kg^{-1}·K^{-1}。

(1)若保持其他条件不变,将水的流量增加一倍,计算换热器的热流量变化;

(2)定性分析:要强化此传热过程,增加水的流量与增加空气的流量相比,哪种措施更好?

假设流体流动 Re 均大于 10^4,管壁较薄,污垢热阻可忽略。

答:(1)热流量增大为原来的 1.16 倍;(2)(略)

在含有两个或两个以上组分的混合体系中,若有浓度梯度存在,某一组分(或某些组分)将由高浓度区向低浓度区移动,该移动过程称为传质过程。传质过程可以在单相中进行,也可以在两相间进行,两相间的传质是分离过程的基础。工业上常见的吸收和精馏等单元操作过程通过物质在两相间的传递来实现混合物的分离。

大家是否想过,在化工产品的生产过程中,原料如何提纯、产物和副产物如何脱除杂质、如何从废水和废气中脱除污染物? 这些过程都需要借助分离操作来实现。分离操作是化学工业的基本过程和重要组成部分,见图 4-1。

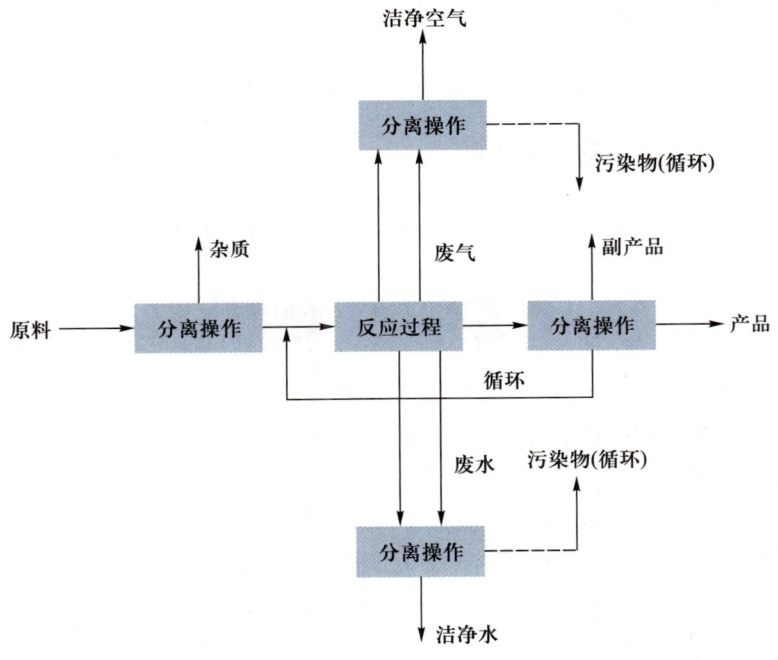

图 4-1　生产过程中的分离操作

4.1　传质分离过程

4.1.1　分离与人类的关系

分离与人类的生产生活密切相关。例如,人体内的肾小球的过滤作用;日常生活中所用的自来水、纯净水,需要通过过滤分离等方法得到;海水的淡化是以反渗透分离法从含盐较多的海水中除去盐而得到淡水的;载人空间飞行器及空间站舱内 CO_2 的除去;地下开采出来的石油需经过常压、减压等分离后再进行进一步的加工处理;工业废气中有害气体(NO,NO_2,SO_2)的去除、原料的预处理和产品的精制等都离不开分离。用于分离提纯的设备投资在产品生产的整个工艺中占有较大的比例。例如,石油化学工业中分离单元操作的设备投资往往占总投资额的 $50\% \sim 90\%$,而且用于分离的操作费用在生产成本中也占有相当大的比例。

4.1.2 传质分离操作的种类

工业中常见的分离操作可分为机械分离和传质分离两类(图 4-2)。机械分离的对象是非均相混合物,利用该混合物中组分间的密度和尺寸等物性差异将其分离,如过滤、沉降和离心分离等。传质分离是针对各种均相混合物的分离,如酒厂发酵液(乙醇和水的混合物)的分离、工业废气中有害气体(NO,NO_2,SO_2 等)的去除等。

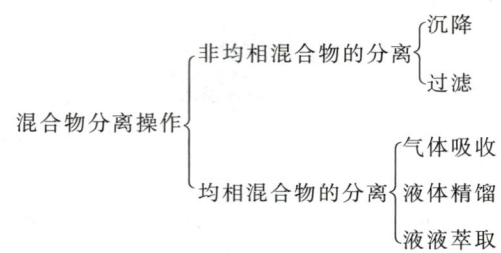

图 4-2 混合物分离操作的分类

通过传热的研究已经了解到,当介质中存在温度差时,就会发生传热过程;设想在一个体系中若存在某种组分的浓度差,就必然会发生传质过程(想想,当你打开香水瓶瓶盖时,为什么可以闻到香水的味道)。

混合物中因组分的浓度差引起的物质传递,称为质量传递,简称传质。与传热相类似(温度梯度是传热的推动力),传质中某种组分的浓度梯度产生了这种组分传递的推动力。

以图 4-3 所示装置研究因浓度差引起的传递现象。左图表示在一个小室里中间有一隔板,隔板两边气体的温度、压强相同,但两种气体 A,B 的浓度不同,隔板左边 A 的浓度较高,隔板右边 B 的浓度较高;当抽去隔板后(右图),设想在两室之间有一平面,由于在此平面两侧存在浓度差,发生组分 A 向右边的净传递,组分 B 向左边的净传递。经过足够长的时间,组分 A,B 在两室的浓度均相同,不产生组分 A,B 通过设想平面的净传递。

由于纯组分变成混合物是熵增加的自发过程,所以将混合物分离则需要对体系做功。如在均相混合物中,向该系统提供能量(热量)或加入某种物质(溶剂),使均相物系成为不平衡的两相共存体系,而且利用混合物的组分在两相中性质上的差异(如溶解性、挥发性),即可促使某个或某些组分在相间转移(即物质在两相间的传递过程),实现混合物分离的目的。实际工程中分离均相混合物采取的手段——加入分离介质(能量或溶剂),形成共存但不平衡的两相,让物质在两相间传递。化工生产中常见的传质分离操作有精馏、吸收、萃取

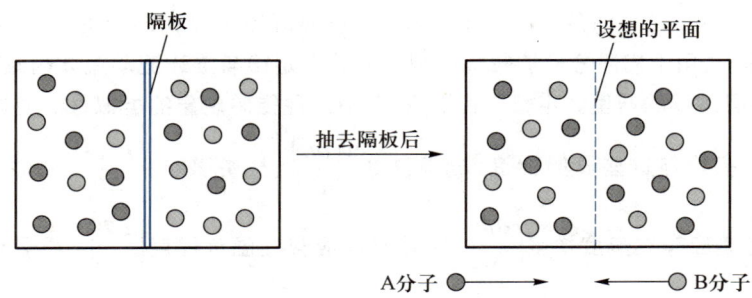

图 4-3　二元气体混合物中的扩散传质

等单元操作(详细内容见各章)。

　　长期以来,传质分离操作对化工生产的发展起了极为重要的作用,而随着化学工业的发展,人们希望采用更高效的节能、降耗及过程与环境友好的分离方法,如膜分离和热扩散等,今后还将会有越来越多新颖的分离技术被人们开发和应用。

4.2　传质过程分析

　　物质在气相或液相内传递的机理有分子扩散和对流扩散两种形式。

4.2.1　双组分混合体系中的分子传质过程(分子扩散)

　　如果在流体内部存在某一组分的浓度差,由于分子的不规则运动,单位时间内该组分由高浓度区向低浓度区转移的量将多于由低浓度区向高浓度区转移的量,即净转移量表现为组分从高浓度区移向低浓度区,直至流体内部各处浓度趋于一致。这种由物质分子的微观随机运动而产生的扩散称为分子传质(或分子扩散)过程。发生在静止流体内的传质或在层流流动的流体中与流向垂直方向上的传质均属于分子扩散。

　　分子扩散通量与物质的性质、浓度差及扩散距离等因素有关。在恒温恒压条件下,由两组分 A,B 组成的混合物,流体内部由于浓度梯度引起 A 或 B 的分子扩散通量可以用菲克(Fick)定律描述:

$$N_{A,0} = -D_{AB}\frac{\mathrm{d}c_A}{\mathrm{d}l} \tag{4-1}$$

式中:$N_{A,0}$ 为组分 A 的分子扩散通量(即单位时间内,组分 A 通过与扩散方向相垂直的单位面积上的物质的量),$\mathrm{mol \cdot m^{-2} \cdot s^{-1}}$;$c_A$ 为组分 A 的物质的量浓度,$\mathrm{mol \cdot m^{-3}}$;$l$ 为组分沿扩散方向上的距离,m;$\frac{\mathrm{d}c_A}{\mathrm{d}l}$ 为组分 A 在扩散方向上的浓度梯度,即组分 A 的浓度沿扩散方向上的变化率,$\mathrm{mol \cdot m^{-4}}$;$D_{AB}$ 为组分 A 在 A,B 双组分混合物中的扩散系数,$\mathrm{m^2 \cdot s^{-1}}$,是物质分子扩散的属性。

　　式(4-1)中"负号"表示扩散方向与浓度梯度的方向相反,即分子扩散沿浓度梯度降低的方向进行。

从式（4-1）可知，在总浓度 c 不变的情况下，只要流体中存在组分的浓度梯度，必然产生分子扩散。实际上，用于描述分子扩散特征规律的菲克定律与描述流动流体内摩擦阻力的黏性定律及描述热传导规律的傅里叶定律形式相似，表明三种传递现象的类似性。流体内的动量、热量和质量传递速率均与这些量的梯度 $\left[\text{动量梯度}\dfrac{\mathrm{d}(\rho u)}{\mathrm{d}l}、\text{热量梯度}\dfrac{\mathrm{d}(\rho c_p T)}{\mathrm{d}l}\text{和浓度梯度}\dfrac{\mathrm{d}c_A}{\mathrm{d}l}\right]$ 成正比。即动量传递应存在速度梯度 $\left(\dfrac{\mathrm{d}u}{\mathrm{d}l}\right)$；热量传递应存在温度梯度 $\left(\dfrac{\mathrm{d}T}{\mathrm{d}l}\right)$；质量传递应存在浓度梯度 $\left(\dfrac{\mathrm{d}c_A}{\mathrm{d}l}\right)$。

双组分混合物中气体分子扩散分为等物质的量反向扩散和单向扩散。

1. 等物质的量反向扩散

图 4-4 表示装有搅拌装置的大容器 1,2，用一粗细均匀的连通管将它们相连，两容器内分别装有浓度不同的 A，B 混合气体，其中 $c_{A,1}>c_{A,2}$，$c_{B,2}>c_{B,1}$；各容器内借助搅拌器的搅拌以保持浓度均匀。由于连通管的两端存在组分 A、组分 B 的浓度差，组分 A 通过连通管由容器 1 向容器 2 扩散，组分 B 通过连通管由容器 2 向容器 1 扩散。

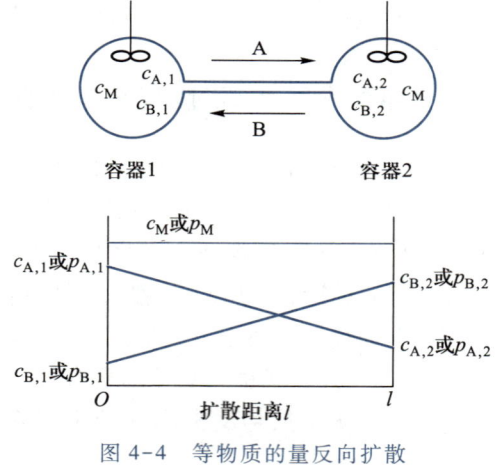

等物质的量反向扩散过程

图 4-4 等物质的量反向扩散

组分 A 的分子扩散通量可表示为

$$N_{A,0}=-D_{AB}\frac{\mathrm{d}c_A}{\mathrm{d}l}$$

同理，组分 B 的分子扩散通量可表示为

$$N_{B,0}=-D_{BA}\frac{\mathrm{d}c_B}{\mathrm{d}l}$$

在稳态扩散下，双组分混合物系中各处的总浓度 c_M 相等，即

$$c_M = c_A + c_B = 常数 \tag{4-2}$$

对式(4-2)微分,得

$$\frac{dc_A}{dl} = -\frac{dc_B}{dl} \tag{4-3}$$

若分子扩散发生在气相混合物内或两组分性质相似的液相中,$D_{AB} = D_{BA} = D$,则

$$N_{A,0} = -N_{B,0} \tag{4-4}$$

由式(4-4)可知,在双组分混合物中,当物系总浓度 c_M(或气相总压 p)保持不变时,组分 A 扩散的同时必然伴有物质的量相等但方向相反的组分 B 的扩散,这种现象称为等物质的量反向扩散。

等物质的量反向扩散现象多发生在蒸馏操作中。如苯和甲苯的混合液,易挥发组分(苯)从液相向气相转移,难挥发组分(甲苯)从气相向液相转移,如果两组分的汽化潜热相等,则 1 mol 难挥发组分从气相冷凝转入液相的同时,将有 1 mol 易挥发组分从液相转入气相,两者的扩散通量相等,方向相反。

对于体系中仅发生单纯的分子扩散而没有物料的主体流动的情况,组分的传质通量和其分子扩散通量相等,即

$$N_A = N_{A,0} = -D_{AB}\frac{dc_A}{dl} \tag{4-5}$$

定常态下,传质速率为常数,分离变量并对式(4-5)积分:

$$\int_0^l dl = -\frac{D}{N_A}\int_{c_{A,1}}^{c_{A,2}} dc_A$$

$$N_A = \frac{D}{l}(c_{A,1} - c_{A,2}) \tag{4-6}$$

式(4-6)是组分 A,B 做等物质的量反向扩散时的扩散速率方程。式中:D 为双组分体系的扩散系数,$m^2 \cdot s^{-1}$;l 为组分沿扩散方向上的距离,m;$c_{A,1}$ 为截面 1 处组分 A 的浓度,$mol \cdot m^{-3}$;$c_{A,2}$ 为截面 2 处组分 A 的浓度,$mol \cdot m^{-3}$。

若扩散物系为低压气体,气相可按理想气体处理,浓度以分压表示:

$$c_A = \frac{p_A}{RT} \tag{4-7}$$

代入式(4-7)得

$$N_A = \frac{D}{RTl}(p_{A,1} - p_{A,2}) \tag{4-8}$$

式中:$p_{A,1}$ 为截面 1 处组分 A 的分压,Pa;$p_{A,2}$ 为截面 2 处组分 A 的分压,Pa;T 为系统温度,K。

由式(4-6)和式(4-7)可知,等物质的量反向扩散的浓度(或分压)分布为直线,如图 4-4

所示。

例 4-1   氨气（A）与氮气（B）在图 4-4 所示装置中进行等物质的量反向扩散。已知接管长 0.1 m，系统总压强为 1.013×10^5 Pa，温度为 298 K，该条件下扩散系数 D 为 2.3×10^{-5} $m^2 \cdot s^{-1}$，氨在容器 1 和容器 2 中的分压分别为 $p_{A,1} = 1.103 \times 10^4$ Pa，$p_{A,2} = 6.01 \times 10^3$ Pa。试求稳态下组分 A，B 的分子扩散通量 N_A，N_B。

解 $R = 8.314$ J $\cdot$ mol^{-1} $\cdot$ K^{-1}，$l = 0.1$ m

$$
\begin{aligned}
N_A &= \frac{D}{RTl}(p_{A,1} - p_{A,2}) \\
&= \frac{2.3 \times 10^{-5} \ m^2 \cdot s^{-1}}{8.314 \ J \cdot mol^{-1} \cdot K^{-1} \times 298 \ K \times 0.1 \ m} \times (1.103 \times 10^4 \ Pa - 6.01 \times 10^3 \ Pa) \\
&= 4.66 \times 10^{-4} \ mol \cdot m^{-2} \cdot s^{-1}
\end{aligned}
$$

由于氨气和氮气做等物质的量反向扩散，所以组分 B 的扩散通量与组分 A 的扩散通量相等，$N_{A,0} = -N_{B,0}$，但扩散方向相反。

2. 单向扩散

如图 4-5 所示，有一敞口大容器内盛有难挥发性溶剂。当温度为 T，总压强为 p 的一股由溶质 A 和惰性组分 B 组成的混合气流流过容器上部时，其中溶质 A 不断经厚度为 l 的气膜层溶解于溶剂中，这种情况可作为 A 的单向扩散过程。

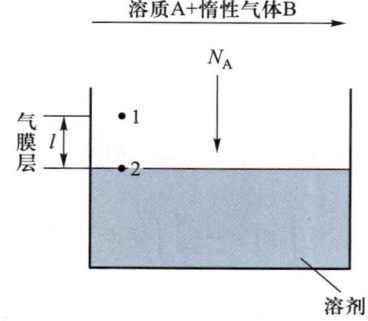

单向扩散

图 4-5   单方向扩散

设在稳态吸收过程中，气液两相间有一界面，界面的一侧有一厚度为 l 的气膜层，见图 4-6。组分 A 从气相主体以扩散的方式通过气膜层到两相界面上，A 溶解于液相（溶剂），使界面上 A 的分压降低，于是在气膜层的两侧产生分压梯度（$p_A > p_{A,i}$），迫使 A 从气相主体向界面扩散；B 不溶于液相（溶剂），液相中不存在组分 B，因此不能向相界面提供组分 B；随着组分 A 被界面的液相溶解，相界面处气体总压降低，使气相主体与相界面之间形成总压梯度，在此总压梯度的推动下，促成了混合气体（含 A 和 B）向界面处的流动，这种流动称为主体流动。由于组分 B 随主体流动时使界面上 B 的浓度增加，则 B 从相界面向气相主体方向扩散；在稳态扩散情况下，主体流动带入相界面的组分 B 的量，恰好补偿了组分 B 自界面向气相主体扩散的量，使得相界面处组分 B 的浓度（或分压）恒定，因此可视为组分 B 处于没有流动的静止状态，$N_B = 0$。所以单方向扩散也称为通过停滞介质的扩散。

以上分析表明：物料系统内的分子扩散是由物质浓度（或分压）差引起的分子微观运动；而主体流动是因系统内流体主体与相界面处总压差引起流体的宏观运动，其起因还是分子扩散，则主体流动是一种分子扩散伴生的现象。

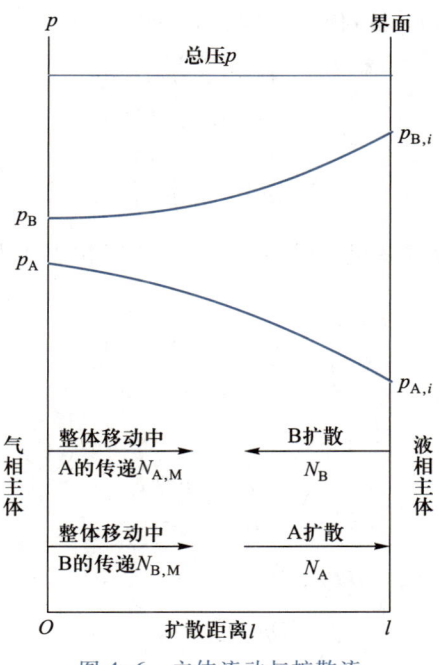

图 4-6　主体流动与扩散流

随主体流动,组分 A,B 的传质通量分别与它们在混合气体中的分压成正比,即

$$\frac{N_{A,M}}{N_{B,M}} = \frac{p_A}{p_B} \tag{4-9}$$

式中:$N_{A,M}$,$N_{B,M}$ 分别为主体流动中组分 A 和 B 的传质通量,mol·m^{-2}·s^{-1};p_A,p_B 分别为组分 A 和 B 在气相主体中的分压,Pa。

则

$$N_{A,M} = N_{B,M} \frac{p_A}{p_B} \tag{4-10}$$

组分 A 从气相主体到界面的传质通量 N_A 包含分子扩散通量 $N_{A,0}$ 和随主体流动中 A 的传质通量 $N_{A,M}$,即

$$N_A = N_{A,0} + N_{A,M} = N_{A,0} + N_{B,M} \frac{p_A}{p_B} \tag{4-11}$$

组分 B 不溶于液相,在气相主体与相界面间做等量来回运动,净传质通量为零,即

$$N_B = N_{B,0} + N_{B,M} = 0 \tag{4-12}$$

则

$$N_{B,M} = -N_{B,0} \tag{4-13}$$

由式(4-5)得

$$N_{A,0} = -D \frac{dc_A}{dl} = -\frac{D}{RT} \frac{dp_A}{dl} \tag{4-14}$$

将式(4-4)、式(4-13)及式(4-14)代入式(4-11),得

$$N_A = -\frac{D}{RT}\frac{\mathrm{d}p_A}{\mathrm{d}l} - \frac{p_A D}{p_B RT}\frac{\mathrm{d}p_A}{\mathrm{d}l}$$

$$= -\frac{D}{RT}\left(1 + \frac{p_A}{p_B}\right)\frac{\mathrm{d}p_A}{\mathrm{d}l} \tag{4-15}$$

定常态下 N_A 为定值,分离变量,在图 4-6 所示的气相主体 $l=0$,$p_A = p_A$ 和相界面 $l = l$, $p_A = p_{A,i}$ 之间积分,有

$$N_A \int_0^l \mathrm{d}l = -\int_{p_A}^{p_{A,i}} \frac{Dp}{RT}\frac{\mathrm{d}p_A}{(p - p_A)}$$

则

$$N_A = \frac{Dp}{RTl}\ln\frac{p - p_{A,i}}{p - p_A}$$

因 $p_A - p_{A,i} = p_{B,i} - p_B$,且 $p - p_{A,i} = p_{B,i}$,$p - p_A = p_B$,则

$$N_A = \frac{Dp}{RTl}\cdot\frac{p_A - p_{A,i}}{p_{B,i} - p_B}\ln\frac{p_{B,i}}{p_B} \tag{4-16}$$

令

$$p_{B,m} = \frac{p_{B,i} - p_B}{\ln\dfrac{p_{B,i}}{p_B}} \tag{4-17}$$

式中:$p_{B,m}$ 为惰性组分 B 在相界面和气相主体中的分压的对数平均值,则

$$N_A = \frac{D}{RTl}\cdot\frac{p}{p_{B,m}}(p_A - p_{A,i}) \tag{4-18}$$

式(4-18)也可用传质的推动力与传质阻力比来表示,即

$$N_A = \frac{p_A - p_{A,i}}{\dfrac{RTlp_{B,m}}{Dp}} \tag{4-19}$$

式中:$(p_A - p_{A,i})$ 为组分 A 从气相主体扩散到相界面处的传质推动力;$\dfrac{RTlp_{B,m}}{Dp}$ 为该传质过程的阻力。

若用组分 A 的浓度 c_A 代替式(4-18)中的分压,得

$$N_A = \frac{D}{l}\cdot\frac{c_M}{c_{B,m}}(c_A - c_{A,i}) \tag{4-20}$$

式中:$c_{B,m} = \dfrac{c_{B,i} - c_B}{\ln\dfrac{c_{B,i}}{c_B}}$ 为惰性组分 B 在相界面和气相主体中浓度的对数平均值。

式(4-18)、式(4-20)与式(4-6)、式(4-8)比较,分别多了 $\dfrac{p}{p_{B,m}}$ 和 $\dfrac{c_M}{c_{B,m}}$,说明单向扩散的传质通量是等物质的量反向扩散传质通量的 $\dfrac{p}{p_{B,m}}$ 倍$\left(\text{或}\dfrac{c_M}{c_{B,m}}\text{倍}\right)$;在混合体系中,总压>组分的分压(总浓度>组分的浓度),即 $\dfrac{p}{p_{B,m}}>1\left(\dfrac{c_M}{c_{B,m}}>1\right)$,则单向扩散的传质通量大于等物质的量反向扩散传质通量。其原因是组分 A 的扩散溶解降低了界面总压,从而引起与组分 A 扩散方向一致的气相整体流动,使组分 A 的传质通量增大,犹如顺水行舟,水流加大了船的行驶速率,所以 $\dfrac{p}{p_{B,m}}\left(\text{或}\dfrac{c_M}{c_{B,m}}\right)$ 称为"漂流因子",它反映了总体流动对传质的影响。当单组分 A 的浓度很低时,$p\approx p_{B,m}$(或 $c\approx c_{B,M}$),漂流因子接近 1。此时单向扩散的传质通量方程式与等物质的量反向扩散的传质通量方程式一致。

由式(4-18)和式(4-20)可知,单向扩散时,浓度分布(或分压分布)曲线为对数曲线。

对于液相组分 A 汽化时单向通过界面扩散至气相(如蒸发)的情况,式(4-20)仍然适用。

例 4-2   用温克曼(Winkelmann)方法测定气体在空气中的扩散系数,测定装置如图4-7所示。在 1.013×10^5 Pa 下,将此装置置于 328 K 的恒温箱内,立管中盛水,最初水面离上端管口的距离为 0.125 m,迅速向上部横管中通入干燥的空气(空气流速达到足以保证被测气体在管口的分压大致为零)。实验测得经 1.044×10^6 s 后,管中的水面离上端管口距离为 0.150 m。求水蒸气在空气中的扩散系数。

解   立管中水面下降是水分子的扩散使水蒸发引起的。该扩散可视为单向扩散,当水面与上端管口距离为 l 时,水蒸气扩散的传质通量为

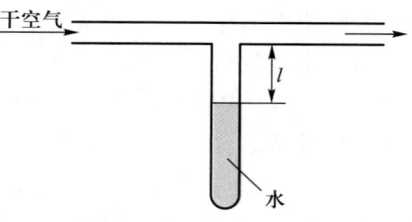

图 4-7 水蒸气扩散系数的测定

$$N_A=\dfrac{D}{RTl}\cdot\dfrac{p}{p_{B,m}}(p_{A,1}-p_{A,2})$$

式中:$p_{A,1}$ 为 328 K 下水与空气界面上的水蒸气分压,即 1.574×10^4 Pa;$p_{A,2}$ 为立管出口处的水蒸气分压,依题意为零。则

$$
\begin{aligned}
p_{B,m}&=\dfrac{p_{B,2}-p_{B,1}}{\ln\dfrac{p_{B,2}}{p_{B,1}}}\\[2mm]
&=\dfrac{1.013\times10^5\ \text{Pa}-(1.013\times10^5\ \text{Pa}-1.574\times10^4\ \text{Pa})}{\ln\dfrac{1.013\times10^5\ \text{Pa}}{1.013\times10^5\ \text{Pa}-1.574\times10^4\ \text{Pa}}}\\[2mm]
&=9.32\times10^4\ \text{Pa}
\end{aligned}
$$

水在空气中分子扩散的传质通量可用管中水面下降的速率表示:

$$N_A=\dfrac{c_A\,\mathrm{d}l}{\mathrm{d}t}$$

式中:c_A 为水的物质的量浓度,$\mathrm{mol\cdot m^{-3}}$。328 K 下,水的密度为 985.6 $\mathrm{kg\cdot m^{-3}}$,则

$$c_A=\dfrac{985.6\ \mathrm{kg\cdot m^{-3}}\times10^3}{18\ \mathrm{g\cdot mol^{-1}}}=5.48\times10^4\ \mathrm{mol\cdot m^{-3}}$$

又

$$N_A = \frac{c_A \mathrm{d}l}{\mathrm{d}t} = \frac{D}{RTl} \cdot \frac{p}{p_{B,m}}(p_{A,1} - p_{A,2})$$

从 $t = 0$ s，$l = 0.125$ m 到 $t = 1.044 \times 10^6$ s，$l = 0.150$ m，对上式积分，得

$$\int_{0.125}^{0.150} l \mathrm{d}l = \frac{D}{c_A RT} \cdot \frac{p}{p_{B,m}}(p_{A,1} - p_{A,2}) \int_0^{1.044 \times 10^6} \mathrm{d}t$$

$$\frac{1}{2}(0.15^2 \text{ m} - 0.125^2 \text{ m}) = \frac{D}{5.48 \times 10^4 \text{ mol} \cdot \text{m}^{-3} \times 8.314 \text{ J} \cdot \text{mol}^{-1} \cdot \text{K}^{-1} \times 328 \text{ K}} \times$$

$$\frac{1.013 \times 10^5 \text{ Pa}}{9.32 \times 10^4 \text{ Pa}} \times (1.574 \times 10^4 \text{ Pa} - 0 \text{ Pa}) \times 1.044 \times 10^6 \text{ s}$$

$$D = 2.87 \times 10^{-5} \text{ m}^2 \cdot \text{s}^{-1}$$

3. 分子扩散系数

由分子扩散定律 $N_A = -D_{AB}\dfrac{\mathrm{d}c_A}{\mathrm{d}l}$ 可知，分子扩散系数 D 表示物质在单位浓度梯度下、通过单位面积上的扩散速率，是物质的传递性质。分子扩散系数受体系的温度、压强及混合物浓度等因素的影响。某一组分的扩散系数在不同体系中不同，若需要确切的扩散系数值，一般通过实验测定；常见物质的扩散系数可从物性数据手册或相关文献上直接查取，也可用有关的半经验公式估算。

（1）实验数据

表 4-1 是 1.013×10^5 Pa 下几种气体对的分子扩散系数实验数值；表 4-2 是几种稀溶液的分子扩散系数。

表 4-1　$\mathbf{1.013 \times 10^5}$ **Pa 下几种气体对的分子扩散系数**

气体对	温度 T/K	$\dfrac{D_{AB}}{10^4 \text{ m}^2 \cdot \text{s}^{-1}}$	气体对	温度 T/K	$\dfrac{D_{AB}}{10^4 \text{ m}^2 \cdot \text{s}^{-1}}$
空气-H_2O	298	0.260	H_2-NH_3	293	0.849
空气-NH_3	273	0.198	N_2-NH_3	293	0.241
空气-CO_2	273	0.136	H_2-O_2	273	0.697
空气-C_2H_5OH	298	0.132	N_2-O_2	273	0.181
空气-C_6H_6	298	0.0962	O_2-NH_3	293	0.253
空气-SO_2	273	0.122	H_2O-CO_2	307.3	0.202

表 4-2　**几种稀溶液的分子扩散系数**

溶质	溶剂	温度 T/K	$D_{AB}/(10^9 \text{ m}^2 \cdot \text{s}^{-1})$
NH_3	H_2O	285	1.64
O_2	H_2O	298	1.98
CO_2	H_2O	298	2.00
C_2H_5OH	H_2O	283	0.84
		298	1.24
H_2O	H_2O	298	1.13

（2）半经验公式估算

① 组分在气体中的分子扩散系数可以用 Fuller-Schettler-Giddings 公式估算：

$$D = \frac{1.013 \times 10^{-6} T^{1.75} \left[(1/M_A) + (1/M_B) \right]^{1/2}}{p \left[\left(\sum V_A \right)^{1/3} + \left(\sum V_B \right)^{1/3} \right]^2} \tag{4-21}$$

式中：D 为扩散系数，$m^2 \cdot s^{-1}$；T 为系统温度，K；M_A，M_B 分别为组分 A，B 的相对分子质量；p 为系统总压（绝对压强），Pa；$\sum V_A$，$\sum V_B$ 分别为组分 A，B 的分子扩散体积，$m^3 \cdot mol^{-1}$。

表 4-3 列出了几种简单分子的扩散体积。有机化合物分子的扩散体积可按分子式由表 4-4 提供的原子扩散体积加和获得。

表 4-3　几种简单分子的扩散体积

分子	$\sum V / (10^{-6} \ m^3 \cdot mol^{-1})$	分子	$\sum V / (10^{-6} \ m^3 \cdot mol^{-1})$
H_2	7.07	CO_2	26.90
He	2.88	CO	18.90
N_2	17.90	SO_2	41.10
O_2	16.60	NH_3	14.90
Cl_2	37.70	H_2O	12.70
Ar	16.10	空气	20.10

表 4-4　原子扩散体积

原子	$\sum V / (10^{-6} \ m^3 \cdot mol^{-1})$	原子	$\sum V / (10^{-6} \ m^3 \cdot mol^{-1})$
C	16.5	H	1.98
O	5.48	N	5.69
Cl	19.5	S	17.0
芳环	−20.2	杂环	−20.2

由式（4-21）可知，对于气体物系，扩散系数与总压成反比，与热力学温度的 1.75 次方成正比，即

$$D = D_0 \frac{p_0}{p} \left(\frac{T}{T_0} \right)^{1.75} \tag{4-22}$$

例 4-3　试求压强为 $1.013 \times 10^5 \ Pa$（绝对压强）、温度为 25 ℃ 时，氨在空气中的扩散系数。

解　设组分 A 为 NH_3，组分 B 为空气。

方法一：由式（4-21）求解。

查 $\sum V_A = 14.9 \times 10^{-6} \ m^3 \cdot mol^{-1}$，$\sum V_B = 20.91 \times 10^{-6} \ m^3 \cdot mol^{-1}$，则

$$D = \frac{1.013 \times 10^{-6} T^{1.75} \left[(1/M_A) + (1/M_B) \right]^{1/2}}{p \left[\left(\sum V_A \right)^{1/3} + \left(\sum V_B \right)^{1/3} \right]^2}$$

$$= \frac{1.013 \times 10^{-6} \times 298 \ K^{1.75} \left[(1/17) + (1/29) \right]^{1/2}}{1.013 \times 10^5 \ Pa \left[(14.9 \times 10^{-6} \ m^3 \cdot mol^{-1})^{1/3} + (20.1 \times 10^{-6} \ m^3 \cdot mol^{-1})^{1/3} \right]^2}$$

$$= 2.434 \times 10^{-5} \ m^2 \cdot s^{-1}$$

方法二:由式(4-22)求解。

查表可知,273 K,1.013×10^5 Pa 时氨在空气中的扩散系数为 1.98×10^{-5} m^2·s^{-1}。

$$D = D_0 \frac{p_0}{p} \left(\frac{T}{T_0} \right)^{1.75}$$

$$= 1.98 \times 10^{-5} \text{ m}^2 \cdot \text{s}^{-1} \times \frac{1.013 \times 10^5 \text{ Pa}}{1.013 \times 10^5 \text{ Pa}} \left(\frac{273 \text{ K} + 25 \text{ K}}{273 \text{ K}} \right)^{1.75}$$

$$= 2.308 \times 10^{-5} \text{ m}^2 \cdot \text{s}^{-1}$$

② 组分在液相中的扩散系数。

由于物质在液体中的扩散机理及有关实验研究工作不如气体的完善,现有的针对液体中扩散系数的计算公式不及气体的可靠。若是低浓度的非电解质溶液,应用较多的是 Wilke-Chang 经验公式:

$$D = \frac{1.859 \times 10^{-18} (\Phi_B M_B)^{1/2} T}{\mu_B V_A^{0.6}} \tag{4-23}$$

式中:D 为组分在非电解质稀溶液中的扩散系数,m^2·s^{-1};T 为溶液温度,K;M_B 为溶剂相对分子质量;μ 为溶剂 B 的黏度,Pa·s;V_A 为溶质在正常沸点下的摩尔体积,m^3·mol^{-1}(表4-5);Φ_B 为溶剂的缔合参数(表4-6)。

若溶质为水,应将式(4-23)的计算结果乘以 $\dfrac{1}{2.3}$。

表 4-5   正常沸点下某些元素的原子体积和一些气体的摩尔体积

元素	原子体积/(10^{-6} m^3·mol^{-1})	气体	摩尔体积/(10^{-6} m^3·mol^{-1})
H	3.7	空气	29.9
C	14.8	O_2	25.6
N	15.6	N_2	31.2
O	7.4	CO_2	34.0
Cl	24.6	NH_3	25.8
Br	27.0	SO_2	44.8
I	37.0	Cl_2	48.4

表 4-6   部分常用溶剂的缔合参数

溶剂	水	甲醇	乙醇	苯	乙醚
缔合参数	2.6	1.9	1.5	1.0	1.0

例 4-4   试估算 CO_2 在 30 ℃水中的扩散系数。

解   30 ℃时水的黏度为 8.007×10^{-4} Pa·s,缔合参数为 2.6。

CO_2 的摩尔体积 $V = 34.0 \times 10^{-6}$ m^3·mol^{-1}。

$$D = \frac{1.859 \times 10^{-18} (\Phi_B M_B)^{1/2} T}{\mu_B V_A^{0.6}}$$

$$= \frac{1.859 \times 10^{-18} (2.6 \times 18)^{1/2} \times 303 \text{ K}}{8.007 \times 10^{-4} \text{ Pa} \cdot \text{s} \times (34.0 \times 10^{-6} \text{ m}^3 \cdot \text{mol}^{-1})^{0.6}}$$

$$= 2.309 \times 10^{-9} \text{ m}^2 \cdot \text{s}^{-1}$$

　　溶质在液相中的扩散系数与溶质和溶剂的性质、溶液的温度、溶质的黏度及浓度有关。由于溶液中的分子比气体中的分子密集得多,分子运动不如在气体中自由,所以组分在液相中的扩散系数远比在气相中的扩散系数小,两者一般相差$10^4 \sim 10^5$倍。

4.2.2　对流传质过程(对流扩散)

　　如前所述,物质在静止流体内部的传递是依靠分子扩散的。但是分子的扩散速率很小。例如,在一杯清水中滴入一滴蓝墨水,蓝墨水扩散很慢;若用玻璃棒搅拌,杯中的水出现漩涡,促进了蓝墨水的扩散,可以见到清水迅速变蓝。这种依靠流体内部漩涡的强烈混合而引起的物质传递称为涡流扩散。

　　由于涡流扩散机理较为复杂,至今尚不能做出理论分析,主要靠实验方法进行研究,常借用菲克定律的形式来表达涡流扩散通量:

$$N_{AE} = -D_E \frac{dc_A}{dl} \qquad (4-24)$$

式中:D_E为涡流扩散系数,$m^2 \cdot s^{-1}$,表示涡流扩散能力的大小,与分子扩散系数D不同,D_E不是流体的物理性质,而是雷诺数的函数,即D_E与流动系统的结构尺寸、流速及流体的密度、黏度等因素有关。

　　在实际化工传质设备中,多数情况下流体做湍流流动。湍流流体在两相界面之间物质的传递既有分子扩散也有涡流扩散,合称对流扩散。对流扩散通量为

$$N_A = -D \frac{dc_A}{dl} - D_E \frac{dc_A}{dl} \qquad (4-25)$$

或

$$N_A = -(D + D_E) \frac{dc_A}{dl} \qquad (4-26)$$

　　从流体沿相界面流动分析,流体主体与相界面之间存在三个流动区域:湍流主体、过渡区和层流区,如图4-8所示。在湍流主体中,由于$D_E \gg D$,物质的传递以涡流扩散为主,其传质通量为

$$N_A = -D_E \frac{dc_A}{dl} = -\frac{D_E}{RT} \cdot \frac{dp_A}{dl}$$

定常态下,N_A为定值,D_E越大,浓度梯度$\frac{dc_A}{dl}$

$\left(\text{或} \frac{dp_A}{dl}\right)$就越小,组分在该区域内的浓度梯度

$\frac{dp_A}{dl} \approx 0$,浓度分布为一水平直线;在层流层,

$D_E \to 0$,物质的传递主要为分子扩散为主,其传质通量为

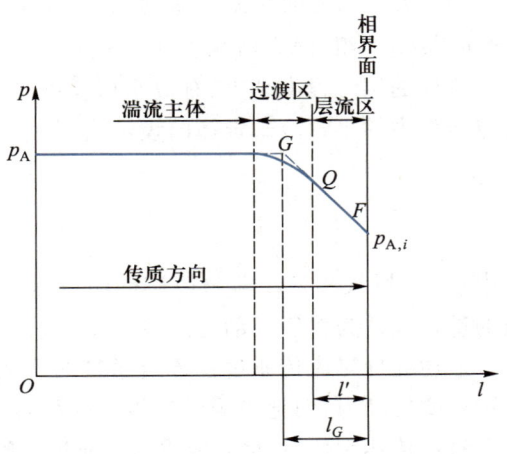

图4-8　对流扩散过程与有效膜

$$N_A = -D \frac{\mathrm{d}c_A}{\mathrm{d}l} = -\frac{D}{RT} \cdot \frac{\mathrm{d}p_A}{\mathrm{d}l}$$

由于分子扩散系数 D 较小，则 $\frac{\mathrm{d}c_A}{\mathrm{d}l}\left(\text{或}\frac{\mathrm{d}p_A}{\mathrm{d}l}\right)$ 较大，说明在该流动区域内浓度梯度（或分压梯度）较大，浓度分布为斜率较大的直线；在过渡区内，物质的传递同时存在分子扩散和涡流扩散，其传质通量为

$$N_A = -(D + D_E)\frac{\mathrm{d}c_A}{\mathrm{d}l} = -\frac{D + D_E}{RT} \cdot \frac{\mathrm{d}p_A}{\mathrm{d}l}$$

该区域内组分的浓度分布呈一曲线。

实际上，对流传质过程的机理是复杂的，而且涡流扩散系数难以测定和计算。为此，类似于对流传热过程的处理方法，人们提出了"有效膜"模型。将对流传质过程做如下简化：把传质过程的总阻力折算成通过某一厚度为 l_G 的层流膜层的阻力，l_G 称为有效膜层或虚拟膜层，如图 4-8 所示，将图中 FQ 直线延长与分压的水平线相交于 G 点。这样，就把组分 A 从气相主体到相界面上的扩散简化成通过厚度为 l_G 的有效膜层的分子扩散，整个对流扩散的推动力为 $(p_A - p_{A,i})$，相应的传质通量用分子扩散通量的方程式表示，即

$$N_A = \frac{D}{RTl_G} \cdot \frac{p}{p_{B,m}}(p_A - p_{A,i}) \tag{4-27}$$

式中：N_A 为气相内的对流传质通量，$\mathrm{mol \cdot m^{-2} \cdot s^{-1}}$；$p_A$ 为组分 A 在气相主体中的分压，Pa；$p_{A,i}$ 为组分 A 在相界面上气相中的分压，Pa；l_G 为气相内对流传质的有效膜厚，m。

同理，液相内组分 A 从相界面扩散到液相主体的传质通量为

$$N_A = \frac{D}{l_L} \cdot \frac{c_M}{c_{B,m}}(c_{A,i} - c_A) \tag{4-28}$$

式中：N_A 为液相内的对流传质通量，$\mathrm{mol \cdot m^{-2} \cdot s^{-1}}$；$c_{A,i}$ 为组分 A 在相界面上液相中的浓度，$\mathrm{mol \cdot m^{-3}}$；$c_A$ 为组分 A 在液相主体中的浓度，$\mathrm{mol \cdot m^{-3}}$。$l_L$ 为液相内对流传质的有效膜厚，m。

流体的湍流程度越大，有效膜层厚度越薄，传质阻力将越小。为了应用的方便，可仿照对流传热中的牛顿冷却定律的表示法，分别将式（4-27）和式（4-28）的传质通量表示为

$$N_A = k_G(p_A - p_{A,i}) \tag{4-29}$$

$$N_A = k_L(c_{A,i} - c_A) \tag{4-30}$$

式中：k_G 为以气相分压差为传质推动力的气膜传质系数，$\mathrm{mol \cdot m^{-2} \cdot s^{-1} \cdot Pa^{-1}}$；$k_L$ 为以液相物质的量浓度差为传质推动力的液膜传质系数，$\mathrm{m \cdot s^{-1}}$。

上述处理对流传质过程传质通量的方法，是将主体浓度和界面浓度之差表示为对流传质过程的推动力，而把影响对流传质过程的其他因素集中在气相（或液相）传质系数中。类似于对流传热系数 α，对流传质系数通过实验测定或由相关特征数的关联式求取。

由式（4-29）和式（4-30）可知，由于组分的浓度还可以用其他形式表示，对流传质通量的表达式也有多种表达形式，使用时宜注意推动力与系数之间的对应关系。

4.2.3 两相间的传质模型

前面研究的是单相内的传质问题,但是传质在大多数重要实际生产过程中的应用,是发生在两相间的传质过程。例如,气体吸收是混合气体中的可溶组分扩散到液面,溶入液体,然后进入液体主体的过程;在精馏塔内发生的蒸馏是蒸气与液体接触,易挥发的组分从液体传递到气体,难挥发的组分从气体传递到液体的过程;液-液萃取是溶质从一种液体溶剂通过相界面传递到另一种液体溶剂中的过程。

然而,发生在两相界面附近的流体流动状况及传质过程十分复杂,界面面积也无法精确得到,对过程难以进行严格的数学描述。工程上采用数学模型的方法处理两相间的传质过程:首先对考察的对象进行分析简化,构成传质过程的物理模型,再用已有的理论和数学知识做出描述,建立数学模型;最后将此结果与实验数据做比较,以验证模型的准确性与合理性。对于其他工程中的实际问题,读者可以借鉴此方法进行相关内容的研究。

针对两相间的传质机理,科学家们先后研究提出了多种不同的模型,如双膜模型、溶质渗透模型、表面更新模型和界面动力状态模型论等,但这些模型在解释相际传质机理的实际应用中均存在一定的局限性,有待于进一步研究和完善。图 4-9 示意的是最简单但在工程上应用最多的"双膜模型",其主要特点为

① 呈湍流流动的两流体接触面的两侧,分别存在着流体的有效膜层,溶质以稳态分子扩散方式通过这两个膜层,膜层的厚度随流体的流动状态而变化。

② 两流体间的传质阻力都集中在两个膜层内,膜层以外的两相流体主体,不存在浓度梯度。

③ 在两相接触的界面上,两相达到平衡状态。

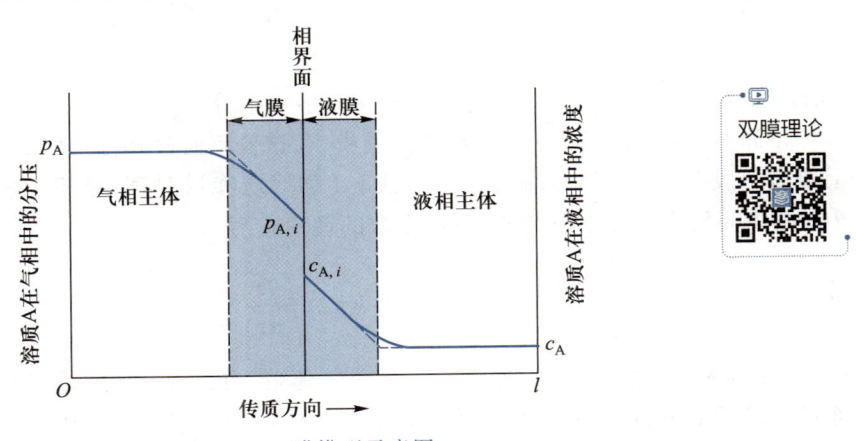

图 4-9　双膜模型示意图

应用双膜理论于气液单向传质过程,可以做如下解释:组分 A 从气相主体以湍流扩散方式达到气膜边界,分压为 p;再以分子扩散方式穿过气膜层达到两相的界面,分压为 $p_{A,i}$;在界面上组分 A 不受任何阻力溶解于液相中,浓度为 $c_{A,i}$,并与气相 $p_{A,i}$ 呈平衡;接着组分 A 又以分子扩散方式穿过液膜层达到液膜边界,浓度为 c_A;最后组分 A 以湍流扩散方式转移到液相主体。

双膜模型是一个简化模型,它将复杂的相际传质机理简化为溶质通过两个膜层的分子扩散,模型假设传质的所有阻力来源于界面附近的两层滞流膜中,而在界面上两相达到热力学平衡,但它不能真正地反映界面的传质机理。以双膜模型为基础的一些经验关联式,不仅适用范围很窄,而且计算结果与实验值往往相差甚远。近年来,随着现代激光测试技术的发展,气液两相的微观传质机理受到广泛关注。如国内有关科学家提出了"界面阻力膜"的概念:认为界面阻力膜是一极薄的阻力膜层,在此膜层内,分子不仅受到其相邻分子的作用,还受到界面阻力的作用,界面阻力膜是影响两相间传质的重要因素,在"界面阻力膜"概念的基础上,提出了两相间传质的三膜模型(两相界面区的界面阻力膜、界面阻力膜两侧的层流膜层),并对其进行了实验验证,表明三膜模型的计算值与实验值能较好地吻合。

4.3   传质分离过程的研究进展

4.3.1   传质分离理论研究

虽然气液传质过程广泛应用于轻工、医药及石油化工等行业中。但由于实验技术的限制,气液传质理论研究进展缓慢,目前主要有以下几种传质模型。

1. 经典传质模型

1923 年,惠特曼(W.Whitman)提出了双膜模型,该模型假定传质的所有阻力来自界面附近的一层层流膜中,传质系数 k 表示为

$$k = \frac{D}{l_G} \tag{4-31}$$

k 与扩散系数 D 成正比的结论与大量的实验事实不符。

1935 年,希格比(Higbie)提出了渗透模型,该模型假设来自主体的各流体元运动到界面上停留一段时间,该停留时间为一常数 τ_0(称溶质渗透时间,是模型参数);在此停留时间内,两相间发生了非稳态传质,传质系数的理论式为

$$k = 2\sqrt{\frac{D}{\pi \tau_0}} \tag{4-32}$$

k 与扩散系数 D 的 0.5 次方成正比,与实验数值较为接近。渗透膜模型的主要贡献是采用了非稳态过程的解析方法,并指出了定期混合对传质的作用;但由于没有考虑流体微元年龄分布的随机性,而是将它们简单地视为常数,其结果仍然与实际相去甚远。

丹克沃茨(Danckwerts)发展了渗透模型,提出了表面更新模型,认为流体在流动过程中表面不断更新,以模型参数 S 表示单位面积内表面被更新的百分数,称更新频率,S 的大小表示表面更新的快慢。液体的湍动越剧烈,S 越大。传质系数与模型参数的关系为

$$k = \sqrt{DS} \tag{4-33}$$

该式表明传质系数也与扩散系数的 0.5 次方成正比,但 S 较难测定。

　　表面更新模型与溶质渗透模型的基本区别在于:溶质渗透模型认为表面更新过程是每间隔 τ_0 时间周期性地进行的,表面更新模型则认为表面更新是随时进行的。从这些模型可以了解到传质过程的物理实质——非稳态扩散和表面更新,指明了传质的强化途径。

2. 其他传质模型

　　上述经典传质模型的提出,有利于认识两相传质过程,分析传质过程的速率及寻求强化传质过程的途径,但由于某些参数难以测定,在实际应用中受到了很大限制。为此,科学家们又提出了以下有关模型:膜渗透理论、漩涡扩散模型、漩涡池模型、多尺度局部均匀模型、统计理论与计算机模拟及界面非平衡理论等。这些模型虽然在某些方面有所前进,但仍有一定的局限性。工程上应用的设备繁多,传质机理又十分复杂,所以传质模型还有待于进一步完善。

4.3.2　传质分离过程的应用研究

　　分离在工业生产中被广泛应用,但是分离过程往往是一个能耗较大的过程。因此,研究和开发关于分离过程节能、提高原料利用率及降低成本等方面内容越来越受到人们的关注,并已有许多分离工艺的热点和研究开发课题。

1. 开发低成本氧、氮和稀有气体的分离方法

(1) 工业气体的生产

　　目前在开发中的新方法包括:采用反应金属络合吸附生产氧气,该法效率更高、成本更低;研制高选择性和高通量的聚芳酰胺和聚亚酰胺共混膜,O_2/N_2 的选择性大约为7;使用吸附剂回收稀有气体。

(2) 高纯度气体的生产

　　主要研究成果:钙钛型氧化物致密膜用于高纯氧的生产;已在实验室开发的、将极薄的纳米结构致密金属膜和金属氧化物膜应用于分离高纯度氢气、氧气和氮气;以高选择性的聚合物-沸石混合膜制造高纯气。

2. 开发酸性气体的脱除方法

　　石油馏分加氢脱硫气体中的 H_2S 用胺类溶剂脱除;研制开发新型膜材料,脱除天然气中的酸性气体,并实现脱除过程的高选择性和高通量。

3. 膜技术分离有机化合物

　　正在开发中的采用膜技术分离有机化合物工艺,其中解决膜的溶胀是关键技术问题之一。具有刚性链段和柔性链段的共聚物能够兼顾膜的稳定性和选择性,目前以此类物质开发的渗透汽化膜工艺用于渗透汽化/精馏集成系统是最有效的。如果渗透汽化膜组件能有效控制膜的溶胀(尤其在高温 120~250 ℃条件下),使其具有高选择性和高通量,将在有机化合物的很多分离过程中取代精馏。

4. 精馏技术的改进

由于精馏可获得高纯度的优质产品,而且设备投资相对较低,所以通常是分离混合物的首选方法。在此领域研究的热点有:降低精馏过程的能耗、共沸物系或近沸点物系的分离。目前精馏技术的改进主要为以下内容。

(1) 热串级

将一个精馏塔冷凝器释放出来的能量作为另一个精馏塔再沸器的热源,称为热串级,这是降低精馏操作能耗的有效方法之一。此过程要求通过控制塔压可调节塔顶冷凝器和塔釜再沸器的温度,使一个精馏塔冷凝器的温度高于另一个精馏塔再沸器的温度,如乙醇的七塔精制馏程和空分采用的双塔流程。

(2) 蒸气压缩

通过蒸气压缩能更有效地利用能量,但因压缩机的投资成本高,该技术仅限于能量成本很高的分离过程,如低温分离。

(3) 化学合成与精馏的偶合

这是两个单元操作在一个设备中完成,催化精馏是化学合成与精馏偶合的典型例子,工业上成功应用于燃料添加剂 MTBE 的合成。该过程不仅经济,而且反应和分离的结合,及时选择性地移出产物,有效提高了受平衡控制的反应的转化率。

(4) 膜分离和精馏的集成

膜过程与精馏的组合能充分发挥节能的特点,使该项技术用于部分的分离任务,如乙烯和乙烷的分离、丙烯和丙烷的分离及乙酸脱水等。

5. 稀溶液分离技术的应用前景

研究有关从稀溶液中分离、脱除或回收有机化合物的主要有:选择性还原/氧化剂的应用、反应金属络合物吸附、气体膜分离、电渗析膜分离、连续吸附过程、吸收与空气氧化过程的集成、渗透汽化及使用选择性吸附剂分离生物过程的产品等。

6. 手性化合物分离技术的应用前景

主要分离方法有高效液相色谱、结晶及选择性手性渗透膜。

思 考 题 

4-1　为什么在实际工程中分离均相混合物,通常采取对混合体系加入分离介质(能量或溶剂)的方法?

4-2　在什么条件下,双组分混合物中会发生等物质的量反向分子扩散?

4-3　漂流因子的物理意义是什么? 等物质的量反向分子扩散时有无漂流因子? 为什么?

4-4　气体分子扩散系数与温度、压力有何关系? 液体分子扩散系数与温度、黏度有何关系?

4-5　如何获得分子扩散系数? 你认为哪种途径可靠?

4-6　两相间传质的双膜理论基本论点是什么?

习   题

4-1   压强为 1.013×10^5 Pa、温度为 25 ℃ 的系统中，N_2 和 O_2 的混合气发生稳态扩散过程。已知相距 5.00×10^{-3} m 的两截面上，氧气的分压分别为 1.25×10^4 Pa、7.5×10^3 Pa；0 ℃ 时氧气在氮气中的扩散系数为 1.818×10^{-5} m$^2\cdot$s^{-1}。求等物质的量反向扩散时：

（1）氧气的扩散通量；

（2）氮气的扩散通量；

（3）与分压为 1.25×10^4 Pa 的截面相距 2.5×10^{-3} m 处氧气的分压。

答：（1） 7.34×10^{-3} mol$\cdot$m$^{-2}\cdot$s^{-1}；

（2） 7.34×10^{-3} mol$\cdot$m$^{-2}\cdot$s^{-1}；（3） 9999.26 Pa

4-2   稳态下，NH_3 和 H_2 的混合气发生扩散过程。系统总压为 1.013×10^5 Pa、温度为 298 K，扩散系数为 7.83×10^{-5} m$^2\cdot$s^{-1}。已知相距 0.02 m 的两截面上，NH_3 的分压分别为 1.52×10^4 Pa 和 4.83×10^3 Pa。试求：

（1）NH_3 和 H_2 做等物质的量反向扩散时的传质通量；

（2）H_2 为停滞组分时，NH_3 的传质通量，并比较等物质的量反向扩散与单向扩散的传质通量大小。

答：（1） 1.639×10^{-2} mol$\cdot$m$^{-2}\cdot$s^{-1}；（2） 1.820×10^{-2} mol$\cdot$m$^{-2}\cdot$s^{-1}

4-3   如图 4-10 所示，在某一装水的浅槽中，水的高度为 4×10^{-2} m，维持槽中水温为 30 ℃，因分子扩散使水逐渐向大气蒸发。假设扩散开始时通过一厚度为 1×10^{-2} m、温度为 30 ℃ 的静止空气层，该空气层以外水蒸气分压视为零。扩散系数为 3.073×10^{-5} m$^2\cdot$s^{-1}，大气压强为 1.013×10^5 Pa。求浅槽内的水完全蒸发所需的时间。

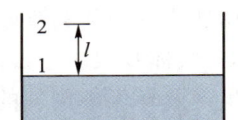

图 4-10   习题 4-3 附图

答：1.25×10^6 s

4-4   含 $NH_3$10%（体积分数，下同）的氨-空气混合气在填料吸收塔中连续用水吸收，出塔时氨的浓度降为 0.1%。操作温度为 293 K，压强为 1.013×10^5 Pa。已知在塔内某一点上，氨在气相中的浓度为 5%，与该点溶液呈平衡的氨的分压为 660 Pa，传质速率为 1.00 mol$\cdot$m$^{-2}\cdot$s^{-1}。若氨在空气中的扩散系数为 2.4×10^{-5} m$^2\cdot$s^{-1}，且假定传质总阻力集中在气液界面气体一侧的层流膜层中。试求该层流膜层的厚度。

答：4.47×10^{-5} m

4-5   为防止药品在使用前直接暴露于潮湿环境，药片采用气密性包装。该包装由平的盖片和带有固定药片用的凹坑的成型片材组成。成型片材厚为 $L=50$ μm，用聚合物制成。每个凹坑的直径 $d=5$ mm，深 $h=3$ mm；盖片用铝箔制成。水蒸气在聚合物中的二元扩散系数为 $D_{AB}=6\times10^{-14}$ m$^{-2}\cdot$s^{-1}，可以认为铝是不透水蒸气的。水蒸气在聚合物的外侧和内侧浓度分别为 $c_{A,1}=4.5\times10^{-3}$ kmol$\cdot$m^{-3} 和 $c_{A,2}=0.5\times10^{-3}$ kmol$\cdot$m^{-3}，试确定 20 ℃ 下水蒸气通过凹坑壁传输至药片的速率。

答：2.41×10^{-16} kmol$\cdot$s^{-1}

第 5 章 吸　收

　　吸收是利用气体混合物中各组分在同一溶剂中溶解性的差异,在混合气体中加入某种溶剂,使气体中的某一或某些组分向液相转移,实现气体混合物分离的操作。它是分离气体混合物的重要化工单元操作之一。

　　本章以研究吸收过程的相平衡原理为基础,分析吸收过程进行的方向、极限和推动力;对于低浓度气体的吸收,利用相平衡原理、结合物料衡算和吸收速率方程等,建立关联吸收过程有关参数的方程(如操作线方程和填料层高度计算式),分析解决吸收过程的有关工程实际问题。

5.1　化学工业中的吸收操作

　　用适当的液体为吸收剂处理气体混合物,以除去气体混合物中的一种或多种组分的操作,称为气体吸收。它被广泛应用于合成氨、硫酸、盐酸和硝酸等无机化工产品、石油化工产品的生产及环保中废气的处理等方面。例如:

　　① 选用适当的液体作吸收剂吸收气体中的组分制取液体产品。如用水吸收 HCl 气体制取盐酸、用硫酸溶液吸收 SO_3 制取浓硫酸、用水吸收甲醇氧化反应气中的甲醛制取福尔马林(甲醛溶液)等。

　　② 采用吸收操作除去混合气体中的无用组分或有害组分。如合成氨原料气的脱硫(脱除原料气中的硫化氢及其他硫化物)、铜洗一氧化碳(用乙酸亚铜络氨溶液吸收一氧化碳)、水洗二氧化碳(用水吸收二氧化碳)等。

　　③ 吸收气体混合物一个或几个组分,以分离气体混合物。如合成橡胶工业用酒精吸收反应气以分离丁二烯及烃类气体、用洗油吸收焦炉气中的芳烃、用液态烃吸收裂解气中的乙烯和丙烯等。

　　④ 从气体混合物中回收有用组分。人们常用吸收的方法除去电厂锅炉尾气中的 SO_2、生产硝酸尾气中的 NO_2 等,不仅有益于"三废"的治理,还达到了综合利用的目的。

　　气体吸收操作是依据气体混合物中各组分在同一种溶剂中的溶解度差异,溶解度较大的组分进入溶液,从而与难溶解的气体组分分离。如含氨的空气与水接触,由于氨在水中的溶解度比空气大得多,氨被水吸收,空气则不被吸收,从而达到分离氨和空气的目的。在吸收过程中所用的溶剂(如水)称为吸收剂;被吸收剂溶解吸收的组分称为吸收质或溶质(如氨);不被吸收的组分(如空气)称为惰性组分或载体;吸收了溶质后的液体称为吸收液。

5.1.1　吸收操作流程

　　图 5-1 所示为从焦炉煤气中回收苯的工业吸收流程。在炼焦或制取城市煤气的生产中,煤气中含有少量苯和甲苯等碳氢化合物,可以洗油为吸收剂加以吸收。含有苯和甲苯等

碳氢化合物的煤气在常温下由吸收塔的底部送入,洗油从塔顶淋下,气液两相在塔内呈逆流接触,煤气中苯和甲苯等碳氢化合物溶于洗油,脱除苯和甲苯等碳氢化合物的煤气(含苯量<2 g·m^{-3})从吸收塔的塔顶排出;吸收了苯和甲苯等碳氢化合物的洗油(称富油)从塔底排入富油贮槽;为了使吸收剂(洗油)再生后循环使用并回收苯,将富油用泵压送经换热器加热至170 ℃左右后,自解吸塔顶部淋下,与从塔底通入的过热水蒸气接触;苯从富油中脱除并被水蒸气带出塔,经冷凝-冷却器后,通过液体分层器分层,除去水得液体粗苯;脱苯后的洗油(称贫油)经冷却(与富油换热),再送入吸收塔循环使用。

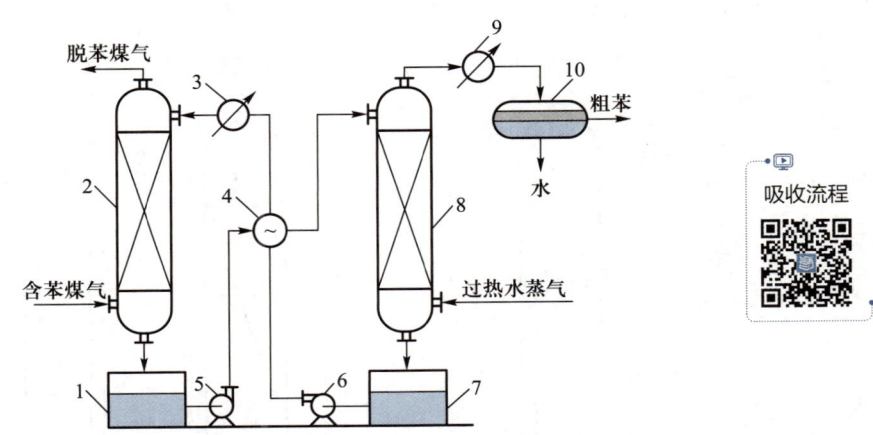

1—富油贮槽;2—吸收塔;3—冷却器;4—换热器;5,6—泵;7—洗油贮槽;
8—解吸塔;9—冷凝-冷却器;10—液体分层器

图 5-1 采用吸收剂再生的连续吸收流程

从上述流程可知:

① 为了使吸收剂能循环使用,工业上采用吸收和解吸联合操作的流程。使溶解于吸收剂中的溶质从吸收剂中分离出来的过程,称为解吸。

② 温度升高将使气体组分在液相中的溶解度降低,因此富油在进入解吸塔之前需要预热至一定的温度;相反,从解吸塔出来的洗油因温度较高,需冷却后再进入吸收塔,这有利于吸收过程的进行。

③ 吸收一般采用逆流操作,即吸收剂由塔顶淋下,混合气体从塔底通入,以保持全塔的传质平均推动力最大,这与对流传热时两流体以逆流流动的平均温差最大的原理相同。只有在化学吸收的情况下,当吸收速率取决于化学反应速率而不取决于传质推动力(如水吸收NO$_2$制硝酸)时,才不一定采用逆流操作。

5.1.2 吸收设备

化工生产中的吸收设备应能促进气、液两相充分接触和提高相间传质速率,最为常见的吸收设备是塔式设备。在塔式设备中气、液两相的接触方式有级式接触和连续接触两种,对应的塔则分为级式接触式和连续接触式两类,图 5-2 是这两类吸收设备的示意图。

图 5-2(a)所示为级式接触式板式塔,塔中气、液呈逐级逆流接触。溶剂由塔上部侧面

加入,逐级向下流动并在每层塔板上保持一定厚度的液层;气体从塔下部侧面进入,自下而上穿过塔板上的小孔及塔板上的液层,在每一层塔板上与溶剂接触。其中,可溶组分部分被吸收,使气体中的可溶组分的浓度自下而上逐级降低,而液相中的可溶组分的浓度则自上而下逐级升高。

图 5-2(b)所示为连续接触式填料塔。塔内填充特定形状和结构的填料,溶剂从塔上部喷淋,沿填料表面下流;气体从塔下部导入,通过填料间的空隙上升,在填料表面与液体做连续的逆流接触,气相中的溶质不断地溶入液相中,使气体中的可溶组分的浓度自下而上连续降低,而液相中的可溶组分的浓度则自上而下连续升高。

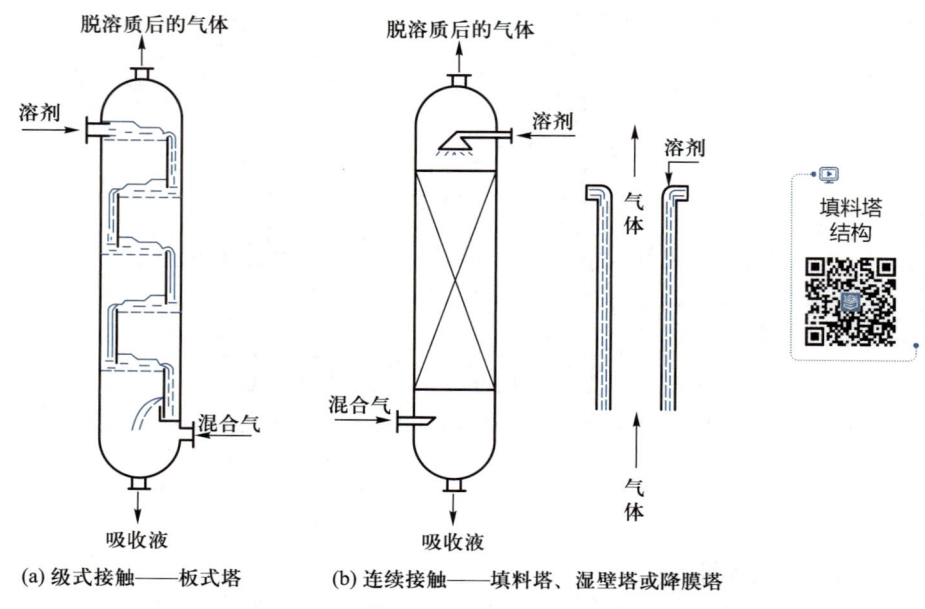

图 5-2   两类吸收设备

连续接触式和级式接触式的两类塔不仅应用于气体吸收,在液体精馏、萃取等传质单元操作中也被广泛应用。

5.1.3   其他吸收流程

在实际工业生产中,当满足吸收要求的吸收塔太高时,可采用几个塔串联操作。图 5-3 表示由 3 个吸收塔组合操作的流程。关于多塔组合操作,可根据工艺要求采用相应的操作方式。例如,图 5-3(a)表示气体和液体均采取逆流操作,而如图 5-3(b)表示气体串联、液体并联操作。两种操作流程比较,前者溶剂用量较小,液体浓度较大;而后者气体中的可溶组分能较完全地被溶剂吸收,高硫煤气的脱硫多采用后者。

5.1.4   吸收操作分类

在上述所举的实际工业生产中的若干吸收过程,有的不伴有明显的化学变化(如用洗油

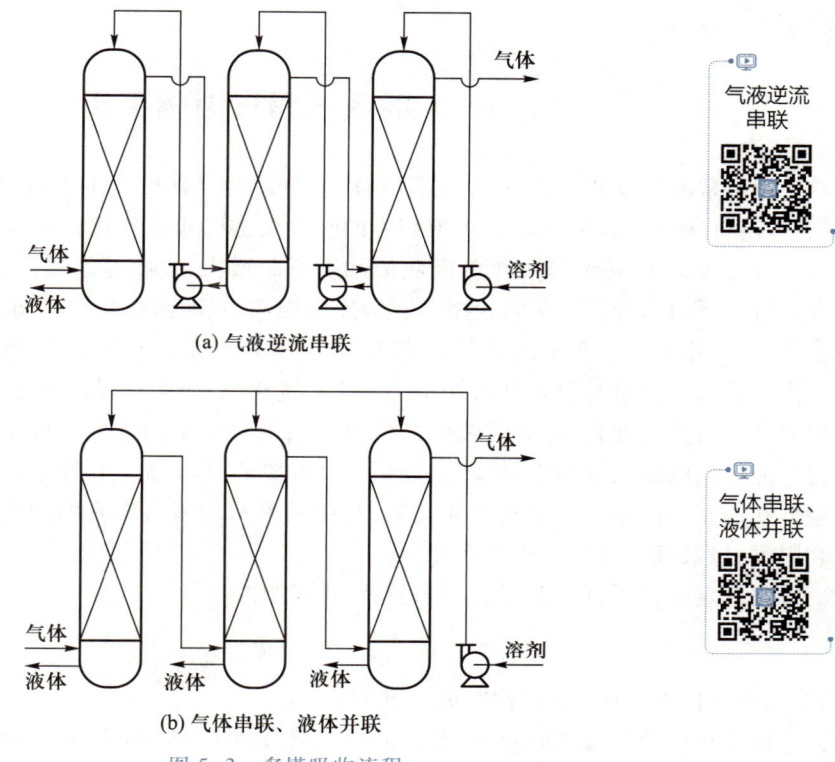

图 5-3　多塔吸收流程

吸收苯),有的则伴有明显的化学变化(如 NO_2 溶于水);有的吸收过程伴有明显的热效应现象。对吸收过程可以做以下几种分类。

(1) 依据吸收过程是否有明显的化学变化分类

① 物理吸收。在吸收过程中溶质仅溶解于溶剂中,与溶剂不发生明显的化学变化,如用液态烃吸收气态烃、用水吸收氨、用水吸收二氧化碳等。

② 化学吸收。在吸收过程中溶质与溶剂发生较明显的化学变化,如用氢氧化钠水溶液吸收二氧化碳、二氧化硫等。

(2) 据吸收过程体系温度是否有明显的变化分类

① 等温吸收。气体溶解于液体中常伴有溶解热或反应热效应。若热效应小,吸收过程气、液两相温度没有明显变化,可视为等温吸收过程。如低浓度气体的吸收过程。

② 非等温吸收。如果热效应较大,吸收过程气、液两相温度发生较明显的变化,则为非等温吸收过程。如用浓硫酸吸收三氧化硫,在吸收过程中会放出大量的反应热,使体系温度明显上升。

(3) 依据被吸收的组分数目分类

① 单组分吸收。只有一个组分被吸收的过程。

② 多组分吸收。两个或两个以上的组分被吸收。

本章将重点讨论单组分、低浓度气体的等温物理吸收过程。

在实际生产中,为了使分离气体混合物的吸收操作达到效率高、成本低,需要分析、解决以下问题:吸收过程进行的极限;吸收剂的选择及吸收剂用量的确定;填料的选择及填料层高度的计算等。

5.2   吸收过程气液相平衡

在一定的温度和压力下,当混合气体与吸收剂接触时,气体中的溶质从气相往液相吸收剂中转移(吸收过程),同时进入液相中的吸收质也可能往气相转移(解吸过程)。开始主要以吸收过程为主,随着液相中的吸收质浓度不断增大,吸收速率逐渐变小,解吸速率不断增大,经过足够长时间后,吸收速率与解吸速率相等,气液两相互呈平衡,这种状态称为相际动平衡,简称相平衡。在平衡状态下,吸收过程和解吸过程仍在进行,但在同一时刻从气相进入液相的溶质的量与液相进入气相的溶质的量相等,即净转移量为零,组分在气相和液相中的浓度不再发生变化,此时溶液中的吸收质浓度称为平衡浓度。该浓度是在一定温度和压力下能达到的最大溶解度,溶液上方气相中溶质的分压称为平衡分压(或饱和分压)。溶质组分在两相中的浓度服从相平衡关系,利用相平衡关系可以判断溶质在两相间传质的方向和限度,以及确定传质过程的推动力。

在一定条件下,两相间的平衡关系受相律制约:

$$F = C - \Phi + 2$$

式中:F 为自由度;C 为组分数;Φ 为相数。

对于单组分物理吸收过程,系统的独立组分数 $C = 3$(溶质 A、惰性组分 B 和吸收剂 S),相数 $\Phi = 2$,则自由度 F 为

$$F = 3 - 2 + 2 = 3$$

该式说明,在温度、总压和气、液相组成四个自变量中,有三个是自变量,另一个是它们的函数。因此,可以将组分的气相分压表示为温度、总压和液相组成的函数。在吸收过程中,在温度一定、总压不很高的情况下,溶质在气相中的分压仅是液相组成的单值函数。根据组成的不同表示方法,可列出平衡时下列一系列函数关系:

$$p_A^* = f(x_A)$$

$$p_A^* = f(c_A)$$

$$y_A^* = f(x_A)$$

$$Y_A^* = f(X_A)$$

式中:p_A^* 为溶质 A 在气相中的平衡分压,Pa,该分压的高低标志着溶质从液相向气相扩散能力的大小,对于总压不高(小于 5.065×10^5 Pa)的体系,可以认为气体组分在液相中的溶解度仅取决于该组分在气相中的分压,而与总压无关;y_A^*,x_A 分别表示平衡时溶质 A 在气、液相中的摩尔分数;c_A 为平衡状态下溶质 A 在液相中物质的量浓度,$mol \cdot m^{-3}$;Y_A^*,X_A 分别表示平衡状态下溶质 A 在气相、液相中的物质的量之比。

物质的量之比的定义为

气相 $\qquad\qquad Y_A = \dfrac{气相中溶质 A 的物质的量(mol)}{惰性组分的物质的量(mol)}$ $\qquad\qquad$ (5-1)

液相

$$X_A = \frac{\text{液相中溶质 A 物质的量}(\text{mol})}{\text{吸收剂的物质的量}(\text{mol})} \qquad (5-2)$$

物质的量之比与摩尔分数之间的关系为

$$Y_A = \frac{y_A}{1-y_A} \qquad (5-3)$$

$$X_A = \frac{x_A}{1-x_A} \qquad (5-4)$$

在吸收过程中,除吸收质以外的其他气体组分都被视为不溶于吸收剂,则气相中惰性组分的量在全塔范围内可视为不变,而液相中吸收剂的量也可视为不变,浓度以物质的量之比表示,进行吸收过程的计算将显得更为方便。

气体吸收过程的相平衡关系,可以用列表、溶解度曲线和相平衡关系式(如亨利定律)表示。

5.2.1 溶解度曲线

用二维坐标绘成的气液相平衡关系曲线,称为溶解度曲线,可在有关手册中查得或通过实验对具体物系进行测定。图 5-4、图 5-5 分别表示在同一压强、不同温度下,NH_3 和 SO_2 在水中的溶解度曲线。

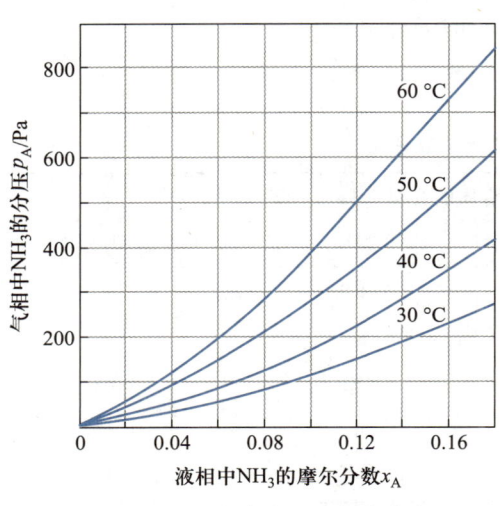

图 5-4　NH_3 在水中的溶解度曲线

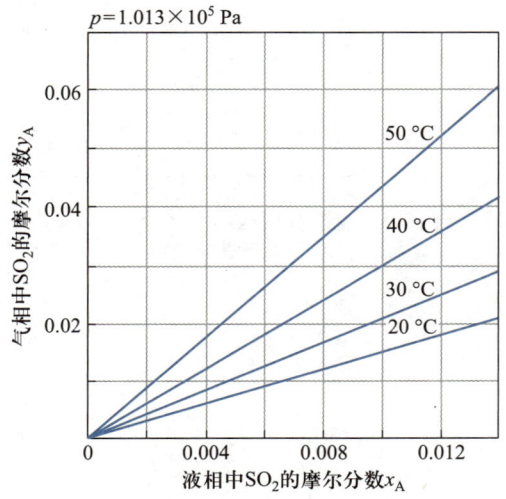

图 5-5　SO_2 在水中的溶解度曲线

溶解度曲线上的任一点表示平衡状态时的气、液组成,说明要使一种气体在溶液里达到某一浓度,液面上方必须维持该气体一定的平衡分压。分析图 5-4 或图 5-5 可知,对于同一种物系,在相同温度下,气体的溶解度随着该组分在气相中的分压增大而增大;在相同的平衡分压下,气体的溶解度随着温度的升高而减小。

由图 5-6 可知,在相同的温度和同一分压下,不同气体在同一种溶剂中的平衡组成差别很大。从上面讨论可以了解到:① 在一定的温度下,气体在溶液里达到某一组成,被溶解的气体在液面上方都呈现一定的分压。从这一点看,可视为有三类气体:易溶的气体(氨)、中等可溶的气体(二氧化硫)、微溶的气体(氧气)。从表5-1可以看出,微溶气体与液体接触时,需要的液面上方分压较大,而易溶气体液面上方需要的分压较小。② 根据溶解度曲线的变化规律可知,加压或降温有利于吸收过程的进行;相反,升温或减压则有利于解吸过程的进行。

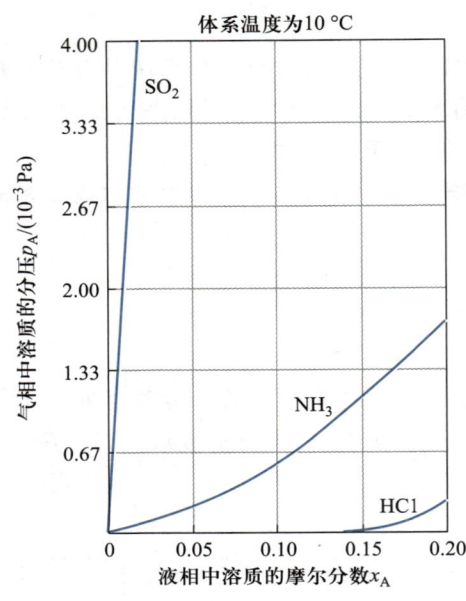

图 5-6   不同气体在同一溶剂中的溶解度

表 5-1   303 K 时气体水溶液分压

气相中溶质的分压/kPa	水中溶质的含量/[kg·(1000 kg 水)$^{-1}$]		
	NH_3	SO_2	O_2
1.3	11	1.9	—
6.7	50	6.8	—
13.3	93	12	0.08
26.7	100	24.4	0.13
66.7	815	56	0.33

5.2.2   亨利定律

从前面的溶解度曲线分析已知,在气、液两相共存的体系中,某组分气体的分压越高,其在液相中的溶解度越大;温度越高,溶解度越小。科学家们通过对多种气液平衡体系的实验研究发现,当温度一定、气体总压小于 0.5 MPa 时,多数气体溶解形成的溶液是稀溶液,相应的溶解度曲线为过坐标原点的直线。这种稀溶液的气液平衡关系可以用亨利(Henry)定律来描述。

亨利定律表明:在总压不高(如总压小于0.5 MPa)时,在一定温度下,稀溶液上方溶质的平衡分压与其在液相中的摩尔分数成正比,其数学表达式为

$$p_A^* = E x_A \tag{5-5}$$

式中:p_A^* 为溶质 A 在气相中的平衡分压,Pa;x_A 为溶质 A 在液相中的摩尔分数;E 为亨利系数,Pa。

亨利系数的值由实验测定,常见物系的亨利系数可由手册中查得。表 5-2 给出了不同温度下一些气体在水溶液中的亨利系数。

亨利系数的大小表示气体被吸收的难易程度:在液面上方组分的分压一定时,E 值越大,气体越难被吸收;相反,则越容易被吸收。亨利系数的大小取决于物系的特性及物系的温度。分析表 5-2 可知,不同的物质在同一种溶剂中,亨利系数不同;同理,同种物质在不同的溶剂中,亨利系数不同;对于同一个体系,温度升高,亨利系数将增大(想想为什么)。

由于组分在气相或液相中的组成可以用其他形式表示,所以亨利定律还有以下几种表示方式。

气相组成用平衡分压、液相组成用物质的量浓度表示,亨利定律为

$$p_A^* = \frac{c_A}{H} \tag{5-6}$$

式中:p_A^* 为溶质 A 在气相中的平衡分压,Pa;c_A 为液相中溶质 A 的物质的量浓度,$mol \cdot m^{-3}$;H 为溶解度系数,$mol \cdot m^{-3} \cdot Pa^{-1}$。

溶解度系数 H 是温度的函数,对于同一气、液体系,H 随温度的升高而减小。易溶性气体,溶解度系数值很大,难溶气体则很小。

溶解度系数与亨利系数之间的关系,可以由以下推导获得。

设 c_M 为每立方米溶液中总物质的量($mol \cdot m^{-3}$),即每立方米溶液中溶质与溶剂物质的量(mol)总和。则

$$c_M = \frac{\rho_m}{M_m} \tag{5-7}$$

式中:ρ_m 为溶液的密度,$kg \cdot m^{-3}$;M_m 为溶液平均摩尔质量,$kg \cdot mol^{-1}$。

对于单组分吸收的稀溶液,有

$$\rho_m \approx \rho$$
$$M_m \approx M$$

式中:ρ 为溶剂的密度,$kg \cdot m^{-3}$;M 为溶剂的摩尔质量,$kg \cdot mol^{-1}$。则

$$c_M \approx \frac{\rho}{M}$$

表 5-2　不同温度下一些气体的水溶液中的亨利系数

气体	温度/℃															
	0	5	10	15	20	25	30	35	40	45	50	60	70	80	90	100
	$E/(10^6\ kPa)$															
H_2	5.87	6.16	6.44	6.70	6.92	7.16	7.39	7.52	7.61	7.70	7.75	7.75	7.71	7.65	7.61	7.55
N_2	5.35	6.05	6.77	7.48	8.15	8.76	9.36	9.98	10.5	11.0	11.4	12.2	12.7	12.8	12.8	12.8
空气	4.38	4.94	5.56	6.15	6.73	7.30	7.81	8.34	8.82	9.23	9.59	10.2	10.6	10.8	10.9	10.8
CO	3.57	4.01	4.48	4.95	5.43	5.88	6.28	6.68	7.05	7.39	7.71	8.32	8.57	8.57	8.57	8.57
O_2	2.58	2.95	3.31	3.69	4.06	4.44	4.81	5.14	5.42	5.70	5.96	6.37	6.72	6.96	7.08	7.10
CH_4	2.27	2.62	3.01	3.41	3.81	4.18	4.55	4.92	5.27	5.58	5.85	6.34	6.75	6.91	7.01	7.10
NO	1.71	1.96	2.21	2.45	2.67	2.91	3.14	3.35	3.57	3.77	3.95	4.24	4.44	4.54	4.58	4.60
C_2H_6	1.28	1.57	1.92	2.90	2.66	3.06	3.47	3.88	4.29	4.69	5.07	5.72	6.31	6.70	6.96	7.01
	$E/(10^5\ kPa)$															
C_2H_4	5.59	6.62	7.78	9.07	10.3	11.6	12.9	—	—	—	—	—	—	—	—	—
N_2O	—	1.19	1.43	1.68	2.01	2.28	2.62	3.06	—	—	—	—	—	—	—	—
CO_2	0.738	0.888	1.05	1.24	1.44	1.66	1.88	2.12	2.36	2.60	2.87	3.46	—	—	—	—
C_2H_2	0.73	0.85	0.97	1.09	1.23	1.35	1.48	—	—	—	—	—	—	—	—	—
Cl_2	0.272	0.334	0.399	0.461	0.537	0.604	0.669	0.74	0.80	0.86	0.90	0.97	0.99	0.97	0.96	—
H_2S	0.272	0.319	0.372	0.418	0.489	0.552	0.617	0.686	0.755	0.825	0.896	1.04	1.21	1.37	1.46	1.50
	$E/(10^4\ kPa)$															
SO_2	0.167	0.203	0.245	0.294	0.355	0.413	0.485	0.567	0.661	0.763	0.871	1.11	1.39	1.70	2.01	—

又

$$c_M \cdot x_A = c_A$$

所以

$$c_A = \frac{\rho}{M} \cdot x_A \qquad (5-8)$$

将式(5-8)代入式(5-6),得

$$p_A^* = \frac{\rho}{H \cdot M} \cdot x_A \qquad (5-9)$$

比较式(5-5)和式(5-9),得

$$E = \frac{\rho}{H \cdot M} \qquad (5-10)$$

若溶质在气相和液相中的组成均用摩尔分数表示,亨利定律为

$$y_A^* = m \cdot x_A \qquad (5-11)$$

式中:x_A 为溶质在液相中的摩尔分数;y_A^* 为与溶液成平衡时溶质在气相中的摩尔分数;m 为相平衡常数,量纲为 1。

对于一定的物系,相平衡常数 m 是溶解度的函数。由 m 值可以比较不同气体的溶解度的大小。当温度和压强一定时,易溶性气体的 m 值较小,难溶性气体的 m 值较大。

若系统的总压为 p,根据道尔顿分压定律:

$$p_A = p \cdot y_A$$

同理

$$p_A^* = p \cdot y_A^*$$

则

$$m = \frac{E}{p} \qquad (5-12)$$

由式(5-12)可知,当温度一定时,增大系统总压,m 值减小,相同分压下气体的溶解度增大;当总压一定时,降低系统温度,m 值减小,气体的溶解度增大。因此,降温、加压有利于气体的吸收过程进行。

若气相组成以物质的量之比 Y_A、液相组成以物质的量之比 X_A 表示,又

$$y_A^* = \frac{Y_A^*}{1+Y_A^*}$$

$$x_A = \frac{X_A}{1+X_A}$$

则亨利定律表示为

$$Y_A^* = \frac{mX_A}{1+(1-m)X_A}$$ (5-13)

当溶液浓度很低时,X_A 很小,$1+(1-m)X_A \approx 1$,则

$$Y_A^* = mX_A$$ (5-14)

例 5-1　在温度为 25 ℃、总压为 1.013×10^5 Pa 的条件下,将含 H_2 0.001(摩尔分数)的混合气用水吸收。试求氢在水中的溶解度系数 H、相平衡常数 m,以及在该条件下,每立方米溶液中最多能溶解多少克氢气。已知在此浓度范围内该溶液服从亨利定律。

解　查表 5-2 得 25 ℃时氢气的 $E = 7.16 \times 10^9$ Pa,溶液的密度近似取水的密度 1000 kg·m^{-3},溶解度系数为

$$H = \frac{\rho}{E \cdot M}$$

$$= \frac{1000 \text{ kg·m}^{-3}}{7.16 \times 10^9 \text{ Pa} \times 1.8 \times 10^{-2} \text{ kg·mol}^{-1}}$$

$$= 7.76 \times 10^{-6} \text{ mol·m}^{-3} \cdot \text{Pa}^{-1}$$

气相中氢的分压为

$$p_A = p \cdot y_A = 1.013 \times 10^5 \text{ Pa} \times 0.001 = 101.3 \text{ Pa}$$

与此分压平衡的液相浓度为

$$c_A^* = p_A \cdot H = 101.3 \text{ Pa} \times 7.76 \times 10^{-6} \text{ mol·m}^{-3} \cdot \text{Pa}^{-1} = 7.86 \times 10^{-4} \text{ mol·m}^{-3}$$

每立方米溶液中最多能溶解氢为

$$7.86 \times 10^{-4} \text{ mol·m}^{-3} \times 2 \times 10^{-3} \text{ kg·mol}^{-1} = 1.57 \times 10^{-6} \text{ kg·m}^{-3}$$

相平衡常数为

$$m = \frac{E}{p} = \frac{7.16 \times 10^9 \text{ Pa}}{1.013 \times 10^5 \text{ Pa}} = 7.07 \times 10^4$$

例 5-2　在例 5-1 中,当总压增大一倍,而其他条件不变时,每立方米的溶液中又能溶解多少克氢气?

解　总压增大,H 值不变,但气体分压随之增大,此时:

$$p_A = p \cdot y_A = 2 \times 1.013 \times 10^5 \text{ Pa} \times 0.001 = 202.6 \text{ Pa}$$

与此分压平衡的液相浓度为

$$c_A^* = p_A \cdot H = 202.6 \text{ Pa} \times 7.76 \times 10^{-6} \text{ mol·m}^{-3} \cdot \text{Pa}^{-1} = 1.57 \times 10^{-3} \text{ mol·m}^{-3}$$

每立方米溶液中能溶解氢为

$$1.57 \times 10^{-3} \text{ mol·m}^{-3} \times 2 \times 10^{-3} \text{ kg·mol}^{-1} = 3.14 \times 10^{-6} \text{ kg·m}^{-3}$$

5.2.3　相平衡与吸收过程的关系

如图 5-7 所示,在总压 1.013×10^5 Pa、温度 20 ℃下,稀氨水的气液相平衡关系为 $y_A^* = 0.94x_A$。设在吸收塔内的某一截面 $M-M'$ 处 [图 5-7(a)],含氨 0.092(摩尔分数,下同)的混合气体与含氨 0.04 的水溶液接触,传质过程是朝着氨被吸收的方向进行还是氨被解吸的方

向进行？过程进行的极限？传质推动力的大小？这一系列问题可以借助相平衡关系做分析判断。

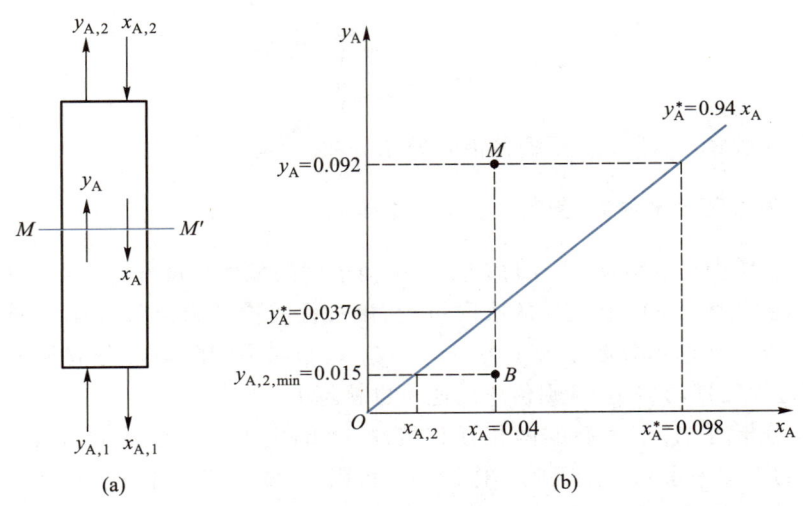

图 5-7 相平衡与吸收过程的关系

1. 利用相平衡判断传质过程的方向

图 5-7(a)塔内某一截面 $M–M'$，$y_A = 0.092$，$x_A = 0.04$；与 $y_A = 0.092$ 呈平衡的液相浓度为

$$x_A^* = \frac{y_A}{0.94} = \frac{0.092}{0.94} = 0.0979 > 0.04$$

因为 $x_A < x_A^*$，说明液相还可以溶解氨，即发生吸收过程。

该传质方向也可通过求出与液相 $x_A = 0.04$ 平衡的气相摩尔分数 y_A^* 来判断。

$$y_A^* = 0.94 x_A = 0.94 \times 0.04 = 0.0376 < 0.092$$

因为 $y_A > y_A^*$，说明溶质由气相向液相传递，即发生吸收过程。

传质方向的判断也可结合图 5-7(b)分析：塔内截面 $M–M'$ 状态位于该图中的 M 点，此点在平衡线的上方，与气相摩尔分数为 $y_A = 0.092$ 平衡的液相摩尔分数为 x_A^*，而 $x_A < x_A^*$，溶质被溶解进入液相，同理，与液相摩尔分数 $x_A = 0.04$ 平衡的气相摩尔分数为 y_A^*，由于 $y_A > y_A^*$，溶质应从气相转入液相，即发生吸收过程。因此，实际吸收塔内任一截面的状态应是位于平衡线的上方。当实际状态点位于平衡线下方，如图 5-7 所示的 B 点，由于 $x_A > x_{A,2}$，或 $y_A < y_A^*$，则发生溶质从液相向气相转移，即解吸过程。

2. 利用相平衡确定传质过程的极限

在一定温度和压力下，当气、液两相传质达到平衡时，净传质速率为零。所以，平衡确定了吸收设备的操作极限。以此可以判断逆流操作的吸收塔，如图 5-7(b)所示，塔顶气体可能达到的最低摩尔分数为

$$y_{A,2,min} = y_{A,2}^* = mx_{A,2}$$

即 $y_{A,2,min}$ 是与进塔顶吸收剂 $x_{A,2}$ 平衡的气相摩尔分数;塔底液体可能达到的最高摩尔分数为

$$x_{A,1,max}^* = \frac{y_{A,1}}{m}$$

即 $x_{A,1,max}^*$ 是与进塔底混合气 $y_{A,1}$ 平衡的液相摩尔分数。

3. 分析传质过程的推动力,判断过程进行的难易

根据相间传质理论的概念,以实际浓度与平衡浓度的偏离程度作为吸收过程的推动力。如图 5-7 所示塔截面 $M-M'$ 上发生的吸收过程,该过程的推动力以气相摩尔分数差表示为 $\Delta y_A = y_A - y_A^*$。以液相摩尔分数差表示为 $\Delta x_A = x_A^* - x_A$。如果实际摩尔分数与平衡摩尔分数差越大,传质过程的推动力越大,则传质的速率也就越大。

根据上述分析可知,不平衡的两相互相接触,才能发生相间的传质过程(如吸收或解吸)。两相间的平衡关系确定了吸收操作设备的极限,已知一定条件下的相平衡关系有利于指导吸收过程某些工艺参数的确定、解决吸收操作中的实际问题。

5.3   吸收速率方程

气体吸收是气相中的溶质传递到液相的过程,即相间传质过程。根据双膜理论,该传质过程包含以下三个步骤:

① 溶质由气相主体扩散到气、液两相界面的气相一侧;

② 溶质在界面上溶解,并由气相进入液相;

③ 溶质由界面的液相一侧扩散到液相主体。

这三个步骤是一连续过程,稳态操作条件下,经过各处的传质速率是相等的。根据双膜理论阐述的传质机理,吸收过程的推动力可以用膜推动力或总推动力表示。所以,吸收速率方程有以膜推动力表示的,也有以总推动力表示的。

5.3.1   膜推动力表示的吸收速率方程

1. 以气膜推动力表示的吸收速率方程

气体吸收是溶质 A 的单方向扩散过程。在第四章中已经研究得到通过气膜层的吸收速率方程:

$$N_A = k_G(p_A - p_{A,i}) \tag{5-15}$$

式中:N_A 为溶质 A 通过气膜的传质通量,$mol \cdot m^{-2} \cdot s^{-1}$;$k_G$ 是以气相分压差为传质推动力的气膜传质分系数,$mol \cdot m^{-2} \cdot s^{-1} \cdot Pa^{-1}$;$p_A$ 为溶质 A 在气相主体中的分压,Pa;$p_{A,i}$ 为溶质 A 在界面上气相一侧的分压,Pa;$(p_A - p_{A,i})$ 为通过气膜层的传质推动力。

若把式(5-15)写成如下形式：

$$N_A = \frac{p_A - p_{A,i}}{\dfrac{1}{k_G}} \tag{5-16}$$

式(5-16)可以理解为通过膜层的传质速率,表示为

$$传质速率 = \frac{膜层的传质推动力}{膜层的传质阻力} \tag{5-17}$$

由于混合物的组成可以用摩尔分数和物质的量之比等表示,相应的传质推动力为$(y_A - y_{A,i})$和$(Y_A - Y_{A,i})$。因此,通过气膜的吸收速率方程还有以下表示形式：

$$N_A = k_y(y_A - y_{A,i}) \tag{5-18}$$
$$N_A = k_Y(Y_A - Y_{A,i}) \tag{5-19}$$

式中：k_y是以摩尔分数差为传质推动力的气膜传质分系数,$mol \cdot m^{-2} \cdot s^{-1}$；$k_Y$是以物质的量之比差为传质推动力的气膜传质分系数,$mol \cdot m^{-2} \cdot s^{-1}$；$y_A$、$Y_A$为分别表示溶质 A 在气相主体中的摩尔分数、物质的量之比；$y_{A,i}$、$Y_{A,i}$为分别表示溶质 A 在界面上气相一侧的摩尔分数、物质的量之比。

式(5-15)、式(5-18)和式(5-19)是三个不同浓度表示形式的气膜吸收速率方程,它们表示的对象相同,三个气膜传质分系数的物理意义相同,但它们的单位和数值各异,相互之间可以进行换算。例如：

$$p_A = p \cdot y_A$$

$$p_{A,i} = p \cdot y_{A,i}$$

式中：p 为系统总压,Pa。

$$\begin{aligned} N_A &= k_G(p_A - p_{A,i}) \\ &= k_G \cdot p(y_A - y_{A,i}) \\ &= k_y(y_A - y_{A,i}) \end{aligned}$$

所以

$$k_y = k_G \cdot p \tag{5-20}$$

同理可得

$$k_Y = \frac{k_G \cdot p}{(1 + Y_A)(1 + Y_{A,i})} \tag{5-21}$$

2. 以液膜推动力表示的吸收速率方程

在第四章中已经研究得到通过液膜层的吸收速率方程：

$$N_A = k_L(c_{A,i} - c_A) \tag{5-22}$$

式中:k_L 是以液相物质的量浓度差为传质推动力的液膜传质系数,$m \cdot s^{-1}$;c_A 为溶质 A 在液相主体中的浓度,$mol \cdot m^{-3}$;$c_{A,i}$ 为界面上溶质 A 在液相中的浓度,$mol \cdot m^{-3}$。

由于溶质在液相中的浓度也可用摩尔分数 x_A、物质的量之比 X_A 表示,相应的传质推动力为($x_{A,i}-x_A$) 和 ($X_{A,i}-X_A$),因此通过液膜的吸收速率方程也可表示为

$$N_A = k_x(x_{A,i}-x_A) \tag{5-23}$$
$$N_A = k_X(X_{A,i}-X_A) \tag{5-24}$$

式中:x_A,X_A 为分别表示溶质 A 在液相主体中的摩尔分数、物质的量之比;$x_{A,i}$,$X_{A,i}$ 为分别表示溶质 A 在界面上液相中的摩尔分数、物质的量之比;k_x 是以摩尔分数差为传质推动力的液膜传质分系数,$mol \cdot m^{-2} \cdot s^{-1}$;$k_X$ 是以物质的量之比差为传质推动力的液膜传质分系数,$mol \cdot m^{-2} \cdot s^{-1}$。

液膜传质分系数 k_L,k_x 和 k_X 的物理意义相同,但单位和数值不同,例如:

$$k_x = c_M \cdot k_L \tag{5-25}$$
$$k_X = \frac{c_M \cdot k_L}{(1+X_A)(1+X_{A,i})} \tag{5-26}$$

式中:c_M 为液相总浓度,$mol \cdot m^{-3}$。

对于低浓度气体的吸收,$(1+X_A) \approx 1$;$(1+X_{A,i}) \approx 1$,则

$$k_X \approx c_M \cdot k_L \tag{5-27}$$

传质分系数与气、液两相流体的流动状况、物理性质及吸收设备的结构等有关,其大小标志着传质过程的强弱。因此,提高传质系数是强化传质过程的有效途径。

3. 界面浓度的确定

对于定常态吸收过程,N_A 为定值,则

$$N_A = k_G(p_A-p_{A,i}) = k_L(c_{A,i}-c_A)$$

或

$$\frac{p_A-p_{A,i}}{c_A-c_{A,i}} = -\frac{k_L}{k_G} \tag{5-28}$$

在图 5-8 所示的分压-浓度图上,式(5-28)表示为一条直线,直线的斜率为 $-\dfrac{k_L}{k_G}$,并通过两点 $D(c_A, p_A)$ 和 $E(c_{A,i}, p_{A,i})$。由于界面上气、液两相互呈平衡,因此点 E 落在平衡线上。利用这一性质,从 D 点作斜率为 $-\dfrac{k_L}{k_G}$ 的直线与平衡线相交于 E 点,该点的坐标即为界面上气、液两相的浓度。实际上,两相界面的浓度难以测定,通常只能测得气、液两相流体主体的浓度 p_A 与 c_A,用总推动力表示的吸收速率方程来表示吸收过程更为方便。

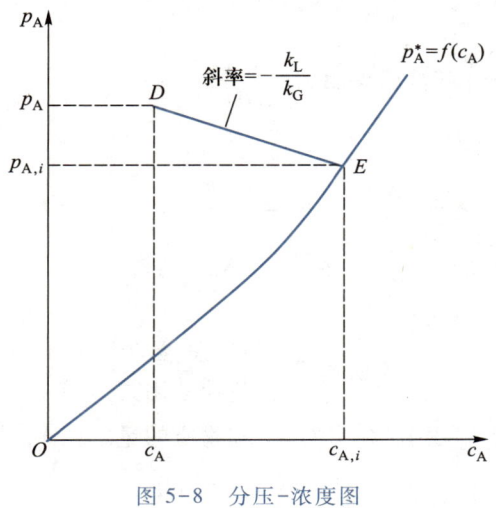

图 5-8 分压-浓度图

5.3.2 总推动力表示的吸收速率方程

1. 以气相浓度差表示吸收过程总推动力

将式(5-15)及式(5-22)分别变换为

$$\frac{N_A}{k_G} = p_A - p_{A,i} \tag{5-29}$$

$$\frac{N_A}{k_L} = c_{A,i} - c_A \tag{5-30}$$

对于稀溶液,气液平衡关系服从亨利定律,即

$$p_A^* = \frac{c_A}{H}$$

$$c_A = p_A^* H$$

$$c_{A,i} = p_{A,i} H$$

代入式(5-30),并与式(5-29)相加,整理得

$$N_A = K_G (p_A - p_A^*) \tag{5-31}$$

式中:N_A 为溶质 A 的传质通量,$mol \cdot m^{-2} \cdot s^{-1}$;$p_A$ 为溶质 A 在气相主体中的分压,Pa;p_A^* 为与液相浓度 c_A 呈平衡的分压,Pa;$(p_A - p_A^*)$ 为以气相浓度差表示吸收过程的总传质推动力;K_G 是以气相分压差为传质总推动力的气相传质系数,$mol \cdot m^{-2} \cdot s^{-1} \cdot Pa^{-1}$。

K_G 与膜系数之间的关系为

$$\frac{1}{K_G} = \frac{1}{k_G} + \frac{1}{k_L H} \tag{5-32}$$

式中 : $\dfrac{1}{K_G}$ 为传质过程的总阻力。对于吸收过程,根据双膜理论,溶质从气相转入液相,传质的

总阻力包含气膜层阻力 $\left(\dfrac{1}{k_G}\right)$ 和液膜层阻力 $\left(\dfrac{1}{k_L H}\right)$。

式(5-31)也可以表示为

$$N_A = \frac{p_A - p_A^*}{\dfrac{1}{K_G}} \tag{5-33}$$

即

$$传质速率 = \frac{传质总推动力}{传质总阻力} \tag{5-34}$$

当吸收质在气相中的浓度用摩尔分数 y_A 或物质的量之比 Y_A 表示时,吸收速率方程为

$$N_A = K_Y(Y_A - Y_A^*) \tag{5-35}$$

$$N_A = K_y(y_A - y_A^*) \tag{5-36}$$

式中 : K_y 是以气相摩尔分数差为总推动力表示的气相传质系数,$mol \cdot m^{-2} \cdot s^{-1}$; K_Y 是以气相物质的量之比差为总推动力表示的气相传质系数,$mol \cdot m^{-2} \cdot s^{-1}$; y_A^* , Y_A^* 为分别与液相组成 x_A , X_A 互呈平衡的气相组成。

式(5-31)、式(5-35)和式(5-36)均以气相浓度差为总推动力表示的吸收速率方程,各式中的气相传质系数的物理意义相同,但它们的单位和数值各异,相互之间关系可以类似于膜系数换算获得。例如 :

$$K_y = K_G p \tag{5-37}$$

$$K_Y = \frac{K_G p}{(1 + Y_A)(1 + Y_A^*)} \tag{5-38}$$

当 Y_A 很小时,有

$$K_Y \approx K_G p$$

2. 以液相浓度差表示吸收过程总推动力

利用平衡关系 $p_A^* = \dfrac{c_A}{H}$ 和 $p_{A,i} = \dfrac{c_{A,i}}{H}$,式(5-29)和式(5-30)经变换整理得

$$N_A = K_L(c_A^* - c_A) \tag{5-39}$$

式中 : N_A 为溶质 A 的传质通量,$mol \cdot m^{-2} \cdot s^{-1}$; c_A 为溶质 A 在液相主体中的物质的量浓度,$mol \cdot m^{-3}$; c_A^* 是与气相分压 p_A 呈平衡的液相浓度,$mol \cdot m^{-3}$; $(c_A^* - c_A)$ 为以液相浓度差表示吸收过程的总传质推动力 ; K_L 是以液相浓度差为传质总推动力的液相传质系数,$m \cdot s^{-1}$。K_L 与膜系数之间的关系为

$$\frac{1}{K_L} = \frac{H}{k_G} + \frac{1}{k_L} \tag{5-40}$$

式中：$\dfrac{1}{K_L}$ 为传质过程的总阻力，其中包含气膜层阻力 $\left(\dfrac{H}{k_G}\right)$ 和液膜层阻力 $\left(\dfrac{1}{k_L}\right)$。式（5-39）也可以表示为

$$N_A = \frac{(c_A^* - c_A)}{\dfrac{1}{K_L}} \tag{5-41}$$

若溶质在液相中的浓度用摩尔分数 x_A 或物质的量之比 X_A 表示，总吸收速率方程为

$$N_A = K_x(x_A^* - x_A) \tag{5-42}$$

$$N_A = K_X(X_A^* - X_A) \tag{5-43}$$

式中：K_x 是以液相摩尔分数差为总推动力表示的液相传质系数，$mol \cdot m^{-2} \cdot s^{-1}$；$K_X$ 是以液相物质的量之比差为总推动力表示的液相传质系数，$mol \cdot m^{-2} \cdot s^{-1}$；$x_A^*$，$X_A^*$ 为分别与气相组成 y_A，Y_A 互呈平衡的气相组成。

式（5-39）、式（5-42）和式（5-43）均为液相总吸收速率方程。各式中的传质系数 K 均为液相传质系数，它们之间具有以下关系：

$$K_x = c_M K_L \tag{5-44}$$

$$K_X = \frac{c_M K_L}{(1 + X_A)(1 + X_A^*)} \tag{5-45}$$

当浓度很稀时，有

$$K_X \approx c_M K_L$$

从上述各吸收速率方程的研究中得知，吸收速率方程可以用如下通式表示：

$$吸收速率 = \frac{吸收过程的总推动力}{吸收过程的总阻力} \tag{5-46}$$

或

$$吸收速率 = 吸收系数 \times 推动力 \tag{5-47}$$

应用吸收速率表达式时，应该注意传质系数与推动力之间的对应关系。吸收速率是一个十分重要的概念，其大小与吸收效率有密切关系。吸收速率高，设备的生产强度大，即可用较小设备完成较大吸收量的操作；反之，吸收速率低，则需用较大的吸收设备。吸收速率是吸收设备设计计算的基础。

5.3.3 气膜控制与液膜控制

1. 气膜控制

对于易溶性气体（如 HCl，NH_3），溶解度系数 H 很大，当 k_G 和 k_L 数量级相近时，根据

式（5-32）$\dfrac{1}{K_G} = \dfrac{1}{k_G} + \dfrac{1}{k_L H}$，这时有

$$\frac{1}{k_G} \gg \frac{1}{k_L H}$$

则

$$\frac{1}{K_G} \approx \frac{1}{k_G}$$

说明传质过程的阻力几乎全部集中在气膜层中，称为气相阻力控制或气膜控制。这类气体只要扩散到相界面，便立即溶解于液相中。

2. 液膜控制

对于难溶性气体（如用水吸收 O_2，CO_2），溶解度系数 H 很小，当 k_G 和 k_L 数量级相近时，根据式（5-40）$\dfrac{1}{K_L} = \dfrac{H}{k_G} + \dfrac{1}{k_L}$，这时有

$$\frac{H}{k_G} \ll \frac{1}{k_L}$$

则

$$\frac{1}{K_L} \approx \frac{1}{k_L}$$

可见，传质阻力几乎集中于液膜层，称为液相阻力控制或液膜控制。

根据以上分析，要提高传质速率，应从减小主要传质阻力一方着手。如过程属于气膜控制，增大气速，以减薄气膜厚度，提高传质的速率；而对于液膜控制，应从减小液相一侧的传质阻力考虑采取相应的措施，如增大液流量、增大液膜湍流程度；当两侧阻力均不可忽略时，应同时考虑提高两相流体的湍流程度。

确定吸收过程是气膜控制还是液膜控制，有利于吸收过程的计算、工艺操作条件和设备的选择，以及为吸收过程的强化指明方向。表 5-3 列出了一些吸收过程控制因素实例，供参考。

表 5-3 一些吸收过程控制因素实例

气膜控制	液膜控制	气膜控制	液膜控制
$NH_3 \xrightarrow{溶解} $ 水或氨水	$CO_2 \xrightarrow{溶解} $ 水或弱碱	5% $NH_3 \xrightarrow{溶解} $ 酸	$SO_2 \xrightarrow{溶解} $ 水
氨水 $\xrightarrow{解吸} NH_3$	$O_2 \xrightarrow{溶解} $ 水	$SO_2 \xrightarrow{溶解} $ 碱液	丙酮 $\xrightarrow{溶解} $ 水
$SO_3 \xrightarrow{溶解} $ 浓 H_2SO_4	$H_2 \xrightarrow{溶解} $ 水	$H_2S \xrightarrow{溶解} NaOH$ 水溶液	$NO_2 \xrightarrow{溶解} $ 浓 H_2SO_4
$HCl \xrightarrow{溶解} $ 水或稀盐酸	$Cl_2 \xrightarrow{溶解} $ 水	液体的蒸发或冷凝	

例 5-3 含氨 0.03(摩尔分数)的气体与浓度为 1000 mol·m^{-3} 的氨水在吸收塔的某一截面相遇,操作压强为 1.013×10^5 Pa。已知气膜传质系数 k_G 为 5×10^{-6} mol·m^{-2}·s^{-1}·Pa^{-1},液膜传质系数 k_L 为 1.5×10^{-4} m·s^{-1},氨水的平衡关系可用亨利定律表示,溶解度系数 $H = 0.73$ mol·m^{-3}·Pa^{-1}。试求:

(1)以分压差和物质的量浓度差表示的总推动力、传质系数和传质通量;

(2)以气相物质的量之比差表示的总推动力对应的传质系数;

(3)比较气膜与液膜传质阻力的相对大小。

解 (1)溶质 A 的气相分压

$$p_A = 0.03 \times 1.013 \times 10^5 \text{ Pa} = 3.039 \times 10^3 \text{ Pa}$$

平衡分压

$$p_A^* = \frac{c_A}{H} = \frac{1000 \text{ mol·m}^{-3}}{0.73 \text{ mol·m}^{-3}·\text{Pa}^{-1}} = 1.37 \times 10^3 \text{ Pa}$$

以分压差表示的总推动力

$$\Delta p_A = p_A - p_A^* = 3.039 \times 10^3 \text{ Pa} - 1.37 \times 10^3 \text{ Pa} = 1.67 \times 10^3 \text{ Pa}$$

平衡浓度

$$c_A^* = p_A H = 3.039 \times 10^3 \text{ Pa} \times 0.73 \text{ mol·m}^{-3}·\text{Pa}^{-1} = 2.218 \times 10^3 \text{ mol·m}^{-3}$$

以物质的量浓度差表示的总推动力

$$\Delta c_A = c_A^* - c_A = 2.218 \times 10^3 \text{ mol·m}^{-3} - 1000 \text{ mol·m}^{-3} = 1.218 \times 10^3 \text{ mol·m}^{-3}$$

气相传质系数

$$K_G = \frac{1}{\frac{1}{k_G} + \frac{1}{k_L H}}$$

$$= \frac{1}{\frac{1}{5 \times 10^{-6} \text{ mol·m}^{-2}·\text{s}^{-1}·\text{Pa}^{-1}} + \frac{1}{1.5 \times 10^{-4} \text{ m·s}^{-1} \times 0.73 \text{ mol·m}^{-3}·\text{Pa}^{-1}}}$$

$$= 4.78 \times 10^{-6} \text{ mol·m}^{-2}·\text{s}^{-1}·\text{Pa}^{-1}$$

液相传质系数

$$K_L = \frac{K_G}{H} = \frac{4.78 \times 10^{-6} \text{ mol·m}^{-2}·\text{s}^{-1}·\text{Pa}^{-1}}{0.73 \text{ mol·m}^{-3}·\text{Pa}^{-1}} = 6.55 \times 10^{-6} \text{ m·s}^{-1}$$

传质通量

$$N_A = K_G(p_A - p_A^*)$$
$$= 4.78 \times 10^{-6} \text{ mol·m}^{-2}·\text{s}^{-1}·\text{Pa}^{-1} \times 1.67 \times 10^3 \text{ Pa} = 7.98 \times 10^{-3} \text{ mol·m}^{-2}·\text{s}^{-1}$$

(2)近似取

$$K_Y \approx K_G p$$
$$= 4.78 \times 10^{-6} \text{ mol·m}^{-2}·\text{s}^{-1}·\text{Pa}^{-1} \times 1.013 \times 10^5 \text{ Pa} = 0.484 \text{ mol·m}^{-2}·\text{s}^{-1}$$

（3）气膜阻力

$$\frac{1}{k_G} = \frac{1}{5 \times 10^{-6} \ mol \cdot m^{-2} \cdot s^{-1} \cdot Pa^{-1}} = 2 \times 10^5 \ m^2 \cdot s \cdot Pa \cdot mol^{-1}$$

液膜阻力

$$\frac{1}{k_L H} = \frac{1}{1.5 \times 10^{-4} \ m \cdot s^{-1} \times 0.73 \ mol \cdot m^{-3} \cdot Pa^{-1}} = 9.132 \times 10^3 \ m^2 \cdot s \cdot Pa \cdot mol^{-1}$$

总阻力

$$\frac{1}{K_G} = \frac{1}{k_G} + \frac{1}{k_L H}$$

$$= 2 \times 10^5 \ m^2 \cdot s \cdot Pa \cdot mol^{-1} + 9.132 \times 10^3 \ m^2 \cdot s \cdot Pa \cdot mol^{-1}$$

$$= 2.091 \times 10^5 \ m^2 \cdot s \cdot Pa \cdot mol^{-1}$$

则

$$气膜阻力\% = \frac{气膜阻力}{总阻力} \times 100\%$$

$$= \frac{2 \times 10^5 \ m^2 \cdot s \cdot Pa \cdot mol^{-1}}{2.091 \times 10^5 \ m^2 \cdot s \cdot Pa \cdot mol^{-1}} \times 100\% = 95.6\%$$

由于气膜阻力占总阻力的 95.6%，故该吸收过程属于气膜控制。

5.4　低浓度气体吸收过程的计算

在填料吸收塔内，气、液两相的流动方式既可采用逆流，也可采用并流。但工业上多采用逆流操作，气、液两相在填料表面上接触并发生物质的传递，气相中的某一（或某些）组分被液相吸收。通常填料塔越高，气、液两相的接触表面越大，其吸收效果越好。但在实际操作中，如果塔顶出口气体中所含被吸收组分的量已经很低，若再增加填料层高度，吸收效果并不明显增加，相反却大大增加了设备费用。增加吸收剂用量，也可以达到好的吸收效果，但吸收剂用量增大后，输送液体的能耗增大，而且吸收液中溶质的浓度降低，给吸收剂的再生带来困难，同时大幅度增加操作费用，从经济效益的角度分析，这种做法并不可取。所以，对于实际吸收操作，在保证完成工艺任务的同时，应多考虑如何提高效率、减少消耗，降低生产成本。因此，本节研究吸收过程中吸收剂用量的确定、填料层高度的设计计算及影响吸收过程的有关因素。

5.4.1　低浓度气体的吸收特点

低浓度（摩尔分数小于 10%）气体的吸收过程，由于被吸收的溶质含量低，可以忽略溶解热的影响，吸收过程可作为等温处理。同时，由于流过全塔的混合气体量与液体量变化小，全塔气、液流动状态变化小。因此，在全塔范围内传质分系数 k_G 和 k_L 可视为常数。若在操作条件变化范围内平衡线斜率变化小，传质系数 K_G 和 K_L 可作为常数处理。这些特点可以使我们以物料衡算、吸收速率和相平衡原理为依据，建立低浓度气体吸收过程的有关参数方程，从而分析和解决吸收过程的实际问题。

5.4.2 物料衡算与操作线方程

1. 全塔物料衡算

图 5-9 所示为一连续逆流操作的吸收塔示意图。惰性气体 B 不溶于溶剂 C、且溶剂不挥发。低浓度气体的吸收,在稳态下,单位时间内对吸收质 A 做全塔物料衡算(图中虚线所示的范围)得

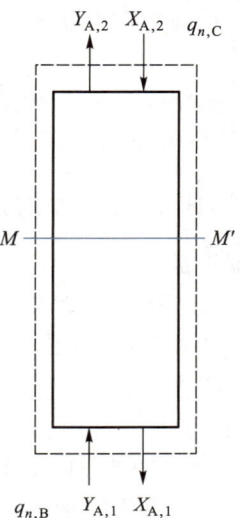

$$q_{n,B}Y_{A,1}+q_{n,C}X_{A,2}=q_{n,B}Y_{A,2}+q_{n,C}X_{A,1}$$

整理得

$$
\begin{aligned}
q_{n,A} &= q_{n,B}(Y_{A,1}-Y_{A,2}) \\
&= q_{n,C}(X_{A,1}-X_{A,2})
\end{aligned}
\tag{5-48}
$$

式中:$q_{n,A}$ 为单位时间内气体流过全塔被吸收的溶质的量,$mol \cdot s^{-1}$;$q_{n,B}$ 为单位时间内流过吸收塔的惰性气体的量,$mol \cdot s^{-1}$;$q_{n,C}$ 为单位时间内流过吸收塔的吸收剂的量,$mol \cdot s^{-1}$;$Y_{A,1}$,$Y_{A,2}$ 分别为进塔和出塔气体中溶质 A 的物质的量之比,$mol(A) \cdot [mol(B)]^{-1}$;$X_{A,1}$,$X_{A,2}$ 分别为进塔和出塔液体中溶质 A 的物质的量之比,$mol(A) \cdot [mol(C)]^{-1}$。

图 5-9　逆流吸收塔全塔物料衡算

吸收若是为了回收混合气体中的某些有用组分,回收的程度通常以吸收率 η 表示,即

$$吸收率 = \frac{被吸收的溶质的量}{进塔气体中溶质的量} \tag{5-49}$$

$$\eta = \frac{Y_{A,1}-Y_{A,2}}{Y_{A,1}} \tag{5-50}$$

吸收若是为了除去混合和气体中的某些有害组分,一般直接规定有害组分的残余浓度 $Y_{A,2}$。

通常进塔混合气体的量、组成 $Y_{A,1}$ 及出塔混合气体的组成 $Y_{A,2}$(或溶质的回收率)均由工艺条件规定,在已知吸收剂用量后,由式(5-48)可确定出塔液体组成 $X_{A,1}$,即

$$X_{A,1} = \frac{q_{n,B}}{q_{n,C}}(Y_{A,1}-Y_{A,2}) + X_{A,2} \tag{5-51}$$

2. 操作线方程

如图 5-10 所示,在逆流操作的吸收塔内,取塔的任一截面 $M-M'$ 到塔顶对溶质做物料衡算(图中虚线所示的范围),单位时间内,有

$$q_{n,B}Y_A + q_{n,C}X_{A,2} = q_{n,B}Y_{A,2} + q_{n,C}X_A$$

整理得

$$Y_A = \frac{q_{n,C}}{q_{n,B}}X_A + \left(Y_{A,2} - \frac{q_{n,C}}{q_{n,B}}X_{A,2}\right) \qquad (5-52)$$

式(5-52)表明塔内任一截面上相遇的气相组成 Y_A 与液相组成 X_A 的关系,称为逆流吸收过程的操作线方程,即反映塔内沿着塔高两相组成的变化规律,该变化规律受物料衡算制约。

操作线方程表明吸收塔内任一截面上的气相浓度 Y_A 与液相浓度 X_A 之间呈直线关系,图 5-11 在 X-Y 坐标图上是一经过点 $A(X_{A,1}, Y_{A,1})$ 和点 $B(X_{A,2}, Y_{A,2})$ 的直线,该直线称为吸收塔的操作线;直线的斜率为 $\frac{q_{n,C}}{q_{n,B}}$,是吸收塔的液气比,表示单位气体处理量(mol)所需的吸收剂用量(mol)。由操作线可以说明:

① 操作线上的端点 B 表示塔顶状态,是全塔范围内气液组成的最低点,称为稀端;另一端点 A 表示塔底状态,是全塔范围内气液组成的最高点,称为浓端。

② 操作线上任意一点 M,代表吸收塔内相应截面上的气液两相的组成 X_A 和 Y_A,M 点即为操作点。

③ 如图 5-11 所示,操作线上任意一点 $M(X_A, Y_A)$ 与平衡线的垂直距离 MN',即为该截面以气相物质的量之比差表示吸收过程的总推动力;点 $M(X_A, Y_A)$ 与平衡线的水平距离 MN,即为该截面以液相物质的量之比差表示吸收过程的总推动力。操作线与平衡线距离越远,表明实际状态偏离平衡程度越大,吸收过程的推动力越大,吸收速率将越大。

④ 吸收操作线方程是通过物料衡算得出的,它只与气液两相的流量和组成,以及操作之式(逆流或并流)有关,与系统的平衡关系、操作温度、压强及填料结构等因素无关。在稳态下的连续逆流吸收操作是满足式(5-52)的必要条件。通常,工业上的吸收操作符合这一条件。所以,吸收操作线方程在填料塔的设计及吸收剂用量的计算中得到了广泛的应用。

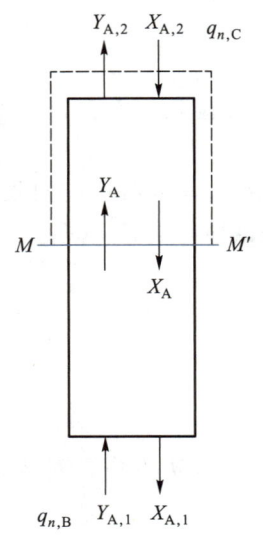

图 5-10   逆流吸收塔的物料衡算

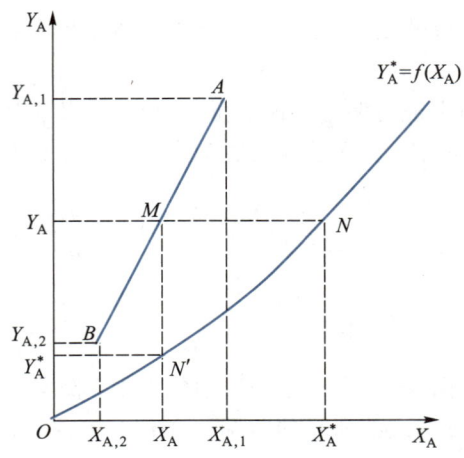

图 5-11   逆流吸收塔的操作线

⑤ 进行吸收操作时,填料层内任一截面上溶质在气相中的分压总是高于与其接触的液相平衡分压。所以,操作线总是位于平衡线的上方。反之,解吸操作线位于平衡线的下方。

例 5-4　如图 5-12 所示的吸收塔流程中,用清水吸收混合气体中的组分 A,气液平衡关系服从亨利定律 $Y_A^* = mX_A$。试在 Y_A-X_A 图中定性绘出与流程相对应的平衡线和操作线,同时标明各操作线端点的坐标。

解　本题为气体串联、液体并联的双塔逆流吸收操作,两塔中操作液气比 $q_{n,C}/q_{n,B}$ 相同;因为气液平衡关系服从亨利定律 $Y_A^* = mX_A$,则平衡线为一过原点的直线。

塔 a 操作线的绘制:依塔底气、液相组成 $(X_{A,1,a}, Y_{A,1,a})$ 定出 A 点,依塔顶气、液相组成 $(X_{A,2,a}, Y_{A,2,a})$ 定出 B 点,连接 AB 即为塔 a 的吸收操作线。

塔 b 操作线的绘制:依塔底气、液相组成 $(X_{A,1,b}, Y_{A,1,b})$ 定出 D 点,依塔顶气、液相组成 $(X_{A,2,b}, Y_{A,2,b})$ 定出 C 点,连接 CD 即为塔 b 的吸收操作线。

因为两塔的液气比相同,所以操作线 AB 与 CD 互相平行,如图 5-13 所示。

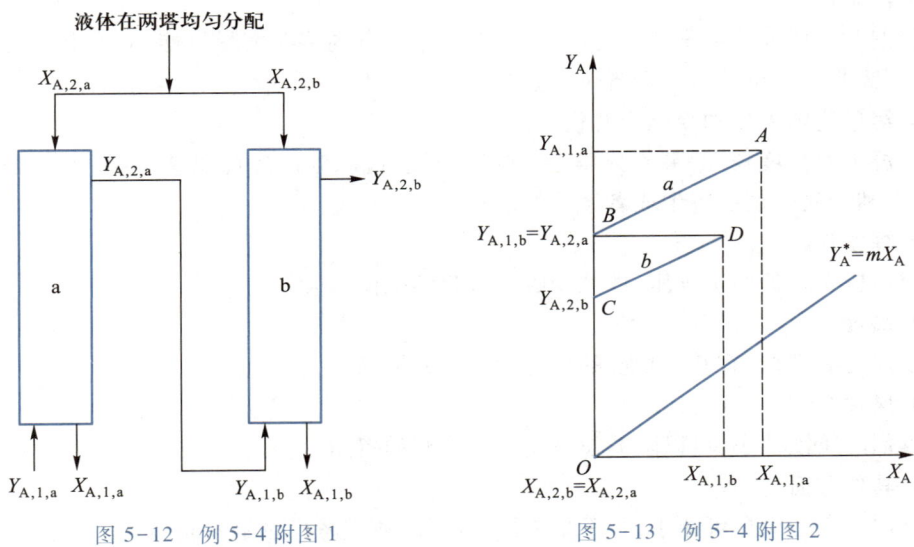

图 5-12　例 5-4 附图 1　　　　　图 5-13　例 5-4 附图 2

例 5-5　在填料吸收塔中用洗油吸收焦炉气中的苯。已知在操作条件下混合气体的处理量为 $0.45\ \mathrm{m^3 \cdot s^{-1}}$,进塔气体中苯的体积分数为 0.05,吸收率为 85%。洗油用量为 $30\ \mathrm{mol \cdot s^{-1}}$,塔的操作压强为 $1.013 \times 10^5\ \mathrm{Pa}$,温度为 20 ℃,气、液两相呈逆流流动,进塔洗油中不含苯。求塔底洗油出口苯的浓度。

解　气体进塔组成 $y_{A,1} = 0.05$,则

$$Y_{A,1} = \frac{y_{A,1}}{1 - y_{A,1}} = \frac{0.05}{1 - 0.05} = 0.0526$$

气体出塔组成

$$Y_{A,2} = Y_{A,1}(1 - \eta) = 0.0526 \times (1 - 0.85) = 7.89 \times 10^{-3}$$

洗油进塔组成

$$X_{A,2} = 0$$

混合气体中惰性气体的流量

$$q_{n,B} = \frac{0.45\ \mathrm{m^3 \cdot s^{-1}}}{22.4 \times 10^{-3}\ \mathrm{m^3 \cdot mol^{-1}}} \times (1 - 0.05) \times \frac{273\ \mathrm{K}}{(273 + 20)\ \mathrm{K}} = 17.78\ \mathrm{mol \cdot s^{-1}}$$

塔底洗油的出塔组成

$$X_{A,1} = \frac{q_{n,B}}{q_{n,C}}(Y_{A,1}-Y_{A,2})+X_{A,2}$$

$$= \frac{17.78 \text{ mol} \cdot \text{s}^{-1}}{30 \text{ mol} \cdot \text{s}^{-1}} \times (0.0526-7.89\times10^{-3})+0 = 0.0265$$

5.4.3 吸收剂

1. 吸收剂的选择

吸收剂的性能直接影响吸收操作的效果。选择吸收剂一般应考虑下列几方面因素。

（1）溶解度

吸收剂对溶质的溶解度应尽可能大,而对其余组分的溶解度尽可能小,有利于提高吸收速率、减小吸收剂用量及减小设备尺寸。

（2）溶解度随温度的变化敏感性

在低温下溶解度较大,平衡分压小。随着温度升高,溶解度能迅速下降,平衡分压能迅速上升,有利于吸收剂的再生或者溶质的解吸。

（3）挥发性

吸收剂应有较低的蒸气压,以减少吸收过程溶剂的挥发。

（4）黏度

吸收剂的黏度低,有利于物质的传递和液体的输送。

（5）腐蚀性

吸收剂的腐蚀性小,可以降低设备制造和维修的费用。

（6）其他方面

吸收剂的毒性应尽可能小,且不易燃烧。此外,还应考虑价廉易得、容易再生、不发泡和化学稳定性好等要求。

在实际生产中,一般很难找到一种溶剂能够完全满足上述要求。通常根据吸收操作的实际条件以满足工艺要求为原则,侧重于上述因素中的某些方面,使之在技术上可靠、经济上可行即可,并不一定要满足上述所有条件。

2. 吸收剂用量的确定

在其他条件一定时,吸收剂的用量大小,影响塔的吸收速率、溶剂的消耗量与输送量、溶剂的再生等操作费用。

在设计吸收塔时,由吸收任务和分离要求可以确定气体的处理量 $q_{n,B}$,气体进、出塔组成 $Y_{A,1}$ 和 $Y_{A,2}$;由工艺条件可以知道吸收剂进塔组成 $X_{A,2}$。图 5-14 中的塔顶状态点 $B(X_{A,2},Y_{A,2})$ 是确定的,但表示塔底的状态点 $A(X_{A,1},Y_{A,1})$ 将随吸收剂用量 $q_{n,C}$ 的变化 $\left(\text{即液气比} \dfrac{q_{n,C}}{q_{n,B}} \text{的变化}\right)$,在 $Y_A=Y_{A,1}$ 水平线上变化。在惰性气体流量一定时,吸收剂用量增大,即操作线斜率增大,塔底状态点向左移动,操作线与平衡线的距离增大,传质过程进行的

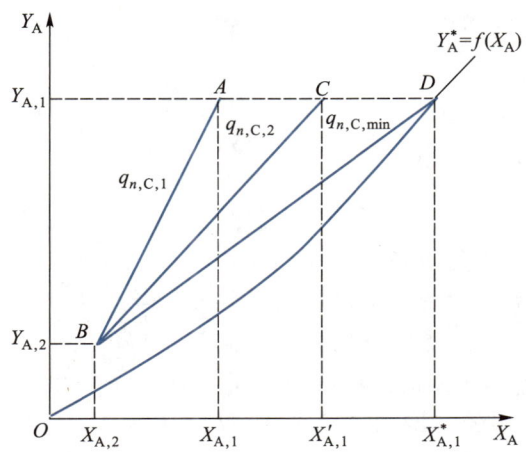

图 5-14　吸收剂用量对操作线的影响及最小液气比的确定（Ⅰ）

推动力增大，吸收过程速率增大，但出塔吸收液浓度 $X_{A,1}$ 降低，吸收剂的消耗量与输送量、溶剂的再生等操作费用随之增大。

当吸收剂用量 $q_{n,C}$ 减小时，操作线斜率减小，操作线向平衡线靠近，塔底状态点向右移动，塔底排出液组成增加，但传质推动力减小，吸收速率降低，达到指定分离要求（$Y_{A,2}$）所需的塔高必须增加。当吸收剂用量减小到操作线与平衡线相交时，如图 5-14 中的点 D，$X_{A,1} = X_{A,1}^*$，塔底出塔液体与进塔气体达到平衡。此液相浓度是理论上能够达到的最大浓度，但是由于此时传质的推动力为零，达到指定的分离要求所需要的塔高为无穷高，即设备费用无限大，实际工程中是不可能实现的，仅表示一种极限状态，该状态下的液气比称为最小液气比，用 $\left(\dfrac{q_{n,C}}{q_{n,B}}\right)_{\min}$ 表示；相应的吸收剂用量为最小吸收剂用量，用 $q_{n,C,\min}$ 表示。

最小液气比的确定与平衡线形状有关。若平衡线如图 5-14 所示，$Y_A = Y_{A,1}$ 水平线与平衡线的交点 D 即为最小液气比时操作线的高浓度端，由图读出点 D 的横坐标 $X_{A,1}^*$，按下式求最小液气比或最小吸收剂用量：

$$\left(\frac{q_{n,C}}{q_{n,B}}\right)_{\min} = \frac{Y_{A,1} - Y_{A,2}}{X_{A,1}^* - X_{A,2}} \tag{5-53}$$

或

$$q_{n,C,\min} = q_{n,B} \frac{Y_{A,1} - Y_{A,2}}{X_{A,1}^* - X_{A,2}} \tag{5-54}$$

式中：$X_{A,1}^*$ 是与入塔气体组成 $Y_{A,1}$ 呈平衡的液相组成。如相平衡关系为 $Y_A^* = mX_A$，则

$$X_{A,1}^* = \frac{Y_{A,1}}{m}$$

若平衡线如图 5-15 所示，由点 B 作平衡线的切线，切点 P 处的推动力为零。所以，切线

应为最小液气比时的操作线,该线与 $Y_A = Y_{A,1}$ 水平线的交点 D 即为最小液气比时操作线的高浓度端,由图读出点 D 的横坐标 $X_{A,1,max}$,按下式求出最小液气比:

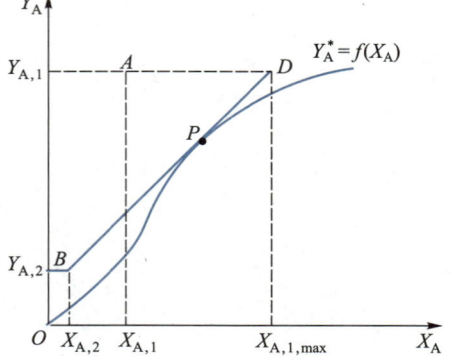

图 5-15   图解法确定最小液气比(Ⅱ)

$$\left(\frac{q_{n,C}}{q_{n,B}}\right)_{min} = \frac{Y_{A,1} - Y_{A,2}}{X_{A,1,max} - X_{A,2}} \qquad (5-55)$$

实际操作采用的液气比应大于最小液气比。工业生产中吸收剂用量大小与设备费用和操作费用密切相关。在吸收剂实际用量大于最小用量的前提下,吸收剂用量增加,达到指定分离要求所需塔高降低,设备费用降低,但溶剂的消耗量、液体的输送功率、再生等操作费用随之增加。反之,吸收剂用量减小,操作费用减小,但达到指定分离要求塔高却需要增加,设备费用也相应增大。所以,实际吸收剂用量的大小,应该在操作费用和设备费用之间做经济权衡,使总费用(设备费用和操作费用之和)尽可能减小。根据生产实践经验,通常吸收剂用量取最小用量的 1.2 ~ 2.0 倍,即适宜的液气比为

$$\frac{q_{n,C}}{q_{n,B}} = (1.2 \sim 2.0)\left(\frac{q_{n,C}}{q_{n,B}}\right)_{min} \qquad (5-56)$$

例 5-6   常温下在一逆流操作的吸收塔中,用清水吸收混合气体中的 SO_2。气体处理量为 $1.20\ m^3 \cdot s^{-1}$(标准状态下),进塔气体中含 SO_2 8%(体积分数),要求 SO_2 吸收率为 85%,在操作条件下的相平衡关系为 $Y_A^* = 26.7\ X_A$,用水量为最小用量的 1.5 倍。问:

(1)用水量为多少?

(2)若吸收率提高到 90%,用水量又为多少?

解   惰性气体流量为

$$q_{n,B} = \frac{1.20\ m^3 \cdot s^{-1}}{22.4 \times 10^{-3}\ m^3 \cdot mol^{-1}} \times (1-0.08) = 49.29\ mol \cdot s^{-1}$$

$$Y_{A,1} = \frac{y_{A,1}}{1-y_{A,1}} = \frac{0.08}{1-0.08} = 0.087$$

(1)当吸收率为 85% 时,有

$$Y_{A,2} = Y_{A,1}(1-\eta) = 0.087 \times (1-0.85) = 0.0131$$

$$X_{A,1}^* = \frac{Y_{A,1}}{m} = \frac{0.087}{26.7} = 3.258 \times 10^{-3}$$

$$X_{A,2} = 0$$

最小液气比

$$\left(\frac{q_{n,C}}{q_{n,B}}\right)_{min} = \frac{Y_{A,1} - Y_{A,2}}{X_{A,1}^* - X_{A,2}} = \frac{0.087 - 0.0131}{3.258 \times 10^{-3}} = 22.68$$

实际液气比

$$\frac{q_{n,C}}{q_{n,B}} = 1.5\left(\frac{q_{n,C}}{q_{n,B}}\right)_{min} = 1.5 \times 22.68 = 34.02$$

实际用水量

$$q_{n,C} = 34.02 q_{n,B} = 34.02 \times 49.29 \ \text{mol} \cdot \text{s}^{-1} = 1677 \ \text{mol} \cdot \text{s}^{-1}$$

$$= \frac{1677 \ \text{mol} \cdot \text{s}^{-1} \times 18 \ \text{g} \cdot \text{mol}^{-1}}{1000 \ \text{g} \cdot \text{kg}^{-1} \times 1000 \ \text{kg} \cdot \text{m}^{-3}} = 0.03 \ \text{m}^3 \cdot \text{s}^{-1}$$

（2）若吸收率提高至 90%，出塔气体浓度为 $Y'_{A,2}$，则最小液气比为

$$\left(\frac{q_{n,C}}{q_{n,B}}\right)'_{\min} = \frac{Y_{A,1} - Y'_{A,2}}{X^*_{A,1} - X_{A,2}} = \frac{Y_{A,1} - Y'_{A,2}}{\dfrac{Y_{A,1}}{m} - X_{A,2}}$$

$$= \eta' m = 0.9 \times 26.7 = 24.03$$

实际液气比

$$\left(\frac{q_{n,C}}{q_{n,B}}\right)' = 1.5 \left(\frac{q_{n,C}}{q_{n,B}}\right)'_{\min} = 1.5 \times 24.03 = 36.05$$

实际用水量

$$q'_{n,C} = 36.05 q_{n,B} = 36.05 \times 49.29 \ \text{mol} \cdot \text{s}^{-1} = 1777 \ \text{mol} \cdot \text{s}^{-1}$$

$$= \frac{1777 \ \text{mol} \cdot \text{s}^{-1} \times 18 \ \text{g} \cdot \text{mol}^{-1}}{1000 \ \text{g} \cdot \text{kg}^{-1} \times 1000 \ \text{kg} \cdot \text{m}^{-3}} = 0.032 \ \text{m}^3 \cdot \text{s}^{-1}$$

从例 5-6 计算结果可知，在其他条件不变时，吸收率提高，最小液气比增大，所需吸收剂用量将增大。

5.4.4　填料层高度的计算

填料吸收塔的高度主要取决于填料层的高度，而填料层高度的计算式可以通过物料衡算并结合吸收速率方程导出。

1. 填料层高度计算的基本方程式

在连续操作的填料吸收塔内，气、液两相中的溶质组成沿着填料层高度连续变化，各截面上的传质推动力均不相同，以致塔内各截面上的吸收速率各不相同。因此，应在填料层内任取一微元段进行分析，列出该微元段的物料衡算式，然后用积分的方法导出计算填料层高度的方程式。

如图 5-16 所示，在填料塔的填料层内任取一微元段高度 $\mathrm{d}h$，对溶质 A 做物料衡算，得单位时间由气相转入液相的溶质的量 $\mathrm{d}q_{n,A}$ 为

$$\mathrm{d}q_{n,A} = q_{n,B}\,\mathrm{d}Y_A \tag{5-57}$$

或

$$\mathrm{d}q_{n,A} = q_{n,C}\,\mathrm{d}X_A \tag{5-58}$$

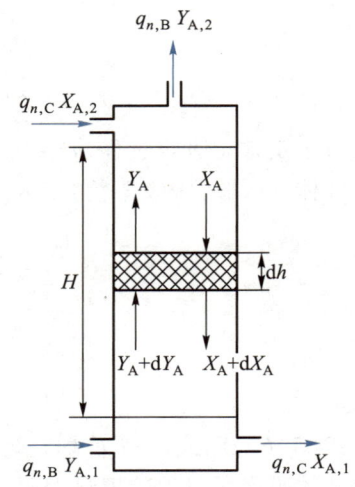

图 5-16　填料层高度计算示意图

在该微元段内,气、液两相中溶质的含量变化均很小,吸收速率可以视为定值,则

$$dq_{n,A} = N_A dA = K_Y(Y_A - Y_A^*) dA \tag{5-59}$$

或

$$dq_{n,A} = N_A dA = K_X(X_A^* - X_A) dA \tag{5-60}$$

式中:dA 为 dh 微元段内的有效传质面积,m^2。

$$dA = a \cdot S \cdot dh \tag{5-61}$$

S 为塔的横截面积,m^2;a 为单位体积填料层所提供的有效传质面积,$m^2 \cdot m^{-3}$。则

$$q_{n,B} dY_A = K_Y(Y_A - Y_A^*) \cdot a \cdot S \cdot dh$$

或

$$dh = \frac{q_{n,B}}{K_Y aS} \cdot \frac{dY_A}{(Y_A - Y_A^*)} \tag{5-62}$$

同理,得

$$q_{n,C} dX_A = K_X(X_A^* - X_A) \cdot a \cdot S \cdot dh$$

或

$$dh = \frac{q_{n,C}}{K_X aS} \cdot \frac{dX_A}{(X_A^* - X_A)} \tag{5-63}$$

将式(5-62)、式(5-63)分别从塔顶到塔底积分,有

$$\int_0^H dh = \int_{Y_{A,2}}^{Y_{A,1}} \frac{q_{n,B}}{K_Y aS} \cdot \frac{dY_A}{(Y_A - Y_A^*)} \tag{5-64}$$

$$\int_0^H dh = \int_{X_{A,2}}^{X_{A,1}} \frac{q_{n,C}}{K_X aS} \cdot \frac{dX_A}{(X_A^* - X_A)} \tag{5-65}$$

对于定常态吸收过程,$q_{n,B}$,$q_{n,C}$,a 及 S 皆不随时间变化,且不沿填料层高度变化;对于低浓度气体的吸收,吸收系数 K_Y,K_X 可视为基本不变,式(5-64)、式(5-65)积分得

$$H = \frac{q_{n,B}}{K_Y aS} \int_{Y_{A,2}}^{Y_{A,1}} \frac{dY_A}{(Y_A - Y_A^*)} \tag{5-66}$$

$$H = \frac{q_{n,C}}{K_X aS} \int_{X_{A,2}}^{X_{A,1}} \frac{dX_A}{(X_A^* - X_A)} \tag{5-67}$$

式(5-66)和式(5-67)均是计算填料层高度的基本方程式。在填料层内,只有那些被流动的液体膜层所覆盖的填料表面,才能提供气液接触的有效面积。所以,式中的 a(称为填料的有效比表面积)值通常比单位体积填料层中固体的比表面积小。a 值的大小不仅与填

料的形状、尺寸及填充情况有关,而且受流体的物理性质及流动状态的影响。然而 a 值很难直接测定,工程上将它与传质系数的乘积作为一个完整的物理量,称为"体积传质系数"。如 $K_Y a$ 称为气相体积吸收系数,$K_X a$ 称为液相体积吸收系数,它们的单位均为 $\text{mol} \cdot \text{m}^{-3} \cdot \text{s}^{-1}$。对于吸收过程,"体积传质系数"的物理意义可以理解为:在单位推动力作用下,单位时间内通过单位体积填料层被吸收的溶质的量。

2. 传质单元法求填料层高

分析式(5-66)可知,填料层高度等于 $\dfrac{q_{n,\text{B}}}{K_Y a S}$ 和 $\displaystyle\int_{Y_{\text{A},2}}^{Y_{\text{A},1}} \dfrac{\mathrm{d}Y_\text{A}}{Y_\text{A}-Y_\text{A}^*}$ 的乘积。其中令

$$\frac{q_{n,\text{B}}}{K_Y a S} = H_{\text{OG}} \tag{5-68}$$

H_{OG} 的单位为 $\dfrac{\text{mol} \cdot \text{s}^{-1}}{\text{mol} \cdot \text{m}^{-3} \cdot \text{s}^{-1} \cdot \text{m}^2} = \text{m}$,与高度单位相同,因此可将 H_{OG} 理解为由吸收操作条件所决定的完成某一传质单元分离要求所需的填料层高度,称"气相传质单元高度";则 $\displaystyle\int_{Y_{\text{A},2}}^{Y_{\text{A},1}} \dfrac{\mathrm{d}Y_\text{A}}{(Y_\text{A}-Y_\text{A}^*)}$ 可以理解为完成总的分离要求 $(Y_{\text{A},1}-Y_{\text{A},2})$ 所需的传质单元数,令

$$\int_{Y_{\text{A},2}}^{Y_{\text{A},1}} \frac{\mathrm{d}Y_\text{A}}{Y_\text{A}-Y_\text{A}^*} = N_{\text{OG}} \tag{5-69}$$

式中:N_{OG} 称为气相传质单元数。

所以,对于填料层高度的计算,可以把式(5-66)表示为

$$H = H_{\text{OG}} N_{\text{OG}} \tag{5-70}$$

同理,式(5-67)可写成

$$H = H_{\text{OL}} N_{\text{OL}} \tag{5-71}$$

式中:

$$H_{\text{OL}} = \frac{q_{n,\text{C}}}{K_X a S} \tag{5-72}$$

$$N_{\text{OL}} = \int_{X_{\text{A},2}}^{X_{\text{A},1}} \frac{\mathrm{d}X_\text{A}}{X_\text{A}^*-X_\text{A}} \tag{5-73}$$

N_{OL} 称为液相传质单元数;H_{OL} 称为液相传质单元高度。

由式(5-70)、式(5-71)可以将填料层高度的计算写成如下通式:

填料层高度=传质单元高度×传质单元数

上述计算填料层高度的方法,是针对复杂的多变量吸收过程,将变量进行分类归纳,使之分解为性质不同的传质单元高度 H_{OG} 和传质单元数 N_{OG} 两部分:H_{OG} 反映了设备结构和气相流动条件等因素对吸收过程的影响;N_{OG} 则反映了工艺方法和操作条件对吸收过程的影响。这种将变量分类归纳的方法是工程上处理复杂过程计算的一种有效方法,有利于对过

程的分析、研究与运算。

　　式(5-69)中,dY_A 为气相通过一微元段填料层的浓度变化;$(Y_A-Y_A^*)$ 为吸收过程的推动力。当吸收塔内两截面间的浓度变化等于这个范围内的传质推动力时,这一区域就称为传质单元,整个填料层就是由这样的传质单元所组成的。传质单元数反映了吸收过程进行的难易程度。当处理气量一定和吸收剂用量已经确定 $\left(\text{即} \dfrac{q_{n,C}}{q_{n,B}} \text{确定}\right)$ 的条件下,$(Y_A-Y_A^*)$ 与物系的相平衡有关:若分离要求 $Y_{A,1}$ 和 $Y_{A,2}$ 一定,$(Y_A-Y_A^*)$ 值小,说明吸收过程的推动力小,吸收速率小,吸收过程难以进行,所需气相传质单元数必然较多;反之,若$(Y_A-Y_A^*)$ 值大,表明吸收过程的推动力大,吸收速率大,吸收过程容易进行,所需传质单元数必然较少。在填料塔的设计计算中,若发现传质单元数偏大,可以通过改变吸收剂的种类或改变工艺条件以改变相平衡关系,增大传质过程的推动力,达到减少传质单元数和降低填料层高度的目的。

　　传质单元高度(如 H_{OG})表示完成一个传质单元浓度的变化所需要的填料层高度,是吸收设备性能优劣的反映。可以把 H_{OG} 理解为 $\dfrac{q_{n,B}}{S}$ 与 $\dfrac{1}{K_Y a}$ 的乘积,其中 $\dfrac{1}{K_Y a}$ 值的大小与填料性能有关,它反映了传质阻力的大小;而 $\dfrac{q_{n,B}}{S}$ 为单位塔截面上惰性气体的流量。因此,传质单元高度 H_{OG} 值的大小与设备的型式、设备中气(或液)相流动状态有关。

　　通常,对于易溶性的气体,往往选择一些常用的填料(如拉西环等),常用吸收设备的传质单元高度在 $0.15 \sim 1.5$ m。在填料塔的设计过程中,若传质单元高度值偏大,可改用分离能力强的高效填料。

3. 传质单元数的计算

根据不同的相平衡关系,传质单元数的计算可以从下列几种方法中选择。

（1）对数平均推动力法

　　在吸收塔的操作范围内,若相平衡关系为直线关系,可以通过塔顶和塔底的推动力 $(Y_{A,1}-Y_{A,1}^*)$ 与 $(Y_{A,2}-Y_{A,2}^*)$〔或 $(X_{A,1}^*-X_{A,1})$ 与 $(X_{A,2}^*-X_{A,2})$〕求出全塔推动力的平均值,从而求出总传质单元数。

　　如图 5-17 所示,由于平衡线是直线,操作线也是直线,操作线与平衡线之间的垂直距离(即传质的推动力)$(Y_A-Y_A^*)$ 和水平距离 $(X_A^*-X_A)$ 分别随 Y_A 和 X_A 呈线性变化,推动力 ΔY_A 或 ΔX_A 相对于 Y_A 或 X_A 变化率均为常数,则

$$\frac{d(\Delta Y_A)}{dY_A} = \frac{\Delta Y_{A,1} - \Delta Y_{A,2}}{Y_{A,1} - Y_{A,2}}$$

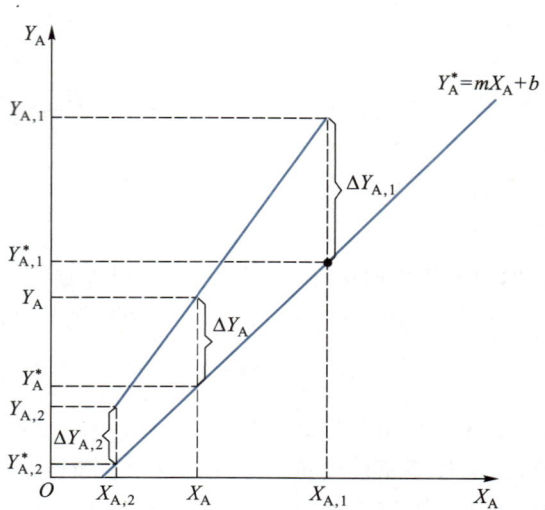

图 5-17　对数平均推动力求传质单元数示意图

或

$$\mathrm{d}Y_{\mathrm{A}} = \frac{Y_{\mathrm{A},1} - Y_{\mathrm{A},2}}{\Delta Y_{\mathrm{A},1} - \Delta Y_{\mathrm{A},2}} \mathrm{d}(\Delta Y_{\mathrm{A}}) \tag{5-74}$$

式中：$\Delta Y_{\mathrm{A},1} = (Y_{\mathrm{A},1} - Y_{\mathrm{A},1}^*)$ 为塔底的气相总传质推动力；$\Delta Y_{\mathrm{A},2} = (Y_{\mathrm{A},2} - Y_{\mathrm{A},2}^*)$ 为塔顶的气相总传质推动力。

将式(5-74)代入式(5-69)得

$$\begin{aligned} N_{\mathrm{OG}} &= \int_{Y_{\mathrm{A},2}}^{Y_{\mathrm{A},1}} \frac{\mathrm{d}Y_{\mathrm{A}}}{Y_{\mathrm{A}} - Y_{\mathrm{A}}^*} \\ &= \frac{Y_{\mathrm{A},1} - Y_{\mathrm{A},2}}{\Delta Y_{\mathrm{A},1} - \Delta Y_{\mathrm{A},2}} \int_{\Delta Y_{\mathrm{A},2}}^{\Delta Y_{\mathrm{A},1}} \frac{\mathrm{d}(\Delta Y_{\mathrm{A}})}{\Delta Y_{\mathrm{A}}} \\ &= \frac{Y_{\mathrm{A},1} - Y_{\mathrm{A},2}}{\Delta Y_{\mathrm{A},1} - \Delta Y_{\mathrm{A},2}} \ln \frac{\Delta Y_{\mathrm{A},1}}{\Delta Y_{\mathrm{A},2}} \end{aligned} \tag{5-75}$$

即

$$N_{\mathrm{OG}} = \frac{Y_{\mathrm{A},1} - Y_{\mathrm{A},2}}{\Delta Y_{\mathrm{A,m}}} \tag{5-76}$$

式中：

$$\Delta Y_{\mathrm{A,m}} = \frac{\Delta Y_{\mathrm{A},1} - \Delta Y_{\mathrm{A},2}}{\ln \dfrac{\Delta Y_{\mathrm{A},1}}{\Delta Y_{\mathrm{A},2}}} \tag{5-77}$$

$\Delta Y_{\mathrm{A,m}}$ 为气相对数平均推动力，等于吸收塔两端以气相组成差表示的推动力的对数平均值。

同理，可以导出：

$$N_{\mathrm{OL}} = \int_{X_{\mathrm{A},2}}^{X_{\mathrm{A},1}} \frac{\mathrm{d}X_{\mathrm{A}}}{X_{\mathrm{A}}^* - X_{\mathrm{A}}} = \frac{X_{\mathrm{A},1} - X_{\mathrm{A},2}}{\Delta X_{\mathrm{A,m}}} \tag{5-78}$$

式中：

$$\Delta X_{\mathrm{A,m}} = \frac{\Delta X_{\mathrm{A},1} - \Delta X_{\mathrm{A},2}}{\ln \dfrac{\Delta X_{\mathrm{A},1}}{\Delta X_{\mathrm{A},2}}} \tag{5-79}$$

$\Delta X_{\mathrm{A,m}}$ 为液相对数平均推动力，等于吸收塔两端以液相组成差表示的推动力的对数平均值。

（2）数学分析法

当平衡线为直线时，可以将平衡线关系和操作线关系直接代入传质单元数的表达式直接积分求解。

设相平衡方程为

$$Y_{\mathrm{A}}^* = mX_{\mathrm{A}}$$

逆流吸收塔的操作线方程为

$$X_{\mathrm{A}} = X_{\mathrm{A},2} + \frac{q_{n,\mathrm{B}}}{q_{n,\mathrm{C}}}(Y_{\mathrm{A}} - Y_{\mathrm{A},2})$$

将以上两式代入式(5-69)得

$$
\begin{aligned}
N_{OG} &= \int_{Y_{A,2}}^{Y_{A,1}} \frac{dY_A}{Y_A - mX_A} \\
&= \int_{Y_{A,2}}^{Y_{A,1}} \frac{dY_A}{Y_A - m\left[X_{A,2} + \dfrac{q_{n,B}}{q_{n,C}}(Y_A - Y_{A,2})\right]} \\
&= \int_{Y_{A,2}}^{Y_{A,1}} \frac{dY_A}{\left(1 - \dfrac{mq_{n,B}}{q_{n,C}}\right)Y_A + \left(\dfrac{mq_{n,B}}{q_{n,C}}Y_{A,2} - mX_{A,2}\right)} \\
&= \frac{1}{1 - \dfrac{mq_{n,B}}{q_{n,C}}} \ln \frac{\left(1 - \dfrac{mq_{n,B}}{q_{n,C}}\right)Y_{A,1} + \left(\dfrac{mq_{n,B}}{q_{n,C}}Y_{A,2} - mX_{A,2}\right)}{\left(1 - \dfrac{mq_{n,B}}{q_{n,C}}\right)Y_{A,2} + \left(\dfrac{mq_{n,B}}{q_{n,C}}Y_{A,2} - mX_{A,2}\right)}
\end{aligned}
$$

整理得

$$
N_{OG} = \frac{1}{1 - \dfrac{mq_{n,B}}{q_{n,C}}} \ln\left[\left(1 - \frac{mq_{n,B}}{q_{n,C}}\right)\frac{Y_{A,1} - mX_{A,2}}{Y_{A,2} - mX_{A,2}} + \frac{mq_{n,B}}{q_{n,C}}\right] \tag{5-80}
$$

由式(5-80)可以看出,气相总传质单元数 N_{OG} 是 $\dfrac{mq_{n,B}}{q_{n,C}}$ 和 $\dfrac{Y_{A,1} - mX_{A,2}}{Y_{A,2} - mX_{A,2}}$ 的函数,在半对数坐标中,以 $\dfrac{mq_{n,B}}{q_{n,C}}$ 为参变量,$\dfrac{Y_{A,1} - mX_{A,2}}{Y_{A,2} - mX_{A,2}}$ 为横坐标(对数坐标),N_{OG} 为纵坐标,按式(5-80)关系可以作出这三者之间的关联图,见图 5-18。利用该图,在已知 $\dfrac{mq_{n,B}}{q_{n,C}}$ 和 $\dfrac{Y_{A,1} - mX_{A,2}}{Y_{A,2} - mX_{A,2}}$ 时,可以直接查得所需要的传质单元数 N_{OG}。

图 5-18 中 $\dfrac{Y_{A,1} - mX_{A,2}}{Y_{A,2} - mX_{A,2}}$ 值的大小反映了溶质吸收率的高低。当 $\dfrac{mq_{n,B}}{q_{n,C}}$ 和气、液两相的进塔组成 $Y_{A,1}$,$X_{A,2}$ 一定时,若要求吸收率高,$Y_{A,2}$ 小,相应的 $\dfrac{Y_{A,1} - mX_{A,2}}{Y_{A,2} - mX_{A,2}}$ 值大,由图 5-18 可知,N_{OG} 值大,所需要的填料层高度大;反之,N_{OG} 值小,所需要的填料层高度小。

参变量 $\dfrac{mq_{n,B}}{q_{n,C}}$ 可视为 $\dfrac{m}{q_{n,C}/q_{n,B}}$,即平衡线斜率与操作线斜率的比。当气、液两相的进塔组成 $Y_{A,1}$,$X_{A,2}$ 一定时,减小液气比 $\dfrac{q_{n,C}}{q_{n,B}}$ (即增大 $\dfrac{mq_{n,B}}{q_{n,C}}$ 值),操作线与平衡线之间的距离减小,吸收过程的推动力减小。由图 5-18 可知,达到指定分离要求 $Y_{A,2}$,所需的 N_{OG} 值大,相应的填料层高度增大,则 $\dfrac{mq_{n,B}}{q_{n,C}}$ 值大,表明吸收过程难进行,所以将其称为解吸因数。

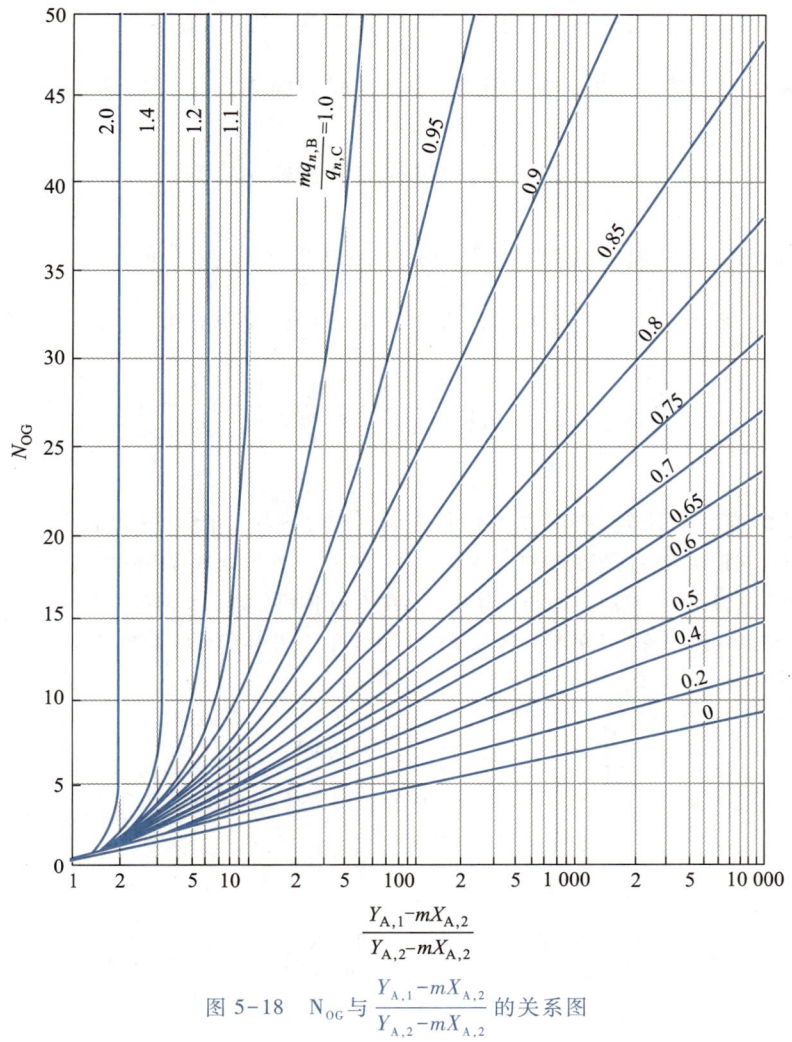

图 5-18　N_{OG} 与 $\dfrac{Y_{A,1}-mX_{A,2}}{Y_{A,2}-mX_{A,2}}$ 的关系图

分析式(5-80)可知,解吸因数 $\dfrac{mq_{n,B}}{q_{n,C}}$ 是影响吸收过程经济性的重要参数。当相平衡关系一定时,m 为定值,要使吸收率尽可能大,在逆流操作的塔内即塔顶出口的气体组成 $Y_{A,2}$ 应趋近于与进塔的液相组成 $X_{A,2}$ 达到平衡,这只有使操作线斜率大于平衡线斜率 $\left(\dfrac{mq_{n,B}}{q_{n,C}}<1\right)$ 才有可能。所以,若以得到较大的溶质回收率为目的,塔的操作要求采用较大的液体流量,使塔顶的溶质浓度降低,这将使吸收液的用量增大,能耗提高。反之,如果以获得浓度较高的吸收液(富液)为操作目的,在逆流吸收的塔中,应力求在塔底使出塔液体组成与进塔气体组成趋于平衡,操作过程应采用较小的液体流量,使操作线斜率小于平衡线斜率 $\left(\dfrac{mq_{n,B}}{q_{n,C}}>1\right)$ 才有可能,但此时设备费用将随之增大。

从上述分析可知,在实际操作过程,当相平衡常数一定时,在一定范围内随吸收剂用量增大,$\dfrac{mq_{n,B}}{q_{n,C}}$ 减小,操作过程的设备费用降低,但过程的操作费用将提高。相反,吸收剂用量减小,$\dfrac{mq_{n,B}}{q_{n,C}}$ 增大,过程的操作费用降低,但过程的设备费用将提高。因此,在工艺上无特殊要求时,一般应以吸收过程的总费用最低为原则确定适宜的 $\dfrac{mq_{n,B}}{q_{n,C}}$ 值。

同理,当相平衡关系为 $Y_A^* = mX_A$ 时,也可导出液相传质单元数 N_{OL} 的关系式:

$$N_{OL} = \frac{1}{1 - \dfrac{q_{n,C}}{mq_{n,B}}} \ln\left[\left(1 - \frac{q_{n,C}}{mq_{n,B}}\right) \frac{Y_{A,1} - mX_{A,2}}{Y_{A,2} - mX_{A,2}} + \frac{q_{n,C}}{mq_{n,B}} \right] \tag{5-81}$$

与对数平均推动力比较,在吸收的操作型计算中,数学分析法更为适用。

例 5-7 设计用清水吸收丙酮的填料塔,塔内径为 0.8 m,每小时处理含丙酮蒸气的气体 1500 m³,操作压强为 1.013×10^5 Pa,温度为 293 K。进塔气体中含丙酮 6%(体积分数),要求吸收率为 76%,吸收剂用量为最小用量的 1.4 倍。在操作条件下的相平衡关系为 $Y_A^* = 2X_A$,气相体积吸收系数 $K_Y a = 18.87$ mol·m⁻³·s⁻¹。求所需的填料层高。

解

$$Y_{A,1} = \frac{0.06}{1 - 0.06} = 0.0638$$

$$Y_{A,2} = 0.0638 \times (1 - 76\%) = 0.0153$$

$$X_{A,2} = 0$$

惰性气体流量

$$q_{n,B} = \frac{1500\ \text{m}^3}{3600\ \text{s·h}^{-1} \times 22.4 \times 10^{-3}\ \text{m}^3 \cdot \text{mol}^{-1}} \times \frac{273\ \text{K}}{293\ \text{K}} \times (1 - 0.06) = 16.29\ \text{mol·s}^{-1}$$

最小液气比

$$\left(\frac{q_{n,C}}{q_{n,B}}\right)_{\min} = \frac{Y_{A,1} - Y_{A,2}}{\dfrac{Y_{A,1}}{m} - X_{A,2}} = \eta \cdot m = 76\% \times 2 = 1.52$$

实际液气比

$$\frac{q_{n,C}}{q_{n,B}} = 1.4 \left(\frac{q_{n,C}}{q_{n,B}}\right)_{\min} = 1.4 \times 1.52 = 2.128$$

(1)平均推动力法

液体出塔组成

$$X_{A,1} = \frac{q_{n,B}}{q_{n,C}} \times (Y_{A,1} - Y_{A,2}) + X_{A,2}$$

$$= \frac{1}{2.128} \times (0.0638 - 0.0153) + 0 = 0.0228$$

平均推动力

$$\Delta Y_{A,m} = \frac{(Y_{A,1}-Y_{A,1}^*)-(Y_{A,2}-Y_{A,2}^*)}{\ln \frac{Y_{A,1}-Y_{A,1}^*}{Y_{A,2}-Y_{A,2}^*}}$$

$$= \frac{(0.0638-2\times0.0228)-(0.0153-2\times0)}{\ln \frac{0.0638-2\times0.0228}{0.0153-2\times0}} = 0.0167$$

气相总传质单元数

$$N_{OG} = \frac{Y_{A,1}-Y_{A,2}}{\Delta Y_{A,m}} = \frac{0.0638-0.0153}{0.0167} = 2.90$$

（2）数学分析法

$$N_{OG} = \frac{1}{1-\frac{mq_{n,B}}{q_{n,C}}}\ln\left[\left(1-\frac{mq_{n,B}}{q_{n,C}}\right)\frac{Y_{A,1}-mX_{A,2}}{Y_{A,2}-mX_{A,2}}+\frac{mq_{n,B}}{q_{n,C}}\right]$$

$$= \frac{1}{1-\frac{2}{2.128}}\ln\left[\left(1-\frac{2}{2.128}\right)\frac{0.0638-0}{0.0153-0}+\frac{2}{2.128}\right]$$

$$= 2.90$$

塔的截面积

$$S = \frac{\pi}{4}\times0.8^2 \text{ m}^2 = 0.503 \text{ m}^2$$

气相传质单元高度

$$H_{OG} = \frac{q_{n,B}}{K_Y aS} = \frac{16.29 \text{ mol·s}^{-1}}{18.87 \text{ mol·m}^{-3}\cdot\text{s}^{-1}\times0.503 \text{ m}^2} = 1.72 \text{ m}$$

填料层高度

$$H = H_{OG}\times N_{OG} = 1.72 \text{ m}\times2.90 = 4.99 \text{ m}$$

传质单元法求填料层高,实质是对传质单元数的定积分项如何求解。当平衡线为曲线时,可以根据定积分的物理意义,采用图解积分、数值积分求解传质单元数。随着计算机技术在工程领域的不断应用,数值积分法将会得到广泛的应用。数值积分法可采用辛普森（Simpson）公式,该方法如下。

将 $Y_{A,2}$ 至 $Y_{A,1}$ 区间分为若干（n 个）偶数等分,列表算出各分点 $Y_{A,i}$ 处对应的 $\frac{1}{Y_{A,i}-Y_{A,i}^*}$ 作为辛普森公式中的 f_i,按下式求传质单元数:

$$N_{OG} = \int_{Y_{A,2}}^{Y_{A,1}} \frac{dY_A}{(Y_A-Y_A^*)}$$

$$= \frac{\xi}{3}(f_0+4f_1+2f_2+4f_3+2f_4+\cdots+2f_{n-2}+4f_{n-1}+f_n) \tag{5-82}$$

式中:ξ 为步长,$\xi=\frac{Y_{A,1}-Y_{A,2}}{n}$;$n$ 取任意整数,n 取值大一些,数值积分结果较准确。

5.4.5　吸收塔的调节与分析

$X_{A,2}$ 增大对吸收结果的影响

吸收操作的效果通常以吸收率 η 或出塔的气体浓度 $Y_{A,2}$ 表示。在操作中的塔,可以通过调节某些参数,寻求提高吸收效果的途径。

在吸收操作中的塔,气体入塔条件已由工艺要求给定。为了达到指定的分离要求 $Y_{A,2}$,可以调节的参数与吸收剂有关,如吸收剂的流量、进塔的浓度和吸收剂的温度。

对于操作中的吸收塔,若降低吸收剂的进塔浓度 $X_{A,2}$(逆流操作),操作线向偏离平衡线方向偏移,全塔平均推动力增大;若吸收剂的温度降低,使平衡线斜率减小,平衡线偏离操作线,也使全塔平均推动力增大,从而提高吸收的效果。吸收剂流量增大,传质的推动力随之增大,但同时解吸塔的操作负荷也会增大,如果因此引起解吸塔操作不正常,将使再生后进入吸收塔的吸收剂浓度增大,致使传质过程推动力减小而不利于吸收过程进行。

吸收剂用量减小对吸收结果的影响

实际工业生产过程中,一个完整的吸收流程往往包括吸收和解吸操作。所以,进入吸收塔吸收剂的各参数调节需要综合考虑。

例 5-8　在一填料塔中用纯溶剂吸收某气体混合物中的可溶组分,进塔气体中吸收质的浓度 $Y_{A,1}=0.05$(物质的量之比,下同),出塔气体中吸收质的浓度 $Y_{A,2}=0.02$,吸收液出口浓度 $X_{A,1}=0.098$。在操作条件下的气液平衡关系为 $Y_A^*=0.5X_A$,两相逆流接触。已知吸收过程为气膜阻力控制,试求当液体流量增加一倍时,出塔气体浓度 $Y_{A,2}'$。并分析导致此浓度变化的原因。

温度降低对吸收结果的影响

解　原工作状态下的液气比

$$\frac{q_{n,C}}{q_{n,B}}=\frac{Y_{A,1}-Y_{A,2}}{X_{A,1}-X_{A,2}}=\frac{0.05-0.02}{0.098-0}=0.306$$

传质单元数

$$N_{OG}=\frac{1}{1-\dfrac{mq_{n,B}}{q_{n,C}}}\ln\left[\left(1-\frac{mq_{n,B}}{q_{n,C}}\right)\frac{Y_{A,1}-mX_{A,2}}{Y_{A,2}-mX_{A,2}}+\frac{mq_{n,B}}{q_{n,C}}\right]$$

$$=\frac{1}{1-\dfrac{0.5}{0.306}}\ln\left[\left(1-\frac{0.5}{0.306}\right)\times\frac{0.05-0}{0.02-0}+\frac{0.5}{0.306}\right]$$

$$=4.76$$

由于吸收过程为气膜阻力控制过程,液体流量增加,传质系数及传质单元高度近似不变,因而该塔所具有的传质单元数不变,则新工作状态下:

$$\left(\frac{q_{n,C}}{q_{n,B}}\right)'=2\frac{q_{n,C}}{q_{n,B}}=2\times0.306=0.612$$

$$N_{OG}=\frac{1}{1-\left(\dfrac{mq_{n,B}}{q_{n,C}}\right)'}\ln\left\{\left[1-\left(\frac{mq_{n,B}}{q_{n,C}}\right)'\right]\frac{Y_{A,1}-mX_{A,2}}{Y_{A,2}'-mX_{A,2}}+\left(\frac{mq_{n,B}}{q_{n,C}}\right)'\right\}$$

$$4.76 = \frac{1}{1-\frac{0.5}{0.612}} \ln \left[\left(1 - \frac{0.5}{0.612} \right) \times \frac{0.05-0}{Y'_{A,2}-0} + \frac{0.5}{0.612} \right]$$

$$Y'_{A,2} = 5.819 \times 10^{-3} < 0.02$$

原工作状态下的平均推动力为

$$\Delta Y_{A,m} = \frac{Y_{A,1}-Y_{A,2}}{N_{OG}} = \frac{0.05-0.02}{4.76} = 6.30 \times 10^{-3}$$

新工作状态下的平均推动力为

$$\Delta Y'_{A,m} = \frac{Y_{A,1}-Y'_{A,2}}{N_{OG}} = \frac{0.05-5.819 \times 10^{-3}}{4.76} = 9.28 \times 10^{-3}$$

两工作状态下的平均推动力之比为

$$\frac{\Delta Y'_{A,m}}{\Delta Y_{A,m}} = \frac{9.28 \times 10^{-3}}{6.30 \times 10^{-3}} = 1.47$$

可见,在塔高及处理气体量均一定时,若其他操作条件不变,液相流量增加使传质推动力增大,传质速率增大,单位时间被吸收的溶质的量增大,则出塔气体中溶质的含量降低。

5.4.6 解吸操作

实际吸收操作除了以制取液体产品为目的外,还应考虑溶剂的回收再利用,一般完整的吸收分离过程,应含有解吸操作。

解吸是溶质从液相往气相转移的过程,与吸收的传质方向相反,过程的推动力为$(Y^*_A - Y_A)$或$(p^*_A - p_A)$,则提高p^*_A或降低p_A对解吸过程有利。解吸过程以此为依据,工业上常用的解吸操作方法有气提解吸法和提馏法。

1. 气提解吸法(气提法)

该法是将需要再生的吸收剂从解吸塔的顶部喷淋而下,不含(或含微量)溶质的载气通入解吸塔的底部,如图5-19(a)所示,由于此时$Y_{A,2} < Y^*_{A,2}$,即$p_{A,2} < p^*_{A,2}$,使溶质从吸收剂(液相)往气相转移,达到再生的目的,如图5-19(b)所示。该法适用于脱除含少量溶质并以吸收剂再生为目的的过程,一般难以得到较纯净的溶质。常用的载气有空气、氮气及二氧化碳等。

2. 提馏法

提馏法以水蒸气为载气,直接向解吸塔底部通入水蒸气。在此解吸过程中水蒸气即起到载气的作用,同时又作为加热介质,即气提与升温同时并用,有利于解吸过程的进行。提馏法在塔顶通常设有冷凝器,使水蒸气从解吸塔出来后在塔顶冷凝。若被解吸出的溶质冷凝后与水形成不互溶的体系可以分层,可以用倾析器将水和溶质分层,如用洗油吸收焦炉气中的芳烃后,就可用此法得到芳烃,同时溶剂(洗油)得到再生。

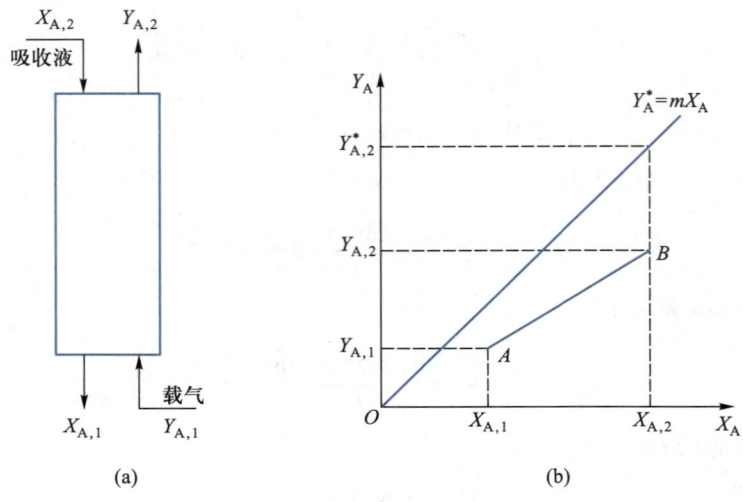

图 5-19   气提解吸过程示意图

由于解吸是吸收的逆过程,所以吸收所采用的塔设备及吸收塔的有关设计型计算都适用于解吸过程。

5.5   其他类型吸收过程简介

5.5.1   多组分吸收

在吸收过程中,如果有两个以上组分同时被吸收的过程,称为多组分吸收。工业上经常遇到多组分吸收是用液态烃混合物吸收气态烃混合物,例如,用挥发性极低的液态烃吸收石油裂解气中的多种烃类组分(C_5,C_6,C_7 等),使之与甲烷、氢气分开,以及炼焦时用洗油吸收焦炉气中的苯、甲苯和二甲苯等。

多组分吸收过程是气相中一些组分溶到不挥发或难挥发吸收剂中去的单向传质过程。根据吸收过程的要求,把原料中需要严格除去的或必须保存的某一组分定义为关键组分,难溶的组分作为轻组分,易溶的组分作为重组分。这些组分在不同的塔段吸收程度不同。

关键组分:全塔范围内均有吸收;

轻组分:靠近塔顶的几级被吸收;

重组分:主要在塔底附近吸收。

多组分吸收过程溶解热比较大,而且气体的溶解热所引起的温度变化已经不能忽略。同时,不能认为气、液两相的流率是一成不变的(塔中气相和液相的总流率都是向下增大的)。因此,多组分的计算远较单组分的计算复杂。

关于多组分吸收过程的计算,首先要根据工艺要求确定一个关键组分,按照关键组分的分离要求,确定最小液气比、操作液气比及溶剂的用量,采用吸收因子法、多组分多级分离的严格计算等方法进行有关计算(相关内容请参看有关化工分离过程的专著)。

5.5.2 化学吸收

在某些情况下,溶质溶解于吸收剂后,能与吸收剂中的某一(或某些)组分发生化学反应,这种伴有化学反应的吸收过程称为化学吸收。例如,用 K_2CO_3 水溶液吸收 CO_2 是一典型的化学吸收过程。化学吸收可以用来净制气体和直接制取产品,如以碱液或胺类液体的水溶液吸收合成气或天然气中的 CO_2,H_2S 等杂质,用水吸收二氧化氮制取硝酸等。

化学吸收过程,溶质从气相主体向气液界面的传质机理与物理吸收过程相同,但是在液膜或液相主体中发生了化学反应,减少了液相主体中溶质的浓度,溶质的平衡分压降低,增加了传质推动力;溶质在液膜内的反应使溶质的扩散距离或扩散阻力减小,液膜传质系数增大。可见,液相中的化学反应使液相传质分系数和传质推动力变化,强化了质量传递过程。

由于化学吸收所用吸收剂的容量大和用量小,提高了吸收率,有效降低了设备的投资和能耗,在生产中应用较广。

如果只发生液相反应的化学吸收,气相传质与物理吸收相同,液相侧的传质速率方程可以表示为

$$N_A = Ek_L(c_{A,i} - c_A) = k'_L(c_{A,i} - c_A) \tag{5-83}$$

式中:k_L 为物理吸收时的液相传质分系数;k'_L 为化学吸收时的液相传质分系数。

定义

$$E = \frac{k'_L}{k_L} \tag{5-84}$$

式中:E 称为化学吸收的增强因子,表示化学反应对传质速率增强的程度。增强因子可以理解为:与相同条件下的物理吸收比较,由于液相中化学反应的存在使传质系数增加的倍数。增强因子随化学反应速率的增大而增大。

如果能够得到增强因子 E,则可以很方便地通过 k_L 求得 k'_L,此时可以采用与物理吸收类似的方法计算化学吸收所需的填料层高度。

5.5.3 非等温吸收

实际上的吸收过程都会产生溶解热,若伴有化学反应时还会产生反应热,对低浓度气体的吸收,液气比较大,吸收过程的热效应小,可近似作为等温吸收处理。但在实际化工生产中,如用浓硫酸吸收 SO_3,用水吸收甲醛和氯化氢等,具有较大的溶解热或反应热,从而使吸收过程体系的温度发生较为显著的变化,影响气液相平衡关系和吸收速率。

1. 气液相平衡关系

气体在吸收剂中的溶解度大小将随体系的温度变化,从而影响相平衡关系。当体系温度升高时,平衡线将往操作线方向偏移,吸收过程的推动力减小。为达到指定的分离要求,需要更大的液气比或更高的填料层(或更多的理论塔板)。

2. 吸收速率

由于吸收过程热效应使体系温度变化,但温度变化对气膜传质系数 k_G 与液膜传质系数 k_L 的影响各不相同。通常,温度升高,气膜传质系数 k_G 下降。因此,对于气膜控制的吸收过程,应该在尽可能较低的温度下进行。对某些吸收过程,温度增加虽降低了传质推动力和气膜传质系数 k_G,但却增大了溶质在液相中的扩散系数,同时还降低了液体的黏度,使液膜传质系数 k_L 增大;并且温度对 k_L 的影响程度更大于 k_G。所以,对于某些液膜控制的吸收过程,在操作过程的某个阶段适当提高液体的温度,将有利于吸收速率的增大。

对于非等温吸收过程,温度的选择应综合考虑温度对气液相平衡关系和吸收速率的影响等因素。

思 考 题

5-1   气体吸收的基本依据是什么? 吸收在化工生产过程有哪些用途?

5-2   吸收操作的主要操作费用有哪些?

5-3   工业吸收过程中气液接触的方式有哪两种?

5-4   吸收剂经换热器冷却后再进入吸收塔与直接进入吸收塔两种情况,吸收效果有什么区别?

5-5   在填料塔内用清水逆流吸收混合气体中的氨,由于风机因故障输出混合气的流量降低,这时气相总传质阻力如何变化?

5-6   在气液两相间的传质过程,什么情况下属于气膜阻力控制? 什么情况下属于液膜阻力控制?

5-7   在逆流操作的吸收塔中,塔顶出塔气体浓度的最低值如何确定?

5-8   对于低浓度气体的吸收过程,为什么可以近似作为等温过程?

5-9   对于低浓度气体的吸收过程,为什么在全塔范围内吸收系数可以作为常数处理?

5-10   试说明吸收塔操作线方程的物理意义。

5-11   吸收剂的进塔条件有哪三个要素? 操作中调节这三要素,分别对吸收结果有什么影响?

5-12   什么是最小液气比? 对于实际操作的逆流吸收塔,如果液气比小于最小液气比,吸收过程能进行吗?

5-13   气相总传质单元数的定义是什么? 它的物理意义是什么?

5-14   气相总传质单元高度的定义是什么? 它的物理意义是什么? 它反映了吸收设备的什么性能?

5-15   某一逆流操作的吸收塔,其塔径及填料层高度各为一定值,用清水吸收某混合气体中的溶质。如果混合气体流量、吸收剂清水流量及操作温度与压力分别保持不变,而使进口混合气体中的溶质组成 $Y_{A,1}$ 增大。试分析气相总传质单元数 N_{OG}、混合气出口组成 $Y_{A,2}$、吸收液组成 $X_{A,1}$ 及溶质的吸收率 η 将如何变化。并画出操作示意图。

习   题

5-1   温度分别为 10 ℃ 及 30 ℃、总压为 101.3 kPa 的空气和水接触,空气中氧的体积分数为 21%。试求:

(1) 水溶液中氧的最大浓度 (x_A, c_A);

(2) 溶解度系数。

答:(1) 6.43×10^{-6},3.57×10^{-4} kmol·m⁻³;4.42×10^{-6},

2.45×10^{-4} kmol·m⁻³;

(2) 1.678×10^{-5} kmol·m^{-3}·s^{-1}，1.15×10^{-5} kmol·m^{-3}·s^{-1}

5-2 已知在 1.013×10^5 Pa 下，一定温度下的 100 g 水中溶有 H_2S 4.143×10^{-3} g，溶液上方 H_2S 的平衡分压为 2026 Pa，水的密度近似取 1000 kg·m^{-3}。求：

（1）溶解度系数 H（mol·m^{-3}·Pa^{-1}）；

（2）以气相分压与液相摩尔分数之间关系表示的相平衡方程；

（3）相平衡常数；

（4）总压提高一倍时的 E、H、m 值。

答：（1）1.135×10^{-3} mol·m^{-3}·Pa^{-1}；（2）$p_A^*=4.895\times10^7 x_A$；（3）482.82；（4）$E,H$ 不变，$m=241.41$

5-3 在 303 K 下，SO_2 分压为 3039 Pa 的混合气分别与下列溶液接触：

（1）含 SO_2 25.60 mol·m^{-3} 的水溶液；

（2）含 SO_2 36.25 mol·m^{-3} 的水溶液。

求这两种情况下传质的方向和传质推动力（分别以 SO_2 气相分压差和液相浓度差表示）。已知 303 K 时，SO_2 的 $E=4.85\times10^6$ Pa。

答：（1）9.04 mol·m^{-3}，793.5 Pa；（2）1.61 mol·m^{-3}，140.8 Pa

5-4 20 ℃ 的水与氮气逆流接触，以脱除水中溶解的氧气。塔底入口的氮气中含氧 0.1%（体积分数），设气液两相在塔底达到平衡，平衡关系服从亨利定律。求下列两种情况下水离开塔底时的最高含氧量，以 mg·m^{-3} 表示。

（1）操作压强为 0.1 MPa（绝对压强）；

（2）操作压强为 0.04 MPa（绝对压强）。

答：（1）43.71 mg·m^{-3}；（2）17.48 mg·m^{-3}

5-5 某逆流吸收塔塔底排出液中含溶质 $x_A=3\times10^{-4}$（摩尔分数），进口气体中含溶质 2.5%（体积分数），操作压强为 0.1 MPa。气液平衡关系为 $y_A^*=50x_A$。现将操作压强由 0.1 MPa 增至 0.2 MPa，问塔底推动力 $(y_A-y_A^*)$ 及 $(x_A^*-x_A)$ 各是原来的多少倍？

答：1.75；3.5

5-6 某吸收塔用溶剂 B 吸收混合气体中的 A 化合物。在塔的某一截面上，气相中 A 的分压为 21278 Pa，液相中 A 的浓度为 1.00×10^{-3} kmol·m^{-3}，气液之间的传质速率为 4×10^{-5} kmol·m^{-2}·s^{-1}，气膜传质系数 k_g 为 3.95×10^{-9} kmol（s·m^2·Pa）$^{-1}$。系统服从亨利定律，当 $p_A=8106$ Pa 时，液相的平衡浓度为 1.00×10^{-3} kmol·m^{-3}，求下列各项：

（1）k_L，K_G，K_L；

（2）$p_A-p_{A,i}$，$c_{A,i}-c_A$，$(p_A-p_A^*)$，$(c_A^*-c_A)$；

（3）气相阻力占总阻力的百分数。

答：（1）0.1064 m·s^{-1}；3.037×10^{-6} mol·m^{-2}·s^{-1}·Pa；0.0246 m·s^{-1}；

（2）1.013×10^4 Pa；0.375 mol·m^{-3}；1.317×10^4 Pa；1.625 mol·m^{-3}

（3）76.9%

5-7 图 5-20 所示为两种双塔吸收流程，试在 Y_A，X_A 图上定性画出每种吸收流程中 a，b 两塔的操作线和平衡线，并标出两塔对应的进、出口浓度（平衡关系服从亨利定律）。

答：略

5-8 一逆流操作的吸收塔，在 101.33 kPa、25 ℃ 条件下进行操作。塔内用清水吸收混合气体中的 SO_2，进塔气体含 SO_2 4%（体积分数），吸收率为 90%。该物系服从亨利定律，亨利系数 $E=4.13\times10^6$ Pa。试计算：

（1）操作液气比为最小液气比的 1.15 倍时，操作液气比 $q_{n,C}/q_{n,B}$ 和液体出塔组成 $X_{A,1}$（物质的量之比）各为多少？

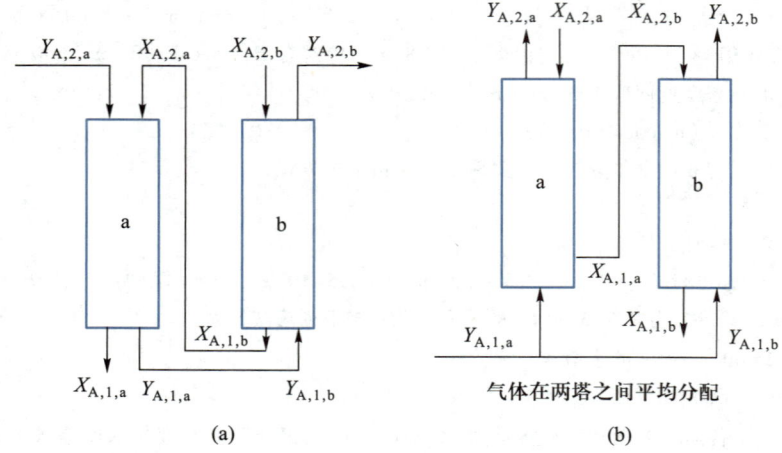

图 5-20 习题 5-7 附图

（2）若操作压力改为 $4.04×10^5$ Pa，其他条件不变，操作液气比 $q_{n,C}/q_{n,B}$ 和液体出塔组成 $X_{A,1}$ 又为多少？

答：（1）42.2；$8.897×10^{-4}$；（2）10.58；$3.545×10^{-3}$

5-9 某吸收塔每小时从混合气中吸收 512 kg SO₂。已知进塔气中 SO₂ 的含量为 5%（质量分数），其余视为空气。混合气的平均相对分子质量取 29，水的用量为最小吸收用量的 1.65 倍，在操作条件下的平衡关系为 $Y_A^* = 26.7X_A$。试计算每小时用水量为多少立方米？

答：266.44 m³·h⁻¹

5-10 气体混合物中溶质的组成 $Y_{A,1} = 0.02$，溶质的吸收率为 99%，气液相平衡关系为 $Y_A^* = 1.0X_A$。试求下列情况的传质单元数。

（1）入塔液体为纯溶剂，液气比 $q_{n,C}/q_{n,B} = 2.2$；

（2）入塔液体为纯溶剂，液气比 $q_{n,C}/q_{n,B} = 1.25$；

（3）入塔液体组成 $X_{A,2} = 0.0001$，液气比 $q_{n,C}/q_{n,B} = 1.25$；

（4）入塔液体为纯溶剂，液气比 $q_{n,C}/q_{n,B} = 0.8$，溶质的回收率最大可达多少？

答：（1）7.35；（2）15.17；（3）18.52；（4）80%

5-11 30 ℃，常压逆流操作的填料吸收塔中，用清水吸收焦炉气中的氨。焦炉气处理量为 6000 m³·h⁻¹（标准状态下）。进塔气体中氨的含量为 3%（体积分数），要求氨的吸收率不低于 98%。水的用量为最小用量的 1.6 倍，空塔气速取 1.0 m·s⁻¹。已知操作条件下的平衡关系为 $Y_A^* = 1.2X_A$，气相体积吸收总系数 $K_Ya = 0.06$ kmol·(m³·s)⁻¹。试求：

（1）分别用对数平均推动力法及吸收因数法求气相总传质单元数；

（2）填料层高度。

答：（1）8.09；（2）5.26 m

5-12 某厂有一填料塔，直径 880 mm，填料层高 6 m，所用填料为 50 mm 瓷拉西环，乱堆。每小时处理 2000 m³ 混合气（体积按 25 ℃ 与 101.33 kPa 计），其含丙酮 5%（体积分数），用清水作吸收剂。塔顶送出的废气含 0.263%（体积分数）的丙酮，塔底送出来的溶液每千克含丙酮 61.2 g。根据上述测试数据计算气相体积总传质系数 K_Ya。操作条件下的平衡关系为 $Y_A^* = 2X_A$。上述情况下每小时可回收多少千克丙酮？若把填料层加高 3 m，可以多回收多少丙酮？

答：171.16 kmol·m⁻³·s⁻¹；225.4 kg；6.9 kg

5-13 今有逆流操作的填料吸收塔，用清水吸收原料气中的甲醇。已知处理气量为 0.278 m³·s⁻¹（标准状态），原料气中含甲醇 100 g·m⁻³，吸收后的溶液中甲醇浓度为 0.0196（物质的量之比）。设在标准状况下操作,吸收平衡关系为 $Y_A^* = 1.15X_A$,甲醇回收率为 98%,$K_Ya = 26.41\ \mathrm{mol\cdot(m^3\cdot s)^{-1}}$,空塔气速为 $0.5\ \mathrm{m\cdot s^{-1}}$。试求:

(1) 水的用量;

(2) 填料层高度。

答:(1) $0.78\ \mathrm{kg\cdot s^{-1}}$;(2) 4.0 m

5-14　有一填料吸收塔,填料高 10 m,用清水逆流洗去混合气中的有害组分 A,在一定的操作条件下,测得进、出塔气体中含 A 分别为 $Y_{A,1} = 0.025$,$Y_{A,2} = 0.0045$,出塔液相中含 A 0.008(均为比摩尔分数)。相平衡常数 $m = 1.5$,问:

(1) 该操作条件下的气相总传质单元高度为多少?

(2) 因要求塔顶出塔气体中含 A 为 0.003(比摩尔分数),如液气比不变,填料层应加高多少?

答:(1) 3.91 m;(2) 3.18 m

5-15　在高度为 6 m 的填料塔内,用纯吸收剂吸收某气体混合物中的可溶组分,在操作条件下,相平衡常数 $m = 0.5$,当 $q_{n,C}/q_{n,B} = 0.8$ 时,溶质回收率可达 90%,现改用另一种性能较好的填料在相同条件下其吸收率提高到 95%,问此填料的体积传质系数是原填料的多少倍?

答:1.42 倍

5-16　有一填料吸收塔,用清水吸收混合气中的溶质 A,以逆流方式操作。进入塔底混合气中溶质 A 的摩尔分数为 1%,溶质 A 的吸收率为 90%。此时,水的流量为最小流量的 1.4 倍。平衡线的斜率 $m = 1$。试求:

(1) 气相总传质单元数 N_{OG};

(2) 若想使混合气中溶质 A 的吸收率为 95%,仍用原塔操作,且假设不存在液泛,气相总传质单元高度 H_{OG} 不受液体流量变化的影响。此时,可调节什么变量,简便而有效地完成任务?试计算该变量改变的百分数。

答:(1) 5.09;(2) 可增大吸收剂用量,41.83%

5-17　有一吸收塔,其填料层高为 3 m,操作压强为 0.1 MPa(绝对压强),温度为 20 ℃。现用来吸收氨-空气混合气体中的氨,吸收率为 99%。混合气体中含氨 0.06(摩尔分数),进口气体流率为 $0.161\ \mathrm{kg\cdot(m^2\cdot s)^{-1}}$,进口清水流率为 $0.214\ \mathrm{kg(m^2\cdot s)^{-1}}$。假定等温逆流操作,平衡关系为 $Y_A^* = 0.9X_A$,且 K_G 与气体流速的 0.8 次方成正比。试分别计算下列情况下的填料层高度。

(1) 将操作压强增加一倍;

(2) 将进口水流量增加一倍;

(3) 将进口气体流量增加一倍。

答:(1) 1.2 m;(2) 2.4 m;(3) 7.88 m

5-18　某填料吸收塔用 $X_{A,2} = 0.0002$ 的溶剂逆流吸收混合气中的可溶组分,采用的液气比为 3,气体入口浓度 $Y_{A,1} = 0.01$,回收率可达 $\eta = 0.90$。今因解吸不良使吸收剂入口浓度 X_2 升至 0.00035。试求:

(1) 可溶组分的回收率下降至多少?

(2) 液相出塔浓度升高至多少?

已知物系的平衡关系为 $Y_A^* = 2.0X_A$。

答:(1) 87.2%;(2) 3.26×10^{-3}

第 6 章

精　馏

　　蒸馏是分离均相液体混合物常用的方法。该法是利用液体混合物中各组分挥发度的不同将液体部分汽化,当气、液两相达到平衡时,则各组分在两相中的相对含量不同,气相中易挥发组分的含量高于液相中该组分的含量,而液相中的难挥发组分也会高于该组分在气相中的含量。利用液体混合物中各组分挥发度不同的性质,对液体混合物进行多次部分汽化和部分冷凝相结合的操作后,就会使气相中易挥发组分的含量越来越高,而液相中难挥发组分的含量也越来越高,从而达到分离混合物的目的。

　　在实际生产中,常用的蒸馏方法有简单蒸馏、平衡蒸馏、精馏和特殊精馏等。其中,简单蒸馏通常适用于较易分离的液体混合物或对分离要求不高的场合;如果液体混合物较难分离或分离要求较高,则应采用精馏方法。对于用普通精馏方法还无法分离或难以分离的混合物,有的可以采用特殊精馏。若从操作方式看,则有间歇精馏和连续精馏之分。间歇精馏又称分批精馏,适用于多品种和小规模生产,在大规模连续生产中主要采用连续精馏。

　　如果从分离混合物组分的数目看,又有双组分精馏和多组分精馏之分。从操作压强看,有常压精馏、减压精馏和加压精馏之分。从加入混合液中物系的特性看,还有共沸精馏、萃取精馏、溶盐精馏和反应精馏等。在化工生产中,最常见的精馏操作是多组分精馏。由于多组分精馏的基本原理和计算方法与双组分精馏无本质区别,所以本章主要讨论常压双组分连续精馏,然后以双组分溶液的精馏原理和计算方法为基础,推广到多组分精馏的计算中去。

6.1　气液相平衡

6.1.1　y-x 相图

　　研究精馏过程必须掌握气液相平衡关系。气液相平衡关系是在一定温度和压力的条件下,气、液两相达到平衡状态时,其组成在气、液两相间的分配关系。因为精馏过程是气、液两相间的传质过程,常用组分在两相中偏离平衡的程度来衡量传质推动力的大小,故气液相平衡关系是阐明精馏原理和进行精馏计算的理论依据。

　　表达气液相平衡关系最直观清晰的方式是气液平衡相图,在双组分精馏时,用气液平衡相图进行计算比较方便。

气液相平衡

　　双组分溶液的气液平衡相图,既可用恒温下表示压力与组成的 p-$x(y)$ 图表示,也可用恒压下表示沸点与组成的 t-$x(y)$ 图表示,还可用平衡时表示气相组成和液相组成的 y-x 图表示。在以上相图中,最常用的相图是恒定压力下的 t-$x(y)$ 相图和 y-x 相图。

　　图 6-1 所示为总压为 1.013×10^5 Pa 时,苯-甲苯混合液的温度与气液平衡组成的 t-$x(y)$

图,图中纵坐标为温度,横坐标为气相(或液相)浓度 $y(x)$。上曲线为 $t-y$ 线,表示平衡温度和气相浓度 y 之间的关系,称为饱和蒸气线或露点线。下曲线为 $t-x$ 线,表示平衡温度和液相浓度 x 之间的关系,称为饱和液体线或泡点线。上曲线和下曲线将 $t-x(y)$ 图分成三个区域,饱和液体线下方区域称为液相区,表示未沸腾的液体;饱和蒸气线上方区域称为过热蒸气区,表示过热蒸气;两曲线之间的区域称为气液共存区,在此区域内气、液两相共存。

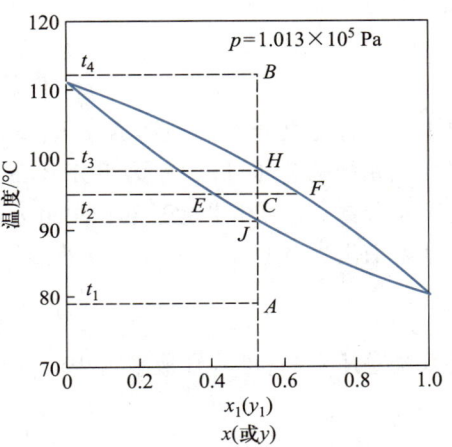

图 6-1   苯-甲苯混合液的 $t-x(y)$ 图

　　由图 6-1 可见,若将温度为 t_1,浓度为 x_1(A 点)的混合液加热升温到泡点 t_2(J 点)时,液体沸腾,开始出现两相,继续加热至 C 点时,气相和液相浓度分别为 F 点和 E 点对应的浓度。显然,气相浓度大于液相浓度。若继续加热升温至露点 t_3(H 点)时,所有液相则全部汽化,气相浓度与原料液浓度相同。再加热,则气相成为过热蒸气(B 点)。在 $t-x(y)$ 图上明显表示了混合物中组分浓度随温度的变化。若将过热蒸气冷却,其过程与升温时相反,气相将逐渐冷凝成液相。

　　图 6-2 所示为总压为 1.013×10^5 Pa时,苯-甲苯混合液的气液平衡相图($y-x$ 图),以 x 为横坐标,y 为纵坐标作图,图中曲线表示液相浓度 x 和与之平衡的气相浓度 y 之间的关系,称为相平衡曲线。在曲线上任一点都表示液相浓度 x 与气相浓度 y 互成平衡,如 D 点的 x_1,y_1。

　　图中的对角线 $x=y$,是用图解法精馏计算时的参考线。对于大多数互溶的混合溶液,当两相达到平衡时,气相中易挥发组分浓度 y 总是大于液相中易挥发组分的浓度 x。所以,平衡曲线距离对角线越远,说明该溶液越易分离。

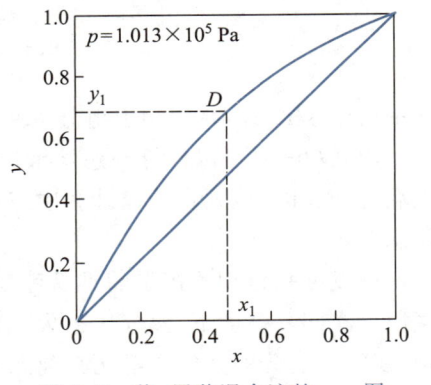

图 6-2   苯-甲苯混合液的 $y-x$ 图

　　$y-x$ 图可依据 $t-x(y)$ 图作出,而许多常见的双组分溶液的气液相平衡数据 $x-y$,都是在常压下由实验测定的,需要时可从化工手册中查取。$y-x$ 平衡曲线虽然是在恒压下测定的,但实验表明,总压对相平衡曲线的影响不大,而 $t-x(y)$ 图却随压强的变化而变化较大,这也是精馏计算中用 $y-x$ 图比用 $t-x(y)$ 图方便的原因。

6.1.2　气液相平衡方程

　　气液相平衡数据也可由热力学公式计算。根据溶液中相同分子间和不同分子间作用力的差异,可将溶液分为理想溶液和非理想溶液。本章所讨论的气液平衡计算,主要是理想溶液。所谓理想溶液,是指溶液中不同组分分子间的作用力和相同分子间的作用力完全相等。理想溶液的气液相平衡关系遵循拉乌尔定律,即当气、液两相达到平衡时,溶液上方某一组

分的蒸气压与溶液中该组分的摩尔分数成正比:

$$p_A = p_A^* x_A \tag{6-1}$$

$$p_B = p_B^* x_B = p_B^* (1 - x_A) \tag{6-2}$$

式中:p_A^* 为纯组分 A 的饱和蒸气压,Pa;p_B^* 为纯组分 B 的饱和蒸气压,Pa;p_A 为组分 A 在平衡气相中的分压,Pa;p_B 为组分 B 在平衡气相中的分压,Pa;x_A 为相平衡时液相中组分 A 的摩尔分数;x_B 为相平衡时液相中组分 B 的摩尔分数。

溶液上方的总压应为各组分的蒸气压之和,即

$$p = p_A + p_B \tag{6-3}$$

若系统总压不高,可将气液平衡中的气相作为理想气体看待,由道尔顿分压定律得

$$y_A = \frac{p_A}{p} \tag{6-4}$$

$$y_B = \frac{p_B}{p} \tag{6-5}$$

将式(6-1)、式(6-2)和式(6-3)代入式(6-4)和式(6-5),可得

$$y_A = \frac{p_A^* x_A}{p_A + p_B} \qquad y_B = \frac{p_B^* x_B}{p_A + p_B} \tag{6-6}$$

式中:y_A 为相平衡时气相中组分 A 的摩尔分数;y_B 为相平衡时气相中组分 B 的摩尔分数。

由式(6-6)可以计算理想溶液的气液相平衡数据,但因溶液中各组分的饱和蒸气压是随温度变化的,该式在精馏计算中应用很不方便。为了简化精馏计算,常采用相对挥发度的概念。

挥发度是指物质挥发的难易程度。纯液体的挥发度是指该液体在一定温度下的饱和蒸气压。在同一温度下,蒸气压越大,表示液体越易挥发。而在溶液中,因各组分之间相互影响,使每一组分的蒸气压都比其纯态时低。因此,混合液中某组分的挥发度用该组分在气相中的平衡分压与其在液相中的摩尔分数之比来表示,即

$$\nu_A = p_A / x_A \tag{6-7}$$

$$\nu_B = p_B / x_B \tag{6-8}$$

式中:ν_A 和 ν_B 分别为溶液中组分 A 和 B 的挥发度。

根据拉乌尔定律,对于理想溶液,则有

$$\nu_A = p_A^* \qquad \nu_B = p_B^*$$

故溶液中各组分的挥发度也随温度的变化而变化。相对挥发度的定义则为溶液中易挥发组分的挥发度 ν_A 与难挥发组分的挥发度 ν_B 之比,用 α 表示,即

$$\alpha = \frac{\nu_A}{\nu_B} = \frac{p_A / x_A}{p_B / x_B} \tag{6-9}$$

由式(6-4)和式(6-5)可得

$$\alpha = \frac{p_A / x_A}{p_B / x_B} = \frac{y_A x_B}{y_B x_A} \tag{6-10}$$

显然,对于理想溶液,应有

$$\alpha = \frac{p_A^*}{p_B^*} \tag{6-11}$$

式(6-11)表明理想溶液中两组分的相对挥发度等于同温度下两个组分的饱和蒸气压之比。当温度发生变化时,由于 p_A^* 和 p_B^* 均随温度沿相同方向变化,因而两者比值的变化不大,通常可视为定值,或者取操作温度范围内的平均值。

由于各组分挥发度不同,故组分间的相对挥发度不等于 1,在气、液两相达到平衡时,溶液中任一组分在气相和液相中的浓度也不一样。因此,相对挥发度的大小也就确定了双组分或多组分溶液的气液相平衡关系。

对于双组分理想溶液,由式(6-10)可得

$$\alpha = \frac{y_A(1-x_A)}{(1-y_A)x_A} \tag{6-12}$$

省略下标并整理得

$$y = \frac{\alpha x}{1+(\alpha-1)x} \tag{6-13}$$

式(6-13)称为气液相平衡方程。y-x 相图可由此方程作出。

例 6-1　已知苯(A)和甲苯(B)在总压为 1.013×10^5 Pa 时的饱和蒸气压数据(表6-1),试计算苯-甲苯混合液的平均相对挥发度,并求出其气液相平衡方程。

表 6-1　例 6-1 附表

温度/ ℃	85	90	95	100	105
$p_A^* / (10^5 \text{Pa})$	1.169	1.355	1.557	1.792	2.042
$p_B^* / (10^5 \text{Pa})$	0.460	0.540	0.633	0.743	0.86

解　苯-甲苯混合液为理想溶液,故相对挥发度可由式(6-11)计算,当温度变化时,相对挥发度可取操作温度范围内的平均值,即

85 ℃时

$$\alpha_1 = p_A^* / p_B^* = \frac{1.169 \times 10^5 \text{ Pa}}{0.460 \times 10^5 \text{ Pa}} = 2.54$$

105 ℃时

$$\alpha_2 = p_A^* / p_B^* = \frac{2.042 \times 10^5 \text{ Pa}}{0.86 \times 10^5 \text{ Pa}} = 2.37$$

故平均相对挥发度为

$$\alpha_m = \frac{\alpha_1 + \alpha_2}{2} = 2.46$$

由此可得苯-甲苯的气液相平衡方程为

$$y = \frac{2.46x}{1+1.46x}$$

由例 6-1 可知，计算物系的气液相平衡数据，可用气液相平衡方程。不同 α 值的 y-x 图如图 6-3 所示。α 值的大小可用来判断混合液能否用蒸馏方法分离及分离的难易程度。α 值越大，两组分间的挥发度的差别也越大，越容易分离。若 $\alpha=1$，表明气液相组成相同，不能用普通精馏方法分离该溶液。对于多组分溶液，由于 x_A 和 x_B 之间，y_A 和 y_B 之间没有上述那种简单关系，但只要已知相对挥发度以后，仍可用类似式（6-13）的公式计算其相平衡关系。

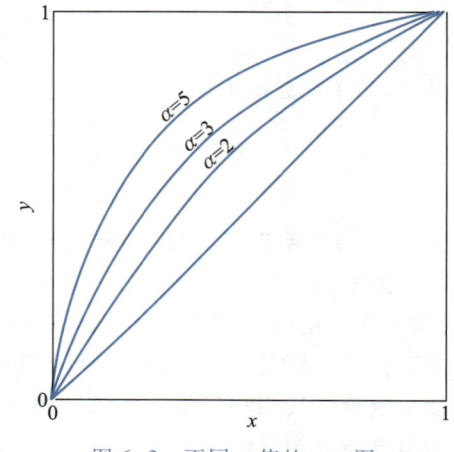

图 6-3　不同 α 值的 y-x 图

6.2　精馏原理

6.2.1　精馏基本原理

简单蒸馏是单级分离过程，即对溶液只进行一次部分汽化，故只能使混合液获得部分分离；而精馏则是对混合液同时进行多次部分汽化和部分冷凝相结合的操作，它可使溶液中的组分得到几乎完全的分离。

精馏原理可用 t-$x(y)$ 图来说明。如图 6-4 所示，若将组成为 x_f、温度低于 t_1 的混合液加热至温度 t_1（t_1 大于泡点），使混合液部分汽化，则所得气相组成为 y_1，液相组成为 x_1，由相图可知 $y_1>x_f>x_1$；若继续将组成为 y_1 的气相部分冷凝到温度 t_2，则可得到组成为 y_2 的气相和组成为 x_2 的液相，$y_2>y_1$；若继续将组成为 y_2 的气相部分冷凝到温度 t_3，则 $y_3>y_2$。由此可见，气相混合物经多次部分冷凝后，在气相中即可得到较高浓度的易挥发组分。部分冷凝次数越多，气相中易挥发组分的含量越高，若将组成为 x_1 的液相加热到温度 t_2'，使其部分汽化，可得到组成为 x_2' 的液相，再将组成为 x_2' 的液相加热，升温至 t_3' 部分汽化，又可得到组成为 x_3' 的液相，气液分离后得到的液相组成为 $x_3'<x_2'<x_1$。可见，液体混合物经多次部分汽化和部分冷凝后从气相得到较纯的易挥发组分；而从液相则得到较纯的难挥发组分。因此，精馏过程是多次部分汽化和多次部分冷凝相结合的

精馏原理

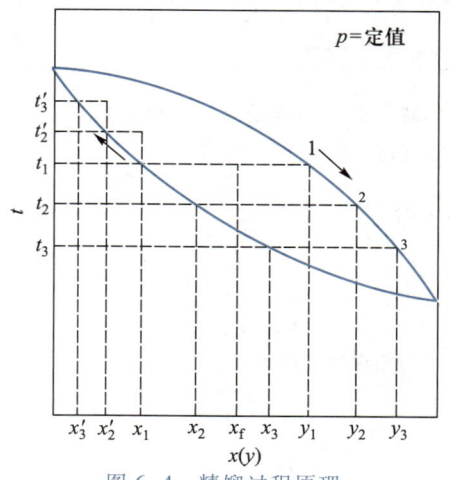

图 6-4　精馏过程原理

操作。在实际生产中上述精馏操作是不能采用的,因为每次部分汽化和部分冷凝都需要用相应的加热器和冷凝器来完成,必然产生许多中间馏分,使得纯产品的收率很低。故工业上的精馏过程都是采用精馏塔来完成的。

常见的精馏塔分板式塔和填料塔两种。在板式塔中安装了若干层的塔板,每层塔板上保持有一定的液层高度,气、液两相通过塔板进行部分汽化和部分冷凝;在填料塔内则充填一定高度的填料层,气、液两相在被润湿的填料表面上进行部分汽化和部分冷凝。

图 6-5 所示为一层塔板上的操作情况,塔板上均匀分布着许多小孔,气体由下而上通过小孔,液体则通过上一层溢流管由上而下,在该层塔板上横向流过,再由本层溢流管进入下一层塔板,气液两相在塔板上进行充分接触完成液体的部分汽化和气体的部分冷凝操作。

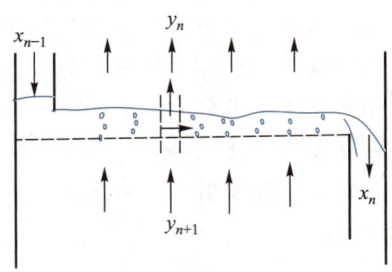

图 6-5 一层塔板上的操作情况

假设由 $n+1$ 层塔板进入第 n 层塔板的气相组成和温度分别为 y_{n+1} 和 t_{n+1},而由上一层塔板($n-1$)进入第 n 层塔板的液相组成和温度分别为 x_{n-1} 和 t_{n-1},显然,$t_{n+1} > t_{n-1}$,$x_{n-1} > x_{n+1}$。当组成为 y_{n+1} 的气相和组成为 x_{n-1} 的液相在第 n 层塔板上充分接触,使气液两相逐渐趋于平衡时,必然产生气相部分冷凝,其中部分难挥发组分冷凝进入液相,与此同时液相部分汽化,其中部分易挥发组分汽化进入气相。结果使离开第 n 层塔板的气体中易挥发组分的含量高于进入该层塔板的气体的含量,即 $y_n > y_{n+1}$;而离开第 n 层塔板的液相中易挥发组分的含量则低于进入该层塔板的液相含量,即 $x_n < x_{n-1}$。根据恒摩尔流假定,由气相部分冷凝所放出的潜热应恰好补偿液相部分汽化所需的潜热,使塔板上的温度保持不变。如果气液两相在塔板上充分接触后使得离开该板的气液两相达到了平衡,则其气液相组成应符合气液相平衡关系。这种塔板称为理论塔板。

由此可见,气液两相相向通过精馏塔的每一层塔板时,就会在该塔板上完成一次部分汽化和部分冷凝操作,实现对物料的一次提纯。只要塔内有足够多的塔板数,使气液两相经过多次部分汽化和多次部分冷凝,就可在塔顶气相中得到较纯的易挥发组分,在塔底液相中获得较纯的难挥发组分,从而达到分离均相混合物的目的。

从以上分析可知,上一层塔板下降的液体和下一层塔板上升的蒸气的充分接触是保证气液两相进行部分汽化和部分冷凝的必要条件。在精馏塔顶部装有冷凝器,使最后达到塔顶的气体全部冷凝,冷凝后的液体部分作为产品,部分返回塔内,称为回流。在精馏塔底部装有再沸器,使到达塔底的液体部分作为产物,其余部分则被加热汽化,上升进入塔中。这样就为精馏过程创造了进行多次部分汽化和部分冷凝操作的条件。

6.2.2 精馏流程

1. 连续精馏流程

连续精馏流程如图 6-6 所示,原料液从精馏塔的加料板送入,在加料板上与上一层塔板下降的回流液混合后,逐板下降,直达塔底,一部分进入再沸器。由再沸器加热汽化的气体从塔底进入精馏塔,然后逐板上升与回流液接触,直达塔顶,在冷凝器中全部冷凝后一部分作为回流液返回塔内,另一部分作为馏出液产品采出。每层塔板上都进行传热和传质,并完成一次部分汽化和部分冷凝操作。当精馏操作达到稳定状态时,原料连续不断地从加料板加入,易挥发组分含量高的馏出液产品和含难挥发组分含量高的馏出液产品连续不断地从塔顶和塔底分别排出。每一层塔板上气液两相的温度和组成稳定不变,于是塔顶和塔底采出的产物的质量也稳定不变。

加料板以上的塔段称为精馏段。加料板以下的塔段(包括加料板)称为提馏段。精馏段的作用是利用回流液将上升气体中的难挥发组分部分冷凝下来,所产生的冷凝热同时使塔板上液体中的易挥发组分部分汽化,对上升蒸气起到蒸馏提纯的作用,从而在塔顶得到较为纯粹的易挥发组分。提馏段的作用是利用上升蒸气使物料和精馏段回流液的混合液中易挥发组分逐步汽化,利用汽化的吸热,使上升蒸气中的部分难挥发组分冷凝下来,在提馏段内从上到下难挥发组分含量逐层升高,起到提取难挥发组分的作用,故在塔底得到较为纯粹的难挥发组分。

2. 间歇精馏流程

间歇精馏流程与连续精馏不同,它是将原料液一次加入塔底再沸器中,并用加热蒸汽使再沸器中的液体部分汽化。它只有精馏段而无提馏段,如图 6-7 所示。在精馏过程中,由于塔底液体中易挥发组分逐渐减少,塔底以上各层塔板上的气液两相组成都会不断变化,从塔顶馏出的产品质量逐渐降低,当塔底组成中的易挥发组分含量降到某一规定值时,间歇精馏操作即可停止。此时塔顶只能获得一定沸程范围的馏出液产品,而塔底也只能得到含难挥发组分较高的釜残液。

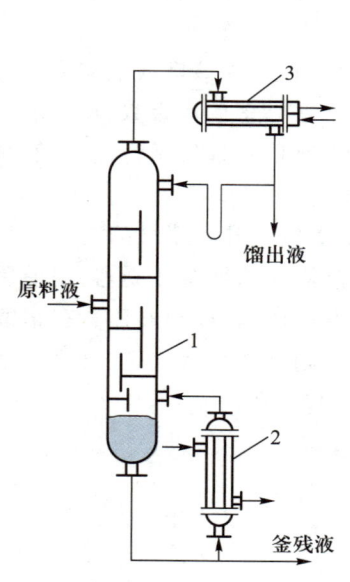

1—精馏塔;2—再沸器;3—冷凝器

图 6-6   连续精馏流程

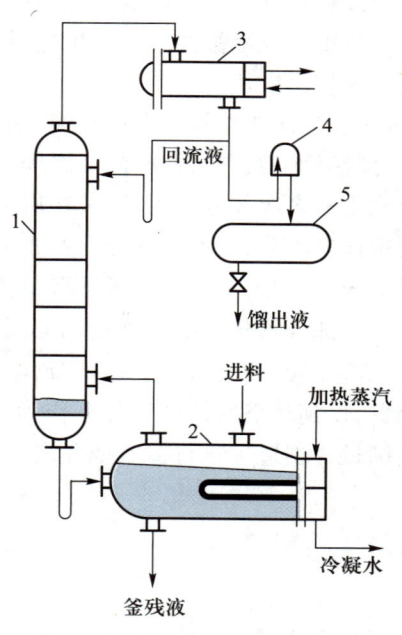

1—精馏塔;2—再沸器;3—冷凝器;4—视镜;5—贮槽

图 6-7   间歇精馏流程

6.3　双组分连续精馏的物料衡算和能量衡算

6.3.1　恒摩尔流假定

精馏是一个复杂的热量和质量传递过程,影响因素很多,为了使计算得以简化,假设塔内物料运行为恒摩尔流流动。

1. 恒摩尔汽化

恒摩尔汽化是指精馏塔内,除了加料板以外在没有中间加料或出料的情况下,每一层塔板上升气流的摩尔流量相等,但精馏段和提馏段上升蒸气的摩尔流量不一定相等。

对于精馏段:

$$q_{n,V,1} = q_{n,V,2} = \cdots = q_{n,V} = 常量$$

对于提馏段:

$$q'_{n,V,1} = q'_{n,V,2} = \cdots = q'_{n,V} = 常量$$

2. 恒摩尔溢流

恒摩尔溢流是指精馏塔内,除了加料板以外在没有中间加料或出料的情况下,每一层塔板下降液流的摩尔流量相等,但精馏段和提馏段下降液流的摩尔流量不一定相等。

对于精馏段:

$$q_{n,L,1} = q_{n,L,2} = \cdots = q_{n,L} = 常量$$

对于提馏段:

$$q'_{n,L,1} = q'_{n,L,2} = \cdots = q'_{n,L} = 常量$$

显然,要使上述恒摩尔流假设成立,必须满足以下条件:

① 混合物中各组分的摩尔汽化热相等;

② 精馏塔各部分保温性能好,热损失可忽略不计;

③ 在各层塔板上液相显热的变化可以忽略不计。

在实际计算中,对于性质相近的一些混合物基本符合以上条件,如苯-甲苯混合液系统。因此,气液两相在塔板上接触时,若有 1000 mol 蒸气冷凝,相应就有 1000 mol 液体汽化。在精馏塔内的气、液两相可视为恒摩尔流动。以后介绍的精馏计算都是以恒摩尔流为前提的,若精馏过程偏离上述条件,即恒摩尔流不成立,应对各板进行焓衡算。

6.3.2　物料衡算和热量衡算

1. 全塔物料衡算

若已知原料液的流量、组成,以及对塔顶和塔底产物组成的分离要求,用全塔物料衡算即可确定塔顶和塔底产物的流量。

在单位时间内对图 6-8 所示的连续精馏塔做全塔物料衡算,则

进入塔的物料量=离开塔的物料量

$$q_{n,F} = q_{n,D} + q_{n,W} \qquad (6-14)$$

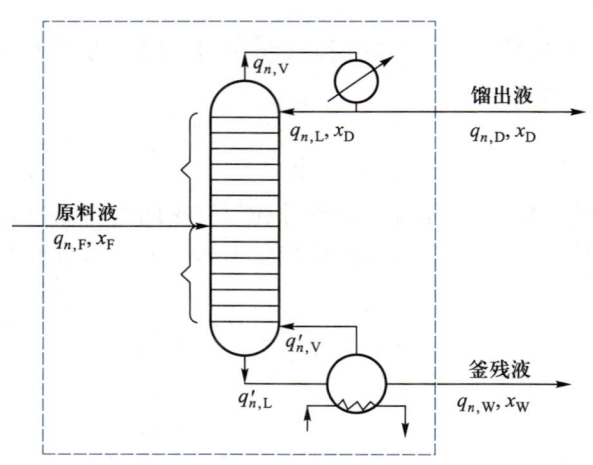

图 6-8   精馏塔全塔物料衡算

易挥发组分的物料衡算为

进入塔的易挥发组分量=离开塔的易挥发组分量

$$q_{n,F} x_F = q_{n,D} x_D + q_{n,W} x_W \qquad (6-15)$$

式中:$q_{n,F}$ 为原料液流量,$mol \cdot s^{-1}$;$q_{n,D}$ 为塔顶产物流量,$mol \cdot s^{-1}$;$q_{n,W}$ 为塔底产物流量,$mol \cdot s^{-1}$;x_F 为原料液中易挥发组分的摩尔分数;x_D 为塔顶馏出液中易挥发组分的摩尔分数;x_W 为塔底残液中易挥发组分的摩尔分数。

若已知 $q_{n,F}$ 和 x_F,只要确定了分离要求 x_D 和 x_W,即可通过式(6-14)和式(6-15)求出 $q_{n,D}$ 和 $q_{n,W}$。

2. 精馏段物料衡算

取精馏塔内$(n+1)$层板以上至塔顶(包括冷凝器)作为物料衡算的区域,如图 6-9 虚线框以内塔段,对进出该区域内的总物料量和易挥发组分进行物料衡算,则有

$$q_{n,V} = q_{n,L} + q_{n,D} \qquad (6-16)$$

$$q_{n,V} y_{n+1} = q_{n,L} x_n + q_{n,D} x_D \qquad (6-17)$$

式中:$q_{n,V}$ 为上升蒸气的流量,$mol \cdot s^{-1}$;$q_{n,L}$ 为下降回流液的流量,$mol \cdot s^{-1}$;$q_{n,D}$ 为馏出产品的流量,$mol \cdot s^{-1}$;

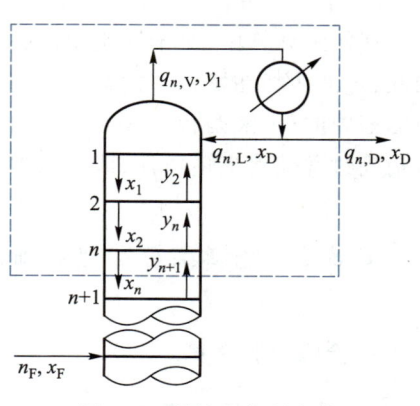

图 6-9   精馏段物料衡算

y_{n+1}为第$(n+1)$层塔板上升蒸气中易挥发组分的摩尔分数；x_n为第n层塔板上液相中易挥发组分的摩尔分数；x_D为馏出液中易挥发组分的摩尔分数。

将式(6-16)代入式(6-17)得

$$y_{n+1} = \frac{q_{n,L}}{q_{n,L}+q_{n,D}}x_n + \frac{q_{n,D}}{q_{n,L}+q_{n,D}}x_D \tag{6-18}$$

将式(6-18)中等号右侧两项的分子和分母同除以$q_{n,D}$，并令$\dfrac{q_{n,L}}{q_{n,D}}=R$，则得

$$y_{n+1} = \frac{R}{R+1}x_n + \frac{1}{R+1}x_D \tag{6-19}$$

式中：R为回流比，它是精馏过程的一个重要操作参数。

式(6-19)称为精馏段操作线方程。根据恒摩尔流假定，$q_{n,L}$为定值，在稳态连续精馏过程中，$q_{n,D}$和x_D也为定值，因此回流比$R=q_{n,L}/q_{n,D}$也固定不变，则式(6-19)为直线方程。

3. 提馏段物料衡算

如图6-10所示，对提馏段内第m块塔板以下区域做总物料衡算和易挥发组分的物料衡算，得

$$q'_{n,L} = q'_{n,V} + q_{n,W} \tag{6-20}$$

$$q'_{n,L}x'_m = q'_{n,V}y'_{m+1} + q_{n,W}x_W \tag{6-21}$$

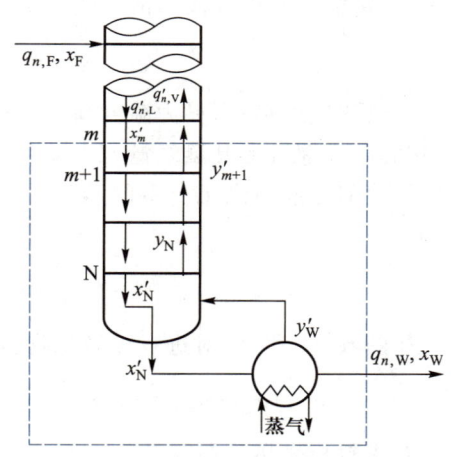

式中：$q'_{n,V}$为提馏段上升的蒸气量，$mol \cdot s^{-1}$；$q'_{n,L}$为提馏段下降液体量，$mol \cdot s^{-1}$；$q_{n,W}$为塔底产物的量，$mol \cdot s^{-1}$；x'_m为提馏段中第m层塔板下降液体的摩尔分数；y'_{m+1}为提馏段中第$(m+1)$层塔板上升气体的摩尔分数。

将式(6-20)代入式(6-21)得

$$y'_{m+1} = \frac{q'_{n,L}}{q'_{n,L}-q_{n,W}}x'_m - \frac{q_{n,W}}{q'_{n,L}-q_{n,W}}x_W \tag{6-22}$$

图6-10 提馏段物料衡算

式(6-22)称为提馏段操作线方程，同精馏段操作线方程类似，该式表示，提馏段内第m层塔板上的下降液体组成与相邻下一层塔板$(m+1)$上升气体组成的操作关系。根据恒摩尔流假定，$q'_{n,L}$为定值，在稳态连续精馏过程中，$q_{n,W}$和x_W均为定值，因此式(6-22)也为一直线方程。

需要指出的是，提馏段内的回流液量$q'_{n,L}$不像精馏段内回流液量$q_{n,L}$那样容易确定，因为$q'_{n,L}$不仅与$q_{n,L}$有关，它还受进料量和进料状况影响。只有确定了进料量和进料状况后，才能求出$q'_{n,L}$。

4. 加料板的物料衡算与热量衡算

在精馏塔的加料塔板上，由于进料状况不同，故该板上升蒸气量和下降液体量都会发生

变化。实际生产中原料液的进料状况有以下五种。

冷液体进料:指原料为温度低于泡点的冷液体,此时提馏段内下降液体的流量包括三部分,它们是精馏段的回流液量、原料液量,以及将原料液升温到进料板上液体的泡点而使蒸气冷凝下来的液体量。由于上升蒸气有部分冷凝,故上升到精馏段的蒸气量比提馏段的蒸气量少。由此可见,当冷液体进料时,有

$$q'_{n,L}>q_{n,L}+q_{n,F} \qquad q'_{n,V}>q_{n,V}$$

泡点液体进料:料液温度为泡点的饱和液体。由于原料液温度与加料板上液体温度相同,加入的原料液全部进入提馏段,而提馏段和精馏段上升气体流量相等。

$$q'_{n,L}=q_{n,L}+q_{n,F} \qquad q'_{n,V}=q_{n,V}$$

气液混合物进料:原料为温度介于泡点和露点之间的气液混合物,进料中的液体与精馏段的回流液一道进入提馏段,而进料中的蒸气则随提馏段的上升蒸气进入精馏段。

$$q_{n,L}<q'_{n,L}<q_{n,L}+q_{n,F} \qquad q'_{n,V}<q_{n,V}$$

饱和蒸气进料:原料为温度处于露点的饱和蒸气。全部进料随提馏段上升蒸气进入精馏段,而精馏段和提馏段的液体流量则相等。

$$q_{n,L}=q'_{n,L} \qquad q_{n,V}=q'_{n,V}+q_{n,F}$$

过热蒸气进料:原料为温度高于露点的过热蒸气,此时进入精馏段的上升蒸气包括三部分:它们是提馏段上升蒸气量 $q'_{n,V}$,原料量 $q_{n,F}$,以及由于原料温度降至进料板温度而释放出的热量使部分液体汽化产生的蒸气量。故提馏段下降的液体量要比精馏段下降的液体量少,即

$$q'_{n,L}<q_{n,L} \qquad q_{n,V}>q'_{n,V}+q_{n,F}$$

如图 6-11 所示,对进料板做总物料衡算:

$$q_{n,F}+q'_{n,V}+q_{n,L}=q_{n,V}+q'_{n,L} \qquad (6-23)$$

对进料板做热量衡算,则有

$$q_{n,F}H_F+q'_{n,V}H'_V+q_{n,L}H_L=q_{n,V}H_V+q'_{n,L}H'_L$$
$$(6-24)$$

式中:H_F 为原料液的焓;H_V,H'_V 分别为进料板上升饱和蒸气和下一层板上升饱和蒸气的焓;H_L,H'_L 分别为进料板上一层板下降饱和液体和进料板下降饱和液体的焓。

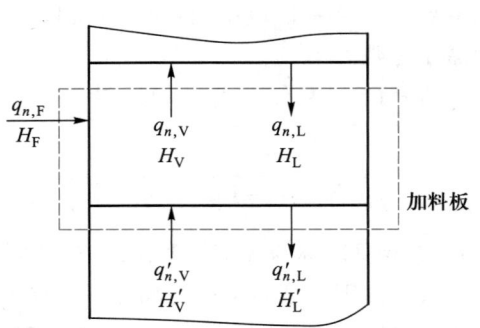

图 6-11   加料板上的物料衡算

由于塔中液相和气相均为饱和状态,在进料板上下区域内的温度相近、气相组成相近、液相组成也相近。故

$$H_V \approx H'_V \qquad H_L \approx H'_L$$

式(6-24)可改写为

$$q_{n,F}H_F + q'_{n,V}H_V + q_{n,L}H_L = q_{n,V}H_V + q'_{n,L}H_L$$

整理得

$$(q_{n,V} - q'_{n,V})H_V = q_{n,F}H_F - (q'_{n,L} - q_{n,L})H_L \tag{6-25}$$

将式(6-23)代入式(6-25)得

$$[q_{n,F} - (q'_{n,L} - q_{n,L})]H_V = q_{n,F}H_F - (q'_{n,L} - q_{n,L})H_L$$

整理得

$$q_{n,F}(H_V - H_F) = (q'_{n,L} - q_{n,L})(H_V - H_L)$$

即

$$\frac{q'_{n,L} - q_{n,L}}{q_{n,F}} = \frac{H_V - H_F}{H_V - H_L} \tag{6-26}$$

令

$$\delta = \frac{H_V - H_F}{H_V - H_L} \approx \frac{\text{将 1 kmol 进料变成饱和蒸气所需要的热量}}{\text{1 kmol 原料液的汽化潜热}} \tag{6-27}$$

式中:δ 称为进料状况参数,对于各种不同的进料状况,δ 的值可由式(6-27)求出。

由式(6-26)得

$$q'_{n,L} = q_{n,L} + \delta q_{n,F} \tag{6-28}$$

将式(6-28)代入式(6-23),可得

$$q_{n,V} = q'_{n,V} - (\delta - 1)q_{n,F} \tag{6-29}$$

从式(6-28)可以看出,当进料量为 1 kmol·h^{-1} 时,提馏段内的液体流量较精馏段内液流量增加的值即为 δ,因此 δ 值又称为进料的液化摩尔分数。

将式(6-28)代入前面所求得的提馏段操作线方程(6-22)可得

$$y'_{m+1} = \frac{q_{n,L} + \delta q_{n,F}}{q_{n,L} + \delta q_{n,F} - q_{n,W}}x'_m - \frac{q_{n,W}}{q_{n,L} + \delta q_{n,F} - q_{n,W}}x_W \tag{6-30}$$

由此可见,对于稳态连续精馏而言,在 $x-y$ 图上提馏段操作线的斜率为 $\dfrac{q_{n,L} + \delta q_{n,F}}{q_{n,L} + \delta q_{n,F} - q_{n,W}}$,截距为 $-\dfrac{q_{n,W}}{q_{n,L} + \delta q_{n,F} - q_{n,W}}$。

例 6-2 在连续精馏塔中分离苯-甲苯混合液,已知原料液流量为 8000 kg·h^{-1},苯的组成为 40%。要求馏出液组成为 97%,釜残液组成为 2%。若进料为泡点液体,操作回流比为 3,试求馏出液和釜残液的流量(kmol·h^{-1}),并求出提馏段操作线方程(以上组成均为质量分数)。

解 苯的相对分子质量为 78,甲苯的相对分子质量为 92,原料液组成(摩尔分数)为

$$x_F = \frac{40/78}{(40/78) + (60/92)} = 0.44$$

馏出液组成为

$$x_D = \frac{97/78}{(97/78)+(3/92)} = 0.975$$

釜残液组成为

$$x_W = \frac{2/78}{(2/78)+(98/92)} = 0.0235$$

原料液的平均相对分子质量为

$$M_{r,F} = 0.44 \times 78 + 0.56 \times 92 = 85.8$$

即原料液的摩尔质量 M 为 85.8×10^{-3} kg·mol^{-1},故原料液摩尔流量为

$$q_{n,F} = 8000 \text{ kg·h}^{-1}/(85.8 \times 10^{-3} \text{ kg·mol}^{-1}) = 93.24 \text{ kmol·h}^{-1}$$

由全塔物料衡算得

$$q_{n,D} + q_{n,W} = q_{n,F} = 93.24 \text{ kmol·h}^{-1} \qquad (\text{a})$$

$$q_{n,D}x_D + q_{n,W}x_W = q_{n,F}x_F$$

$$0.957 q_{n,D} + 0.0235 q_{n,W} = 93.24 \text{ kmol·h}^{-1} \times 0.44 \qquad (\text{b})$$

联立式(a)和式(b)求得

$$q_{n,D} = 40.82 \text{ kmol·h}^{-1}$$

$$q_{n,W} = 52.42 \text{ kmol·h}^{-1}$$

精馏段下降液体量为

$$q_{n,L} = R q_{n,D} = 3 \times 40.82 \text{ kmol·h}^{-1} = 122.46 \text{ kmol·h}^{-1}$$

当泡点液体进料时,将以上数据代入提馏段操作线方程可得

$$\begin{aligned}
y'_{m+1} &= \frac{q_{n,L}+\delta q_{n,F}}{q_{n,L}+\delta q_{n,F}-q_{n,W}}x'_m - \frac{q_{n,W}}{q_{n,L}+\delta q_{n,F}-q_{n,W}}x_W \\
&= \frac{(122.46+93.24) \text{ kmol·h}^{-1}}{(122.46+93.24-52.42) \text{ kmol·h}^{-1}}x'_m - \frac{52.42 \text{ kmol·h}^{-1} \times 0.0235}{(122.46+93.24-52.42) \text{ kmol·h}^{-1}} \\
&= 1.32 x'_m - 0.0075
\end{aligned}$$

6.4   理论塔板数的计算

关于理论塔板的概念,前已提及。如果塔板上气、液两相接触充分,不论进入塔板的气、液两相组成如何,在离开该板时气、液两相达到平衡状态,即在气、液两相温度相同时,它们的组成符合气液相平衡关系。

精馏操作涉及气、液两相间的传热和传质。在塔板上两相间的传热速率和传质速率不仅与物料的性质和操作条件有关,还与塔板结构有关。无论何种类型塔板,气、液两相间的接触面积和接触时间都是有限的。故实际操作中气、液两相难以达到平衡状态。在精馏塔设计中引入理论塔板的概念,是为了简化计算。通常是先求出理论塔板数,然后根据塔板效率予以修正,求出实际的塔板数。对于填料塔,用相当于一块理论塔板分离效率的填料层高度来代表塔板,称为填料的等板高度,只要求出理论塔板数即可以求出填料塔的填料层高度。

计算双组分连续精馏塔理论塔板数的方法有逐板计算法、图解法和简捷计算法。以下

分别予以介绍。

6.4.1　逐板计算法

计算精馏塔的理论塔板数,可用相平衡方程和操作线方程从塔顶(或塔底)开始进行逐板推算,直到符合分离要求为止。

图 6-12 所示为逐板计算法示意图。从塔最上一层塔板上升的蒸气 y_1,在塔顶冷凝器中被全部冷凝后,得到的塔顶馏出液组成、塔顶回流液的组成 x_D 与第一层塔板的上升的蒸气组成 y_1 相同,则 $y_1 = x_D$。因假设各层塔板均为理论塔板,故由塔顶第一板下降的回流液组成 x_1 与该板上升蒸气的组成 y_1 符合气液相平衡方程:

$$y_1 = \frac{\alpha x_1}{1+(\alpha-1)x_1}$$

x_1 可从上式求出。

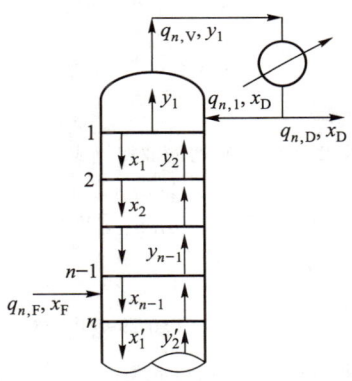

图 6-12　逐板计算法示意图

第二层塔板上升蒸气的组成 y_2 与 x_1 应符合精馏段操作线方程:

$$y_2 = \frac{R}{R+1}x_1 + \frac{x_D}{R+1}$$

可用操作线方程,从 x_1 计算出 y_2。同理,从第二层塔板的气相组成 y_2,利用相平衡方程可算出 x_2,而第三层塔板上的气相组成 y_3 又可根据精馏段操作线方程由 x_2 求出。以此类推,逐板向下计算,如原料液为泡点液体,应算到第 n 板的液相组成 x_n 与加料板液体组成相近为止,即 $x_n \le x_F$。表明第 n 层为加料板,可作为提馏段的第一板,故精馏段的理论塔板数为 $n-1$。以后再逐板向下计算,则操作关系应改用提馏段操作线方程,提馏段第一层塔板上液相组成为 x_1' 应与精馏段第 n 层塔板的液相组成 x_n 相等,即 $x_1' = x_n$,则提馏段第二层板上升蒸气的组成 y_2' 可由下式求出:

$$y_2' = \frac{q_{n,L}+\delta q_{n,F}}{q_{n,L}+\delta q_{n,F}-q_{n,W}}x_1' - \frac{q_{n,W}}{q_{n,L}+\delta q_{n,F}-q_{n,W}}x_W$$

由提馏段第二层塔板下降的液体组成 x_2' 与 y_2' 符合相平衡关系。由相平衡方程就可求出 x_2'。以此类推,逐板计算,直到 $x_m' \leqslant x_W$ 为止。由于塔底再沸器内气、液两相可视为平衡,因此再沸器相当于一块理论塔板,提馏段的理论塔板数为 $m-1$,而精馏塔所需的理论塔板数为 $m+n-2$。

用逐板计算法的计算结果较为准确,且知道各层理论塔板上的气、液两相组成,运用计算机计算也很方便,因此它是用以计算理论塔板数的基本方法。

例 6-3 用连续精馏方法分离含苯 0.44(摩尔分数,下同)的苯-甲苯二元混合液,工艺要求塔顶馏出液含苯 0.934,塔釜残液含苯 0.0235,已知进料为泡点液体,相对挥发度为 2.46,精馏段、提馏段操作线方程分别为

$$y = 0.68x + 0.299 \tag{a}$$

$$y = 1.38x - 0.00894 \tag{b}$$

试用逐板计算法求全塔理论塔板数和加料板位置。

解 相平衡方程为

$$y = \frac{\alpha x}{1 + (\alpha - 1)x} = \frac{2.46x}{1 + 1.46x} \tag{c}$$

$$x = \frac{y}{2.46 - 1.46y}$$

对精馏段,利用式(a)和式(c)计算。

因 $x_D = y_1 = 0.934$,利用式(c)可求出与 y_1 呈平衡的液相组成 x_1:

$$x_1 = \frac{0.934}{2.46 - 1.46 \times 0.934} = 0.852$$

第二块板上升的蒸气组成 y_2 与 x_1 符合操作关系:

$$y_2 = 0.68 \times 0.852 + 0.299 = 0.878$$

x_2 和 y_2 符合相平衡关系,再利用式(c)计算 x_2,以此类推,所得结果如表 6-2 所示。

表 6-2 例 6-3 附表(Ⅰ)

塔板数	1	2	3	4	5
y	0.934	0.878	0.806	0.726	0.652
x	0.852	0.746	0.628	0.519	0.432

因 $0.432 < x_F = 0.44$,故以下理论塔板数计算应用相平衡方程和提馏段操作线方程,其结果如表 6-3 所示。

表 6-3 例 6-3 附表(Ⅱ)

塔板数	6	7	8	9	10	11	12
y	0.587	0.497	0.386	0.272	0.173	0.099	0.050
x	0.366	0.286	0.204	0.132	0.078	0.043	0.021

$x_{12} = 0.021 < 0.0235$,故全塔共需 12 块塔板(含塔釜),加料板为从上往下数第五块理论塔板。

6.4.2 图解法

图解法求理论塔板数是把逐级计算法在 $x-y$ 图上用作图的方式表达出来,理论依据与逐板计算法完全相同。该法也适合于气液平衡关系难以用简单函数关系表示的物系。图解法求理论塔板数比较方便,但准确度较差。其作图步骤如下。

① 根据实验测定的相平衡数据或相平衡方程作该物系的气液平衡相图($y-x$ 图)。

② 根据精馏段和提馏段操作线方程在 $y-x$ 图上作操作线。

A. 作精馏段操作线。精馏段操作线方程为

$$y_{n+1} = \frac{R}{R+1}x_n + \frac{x_D}{R+1}$$

当操作条件一定时,R 和 x_D 均为定值,y_{n+1} 与 x_n 呈直线关系,只要确定了操作线上的两个点,即可将两点连接成直线。

当 $x_n = x_D$ 时,$y_{n+1} = x_D$,如图 6-13 中的 a 点,该点在对角线上。当 $x_n = 0$ 时,$y_{n+1} = \dfrac{x_D}{R+1}$ 即精馏段操作线在 y 轴上的截距,如图 6-13 中的 b 点,a 和 b 两点的连线即为精馏段操作线。

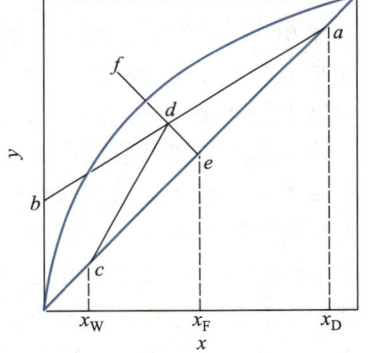

图 6-13　精馏段操作线的作法

B. 提馏段操作线的作法。提馏段操作线方程为

$$y'_{m+1} = \frac{q_{n,L}+\delta q_{n,F}}{q_{n,L}+\delta q_{n,F}-q_{n,W}}x'_m - \frac{q_{n,W}}{q_{n,L}+\delta q_{n,F}-q_{n,W}}x_W$$

当操作条件一定时,$q_{n,F}$,$q_{n,L}$,$q_{n,W}$,δ 和 x_W 等均为定值,y'_{m+1} 与 x'_m 呈直线关系。同样只要确定了提馏段操作线上的两个点,即可作出提馏段操作线。

当 $x'_m = x_W$ 时,$y'_{m+1} = x_W$,如图 6-13 中 c 点,该点在对角线上。

当 $x'_m = 0$ 时,$y'_{m+1} = \dfrac{-q_{n,W}}{q_{n,L}+\delta q_{n,F}-q_{n,W}}x_W$,由于 x_W 值较小,以致提馏段操作线的截距也很小,在 Y 轴上的截距点距 c 点很近,作图不易准确。若用操作线的斜率作图,不仅麻烦,也同样作图不易准确,所以提馏段操作线的作图方法,通常是先确定提馏段操作线与精馏段操作线的交点 d,再将 c 点与 d 点相连接。

在提馏段操作线与精馏段操作线的交点上,气、液间的操作关系既符合提馏段操作线方程,又符合精馏段操作线方程,因此式(6-17)和式(6-21)的变量相同,略去变量下标,有

$$q_{n,V}y = q_{n,L}x + q_{n,D}x_D \tag{6-17}$$

$$q'_{n,V}y = q'_{n,L}x - q_{n,W}x_W \tag{6-21}$$

式(6-21)-式(6-17),得

$$(q'_{n,V}-q_{n,V})y = (q'_{n,L}-q_{n,L})x - (q_{n,W}x_W + q_{n,D}x_D)$$

将式(6-15)、式(6-28)和式(6-29)代入上式,得

$$(\delta-1)q_{n,\mathrm{F}}y=\delta q_{n,\mathrm{F}}x-q_{n,\mathrm{F}}x_{\mathrm{F}}$$

整理得

$$y=\frac{\delta}{\delta-1}x-\frac{x_{\mathrm{F}}}{\delta-1} \tag{6-31}$$

　　式(6-31)为二操作线交点的轨迹方程,称为进料方程或 δ 线方程。当进料状况和组成一定时,该方程为一直线方程,其斜率为 $\frac{\delta}{\delta-1}$,截距为 $\frac{-x_{\mathrm{F}}}{\delta-1}$ 在 y-x 图上作出的直线称为 δ 线。该线与两操作线必相交于 d 点。

　　在式(6-31)中,当 $x=x_{\mathrm{F}}$ 时,$y=x_{\mathrm{F}}$。由此可见,δ 线应通过对角线上一点 $(x_{\mathrm{F}},y_{\mathrm{F}})$,如图6-13 中的 e 点。过 e 点以 $\frac{\delta}{\delta-1}$ 为斜率即可作出 δ 线。δ 线与精馏段操作相交于 d 点,则 d 点必为提馏段操作线上的一点,连接 cd 即得到提馏段操作线。

　　③ 用图解法在 y-x 图上求理论塔板数。作图顺序既可由塔顶开始,也可由塔底开始。

　　图 6-14 所示为自塔顶开始图解的方法。由 a 点作水平线与相平衡线相交于 1 点,1 点对应于横坐标轴上的液相组成 x_1 与 $y_1(x_\mathrm{D})$ 呈平衡。过 1 点引 x 轴的垂线与精馏段操作线相交于 1'点,1'点则表示由第一块板下降回流液组成 x_1 与由下面第二块上升的蒸气组成 y_2 之间的关系。过 1'点作水平线交平衡线于 2 点,2 点表示 y_2 与 x_2 平衡,即第二块理论板上升蒸气组成 y_2 与下降液流组成 x_2 间的关系。再过 2 引垂线交精馏段操作线于 2'点,2'点则表示由第二块板下降的液相组成 x_2 与由第三板上升蒸气组成 y_3 之间的关系,依此类推。图解法求理论塔板数,就是在平衡线与操作线间反复作由水平线和垂直线所组成的梯级,每一梯级相当于一块理论塔板。当塔板跨过两操作线交点(d 点)时,则

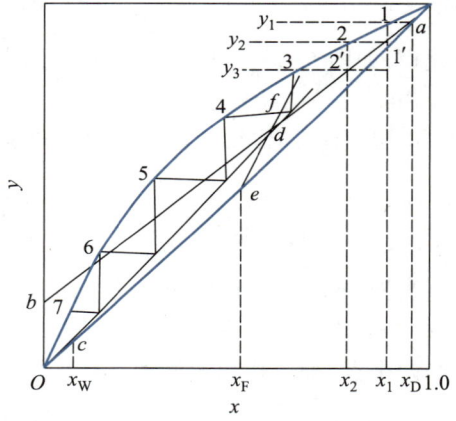

图 6-14　图解法求理论塔板数

改在平衡线与提馏段操作线之间作梯级,直到某板上的液相组成 $x\leqslant x_{\mathrm{W}}$ 为止。其中,跨过 d 点位置的梯级表示加料板,由于塔底再沸器也相当于一块理论板,因此提馏段理论塔板数为提馏段梯级数减一。

　　若由塔底开始作图,方法与上相同。

　　从图解法看,跨过两操作线交点的梯级为加料板,应在这一位置进料。与在其他板进料相比,此时求出的理论塔板数最少。假如跨过两操作线交点(d 点)还不进料,此时塔内的操作关系仍为精馏段操作线方程。该线在 d 点后与平衡线间的距离越来越趋近,传质推动力减小,所需的理论塔板数必然增多;反之,如没有达到两操作线交点(d 点)就提前进料,则因在 d 点前的提馏段也与平衡线的距离越来越接近,同样也增加所需的理论塔板数。因此,在精馏塔设计计算中,进料位置不当,不仅使理论数增加,还会导致塔顶组成和塔底组成都不

能达到分离要求。

例 6-4　试用图解法计算例 6-3 所需要的理论塔板数。

解　由相对挥发度可以确定气液相平衡方程,再根据气液相平衡方程作出 y–x 相图和对角线,如图 6-15 所示。然后,在图 6-15 的横坐标轴上,过 $x = x_D = 0.934$,$x = x_F = 0.44$,$x = x_W = 0.0235$ 作 x 轴的垂线,即可在对角线上确定 a,e,c 三点。

作操作线:在 y 轴上取一点 b,使 $\overline{ob} = 0.299$,连接 ab,即得精馏段操作线。过 e 点作 x 轴垂线交 ab 于 o 点,连接 co,即得提馏段操作线。

从 a 点开始,在精馏段操作线和平衡线间作梯级,当梯级跨过 o 点时,改在提馏段操作线和平衡线间作梯级,直到液相组成小于或等于 x_W 为止。由图 6-15 可知,共需 12 块理论塔板。塔底再沸器相当于一块理论塔板,故理论塔板数为 $12 - 1 = 11$,其中精馏段 4 块理论塔板,提馏段 7 块理论塔板,加料板为从上向下数第五块理论塔板,结果与例 6-3 相同。

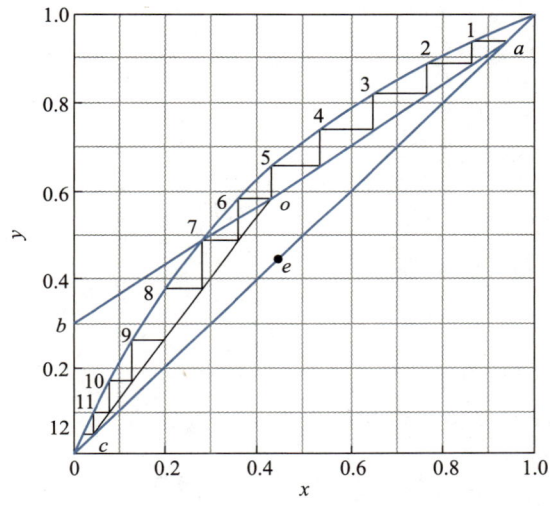

图 6-15　图解法计算理论塔板数

6.4.3　回流比的影响及选择

稳定回流是维持稳态连续精馏过程的必要条件,同时也是精馏过程重要的操作变量。确定合适的回流比,对于减少精馏过程的操作费用和设备费用,有着重要的意义。当分离任务一定时,应先确定回流比 R,才能求出理论塔板数。

回流比有两个极限值,上限为全回流,下限为最小回流比。

1. 全回流和芬斯克方程

全回流是指塔顶上升蒸气冷凝后,全部送回塔顶作为回流,无产品取出,$q_{n,D} = 0$,回流比 $R = \dfrac{q_{n,L}}{q_{n,D}} \rightarrow \infty$。

在 y–x 图上,全回流时,精馏段操作线的截距为 $\dfrac{x_D}{R+1} = 0$,两条操作线都与对角线重合,全塔无精馏段和提馏段之分，$y_{n+1} = x_n$；$y'_{m+1} = x'_m$。此时，操作线与平衡线之间的距离最大，传质推动力最大，故所需理论塔板数最少，用 N_{min} 表示。

全回流时，计算最少理论塔板数的芬斯克（Fenske）方程可由相平衡方程和操作线方程导出。由式(6-10)得

$$\left(\frac{y_A}{y_B}\right)_n = \alpha\left(\frac{x_A}{x_B}\right)_n \tag{6-32}$$

式中：n 表示第 n 层理论塔板。由于全回流时精馏段、提馏段操作线均与 y-x 图上的对角线重合，故有

$$y_{n+1} = x_n$$

对于组分 A：$\qquad\qquad (y_A)_{n+1} = (x_A)_n$

对于组分 B：$\qquad\qquad (y_B)_{n+1} = (x_B)_n$

所以

$$\left(\frac{y_A}{y_B}\right)_{n+1} = \left(\frac{x_A}{x_B}\right)_n \tag{6-33}$$

当塔顶采用冷凝器时，$y_1 = x_D$，即

$$\left(\frac{y_A}{y_B}\right)_1 = \left(\frac{x_A}{x_B}\right)_D$$

与第一层板的气相组成 y 呈平衡的液相组成为

$$\left(\frac{x_A}{x_B}\right)_1 = \frac{1}{\alpha_1}\left(\frac{y_A}{y_B}\right)_1 = \frac{1}{\alpha_1}\left(\frac{x_A}{x_B}\right)_D$$

第二层板上升的蒸气组成由式(6-33)求出：

$$\left(\frac{y_A}{y_B}\right)_2 = \left(\frac{x_A}{x_B}\right)_1 = \frac{1}{\alpha_1}\left(\frac{x_A}{x_B}\right)_D$$

第二层板的液相组成为

$$\left(\frac{x_A}{x_B}\right)_2 = \frac{1}{\alpha_2}\left(\frac{y_A}{y_B}\right)_2 = \frac{1}{\alpha_1\alpha_2}\left(\frac{x_A}{x_B}\right)_D$$

第三层板：

$$\left(\frac{y_A}{y_B}\right)_3 = \left(\frac{x_A}{x_B}\right)_2$$

$$\left(\frac{x_A}{x_B}\right)_3 = \frac{1}{\alpha_3}\left(\frac{y_A}{y_B}\right)_3 = \frac{1}{\alpha_1\alpha_2\alpha_3}\left(\frac{x_A}{x_B}\right)_D$$

第 N 层板：

$$\left(\frac{y_A}{y_B}\right)_N = \left(\frac{x_A}{x_B}\right)_{N-1} = \frac{1}{\alpha_1\alpha_2\cdots\alpha_{N-1}}\left(\frac{x_A}{x_B}\right)_D$$

$$\left(\frac{x_A}{x_B}\right)_N = \frac{1}{\alpha_N}\left(\frac{y_A}{y_B}\right)_N = \frac{1}{\alpha_1\alpha_2\cdots\alpha_N}\left(\frac{x_A}{x_B}\right)_D$$

设（包括再沸器在内的）第 N 块板的液相组成 $\left(\dfrac{x_A}{x_B}\right)_N$ 已达到分离要求，则

$$\left(\frac{x_A}{x_B}\right)_N = \left(\frac{x_A}{x_B}\right)_W = \frac{1}{\alpha_1\alpha_2\cdots\alpha_N}\left(\frac{x_A}{x_B}\right)_D$$

N 即为精馏所需要的最少理论塔板数，记为 $N_{\min}$。

令 $\alpha_m = \sqrt[N]{\alpha_1\alpha_2\cdots\alpha_N}$，则有

$$\alpha_m^N\cdot\left(\frac{x_A}{x_B}\right)_W = \left(\frac{x_A}{x_B}\right)_D$$

将上式两边取对数，得

$$N_{\min} = \frac{\lg\left[\left(\dfrac{x_A}{x_B}\right)_D \Big/ \left(\dfrac{x_A}{x_B}\right)_W\right]}{\lg\alpha_m}$$

上式称为芬斯克方程，在推导时，并未对物系组分数加以限制，故也适用于多组分精馏。对于双组分溶液，上式可改写为

$$N_{\min} = \frac{\lg\left[\left(\dfrac{x_D}{1-x_D}\right)\cdot\left(\dfrac{1-x_W}{x_W}\right)\right]}{\lg\alpha_m} \tag{6-34}$$

式中：$N_{\min}$ 为全回流时所需要的最少理论塔板数；α_m 为全塔平均相对挥发度。

当塔顶、塔底的相对挥发度相差不大时，α 可近似取塔顶和塔底相对挥发度的几何平均值：$\alpha = \sqrt{a_1 a_N}$。

全回流操作时，产品量 $q_{n,D} = 0$，无实际意义。由于全回流操作在每一块理论塔板上气、液两相的传质推动力都最大，在精馏的开工时常采用全回流操作，以便系统尽快地达到稳定平衡。此外，在研究塔内的流体力学性能或测定填料塔的等板高度时也采用全回流操作。

2. 最小回流比

当回流比 R 变小时，精馏段操作线的截距 $\dfrac{x_D}{R+1}$ 逐渐增大，两条操作线的交点向平衡线靠近，理论塔板数逐渐增多，如图 6-16 所示。当回流比小到两操作线交点落在平衡线上时，理论塔板数增加到无穷多，此时的回流比称为最小回流比，用 $R_{\min}$ 表示。最小回流比是回流比的下限，它是确定适宜回流比的依据。最小回流比可由作图法或解析法求出。由图 6-16 可知，在最小回流比时，精馏段操作线方程斜率为

$$\frac{R_{\min}}{R_{\min}+1} = \frac{AH}{GH} = \frac{y_1 - y_\delta}{x_D - x_\delta}$$

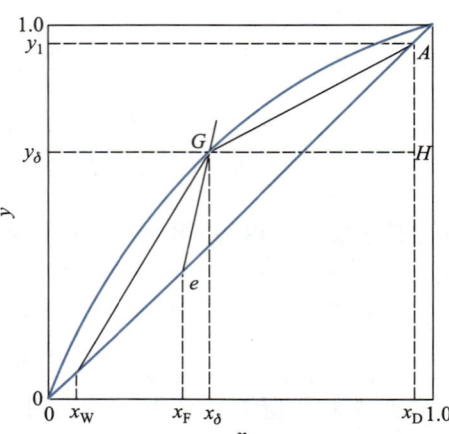

式中：(x_δ, y_δ) 为两操作线和平衡线交点的坐标。

又因 $y_1 = x_D$，整理上式可得

$$R_{\min} = \frac{x_D - y_\delta}{y_\delta - x_\delta} \qquad (6-35)$$

由此可见，只要在 $y-x$ 图上查得 x_δ, y_δ 的值，或者在图上量取 AH 与 GH 的长度，即可求得 $R_{\min}$。

如果精馏物系为理想溶液，也可用解析法求出 $R_{\min}$。物系的相平衡关系为

图 6-16　最小回流比的确定

$$y = \frac{\alpha x}{1 + (\alpha - 1)x}$$

由于平衡线与两条操作线共有交点 G，所以

$$y_\delta = \frac{\alpha x_\delta}{1 + (\alpha - 1)x_\delta}$$

将上式代入式（6-35），并进行整理可得

$$R_{\min} = \frac{1}{\alpha - 1}\left[\frac{x_D}{x_\delta} - \frac{\alpha(1 - x_D)}{1 - x_\delta}\right] \qquad (6-36)$$

若进料状况为泡点液体，$x_\delta = x_F$，则

$$R_{\min} = \frac{1}{\alpha - 1}\left[\frac{x_D}{x_F} - \frac{\alpha(1 - x_D)}{1 - x_F}\right] \qquad (6-37)$$

若进料状况为饱和蒸气，$y_\delta = y_F$，同理可得

$$R_{\min} = \frac{1}{\alpha - 1}\left(\frac{\alpha x_D}{y_F} - \frac{1 - x_D}{1 - y_F}\right) - 1 \qquad (6-38)$$

式中：y_F 为露点蒸气即原料中易挥发组分的摩尔分数。

最小回流比 $R_{\min}$ 也可由精馏段操作线的截距 $\dfrac{x_D}{R_{\min}+1}$ 求出，只要在 $y-x$ 图上量得精馏段操作线的截距，已知 x_D 即可算出 $R_{\min}$。

3. 适宜回流比的确定

精馏操作的适宜回流比应介于最小回流比和全回流之间，其值是由最佳经济效果确定的。其原则是：在适宜回流比下操作时，完成一定分离任务所需的操作费用与设备费用总和为最少。

精馏操作费用主要指塔顶冷凝器内冷却介质的用量和塔底再沸器内加热介质的用量，以及强制回流时输送回流液的能量消耗等。冷却介质用量的多少，主要取决于精馏段上升

蒸气量 $q_{n,V}$ 的大小，$q_{n,V}$ 越大，蒸气冷凝所需要的冷却介质越多；加热介质用量的多少，主要取决于提馏段上升蒸气量 $q'_{n,V}$ 的大小，$q'_{n,V}$ 越大，消耗的加热介质则越多。$q_{n,V}$ 和 $q'_{n,V}$ 都与回流比 R 有关：

$$q_{n,V} = q_{n,L} + q_{n,D} = (R+1)q_{n,D} \tag{6-39}$$

$$q'_{n,V} = q_{n,V} - (1-\delta)q_{n,F} = (R+1)q_{n,D} - (1-\delta)q_{n,F} \tag{6-40}$$

从式(6-39)和式(6-40)看出，当进料量和馏出液量及进料状况一定时，回流比越大，$q_{n,V}$ 和 $q'_{n,V}$ 也越大，操作费用增加；同理，回流比大，回流量($q_{n,L}=Rq_{n,D}$)大，在强制回流时，消耗的能量也多。由此可见，当分离任务一定时，操作费用随回流比增大而增加，如图 6-17 中曲线 2 所示。

设备费用主要指精馏塔、再沸器、冷凝器和其他附属设备(如强制循环泵)的投资。当回流比等于最小回流比时，所需理论塔板数为无穷多，设备投资也应为无穷多；当回流比增大时，所需理论板数急剧减少，设备费用也急剧减少。但是，随着回流比 R 进一步增大，所需理论塔板数减少的程度减缓，而上升蒸气量 $q_{n,V}$ 和 $q'_{n,V}$ 随着 R 的增大而增大，塔径、塔釜、冷凝器及其他附属设备的尺寸也随之相应增大，所以设备费用反而增加。设备费用和回流比的关系如图 6-17 中曲线 1 所示。

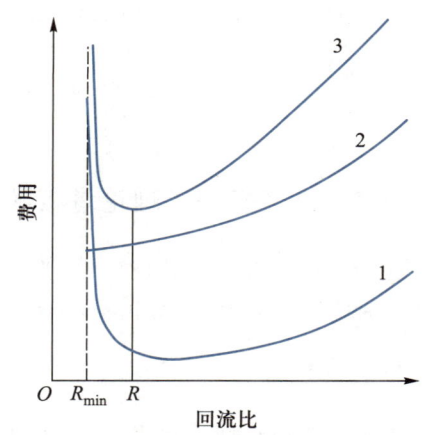

图 6-17　适宜回流比的确定

操作费用与设备费用之总和为总费用，如图 6-17 中曲线 3 所示。总费用为最少时的回流比即为适宜回流比。在精馏设计中，往往根据经验来选取适宜回流比，通常取最小回流比的 1.1~2 倍，即 $R=(1.1~2)R_{\min}$。对于较难分离的混合物，采用较大回流比；若要减少加热介质或冷却介质的用量，则应选较小的回流比。

6.4.4　进料状况的影响

精馏原料液的进料状况，有以下五种：
① 温度低于泡点的冷液，$\delta>1$。
② 处于泡点的液体，$\delta=1$。
③ 温度介于泡点与露点之间的气液混合物，$0<\delta<1$。
④ 温度处于露点的饱和蒸气，$\delta=0$。
⑤ 温度高于露点的过热蒸气，$\delta<0$。

式(6-31)已说明，进料状况不同，提馏段操作线的位置也不相同。图 6-18 给出了不同进料状况下的提馏段操作线，当进料组成、回流比和分离要求一定时，随着 δ 值的减小，提馏段操作线与精馏段操作线的交点逐渐向左下移动，提馏段操作线的斜率也随之增大。

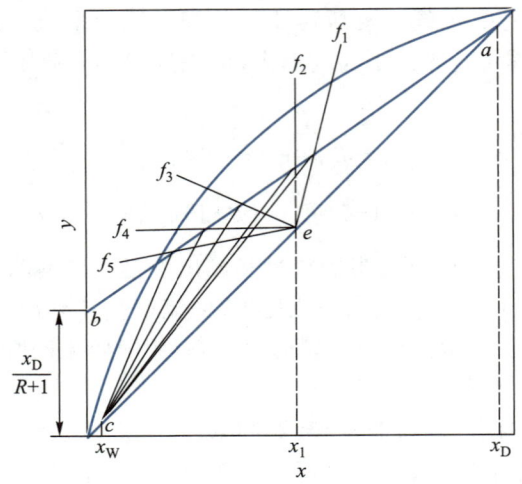

图 6-18   不同进料状况下的提馏段操作线

6.4.5   简捷法求理论塔板数

在精馏塔的初步设计计算中,为了简化计算,常采用简捷法计算理论塔板数,较广泛应用的一种方法是吉利兰(Gilliland)法。

1. 吉利兰图

吉利兰对最小回流比 R_{min}、实际回流比 R、最少理论塔板数 N_{min} 和理论塔板数 N_T 四个变量之间的关系进行了研究,并得到了一条如图 6-19 所示的经验曲线,称为吉利兰图。

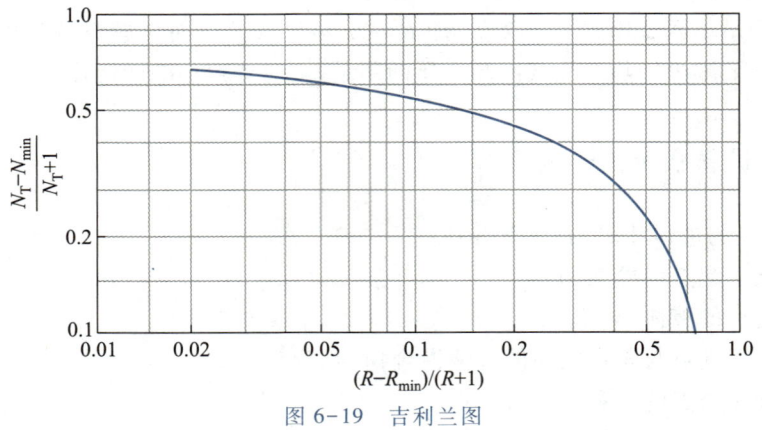

图 6-19   吉利兰图

吉利兰图为双对数坐标图,横坐标表示 $(R-R_{min})/(R+1)$,纵坐标表示 $(N_T-N_{min})/(N_T+1)$。这里的 N_T 和 N_{min} 分别为包括再沸器在内的理论塔板数和最少理论塔板数。

2. 简捷法求理论塔板数的步骤

① 由作图法或解析法求出 R_{min},并确定适宜回流比 R。

② 由芬斯克方程求出 $N_{\min}$。

③ 计算 $(R-R_{\min})/(R+1)$，在吉利兰图上查出对应的 $(N_T-N_{\min})/(N_T+1)$ 值，然后算出理论塔板数 N_T。

以上方法不仅适用于全塔计算，同样也适用于精馏段计算，由此可以确定进料板位置。

例 6-5　试用简捷法计算例 6-3 所需要的理论塔板数。

解　（1）计算最小回流比 $R_{\min}$

对于泡点进料，由相平衡方程得

$$y_F = \frac{\alpha x_F}{1+(\alpha-1)x_F} = \frac{2.46\times0.44}{1+1.46\times0.44} = 0.659$$

$$R_{\min} = \frac{x_D - y_F}{y_F - x_F} = \frac{0.934-0.659}{0.659-0.44} = 1.26$$

由 $\dfrac{R}{R+1} = 0.68$ 得

$$R = 2.125$$

$$\frac{R-R_{\min}}{R+1} = \frac{2.125-1.26}{2.125+1} = 0.277$$

（2）求最小理论塔板数

$$N_{\min} = \frac{\lg\left[\left(\dfrac{x_D}{1-x_D}\right)\left(\dfrac{1-x_W}{x_W}\right)\right]}{\lg\alpha_m}$$

$$= \frac{\lg\left(\dfrac{0.934}{1-0.934}\times\dfrac{1-0.0235}{0.0235}\right)}{\lg2.46} = 7.1$$

由吉利兰图查得

$$\frac{N_T - N_{\min}}{N_T + 1} = 0.41$$

$$\frac{N_T - 7.1}{N_T + 1} = 0.41$$

$$N_T = 12.7（包括再沸器在内）$$

与逐板法和图解法相比，误差不大。

6.4.6　塔板效率和实际塔板数

以上介绍的都是确定理论塔板数的方法。实际上精馏塔内各层塔板上的气液间传质，都不可能达到平衡状态。故实际需要的塔板数必然高于理论塔板数，则引出了板效率的概念。

板效率的表示方法有单板效率、总板效率（即塔板效率）和点效率等，现分述如下。

1. 板效率

（1）单板效率

单板效率又称为默弗里（Murphree）板效率，用实际塔板上气相或液相组成变化与理论塔板上气相或液相组成的变化之比表示,如图 6-20 所示。

以气相组成表示:

$$E_{MG} = \frac{y_n - y_{n+1}}{y_n^* - y_{n+1}} \qquad (6-41)$$

式中:E_{MG} 为以气相组成表示的单板效率;y_n^* 为与 x_n 呈平衡的气相中易挥发组分的摩尔分数。

以液相组成表示:

$$E_{ML} = \frac{x_{n-1} - x_n}{x_{n-1} - x_n^*} \qquad (6-42)$$

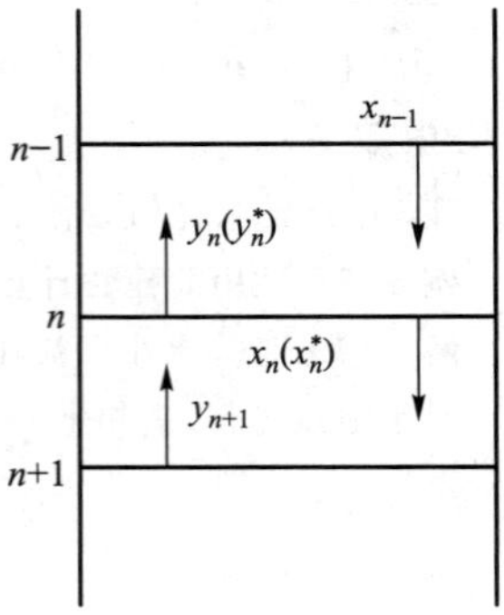

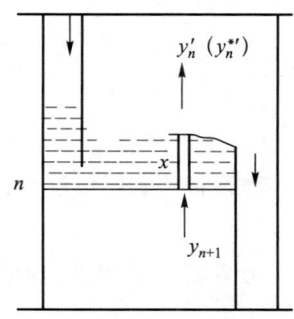

图 6-20　单板效率

式中:E_{ML} 为以液相组成表示的单板效率;x_n^* 为与 y_n 呈平衡的液相中易挥发组分的摩尔分数。

只要测定了塔板上的气、液相组成并从相应的气液平衡相图或平衡数据表中查出对应的平衡组成,就可计算单板效率。

(2) 总板效率

总板效率用达到相同分离效果所需的理论塔板数与实际塔板数之比表示,即

$$E_T = \frac{N_T}{N} \qquad (6-43)$$

式中:E_T 为总板效率;N_T 为理论塔板数(不包括塔釜);N 为实际塔板数。

在精馏塔中各个塔板的单板效率并不一定相同。总板效率既反映了塔中各单板效率的平均值,又体现了理论塔板数与实际塔板数接近的程度。若已知理论塔板数 N_T 与总板效率 E_T,由式(6-43)便可求出实际塔板数 $N = \dfrac{N_T}{E_T}$。

但是确定总板效率并不容易,因为影响总板效率的因素很多,而且非常复杂。设计时一般都用经验数据或经验公式进行估算。

(3) 点效率

在精馏塔的每一层塔板上,气相与液相成错流流动,当气、液两相进行热质传递后,液相浓度由 x_{n-1} 变为 x_n,气相浓度则由 y_{n+1} 变为 y_n(均指塔板上气、液两相各自的平均浓度),如图 6-21 所示。实际上,由于两相接触时间较短,物料混合不均匀。塔板上各点的浓度均不相同,若考察塔板上各点的局部效率,则称为点效率 E_{OG}。

图 6-21　点效率模式图

点效率只反映塔板上局部位置上的传质效果。设塔板上某点(实际为垂直液流方向的一极薄液层)的液相浓度为 x,与其成平衡的气相浓度为 $y_n^{*\prime}$。经该点的上升蒸气组成为 $y_n^{\prime}$,则点效率 E_{OG} 为

$$E_{OG} = \frac{y_n' - y_{n+1}}{y_n^{*'} - y_{n+1}} \qquad (6\text{-}44)$$

当塔板上的液体混合时，$E_{OG} = E_{MG}$。对于直径很小和气、液逆流接触塔板，$E_{OG} \approx E_{MG}$。

2. 影响塔板效率的因素

塔板效率反映了塔内流体动力过程、传热过程和传质过程对每层塔板所能达到的精馏分离程度的影响。概括起来，影响塔板效率的因素有以下三方面。

(1) 物性因素

物性因素主要指物料的密度、黏度、表面张力、相对挥发度和扩散系数等。其中密度与黏度的大小直接影响塔内气、液两相的流动与混合，从而影响到气、液两相的接触面积与传质系数的大小；表面张力的大小则与泡沫生成的数量、大小及稳定性密切相关，同样影响气液相的接触面积；物料组分间相对挥发度的大小对传质过程的推动力有直接影响；扩散系数则对传质速率有直接影响。因此，精馏物料不同，精馏时塔板效率也不同。

(2) 结构因素

塔板类型、板间距、塔径、堰高及溢流方式等塔板结构因素，也影响传质过程的速率。因此，应尽量进行合理设计，在塔板结构上创造条件，增加气液相的接触面积与时间，提高流体的湍动程度，减小塔板上的液面落差度和液体的返混。

(3) 操作因素

操作因素主要指温度、压强、上升蒸气速率 u 和气液流量比 $\dfrac{q_{n,V}}{q_{n,L}}$ 等。这些因素都影响板效率，尤其是上升蒸气速率，其影响更为明显。通常应在避免大量雾沫夹带和液泛现象的情况下，尽量采用较大的上升蒸气速率。

3. 塔板效率的估算

由于影响塔板效率的因素错综复杂，至今尚未找到准确预测塔板效率的方法。但是，在长期的研究与生产中，人们总结出了一些计算塔板效率的方法，下面介绍两种由实验数据归纳的经验公式。

(1) 奥康内尔(O'Connell)法

该法主要考虑了液体黏度和相对挥发度对总板效率的影响，其表达式为

$$E_T = 0.49(\alpha\mu_L)^{-0.245} \qquad (6\text{-}45)$$

式中：α 为取塔顶与塔底平均温度下的相对挥发度，对多组分物系取关键组分间的相对挥发度；μ_L 为取塔顶与塔底平均温度下的液相黏度，mPa·s。

对于多组分物系，则按下式计算：

$$\mu_L = \sum x_i \mu_{L,i} \qquad (6\text{-}46)$$

式中：x_i 为液相中组分 i 的摩尔分数；$\mu_{L,i}$ 为液相中组分 i 在塔顶与塔底平均温度下的黏度，mPa·s。

(2) 朱汝谨公式

该经验式不但考虑了液体黏度和相对挥发度对总塔板效率的影响，还考虑了塔结构和

操作因素的影响,较上式准确:

$$\lg E_{\mathrm{T}} = 1.67 + 0.30\lg \frac{q_{n,\mathrm{L}}}{q_{n,\mathrm{V}}} - 0.25 \lg(\alpha\mu_{\mathrm{L}}) + 0.30\ h_{\mathrm{L}} \qquad (6\text{-}47)$$

式中:$q_{n,\mathrm{L}}$,$q_{n,\mathrm{V}}$ 分别表示液相和气相流量,$\mathrm{kmol \cdot h^{-1}}$;$h_{\mathrm{L}}$ 为有效液封高度,即塔板上实际液层厚度,m;α 和 μ_{L} 的意义均与上式同。

6.5   间 歇 精 馏

间歇精馏也称分批精馏,其装置和流程如图 6-7 所示。操作时,将每批原料液一次性投入塔釜,采用间接加热,使釜液部分汽化,产生的蒸气进入精馏塔。经过多次部分汽化和部分冷凝后,上升蒸气最后到达塔顶进入冷凝器冷凝,一部分冷凝液作为塔顶产品采出,另一部分冷凝液作为回流送回塔内。当釜液的组成达到规定的残液组成值时,停止精馏操作,将剩余釜液一次排出,清洗塔釜,准备进行下一批料的精馏操作。

6.5.1   间歇精馏的特点

与连续精馏相比,间歇精馏具有以下特点:

① 间歇精馏为非稳态精馏过程。由于原料液被一次性投入塔釜,随着精馏过程的进行,釜液的组成在不断变化,气相和液相中的易挥发组分越来越少,因此塔内操作参数(如温度、组成等)不仅随位置变化,还随时间变化。

② 间歇精馏只有精馏段。由于间歇精馏的原料加入塔釜,故不存在提馏段,而只有精馏段。

6.5.2   恒回流比操作时的间歇精馏计算

间歇精馏有两种操作方式:一种是恒定馏出液组成的间歇精馏操作,即在操作过程中,不断地增加回流比,以保持馏出液组成恒定;另一种是恒定回流比的间歇精馏操作,即在操作过程中,回流比保持不变,而馏出液中易挥发组分含量逐渐降低。由于恒馏出液组成对间歇精馏的控制要求较高,因此,采用恒回流比的操作方式较多。有时把操作分为几个阶段,在不同的阶段采用不同的回流比以便获得组成相对稳定的产品。

1. 计算恒回流比操作时所需要的理论塔板数

(1) 最小回流比 $R_{\min}$ 的确定

当 $y\text{-}x$ 图上的相平衡线没有拐点时,间歇精馏过程的最小回流比可由下式确定:

$$R_{\min} = \frac{x_{\mathrm{D},1} - y_{\delta}}{y_{\delta} - x_{\delta}} \qquad (6\text{-}48)$$

由于物料一次加入且没有提馏段,因此 $x_{\delta} = x_{\mathrm{F}}$,$y_{\delta} = y_{\mathrm{F}}$,代入式(6-48)可得

$$R_{\min} = \frac{x_{D,1} - y_F}{y_F - x_F} \tag{6-49}$$

式中:y_F 为操作开始时与原料液 x_F 呈平衡的气相组成;$x_{D,1}$ 为操作开始时的馏出液组成。$x_{D,1}$ 由设计者假定,显然,此值应高于馏出液平均组成。

（2）适宜回流比的确定

与连续精馏一样,实际操作的适宜回流比仍然可取为最小回流比的某一倍数,通常 $R = (1.1 \sim 2) R_{\min}$。

（3）理论塔板数的确定

与连续精馏一样,当 $x_{D,1}$,x_F 和 R 已确定后,即可用图解法求出所需要的理论塔板数,如图 6-22 所示,由 a 点开始作梯级,直至 $x \leqslant x_F$ 为止,图中表示需要 3 块理论塔板(包括再沸器)。

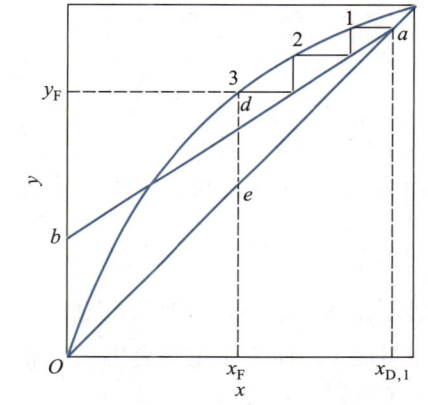

间歇精馏
理论塔板
数的确定

图 6-22 恒回流比间歇精馏理论塔板数的确定

2. x_D 和 x_W 的关系

当理论塔板数和回流比一定时,可由不同时刻的 x_D 求出对应的 x_W 值。如图 6-23 所示,在馏出液初始和终了组成范围内任意先定若干 x_D 作操作线,可以得到一系列斜率为 $R/(R+1)$ 的平行线,在平衡线和操作线之间作梯级,使其数目等于所确定的理论塔板数,即可求出相对应的 x_W。

3. $x_D(x_W)$ 与 $q_{n,W}$ 和 $q_{n,D}$ 之间的关系

设间歇精馏过程中某一瞬时的釜残液量为 $q_{n,W}$,组成为 x_W,经过 dt 时间,馏出组成为 x_D 的塔顶产品 $dq_{n,D}$,釜残液量变为 $q_{n,W} + dq_{n,W}$,组成变为 $x_W + dx_W$,在 dt 时间内进行物料衡算,可得

总物料

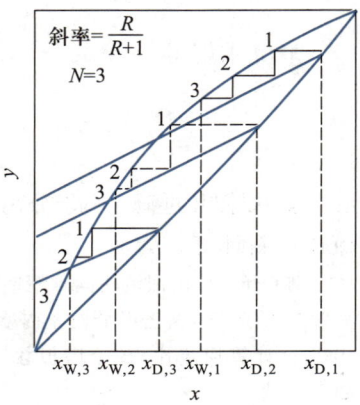

图 6-23 恒回流比间歇精馏时
x_D 和 x_W 的关系

$$dq_{n,D} = -dq_{n,W}$$

易挥发组分

$$q_{n,\mathrm{W}}x_{\mathrm{W}} = (q_{n,\mathrm{W}}+\mathrm{d}q_{n,\mathrm{W}})(x_{\mathrm{W}}+\mathrm{d}x_{\mathrm{W}}) + x_{\mathrm{D}}\mathrm{d}q_{n,\mathrm{D}}$$

将以上两式合并整理,并略去高阶微分项 $\mathrm{d}q_{n,\mathrm{W}}\mathrm{d}x_{\mathrm{W}}$,可得

$$\frac{\mathrm{d}q_{n,\mathrm{W}}}{q_{n,\mathrm{W}}} = \frac{\mathrm{d}x_{\mathrm{w}}}{x_{\mathrm{D}}-x_{\mathrm{W}}}$$

将上式两边积分,其积分限为

$$t=0 \text{ 时}, \quad q_{n,\mathrm{W}}=q_{n,\mathrm{F}}, x=x_{\mathrm{F}}$$

$$t=t \text{ 时}, \quad q_{n,\mathrm{W}}=q_{n,\mathrm{W}}, x=x_{\mathrm{W}}$$

故有

$$\int_{q_{n,\mathrm{W}}}^{q_{n,\mathrm{F}}} \frac{\mathrm{d}q_{n,\mathrm{W}}}{q_{n,\mathrm{W}}} = \int_{x_{\mathrm{W}}}^{x_{\mathrm{F}}} \frac{\mathrm{d}x_{\mathrm{W}}}{x_{\mathrm{D}}-x_{\mathrm{W}}}$$

$$\ln \frac{q_{n,\mathrm{F}}}{q_{n,\mathrm{W}}} = \int_{x_{\mathrm{W}}}^{x_{\mathrm{F}}} \frac{\mathrm{d}x_{\mathrm{W}}}{x_{\mathrm{D}}-x_{\mathrm{W}}} \tag{6-50}$$

式中:$q_{n,\mathrm{W}}$ 和 x_{W} 分别为终止操作时的釜残液量和釜残液组成。

4. $x_{\mathrm{D},1}$ 的校验

在确定间歇精馏的最小回流比和理论塔板数时,须先假定 $x_{\mathrm{D},1}$ 值,此假定值是否合适,应以所得到的塔顶馏出液的平均组成 $x_{\mathrm{D},m}$ 能否满足分离要求为准。

对间歇精馏过程进行物料衡算:

馏出液总量

$$q_{n,\mathrm{D}} = q_{n,\mathrm{F}} - q_{n,\mathrm{W}} \tag{6-51}$$

馏出液中易挥发组分量

$$q_{n,\mathrm{D}}x_{\mathrm{D},m} = q_{n,\mathrm{F}}x_{\mathrm{F}} - q_{n,\mathrm{W}}x_{\mathrm{W}}$$

联立求解得

$$x_{\mathrm{D},m} = \frac{q_{n,\mathrm{F}}x_{\mathrm{F}} - q_{n,\mathrm{W}}x_{\mathrm{W}}}{q_{n,\mathrm{F}} - q_{n,\mathrm{W}}} \tag{6-52}$$

如果求出的 $x_{\mathrm{D},m}$ 小于分离要求规定的值,说明 $x_{\mathrm{D},1}$ 的假定值过小,应增大 $x_{\mathrm{D},1}$ 或增大回流比重新计算。

例 6-6　用恒回流比间歇精馏操作分离含苯 50%(摩尔分数,下同)的苯-甲苯二元混合液,要求馏出液含苯大于 75%。若开始时釜内盛有 75 kmol 混合液,操作回流比为最小回流比的 1.5 倍,釜残液含苯为 10%,试计算回流比、理论塔板数、馏出液量、残液量和馏出液平均组成。已知苯-甲苯的气液平衡数据如下:

x	0	0.058	0.155	0.256	0.376	0.508	0.659	0.830	1
y	0	0.128	0.304	0.453	0.596	0.720	0.830	0.943	1

解　（1）求操作回流比。

设初始瞬间 $x_{D,1} = 0.95$，由苯–甲苯气液平衡曲线查得：$x_F = 0.50$ 时，$y_F = 0.71$。

$$R_{min} = \frac{0.95 - 0.71}{0.71 - 0.50} = 1.14$$

$$R = 1.5 R_{min} = 1.14 \times 1.5 = 1.71$$

（2）求理论塔板数。

在图 6-24 中过点 $a(0.95, 0.95)$ 及截距 $Ob = \dfrac{0.95}{1.71 + 1} = 0.35$ 作操作线 ab，并自 a 点起，在平衡线和操作线间作直角梯级，直到 $x \le x_F$ 为止。由作图知，共需要 6 块理论塔板，釜残液浓度 $x = 0.455$。

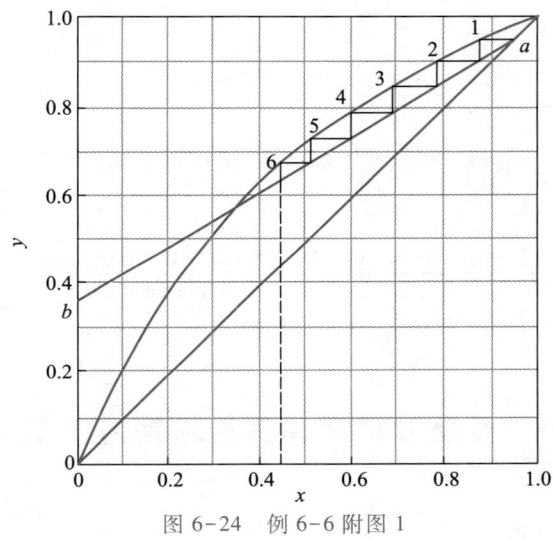

图 6-24　例 6-6 附图 1

（3）求馏出液量及釜残液量。

$$\ln \frac{q_{n,F}}{q_{n,W}} = \int_{x_W}^{x_F} \frac{dx}{x_D - x}$$

上式右边需用图解积分求解。图解条件：$R = 1.71$，$N_T = 6$，作任意塔顶馏分浓度所对应的釜残液浓度 x，并整理成表 6-4。

表 6-4　例 6-6 附表

x_D	0.95	0.90	0.82	0.70	0.60	0.50
x	0.455	0.38	0.295	0.223	0.18	0.14
$\dfrac{1}{x_D - x}$	2.02	1.92	1.90	2.10	2.38	2.78

以 x 为横坐标，$1/(x_D - x)$ 为纵坐标作图，求出 x 在 $0.1 \sim 0.5$ 内曲线下的面积为 0.87，如图 6-25 所示。

$$\ln \frac{q_{n,F}}{q_{n,W}} = 0.87$$

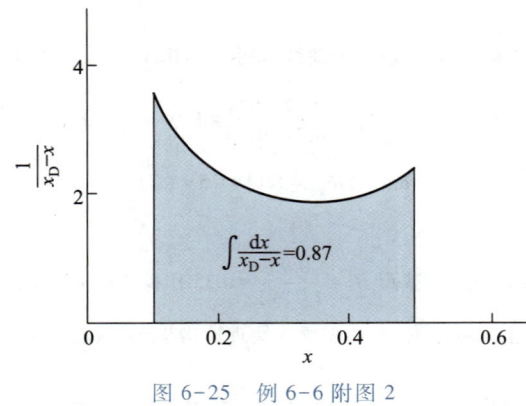

图 6-25　例 6-6 附图 2

$$q_{n,\text{W}} = 31.42 \text{ kmol}$$

馏出液量

$$q_{n,\text{D}} = q_{n,\text{F}} - q_{n,\text{W}} = 75 \text{ kmol} - 31.42 \text{ kmol} = 43.58 \text{ kmol}$$

（4）求馏出液的平均组成。

$$\bar{x}_{\text{D},m} = \frac{q_{n,\text{F}} x_{\text{F}} - q_{n,\text{W}} x_{\text{W}}}{q_{n,\text{D}}} = \frac{75 \times 0.5 \text{ kmol} - 31.42 \times 0.1 \text{ kmol}}{43.58 \text{ kmol}}$$

$$= 0.79 > 0.75 \quad （符合要求）$$

6.6　多组分精馏和其他精馏方法简介

6.6.1　多组分精馏

化工生产中利用精馏方法分离的混合液一般都是多组分的。多组分精馏的原理与双组分精馏类似,也是依据组分之间相对挥发度的差异采用多次部分汽化和多次部分冷凝的方法达到分离目的。

1. 多组分精馏原理

对于双组分精馏,只要确定了塔顶馏出液中一个组分的浓度,就确定了馏出液全部组分的组成;同理,确定了釜残液中一个组分的浓度,也就确定了釜残液的全部组成。对于多组分精馏,即使确定塔顶和塔釜料液中一个组分的组成,也不能确定塔釜和塔顶的全部组成。若取多组分混合液中相对挥发度相差较大且相邻的两个主要组分为关键组分,则其中的易挥发组分称为轻关键组分,不易挥发的组分称为重关键组分。在精馏时比轻关键组分更易挥发的组分将全部或接近全部进入塔顶馏出液中,比重关键组分更难挥发的组分将全部或接近全部进入釜残液中。例如,设有苯-甲苯-二甲苯三元混合液,其进料组成和分离要求如表 6-5 所示。

要达到上述分离要求,只要控制塔顶重关键组分含量 $x_{\text{甲苯}} < 0.005$,塔釜轻关键组分含量 $x_{\text{苯}} < 0.005$ 就可以了。二甲苯沸点比甲苯沸点还要高,控制了塔顶甲苯含量小于 0.005,就可

以保证塔顶产品中基本不含二甲苯。所以,引入关键组分的概念后,就可以将一个多组分精馏看成两个关键组分的二组分精馏。应该指出,多组分精馏的相平衡关系和操作线都比二组分精馏复杂得多。

表6-5　苯-甲苯-二甲苯三元混合液的进料组成及分离要求

	混合物料	塔顶产品	塔釜产品
$x_{苯}$	0.600	0.995	0.005
$x_{甲苯}$	0.300	0.005	0.744
$x_{二甲苯}$	0.100	—	0.251

2. 流程方案选择

多组分精馏流程方案的选择

对于多组分溶液的完全分离,通常情况下分离三组分需要两个塔,分离四组分需要三个塔……分离 n 组分则需要 $n-1$ 个塔。若不要求完全分离全部组分,塔数目可适当减少。

用两个精馏塔将三组分溶液分离为三个较纯的组分时,有两种可供选择的流程方案,如图6-26所示。随着组分数目的增多,不仅所需塔数增多,而且流程方案也相应增多。

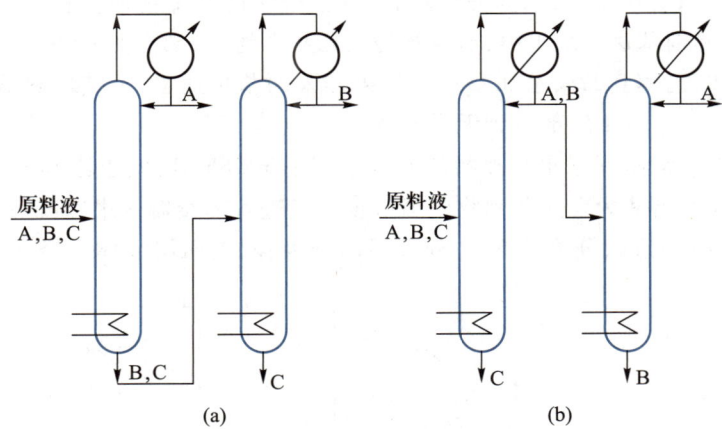

图6-26　三组分溶液精馏流程方案的选择比较

在图6-26中,流程(a)按组分挥发度递降的顺序逐一将组分A和B自塔顶馏出,将最难挥发的组分C自第二塔釜分出。流程(b)则按组分挥发度递增的顺序逐一将组分C和B从塔釜分出,仅最易挥发的组分A从第二塔顶分出。在流程(a)中,组分A和B各被汽化一次,冷凝一次,组分C既没有被汽化,也没有被冷凝;在流程(b)中,组分A被汽化和冷凝各两次,组分B被汽化和冷凝各一次,组分C则没有被汽化和冷凝。显然,流程(b)中加热剂和冷却介质消耗量大于流程(a),操作费用较高,而且流程(b)中上升蒸气量大,所需塔径、再沸器和冷凝器的传热面积等均较大,因此设备费用也较高。从能耗和设备投资考虑,流程(a)优于流程(b)。但在选择流程时,除了以上考虑之外,还应考虑物料的性质、产品的质量要求等,只有这样才能做出合理选择。

6.6.2   共沸精馏

当待分离的两个组分为共沸溶液体系或它们的挥发度非常接近时,采用普通精馏方法就难以达到分离目的或所需要的理论板数非常多。此时,可以采用共沸精馏或萃取精馏方法。

1. 共沸精馏原理

向共沸溶液中加入第三组分(称为夹带剂或共沸剂),若该组分能与原有溶液中的一个或多个组分形成共沸物,且这种新共沸物的挥发度显著地高于或低于原有各组分的挥发度,则新共沸物中各组分的含量与原料液组成不同,可采用普通精馏方法予以分离,这种精馏方法称为共沸精馏。

在共沸精馏中可使原有组分中的某一组分全部进入新共沸物中,从而达到组分分离的目的。显然,新共沸物也还需要分离,如果选择的共沸剂合适,这种分离是比较容易的。

2. 无水乙醇的制取

乙醇和水在常压下有共沸物形成,因此用普通精馏方法不能制得无水乙醇,但可采用共沸精馏方法制取,如图 6-27 所示为分离乙醇-水混合物的共沸精馏流程示意图。在原料液中加入适量的共沸剂苯送入塔 1 中,形成新的三元共沸物(共沸点为 64.85 ℃,恒沸物摩尔分数分别为苯 0.539,乙醇 0.228,水 0.233)。如果加入的苯量适当,可使原料液中的水全部转移到三元共沸物中,从塔 1 底部得到无水乙醇。

由图可见,由于常压下三元共沸物的共沸点只有 64.85 ℃,低于乙醇及乙醇-水共沸物的沸点,因此塔顶馏出液为三元共沸物。当塔顶蒸气进入冷凝器 4 中冷凝后,部分冷凝液回流到塔 1,其余部分则进入分层器 5,在分层器内分为轻、重两层液体。轻相主要含苯,返回

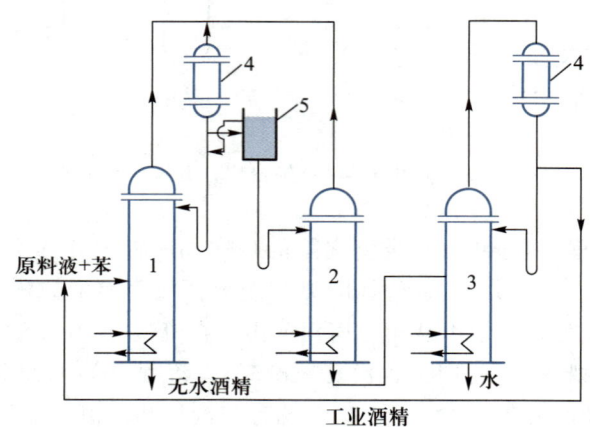

1—共沸精馏塔;2—苯回收塔;3—乙醇回收塔;4—全凝器;5—分层器

图 6-27   共沸精馏流程示意图

塔 1 作为补充回流,重相进入苯回收塔 2 的顶部,以回收其中的苯。塔 2 顶部的蒸气也进入冷凝器 4 中,塔底的产品为稀乙醇,被送到乙醇回收塔 3 中。塔顶产品为乙醇–水共沸物,返回塔 1 作为原料,塔底产品为纯水。在操作过程中,苯是循环使用的,但在实际操作中会有少量损耗,故需定期补充。

6.6.3　萃取精馏

1. 萃取精馏原理

萃取精馏与共沸精馏类似,也是向原料液中加入第三组分(称为萃取剂或溶剂),通过该组分的萃取作用改变原有组分间的相对挥发度。例如,在常压下苯的沸点为 80.1 ℃,环己烷的沸点为 80.73 ℃,相对挥发度接近 1,用普通精馏方法很难将它们分离。若在苯–环己烷溶液中加入适量的萃取剂糠醛,则可使溶液的相对挥发度发生显著的变化,当糠醛的摩尔分数达到 0.7 时,苯与环己烷之间的相对挥发度可达到 2.7。

图 6-28 为分离苯与环己烷混合液的萃取精馏流程示意图。苯与环己烷自萃取塔 1 中部进入,萃取剂从塔 1 上部加入,以便保持每层板上都有一定的萃取剂浓度。塔 1 上部还设有萃取剂回收段。环己烷由塔 1 顶部蒸出,塔底釜残液为苯与糠醛混合液。由于苯和萃取剂糠醛沸点相差较大,两者很容易分离,将其送入普通精馏塔 3 中,由顶部蒸出苯,釜残液为糠醛,送入塔 1 循环使用。

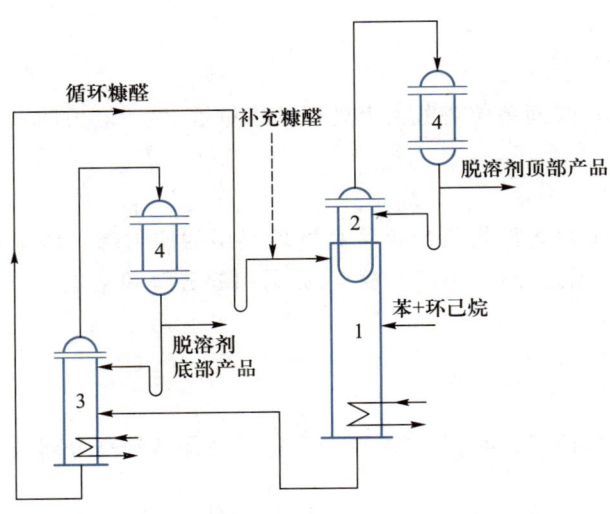

1—萃取精馏塔;2—萃取剂回收段;3—苯分离塔;4—冷凝器

图 6-28　分离苯与环己烷混合液的萃取精馏流程示意图

2. 萃取精馏与共沸精馏的比较

萃取精馏与共沸精馏有如下不同:
① 萃取剂比共沸剂容易选择,但萃取剂用量大,选择范围较窄且大多数有毒。

② 通常萃取剂的沸点比原有组分的沸点高很多,在萃取精馏过程中基本上不汽化,故萃取精馏的能耗较共沸精馏的能耗小。

③ 在萃取精馏中,加入萃取剂的量变动范围较大,而在共沸精馏中,加入共沸剂的量多有限定,故萃取精馏的操作范围较宽,容易控制。

④ 萃取精馏不宜采用间歇操作,而共沸精馏可以采用间歇操作。

⑤ 共沸精馏的操作温度比萃取精馏低,更适宜热敏性物料的分离。

6.7　传质设备

6.7.1　评价塔设备的指标

气液传质设备通常采用塔设备,主要有填料塔和板式塔两种。评价它们的性能优劣有以下五项指标。

1. 分离效率

分离效率是指每层塔板或单位高度填料层所能达到的分离程度,塔的分离效率不仅取决于被分离物系的性质和操作状态(如压力、温度和流量等),还取决于塔的型式及结构。对于减压或常压操作,填料塔具有较高的分离效率;而加压操作,板式塔则具有较高的分离效率。

2. 生产能力

生产能力是指单位时间单位塔截面上处理的物料量,生产能力的大小与空塔气速有关。

3. 压力降

压力降是指气相通过每层塔板或单位高度填料层的压力降。塔内压力降过大,必然导致塔底釜压过高,能耗增加,对于热敏性物料,则易引起分解和结焦。因此,它是衡量塔设备的一个重要参数。

4. 操作弹性

操作弹性是指在负荷变化时,仍能维持稳态操作并保持较高分离效率的能力。

5. 持液量

持液量是指塔在正常操作时填料表面、塔内构件和塔板上所保持的液体量,它随操作负荷的变化而增减。对于填料塔,持液量一般小于 6%,而板式塔则高达 8%~12%。持液量大对操作因素的脉冲或突然变化可起到缓冲作用,使塔的操作平稳,不易引起产品质量的迅速变化。但持液量过大,要达到塔内各部位上组成稳定平衡的时间很长,以致延长开工时间。对于间歇精馏或经常处于开停工状态的蒸馏操作,大持液量不仅延长操作周期和增加操作费用,而且对分离热敏性物料不利。

6.7.2　填料塔

填料塔为连续接触式的气液传质设备,见图 6-29。它由填料、塔内构件及筒体组成。在圆筒形塔体的下部安装有支撑板,在支撑板上充填一定高度的填料,液体从填料的缝隙中流过,润湿填料表面并形成流动的液膜。气相在压强差的作用下从塔底由下而上通过填料间的空隙,气、液两相呈逆流流动,两相间的传热、传质主要在填料表面上进行,气液组成则沿填料层高度连续变化。

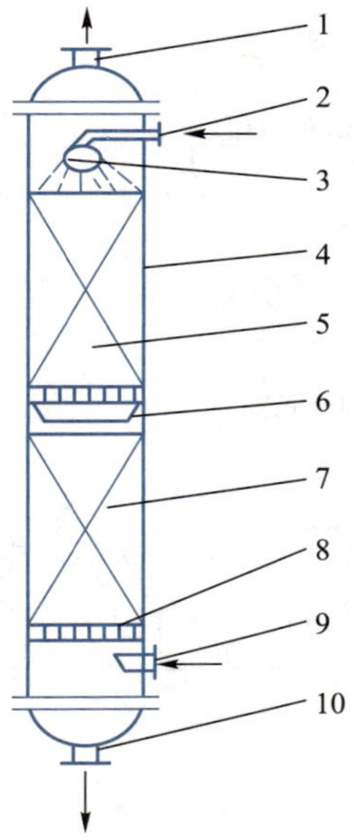

1. 填料特性

填料塔的性能好坏与所用填料直接有关,通常填料应符合以下几项基本要求。

(1) 比表面积 σ

单位体积填料层所具有的表面积称为比表面积,$m^2 \cdot m^{-3}$。其值越大,表示气液间传质面积越大。对于同一形状和结构的填料,尺寸越小,其比表面积越大。应该指出,只有被流动的液相所润湿的填料表面,才是有效的传质面积,因此,填料应有良好的润湿性能和有利于液体均匀分布的形状。

(2) 孔隙率 ε

单位体积填料层所具有的孔隙体积称为孔隙率。填料的孔隙率大表示气液通过的能力大,而且气体的流动阻力小。填料的孔隙体积一般在 0.45~0.95。

此外,还要求填料的堆密度小,机械强度高,价格便宜,并有良好的耐腐蚀性能。

1—气体出口;2—液体入口;3—液体分布器;
4—壳体;5—填料;6—液体再分布器;7—填料;
8—支撑栅板;9—气体入口;10—液体出口

图 6-29　填料塔结构示意图

2. 常用填料和新型填料

填料品种有很多,可分为规整填料和散装填料两大类。规整填料是在塔内按其几何形状均匀、整齐排列堆砌的填料。这类填料有波纹薄板组成的圆饼形填料、波纹网体填料和格栅填料等,规整填料的材质有金属、塑料、陶瓷和碳纤维等。散装填料是以填料乱堆形式填充在塔内的小尺寸填料,如小尺寸拉西环、鲍尔环及阶梯环、鞍形填料、θ 形环等。下面对以下工业上常用的几种填料做一简单介绍。

(1) 拉西环

拉西环[图 6-30(a)]是一种外径与高度相等的圆环,具有外形简单、制造方便、造价低廉、能用非金属耐腐蚀材料制造等优点。它是最早使用的填料,曾在填料中占有极重要的地位,但由于乱堆拉西环的表面未能完全利用,传质效果较差,更为严重的缺点是容易在塔内形成沟流和壁流,使气液分布不匀,相际接触不良。后来又在拉西环的基础上衍生出了 θ 形环[图 6-30(b)]、十字环[图 6-30(c)]等结构型式,其比表面积虽有所增加,但还未能克服拉西环的原有缺点。

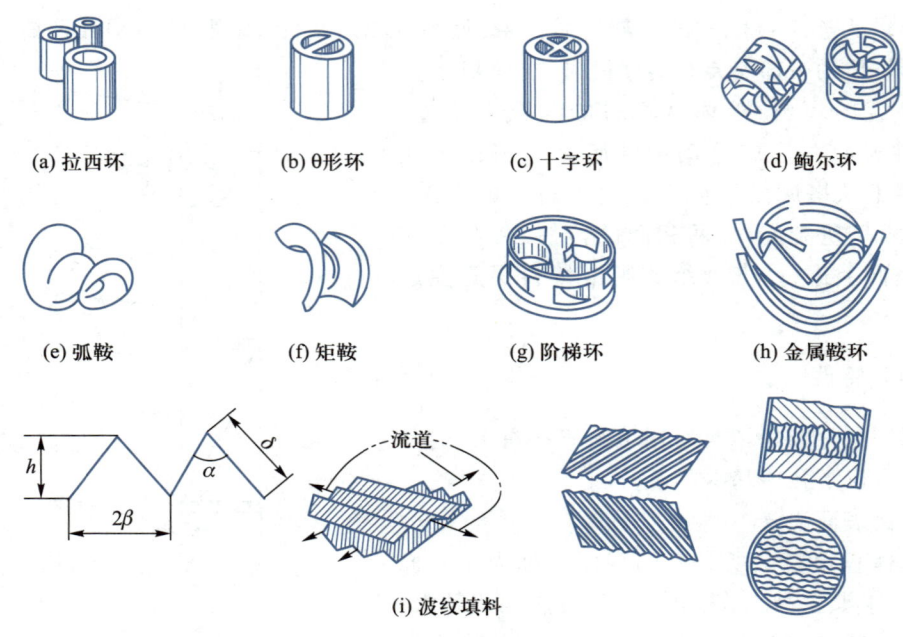

图 6-30   散装填料外形

(2)鲍尔环

鲍尔环[图 6-30(d)]是由拉西环改进而来的。在拉西环的侧壁上规则地开出一排或两排长方形小窗,并将小窗切口的叶片一端不割断而向环内弯曲,在环的中心相搭接。鲍尔环一般用金属和塑料制造。其特点如下:

① 气液能经小窗自由进出环内外空间,阻力比拉西环低,可提高操作气速。

② 开小窗后表面积比拉西环大些,而且环的内表面也得到充分利用。

③ 由于小窗的叶片弯向环中心,使液体分布较为均匀,故形成沟流和壁流的不良现象比拉西环有所改善。

④ 操作弹性较拉西环大。

因此,在相同压力降的情况下,鲍尔环的处理量比拉西环的可大 50%;而在相同处理量的条件下,压力降也可以降低 50%。故鲍尔环是一种性能良好的填料。

(3)弧鞍填料与矩鞍填料

弧鞍与矩鞍填料分别如图 6-30(e)、图 6-30(f)所示,其表面全部敞开,不分内外。其中弧鞍填料呈两面对称结构,在堆积时容易重叠,也容易破碎。矩鞍填料是针对弧鞍填料改进的,它保留了弧形结构,改进了扇形面形状,既具有弧鞍填料的液体良好分布性能,又能使填料在堆积时处于点接触,不易相互重叠。故矩鞍填料表面利用率高,孔隙率较大,气液流动阻力小,形状简单,制造方便。

以上几种常见散装填料的相对效率参见图 6-31。

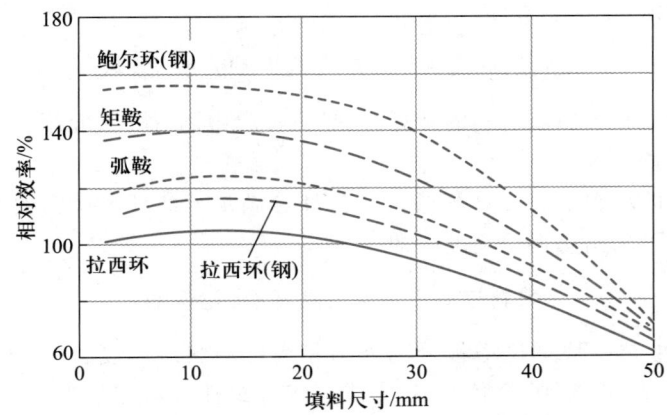

图 6-31　几种常见散装填料的相对效率

（4）阶梯环填料

阶梯环填料[图 6-30(g)]是在鲍尔环填料的基础上加以改进的一种新型填料。它与鲍尔环的相似之处是环壁上也有窗孔，但填料高度仅为直径的一半，环的一端为喇叭口，其高度为直径的 1/5。由于填料高度较鲍尔环减小一半，故气体绕填料外壁流过的路程缩短了，减少了气体的阻力。此外，阶梯环一端的形状为喇叭口，既增加了填料的机械强度，又使填料堆积时，相邻两填料间的接触为点接触，增大了填料间的孔隙，接触点形成了流体在填料表面流动的汇合和分散点，使液膜更新加快，提高了气、液两相传质速率。

（5）金属鞍环填料

一般来说，鞍形填料的液体分布性能较好，但通量较小，而环形填料则相反，通量较大，分布性能较差。金属鞍环填料[图 6-30(h)]综合了两者的优点，液体分布性能好，孔隙率大，全部表面都被充分利用，其性能优于矩鞍填料和鲍尔环。

（6）波纹填料

波纹填料[图 6-30(i)]属于规整填料，有波纹板填料与波纹网填料两种。波纹板填料是由若干波纹片组成的，在波纹片上又有开小孔的或不开孔的两种形式，波纹顶角 α 约为 90°，波纹形成的通道与垂直方向形成 45°角，上下两层波纹片旋转 90°叠放。相邻的两个波片流道成 90°错开，如此叠合组成圆盘整块。当波纹饼块填料在塔内安放时，通常是上下两盘填料饼块的方位互相垂直。波纹板填料有固定规整的气液通路，可避免发生沟流和壁流，压强减小，比表面积大，在同等容积的填料中可以达到极好的传质、传热效果。

波纹丝网填料是由金属丝网制成的波纹片组合的，因丝网细密，与波纹板填料相比，其孔隙率和比表面积更大，每米填料层高的分离效果相当于 10 层理论塔板，压强减小，传质效率高，操作弹性大，特别适用于精密精馏和真空精馏。

近年来，以金属波纹板为代表的规整填料应用，已有取代板式塔和散装填料塔的趋势。

3. 塔高和塔径的计算

填塔料的高度取决于填料层的高度。因此，塔高的计算也就是填料层高度的计算，常采用以下两种方法。

（1）传质单元法

$$填料层高度 = 传质单元高度 × 传质单元数$$

此法主要用于吸收填料塔塔高的计算，在吸收一章中已有详细介绍。

（2）等板高度法

用于精馏操作的填料塔高度计算通常是先计算满足分离任务所需要的理论塔板数，然后乘以等板高度即可求出填料层高度。即

$$填料层高度 = 等板高度 × 理论板数$$

式中：等板高度是指与一块理论塔板分离能力相当的填料层高度，以符号 HETP 表示。显然，填料的传质效率越高，等板高度越小，完成一定分离任务所需的填料层高度也越小。等板高度不仅与填料的类型及其尺寸有关，还与被分离物料的性质、操作条件及设备尺寸有关。等板高度通常由实验测定或者由实际生产的经验数据确定。表 6-6 所列的 HETP 值，可供确定填料塔高时参考。

表 6-6　填料塔的 HETP 值

填料类型或应用情况	HETP/m	填料类型或应用情况	HETP/m
$\phi25$ mm 填料	0.45	吸收	$1.5 \sim 1.8$
$\phi38$ mm 填料	0.66	小塔（直径<0.6 m）	塔径
$\phi50$ mm 填料	0.90	减压塔	塔径+0.1

（3）塔径计算

确定填料塔的直径，首先应找出气体的极限空塔速度。在逆流操作的填料塔内，当液体流量一定时，气速对填料塔内持液量影响较大。气速越高持液量越大。而在低速时，填料层内液体向下流动与气速的关系不大，故填料层内的持液量变化不大。只有当气速增大到某一数值时，由于上升气流与下降液膜间的摩擦阻力增大，开始阻碍液体的顺利下流，使填料层内的持液量开始随气速的增大而增加。此种现象称为拦液现象，开始发生拦液现象时的空塔气速称为载点气速。超过载点气速后，如果气速继续增大，随着填料层内持液量不断增多，而使塔内发生液泛，此时填料层内液体不能及时流下开始出现局部积液，压强急剧升高，气流出现脉动，大量液体被气流带至塔顶，致使塔的操作极不稳定。开始发生液泛现象时的空塔气速称为液泛气速。液泛气速是填料塔正常操作气速的上限。实验表明，当空塔气速处于液泛气速与载点气速之间时，气体与液体间的湍动剧烈，气液间接触较好，传质效率较高。故操作气速应控制在液泛气速以下。影响液泛气速的因素主要有填料的性能、流体的物理性质及液气比。

填料塔的直径 D 可由流量公式来计算，即

$$D = \sqrt{\frac{4q_V}{\pi u}} \qquad (6-53)$$

式中：q_V 为在操作条件下，混合气体的体积流量，$m^3 \cdot s^{-1}$；u 为填料塔的适宜空塔气速，$m \cdot s^{-1}$。

填料塔操作的适宜空塔气速，一般为液泛气速的 $50\% \sim 85\%$。

6.7.3 板式塔

在板式塔中,塔内装有一定数量的塔板,如图 6-32 所示,气体以鼓泡或喷射形式穿过塔板上的液层而使两相密切接触,由此发生相际间的传热和传质,使气相和液相组分的浓度均沿塔高呈阶梯式变化。

板式塔的塔板结构有多种,以下简要介绍泡罩塔、筛板塔、浮阀塔和一些新型塔板。

1. 泡罩塔

泡罩塔是应用最早的传质设备,如图6-33所示,每层塔板上开有若干圆孔,孔上焊有短管作为上升气体的通道,称为升气管,其上覆以钟形泡罩,泡罩下部周边开有许多齿缝。齿缝形状有矩形、三角形及梯形三种,常用的是矩形。在塔板上泡罩作等边三角形排列。升气管与泡罩之间有环形通道隔离。操作时,液体横向流过塔板,靠溢流堰保持塔板上有一定厚度的流动液层,齿缝浸没于液层之中而形成液封。由升气管上升的气体通过泡罩齿缝分散进入液层时,呈许多细小的气泡或流股,使塔板上液体形成了鼓泡层和泡沫层,为气、液两相密切接触提供了条件。塔板上的溢流堰用以控制板上液层高度,回流液体则由上一塔板的降液管流下,横过塔板至另一侧溢流堰进入降液管到下层塔板。

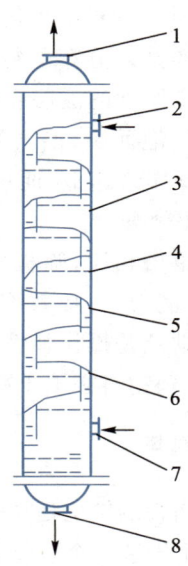

1—气体出口;2—液体入口;3—塔壳;
4—板;5—降液管;6—出口溢流堰;
7—气体入口;8—液体出口

图 6-32 板式塔结构图

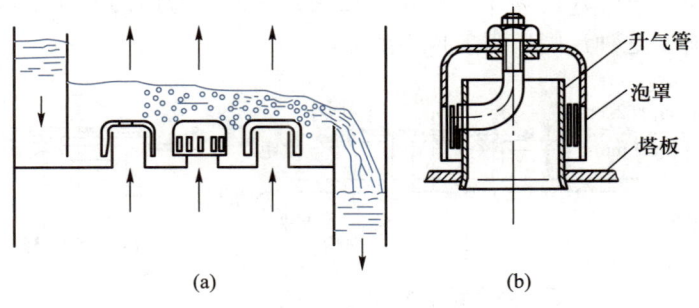

(a)   (b)

图 6-33 泡罩塔结构图

泡罩塔的优点是:板上液体不易发生漏液现象,有较好的操作弹性,即当气液量有较大的波动时,仍能维持几乎恒定的板效率;塔板不易堵塞,适于处理含有悬浮物的物料。但是,塔板结构复杂,金属材料耗量大,造价高;气体流道曲折,塔板压降大,并且雾沫夹带现象也比较严重,限制了气速的提高,致使生产能力及板效率均较低。

2. 筛板塔

筛板塔也是较多应用于工业生产的一种传质设备,如图6-34所示。塔板上均匀分布着许多小孔,称为筛孔,一般按正三角形排列分布。每层塔板上都设置溢流堰,使板上能维持一定厚度的液层。操作时,上升气流通过筛孔,从板上液层中鼓泡而出,使气液间相互接触,进行传质和传热。在正常的操作气速下,通过筛孔上升的气流,应能阻止液体经筛孔向下泄漏。

与泡罩塔相比,筛板塔具有下列优点:构造简单,造价低廉,生产能力大,板效率高,压力降较小,安装、维修都较容易。其缺点是操作弹性较小,易产生液体泄漏;筛孔易堵塞,要求处理物料必须干净。

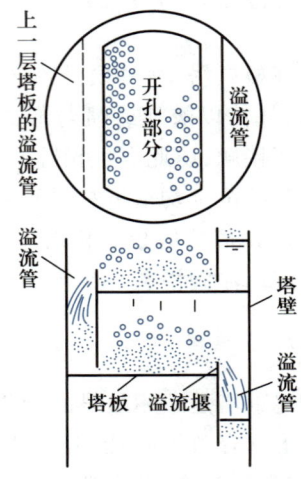

图 6-34　筛板塔结构图

3. 浮阀塔

浮阀塔板的结构是在安装了溢流堰的塔板上,分布若干较大的圆孔(标准孔径为 39 mm),在每个孔上安装一个可以上下浮动的阀片,称为浮阀。国内已采用的浮阀有五种,较常用的为 F-1 型和 V-4 型。F-1 型浮阀(国外称为 V-1 型)如图 6-35(a)所示。阀片与分布在周边上的三个阀腿是整体冲成的,在阀片周边还有三个起始定距片,它能在阀片关闭时使阀片与塔板之间仍保留一定间隙,即使气量很小时,气体也能通过阀片和塔板之间的间隙均匀鼓泡。这不仅可避免小气量时阀片开闭不稳定的脉动现象,还能获得较宽的稳定操作范围。此外,起始定距片减小了阀片与塔板间的接触面积,避免了阀片与塔板黏接。当气量增大时,阀片能立即平稳升起。

V-4 型浮阀如图 6-35(b)所示。其特点是阀孔呈向下弯曲的文丘里形,以减小气体通过塔板时的压强降。这种浮阀适用于减压系统。

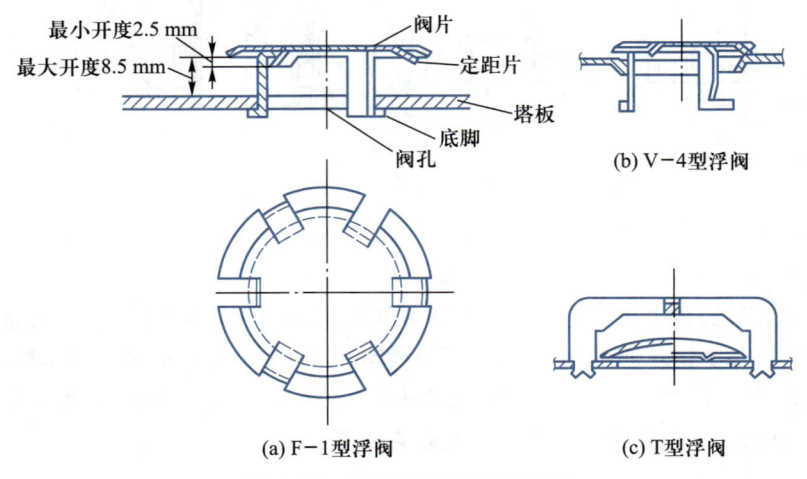

图 6-35　浮阀塔及浮阀结构图

T 型浮阀如图 6-35（c）所示。其结构较复杂，它借助固定在塔板阀孔上的十字形支架来限制拱形阀片的移动范围。其性能与 F-1 型浮阀相近，适于处理含有固体颗粒或易于聚合的物料。

浮阀塔具有下列优点：

① 生产能力大。因浮阀塔的开孔面积比泡罩塔大，故生产能力比泡罩塔大，与筛板塔相近。

② 操作弹性大。由于阀片可以随气量的变化自由升降，故浮阀开启度可随气量的大小自动调节，其负荷范围比泡罩塔和筛板塔宽。

③ 塔板效率高。因上升气体是从水平方向吹入液流层，气液接触时间较长，雾沫夹带量较小，故板效率比泡罩塔高。

④ 气体压强降及液面落差较小，气流分布均匀。

⑤ 塔的构造简单，造价较低，容易制造，安装方便。通常浮阀塔的造价仅为泡罩塔的 60%～80%，但为筛板塔的 120%～130%。

4. 新型塔板介绍

以上三种塔板均属鼓泡型塔板，气体进入塔板以鼓泡形式分散于板上的液层中，与液相接触较充分；但由于气速受到一定限制，生产能力不可能很大。此外，塔板上易形成液面落差，不利于提高板效率。人们在长期的实践中又研制出一些新型喷射式塔板，如固定或浮动舌形塔板和浮动喷射塔板等。在喷射式塔板上，气流喷出的方向与液体流动的方向一致，这样可以充分利用气体运动的动能来促进气、液两相间的接触，避免了气体再通过较深的液层鼓泡，故塔板压强降和雾沫夹带量小。这不仅提高了传质效率，还可提高气速，增加生产能力。

（1）舌形塔板

舌形塔板是 20 世纪 60 年代研制的喷射式塔板之一，其结构如图 6-36 所示。在塔板上冲出许多舌形孔，舌片与板面成一定角度，并朝向溢流出口。典型的舌形孔尺寸为 $\varphi = 20°$，$R = 25$ mm，$A = 25$ mm。

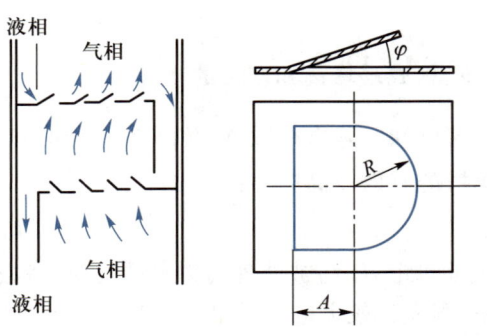

图 6-36 舌形塔板结构图

舌形塔板上的舌孔按正三角形排列，通常不设溢流堰，仅有降液管，降液管截面积要比一般塔板设计得大些。上升气流穿过舌孔后，以较高的速率（20～30 m·s^{-1}）沿舌片的张角向斜上方喷出。从上层塔板降液管流出的液体，流过每排舌孔时，被喷出的气流强烈扰动而形成泡沫体，并有部分液滴也被斜向喷射气流带到液层上方。当被气体喷射带动的液流斜向冲至靠近塔壁的降液管上方时，即流入降液管中。舌形塔板的开孔率较大，故可采用较高的空塔气速，生产能力较大。当气体通过舌孔斜向喷出时，有一个推动液体流动的水平分力，会使液面落差减小，又因雾沫夹带量减小，板上基本无返混现象，从而强化气、液两相间的传质，能获得较高的塔板效率。板上液层较薄，塔板压强降也比较小。由于舌孔是固定的，故舌形塔板对负荷波动的适应能力差，操作弹性小。此外，被气体喷射带动的液流在进入降液管时，会夹带气泡到下层塔板，造成严重的气相夹带现象,从而导致板效率下降。

(2) 浮动舌形塔板

浮动舌形塔板是综合浮阀和固定舌形塔板的优点而设计的一种新型塔板(图 6-37)。其结构特点是将固定舌形塔板的舌片改成浮动舌片。因此,操作弹性大,允许负荷变动的范围甚至可超过浮阀塔;压强降小,特别适宜于减压精馏;结构简单,制造方便;塔板效率比固定舌形塔板高。

(3) 浮动喷射塔板

浮动喷射塔板是兼有浮阀塔板的可变气道截面和舌形塔板的并流喷射特点的新型塔板,如图 6-38 所示。这种塔板由一系列平行的浮动板组成,浮动板支承在支架的三角槽内,可在一定角度内转动。为防止相邻两板的黏结,浮动板的前缘向下弯曲,有时也将前缘做成锯齿形。由上层塔板降液管流下来的液体,在百叶窗式的浮动板上面流过,上升气流则沿浮动喷射塔板间的缝隙喷出,喷出方向与液流方向一致。浮动喷射塔允许较高的气流喷射速度,生产能力大;又由于浮动板的张开程度随上升气体的流量而变化,因而操作弹性大。此外,塔板压强降小,塔板上液面落差也小。其缺点是容易漏液和发生"吹干"现象,塔板结构也较复杂。

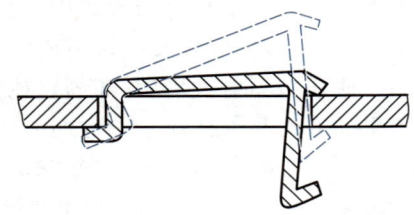

图 6-37   浮动舌形塔板示意图

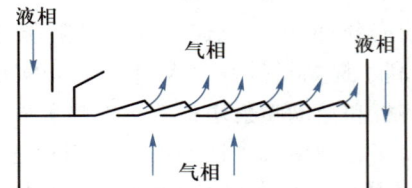

图 6-38   浮动喷射塔板示意图

5. 板式塔塔高和塔径的计算

若已知实际塔板数 N,又已知板间距 H_T(即相邻两块塔板之间的距离),就可以按下式计算塔的有效段高度 H:

$$H = NH_T \tag{6-54}$$

板间距 H_T 与被处理的物料的性质、塔板结构和操作条件等因素有关。若采用较大的板间距,则允许较大的空塔气速,而不至于产生严重的雾沫夹带现象。如果生产能力一定,采用大板间距,可提高气速,则塔径相应减小,但塔高增加。由此可见,塔径和塔高相互制约,如何选择板间距应从经济效益角度权衡。通常多采用经验数据或实验测定值。表 6-7 的经验数据可供初步设计参考。

表 6-7   板间距参考值

塔径 D/m	0.3~0.5	0.5~0.8	0.8~1.6	1.6~2.0	2.0~2.4	>2.4
板间距 H_T/mm	200~300	300~350	350~450	450~600	500~800	>600

板式塔塔径计算也采用式(6-53),计算的关键也是确定适宜空塔气速。空塔气速过小,塔板上的液体容易泄漏;反之,又容易发生液泛,适宜空塔气速应在这两者之间。

6. 板式塔和填料塔的比较

板式塔和填料塔的比较是一个复杂问题,涉及的因素很多,难以用简单的方法做出对比。表 6-8 列举了板式塔和填料塔的若干技术经济指标,供参考。

表 6-8　板式塔和填料塔的比较

项目	塔型	
	板式塔	填料塔
压强降	压强降一般比填料塔大	压强降小,适于减压操作
空塔气速(生产能力)	空塔气速大	空塔气速小
塔效率	效率较稳定,大塔板效率比小塔板效率有所提高	塔径 $\phi1.5$ m 以下效率高,塔径增大,效率常会下降
液气比	适应范围较大	对液体喷淋量有一定要求
持液量	较大	较小
适应能力	能够处理易聚合或含固体悬浮物的物料,对于处理易发泡物料和腐蚀性物料不如填料塔	不宜处理易聚合或含固体悬浮物的物料,适于处理易发泡物料和有腐蚀性的物料
材质要求	一般用金属材料制作	可用非金属耐腐蚀材料
安装维修	较容易	较困难
造价	直径大时一般比填料塔造价低	$\phi800$ mm 以下,一般比板式塔便宜,直径增大,造价显著增加
质量	较小	大

本章物理量符号说明

英文字母:

D——填料塔直径,mm;

E_{MG}——气相默弗里板效率;

H——焓,kJ·kmol^{-1};

N——理论塔板数(包括塔釜);

p——总压,Pa;

p^*——纯组分的饱和蒸气压,Pa;

q——物料流量,kmol·s^{-1};

R——回流比;

t,T——温度,K;

x——液相中易挥发组分的摩尔分数;

y——气相中易挥发组分的摩尔分数。

希腊字母:

α——相对挥发度;

δ——进料状况参数,又称进料的液化摩尔分数。

下标:

A——易挥发组分;

B——难挥发组分;

D——塔顶产品;

F——原料液;

F——加料板序号;

L——饱和液体;

m,n——塔板序号;

V——饱和蒸气;

W——釜残液。

思 考 题

6-1　双组分溶液的气液平衡是什么? 对精馏有何作用?

6-2　什么叫理想溶液? 它的特点是什么?

6-3　什么是拉乌尔定律? 气液相平衡方程的作用是什么?

6-4　为什么 $\alpha=1$ 时不能用普通精馏的方法分离混合物?

6-5　常见的精馏塔有哪两种?

6-6　什么是理论塔板? 它的特点是什么?

6-7　恒摩尔流假设指什么? 其成立的主要条件是什么?

6-8　精馏的基本原理是什么? 为什么说回流液的逐板下降和蒸气逐板上升是实现精馏的必要条件?

6-9　精馏流程中主要由哪些设备组成? 如何区分精馏段和提馏段?

6-10　建立操作线的依据是什么? 操作线为直线的条件是什么?

6-11　用芬斯克方程所求出的 N 是什么条件下的理论塔板数?

6-12　什么叫最小回流比?

6-13　最适宜回流比的选取需考虑哪些因素?

6-14　δ 值的含义是什么? 根据 δ 的取值范围,有哪几种进料状况?

6-15　板效率有几种表示方法? 影响板效率的因素有哪些?

6-16　间歇精馏与连续精馏相比有何特点? 适用于什么场合?

6-17　如何选择多组分精馏的流程方案?

6-18　何谓轻关键组分、重关键组分?

6-19　共沸精馏与萃取精馏相比有何特点? 各适用于什么场合?

6-20　评价塔设备性能的指标有哪些?

6-21　板式塔和填料塔分别有什么特点?

习 题

6-1　正戊烷($t_b=36.1℃$)和正己烷($t_b=68.7℃$)的溶液可以认为是理想溶液,已知两个纯组分的饱和

蒸气压(mmHg)和温度(℃)的关系如下:

正戊烷 $\qquad \lg p_1^* = 6.852 - \dfrac{1065}{t+232.0}$

正己烷 $\qquad \lg p_2^* = 6.878 - \dfrac{1172}{t+224.4}$

式中:t 为两组分沸点的算术平均值。试计算该二元溶液的气液相平衡方程。

答:略

6-2　已知二元理想溶液上方易挥发组分 A 的气相组成为 0.3(摩尔分数),在平衡温度下,组分 A 的饱和蒸气压为 130 kPa,组分 B 的饱和蒸气压为 100 kPa,求平衡时组分 A,B 的液相组成及总压。

答:$x_A = 0.248$,$x_B = 0.752$;$p = 107.4$ kPa

6-3　在常压连续精馏塔中分离某两组分理想溶液。原料液流量为 100 kmol·h^{-1},组成为 0.3(易挥发组分的摩尔分数,下同),泡点进料,馏出液组成为 0.95,釜残液组成为 0.05,操作回流比为 3.5,试求:

(1) 塔顶和塔底产品流量,kmol·h^{-1};

(2) 精馏段与提馏段的上升蒸气流量和下降液体流量,kmol·h^{-1}。

答:(1) $q_{nD} = 27.78$ kmol·h^{-1},$q_{nW} = 72.22$ kmol·h^{-1}

(2) $q_{n,L} = 97.23$ kmol·h^{-1},$q_{n,V} = 125.01$ kmol·h^{-1}

$q'_{n,L} = 197.23$ kmol·h^{-1},$q'_{n,V} = 125.01$ kmol·h^{-1}

6-4　在一连续精馏塔中分离某二元理想溶液。原料液流量为 100 kmol·h^{-1},组成为 0.4(易挥发组分的摩尔分数,下同),要求塔顶产品组成为 0.9,塔釜组成为 0.1,试求:

(1) 塔顶馏出液与塔釜残液流量;

(2) 若塔顶馏出液为 50 kmol·h^{-1},工艺要求如何改变?

答:(1) $q_{nD} = 37.5$ kmol·h^{-1},$q_{nW} = 62.5$ kmol·h^{-1};(2) 略

6-5　在连续精馏塔中,已知精馏段操作线方程和 δ 方程分别为

$$y = 0.75x + 0.21 \tag{a}$$

$$y = -0.5x + 0.66 \tag{b}$$

试求:(1) 进料状况参数 δ;

(2) 原料液组成 x_f;

(3) 精馏段操作线和提馏段操作线的交点坐标。

答:(1) 1/3;(2) 0.44;(3) (0.36,0.48)

6-6　用一连续精馏塔分离苯-甲苯物系,已知进料组成 $x_f = 0.44$(苯的摩尔分数,下同),要求塔顶组成达 $x_d = 0.9$。已知物系的平均相对挥发度 $\alpha = 2.47$,最小回流比 $R_{min} = 3$,求此时的进料状况参数 δ 值。

答:-0.407

6-7　今用一常压连续精馏塔分离相对挥发度为 2.0 的二元理想混合液。塔顶馏出液组成为 0.94(易挥发组分的摩尔分数,下同),釜液组成为 0.04,釜液采出量为 150 kmol·h^{-1}。回流比为最小回流比的 1.2 倍,δ 方程为 $y = 6x - 1.5$。试求:

(1) 进料状况参数、组成和流量;

(2) 精馏段操作线方程;

(3) 提馏段的气、液流量;

(4) 提馏段操作线方程。

答:(1) $\delta = 1.2$,$x_f = 0.3$,$q_{n,F} = 210.9$ kmol·h^{-1};(2) $y_{n+1} = 0.760x_n + 0.225$;

(3) $q'_{n,L} = 446$ kmol·h^{-1};$q'_{n,V} = 296$ kmol·h^{-1};(4) $y_{m+1} = 1.507x_m - 0.0203$

6-8　在连续精馏塔内分离苯-甲苯混合液。原料液流量为 1000 mol·h^{-1},进料温度为 45 ℃,进料组

成下的泡点温度为 90 ℃ ,汽化热为 356 kJ · kg^{-1},进料液比热容为 1.84 kJ · kg^{-1} · ℃$^{-1}$,已知精馏段操作线为 $y=0.76x+0.23$,提馏段操作线方程为 $y=1.2x-0.02$,试求馏出液中易挥发组分的回收率。

答:91.2%

6-9　某二元混合物在连续精馏塔中分离,饱和液体进料,组成为 0.4(易挥发组分的摩尔分数,下同),塔顶馏出液组成为 0.95,塔釜残液组成为 0.05,相对挥发度为 3,回流比为最小回流比的 2 倍,塔顶全凝器,泡点回流,塔釜为间接蒸汽加热。试求:

(1)进入第一层理论板的气相浓度(由塔顶往下数);

(2)离开最后一层理论板的液相浓度。

答:(1) 0.89;(2) 0.11

6-10　以连续精馏分离正庚烷(A)与正辛烷(B)。已知相对挥发度 $\alpha=2.16$,原料液浓度 $x_f=0.35$(正庚烷的摩尔分数,下同),塔顶产品浓度 $x_d=0.94$,加料热状态 $\delta=1.05$,馏出产品的采出率 $q_{n,D}/q_{n,F}=0.34$。在确定回流比时,取 $R/R_{min}=1.40$。设泡点回流。试求:

(1)精馏段与提馏段操作线方程;

(2)试用逐板计算法计算离开塔顶第 2 块塔板的液体浓度 x_2。

答:(1) $y_{n+1}=0.745x_n+0.240$,$y_{m+1}=1.477x_m-0.0220$;(2) 0.797

6-11　在连续精馏塔中分离两组分理想溶液,塔顶采用全凝器,实验测得塔顶第一层塔板的单板效率 $E_{mL1}=0.6$,物系的平均相对挥发度为 3.0,精馏段操作线方程为 $y=0.833x+0.15$。试求离开塔顶第二层塔板的上升蒸气组成 y_2。

答:0.825

6-12　某一常压连续精馏塔内对苯-甲苯的混合液进行分离。原料液组成为 0.35(苯的摩尔分数,下同),该物系的平均相对挥发度为 2.5,饱和蒸气进料。塔顶采出率为 $\dfrac{q_{n,D}}{q_{n,F}}=40\%$,精馏段操作线方程为 $y_{n+1}=0.75x_n+0.20$,$q_{n,F}=100$ kmol · h^{-1},求:

(1)提馏段操作线方程式;

(2)若塔顶第一块板下降的液相组成为 0.7,求该板的气相默弗里效率 $E_{mV,1}$。

答(1) $y_{m+1}=2x_m-0.05$;0.567

第 7 章　　　　　　　　其他传质分离技术

在传质分离中,精馏及特种精馏技术、吸收技术已经在前面详细讲述。随着现代工业生产技术的不断发展,所涉及的混合物种类日益繁多,分离的要求越来越高;分离的物料量,有的越来越大(生产的大型化),有的越来越小(各种生化制品)。特别是随着各种天然资源不断被开发利用,含较多有用物质的资源已逐步减少,人们不得不从含量较少的资源中去分离、提取有用物质,其他传质分离技术及在这些传质分离技术基础上发展的先进、新型技术,尤其是耦合的过程强化技术,在其中发挥着重要的作用。本章主要介绍一些发展比较完善而又广泛应用的传质分离技术,它们包括膜分离、超临界流体萃取及离子交换和吸附。

7.1　膜分离技术

人们很早就认识到某些薄膜能选择性地透过一些特定的物质。1748 年,诺莱特(Nollet)发现水能自发地扩散到装有酒精的猪膀胱内,这一发现开创了膜分离技术的研究。近年来,膜分离技术已逐渐成为化学工业、海水淡化、食品加工、废水处理、生物医药等方面的重要分离操作。已经工业化的膜分离技术有微滤、超滤、纳滤、气体分离、渗透汽化、反渗透及电渗析等。此外,膜分离与反应结合的过程及各种膜反应器的研究和应用也发展较快。我国 1958 年开始研究电渗析,1966 年开始研究反渗透,20 世纪 80 年代以来对各种新型膜分离过程也开展了研究,目前已有多种反渗透、超滤、微滤和电渗析膜与膜分离器的定型产品,在许多工业、科研和医疗部门得到广泛应用。

各种膜分离技术一般具有不同的过程机理,适用于不同的分离对象和分离要求。但是所有膜分离过程都有其共同特点,如过程一般较简单,往往没有相变,可在常温下操作,低能耗,低操作成本,适用于分离热敏性物质,特别适合于食品加工、生物医药等领域中应用。目前,膜分离技术已成为分离混合物的重要方法,越来越被人们所重视。

7.1.1　分离用膜及膜分离过程与设备

1. 膜的分类

膜是膜分离操作的核心,通常是组分选择性渗透的屏障或界面。分离用膜的分类方法非常多,例如,按膜的来源可分为合成膜和天然膜(或生物膜);按膜材料可分为无机膜和有机膜。目前普遍采用两种分类方法:一种是按结构分,可分为对称膜、非对称膜和复合膜,也可以分为多孔膜和非多孔膜(均质膜);另一种是按膜分离过程分,可分为反渗透、纳滤、超滤、微滤、电渗析、气体膜分离、渗透蒸发、液膜等,甚至包括膜萃取、膜吸收、膜精馏等耦合强化过程。下面简单介绍按结构分类的几种膜,按分离过程分类的一些重要的膜将在后面章节介绍。

（1）多孔膜和均质膜

多孔膜是指其内具有一定孔分布的膜，如广泛应用于超滤和微滤过程的多孔膜，其孔径在 0.01~20 μm，膜厚为 50~250 μm。

均质膜是一种致密膜。物质通过均质膜的推动力可为压力梯度、浓度梯度或电势梯度。这种膜的分离作用是由于各种化学物质在膜中的传质速率和溶解度不同而使混合物分离，其分离效果受分子扩散速率的影响。物质在固体中的扩散系数很小，为了使均质膜内物质的扩散达到有实际意义的传质速率，制备均质膜时应尽可能薄。

（2）对称膜和非对称膜

对称膜是指各向同性的膜。但目前分离过程中使用最多的是具有精细的非对称结构的膜，称非对称膜。它由表面活性层和多孔支撑层组成（图 7-1）。表面活性层很薄，厚度在 0.1~1 μm，可以根据应用要求制成无孔均质膜或各种孔分布的多孔膜。这一层内物质对传递速率和分离选择性起决定性作用，使用时该层必须朝向原溶液。支撑层厚 50~250 μm，起支撑表面活性层的作用，决定膜的机械强度，对膜的分离性能和传递速率的影响都很小。由于非对称膜具有这种特殊结构，该膜能同时具备高传质速率和良好的机械强度，克服了以往用均质膜分离物质时因膜的分离通量小而难以实际应用的困难。因此，对非对称膜的研究和开发已得到人们的广泛重视。

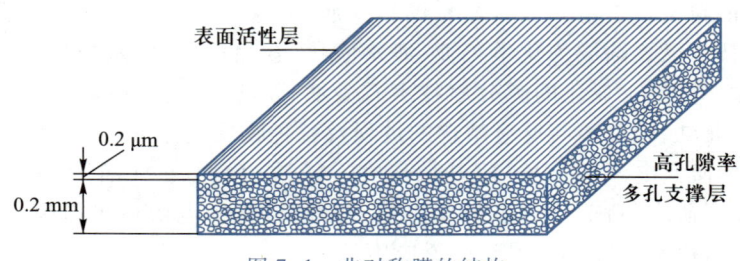

图 7-1 非对称膜的结构

（3）复合膜

复合膜是指在机械性能稳定的多孔支撑材料上叠加一层 0.25~15 μm 厚的具有选择性的活性膜层，膜的分离作用主要取决于这一致密活性膜层。复合膜的结构与非对称膜相似，但普通的非对称膜的表层与支撑层是同一种材料，而复合膜的表面活性层则可以选用与支撑层不同的其他材料，材质的选择余地较宽。已制成的复合膜中常用化学性能稳定、机械性能良好的聚砜材料作为多孔支撑层，也有用聚丙烯腈、偏氟乙烯等高分子材料。某些无机物材料也可应用，如石英玻璃和硅酸盐类；无机膜的分离因子一般较小，但渗透性高，且可耐高温。

2. 膜分离过程

膜分离的基本过程如图 7-2 所示。膜能够选择性地把混合物中的某一组分从物料侧传递到渗透物侧，从而实现混合物的分离。这种选择性透过的能力是由膜和透过物组分的物理和/或化学性质决定的。

膜的性能通常用组分在膜中的渗透通量和选择性进行评价。渗透通量又称渗透速率 J，定义为单位时间和单位面积内通过膜的物质的体积或质量，可用下式表示：

$$J = \frac{Q}{At} \qquad (7-1)$$

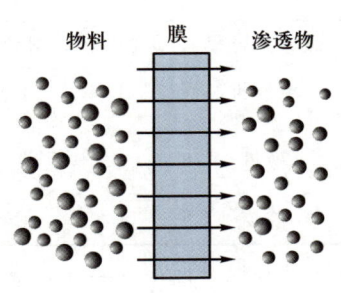

物料　　膜　　渗透物

图 7-2　膜分离过程原理示意图

式中：Q 是透过膜的物质的体积或质量；A 是膜的有效接触面积；t 是分离时间。

　　选择性通常用截留率 R_J 或者分离因子 α 来表示。对于含有少量溶质的稀溶液体系，用下式计算 R_J 更方便：

$$R_\text{J} = \frac{c_\text{f} - c_\text{p}}{c_\text{f}} = 1 - \frac{c_\text{p}}{c_\text{f}} \qquad (7-2)$$

膜分离过程示意图

式中：c_f 和 c_p 分别是物料及渗透物中溶质的浓度。对于含 A，B 组分的二元混合物，用下式计算分离因子：

$$\alpha_{\text{A/B}} = \frac{y_\text{A} / y_\text{B}}{x_\text{A} / x_\text{B}} \qquad (7-3)$$

式中：y_A 和 y_B 分别是渗透物中组分 A 和 B 的摩尔（或质量）分数；x_A 和 x_B 分别是物料中组分 A 和 B 的摩尔（或质量）分数。该分离因子与第六章中介绍的相对挥发度定义类似。

　　膜内传质由作用于物料混合物中组分的推动力所决定。在大多数情况下，膜的渗透通量 J 与推动力成正比，即

$$J = -\varGamma \frac{\mathrm{d}X}{\mathrm{d}z} \qquad (7-4)$$

式中：$\varGamma$ 是唯象系数；$\mathrm{d}X/\mathrm{d}z$ 是与传质界面垂直的 z 轴方向的 X（可以是温度，浓度或者压力）梯度。表 7-1 给出了不同膜分离过程的传质推动力、相态及应用。此外，微滤、超滤、纳滤、反渗透均是以压强差为推动力的膜分离操作过程，其比较见表 7-2。

表 7-1　膜分离过程及应用

膜分离过程	相 1	相 2	推动力	应用
反渗透	L	L	Δp	海水和苦咸水除盐
正渗透	L	L	$\Delta \varPi$	海水除盐、废水处理
气体分离	G	G	Δp 或 Δc	气体、蒸汽的分离
渗透汽化	L	V	Δp 或 Δc	有机溶剂与水的分离或有机溶剂混合物的分离
纳滤	L	L	Δp	小分子有机物分离，去除部分较大的盐离子
超滤	L	L	Δp	大分子溶液分离
微滤	L	L	Δp	净化，过滤除菌

续表

膜分离过程	相 1	相 2	推动力	应用
电渗析	L	L	ΔE	水中离子与非离子溶质的分离
渗析	L	L	Δc	大分子溶液中微溶质与 盐类物质的分离
液膜	L	L	Δc	水溶液中分离离子与溶质

注:L——液相;G,V——气相;Δp——压强差;$\Delta \Pi$——渗透压差;ΔE——电位差;Δc——浓度差。

表 7-2   几种以压强差为推动力的膜分离操作的比较

膜分离过程	微滤	超滤	纳滤	反渗透
膜孔径大致范围	0.1~20 μm	2~10 nm	0.5~5 nm	致密
操作压力/MPa	<0.2	0.1~1.0	1.0~2.5	苦咸水 1.5~2.5 海水 4.0~8.0
分离原理	筛孔分离	筛孔分离	筛孔分离或 溶解扩散	溶解扩散

3. 膜分离设备

(1) 膜的设计原则

在设计膜分离设备的组件时,从分离效果及经济合理性出发,必须考虑:

① 物料沿膜表面的流动情况。

② 单位设备容积中的膜分离表面积。

③ 组件的制作成本。

④ 膜的清洗是否方便。

(2) 膜的型式

根据不同的用途,膜分离设备的设计有三种型式,即板框式、卷式和管式。

① 板框式膜分离器。这种膜分离器的结构与板框式压滤机相似,由导流板、膜和支撑板交替重叠组成。图 7-3 为板框式膜分离器的局部示意图。支撑板相当于滤板,它的两侧表面开有窄缝,其内腔有供透过液流通的通道。支撑板的表面与膜相贴,对膜起支撑作用。导流板相当于滤框,为了避免在膜分离过程中发生浓差极化而常采用错流操作,因此该板起料液的导流作用,这一点与板框压滤机不同。如图 7-3 所示,料液从下部进入,通过导流板膜面,透过膜及支撑板板面上的窄缝流入支撑板内腔,然后从支撑板外侧的出口流出。料液沿导流板上的流道与孔道一层层往上流,从膜分离器上部出口流出,即为过程的浓缩液。为保证料液在膜面上流动时保持一定的流速与湍动,消除死角,导流板面上一般设有不同形状的流道。

板框式膜分离器的缺点是需密封的边界线长,对组件的加工精度要求高;每块板上料液的流程短,通过板面一次的透过液量较少,为了使料液浓缩达到一定程度,需多次经过板面,或多次循环。

② 卷式膜分离器。卷式膜分离器的结构与螺旋板式换热器相似(图7-4)。用多孔支撑材料插入三边密封的信封状膜袋,袋口与中心集水管相接,然后衬上起导流作用的料液(如

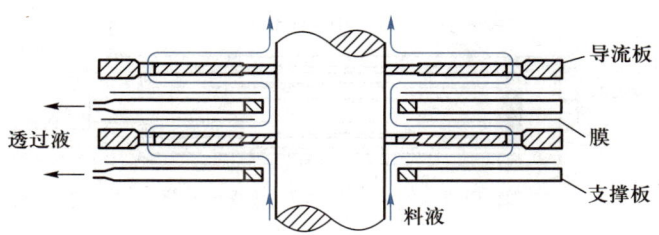

图 7-3 板框式膜分离器局部示意图

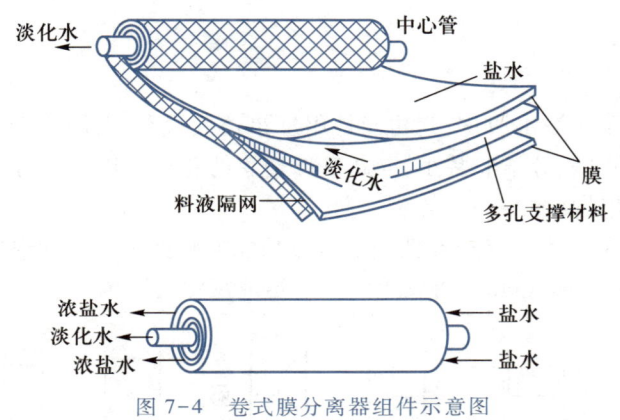

图 7-4 卷式膜分离器组件示意图

盐水)隔网,两者一起在中心管外缠绕成筒,装入耐压圆筒中即构成膜器组件。料液沿隔网流动与膜接触,然后透过膜沿膜袋内的多孔支撑材料流向中心管,再由中心管导出。

与板框式膜分离器比较,卷式膜分离器结构紧凑,单位体积内的膜面积大,缺点是清洗不方便。

③ 管式膜分离器。管式膜分离器所用的膜与前两种有所不同,这种膜被直接制作成圆管的形状,所以称管式膜;而板框式膜分离器和卷式膜分离器所用的膜都是平板状膜。管式膜有两种,一种为有多孔支撑管的大直径管状膜,另一种为无支撑的小直径中空纤维膜。管式膜分离器的结构与管式换热器相似,管内和管外分别走料液和透过液。有支撑的管式膜可以制成排管、列管、盘管等型式的膜分离器,而中空纤维膜则一般制成列管式。

图 7-5 是用中空纤维制成的典型的列管式膜分离器示意图,它由很多根纤维管(可多达几十万根,甚至上百万根)组成,众多纤维管与中心进料管捆在一起,一端密封固定,另一端作为透过液排出口。料液进入中心管,并经中心管上小孔均匀地流入中空纤维的间隙进行浓缩分离,不能透过中空纤维膜管壁的料液作为浓缩液从中空纤维管管间向右出口流出,透过液则透过中空纤维管的管壁面从中空纤维管内向左出口流出。也可以将料液引入中空纤维管内,管间得到浓缩液。

管式膜分离器的特点是结构紧凑,单位设备体积内膜的面积很大,但因管式膜的内径一般较小,流体流动阻力大,易堵塞,膜面去污也比较困难,这些缺点都有待于进一步改进。

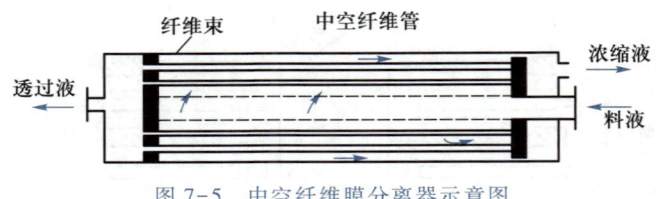

图 7-5   中空纤维膜分离器示意图

7.1.2   反渗透

1. 概述

反渗透(RO)多用于海水淡化,其功能是用反渗透膜截留溶质(盐离子)而仅透过溶剂。由于反渗透所截留的溶质分子非常小,因此反渗透膜的孔径应比一般分离膜更小,操作压力在膜分离技术中也是最高的。

如图 7-6 所示,用一张具有选择性透过溶液功能的膜把 1、2 两种浓度不同的溶液分开,当膜两侧溶质浓度及压强不同时,将发生如下渗透或反渗透现象。

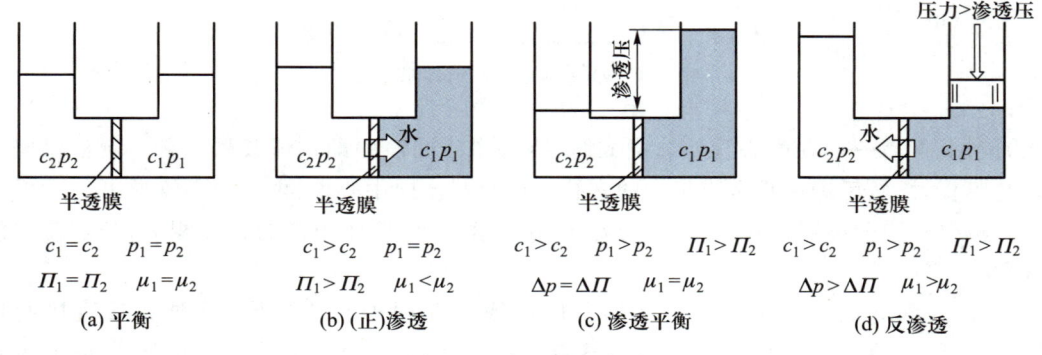

图 7-6   渗透和反渗透

(1) 平衡

当膜两侧溶液的浓度 c、静压强 p、化学势 μ 和渗透压 Π 相等时,系统处于平衡状态。

(2) (正)渗透

假定膜两侧静压强相等,当 $c_1 > c_2$ 时,渗透压 $\Pi_1 > \Pi_2$,则溶剂将从稀溶液一侧透过膜扩散到浓溶液一侧,这就是以浓度差为推动力的渗透现象。

(3) 渗透平衡

如果膜两侧溶液的静压差等于两溶液之间的渗透压差,则系统处于动态平衡。

(4) 反渗透

当膜两侧的静压差大于溶液的渗透压差时,溶剂将从溶质浓度高的溶液一侧透过膜流向浓度低的一侧,这就是反渗透现象。

反渗透过程必须满足两个条件:其一是应有一种高选择性和高透过率(一般是透水)的膜;其二是膜两侧的操作压强差必须高于溶液的渗透压差。

2. 渗透压

根据渗透平衡的基本热力学理论可推得理想稀溶液的渗透压计算方程:

$$\Pi = RT \sum c_i \tag{7-5}$$

式中:Π 为溶液的渗透压,Pa;c_i 为溶液中溶质 i 的物质的量浓度,$mol \cdot m^{-3}$。

由式(7-5)可见,对于同样质量浓度的溶液,相对分子质量为 $10^3 \sim 10^4$ 的高分子溶液的渗透压比糖、盐等小相对分子质量物质的溶液的渗透压小得多。当用反渗透进行浓缩时,小相对分子质量溶质的溶液其浓缩浓度一般不超过 15%,而大相对分子质量溶质的溶液浓缩浓度不超过 20%,以免产生过高的渗透压。

对于实际溶液,可在式(7-5)中引入渗透系数 ϕ 以校正其非理想性。

$$\Pi = \phi_i RT \sum c_i \tag{7-6}$$

式中:ϕ_i 为溶质 i 的渗透系数。许多溶质的 ϕ 值可从有关文献中查到。为方便起见,在实际应用时常将式(7-6)简化成如下形式:

$$\Pi = Bx_i \tag{7-7}$$

式中:x_i 为溶液中溶质 i 的摩尔分数;B 为比例系数,表 7-3 中列出了一些常见溶质的 B 值。

表 7-3   一些常见溶质的 B 值

溶质	B/MPa	溶质	B/MPa	溶质	B/MPa
尿素	137	$LiNO_3$	261	$Ca(NO_3)_2$	345
甘油	143	KNO_3	240	$CaCl_2$	373
砂糖	144	KCl	254	$BaCl_2$	358
$CuSO_4^*$	143	K_2SO_4	310	$Mg(NO_3)_2$	370
$MgSO_4^*$	158	$NaNO_3$	250	$MgCl_2$	375
NH_4Cl	251	NaCl	258		
LiCl	261	Na_2SO_4	311		

* 硫酸盐数据的一致性不好,浓度升高,B 值减小。

3. 反渗透膜

反渗透膜是在高压强差下工作的,既要求透水的速率高,又要求溶质泄漏少,在实际应用中往往难以同时满足。此外,反渗透膜还应具有耐酸耐碱、耐微生物作用和耐压等性能。

目前反渗透使用的膜多为非对称膜和复合膜,其制作材料多为各种纤维素酯(如醋酸纤维素、三醋酸纤维素和醋酸丙烯酸纤维素等)和各种聚酰胺(如脂肪族聚酰胺、芳香族聚酰胺、聚砜酰胺等)。膜的型式既可采用平板膜,也可采用管状膜或中空纤维膜。

4. 反渗透过程的机理

以往人们认为反渗透膜上的微孔孔径约为 2 nm,然而大多无机离子的直径仅为 0.1 ~

0.3 nm,水合离子的直径可增大至 0.3~0.6 nm,显然小于反渗透膜上的微孔孔径。因此,用筛分作用无法解释反渗透膜截留无机离子的机理。一些研究者曾先后提出了一些模型和理论来试图解释这一问题,其中以优先吸附——毛细孔流模型和溶解扩散模型较具代表性。

（1）优先吸附——毛细孔流模型

该模型认为:当水溶液与亲水膜接触时,在膜表面的水被优先吸附而形成一层纯水层;溶质则被排斥,其离子价数越高,受到的斥力也越强。膜表面的纯水层在外加压力的作用下会进入膜表面的毛细孔,并从毛细孔流出。当膜表面毛细孔的有效孔径等于或小于纯水层厚的两倍时,透过的将是纯水,若大于两倍则溶质离子也会通过膜。因此当膜上毛细孔径为纯水层厚度的两倍时将给出最大的纯水渗透通量,这一孔径称为"临界孔径"。

优先吸附——毛细孔流模型在一定程度上能解释反渗透现象,指出制作膜的材料应对水能选择性吸附,对溶质则要选择性排斥,在膜的活性层应有尽可能多的有效孔径为两倍纯水层厚度的细孔。但有些学者对此模型提出异议,因为迄今为止在反渗透膜面上用电子显微镜观察也未能发现细孔,而且通过计算也否定了纯水层的存在。

（2）溶解扩散模型

该模型认为:反渗透膜是非多孔性的,溶剂与溶质透过膜的过程可分为三步:

① 渗透物质在膜与料液接触一侧的表面上吸附和溶解。

② 渗透物质在化学位差的推动下以分子扩散的形式通过膜。

③ 渗透物质在膜的另一侧表面解吸。

通常第①、③两步很快,渗透物质透过膜的速率主要取决于第②步。该模型可通过理论推导也得出与优先吸附——毛细孔流模型相似的溶剂渗透通量关系式。

溶解扩散模型是目前比较流行的解释反渗透现象的模型,它的缺点是忽略了膜结构对传递性能的影响,也不能解释某些对水具有高吸附性能的膜材料其透水性很低的现象。

除上述两种模型外,还有一些其他的模型,如孔模型、氢键理论等。这些模型可各自解释一些实验现象,但对反渗透膜的选择性分离机理尚未达到真正了解。

5. 浓差极化

在反渗透过程中,由于膜具有选择透过性,溶剂从高压一侧通过膜到低压一侧,溶质则被阻挡,积累在膜高压一侧的表面上,形成了由膜表面到溶液主体之间的浓度梯度,引起溶质从膜的表面通过边界层向溶液主体扩散,这种现象即为浓差极化。

（1）浓差极化的影响

浓差极化是反渗透过程中很重要的现象,它对过程产生极不利的影响,主要表现在:

① 加快了溶质透过膜的渗析,使透过一侧的水质下降。

② 膜表面溶质的积累导致该处溶液浓度升高,从而使渗透压升高,在操作压差一定时,过程的有效推动力下降,以致渗透通量下降。

③ 当膜表面溶质浓度高于溶解度时,膜面上将形成沉淀,使透水膜的阻力增加,此时若再增加操作压力只会增加沉淀层厚度,使透水率进一步下降。

（2）浓差极化的控制

由于浓差极化的不利影响所带来的严重后果,在操作时就必须对此加以控制。具体办法有

① 提高料液流速。流速增大会使流体边界层变薄和传质系数增大,有利于减弱浓差极化,但同时也增加了流体流动的阻力损失。如何确定流速应从正反两方面综合考虑。

② 在料液流道内设置湍流促进器,以增加湍流程度。与单纯增加流速的方法相比,在能耗相同的条件下此法的传质系数更高。

③ 提高料液温度可增加溶质扩散系数,降低溶液黏度,这对减弱浓差极化很有利。

此外,文献报道还有采用脉冲流动法或在流道中装入小颗粒玻璃球等措施,都能促进传质过程,减弱浓差极化。

6. 反渗透的应用

大规模反渗透技术的应用主要是苦咸水和海水淡化,此外也广泛应用于纯水制备及生活用水处理。随着反渗透膜的高度功能化和反渗透应用技术的开发,这一技术已逐渐渗透到食品、医药、化工等部门的分离、精制、浓缩操作中。

(1) 苦咸水与海水淡化

用反渗透法淡化水的成本与原水中的盐含量有关。海水含盐量较高,淡化成本高;而苦咸水含盐量相对较低,淡化成本也较低。图 7-7 为日本日产 800 t 淡水的海水反渗透法淡化装置流程图。

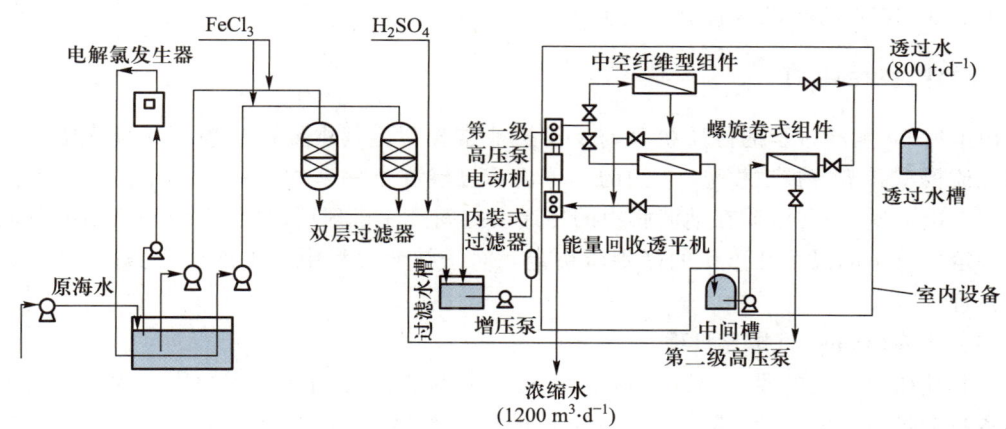

图 7-7　日本日产 800 t 淡水的海水反渗透法淡化装置流程图

海水预处理包括 Cl_2 杀菌、$FeCl_3$ 凝聚处理及双层过滤器过滤,然后调 pH 至 6 左右。对于耐氯性能差的膜组件,海水在进入反渗透膜组件前还需用活性炭脱氯,或用 $NaHSO_3$ 进行还原处理。

(2) 纯水生产

电子工业用纯水及医药工业用无菌纯水对水质的要求都非常高,由反渗透膜技术和离子交换法组合所生产的纯水中杂质含量已可接近理论纯水值。通常先用反渗透法除去原水的大部分盐类,再用离子交换法脱除残留的盐,这样可以减轻离子交换剂的操作负荷,延长离子交换剂的使用周期。

(3) 低相对分子质量水溶性组分的浓缩回收

在食品工业中用于一些液体食品(如牛奶、果汁等)的部分脱水。由于食品中含有热敏性物质或芳香物质,一般不宜采用传统的加热蒸发法。采用反渗透法可在常温操作,能耗较低,脱水过程中对产品的营养和风味都不会受到影响。

（4）废水处理

处理电镀废水是反渗透技术应用的成功实例。通常已电镀好的镀件需在一连串清洗槽中用清水逆流漂洗后方能进入下一道工序,在漂洗的水中必然含有电镀液中的金属离子和 CN^-。若用反渗透法处理,其浓缩液可返回电镀槽循环使用,而纯水则可重新用于清洗,这样就可基本做到对环境的零排放,其经济效益、社会效益和环境效益都很显著。印染和胶片显影的漂洗水,也可用同法处理。

7.1.3　纳滤

纳滤（NF）紧随着反渗透技术而发展。虽然反渗透分离性能很高,但操作压力高,能耗大。因此,从 20 世纪 70 年代开始人们便致力于发展能够在较低压力下就能获得比较合理的水通量的反渗透膜。这种膜对溶质的截留率相对较低,但水通量高,从而形成了纳滤膜的研究方向。因此,纳滤膜可以看成是结构比较疏松的反渗透膜,其特点是对于二价离子有较高的截留率（70%～99%）,而对于一价离子的截留率相对较低（0～70%）,此外对于相对分子质量为 300～1000 的有机物截留率大于 90%。

1. 纳滤过程的机理

由上所知,纳滤过程的传质机理与反渗透非常相似。其主要机理模型为优先吸附——毛细孔流模型和溶解扩散模型,它们的具体内容已经在上一节中进行了介绍。对于纳滤过程中不带电溶质,一种溶质在纳滤膜中的传递由空间排斥机理所决定,而两种溶质的分离由该两种溶质分子的尺寸和形状的区别所决定。对于纳滤过程中带电溶质,还有两种比较典型的机理。

（1）唐南（Donnan）排斥机理

与其他压力推动的膜分离过程相比,Donnan 排斥作用在纳滤过程中影响很大。由于纳滤膜本身会带一定的电荷,带与膜相反电荷的溶质被吸引,而带与膜相同电荷的溶质被排斥。因此,在膜的表面,同离子与反离子会形成分布,从而影响分离结果。

（2）介电排斥机理

由于膜本身带电荷及水存在偶极矩,水分子在膜孔内会产生极化。水分子的极化会减少膜孔内的介电常数,从而使膜相对不利于带电溶质的进入。但是,即使膜孔内的介电常数等于水的介电常数,溶质离子在进入膜孔道的时候其静电自由能会发生变化,这同样会使膜排斥带电溶质的进入。此外,介电排斥机理在电渗析膜分离过程中也有很重要的作用。

2. 纳滤膜

一般认为,纳滤膜的平均孔径为 0.5～5 nm,其膜材料的选择与膜的制备方法与反渗透膜相似。纳滤膜通常有非对称膜和复合膜两种。前者一般由相转化法制备,而后者通常由界面聚合法或浸渍涂层法等制备。复合膜的组成包括底部的超滤膜支撑层和顶部的超薄选择性层。纳滤膜的制备材料包括醋酸纤维素、聚砜、聚醚砜、磺化聚砜、聚亚酰胺、聚酰胺等。此外,为了提高纳滤膜在强酸、强碱、高温或者有机溶剂中的稳定性,通常需要较高交联度的高分子聚合物。膜的型式大多为卷式膜,但也有管式膜、中空纤维膜、平板膜和板框式组件。

3. 纳滤的应用

纳滤可以用于小分子有机物分离、去除较大的盐离子,故可以广泛应用于饮用水的生产、废水处理和有机物去除等。又由于纳滤所需操作压力低、能耗小,其在食品、环境、医药、化工等各个领域中有着很好的应用前景。

(1) 饮用水的生产及水处理

纳滤最广泛的应用是软化地表水和地下水。通常这些水中含有很多硬度离子(如钙离子、镁离子等),纳滤可以去除大部分的二价离子,截留率大概在70%~99%,从而降低水的硬度。与其他传统的软化水技术相比,纳滤膜除了可以去除硬度离子,还可以去除水中的颜色和混浊物,因此所得水的质量更高,且环境友好、经济效益更好。与反渗透技术所得的纯水相比,纳滤所得的水可以保留对人体有益的钠、钾等离子,更加适合作为饮用水。由于季节变化及降水的原因,地表水比地下水的化学组成更为复杂,纳滤也应用于去除地表水预处理中的消毒副产物及地表水中的天然有机物等对人体不利的物质。此外,纳滤也可以应用于去除水中对人体长期有害的污染物,包括持久性有机污染物、药物活性物质、内分泌干扰物、杀虫剂等。同时,纳滤可以与反渗透相结合,用于两步法海水脱盐,从而达到节省能源、降低成本的目的。

(2) 废水处理及回用

纳滤分离过程可以有效去除大多数有机、无机污染物,因此该过程适用于废水处理与回用。实际应用例子包括去除纺织工业废水中的染料和添加剂,去除垃圾堆埋地及堆肥场沥出液中的高浓度有机、无机污染物,应用于城市废水的再利用和地下水整治,纸浆与造纸工业的水回用,皮革业的废水处理等。纳滤还可以用于去除水中的特定污染物,例如,硝酸盐、重金属离子(铅、汞、砷等)、氟化物、铝离子、铀元素等。

(3) 食品工业上的应用

在食品工业方面,纳滤可以用于乳制品工业中乳清的浓缩、去除矿物质,葡萄糖浆的浓缩及阴离子交换洗脱液中有色卤水的脱盐,果汁的浓缩,啤酒厂的水回用,以及所有食品工业中原地清洗用水的回用等。

(4) 有机溶剂纳滤技术

以上大多数纳滤的应用都是以水为介质,纳滤也可以应用于有机溶剂为介质的系统,即有机溶剂纳滤技术。有机溶剂纳滤技术最经典的应用是由埃克森美孚和格雷斯公司共同开发的将纳滤膜用于原油脱蜡生产润滑油过程中的有机溶剂回收,该技术已经工业化,且运行结果表明该技术比传统精馏方法更节能。该技术的潜在应用还包括炼油馏分中芳烃化合物的浓缩、汽油脱硫、原油除酸等过程。有机溶剂纳滤在医药领域的潜在应用包括:分离和浓缩药物、溶剂置换和溶剂萃取等。

7.1.4　超滤

超滤（UF）与反渗透一样，也是以压强差为推动力的膜分离过程，但二者分离溶质分子的大小不同。通常以溶质的相对分子质量高于 500 的分离过程为超滤。由于超滤分离的是大分子溶质，一般可以不考虑渗透压的影响。

1. 基本原理

超滤是一种筛孔分离过程。在以静压差为推动力的作用下，料液中溶剂和低相对分子质量的溶质粒子可从高压的料液一侧透过膜到达低压一侧，而大分子组分则被膜所阻拦，原料液被浓缩。按照这样的分离机理，超滤膜具有选择性的主要原因是表面层具有一定大小和形状的孔，故超滤传递过程可用细孔模型描述，应与膜的化学性质无关。但后来的研究发现，膜表面的化学性质也是影响超滤分离的重要因素。因此，一些反渗透理论同样可用于解释超滤过程。

当超滤用于分离高分子和凝胶溶液时，若这些组分在溶液与膜接触一侧的上游表面的浓度 c_m 达到某一饱和浓度（或称凝胶点）时，就会在膜面上形成凝胶边界层，使渗透速率显著减少，同时溶质被截留，而使脱除率提高。图 7-8 表示了超滤操作时膜上浓差极化和凝胶边界层形成的情况。图中 c_b 为料液主体浓度，c_m 为膜面浓度，c_g 为凝胶点浓度，c_p 为透过液浓度。

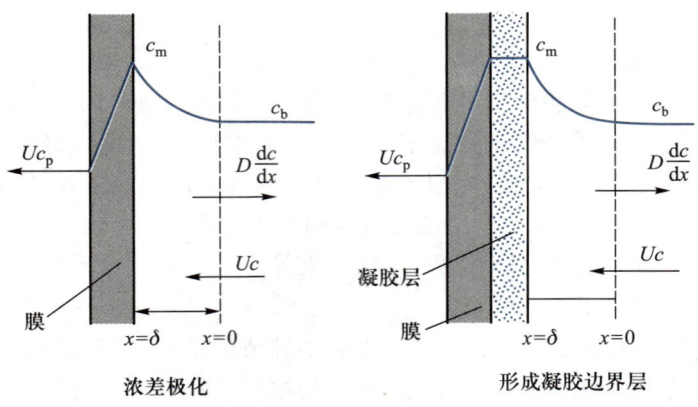

图 7-8　超滤过程的浓差极化和凝胶边界层的形成

在稳态条件下对如图 7-8 所示的浓差极化边界层和膜之间进行物料衡算：

$$Uc = D\left(\frac{dc}{dx}\right) + Uc_p \tag{7-8}$$

式中：U 为溶液的渗透速率，$m \cdot s^{-1}$；Uc 为溶液的渗透通量，$mol \cdot m^{-2} \cdot s^{-1}$；$D$ 为溶质的扩散系数，$m^2 \cdot s^{-1}$。

用边界条件

$$x = 0, c = c_b$$

$$x = \delta, c = c_{\mathrm{m}}$$

对式(7-8)积分,得浓差极化式:

$$(c_{\mathrm{m}} - c_{\mathrm{p}}) / (c_{\mathrm{b}} - c_{\mathrm{p}}) = \exp(U/k) \tag{7-9}$$

式中:$k = D/\delta$,为浓差极化边界层内的传质系数。当膜面浓度 c_{m} 达到溶质的凝胶浓度 c_{g} 时,式(7-9)可表示为

$$U = k \ln[(c_{\mathrm{g}} - c_{\mathrm{p}}) / (c_{\mathrm{b}} - c_{\mathrm{p}})] \tag{7-10}$$

由于凝胶层的形成会使溶质脱除率很高,c_{p} 可以忽略,式(7-10)可简化为

$$U = k \ln(c_{\mathrm{g}} / c_{\mathrm{b}}) \tag{7-11}$$

式(7-11)称为凝胶极化式。式中凝胶浓度 c_{g} 取决于溶质性质。在一定压力下临界透过速率 U_{lim} 与料液主体浓度 c_{b} 的关系如图 7-9 所示,是一条斜率为 $-k$ 的直线,其在横坐标上的截距应为 $k \ln c_{\mathrm{g}}$。

当凝胶层控制膜透过速率时,透过速率与压力无关,即可以直接用式(7-11)计算。

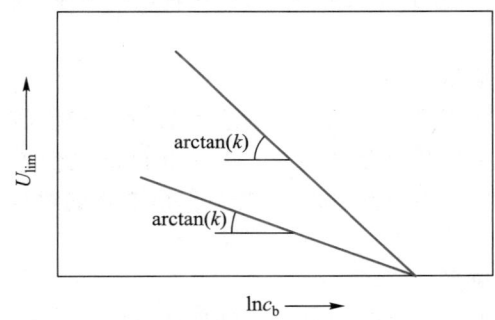

图 7-9　极限透过速率与料液浓度的关系

2. 超滤膜

超滤和反渗透在膜材料的选择和膜的制备方法上有很多相似的地方,有人认为可以把超滤膜看成具有较大平均孔径的反渗透膜。

超滤膜大多是用高分子聚合物制成的多孔膜。早期多为无定向结构的均质膜,膜内通道曲折易堵,透水率低,对渗透溶质的选择透过性差。如今工业上基本上都采用非对称膜,表层厚 0.1 μm 左右,微孔排列有序,孔径也较均匀;底层为海绵状,厚200 μm 左右,孔径大,流动阻力小,从而保证了高的透水速率。

超滤膜的透过能力一般以纯水的透过速率表示,并标明测定条件。膜的截留能力则以截留相对分子质量表示,通常采用相对分子质量差异不大的溶质在不易形成浓差极化的操作条件下测定脱除率,将表观脱除率为90%~95%的溶质的相对分子质量确定为截留相对分子质量。

制备超滤膜的材料与反渗透膜很相似,工业上应用较多的是醋酸纤维素、聚砜、聚砜酰胺、聚丙烯腈等高分子材料,用溶液浇铸法制备成非对称平板膜或管式膜,以及用纺丝法制中空纤维膜。

超滤膜在使用过程中,应尽量避免浓差极化现象的出现,具体的措施与反渗透操作基本相同。

3. 超滤的应用

超滤是用途最广泛的膜技术之一,特别适用于热敏性的食品、药物及酶等生物活性物质的分离和浓缩。此外,还可用于各种工业废水的处理,从中回收某些有价值的物质。制备纯水时,超滤常可代替反渗透用于终端处理。

(1) 在食品、医药工业中的应用

在食品工业中常用超滤法澄清果汁、酒等饮料,操作方便、设备和操作费用低,不需加温或添加沉淀剂之类的化学物质,可保持饮料原有的色、香、味,产品清澈、明亮。

在医药工业中,超滤主要用于注射液、眼药水、内服药及清洗用水的灭菌和异物脱除。据报道用截留相对分子质量为 6000 的超滤膜就可把各种浓度的内毒素除去。这些工作若由反渗透来完成,其效果可能更好,但从清洗、灭菌方面的要求来看,超滤在经济成本方面更低一些。

用超滤进行血液过滤,脱除其中的有害成分,或者进行血浆、血清的分离,现已得到了临床应用。

(2) 在生物化工中的应用

发酵是利用微生物的作用将廉价的碳水化合物转化为有价值的物质;而酶反应则是用酶作为反应的催化剂促进碳水化合物的转化。若将超滤和发酵罐或酶反应器联合使用,将小分子产物从发酵液或反应液中分离出来,可降低反应产物的浓度、提高反应速率和原料的利用率。

(3) 在废水处理中的应用

用超滤处理废水,既可使水循环使用,又可回收其中有价值的物质,目前已在食品、电泳涂漆、造纸、金属加工等部门的废水处理中得到了研究和应用。例如,在食品工业中,可用截留相对分子质量为 10000~20000 的超滤膜浓缩牛乳制乳酪余下的乳清;浓缩液经喷雾干燥制成的粉末即可添加在面包中食用。再如,用超滤膜将制取大豆蛋白质的排放液浓缩约 10 倍即接近豆浆的浓度。上述例子中排放水的 BOD 值很高,直接排放会造成严重污染,若用传统方法提取和浓缩在经济上不合算,而使用超滤,则可很方便地回收这些优质的蛋白质。

7.1.5 电渗析

电渗析(ED)是在外加电场造成的电位差作用下使溶液中的离子通过膜而进行物质传递的膜分离过程。水溶液中的阳离子趋向阴极,阴离子趋向阳极,只要在溶液里配制适当的阳离子交换膜和阴离子交换膜,就可实现溶液中电解质的分离。

1. 基本原理

如图 7-10 所示,在两电极间交替放置着阴离子交换膜和阳离子交换膜,在两隔膜所围成的隔室中充入含离子的水溶液(如 Na^+Cl^- 水溶液),接上直流电源后,溶液中带正电荷的阳

离子在电场力作用下向阴极方向移动,这些离子很容易穿过带负电荷的阳离子交换膜,但被带正电荷的阴离子交换膜挡住。同理,溶液中带负电荷的阴离子在电场作用下向阳极运动,并通过带正电荷的阴离子交换膜,被带负电荷的阳离子交换膜挡住。这种与离子交换膜所带电荷相反的离子穿过膜的现象称为反离子迁移,其结果使得图中 2 和 4 隔室中离子浓度增加,称为浓缩室(或浓水室);与其相间的第 3 隔室的离子浓度下降,则称为脱盐室(或淡水室)。

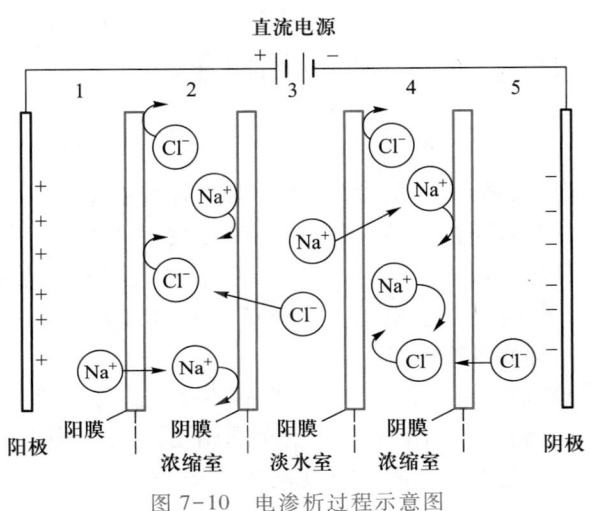

图 7-10　电渗析过程示意图

在实际电渗析装置中,通常用 200~400 块阴、阳离子交换膜衬以特制的隔板相间装配,形成具有 100~200 对隔室的电渗析装置,从浓缩室引出浓缩的盐水,而从脱盐室则引出淡水。

实现电渗析必须具备的条件为

① 直流电场的作用,使溶液中带电荷离子做定向运动。

② 电渗析膜应具有选择透过性,保证溶液中离子做反离子迁移。

2. 浓差极化

电渗析器运行时,在直流电场作用下,水溶液中的阴阳离子分别透过阴离子交换膜和阳离子交换膜进行定向运动,并各自传递一定的电荷。根据膜的选择透过性,带相反电荷的离子在膜内的迁移数大于它在溶液中的迁移数。当操作电流密度增大到一定程度时,离子迁移被强化,使膜附近界面内带相反电荷的离子浓度趋近于零,从而迫使水分子电离产生 H^+ 和 OH^- 来负载电流。由于有 H^+ 和 OH^- 分别穿过阳离子交换膜和阴离子交换膜,使膜两侧溶液的 pH 发生很大变化,这种现象称为极化现象。显然电渗析中的"极化"应属于"耗竭极化",不同于反渗透中的浓差极化,但习惯上也称为"浓差极化"。引起浓差极化的电流密度称为极限电流密度。电渗析的极限电流密度 i_{lim} 可用如下经验式计算:

$$i_{\text{lim}} = ku^{k_1}\bar{c}^{k_2} \tag{7-12}$$

式中:$\bar{c}$ 为脱盐室进出口溶液浓度的对数平均值;u 为溶液在脱盐室中的流速;k 为反映电渗析器、溶液性质及操作条件的特性常数;k_1 和 k_2 均是与体系有关的常数,$k_1 = 0.5 \sim 0.9$,$k_2 = 0.95 \sim 1$。

当浓差极化发生时,一方面在脱盐室的膜面上电解质离子的浓度比主体溶液浓度低得多,可产生很高的极化电位;另一方面在浓缩室的膜面上浓度比主体溶液浓度高得多,使溶液中离子容易在膜面上产生沉淀,增加膜电阻,使电耗量相应增加,而且溶液 pH 的变化还会使离子交换膜腐蚀而缩短使用寿命。因此,在进行电渗析操作时,必须严格控制操作电流,使过程在低于极限电流密度下运行,同时还应采用加入一些防垢剂、倒换电极等措施来消除极化沉淀。此外,还可采用适当的预处理以改善进水水质。

3. 电渗析膜

电渗析膜分为非选择性膜和选择性膜两类。非选择性膜是一种天然或人工半透膜,如火棉胶、膀胱膜等,这类膜能透过离子而不能透过颗粒较大的胶体粒子,在外加直流电场作用下,作为杂质的离子穿过膜被水流带走,而使溶液(胶体等高分子溶液)得到提纯。这种膜不具有选择性,阴、阳离子都能穿过,对于水溶液中离子的脱除效果很差。现在工业上广泛应用的大多是选择性膜,即离子交换膜。

离子交换膜分为阴离子交换膜和阳离子交换膜两种。阴离子交换膜的膜体中含有带正电荷的碱性活性基团,能选择透过阴离子,而阳离子不能透过。其活性基团主要有伯、仲、叔、季四种胺的胺基和芳胺基等。阳离子交换膜含有带负电的酸性活性基团,能选择透过阳离子,阴离子不能透过。其活性基团主要有磺酸基($—SO_3H$)、磷酸基($—PO_3H_2$)、膦酸基($—OPO_3H$)、羧酸基($—COOH$)、酚基($—C_6H_4OH$)等。

离子交换膜既可做成均相膜,也可做成非均相膜。其中,非均相膜可用磨细的离子交换树脂与高分子黏合剂混合后压制而成;而均相膜则可在高分子黏合剂上直接接上活性基团,而无须与树脂混合,这样制作的均质膜组成及结构更均一,性能也较优良,是近年来离子交换膜发展的主要方向。

4. 电渗析的应用

目前电渗析技术主要用于水的脱盐和浓缩。随着离子交换膜和电渗析工艺的改进,电渗析的应用已扩大到电子、医药、化工、食品、环保等领域。

(1)在水脱盐中的应用

海水、苦咸水及普通自来水都可采用电渗析法脱盐纯化制造饮用水、初级纯水(锅炉或医药用水)和高纯水等。但电渗析法脱盐成本与原水含盐量密切相关。图 7-11 为电渗析法、反渗透法与多级闪蒸法(MSF)的脱盐费用与原水盐浓度的关系。当原水盐浓度低时,电渗析脱盐费用最低。原水盐浓度高时,则电渗析的成本就较其他两种方法高。因此,电渗析不适合于盐含量高的海水淡化,而适用于含盐量相对较低的苦咸水脱盐。此外,当原水中盐浓度过低时,溶液电阻增大,采用电渗析也不合算,应把电渗析和离子交换技术联合使用,即先用电渗析法脱除大部分盐后,再用离子交换法除去剩余的盐,这样可以充分发挥两者的优势,达到最佳的技术经济效果。

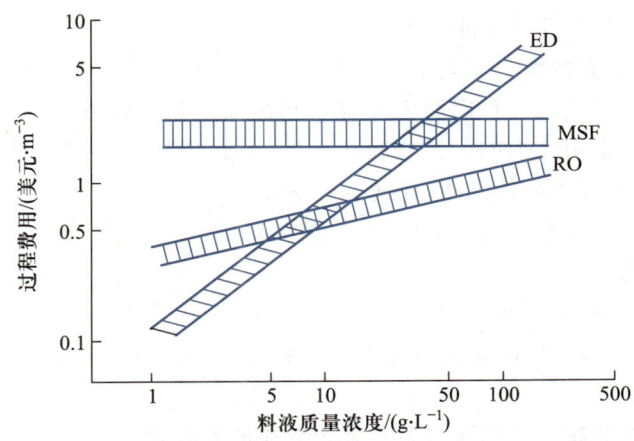

图 7-11　电渗析(ED)、反渗透(RO)和多级闪蒸法(MSF)
的脱盐费用与原水盐浓度的关系

（2）在废水处理中的应用

与反渗透相比,电渗析在处理工业废水时其膜对热和化学作用的稳定性更好,且可以达到较高浓度的浓缩比;其缺点是只能用于分离水溶液中的离子组分。目前,电渗析比较成功的例子是从金属酸洗废水中回收酸和金属;从电镀废水中回收铜、锌、镍、铬等金属;从合成纤维厂的废水中回收 $ZnSO_4$,Na_2SO_4 等。

（3）在食品工业中的应用

应用电渗析法从牛奶和乳清中脱盐与常规的乳制品脱盐方法相比,脱盐速率快,便于控制,在脱盐的同时能进行蛋白质的浓缩,操作压力低,而且无化学变化。电渗析还用于脱除酒中的酒石酸以提高瓶装酒的透明度;脱除果汁的酸味以保持果汁原有风味。

7.1.6　气体的膜分离

气体的膜分离是利用气体混合物中各组分在选择性膜中渗透速率的不同使各组分得以分离的过程,其推动力是膜两侧的压力差。

1. 分离机理

气体通过膜的渗透情况比较复杂,对于不同类型的膜,渗透情况不同,机理也各异。虽然分离体系经常是二元或多元混合物,但研究的基础是单组分渗透。渗透膜大致可分为两类:一类是多孔膜,另一类是非多孔膜。具有分离效果的多孔膜必须是微孔膜,孔径一般为 $5\sim30$ nm,其大小支配着分子扩散速率。当气体通过这类膜时,由于膜中微孔形成了毛细管体系,对气体组分有吸附作用而造成组分沿微孔扩散流动,故称为微孔扩散模型。多孔膜又可视为吸附型膜,分离效果取决于气体分子的大小和膜孔径大小。非多孔膜可看成无孔材料,气体组分通过膜的渗透需经过溶解—扩散—解吸三步才能完成,故称为扩散型膜。

2. 气体分离膜

对气体分离膜的要求是选择性高,渗透通量大,其机械强度应能保证承受一定的压差。

目前工业上应用较多的是非对称膜和复合膜。

对于非对称膜,其表面致密层是起分离作用的活性层。为了获得高渗透通量和高选择性,该层应薄而致密,但实际上常因膜表面存在孔隙而使选择性降低。为了克服这一缺陷,可针对不同的膜材料选用适当的试剂进行处理。例如,用三氟化硼处理聚砜非对称中空纤维膜,可以有效地减小膜表面的孔隙,而使选择性提高。

复合膜也是气体分离常用的膜,有两种类型。

(1) 阻力复合膜

为克服一般非对称性膜表层常存在孔隙的缺陷,在膜的表面涂上一薄层使气体组分容易渗透的材料,以堵住基膜上的孔隙,这种膜称为阻力复合膜。复合层的作用主要是堵孔。

(2) 起分离作用的超薄活性膜与多孔基膜形成的复合膜

这是最常用的一种复合膜。它的优点是活性层材料的选择余地大,但超薄活性层的制备却比较困难。当前制备的主要方法是采用水面展开法或等离子聚合法。

3. 气体膜分离的影响因素

(1) 膜材料

气体膜分离的渗透通量和选择性首先取决于膜材料。近年来对各种高分子材料及无机材料等一些其他特殊材料的渗透性能进行了广泛研究,积累了大量的数据可供选择参考。常用的膜材料有醋酸纤维素、聚砜、含氟聚合物、有机硅等数种。

(2) 膜的厚度

膜的活性层厚度越小,渗透通量越大。从气体膜分离的发展历史证明,正是由于制成了极薄致密活性层的非对称膜和复合膜,才使气体膜分离技术在生产上的应用有了突破性进展。

(3) 温度

温度对气体在膜中的溶解度和扩散系数均有影响。一般来说,温度升高,溶解度减小,而扩散系数增大,两者相比,温度对扩散系数的影响更大,所以渗透通量随温度的升高而增大。

(4) 压力

膜两侧的压力差是气体膜分离的推动力,压差越大,渗透通量越高。但在实际操作时压差受能耗、膜强度及设备制造费用等诸多因素的限制。因此,可操作压差的选择需综合考虑确定。

4. 气体膜分离的应用

(1) 从工业气体中回收氢

工业上应用最广泛的气体膜分离过程,是从石油化工、煤化工或合成氨尾气中回收氢气。应用膜气体分离器可从合成氨尾气中回收大部分的氢,经济效益很大。此外,在石油炼制、甲醇工业、油和酯类的氢化工业等生产过程中对尾气内氢气的纯化、回收和利用也很重要,需用对氢气有高渗透流率、高选择性的膜分离装置。如气体中空纤维膜分离器,操作简单,维护容易,分离效果好,是一种很有发展前途的膜分离设备。

（2）从空气中富集氧气

用膜分离法从空气制取含氧量高达 30%~40% 的富氧空气已受到越来越广泛的重视,因为富氧空气用于工业炉中助燃可大大提高燃料的利用率。通常电力用锅炉要求富氧浓度为 22%,工业用大型锅炉为 26%,中型锅炉为 31%,船舶用锅炉为 33%。用于富集氧气的膜材料有硅橡胶、聚苯醚(PPO)等。当前,许多国家都十分重视并致力于氧气富集膜的研究和开发。

在制得富氧空气的同时,还可制得浓缩的氮气,它作为惰性气体可用于食品保鲜和燃烧器的惰性气体覆盖,用途也很广。

（3）从天然气中提取氦

从天然气中提取氦是较早应用膜分离技术分离气体的实例。天然气中氦含量约为 5%,采用聚醋酸纤维非对称膜经二级分离后可将氦浓缩到 82% 左右。此外,用膜分离 He/CH_4,其能耗也比传统的深冷法节省不少。

（4）二氧化碳的分离

使 CO_2 从原油中分离出来的膜分离器目前已有商业化产品。在开采已久的老油井中压入 CO_2 可降低油的黏度,有利于油的采出,而压入油井的 CO_2 通过膜分离技术加以回收可以降低采油生产成本。

从发酵法罐中排出的气体用膜分离来降低其中 CO_2 的含量后,可以增加其燃烧热值。

用膜分离技术分离天然气中的 CO_2 后,可提高天然气中 CH_4 的含量,使 CH_4 的总回收量超过 90%。分离 CO_2 大多用的是醋酸纤维非对称膜,这种膜也可从天然气中脱除酸性气体(如 H_2S)和水汽。

7.1.7　渗透汽化膜分离

渗透汽化(PV)是指利用膜(如复合膜、非对称膜或实验室采用的均质膜)对待分离混合物中某组分有选择性透过的特点,在膜的下游侧施以负压为推动力,使料液侧优先渗透组分溶解—渗透扩散—汽化通过膜,从而达到混合物分离的一种膜分离技术。其示意图如图 7-12(a)所示,图中实心圆代表优先渗透组分。膜的透过侧汽化方法可以用不同的方式实现,如真空法、热驱动法、惰性气体吹扫法等。

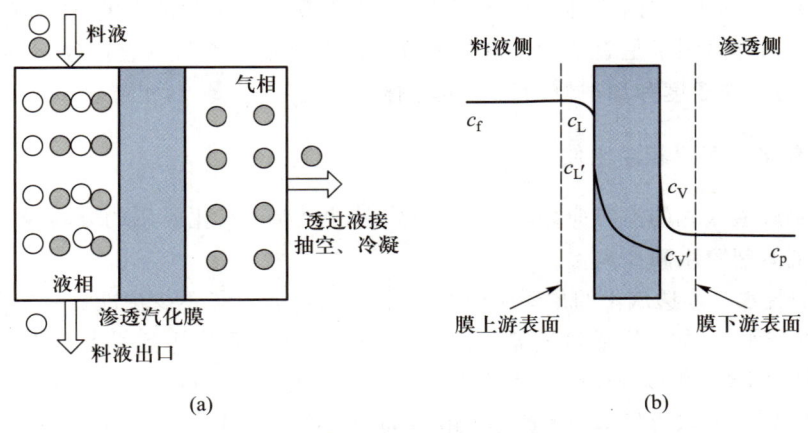

(a)　　　　　　　　　　　　(b)

图 7-12　渗透汽化的分离和传质示意图

与反渗透相比,渗透汽化过程中溶质发生相变,透过侧溶质以汽(气)态存在,因此可以消除渗透压的作用,从而渗透汽化可以在较低压力下进行,适用高浓度混合物的分离。渗透汽化利用膜对溶质的透过选择性的差别进行分离,特别适合常规分离手段难以分离的体系,如具有共沸点的混合物和相对挥发度较小的混合物。随着新的聚合物膜材料的合成、膜制备技术的发展及降低能耗的实际需要,渗透汽化的应用领域不断拓宽,并于 20 世纪 80 年代实现产业化,之后,很多渗透汽化装置相继投入应用。渗透汽化在有机水溶液中的水分离(如乙醇、异丙醇、丙酮、四氢呋喃等溶剂的脱水)、水中微量有机物的脱除,以及有机-有机混合物的分离等方面得到广泛的关注和应用。

1. 分离机理和分离性能

渗透汽化过程分离的主要机理有两个:孔流模型和溶解-扩散模型。孔流模型假设膜中存在大量微型圆柱孔,渗透物通过三个过程完成传质:液体组分通过孔道传到液-气界面,此为黏性流动;组分液汽相界面蒸发;气体从界面处沿孔道传输出去,此为表面流动。"固定的通道"是孔流模型的不足。溶解-扩散模型则是公认用于描述渗透汽化传质机理的适宜模型,对应图 7-12(a),图 7-12(b)表示了渗透汽化过程的三步:首先液体混合物中组分在料液侧的膜的上游表面有选择地被溶解,然后在膜内进行扩散渗透,最后在渗透侧的膜的下游表面解吸汽化。由此机理,膜的选择性和膜的渗透速率受到料液中组分在膜中溶解度和扩散速率的控制,包含了热力学和动力学的双重信息。

如图 7-12(b)所示,c_f 为料液中溶质的浓度,c_L 和 c_V 分别为组分在膜上游侧表面处的料液相中和膜下游侧表面处气相中的浓度,c_L' 和 c_V' 则分别为组分在膜上游侧表面处的膜相中和膜下游侧表面处的膜相中的浓度。令组分在膜、液或气两相的分配系数(或溶解度系数)为 K,即 $K = c_L'/c_L = c_V'/c_V$。根据 Fick 定律,对厚度为 δ 的膜,其传质速率为

$$N = \frac{D}{\delta}(c_L' - c_V') = \frac{KD}{\delta}(c_L - c_V) \tag{7-13}$$

式中:D 为组分在膜中的扩散系数,$P = KD$ 即为渗透率。因此选择对组分具有大的扩散系数 D 的膜和对组分具有大的溶解度系数 K 的膜具有重要的实际意义。由于 K 和 D 均可能与组分的浓度有关,故利用组分在无限稀释情况下的 K 和 D 来考察膜的性能,也具有实用价值。

渗透速率和分离因子是表征渗透汽化膜分离性能的主要参数。它们除与膜和体系的性质有关外,还与操作温度和渗透侧的操作压力有关。

2. 渗透汽化分离膜和膜组件

根据前述渗透汽化的主要应用场合,下面分别讨论渗透汽化所用的分离膜。

(1) 有机溶剂脱水膜

有机溶剂脱水是渗透汽化的主要应用之一,目前已经开发了不少性能良好的膜,这些膜要求具有较强的亲水性,如可以通过氢键、偶极作用与水分子相互作用。亲水膜使水分子在膜中扩散速率明显占优势,所以分离因子和渗透通量一般较大($\alpha > 1000$,$J > 0.5 \text{ kg} \cdot \text{m}^{-2} \cdot \text{h}^{-1}$)。除聚乙烯醇膜和聚羟亚甲基膜外,其他多为聚电解质,特别是含阴、阳离子的多糖,如藻酸、羟甲纤维素、壳聚糖等。

（2）水中有机物的脱除膜

为使有机物水溶液中有机物脱除,必须选择对有机物具有更强亲和力的膜材料。目前开发、研究的这类膜主要有聚丁二烯膜、聚二甲基硅氧烷膜、聚三甲基硅烷基丙炔膜、硅酮橡胶和聚醚酰胺嵌段共聚物膜等。对于有机物如醇、酮、酚等,一般分离因子小于 25,通量小于 $0.2\ \text{kg·m}^{-2}\cdot\text{h}^{-1}$。

（3）有机物-有机物分离膜

该类分离膜需要根据体系的特性进行设计,以复合膜为主,但膜材料的选择尚无明确规律。

在膜组件方面,虽然板框式、卷式和中空纤维均可以应用,但以板框式为主,这与渗透汽化操作时对组件的密封要求高和渗透侧需维持低压有关。

3. 过程影响因素

渗透汽化过程分离性能主要与下列因素有关。

（1）**膜材料、结构、厚度**

膜材料影响组分在膜中的溶解和扩散性质,因而是关键的、直接的影响因素。膜材料和膜结构还决定膜的稳定性、寿命、抗化学腐蚀及耐污和膜的成本,而膜的厚度直接影响组分的传质阻力和渗透通量。

（2）**被分离组分的性质**

被分离组分也直接影响到其在膜中的溶解和扩散性质,而且多组分在传递过程中还存在偶合作用,使得分离过程变得复杂。

（3）**操作温度**

操作温度影响组分在膜中的溶解度和扩散系数,从而影响分离的渗透速率和分离因子。一般温度升高,聚合物膜活动度增加,渗透分子更易通过,即增加扩散系数;另外,温度升高,溶解度系数会降低。很多情况下,温度升高会使得非优先组分的渗透通量相对优先组分更大,从而对分离不利。

（4）**进料浓度**

料液中组分的浓度的影响体现在其对溶解度系数的影响,实际上扩散系数也是与浓度有关的,而且多组分在膜内浓度的变化对扩散系数的偶合影响也是非常复杂的。

（5）**操作压力**

渗透汽化料液侧的压力一般只是维持常压,故其有限的变化对分离过程影响不大。渗透侧压力的大小影响分离的推动力,故而对分离具有明显的效果。该压力升高会降低渗透通量。

7.1.8　液膜分离

液膜分离是将第三种液体展成膜状用以分隔两种液体的方法,由于液膜的选择透过性良好,第一种液体(料液)中的某些组分透过液膜进入第二种液体(接受液),然后将三者分开,就完成了料液中组分的分离。因液膜可比固膜做得更薄,组分在液体中的扩散速率也要比固体中的扩散速率大得多,所以物质通过液膜渗透比通过固体膜渗透有大得多的传递速率,能获得非常高的分离效率,尤其是具有偶合传递过程的液膜,可使膜的渗透流率和选择性增加几个数量级。

1. 分离机理

溶质通过液膜的渗透与一般固体膜中的溶解-扩散的传递过程类似,即溶质在互不相溶的料液相和液膜相间选择性溶解或发生化学反应并在液膜中扩散而进行分离。液膜通常由表面活性剂和包含了某些功能基团的溶剂构成,这些功能基团在分离过程中起类似"载体"的作用。把液膜置于料液与接受液之间时,料液中被脱除的溶质首先在料液-液膜界面上溶解或与液膜中的功能基团发生可逆反应,然后扩散通过膜,最后在接受液-液膜界面上释放出溶质。

从宏观效果来看,液膜分离技术和溶剂萃取过程相似,也是由类似萃取和反萃取两过程构成的。不过,在液膜分离过程中的萃取与反萃取是同时完成的,因此液膜分离又称为液膜萃取。

2. 液膜

根据操作方式的不同,液膜可分为三类,即液滴膜、乳液膜和支撑液膜,如图 7-13 所示。

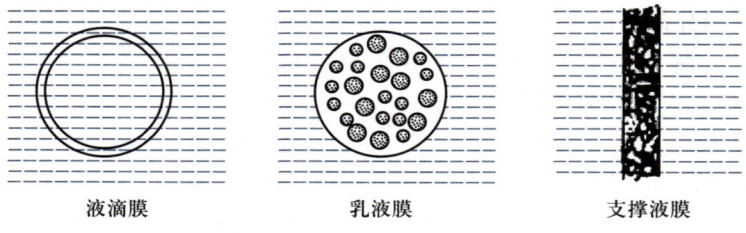

液滴膜　　　　　　乳液膜　　　　　　支撑液膜

图 7-13　液膜的形式

(1) 液滴膜

液膜以液滴包裹层的形式将两液相隔离,被包裹的液体称为内相,液膜外的液体称为外相。若内外相都是水溶液,膜为有机溶液时,这种液滴称为油包水(W/O)型液滴;反之,当用水作为液膜时,则称为水包油型(O/W)液滴。形成液滴膜的过程是:内相液体先在用作液膜的液体层中分散成液滴,此液滴通过界面向外扩散进入外相液层时,就自然形成了液滴膜。液滴的直径一般为 1~2 mm。液滴膜的稳定性较差,比表面积小,常用于实验研究。

(2) 乳液膜

乳液膜与液滴膜相似,也有油包水和水包油两种形式,但乳液膜是将内相分散成许多微小液滴,悬浮在膜液中,形成乳状液。采用高速搅拌或超声波处理都可将两个互不相溶的液体搅成乳状,乳液膜的稳定性较好,可用于工业分离。

(3) 支撑液膜

若液体能润湿某种固体材料,它就在固体表面分布成膜。将微孔材料制成的膜片,用膜溶液浸渍后,就形成由固体支撑的液膜。常用聚四氟乙烯、聚丙烯粉末烧结制成的微孔薄膜片作为有机液膜的支撑;用滤纸、醋酸纤维素微孔薄片和微孔陶瓷可支撑水膜。支撑液膜的形状、面积和厚度取决于支撑材料。这类膜的性质比较稳定,易于工程放大。但因膜液是依靠表面张力和毛细管作用吸附于支撑体微孔之中,在使用过程中会发生液膜流失而使分离效果逐渐下降,因此需定期向支撑体微孔中补充液膜溶液才能保持分离过程的稳定。

3. 影响液膜传质的因素

影响液膜分离效果的因素很多,其中膜相的组成、各类工艺条件都将直接影响液膜的稳定性及分离过程的选择性和传质速率。

(1)液膜溶液的组成

液膜溶液通常含 1%~5% 的表面活性剂和 1%~5% 的添加剂,而膜溶剂则占 90% 以上。

膜溶剂是构成液膜的主要成分。针对不同的分离体系及工艺要求,必须选择适当的膜溶剂。如分离烃类应采用水膜,分离水溶液中重金属离子则用中性油或烃类等作膜溶剂。

膜溶剂的黏度是重要参数,因为黏度的大小直接影响膜的稳定性、厚度及膜相传质系数,从而改变分离效果。黏度低时虽然膜厚减薄,但形成的乳状液膜不够稳定;若黏度过高,虽然膜可增厚,有利于乳液膜稳定,但增大扩散距离也不利于溶质的迁移。

液膜内的表面活性剂不仅对液膜的稳定性起决定性作用,而且对渗透物通过液膜的扩散速率也有显著的影响,因为表面活性剂能改变液膜的表面张力和两相的界面张力。衡量这种影响程度大小,是表面活性剂的 HLB 值,即亲水亲油平衡值。HLB 值大,亲水性强,反之则亲水性弱。通常油包水型选用 HLB 值为 3.5~6 的油溶性表面活性剂,水包油型则以 HLB 值 8~18 的水溶性表面活性剂为佳。另外,表面活性剂的浓度不宜过高,否则会使液膜厚度和黏度增大,不利于传质。

为了增加膜的稳定性,还可在膜溶剂中加入适当的其他溶剂。例如,水包油型液膜可添加甘油,油包水型可添加石蜡油和其他矿物油等。

添加剂应易溶于膜相而不溶于与之相邻的溶液相,若添加剂是作为一种传质载体加入的,则在膜的一侧与待分离的物质络合,通过膜传递至另一侧解络。添加剂的加入不仅能增加膜的稳定性,而且在选择性和溶质渗透速率方面起到十分关键的作用。在油膜中常用的添加剂有各种金属离子萃取剂、环烷酸、大环多元醚类及胺类等,水膜中的添加剂可采用乙酸亚铜氨等。

(2)工艺条件的影响

对乳状液膜而言,搅拌速率是最重要的条件,因为乳状液必须与待分离体系充分接触才能达到分离目的,而搅拌能使乳状液在料液中分散成微小液滴,从而提供传质所需的尽可能大的表面积。但搅拌速率过快,容易造成液膜破裂;而过慢又难以使乳液相分散,使接触面积减小,分离效果差。因此,搅拌速率有一个最佳的范围。

接触时间的长短也是重要条件之一。由于液膜分离过程的两相接触面积大,液膜薄,渗透快,所以两相在较短的接触时间内即能达到分离平衡。若延长接触时间会由于少量乳状液破裂而使分离效果反而下降。

液膜分离操作一般在常温或原料液温度下进行。升温虽能加快传质速率,但也降低了液膜黏度,增大了膜相挥发性,并促进表面活性剂水解,以致降低了液膜的稳定性和分离效果,故升温措施不可取。

此外,原料液的浓度和酸度也会影响分离效果。液膜分离特别适用于提取低浓度物质,其浓度范围可从百万分之几到 2%,而原料液的酸度有时会决定分离物质的存在状态,还可能破坏表面活性剂,这些问题在实际应用中都必须加以考虑。

4. 液膜分离技术的应用

由于液膜分离技术具有良好的选择性和定向性,分离效率很高,因此它的研究领域和应用前景很宽广,已取得不少成效。

(1) 分离烃类混合物

一些烃类化合物的物理、化学性质很相似,用常规的精馏、萃取等方法往往难以达到分离要求。若采用液膜法则简便、快捷、高效。目前已成功地用于分离苯–正己烷、甲苯–庚烷、正己烷–甲苯、乙烷–庚烷、正己烷–环己烷等烃类混合物的分离。

(2) 处理含酚废水

在焦化、石油炼制、合成树脂、制药等工业中产生的含酚废水。采用液膜法除酚率高,流程简单,且可处理高浓度或低浓度含酚废水,比传统的溶剂萃取和生化处理法优越。液膜法处理含酚废水采用的是油包水型乳状液膜,以 NaOH 溶液作为内包相。

(3) 金属离子的分离

使金属离子透过液膜进行的传递是促进物质传递的典型例子。通常金属离子是不能渗透通过油膜的,但若在油膜中添加适当的"载体",使载体与金属离子生成溶于油膜的配合物而进入内包相就可达到去除金属离子的目的。目前液膜分离技术已成功应用于铜、铬、汞、镍等金属离子的分离。

此外,液膜分离技术还在生物、医学、液膜反应器、液膜电渗析、液膜离子选择性电极及油田开发等方面也有了广泛的应用。

7.2　超临界流体萃取

7.2.1　萃取基础

1. 概述

萃取是化学、化工中物质分离和提纯的一个重要单元操作。精馏过程利用各组分的相对挥发能力的不同(气液平衡)来分离液体混合物,吸收过程利用气相组成在某溶剂中的溶解度的不同(气液平衡)来分离气体混合物。利用非气体混合物在溶剂中的溶解度不同达到混合物分离的过程称为萃取或抽提。当待分离混合物为液体时候,该过程又称为液液萃取;当分离混合物以固体形式存在或存在于固体中(如天然物质,植物的根、茎、叶、种子等)时,该过程又称为浸取或固液萃取。

萃取可使用物理和化学的方法。物理萃取是单纯的溶质溶解过程,所用的溶剂主要是水或醇等有机溶剂,也包括超临界流体。物理法的传统液液萃取应用广泛,在石油化工中尤为突出,如芳烃抽提是用环丁砜等为萃取剂从石油馏分中分离出三苯(苯、甲苯和二甲苯),糠醛精制是用糠醛作为萃取剂去除原料润滑油中的芳烃组分。物理法中还包括一些较先进的方法,如超临界流体萃取、双水相萃取、膜基溶剂萃取等。化学萃取又称反应萃取,比较典型的过程包括化学浸取(如常用酸、碱及一些盐类的水溶液用于处理矿物,通过化学反应,将某些组分溶出)、细菌浸取(如利用硫细菌的氧化作用处理某些硫化金属矿,将难溶的硫化物转变为易溶的硫酸盐而转入浸出液中)等。

　　萃取操作所用的溶剂称为萃取剂或浸取剂,所处理的混合物称为原料。萃取分离混合物的关键在于选择合适的萃取剂。对应液液萃取而言,该萃取剂需要满足:该溶剂对目标组分有选择溶解性;该溶剂与原料中非目标组分只能部分互溶,形成液液两相体系,若形成均相混合物,不存在相际间的传质过程,不能实现混合物的分离;作为工业应用,该溶剂必须满足工业生产的要求(如毒性、价格等的限制)。典型的连续逆流液液萃取过程如图 7–14 所示。

　　图中萃取剂 S 与原料 F(含目标组分 A 和非目标组分 B)逆流进入萃取塔(可选择填料塔或板式塔),它们在塔中充分接触,使其中一相分散进入另一相中,进行萃取。由于两相的密度不同,在重力作用下沉降分层,形成两相。塔顶相富含溶剂 S 和目标组分 A,该相称为萃取相,以 E 表示,其中组分的组成用 y 表示;塔底相富含非目标组分 B,该相称为萃余相,以 R 表示,其中组分的组成用 x 表示。因此,根据萃取剂的要求,对应原料中的 A 和 B 两组分,必须满足如下关系:

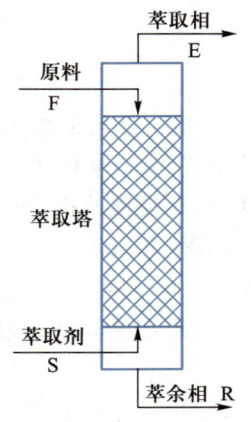

图 7–14　典型的萃取流程

$$y_A/y_B > x_A/x_B \tag{7-14}$$

　　由此可见,在萃取相中目标组分 A 的浓度相对非目标组分 B 的浓度有了提高,从而实现 A 的增浓或与 B 的部分分离。如果式 (7–14) 取等号,则说明萃取剂对 A、B 两组分具有相同的溶解能力,不能实现该两组分的分离。

2. 萃取的液液平衡及表示

　　萃取一般仅涉及两相,但包括至少三个组分,因此,一定条件下体系达到平衡时的各组分在两相中的分配关系,特别是三元两相体系的液液平衡,是液液萃取的基础。这一平衡关系比较复杂,除了混合物中 A、B、S 各组分的彼此互溶情况外,还存在是否发生离解、缔合的化学反应。为使问题简化,讨论较多的是目标物质 A 完全可溶解在 B 和 S 中,且 B 和 S 部分互溶或完全不溶的情况。对应的平衡关系主要通过实验来测定,也可以通过结合状态方程的相平衡方程、经验或半经验的模型进行计算、预测。将三元两相体系的液液平衡在三角形坐标中表示出来,得到三角形相图,通常所用三角形是等腰直角三角形或等边三角形。图 7–15 表示的是 B 和 S 部分互溶体系的三角相图。

　　用实验获取图中的曲线时,首先取适量的 B 和 S 混合,充分搅拌,长时间接触达到平衡,停止搅拌并静置分层,得到液液平衡的两相:测定两相中 B 和 S 的组成,得到以 S 相为主的萃取相用 E_0 点表示,以 B 为主的萃余相用 R_0 点表示。再将一定量的 A 加入上述混合液中重新搅拌、平衡、静置分层,获取新的两相的组成,用 E_1 和 R_1 来表示。继续加入一定量的 A,重复以上操作,获取新的组成,得到 E_i 和 R_i。将这些点绘成光滑的曲线,称为溶解度曲线。将 E_i 和 R_i 连接起来,该连线称为结线,其对应的两个端点为互相平衡的萃取相和萃余

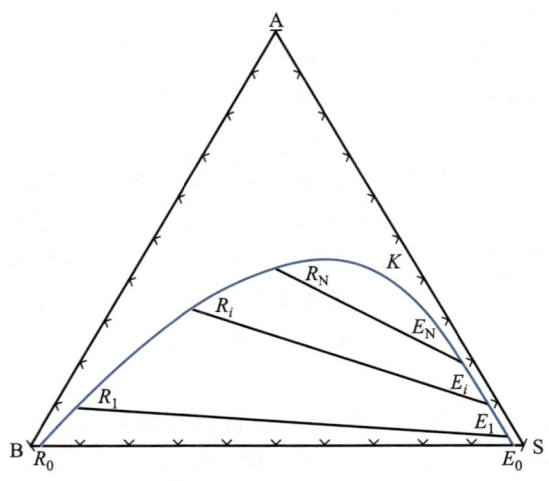

图 7-15　B 和 S 部分互溶体系的三角相图

相的组成。三角形相图中,溶解度曲线将其分成两个区域,曲线以内的区域为两相区,曲线以外的区域为单相区。显然,体系的组成一定要落在两相区才能进行萃取操作,即两相区内是萃取过程的操作范围。当体系的总组成点由两相区内移至溶解度曲线上时,体系的液液两相界面消失,转化为均相混合物,故在溶解度曲线上的该点(K)称为临界混溶点(或褶点),对应该点的结线无限短。值得注意的是,临界混溶点不一定是溶解度曲线的顶点。临界混溶点将溶解度曲线分为两支,左支表示萃余相,以 B 为主;右支表示萃取相,以 S 为主。

当 B,S 完全不互溶时,三角形相图中无单相区,只有两相区。根据图7-15,B,S 及 A,S 部分互溶时,三角形相图中可以是两个单相区对应一个两相区,也可以是一个单相区对应两个两相区。

由相律知识可知,对应三元两相体系,其平衡条件下的自由度为3。故当温度和压力给定时,已知某组分在某相中的组成,便可以唯一确定该相的其他组分的组成及与该相平衡的另一相的组成。在压力低的情况下,温度对相平衡的影响比较大,温度升高,各组分的溶解度随之增加,使得单相区缩小。对应超临界流体萃取,压力和温度对体系的溶解度曲线均会非常敏感,这也是超临界流体萃取的一个特点。

7.2.2　超临界流体性质

超临界流体是指超过临界温度与临界压力状态的流体。临界点上的流体可以看到非常奇妙的现象,即所谓的临界涨落——"临界乳光"现象。表 7-4 列出了常用的超临界流体的临界值,包括临界温度、临界压强和临界密度。超临界流体最重要的性质是其密度、黏度和扩散系数。当接近临界温度 T_c,对比温度 $T_r = 1 \sim 1.2$ 时,流体有很大的可压缩性。在对比压力 $p_r = 0.7 \sim 2$ 的范围内,适当增加压力可使流体密度很快增大到接近普通液体的密度,使超临界流体具有类似液体对溶质的溶解能力,而且密度随温度与压力的变化而连续变化。一般而言,流体的溶解能力随密度的增大而快速上升。

表 7-4　常用超临界流体的临界值

超临界流体	临界温度/℃	临界压强/MPa	临界密度/(g·cm⁻³)
乙烯	9.2	5.03	0.218
二氧化碳	30.0	7.38	0.468
乙烷	32.2	4.88	0.203
丙烯	91.8	4.62	0.233
丙烷	96.6	4.24	0.217
氨	132.4	11.3	0.235
正戊烷	197.0	3.37	0.237
甲苯	319.0	4.11	0.292

超临界流体的黏度受温度和压强的影响不太大,其黏度比液体黏度要小得多,接近于气体黏度;而超临界流体的扩散系数却比液体的大约 100 倍。表 7-5 列出了超临界流体和常温、常压下气体、液体的三个基本性质。很明显,超临界流体的密度和液体的密度比较接近,而黏度和扩散能力接近于普通气体,这就意味着超临界流体具有很高的溶解能力和快速达到传质平衡的能力。图 7-16 是 313.2 K 时 CO_2 的密度 ρ,黏度 μ 和自扩散系数×密度 $(D_{11}×\rho)$ 随压强 p 的变化关系。可以清楚地看到,物性参数在临界点附近的变化是非常敏感的。微小的压力变化(温度变化也会产生类似的效果)都会引起密度的很大变化,从而导致溶解能力的极大变化。这种特性对于分离操作是非常有利的。

表 7-5　超临界流体与气体、液体物性比较

流体状态	密度/(g·cm⁻³)	黏度/(g·cm⁻¹·s⁻¹)	扩散系数/(cm²·s⁻¹)
气体	$(0.6\sim2)\times10^{-3}$	$(1\sim3)\times10^{-4}$	$0.1\sim0.4$
超临界流体	$0.2\sim0.9$	$(1\sim9)\times10^{-4}$	$(2\sim7)\times10^{-4}$
液体	$0.6\sim1.6$	$(0.2\sim3)\times10^{-2}$	$(0.2\sim2)\times10^{-5}$

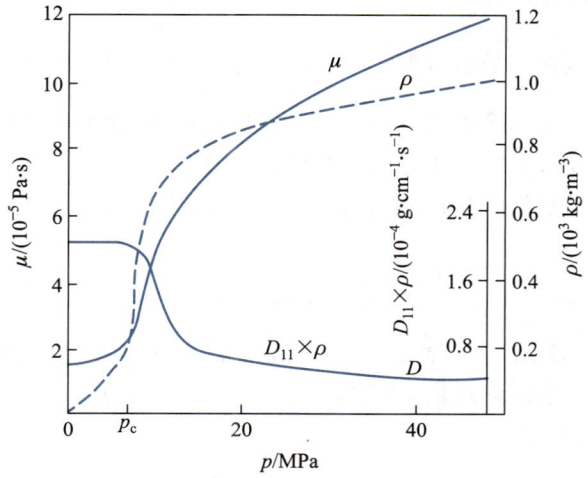

图 7-16　CO_2 的密度 ρ、黏度 μ 和自扩散系数×密度($D_{11}×\rho$)

随压强 p 的变化关系(313.2 K)

基于超临界流体的上述特殊性质，人们开发了很多超临界流体技术，它们主要包括：超临界流体萃取、超临界水氧化、超临界流体结晶、超临界流体干燥、超临界流体中的乳化、超临界流体中的聚合反应及其他类型的反应。其中，超临界流体萃取利用超临界流体作为萃取剂，从液体或固体中萃取出待分离组分。超临界流体萃取以 CO_2 为理想的萃取剂，它的化学性质稳定，无毒，无臭，无腐蚀性，不燃，临界温度在 30 ℃ 左右，临界压力也不高，对许多物质具有良好的溶解能力。因此，超临界 CO_2 已广泛应用于化工、食品、医药等行业中热敏性及易氧化物质的提取。

7.2.3   超临界流体与溶质体系的相平衡

各种超临界流体技术中，无论有无反应，均涉及物质和超临界流体作用达到平衡的问题，它们包括超临界流体与固体之间的平衡（气固平衡，即将超临界流体视为压缩气体）、超临界流体与液体之间的平衡（液液平衡，气液平衡）、超临界流体与液体和固体之间的平衡（气液固平衡）等。超临界流体萃取主要涉及固体在超临界流体中的溶解度和超临界流体与液体之间的气液平衡。

实验测定超临界流体与溶质体系的相平衡数据包括固体或难挥发液体在超临界流体中溶解度、多相平衡共存曲线的确定。这些测定方法可以分为静态法和动态法。

静态法指将所有组分放置于封闭且带有搅拌的容器中，待其建立平衡后分析平衡相中的组成。静态法中也有不需分析组分组成的方法，称为合成法，该法利用逐渐改变压力或温度，观察相变化来获取相平衡曲线，其在二元体系的高压气液平衡和固液气三相平衡的测定方面均非常实用、可靠。但对于多元体系的相平衡，该法无法测定足够的相平衡数据。

动态法又分为单通路法和循环法。单通路法将流体缓缓通过萃取柱（平衡釜），使得在该接触过程中建立相平衡，然后对出萃取柱的流体进行分析。该方法简便快速，但需要设计良好的装置、控制流体的流速、认真检验操作条件下是否达到平衡才能保证数据的准确性。循环法则通过循环泵将流体引出，对两相进行不间断的混合接触，使得平衡较快达到，而且可以实现在线分析两相的组成。

1. 固体在超临界流体中的溶解度

超临界流体中难挥发性溶质（固体或难挥发性液体）的溶解度计算有很多方法，但以经验模型和超临界流体视为压缩气体的状态方程法为主。

经验模型以克拉斯蒂尔（Chrastil）方程为代表，溶质溶解度 c 与超临界流体密度 ρ 和温度 T 之间的关系表示为

$$c = \rho^m \exp(a/T + b) \tag{7-15}$$

式中：c 为溶质在超临界流体中的浓度，$kg \cdot m^{-3}$；ρ 为超临界流体密度，$kg \cdot m^{-3}$；a 和 b 均为常数。该方程的推导过程中假设超临界流体和溶质作用为缔合反应，因此 m 为缔合数。当恒温时，该表达式可简化为

$$\ln c = m \ln \rho + 常数 \tag{7-16}$$

式中：m 为正数，溶解度随密度的增大而增大。图 7-17 显示了 40℃ 时一些物质在超临界

CO_2 中的溶解度随超临界流体密度的变化情况。可以看出,这些物质的溶解度都遵循式(7-16)的关系,但式中 m 值和常数值随被萃物质性质的不同而不同。被萃物质的化学性质与所选用的超临界流体越相似,则溶解度就越大。因此,正确选择超临界流体作为萃取剂,可以对多组分体系提供选择性,从而达到分离的目的。

虽然经验模型可以取得好的效果,但其中除缔合参数外,其他两个参数经验性大,缺乏普遍意义。超临界流体视为压缩气体的状态方程的方法则具有坚实的热力学基础,因此,具有普遍的意义:原则上只要有适合的状态方程及研究对象物质的临界参数和偏心因子就可以进行计算。对于超临界流体-固体体系,相平衡时固体溶质在对应两相中的逸度相等,即有

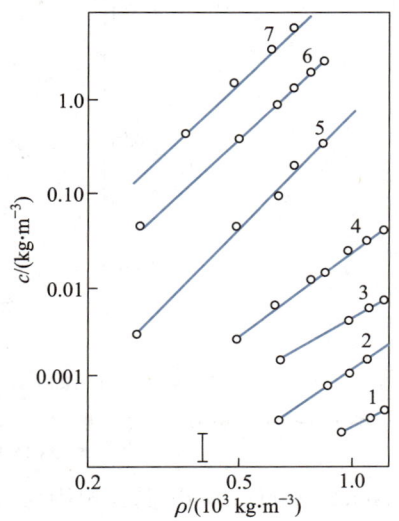

1—甘氨酸;2—弗朗鼠李苷;3—大黄素;4—对羟基苯甲酚;5—1,8-二羧基蒽醌;6—水杨酸;7—苯甲酸

图 7-17 一些物质在超临界 CO_2 中的溶解度随超临界流体密度的变化情况(40 ℃)

$$py_2\hat{\varphi}_2 = p_2^{sat}\varphi_2^{sat}\exp\frac{V_2^s(p-p_2^{sat})}{RT} \qquad (7-17)$$

式中:p 和 T 分别为体系压强和温度;V 是摩尔体积;下标 2 指固体溶质;上标 sat 指饱和态;上标 s 指固态;$\hat{\varphi}$ 为物质的逸度系数,φ_2^{sat} 表示固体溶质在饱和蒸气压下的逸度系数,一般可取为 1。因此,p_2^{sat} 为对应体系温度下固体的饱和蒸气压,y_2 即为固体在超临界流体中的溶解度,它可以表示为

$$y_2 = \frac{p_2^{sat}}{p}\frac{\varphi_2^{sat}}{\hat{\varphi}_2}\exp\frac{V_2^s(p-p_2^{sat})}{RT} \qquad (7-18)$$

结合一定的混合规则的状态方程可以用于计算式(7-18)中溶质在超临界流体中的逸度系数,从而得到 y_2。图 7-18 给出了用彭-罗宾森(Peng-Robinson)状态方程和单参数的范德华(van der Waals)混合规则(含有一个流体和溶质的相互作用参数)计算得到的萘在超临界 CO_2 中不同温度下的溶解度曲线,并与实验结果进行比较。因此,将超临界流体视为压缩气体的状态方程方法,能较好地计算出超临界流体中固体溶质溶解度的变化。

2. 超临界流体与液体体系的相平衡

同样,超临界流体视为压缩气体时,对应超临界流体与液体体系的相平衡为

$$py_i\hat{\varphi}_i^V = px_i\hat{\varphi}_i^L \quad (i=1,2) \qquad (7-19)$$

式中:下标 1 和 2 分别指超临界流体和液体;上标 V 和 L 分别指压缩气体(气)相和液体相。

利用立方形状态方程结合一定的混合规则,可以计算式(7-19)中的组分在气相和液相中的逸度系数,从而可以确定在给定温度和压力下二元体系的两相组成。图 7-19 给出以 Stryjek 和 Vera 改进的 Peng-Robinson 状态方程结合双参数的帕纳约托普洛斯-里德

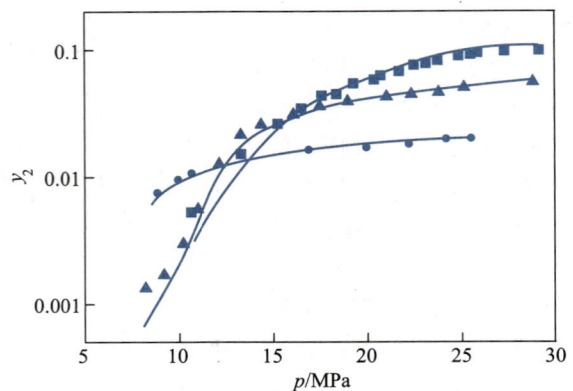

图 7-18   Peng-Robinson 状态方程计算萘在超临界 CO₂ 中的溶解度

（作用参数 $k_{12}=0.09594$；点表示实验值：● 308.15 K，
■ 328.15 K；▲ 333.35 K；线表示计算结果）

（Panagiotopoulos-Reid）混合规则对二氧化碳-乙醇体系的气液平衡的计算结果,结果给出了液相和气相的组成,并和实验结果进行比较。从该图可以看出,超临界流体视为压缩气体时应用状态方程可以很好地描述平衡系统的两相组成。用相同的方法,在计算多元体系中各二元体系的气液平衡数据并得到混合规则中的相互作用参数后,可以用于预测多元体系的气液平衡,如预测二氧化碳-乙醇-水三元体系的平衡相的组成。二氧化碳-乙醇-水体系在超临界流体萃取制备高纯乙醇、干燥去水过程均有重要的实际意义。

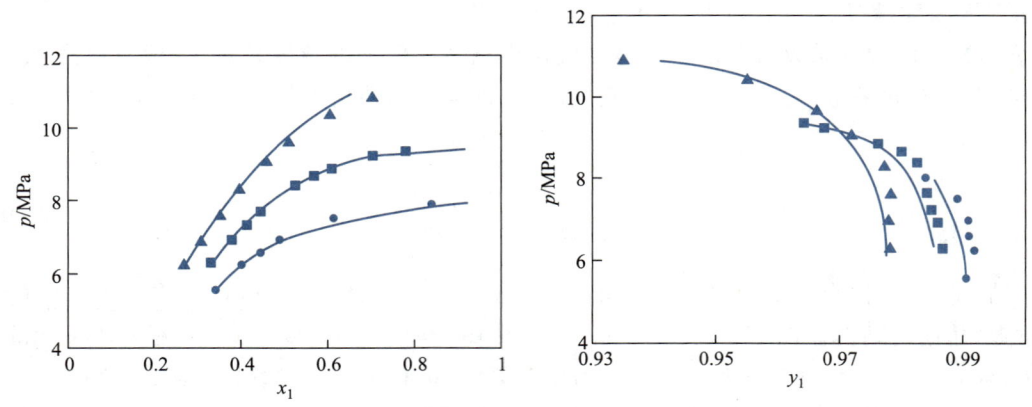

图 7-19   Stryjek 和 Vera 改进的 Peng-Robinson 状态方程
计算二氧化碳-乙醇体系的气液平衡

（点表示实验值：● 314.45 K，■ 325.15 K，
▲ 337.15 K；线表示计算结果）

7.2.4 超临界流体萃取的传质动力学

对于难挥发性溶质的超临界流体萃取,一般情况下其目标组分以物理、化学或机械的方式固定在多孔基质上。如同溶剂浸取,在超临界流体萃取过程中,目标组分存在如下的传质步骤:从基质上解脱下来;扩散进入多孔结构（内扩散）;扩散通过基质的外流体层（外扩

散），进入超临界流体主体相。因此，目标组分的萃取总量由平衡溶解度决定，而萃取的快慢（对应萃取的时间）则由传质步骤中的传质速率决定。针对天然产物中有效成分的超临界流体萃取，目前主要考虑内扩散过程。假设：目标组分在固体基质中分布均匀；固体基质近似看作半径为 R_p 的球形颗粒；目标组分在基质中有效扩散系数 D_e 为常数。则可以建立式（7-20）的传质动力学（速率）方程。

$$\frac{\partial c}{\partial t} = D_e \frac{1}{r^2} \frac{\partial}{\partial r}\left(r^2 \frac{\partial c}{\partial r}\right) \tag{7-20}$$

式中：c 为目标组分在基质中浓度；r 为基质中心到基质中任意一点的距离。该方程初始条件为 $t=0$，$c=c_0$。边界条件为 $r=0$，$\partial c/\partial r=0$；$r=R_p$，$c=c_b$ 或

$$J = -D_e \left. \frac{\partial c}{\partial r}\right|_{r=R_p} = k\left[c(R_p) - c_b \right] \tag{7-21}$$

式中：c_b 为超临界流体主体相中目标组分的浓度，极限情况下该值为其在超临界流体中的溶解度。式（7-21）作为边界条件考虑了基质表面的传质，需要知道传质系数 k。目标组分被超临界流体萃取的传质通量 J 即用该式表示，已知传质通量可以根据基质的量等信息估算萃取时间。

另外，比较有实际意义的还有收缩核模型。该模型设想在基质核心有许多孔，所有孔中充满了目标组分，核心部分和外界部分存在明显的界面，外界部分的孔中充满了部分饱和的溶剂（超临界流体），该模型与非均相流体—固体反应中的收缩核模型相仿。

7.2.5　超临界流体萃取工艺

超临界流体萃取的整个萃取过程由萃取段和解萃段组合而成。在萃取段，超临界流体将所需组分从原料中提取出来；然后在解萃段通过改变某一参数或其他方法，使萃取组分从超临界流体中解萃出来，萃取剂再循环使用。根据解萃方法的不同，可以把超临界流体萃取工艺分为两大类型，即等温变压工艺和等压变温工艺。

等温变压超临界流体萃取工艺流程如图 7-20 所示。萃取剂经压缩升温达到超临界状态，从而获得最大溶解能力（状态点①），然后加到萃取器中与被萃取的料液接触。由于超临界流体有很高的扩散系数，故传质过程很快达到平衡。此时过程压强维持恒定，温度则自然下降，密度必定增加到状态点②。随后萃取物流进入分离器，进行等温减压分离过程，到达状态点③，这时超临界流体的溶解能力减弱了，溶质也就分离出来。分离后的超临界流体再进入压缩机进行升温加压，回到状态点①。这样只需不断补充少量溶剂，过程即可反复循环。由于过程压强变化很小，所以需要的能量输入也较省。

在等压条件下，改变操作温度也可达到超临界流体萃取的目的，但温度对萃取能力的影响比压强的影响更为复杂一些。当等压升温时，超临界流体的密度减小，降低了对溶质的溶解能力，但此时溶质的蒸气压会相应提高，又会增加溶解度，两者相互影响的结果就会造成在某一压强范围内，温度升高溶解度增加，而在另一压强范围内，温度升高溶解度反而降低的复杂变化，以致操作条件比较难以把握。

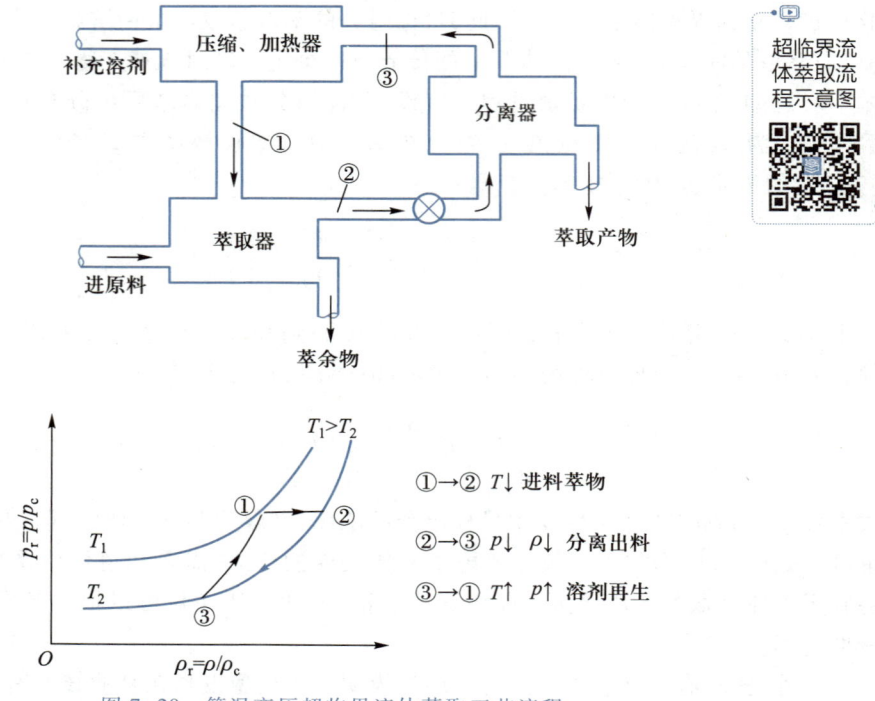

图 7-20 等温变压超临界流体萃取工艺流程

除以上两种主要工艺之外,超临界流体萃取还有一种较为实用的流程:吸附吸收工艺。该法是采用某种可吸附溶质而不吸附萃取剂的吸附剂(或吸收剂)使两者分离,而萃取剂气体经压缩后循环使用。这种方法通常用于利用超临界流体来萃取产物中的杂质以纯化产品。

7.2.6 超临界流体萃取技术的应用

超临界流体萃取近年来已在化工、食品、医药等工业中获得了广泛的应用。其中,从石油残渣中回收油品,从咖啡豆中脱除咖啡因,从木浆废液中回收香草醛等都已成功地实现了大规模生产。以下简要介绍几种应用研究实例。

1. 从天然产物中分离提取有效成分

将超临界流体萃取用于天然产物中有效成分的分离提取,比较典型的实例是从咖啡豆中提取咖啡因。咖啡因存在于咖啡、茶等天然植物中,医药上可用作利尿剂和强心剂。图 7-21 所示是用超临界 CO_2 从咖啡豆中提取咖啡因的工艺流程。将浸泡过的生咖啡豆置于耐压力室中,不断通入超临界流体 CO_2,操作压强达到 16~20 MPa,温度为 70~90 ℃,密度为 0.4~0.65 $kg \cdot m^{-3}$ 时,咖啡因被 CO_2 逐渐提取出来,并随 CO_2 一道进入水洗塔用水洗涤,咖啡因转入水相,CO_2 经加压后回到萃取塔循环使用。洗涤水经脱气后用蒸馏方法回收其中的咖啡因。

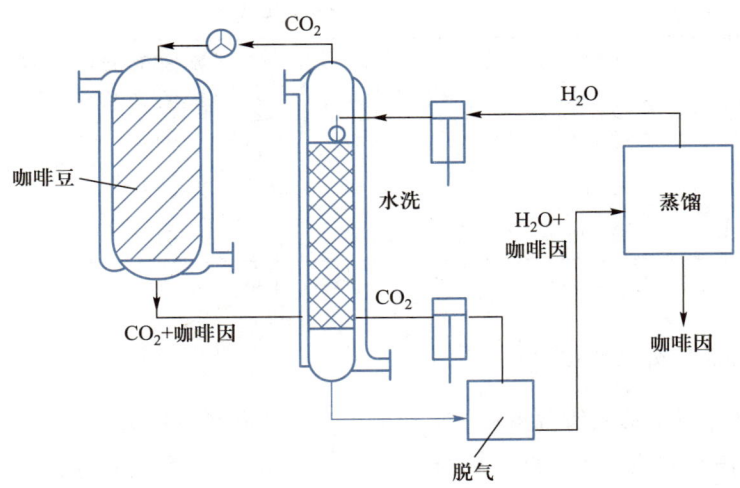

图 7-21 用超临界 CO_2 从咖啡豆中提取咖啡因的工艺流程

用超临界流体 CO_2 从大豆中提取豆油也比较成功,表 7-6 是超临界 CO_2 萃取豆油与溶剂正己烷萃取豆油的一些产品指标的比较。可以看出,两种方法提取的产品质量基本相同,但超临界流体萃取在较高压力下进行,设备费用较高。

超临界流体萃取还在其他许多天然产物提取方面获得了应用,例如,从辣椒里提取辣椒红色素,杏仁中提取杏仁油,紫丁香中提取香精,啤酒花中提取葎草酮和蛇麻酮,烟草中提取尼古丁,茶叶中提取茶碱和茶多酚,等等。用超临界 CO_2 萃取这些产物,一般工艺温和,产品不易变质,风味也不易损失。

表 7-6 超临界 CO_2 萃取豆油与溶剂正己烷萃取豆油的比较

指标	CO_2 萃取	正己烷萃取
收率/%	18.3	19.0
游离脂肪酸/%	0.3	0.6
不可皂化物/%	0.7	0.6
铁/10^{-6}	0.3	1.4
含磷物/10^{-6}	45	505
大豆中残余油/%	1.4	0.7

2. 分离精制化工产品

超临界流体萃取在化工及炼油工业中的研究十分活跃,如从油品中脱除沥青质就已工业化。醇类的分离精制则是超临界流体萃取的另一应用领域。表7-7列出了醇类水溶液用超临界流体 CO_2 萃取分离的中试结果。显然,采用超临界流体萃取时的能耗比达到相同分离要求下采用蒸馏方法的能耗有大幅度的降低(以蒸馏法的能耗为100%计)。

表 7-7   醇分离的产品纯度与能耗 *

醇	原料 质量分数/%	产品 质量分数/%	常压共沸组成 质量分数/%	能耗/%
乙醇	2~15	84~91	95.6	40
异丙醇	2~60	84~95	87.9	17
正丁醇	2~70	91~96	67.9	10

* 陈维杻.超临界流体萃取的原理和应用.北京:化学工业出版社,1998,160.

3. 用超临界流体处理酿酒原料

淀粉类酿酒原料中的脂质含量对酒质影响很大。将各种酿酒原料用超临界 CO_2 进行脱脂,能除去 30%左右的粗脂质。处理后的原料酿造出来的酒的色度降低,而与提高白酒品质有关的乙酸异戊酯和异戊醇的含量则有所升高,影响质量的紫外吸收能力也下降。从仪器分析和品尝试验的结果都证明,经超临界流体处理工序生产出来的白酒的品质有显著的提高。

4. 超临界流体萃取在生化工程中的应用

超临界流体萃取因操作条件温和、溶氧性能好、毒性低等特点而十分适合于生化产品的分离和提取。如用超临界流体分离氨基酸、从单细胞蛋白游离物中提取脂类等方面的研究已显示了它的优越性。近年来在许多生化产品的提取方面超临界流体萃取已实现初步工业化。例如,从微生物发酵的干物质中萃取 γ-亚麻酸,用超临界流体 CO_2 萃取发酵法生产的乙醇,以及用超临界流体干燥各种抗生素以脱除丙酮、甲醇等有机溶剂,避免了产品的药效降低,是变废为宝、综合利用资源的好途径。

7.3   吸附与离子交换

7.3.1   概述

固体物质表面对气体或液体分子的吸着现象称为吸附,其中固体物质称为吸附剂,被吸附物质称为吸附质。吸附现象很早就被人们发现和利用,用木炭和骨炭使气体和液体脱湿和除臭已有悠久的历史。18 世纪末生产上已应用骨炭脱除糖水溶液的色素,20 世纪初首次出现从气体中分离酒精和苯蒸气,从天然气中回收乙烷等碳氢化物的大型生产装置。今天吸附分离已发展成为分离气体和液体混合物的重要方法,在化工、炼油、轻工、食品和环保等领域得到广泛应用。

吸附可分为物理吸附和化学吸附。物理吸附也称范德华吸附,是吸附剂分子与吸附质分子间范德华力作用的结果,其结合力较弱,容易脱附。化学吸附由吸附质与吸附剂分子间化学键作用所引起,其结合力比物理吸附大得多,吸附和脱附速率也比物理吸附慢。用于分离目的的吸附过程大多为物理吸附,化学吸附在催化反应中起重要作用。

　　吸附过程一般是一个放热过程。物理吸附的吸附热相当于气体的冷凝热和液体的汽化热,而化学吸附的吸附热则大得多,与化学反应热的数量级相当。提高温度或降低吸附质在气相中的分压,吸附质将以原来的形态从吸附剂上解吸下来。因此,物理吸附是可逆的,吸附分离过程正是利用了物理吸附的这种可逆性。具体说来,吸附分离过程是利用混合物中各组分与吸附剂间结合力强弱的差别,即各组分在固相(吸附剂)与流体相间分配不同的性质使混合物中难吸附与易吸附组分分离的。由于合适的吸附剂对各组分的吸附可以有很高的选择性,因此,它适用于用精馏等方法难以分离的混合物的分离和气体或液体中微量杂质的去除。此外,吸附过程的操作条件比较温和,特别适用于生化产品的分离。

　　由于吸附是一种在固体表面上发生的过程,因此吸附剂的主要特征是多孔结构和大的比表面积。工业上常用的吸附剂可分为四大类:活性炭、分子筛沸石、活性氧化铝和硅胶。根据吸附剂表面的选择性,吸附剂可粗分为亲水型和憎水型两类。活性氧化铝和多数沸石分子筛具有亲水表面,活性炭憎水,而硅胶则介于两者之间。吸附剂的性能不仅取决于化学组成,还与其制造方法及先前使用的吸附和解吸周期有关。

　　由于吸附剂在吸附过程中受到平衡吸附量的制约,因此在实际吸附分离过程中就必须增加循环操作的次数,频繁地进行吸附、解吸和再生。吸附分离的操作方法一般分间歇操作、半间歇操作和连续操作。间歇操作适用从溶液中进行吸附,即将吸附剂和液体同时置于容器中,充分吸收后将吸附剂和流体分开,如实验室或小规模的分离生产常在搅拌槽式吸附器中进行的吸附。半间歇操作采用固定床吸附器进行吸附,其中吸附剂吸附一定时间后需要再生。为提高生产能力,在一定的吸附器(如固定床吸附器)上可以实现吸附的连续操作,如移动床吸附器、模拟移动床;工业上还采用循环操作工艺来将间歇式操作实现连续化,如变温吸附、变压吸附和变浓度吸附等,其中应用较多的是变压吸附工艺。

7.3.2　吸附平衡-吸附等温线

　　在一定条件下,当流体(气体或液体)与固体吸附剂接触时,流体中的吸附质将被吸附剂吸附,经过足够长的时间,吸附质在两相中的含量达到一定值,互呈平衡,称为吸附平衡。此时吸附剂所吸附的吸附质的量就是在此条件下吸附剂对该吸附质的最大吸附能力,称为平衡吸附量。很显然,吸附剂的平衡吸附量由它的吸附平衡关系所决定。吸附平衡关系可以用不同的方法表示,通常用等温下吸附剂中吸附质的含量 q 与流体相中吸附质的浓度 c(或分压)间的关系 $q = f(c)$ 表示,称为吸附等温线。液相中的吸附机理比较复杂,影响因素众多,本书中不做介绍,下面主要介绍气(汽)相中的吸附。

1. 单组分吸附等温线

　　常见的单组分吸附等温线包括图 7-22 中所示的四种类型。

　　第一种吸附最为简单,是线性的吸附等温线,它符合亨利(Henry)定律,即相当固体表面吸附层(相)与气相之间建立如下平衡关系:

$$q = Kp \tag{7-22}$$

式中:q 为单位质量吸附剂上所吸附的吸附质的吸附量;p 为吸附质在主体气相中的分压(也

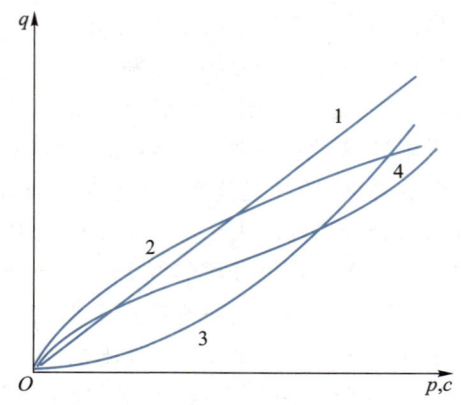

图 7-22　常见的四种单组分吸收等温线类型

可表示为主体溶液中的浓度）；K 为吸附平衡常数，随温度升高而降低，并可以用范托夫（van't Hoff）方程来表示。位于临界温度以上的气体的吸附、低压下气体在玻璃态高分子材料中的吸附会表现出该类吸附。

　　第二种吸附等温线是朗缪尔（Langmuir）型曲线。在气相中吸附质浓度很低的情况下，仍具有相当高的吸附量，是优惠的吸附等温线。有机蒸气在活性炭上的吸附属于此型，该类曲线可以较好地用 Langmuir 方程来描述。1916 年，Langmiur 对单分子层的吸附进行研究，提出了 Langmiur 吸附等温方程，其表达式为

$$q = \frac{q_{max}Kp}{1+Kp} \tag{7-23}$$

式中：q_{max} 是最大吸附量；此时，K 是 Langmuir 常数，与温度有关。另外，弗罗因德利希（Freundlich）和席格蒙迪（Zsigmondy）对气体吸附提出了毛细管凝缩学说，得到了半经验的 Freundlich 方程。该方程表示为

$$q = Kp^{1/m} \tag{7-24}$$

式中：K 和 m 为体系的特征常数，与温度有关。$m = 1$ 时，Freundlich 方程即为亨利方程；m 越大，越偏离线性吸附。为提高适应性，经验上常将 Langmuir 和 Freundlich 方程结合起来使用，从而有表达式：

$$q = \frac{q_s Kp^{1/m}}{1+Kp^{1/m}} \tag{7-25}$$

式中：q_s，K 和 m 为三个经验常数。

　　第三种吸附等温线在压力较低时，吸附量低，在高压下吸附量大，符合高分子溶液中的弗洛里-哈金斯（Flory-Huggins）方程，属于多层吸附，如碘蒸气在硅胶上的吸附，一些有机蒸气在高分子材料中的吸附。该种等温线还有一种变形的等温线，即随分压进一步升高，形成有限的多层吸附，吸附达到饱和。

　　第四种吸附等温线相当第二种和第三种的结合，即完成单分子层吸附后，再形成多分子层吸附的等温线，常见于一些有机蒸气在玻璃态高分子材料中的吸附。布鲁诺尔

(Brunauer)、埃米特(Emmett)和泰勒(Teller)三人在 1935 年基于多分子层吸附,得到 BET 吸附等温方程,被广泛采用,可用于该类吸附等温线的描述。该方程表示为

$$\frac{p}{q(p_0-p)}=\frac{1}{k_b q_{max}}+\frac{k_b-1}{k_b q_{max}}\frac{p}{p_0}\tag{7-26}$$

式中:p_0 为吸附质的饱和蒸气压;k_b 为 BET 方程系数。第四种等温线也有其他一种变形的等温线,即随分压进一步升高,形成有限的多层吸附,吸附达到饱和。

上面提到描述吸附等温线方程,大多是经验或半经验的方程。从经典热力学入手推导的吉布斯(Gibbs)吸附等温方程和波拉尼(Polanyi)与贝伦斯(Berenc)提出的吸附势理论[后来为杜比宁(Dubinin)及其学派所发展,所以也称为 Dubinin-Polanyi 理论]则更具有普遍的意义。Gibbs 吸附等温方程在一定的条件下可以推导出亨利方程、Langmuir 方程和 Freundlich 方程。

2. 多组分吸附等温线

对于多组分的吸附理论,最初是马卡姆(Markham)将 Langmuir 方程进行扩展,后来希尔(Hill)和阿诺德(Arnold)将 BET 方程推广至混合物体系。1965 年,迈尔斯(Myers)和普劳斯尼茨(Prausnitz)则从热力学的角度出发,提出理想吸附溶液理论,它是以理想吸附为前提,用拉乌尔(Raoult)定律描述吸附相的状态。Lee 基于 Dubinin-Polanyi 方程,以微孔填充体积概念和格子溶液理论,提出了格子溶液模型。总之,这些模型基本上可以分为四类:① 从纯组分吸附等温方程简单扩展到多组分吸附等温方程;② 经典热力学模型;③ 吸附势理论;④ 统计热力学方法。下面介绍应用较多的前两类方法。

单组分 Langmuir 等温方程可以扩展至双组分或复杂组分的吸附等温方程:

$$\frac{q_i}{q_{max,i}}=\frac{K_i p_i}{1+\sum_j K_j p_j}\tag{7-27}$$

式中:q_i,$q_{max,i}$ 和 K_i 分别为组分 i 的平衡吸附量、最大吸附量和 Langmuir 常数。

经典热力学模型是以 Gibbs 关于吸附的基本热力学关系式为基础,并考虑吸附相的状态推导出来的。它以理想溶液理论为代表。该理论假设吸附相相当于理想溶液,各个组分的活度系数都是一定的,并且假设:① 吸附剂热力学惰性;② 符合 Gibbs 吸附方程的假定;③ 各种吸附质在吸附剂上有相同的吸附面积。这三个假设几乎对所有的物理吸附理论都是必需的,因此理想吸收溶液理论具有很好的综合性。该理论用扩散压 π 代替压强 p,用面积 A 代替体积 V。有关液体的基础热力学方程可应用于该吸附相,吸附相的总热力学能 U 和总自由能 G 表达为

$$dU=TdS-\pi dA+\sum \mu_i dn_i\tag{7-28}$$

$$dG=-SdT+Ad\pi+\sum \mu_i dn_i\tag{7-29}$$

式中:S 为熵;μ_i 和 n_i 分别为 i 组成的化学势和物质的量。因此,扩散压 π 可定义为

$$\pi = -\left(\frac{\partial U}{\partial A}\right)_{S,n_i} \tag{7-30}$$

Gibbs 吸附等温线为

$$A d\pi = \sum n_i d\mu_i \tag{7-31}$$

对于纯气体的吸附,假设其具有理想气体行为,可得到

$$\frac{\pi A}{RT} = \int_0^p \frac{n}{p} dp \tag{7-32}$$

对于混合气体,用与溶液相同的方法来定义其中组分的活度系数,有

$$\mu_i(T, \pi, x_1, x_2, \cdots) = g_i^\ominus(T, \pi) + RT \ln(\gamma_i x_i) \tag{7-33}$$

式中:x_i 和 γ_i 分别是组分 i 在吸附相中的摩尔分数和活度系数;$g_i^\ominus$ 是纯组分 i 在 T 和 π 下吸附的摩尔 Gibbs 自由能,它等于纯物质化学势。纯组分吸附时只有两个自由度,气相中的压强由 T 和 π 决定,所以

$$g_i^\ominus(T, \pi) = g_i^\ominus(T) + RT \ln p_i^\ominus(\pi) \tag{7-34}$$

式中:$g_i^\ominus(T)$ 是标准状态下的 Gibbs 自由能。将式(7-34)代入式(7-33),得

$$\mu_i(T, \pi, x_1, x_2, \cdots) = g_i^\ominus(T) + RT \ln p_i^\ominus(\pi) + RT \ln(\gamma_i x_i) \tag{7-35}$$

这是吸附相的化学势表达式。在相同的状态下,气相的化学势为

$$\mu_i(T, p, y_i) = g_i^\ominus(T) + RT \ln(p y_i) \tag{7-36}$$

当吸附相的化学势与气相的相等时,就得到了混合气体吸附的平衡方程:

$$p y_i = p_i^\ominus(\pi) \gamma_i x_i \tag{7-37}$$

如同摩尔体积的混合性质变化,吸附混合气体的摩尔面积的混合变化为

$$\Delta a = a - a^\ominus = RT \sum x_i \left(\frac{\partial \ln \gamma_i}{\partial \pi}\right)_{T, x_i} \tag{7-38}$$

式(7-38)可以得到混合气体的摩尔面积 a,引入被吸附气体总物质的量 $n_t(A = n_t a)$,得到

$$\frac{1}{n_t} = \sum \frac{x_i}{n_i^*} + \frac{RT}{A} \sum x_i \left(\frac{\partial \ln \gamma_i}{\partial \pi}\right)_{T, x_i} \tag{7-39}$$

式中:n_i^* 是纯组分 i 吸附时的物质的量。

对于理想溶液,活度系数等于 1,因此式(7-37)和式(7-39)分别变为

$$py_i = p_i^{\ominus}(\pi)x_i \tag{7-40}$$

$$\frac{1}{n_t} = \sum \frac{x_i}{n_i^*} \tag{7-41}$$

式(7-40)、式(7-41)形成了理想溶液理论,可由纯组分气体的吸附平衡预测出混合气体的吸附平衡。例如,对双组分的吸附,将物质的量写成吸附量,并假设纯组分扩散压和混合物是相同的,则由式(7-32)得到

$$\int_0^{p_1^{\ominus}} \frac{q_1}{p_1}\mathrm{d}p_1 = \int_0^{p_2^{\ominus}} \frac{q_2}{p_2}\mathrm{d}p_2 \tag{7-42}$$

而式(7-40)则为

$$py_1 = p_1^{\ominus}(\pi)x_1 \; ; \; p(1-y_1) = p_2^{\ominus}(\pi)(1-x_1) \tag{7-43}$$

式(7-41)为

$$\frac{1}{q_t} = \frac{x_1}{q_1(p_1^{\ominus})} + \frac{x_2}{q_2(p_2^{\ominus})} \tag{7-44}$$

由式(7-42)和式(7-43),在已知 T, p 和气相组成 y_1 的情况下,可以计算得到 $p_1^{\ominus}$, $p_2^{\ominus}$ 和 x_1,并用式(7-44)得到总吸附量 q_t。由总吸附量得到双组分吸附时每一组分的平衡吸附量 $x_1 q_t$ 和 $x_2 q_t$。计算时,若纯组分吸附时的吸附量 q_1 和 q_2 用 Langmuir 吸附等温式($p_1^{\ominus}$ 和 $p_2^{\ominus}$ 的函数)代入式(7-42),则可以得到代数方程式。

7.3.3　吸附动力学-吸附传质速率

吸附平衡表达了吸附过程达到的极限,在吸附操作中,达到平衡前吸附和被吸附的两相需要一定或很长时间的接触。因此,实际的吸附量取决于吸附的动力学,也就是吸附速率。显然,吸附动力学与参与吸附的体系密切相关。与其他传质分离过程类似,吸附分离的传质机理包括如下几步:吸附质首先通过分子扩散和对流扩散由流体相穿过固体吸附剂周围的气(或液)膜扩散到吸附剂外表面,即外扩散;然后,吸附质通过孔扩散从吸附剂外表面传递到微孔结构的内表面,即内扩散;接下来,吸附质被吸附剂所吸附。脱附过程与吸附过程相反。对于化学吸附,最后的吸附可能较慢,可能成为控制步骤;对物理吸附,最后的吸附一般很快完成,而前面两步则成为控制步骤。下面讨论物理吸附的传质过程的数学描述。

对于组分 A,外、内扩散步骤的传质速率用下面线性推动力的方法表示:

$$\frac{\mathrm{d}q_A}{\mathrm{d}t} = k_c a_p(c_A - c_{A,i}) \tag{7-45}$$

$$\frac{\mathrm{d}q_A}{\mathrm{d}t} = k_q a_p(q_{A,i} - q_A) \tag{7-46}$$

上两式中: c_A, $c_{A,i}$ 分别为吸附质在主体流体相中浓度和其在吸附剂外表面流体相中的浓度;

a_p 为吸附质的表面积;k_c,k_q 分别为外、内扩散的传质系数。值得注意的是,在实际使用时 c, q 单位可能不一样,上两式中变量单位要统一;如 c 用单位体积吸附质的质量表示,q 用单位质量吸附剂中吸附质的质量表示,则 q 应乘以单位体积吸附质表示的吸附剂的表观密度。另外,内扩散速率如果严格按类似式(7-21)的扩散方程计算则比较困难,其有效扩散系数与吸附剂的微孔结构、吸附质物性等因素有关。

由于吸附剂吸附步骤的速率很快,其对吸附质的传质阻力可以忽略。当吸附稳定时,外、内扩散的传质速率相同,表示为

$$\frac{dq_A}{dt} = K_c a_p (c_A - c_A^*) = K_q a_p (q_A^* - q_A) \tag{7-47}$$

式中:K_c,K_q 分别为外、内扩散的总传质系数;c_A^*,q_A^* 分别为被吸附组分在主体流体相中和其在固体吸附剂相的平衡浓度,它们可以用下面的式子简单表示:

$$c_A^* = m q_A ; \quad q_A^* = c_A / m \tag{7-48}$$

式中:m 为平衡常数,来源于吸附平衡。如果吸附符合亨利定律,m 即为亨利常数的倒数。结合式(7-45)~式(7-48)可知

$$\frac{1}{K_c a_p} = \frac{1}{k_c a_p} + \frac{m}{k_q a_p} \tag{7-49}$$

$$\frac{1}{K_q a_p} = \frac{1}{k_q a_p} + \frac{1}{k_c a_p m} \tag{7-50}$$

当外扩散阻力可以忽略时,$k_c \gg k_q$,则有

$$K_c = k_q / m \tag{7-51}$$

当内扩散阻力可以忽略时,$k_q \gg k_c$,则有

$$K_q = k_c m \tag{7-52}$$

实际计算时,$K_c a_p$ 和 $K_q a_p$,即面积传质系数,可以从实际吸附的实验数据得到,也可用经验式进行估算。

7.3.4 固定床吸附器

固定床吸附器是最常用的一种间歇操作的吸附分离设备。工业上一般采用两台固定床吸附器进行吸附和再生的循环操作,并采用变温操作(低温吸附,高温脱附)和变压操作(高压吸附,低压脱附)。被吸附相在固定床中又称流动相,吸附剂又称固定相。

1. 吸附负荷曲线和吸附波

吸附负荷曲线是表示流动相中吸附质沿床层不同高度(轴向)的浓度变化;而在同一高

度(径向)吸附质的浓度一般近似认为不变。吸附负荷曲线一般以床层高度 Z 为横坐标,床层流动相中的吸附质浓度 y 为纵坐标,如图 7-23 所示。当床层中吸附剂完全没有传质阻力,即吸附速率无限大时,吸附负荷曲线为垂直的直线,如图 7-23(a)所示;在 t 时刻,传质前沿在 Z_t 处对应的负荷曲线又称吸附波,吸附波左边阴影部分对应的区域为吸附饱和区,右边的区域则是吸附剂未用区,此区域未发生吸附现象。但实际吸附过程有传质阻力,吸附速率有限,对应的吸附负荷曲线不是垂直的直线,如图 7-23(b)所示。当含吸附质初始浓度为 y_0 的流体以等速流过含新鲜吸附剂的固定床床层,并经过 t_1 得到 S 形的吸附波。随流体的不断流入,吸附波平行前移,t_2 时得到一条吸附波,并在 t_b 时吸附波的前端到达床层出口,此时应该停止进料,否则吸附质溢出床层,达不到预期分离效果。同样,对应 t_1 时刻 S 形吸附波的左侧的矩形内 [从床层进口处到图7-23(b)中垂直虚线] 为饱和区;t_1 时刻 S 形吸附波的右侧为未用区;而位于饱和区和未用区之间 [图7-23(b)中垂直虚线到 t_1 时刻的 S 形吸附波] 称为传质区,该区域吸附还在进行,未达到饱和。

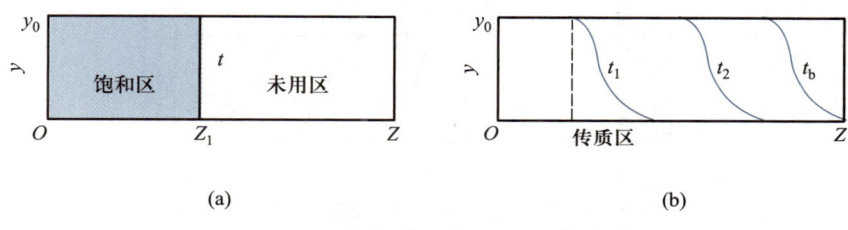

图 7-23　固定床吸附器中的吸附负荷曲线

2. 透过曲线

用实验在不同的位置取样得到吸附负荷曲线非常困难,常用透过曲线来代替吸附波进行计算。透过曲线表示流经床层的流体中吸附质随时间的变化,其横坐标为时间,纵坐标为吸附质在流出床层的流体中的浓度。

典型的透过曲线如图 7-24 所示。对照图 7-23(b),当含吸附质初始浓度为 y_0 的流体以等速流过含新鲜吸附剂的固定床床层时,经过 t_1 得到 S 形的吸附波,但床层出口没有吸附质出现,即吸附质浓度为零。在 t_2 时床层出口吸附质浓度仍然为零。但在 t_b 时吸附波刚好抵达床层出口,流出流体中可以检测到吸附质的浓度突升为 y_b,此点称为破点。随着吸附负荷曲线中对应的传质区逐步通过床层出口,流出流体中检测到的吸附质浓度逐渐升高,最后基本达到吸附质初始浓度 y_0。若流体继续流出,吸附质在其中的浓度将保持其床层入口浓度而不再变化,整个床层中的吸附剂已经达到吸附平衡,不再具有分离效果。因此,透过曲线在固体床吸附器的设计中非常重要,其陡峭程度确定床层中吸附剂的容量和利用程度。由上面分析知道,透过曲线越陡,传质区越短,吸附剂利用率越高,而透过曲线是考虑吸附剂床层高度的一个重要因素。

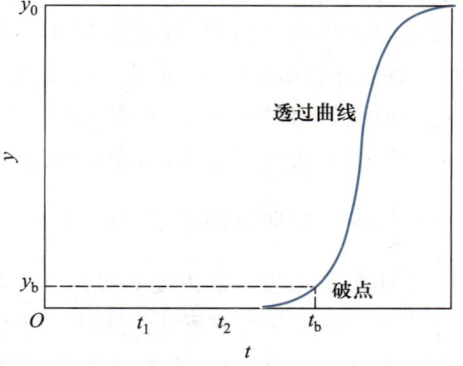

图 7-24　固定床吸附器中的透过曲线

3. 吸附等温线对吸附波的影响和其他影响透过曲线的因素

吸附等温线对吸附波影响很大,按其影响,将吸附等温线分为优惠型吸附等温线(对应图 7-22 中第二种曲线)、线性吸附等温线(对应图 7-22 中第一种直线)和非优惠型吸附等温线(对应图 7-22 中第三种曲线),如图 7-25 所示。

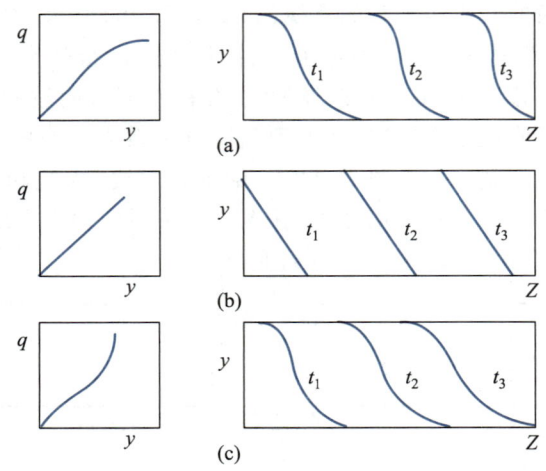

图 7-25　吸附等温线对吸附波的影响

如图 7-25(a)所示,优惠型吸附等温线的斜率随流体中溶质浓度的增加而减少,表现出吸附波在破点处的传质区最短,相应的透过曲线会最陡,吸附速率快,床层有效利用率增加。如图 7-25(b)所示,线性吸附等温线的斜率不随流体溶质浓度而变化,各时间的吸附波对应的传质区不变。如图 7-25(c)所示,非优惠型吸附等温线的斜率随流体中溶质浓度的增加而增加,表现出吸附波在破点处的传质区最大,相应的透过曲线斜率减小,吸附速率减小,造成床层有效利用率下降。

除了吸附等温线对透过曲线的影响外,还有一些重要的因素需要在设计和操作时加以考虑。它们包括:① 吸附剂颗粒大小。如果吸附剂为球形颗粒,在其他条件相同的情况下,颗粒越小,透过曲线的斜率越大,对应的传质区越短。值得指出,为消除固定床的壁效应,其床层的直径至少应是吸附剂平均粒径的 12 倍;② 吸附质浓度。进料中吸附质浓度越高,相应透过曲线越向上凸起,其斜率越大,对应的传质区越短;③ 流体的流速。当流体流速过小,会增加外扩散的阻力,传质区会变长,降低透过曲线的斜率;反之,流体流速加快,可以增加透过曲线的斜率。另外,吸附剂的种类、操作温度、操作压力、杂质会影响吸附质在吸附剂上的吸附平衡或吸附能力,从而影响透过曲线。

4. 固定床吸附器的动态吸附模型

描述固定床吸附器内动态吸附分离过程的基本关系式有:① 物料衡算方程;② 传质速率方程;③ 吸附平衡方程;④ 热量衡算和传热速率方程。

在实际吸附过程中,多组分竞争吸附机理的复杂性导致了传质速率方程(吸附动力学模型)变得很复杂,求解较为困难;而线性推动力模型[式(7-45),式(7-46)]简单,并且应用广泛。单、多组分的吸附平衡已经在前面提到。如果吸附过程是在恒温下进行,则不考虑热量衡算和传热速率方程。因此,下面讨论四个关系式中的物料衡算。

对于 i 组分,在床层微元体积内进行物料衡算,可以方便地得到

$$D_L \frac{\partial^2 y_i}{\partial z^2} = u \frac{\partial y_i}{\partial z} + \frac{\partial y_i}{\partial t} + \frac{1-\varepsilon_B}{\varepsilon_B} \frac{\partial q_i}{\partial t} \tag{7-53}$$

式中:D_L 为吸附质于床层轴向扩散系数;u 为平均流速;ε_B 是床层孔隙率;q_i 表示一定时间和一定轴向位置的吸附相中吸附质平均浓度,该速率项可直接用吸附传质速率方程代入。式(7-53)应用时同样要注意变量单位的统一。

当已知固定床吸附器的长度为 L 时,对式(7-53)可以提如下的边界条件和初始条件:

$$c_i(0,t) = c_{i0}, \quad \frac{\partial c_{i(L,t)}}{\partial z} = 0 \tag{7-54}$$

$$c_i(z,0) = 0, \quad q_i(z,0) = 0 \tag{7-55}$$

式(7-53)~式(7-55)结合吸附平衡方程和吸附传质速率方程,用数值求解的方法就可以得到不同时刻在固定床吸附器内的吸附负荷曲线,也可以得到透过曲线。

7.3.5 变压吸附

变压吸附(PSA)为恒温或无热源吸附分离过程。在恒温条件下,吸附剂对气体混合物中被吸附组分的吸附容量因随分压的升高而增大,因分压的下降而减小。因此,吸附质在加压时被吸附,减压或抽真空时解吸,并使吸附剂再生,重复加压-减压操作形成变压循环操作。吸附剂传热系数一般较小,升温降温需要较长的时间,如果采用变温吸附就需要较大的换热面积;而变压吸附法在常温下工作,不需要加热设备,改变压力方便迅速,能同时脱除各种气体杂质如 CO_2,CO,NH_3 等,可省去预处理设备,而使流程得到简化。

如图 7-26 所示,吸附等温线的斜率随温度升高而减小。当吸附组成的分压不变时,温度升高,吸附容量沿垂线 AC 变化,A 和 C 两点吸附量之差 $q = q_A - q_C$ 为组分的解吸量。这种利用体系温度变化吸附和解吸的过程称为变温吸附(TSA)。

若在吸附和解吸的过程中,维持温度不变,而利用吸附组分分压的变化来改变吸附剂的吸附量,则吸附量沿等温线变化(参看等温线 T_1),A 和 B 两点的吸附量之差 $q = q_A - q_B$,为经过一次加压和减压循环的分离量。这种利用压强变化来进行吸附和解吸的分离操作称为变压吸附。变压吸附操作因吸附剂的导热系数较小,吸附热和解吸热引起的吸附床层温

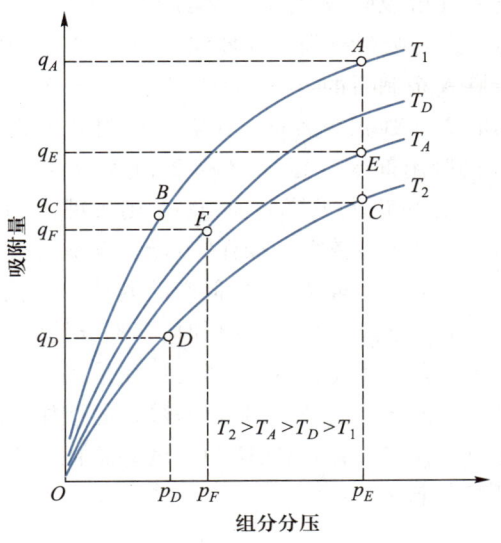

图 7-26 变压吸附和变温吸附

度的变化不大。因此,其操作过程可以近似地看成沿着常温吸附等温线曲线进行,在较高的分压下吸附,在较低的分压下解吸。常见的操作方法有:① 常压吸附,减压解吸;② 加压吸附,常压解吸;③ 加压吸附,减压解吸。

1. 变压吸附工艺流程

变压吸附操作流程,较简单的为两塔操作系统,一塔吸附,另一塔再生,每隔一定时间两塔互相交换。现以脱氮制氢两塔流程为例加以说明(图7-27)。

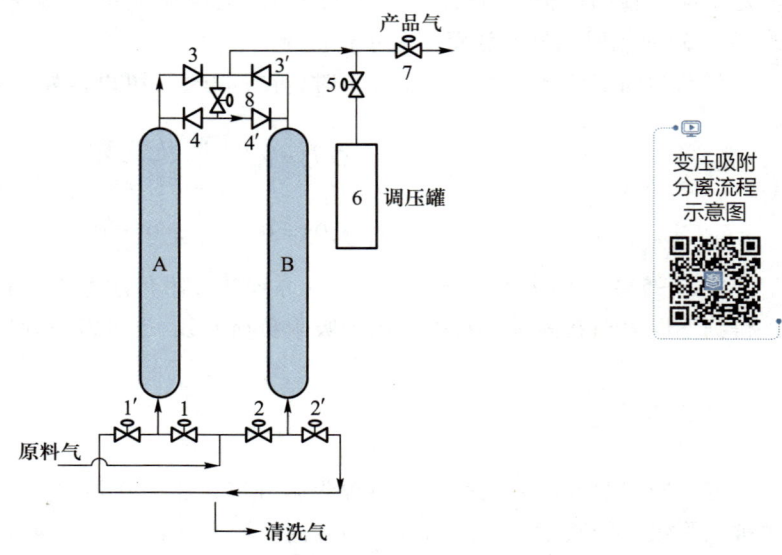

图7-27   二塔变压吸附流程

对于 N_2 和 H_2 混合气系统,常采用5A型分子筛作吸附剂,该吸附剂能选择性地吸附 N_2,而吸附 H_2 的能力较弱,使 H_2 得以提纯。在图7-27所示的流程中,设塔A在吸附阶段,塔B在解吸阶段,原料气体经阀1进入塔A(此时,阀1′和阀2处于关闭状态)后,在加压状态下进行吸附过程。与此同时,阀2′开启,塔B进入常压解吸和产品气逆流反冲再生阶段。经塔A精制后的 H_2 分为两部分,一部分作为产品,另一部分进入调压罐6贮存,直到调压罐和塔A压强相等为止。在塔A吸附尚未达到饱和之前,即在塔A上部仍然保留一段未吸附 N_2 的吸附剂床层时,关闭阀2′,并将塔B与塔A和调压罐相通,使塔B增压,然后打开原料阀2,塔B进入吸附阶段,塔A则被减压到常压进行解吸,并用产品 H_2 逆流冲洗分子筛再生。按以上步骤循环操作,就能连续地获得较纯的 H_2。

以上流程虽然简单,但产品的纯度和回收率往往不能同时兼顾,提高产品纯度,回收率将大幅度下降,而且在降压时,有部分气体白白损失掉,升压时,也要多用一部分原料气和多消耗动力。因此,工业生产上往往采用多塔体系。例如,用于制备高纯 H_2 的变压吸附系统为十塔组合。但是,吸附塔的数目的增加,操作越发复杂,自动控制水平要求越高,投资也相应增大,而产品的回收率和纯度却不能无限加大。所以,塔数目不是越多越好,应从多方面权衡决定。

2. 变压吸附的应用

变压吸附分离工艺是 1958 年由斯卡斯特罗姆（Skarstrom）最早提出来的，当时主要用此技术分离空气，称为 Skarstrom 循环。经过几十年的研究与发展，变压吸附分离技术已广泛应用于各种气体的分离。

从大量的变压吸附技术专利文献来看，变压吸附的应用主要还集中于分离空气制富氧、分离二氧化碳和甲烷、氢的精制及合成氨原料气的制备等方面。

（1）气体的干燥

Skarstrom 循环装置最初是用于分离空气制取富氧，但因流程过于简单（两个吸附塔的简单并联），只能取得中等浓度的富氧，但这种装置用于无热源干燥气体却在工业上普遍使用。

（2）分离空气

从空气中分离制取含量为 80%～95% 的富氧；对液体空气精馏取得的粗氢气加以精制。

（3）分离二氧化碳和甲烷

分离精制油田气和天然气。

（4）回收一氧化碳

从炼铁高炉中回收一氧化碳作为化工原料使用。

（5）回收精制氢气

用变压吸附精制氢气是该技术在工业上应用得最为成功的范例，因为氢和 CO，CH_4，CO_2 等气体在分子筛、活性炭或氧化铝吸附剂上吸附的选择性相差很大；目前已成功地用变压吸附从水蒸气-甲烷转化炉排放气、炼厂废气等各种含氢气源中回收氢气。

（6）其他方面

变压吸附还应用于正构和异构烷烃的分离、天然气或其他气体中氦气的回收，以及溶剂蒸气的脱除和回收等领域。

7.3.6 离子交换

1. 概述

固体离子交换剂对液体（通常是水溶液）中阴、阳离子的吸附并交换的操作称为离子交换吸附，简称离子交换。固体离子交换剂即为吸附剂。离子交换剂表面含有离子基团或可离子化的基团，这些基团通过静电引力吸附带反电荷的离子，吸附过程中有电荷的转移，因此，可以认为离子吸附是一种化学吸附。离子交换包含液、固两相的传质和反应过程，即包括溶液中离子在交换剂的外表面扩散，溶液中离子在交换剂的内表面扩散，离子的交换反应，被交换下离子的内、外扩散五个步骤。固体离子交换剂与吸附剂一样，一定时间后达到饱和，并需要再生；再生时吸附质可以通过调节 pH 或提高离子强度的方法进行洗脱。

离子交换分离过程的设计和操作与吸附分离相似，吸附中述及的基本原理，也适合离子交换。操作方式包括间歇式、半间歇式和连续式；所用设备有间歇操作的搅拌槽，半间歇式的固定床和连续操作的流化床、移动床等。

2. 离子交换剂

离子交换剂一般是带有可交换离子的不溶性的固体。按交换离子种类来分,它包括阳离子交换剂和阴离子交换剂;按交换剂物质的不同,它包括离子交换树脂、无机离子交换剂(如天然沸石和人工合成的沸石)和某些天然有机物经化学加工成的离子交换剂(如磺化煤等)。另外,也还有液体离子交换剂,操作时如同萃取。

20 世纪 40 年代交联苯乙烯型离子交换树脂的研制成功,60 年代大孔结构的离子交换树脂的应用,大大促进了离子交换技术的发展;近年来,聚离子液体等先进吸附材料作为离子交换剂的研究引起人们的重视。离子交换树脂是最常用的离子交换剂,它是球形或颗粒状固体凝胶。根据离子交换树脂交换能力的 pH 范围不同,又分强酸性阳离子交换树脂和弱酸性阳离子交换树脂、强碱性阴离子交换树脂和弱碱性阴离子交换树脂。强酸性阳离子交换树脂和强碱性阴离子交换树脂又称强型离子交换树脂;反之,称为弱型离子交换树脂。

强酸性阳离子交换树脂指高分子基体 R 上带有磺酸基的树脂($R—SO_3H$),其酸性相当于硫酸、盐酸等无机酸。其中,使用最广的是以苯乙烯与二乙烯苯共聚体为基础的树脂。弱酸性阳离子交换树脂用得最广的是羧酸基交换树脂($R—COOH$)。强碱性阴离子交换树脂带有季铵基团($R—NR_3OH$),其碱性较强,相当于一般的季铵碱。弱碱性阴离子交换树脂指含有伯胺($R—NH_2$)、仲胺($R—NHR$)或叔胺(NR_2)的树脂,该类树脂在水中离解程度小,呈弱碱性。

使用离子交换树脂需要考虑的物理、化学性质包括交联度、粒度、密度、亲水性、溶胀性、稳定性、化学交换性能和吸附性能。

交联度表征了离子交换树脂的立体交联结构,在其合成时由加入的交联剂用量来控制。显然,交联度大,树脂结构紧密,选择性高,稳定性好,但会影响其内扩散的速率。溶胀是树脂在水中溶剂化作用下的体积增大现象,溶胀会影响树脂的性能,故要充分估计溶胀后树脂结构的变化。树脂溶胀与其交联度、交联结构、基团和作用离子有关。稳定性则包括机械稳定性、热稳定性和化学稳定性,由于树脂的经常周期操作,这些稳定性在实际过程中非常重要。

化学交换性能是指发生离子交换反应进行的能力,可以用交换容量和选择性两个指标来表征。离子交换树脂的交换容量是指单位质量或体积的树脂所能交换的离子的当量数,它又包括理论交换容量(即总交换容量)、实际使用中的工作交换容量和再生后的再生交换容量。定义离子交换剂的活性位利用率为离子交换剂时某离子的实际使用的最大工作交换容量和理论交换容量的比值,以表示离子交换剂中实际发生交换的离子(即活性位)的使用效率。选择性则表明离子交换树脂对不同交换离子的亲和力的强弱。

吸附性能是指离子交换树脂和非离子型吸附剂一样也具有的物理吸附的能力,例如,其吸水过程是一般的物理吸附过程。

3. 离子交换原理

利用离子交换树脂进行溶液中电解质分离主要基于如下反应。

（1）分解盐的反应

强型离子交换树脂能进行中性盐的分解反应,生成相应的酸和碱,例如:

$$R_{c,s}H + NaCl \longrightarrow R_{c,s}Na + HCl$$

$$R_{A,s}OH + NaCl \longrightarrow R_{A,s}Cl + NaOH$$

式中:下标 c 表示阳离子,S 表示强型树脂,A 表示阴离子。另外,弱酸性阳离子交换树脂可以分解碱式盐,如 $NaHCO_3$。

（2）中和反应

强型树脂和弱型树脂均可以和相应的碱或酸进行中和反应。

（3）离子交换反应

盐式的强、弱型树脂均能进行离子交换反应,但强型树脂不如弱型树脂的选择性好。强型树脂可以用相应的盐直接再生,例如:

$$2RSO_3Na + Ca^{2+} \longrightarrow (RSO_3)_2Ca + 2Na^+$$

交换后的 $(RSO_3)_2Ca$ 可以用浓 NaCl 溶液进行再生。弱型树脂则需要用相应的酸和碱进行再生,例如:

$$R_2Ca + 2HCl \longrightarrow 2RH + CaCl_2$$

$$RH + NaOH \longrightarrow RNa + H_2O$$

利用离子交换进行分离可以归纳成三类:① 离子转化或提取某种离子。如水的软化,将水中的 Ca^{2+} 转换为 Na^+,可利用对 Ca^{2+} 有高选择性的盐式阳离子交换树脂;② 不同离子的分离。对应溶液中离子的选择性相差不大时,应用简单的离子转换难以分离,可考虑用类似吸附分馏或离子交换色谱法;③ 脱盐。如从水中去除阴阳离子制备纯水,可利用强型树脂分解中型盐反应和强型或弱型树脂的中和反应。例如,从水溶液中除去 NaCl 的反应有

$$R_{c,s}H + NaCl \longrightarrow R_{c,s}Na + HCl$$

$$R_{A,s}OH(或 R_{A,w}OH) + HCl \longrightarrow R_{A,s}Cl + H_2O$$

式中:下标 W 表示弱型树脂。

4. 离子交换平衡

离子交换树脂和溶液中的离子在两相中进行离子交换反应的一般表达式如下

$$A(L) + nR\text{-}B(S) \longrightarrow nB(L) + R_n\text{-}A(S)$$

式中:括号内的 L 和 S 分别表示液相和树脂固相;A 和 B 则分别为液相中和树脂原有的离子;n 表示 A 和 B 价态比,如 B 为一价离子,则 A 为 n 价离子。当上述交换反应达到平衡后,两相中离子组成具有一定的平衡关系,它是离子交换法进行分离的基础。该平衡关系有不同表示方法,如离子交换等温线、平衡常数（选择性系数）、分离系数等。

同吸附平衡的吸附等温线一样,在一定温度下,以液相中某离子的浓度为横坐标,以树脂中该离子的浓度（与离子交换树脂的总交换量有关）为纵坐标,根据实验测定结果绘制得到一条曲线,即为离子交换等温线。已知离子在溶液中的组成,因此由等温线可以得到树脂中该离子的平衡组成。

离子交换平衡常用平衡常数或选择性系数的方法来表示,对于上述的一般反应表达式,平衡常数 K_{AB} 可表示为

$$K_{AB} = \frac{c_B^n q_A}{c_A q_B^n} \tag{7-56}$$

式中：c 是指离子 A 或 B 在溶液中的浓度，可以表示为单位体积溶液中以单位电荷的离子为基本单元的物质的量，$mol \cdot m^{-3}$；q 是指离子 A 或 B 在树脂中的浓度，可以表示为单位体积树脂中以单位电荷的离子为基本单元的物质的量，$mol \cdot m^{-3}$。如果用离子在液相中的总浓度 C_L 和在树脂相中的总浓度 C_q 来表示 c 和 q，则对 i 离子有

$$c_i = C_L x_i ; \qquad q_i = C_q y_i \tag{7-57}$$

C_L 和 C_q 在离子交换过程中保持恒定，因此 K_{AB} 可表示为

$$K_{AB} = \left(\frac{x_B}{y_B}\right)^n \frac{y_A}{x_A} \left(\frac{C_L}{C_q}\right)^{n-1} \tag{7-58}$$

5. 离子交换动力学

离子交换过程的五步中，交换反应的速率非常快。因此，其动力学控制步骤由外扩散控制、内扩散控制和内外扩散同时控制。通常在低离子交换浓度（如小于 $0.01\ mol \cdot L^{-1}$）下，属于外扩散控制；在高离子交换浓度（如大于 $1\ mol \cdot L^{-1}$）下，属于内扩散控制。赫尔弗里希（Helfferich）提出了判别离子交换动力学控制步骤的准则，定义 He 准数如下：

$$He = \frac{C_{q,0} D_{AB}^S \delta}{C_{L,0} D_{AB}^L d/2}(5 + 2\alpha_{AB}) \tag{7-59}$$

式中：D_{AB} 指离子 A 对 B 的互扩散系数，其上标 S 和 L 仍然表示树脂固相和溶液相；$C_{q,0}$ 为树脂交换容量，$mol \cdot m^{-3}$；$C_{L,0}$ 为溶液相原始浓度，$mol \cdot m^{-3}$；$d/2$ 为树脂半径，m；δ 为液膜厚度，m；α_{AB} 为离子交换树脂对两种离子的分离系数。当 $He = 1$ 时，表示外扩散（膜扩散）与内扩散同时存在，作用相等；当 $He \gg 1$ 时，表示外扩散为控制步骤；当 $He \ll 1$ 时，表示内扩散为控制步骤。

6. 离子交换的应用

早在 20 世纪初，离子交换就已经应用于水的软化。因此，离子交换法是水处理的主要应用领域，它包括水的软化和水的脱盐或部分脱盐。工业锅炉给水最通用的一种水处理方法是 Na 型离子交换树脂交换原水中的 Ca^{2+} 和 Mg^{2+}，软化后水的残留硬度可以降到 $0.03\ mmol \cdot L^{-1}$ 以下，而碱度不变，含盐量稍增。如果采用 H 型离子交换树脂交换原水中的 Ca^{2+}、Mg^{2+} 和 Na^+ 等离子，交换后的水质得到软化，水的残留硬度可以降到 $0.03\ mmol \cdot L^{-1}$ 以下，且呈酸性，含盐量降低。如采用 H 型和 Na 型离子交换树脂联合软化原水，则水的硬度、碱度、含盐量均有所降低。

在医学上，离子交换剂可以作为保存不凝型血液的阻凝剂。用离子交换树脂来吸附胃肠部生成的各种不同毒性的反应物，如吲哚、腐胺等。离子交换膜可以用来测定胃液中的 pH 等。在制药工业中，离子交换树脂可用于药物的纯化和精制，如脱出氨基酸、蛋白质等中的盐和将青霉素钠盐转变为钾盐等；应用于中草药成分的提取分离；浓缩回收生物碱；分离

提取抗生素等。

在蔗糖、甜菜糖和葡萄糖等的生产过程中,用离子交换法处理糖溶液除去具有极性的阴离子色素或具有两性的色素,去除 Ca^{2+},Mg^{2+},SO_4^{2-},PO_4^{3-} 等离子,提高结晶糖的质量和收率。

离子交换还应用于环境保护和废液中少量重金属的回收利用。如采用磷灰石作为无机离子交换剂,可以脱除废水中的 Pb^{2+},Mn^{2+} 和 Cd^{2+} 等毒性离子。采用羧酸型离子交换树脂可从鞣革废液中分离和回收 Cr^{3+}。采用离子交换法可以回收电镀厂等生产部门的污水中含有的大量银、金属炼制厂废水中的铂等贵金属。用 H 型阳离子交换剂可以从含铜废水中回收铜。用磺化煤离子交换剂,从炼镍厂废液中回收镍和钴。另外,也用离子交换法从铀矿浸出液中提取铀。

另外,膜分离技术和电化学反应中的离子交换膜也是离子交换的重要应用。

本章物理量符号说明

英文字母:

A——面积,m^2;

a——摩尔面积,$m^2 \cdot mol^{-1}$;

a_p——传质面积,m^2;

B,b——系数;

C,c——浓度,$mol \cdot m^{-3}$ 或 $kg \cdot m^{-3}$;

D——扩散系数,$m^2 \cdot s^{-1}$;

E——电位,V;

G——Gibbs 自由能,J;

g——摩尔 Gibbs 自由能,$J \cdot mol^{-1}$;

He——Helfferich 准数;

i——电流密度,$A \cdot m^{-2}$;

J——通量,$mol \cdot m^{-2} \cdot s^{-1}$;

K——溶解度系数或平衡常数;

k——常数或传质系数,$m \cdot s^{-1}$;

L——吸附器的长度,m;

m——系数或平衡常数;

N——传质速率,$mol \cdot m^{-2} \cdot s^{-1}$;

n——物质的量,mol;

P——渗透率,$m^2 \cdot s^{-1}$;

p——压强,Pa;

Q——透过膜的物质的体积或质量;

q——吸附质在吸附剂中浓度或量;

R——气体常数,$J \cdot mol^{-1} \cdot K^{-1}$;

R_J——截留率;

R_p——球体半径,m;

r——球体径向距离,m;

S——熵,$J \cdot K^{-1}$;

t——时间,s;

T——温度,K;

U——内能,J;

　　渗透速率,$m \cdot s^{-1}$;

u——流速,$m \cdot s^{-1}$;

V——摩尔体积,$m^3 \cdot mol^{-1}$;

y_i, x_i——组分摩尔分数或质量分数;

x, z——方向距离,m。

希腊字母:

α, α_{AB}——分离因子;

Γ——系数;

δ——边界层或膜厚度,m;

ε_B——床层孔隙率;

μ——黏度,$kg \cdot m^{-1} \cdot s^{-1}$;

　　化学势,$J \cdot mol^{-1}$;

Π——渗透压,Pa;

π——扩散压,$N \cdot m^{-1}$;

ρ——密度,$kg \cdot m^{-3}$;

ϕ——渗透系数;

$\varphi_i, \hat{\varphi}_i$——纯组分,混合物中组分逸度系数;

γ——活度系数。

上标:

L,s,V——液、固、气态;

　　sat——饱和态。

下标:

　　A——阴离子;

A,B,1,2,i,j——组分;

　　b——主体相;

　　c——外扩散或阳离子或临界点;

　　e——有效;

　　f——物料侧;

　　g——凝胶;

L,V——膜上、下(液、气)侧表面;

　　lim——极限;

　　　　m——膜；

　　max——最大；

　　　　p——透过相；

　　　　q——内扩散；

　　　　r——对比态；

　　　　S——强型；

　　　　t——总量；

　　　　W——弱型。

思 考 题

7-1　各种膜分离技术中,哪些技术涉及相平衡的机理? 如涉及,是什么相间的平衡?

7-2　小分子在多孔膜和无孔膜(均质膜)中传质扩散有哪些不同?

7-3　对于相同的体系,渗透汽化膜分离技术相对精馏技术是否更节能?

7-4　反渗透膜和电渗析技术均能进行海水淡化,其原理有什么不同? 在实际应用中如何选择?

7-5　液膜分离技术和液液萃取技术有什么异同?

7-6　为什么超临界流体可以视为压缩气体? 超临界流体可以视为压缩液体吗?

7-7　超临界二氧化碳适用于从固体天然产物中萃取某些有效成分,如咖啡豆中萃取咖啡因,它是一种绿色的工艺。超临界流体萃取流程相较于用常规有机溶剂(比如氯仿)从天然产物中萃取有效成分的流程从能耗的角度分析有何差异?

7-8　可以采用超临界流体与溶液进行逆流萃取的流程从溶液中提取目标成分,如乙醇。相较于传统的液液逆流萃取,超临界流体从溶液中进行逆流萃取的流程有什么异同?

7-9　常温常压的水可以从固体中浸取无机盐,但超临界水却不能,为什么? 人们利用该性质把常温常压的水转变为超临界水从而制备超细无机盐,这是什么分离技术?

7-10　超临界流体萃取国产设备开发已经取得很大进展,基本可以满足相应的产业需要。影响超临界流体萃取产业化发展的可能障碍有哪些?

7-11　吸附剂的吸附性能研究包含了吸附量(吸热热力学)、吸附快慢(吸附动力学),这些研究数据可应用于吸附剂性能的比较并应用于吸附器的设计。如果采用吸附剂对吸附质的去除率来进行吸附剂性能的比较,是否合理?

7-12　吸附剂的主要特点是多孔结构和大的比表面积。是否吸附剂的比表面积越大,其性能越好呢?

7-13　离子交换是一种化学吸附,不同离子交换剂对吸附质化学作用力可能会有哪些? 离子交换时是否会对需要交换的离子存在物理吸附?

7-14　如何提高对特定吸附质的吸附选择性? 吸附饱和后,如何进行吸附剂再生?

7-15　人们非常重视新型多孔材料作为吸附剂的研究,这些材料包括金属有机框架材料、聚离子液体等,你知道还有哪些新型多孔材料吗?

7-16　吸附剂的技术是否可以应用于膜材料的制备? 超临界流体萃取是否可以用于吸附剂的制备? 超临界流体中是否可以进行膜分离? 超临界流体中是否可以进行吸附? 如果上述中有可以的,则这样的结合存在什么优势?

习 题

7-1　要从发酵液中分离得到特定的组分:

（1）易挥发组分，如乙醇、丁醇等；

（2）不易挥发组分，如微生物、干扰素；

（3）离子化合物，如柠檬酸钠。

请分别分析并给出合适的膜分离技术。

答：略

7-2　某物料液溶质浓度为 3%，经过反渗透处理后，渗透液中含有 100 ppm 的溶质；某一空气混合物含有 20% 氧气和 80% 氮气，通过膜分离处理后，氧气浓度增加至 75%。试计算两种膜分离过程的截留率 R 及分离因子 α，并解释这两个参数在两种膜分离过程中哪个更适用。

答：99.67%；309

7-3　采用渗透汽化法对乙醇水溶液（乙醇质量分数为 80 %）除水，操作温度为 50 ℃。已知 2 h 内透过膜的水的质量为 2 g，膜的分离因子 $\alpha_{水/乙醇} = 100$。在以下条件下求膜的总渗透通量（中空纤维膜结构见图 7-28）。

（1）该膜为圆形平板膜，膜的直径为 4 cm；

（2）该膜为单孔复合中空纤维膜，长度为 10 cm，外径为 1 mm，内径为 0.5 mm，选择性层在中空纤维膜外表面；

（3）该膜为单孔复合中空纤维膜，长度为 10 cm，外径为 1 mm，内径为 0.5 mm，选择性层在中空纤维膜内表面；

（4）该膜为三孔复合中空纤维膜，长度为 10 cm，外径为 1 mm，内径为 0.4 mm，选择性层在中空纤维膜外表面；

（5）该膜为三孔复合中空纤维膜，长度为 10 cm，外径为 1 mm，内径为 0.4 mm，选择性层在中空纤维膜内表面。

答：（1）828.0 g·m^{-2}·h^{-1}；（2）3312 g·m^{-2}·h^{-1}；（3）6624 g·m^{-2}·h^{-1}；
（4）3312 g·m^{-2}·h^{-1}；（5）2760 g·m^{-2}·h^{-1}

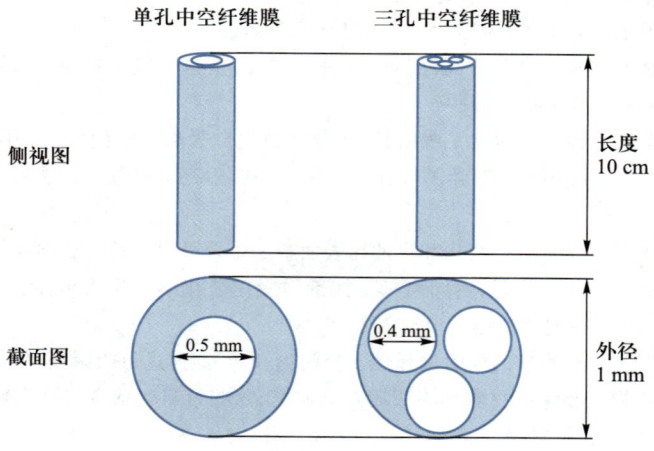

图 7-28　习题 7-3 附图

7-4　超临界流体萃取技术在天然产物的提取中已经取得了很多工业应用，其由于绿色化学的特点，尤其适合食品、药品等有效成分的提取。某同学在学习了超临界流体萃取技术后，认为可以用超临界二氧化碳直接从茶叶中提取茶碱、茶多酚、茶香成分、氨基酸这些物质，并认为可以通过改变操作温度和压强来获取不同物质。试分析超临界二氧化碳提取这些物质可行性及难易程度。

答：略

7-5　请分析并在三角形相图中画出超临界二氧化碳-水-乙醇体系可能的相图。

答:略

7-6　萘的饱和蒸气压表达式为 $\lg p_2^* = 13.583 - 3733.9/T$,其固体的摩尔体积为 $0.0001103\ \mathrm{m^3 \cdot mol^{-1}}$。已知在 $T = 328.15\ \mathrm{K}$,$p = 10\ \mathrm{MPa}$ 的超临界二氧化碳中萘的溶解度(摩尔分率)为 0.0029;相同温度 20 MPa 时溶解度为 0.042,试计算 328.15 K 时上述两个压强下对应的萘在超临界二氧化碳中的逸度系数。如果将超临界二氧化碳视为理想气体,请问萘于其中的溶解度(328.15 K, 10 MPa 和 20 MPa)又分别为多少?讨论所得到的结果。

答:0.06956;0.007547;2.399×10^{-5};1.797×10^{-5}

7-7　吸附透过曲线与吸附平衡和吸附传质速率密切相关,请分析三者之间是如何相关联的。

答:略

7-8　经实验测定,某活性炭对丙烯腈和丙烯酸甲酯的纯组分的吸附平衡符合 Langmuir 吸附等温线,40 ℃下由实验数据可得到表 7-8 中数据。假设 Langmuir 方程可以推广到多组分的情形,请预测(画出)两组分的混合物被该活性炭吸附时的吸附平衡曲线。

表 7-8　40 ℃下丙烯腈和丙烯酸甲酯单组分吸附的 Langmuir 常数

组分	$q_m/(\mathrm{mg \cdot g^{-1}})$	$K/\mathrm{kPa^{-1}}$
丙烯腈	221.78	0.3399
丙烯酸甲酯	327.10	0.8783

答:略

7-9　如下所示的离子液体单体 N,N'-(亚甲基)双(1-(3-乙烯基咪唑))氯聚合得到的聚离子液体可作为阴离子交换剂应用于废水中阴离子染料甲基橙的吸附去除。

试计算该聚离子液体对甲基橙进行离子交换吸附的理论交换容量。实际研究发现,常温、常压水溶液中以该聚离子液体对甲基橙进行吸附的最大吸附量达 $1627\ \mathrm{mg \cdot g^{-1}}$,请计算该阴离子离子交换剂的活性位利用率(注:均以甲基橙摩尔质量 $327.3\ \mathrm{g \cdot mol^{-1}}$ 计)。

答:$2398\ \mathrm{mg \cdot g^{-1}}$;$67.8\%$

化学反应工程是化学工程学科的一个重要组成部分,它以工业反应器为研究对象,从化学反应动力学和传递过程原理出发,研究反应器内物料的流动与混合、传热与传质等物理过程对化学反应过程的影响,找到工业反应器内宏观反应体系的反应过程规律,建立数学模型,为反应器的放大和优化提供可靠方法。

从本征化学反应动力学的角度看,影响化学反应速率的因素主要有温度和浓度。许多影响因素都是通过温度和浓度起作用的。也就是说,任何外界因素和环境条件的改变,通常都只会影响反应器内物料浓度和温度的变化和分布,而不会对化学反应动力学规律产生直接影响。但是,反应器的类型和操作方式不同,其中物料浓度和温度的变化和分布也各不一样,以致化学反应的结果差别很大。要研究产生这种差别的原因并找到过程进行的规律,就不能不综合考虑化学动力学因素和传递过程因素的共同作用。这就是化学反应工程学中强调的表观动力学的研究内容。显然,仍沿用量纲分析和相似论等研究传递过程的方法来研究工业反应器内进行的宏观反应过程是无能为力的,因为在满足了物理过程相似的同时,很难再满足化学过程相似。因此,化学反应工程采用了数学模型法。数学模型法为研究工业反应器内进行的反应过程开辟了一条崭新的途径。

数学模型法的关键在于建立数学模型,而建立数学模型的关键则在于针对复杂的宏观反应过程机理进行抽象和合理简化。只有这样,才能提出和建立便于应用且与实际过程等效的数学模型。但是,要弄清楚研究的对象并非易事,在化学工程学科的发展中,已经过了几代人的探索。这就是化学反应工程迟至1957年方始定名,并在此之后才得以较为迅速发展的原因。本章将着重介绍化学反应工程的有关基本知识和基本原理,了解建立数学模型的思想方法和研究方法,以利于后面各章的学习。

8.1　化学反应工程概述

化学反应工程是化学工程学科的一个分支,通常简称为反应工程。其内容可概括为两个方面,即反应动力学和反应器设计与分析。

反应动力学主要研究化学反应进行的机理和速率。为了获得进行工业反应器的设计和操作所必需的动力学知识,如反应模式、速率方程及反应活化能等,动力学研究是必不可少的。由于化学反应过程十分复杂,在动力学处理上往往要进行合理的简化,才能得到便于应用的定量关系。当然,简化只是忽略事物的次要方面,简化后的处理仍能反映事物的本质。一般说来,对于一定的反应物系(如果需要使用催化剂或溶剂,也要保持一定),化学反应速率只取决于反应物系的温度、浓度和压强。反应动力学所要寻求的正是它们之间的定量关系。但是,在反应器内进行化学反应时,反应物系的组成、温度及压强总是随着时间或空间而改变,或者同时随二者而变。所以,反应过程中反应速率是变化的。化学反应工程学科的另一任务就是研究反应器内这些因素的变化规律,找出最优工作状态和反应器的最好型式,以获得最大的经济效益,这就是反应器设计与分析的内容。如果说反应动力学是处理"点"的问题,那么,反应器分析与设计则是将这些"点"进行综合,处理的是"体"的问题。

化学反应是各式各样的,然而它们之间并非毫无相似之处。为了研究上的方便,需要将化学反应进行分类。反应工程学科一般是按反应物系的相态来分类的,将化学反应分为均相反应和多相反应两大类。这两大类反应还可进一步细分,均相反应分为气相均相、液相均相及固相均相三类;多相反应分为气固、气液、液液、液固、固固及气液固六类。此外,根据反应过程是否使用催化剂,还有催化反应和非催化反应之分。使用的催化剂与反应物是非均相的反应为多相催化反应。例如,在钒催化剂上二氧化硫氧化为三氧化硫的反应,虽然反应物和反应产物均为气相,但并不把它归入均相反应之列,而是气固相催化反应。

化学反应过程不仅包含化学现象,同时也包含物理现象,即传递现象。传递现象包括动量传递、热量传递和质量传递,再加上化学反应,这就是通常所说的"三传一反"。以铂铑丝上进行氨的氧化反应为例,可说明反应过程中的化学现象和传递现象。

$$4NH_3 + 5O_2 \longrightarrow 4NO + 6H_2O - \Delta H_r$$

由于化学反应是在催化剂表面上进行的,反应物氨和氧必须从气相主体中向铂铑丝表面传递,然后在其上进行反应。反应生成的一氧化氮和水蒸气则从铂铑丝表面向气相主体中传递。可见,在化学反应进行的同时还存在气固相间的传质过程。另外,这个反应是放热的,由于反应的结果,铂铑丝表面温度升高,以致催化剂表面与气相主体间存在一定的温度差,于是发生热量传递。这里只是从"点"的角度分析反应与传递问题。从反应器的角度看,在化学反应进行的同时,同样存在各式各样的传递现象。所以,需要将化学反应与传递现象综合起来研究,了解它们之间的相互关系,掌握各种现象的规律及其在反应过程中所起的作用,这样才能分清主次,针对主要矛盾解决问题。

化学反应工程对化学产品及过程的开发和反应器的设计放大起重要作用,正是由于充分运用了化学反应工程的知识,反应器放大的倍数大大增加。不同规模的试验阶段次数可以减少,从而大大地缩短了新产品的开发周期。对于现有的生产企业,反应装置工况的改善和操作优化,同样需要用化学反应工程方面的知识去分析和寻找问题的解决途径。由此可见,无论是从实验室研究开始到一个新的化学产品生产厂的建成,或是一个现有的化工厂改造挖潜,从事这方面工作的科技工作者都需具备化学反应工程知识。此外,在环境保护、燃料燃烧及人工脏器等非化学产品生产部门的某些方面,化学反应工程的作用也十分明显。

化学反应工程是建立在数学、物理学及化学等基础学科上而又有着自己特点的应用学科分支,是化学工程学科的一个组成部分。随着高技术的发展与应用,如微电子器件的加工、光导纤维生产、新材料及生物技术等,向化学反应工程工作者提出了新的研究课题,使化学反应工程形成新的分支,如生化反应工程、聚合反应工程和电化学反应工程等,扩大了化学反应工程研究领域,从而使化学反应工程的研究进入一个新的阶段。

8.2　工业反应器

8.2.1　工业反应器类型

工业反应器是化学反应工程的主要研究对象,工业生产上使用的反应器类型多种多样,分类方法也有多种。可以按反应器的形状分类,也可以按操作方式分类,还可以按反应器传热方式分类,或者按其反应物相态分类。根据不同的特性,可以有不同的分类。图 8-1 为各类反应器的示意图。

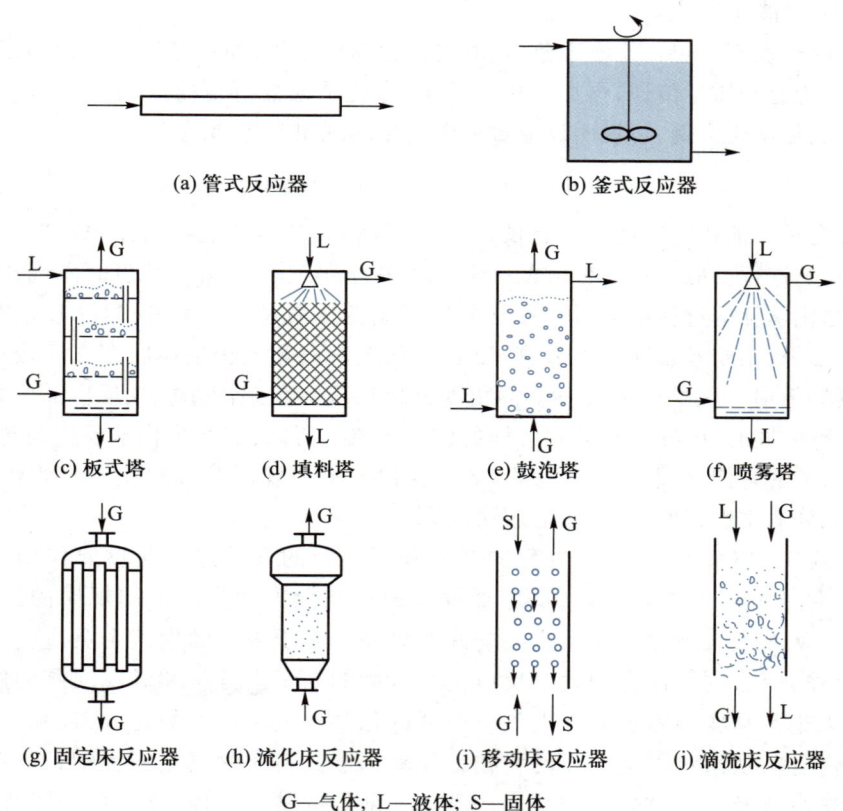

(a) 管式反应器　　　　　(b) 釜式反应器

(c) 板式塔　　　(d) 填料塔　　　(e) 鼓泡塔　　　(f) 喷雾塔

(g) 固定床反应器　　(h) 流化床反应器　　(i) 移动床反应器　　(j) 滴流床反应器

G—气体;　L—液体;　S—固体

图 8-1　不同类型的反应器示意图

按结构原理的特点,常见的工业反应器可分为以下 7 种类型。

1. 管式反应器

管式反应器的特征是长度远较管径为大,内部中空,不设置任何构件,如图 8-1(a)所示。多用于均相反应,如由轻油裂解生产乙烯所用的裂解炉便属于此类。

2. 釜式反应器

釜式反应器又称反应釜或搅拌反应器,其高度一般与其直径相等或稍高,为直径的 $2 \sim 3$ 倍,见图 8-1(b)。釜内设有搅拌装置及挡板,并根据不同的情况在釜内安装换热器以维持所需的反应温度,也可将换热器装在釜外通过流体的强制循环而进行换热。如果反应的热效应不大,可以不装换热器。釜式反应器是应用十分广泛的一类反应器,可用于进行均相反应(绝大多数情况是液相均相反应),也可用于进行多相反应,如气液反应、液液反应、液固反应及气液固反应。许多酯化反应、硝化反应、磺化反应及氯化反应等,用的都是釜式反应器。

3. 塔式反应器

塔式反应器的高度一般为直径的数倍至十余倍,内部设有为了增加两相接触的构件,如填料、筛板等。图 8-1(c)所示为板式塔,图 8-1(d)所示则为填料塔。塔式反应器主要用于两种流体相反应的过程,如气液反应和液液反应。图 8-1(e)所示的鼓泡塔也是塔式反应器的一种,用以进行气液反应,内部不设置任何构件,气体以气泡的形式通过液层。图 8-1(f)所示的喷雾塔也属于塔式反应器,用于气液反应,液体成雾滴状分散于气体中,情况正好与鼓泡塔相反。无论哪一种型式的塔式反应器,参与反应的两种流体可以成逆流,也可以成并流,视具体情况而定。

4. 固定床反应器

固定床反应器特征为反应器内填充有固定不动的固体颗粒,这些固体颗粒可以是固体催化剂,也可以是固体反应物。固定床反应器是一种被广泛采用的多相催化反应器,如氨合成、甲醇合成、苯氧化及邻二甲苯氧化等。图 8-1(g)所示为一列管式固定床反应器,管内装催化剂,反应物料自上而下通过床层,管间则为载热体与管内的反应物料进行换热,以维持所需的温度条件。对于放热反应,往往使用冷的原料作为载热体,借此将其预热至反应所要求的温度,然后再进入床层,这种反应器称为自热反应器。此外,也有在绝热条件下进行的固定床反应器。除多相催化反应外,固定床反应器还用于气固及液固非催化反应。

5. 流化床反应器

这是一种有固体颗粒参与的反应器,与固定床反应器不同,这些颗粒处于运动状态,且其运动方向是多种多样的。一般可分为两类,一类是固体被流体带出,经分离后固体循环使用,称为循环流化床;另一类是固体在流化床反应器内运动,流体与固体颗粒所构成的床层犹如沸腾的液体,故又称沸腾床反应器。这种床层具有与液体相类似的性质,有人称其为假液化层。图 8-1(h)是这种反应器的示意图,反应器下部设有分布板,板上放置固体颗粒,流体自分布板下送入,均匀地流过颗粒层。当流体速度达到一定数值后,固体颗粒开始松动,再增大流速即进入流化状态。反应器内一般都设置有挡板、换热器及流体与固体分离装置等内部构件,以保证得到良好的流化状态和所需的温度条件及反应后的物料分离。流化床反应器可用于气固、液固及气液固催化反应或非催化反应,是工业生产中较广泛使用的反应器,典型的例子是催化裂化反应装置,采用循环流化床,还有一些气固相催化反应,如萘氧化、丙烯氨氧化和丁烯氧化脱氢等采用的是沸腾床反应器。流化床反应器用于固相加工也是十分典型的,如黄铁矿和闪锌矿的焙烧、石灰石的煅烧等。

6. 移动床反应器

移动床反应器也是一种有固体颗粒参与的反应器,与固定床反应器相似,不同的是固体颗粒自反应器顶部连续加入,自上而下移动,由底部卸出,如固体颗粒为催化剂,则用提升装置将其输送至反应器顶部后返回反应器内。反应流体与颗粒成逆流,此种反应器适用于催化剂需要连续进行再生的催化反应过程和固相加工反应,图 8-1(i)为其示意图。

7. 滴流床反应器

滴流床反应器又称涓流床反应器,如图 8-1(j)所示。从某种意义上说,这种反应器也属于固定床反应器,用于使用固体催化剂的气液反应,如石油馏分加氢脱硫用的就是此种反应器。通常反应气体与液体自上而下成并流流动,有时也有采用逆流流动操作的。

工业反应器按其反应物相态分类如表 8-1 所示。

表 8-1   工业反应器的类型

相态			反应器类型	工业生产实例
均相	单相	气相	管式反应器	石脑油裂解、一氧化氮氧化
		液相	管式、釜式、塔式反应器	酯化反应、甲苯硝化
非均相	二相	气固	固定床反应器	合成氨、苯氧化、乙苯脱氢
			流化床反应器	石油催化裂化、丙烯氨氧化
			移动床反应器	二甲苯异构、矿石焙烧
		气液	鼓泡塔	乙醛氧化制乙酸、羰基合成甲醇
			鼓泡搅拌釜	苯的氯化
		液固	塔式、釜式反应器	树脂法三聚甲醛
	三相	气液固	涓流床反应器	炔醛法制丁炔二醇、石油加氢脱硫
			淤浆床反应器	石油加氢、乙烯溶剂聚合、丁炔二醇加氢

化学反应器的类型是各式各样的,显然不可能都一一包括在内。例如,用于气固反应和固相反应的回转反应器,靠反应器自身的转动而将固相物料连续地由反应器一端输送到另一端,也是有自身特征的一类反应器。

8.2.2   工业反应器操作方式

工业反应器有间歇操作、连续操作和半间歇(或半连续)操作 3 种操作方式。

1. 间歇操作

将反应物料一次性加入反应器中,经过一定时间达到规定转化率时停止反应,卸出全部物料。反应器内的工艺参数和物系的组成随时间变化而变化,是一个非稳态操作过程,产品质量不稳定;每批生产都包括加料、反应、卸料、清洗等操作,设备利用率不高,工人劳动强度大,操作不易自动控制。但是,间歇操作便于产品的更换。

间歇反应器在反应过程中既没有物料的输入,也没有物料的输出,即不存在物料的进出。整个反应过程都是在恒容下进行的。

采用间歇操作的反应器几乎都是釜式反应器,其余类型极为罕见。间歇反应器适用于反应速率慢的化学反应及小规模、多品种的化学品生产,被广泛应用于精细化工产品的生产。

2. 连续操作

反应物料连续通过反应器,反应器内的工艺参数不随时间变化而变化,属于稳态操作过程。其劳动生产力高,劳动强度小,有利于实现自动控制。

大规模工业生产的反应器绝大部分都是采用连续操作,因为它具有产品质量稳定、劳动生产率高、便于实现机械化和自动化等优点,这些都是间歇操作无法与之相比的。当然,连续操作系统一旦建成,要改变产品品种是十分困难的,有时甚至要较大幅度地改变产品产量也不易办到。

3. 半间歇操作

生产过程采用间歇操作与连续操作的组合,即一部分物料分批加入反应器中,另一部分物料连续加入,经一段反应时间后,取出反应产物;或分批加入反应物料,用蒸馏等方法连续移走部分产品。在这种反应器内可以通过加料的速率来调节反应速率,适合于需严格控制反应物料的浓度、强放热反应和可逆反应等。如用氨和甲醛生产乌洛托品,由于氨和甲醛反应很快,并放出大量的热,为防止反应体系温度过高,操作方法为甲醛加入反应器中,氨水逐步加入,通过氨水加入的速率来控制。

由此可见,半连续操作具有连续操作和间歇操作的某些特征。有连续流动的物料,这点与连续操作相似;也有分批加入或卸出的物料,因而生产是间歇的,这反映了间歇操作的特点。由于这些原因,半间歇反应器的反应物系组成必然既随时间而改变,也随反应器内的位置而改变。管式、釜式、塔式及固定床反应器都有采用半连续操作的。

8.3 化学反应动力学基础

8.3.1 化学反应的转化率和收率

1. 化学反应进度

在化学反应过程中,反应物的消耗量和产物的生成量之间的比例关系,可用计量通式表示。设在一般情况下某一反应体系中,由 A,B 等物质生成 C,D 等物质,根据质量守恒定律,化学计量方程式的通式为

$$\nu_A' A + \nu_B' B + \cdots = \nu_C C + \nu_D D + \cdots \tag{8-1}$$

式中：A，B，C，D 等为反应体系中物料的化学式；ν_A'，ν_B' 等为反应物的化学计量数；ν_C，ν_D 等为产物的化学计量数。

若以 $n_{i,0}$ 表示起始时组分 i 的物质的量（mol），n_i 表示反应进行至某一时刻组分 i 的物质的量（mol），由于各组分的化学计量数 ν_i 不同，从反应开始到某一时刻，各组分的反应量 Δn_i（$\Delta n_i = n_i - n_{i,0}$）不同，即 $\Delta n_A \neq \Delta n_B \neq \Delta n_C = \Delta n_D$。化学计量方程式中组分的化学计量数，对反应物取负值；对产物取正值。则有

$$\frac{\Delta n_A}{\nu_A} = \frac{\Delta n_B}{\nu_B} = \frac{\Delta n_C}{\nu_C} = \frac{\Delta n_D}{\nu_D} = \frac{\Delta n_i}{\nu_i} \tag{8-2}$$

即任何反应组分的反应量与其化学计量数之比为一常数。该常数即为反应进度，用符号 ξ 表示，写成通式则为

$$\xi = \frac{\Delta n_i}{\nu_i} \tag{8-3}$$

由式（8-3）可知，只要知道了反应进度 ξ，就可以计算所有反应组分的反应量。

2. 转化率

普遍使用转化率来表示一个化学反应进行的程度。转化率是指参加化学反应的某一物质消耗的分数，其定义式为

$$x = \frac{\text{某一反应物的消耗量}}{\text{该反应物的起始量}} \tag{8-4}$$

在一定反应条件下，计算某一反应过程的转化率，只要反应物中各组分的比例符合化学计量关系，无论用何组分计算的转化率都是相同的。然而，在工业生产中，所用原料组分的比例一般都不符合化学计量关系，为了充分利用原料中价值较高的组分，常将价值较低的组分过量，在这种情况下，按不同组分计算的转化率是不同的。因此，通常都以价值较高的组分的变化来计算转化率。这一组分称为关键组分。

转化率和反应进度的关系可由式（8-3）和式（8-4）导得，即

$$x_i = \frac{\nu_i \xi}{n_{i,0}} \tag{8-5}$$

由式（8-5）可知，只要知道了关键组分的转化率 x_i，其他组分的反应量就可以根据原料组成和化学计量数算出。

例 8-1　2-氰基-4-硝基氯苯是以邻氯苯腈为原料，用混酸硝化合成的，其反应式为

由于邻氯苯腈价格比硝酸价格高得多，通常硝酸过量 5%（摩尔分数），若反应后的混合物中 C 的含量为 45%（摩尔分数），试分别计算 A，B 的转化率。

解　A，B 的化学计量数均为 1，设 A 的初始量为 1 mol，反应 x mol 后，则反应情况如表8-2所示。

表 8-2 例 8-1 附表

物料	$t = 0$	$t = 1$
A	1	$1-x$
B	1.05	$1.05-x$
C	0	x
D	0	x
总计	2.05	2.05

根据反应后 C 的含量列方程,得

$$x/2.05 = 0.45$$

解得

$$x = 0.9225$$

$$x_A = 0.9225/1 = 0.9225 = 92.25\%$$

硝酸的消耗量与邻氯苯腈相同,由于硝酸过量 5%,故硝酸的实际转化率为

$$x_B = 0.9225/1.05 = 0.8786 = 87.86\%$$

显然,两者的转化率不同。

3. 收率和选择性

对于简单反应,不伴生副反应,所有原料均转变为产品,反应转化率等于收率;对于复杂反应,如

$$aA \begin{cases} \longrightarrow pP（主产物） \\ \longrightarrow sS（副产物） \end{cases}$$

和

$$aA \longrightarrow pP（主产物）\longrightarrow sS（副产物）$$

由于存在不同形式的副反应,必然要消耗部分原料或产品,其反应转化率并不等于收率。因此,从产物和副产物的分配比例看,就有一个选择性的问题。

（1）收率

收率 ϕ 的定义是

$$\phi = \frac{\text{生成目的产物消耗关键组分的量}}{\text{关键组分的初始量}} = \frac{\nu_A}{\nu_P} \cdot \frac{n_P}{n_{A,0}} \tag{8-6}$$

式中:ν 为化学计量数;n_P 为主产物 P 的物质的量,mol;$n_{A,0}$ 为关键组分 A 的初始物质的量,mol。

在式(8-6)中引入化学计量数是为了使收率的最大值为 100%。

（2）选择性

选择性 β 的定义为

$$\beta = \frac{\text{生成目的产物消耗关键组分的量}}{\text{已转化的关键组分的量}} = \frac{\nu_A}{\nu_P} \cdot \frac{n_P}{n_{A,0} - n_A} \tag{8-7}$$

式中：n_A 为关键组分 A 反应后剩余的物质的量，mol。

比较式（8-5）、式（8-6）和式（8-7）可得转化率 x、收率 ϕ 和选择性 β 三者之间的关系，即

$$\phi = \beta x \tag{8-8}$$

由式（8-8）可知，在转化率、收率和选择性中，已知任意两个数据就可以定量确定复杂反应的反应物和主产物之间的关系。必须指出，转化率、收率和选择性的定义目前尚未完全统一，在应用时要注意区别。

8.3.2　反应体积、反应时间与空间速度

在连续流动系统中，参与反应的物料连续不断地进入反应器，同时又连续不断地离开反应器。在这种情况下，物料的反应时间并不像间歇操作系统那么确定。如果要讨论流动系统的反应速率，就必须首先确定流动系统的反应时间。

1. 反应体积

（1）反应器实际体积
反应器实际体积 V 是指反应设备中的全部空间所占有的体积。

（2）反应器有效体积
反应器有效体积 V_R 是指反应器中实际进行化学反应所占有的体积。

反应器有效体积与反应器实际体积不一定相同。如在间歇操作的釜式反应器中进行液相反应，反应器有效体积 V_R 小于反应器实际体积 V，如图 8-2（a）所示；如在间歇操作的釜式反应器中进行气相反应，反应器有效体积 V_R 等于反应器实际体积 V。在连续操作的管式反应器中进行气固相催化反应，管式反应器内填充有一定体积的催化剂，化学反应只在催化剂床层内进行，则反应器有效体积即为催化剂床层的堆积体积 V_C，如图8-2（b）所示。

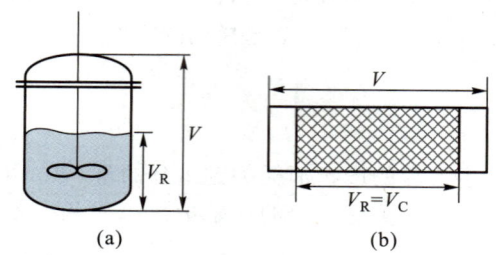

图 8-2　反应器有效体积与反应器实际体积示例

2. 反应时间

对一定体积的间歇操作反应器，达到规定转化率，可以用物料在反应器内持续进行反应的时间来衡量设备的生产强度。但是，在连续流动的反应器中，物料连续流动的同时，化学反应也在连续不断地进行，反应设备的生产强度难以用反应时间来衡量。因此，在化学反应

工程中,有以下几种时间定义。

(1) 反应时间 t_r

在间歇操作的反应器中,反应物料从开始反应至达到指定转化率所持续的时间称为反应时间。显然,同一反应在相同操作条件下,当反应器有效体积相同时,处理相同生产任务所需的反应时间越短,该反应设备的生产强度越大。

(2) 停留时间 t 和平均停留时间 $\bar{t}$

在连续流动反应器中,物料从反应器入口流至反应器出口所经历的时间称为停留时间。在间歇操作的反应器内,所有物料质点具有相同的停留时间,而且等于反应时间;在连续流动反应器中,当流动状态不是活塞流时,同一时间进入反应器的流体粒子,往往不能同时离开,即它们的停留时间不同。物料流中各质点在反应器内停留时间的平均值称为平均停留时间。其定义为

$$\bar{t} = \int_0^{V_R} \frac{\mathrm{d}V_R}{q_V} \tag{8-9}$$

式中:$\bar{t}$ 为平均停留时间,s;V_R 为反应器有效体积,m^3;q_V 为反应器中物料的体积流量,$\mathrm{m}^3 \cdot \mathrm{s}^{-1}$。

若物料在反应器内为无密度变化的恒容过程,$q_V = q_{V,0}$,则平均停留时间为

$$\bar{t} = \frac{V_R}{q_{V,0}} \tag{8-10}$$

(3) 空间时间 τ

在连续流动反应器中,反应器有效体积与指定状态的流体入口体积流量之比称为空间时间。即

$$\tau = \frac{V_R}{q_{V,0}} \tag{8-11}$$

式中:τ 为空间时间,简称空时,s;$q_{V,0}$ 为在指定状态下的流体入口体积流量,$\mathrm{m}^3 \cdot \mathrm{s}^{-1}$。

空间时间的物理意义为:在指定状态下,反应器处理与反应器有效体积相等量的物料所需的时间。显然,空时越小,反应设备的生产强度越大。所以,连续流动反应器生产强度可以用空间时间来衡量。

3. 空间速度 SV

在连续流动反应器中,指定状态下的流体入口体积流量与反应器有效体积之比称为空间速度,简称空速。即

$$SV = \frac{q_{V,0}}{V_R} \tag{8-12}$$

式中:SV 为空间速度,s^{-1}。

可见,空间速度为空间时间的倒数。空间速度的物理意义为:连续流动反应器,在指定状态下,单位时间、单位反应器有效体积范围内所能处理的物料量。空间速度越大,反应设

备的生产强度越大。

空间时间和空间速度是衡量连续流动反应器生产强度的参数,是不随反应过程性质和操作条件而变化的时间指标。如果是均相反应的恒容过程,且物料入口处的操作条件与反应器内操作条件相同,由 $q_V = q_{V,0}$,此时空间时间与平均停留时间相同。

8.3.3   反应动力学

1. 化学反应速率的表示法

在单位量的反应系统中,反应进度 ξ 随时间 t 的变化率称为化学反应速率,以 r 表示,即

$$r = \frac{1}{\text{反应体系的量}} \cdot \frac{\mathrm{d}\xi}{\mathrm{d}t} \qquad (8-13)$$

式中:反应体系的量可以根据需要选取。均相反应,以反应系统的反应器有效体积作为反应体系的量,反应速率为

$$r = \frac{1}{V_R} \cdot \frac{\mathrm{d}\xi}{\mathrm{d}t} \qquad (8-14)$$

式中:r 为化学反应速率,$\mathrm{mol \cdot m^{-1} \cdot s^{-1}}$。

若以催化剂的质量 m_C 为反应体系的量,反应速率为

$$r = \frac{1}{m_C} \cdot \frac{\mathrm{d}\xi}{\mathrm{d}t} \qquad (8-15)$$

式中:r 为化学反应速率,$\mathrm{mol \cdot kg^{-1} \cdot s^{-1}}$。

若以催化剂的堆积体积 V_C 为反应体系的量,反应速率为

$$r = \frac{1}{V_C} \cdot \frac{\mathrm{d}\xi}{\mathrm{d}t} \qquad (8-16)$$

式中:r 为化学反应速率,$\mathrm{mol \cdot m^{-3} \cdot s^{-1}}$。

根据式(8-2)可知,对于同一个化学反应,无论选择哪一种组分表示的化学反应速率,值是相同的。

2. 消耗速率与生成速率

(1) 消耗速率 $-r_i$

对于反应物,消耗速率表示为:反应系统中,某一反应组分在单位时间、单位反应器有效体积内,因反应所消耗的物质的量。

$$-r_i = -\frac{1}{V_R} \cdot \frac{\mathrm{d}n_i}{\mathrm{d}t} \qquad (8-17)$$

（2）生成速率 r_j

对于产物,生成速率表示反应系统中,某一反应产物在单位时间、单位反应器有效体积内,反应所生成的物质的量。

$$r_j = \frac{1}{V_R} \cdot \frac{dn_i}{dt} \tag{8-18}$$

根据化学计量关系可知,同一化学反应中,各反应物的消耗速率与各产物的消耗速率之间满足下列关系:

$$\frac{-r_A}{\nu_A} = \frac{-r_B}{\nu_B} = \frac{r_R}{\nu_R} = \frac{r_S}{\nu_S} = r \tag{8-19}$$

所以反应速率与消耗速率(或生成速率)有如下关系:

$$\frac{-r_i}{\nu_i} = r \tag{8-20}$$

$$\frac{r_j}{\nu_j} = r \tag{8-21}$$

虽然用式(8-17)和式(8-18)所表示的反应物消耗速率及产物的生成速率值与选择的组分有关,但是在物料衡算中,使用反应物消耗速率或产物的生成速率更为直观和方便。所以,目前在化工计算中,采用的化学反应速率均指反应物的消耗速率或产物的生成速率。

3. 等温变容反应过程

工业生产中的液相反应,在一般情况下,可以视为恒容过程。但是,对于气相反应,反应体系的总体积不仅与温度和压强有关,同时还与体系中物质的量有关。若在等温等压情况下,反应前后系统中物质的量发生变化,体系的总体积必然变化,从而直接影响反应组分的浓度,进而影响反应速率。

（1）气相反应的膨胀因子

对于反应前后物料总物质的量发生变化的连续流动气相反应系统,反应器内物料的体积流量发生了变化。因此,反应物浓度和反应时间都应考虑因总物质的量变化而带来的变化。

在一连续操作的反应器中进行某一气相反应,当反应时间从 $0 \sim t_r$ 时,关键组分 A 的转化率为 x_A,各组分物质的量的关系如下所示:

$$\nu_A' A \quad + \quad \nu_B' B \quad \Longrightarrow \quad \nu_R R \quad + \quad \nu_S S$$

$t=0$ 时, $\qquad n_{A,0} \qquad\quad n_{B,0} \qquad\qquad 0 \qquad\qquad 0$

$t=t_r$ 时, $\quad n_{A,0}(1-x_A) \quad n_{B,0} - \dfrac{\nu_B'}{\nu_A'} n_{A,0} x_A \quad \dfrac{\nu_R}{\nu_A'} n_{A,0} x_A \quad \dfrac{\nu_S}{\nu_A'} n_{A,0} x_A$

$t=0$ 时,反应体系总物质的量 $n_0(mol)$ 为

$$n_0 = n_{A,0} + n_{B,0}$$

$t=t_r$ 时,反应体系总物质的量 $n(mol)$ 为

$$n = n_{A,0}(1-x_A) + n_{B,0} - \frac{\nu'_B}{\nu'_A}n_{A,0}x_A + \frac{\nu_R}{\nu'_A}n_{A,0}x_A + \frac{\nu_S}{\nu'_A}n_{A,0}x_A$$

$$= n_{A,0} + n_{B,0} + \frac{(\nu_R+\nu_S)-(\nu'_A+\nu'_B)}{\nu'_A}n_{A,0}x_A$$

$$= n_0 + \frac{(\nu_R+\nu_S)-(\nu'_A+\nu'_B)}{\nu'_A}n_{A,0}x_A$$

定义

$$\delta_A = \frac{(\nu_R+\nu_S)-(\nu'_A+\nu'_B)}{\nu'_A} = \frac{\sum \nu_j - \sum \nu'_i}{\nu'_A} \tag{8-22}$$

式中：δ_A 称为膨胀因子，表示反应系统中关键组分 A 每消耗 1 mol，引起体系混合物质总物质的量的变化。膨胀因子的大小只与化学计量数有关，与系统中是否含有惰性组分无关。

由式（8-22）可知，变容反应系统中，反应进行到任一时刻物质的总物质的量 n（mol）为

$$n = n_0 + \delta_A n_{A,0}x_A \tag{8-23}$$

对于气相反应，一般可近似认为各气体的性质符合理想气体定律。若为等温等压过程，反应进行到某一时刻的体积 V_R 与起始体积 $V_{R,0}$ 之间满足下式关系：

$$\frac{V_R}{V_{R,0}} = \frac{n}{n_0} \tag{8-24}$$

结合式（8-23）得

$$V_R = V_{R,0}(1+\delta_A y_{A,0}x_A) \tag{8-25}$$

式中：$y_{A,0}$ 为 A 组分的起始摩尔分数，等于 $n_{A,0}/n_0$。

（2）变容系统中组分浓度的表示

已知
$$n_A = n_{A,0}(1-x_A)$$
将上述关系代入浓度定义式，得

$$c_A = \frac{n_A}{V_R} = \frac{n_{A,0}(1-x_A)}{V_{R,0}(1+\delta_A y_{A,0}x_A)} = \frac{c_{A,0}(1-x_A)}{1+\delta_A y_{A,0}x_A} \tag{8-26}$$

$$y_A = \frac{n_A}{n} = \frac{n_{A,0}(1-x_A)}{n_0+\delta_A n_{A,0}x_A} = \frac{y_{A,0}(1-x_A)}{1+\delta_A y_{A,0}x_A} \tag{8-27}$$

$$p_A = py_A = \frac{py_{A,0}(1-x_A)}{1+\delta_A y_{A,0}x_A} = \frac{p_{A,0}(1-x_A)}{1+\delta_A y_{A,0}x_A} \tag{8-28}$$

同理，系统中的其他组分 i 的浓度与关键组分转化率之间的关系为

$$c_i = \frac{c_{i,0}-\frac{\nu_i}{\nu'_A}c_{A,0}x_A}{1+\delta_A y_{A,0}x_A} \tag{8-29}$$

例 8-2 乙烯在等温等压下进行加氢反应:

$$C_2H_4 + H_2 \longrightarrow C_2H_6$$
$$\quad A \qquad B \qquad\qquad R$$

若原料气中含乙烯 20%,氢气 60%,惰性组分 20%(均为体积分数),试求当乙烯转化率为 90% 时,反应器出口各组分的摩尔分数。

解 $\delta_A = \dfrac{1-(1+1)}{1} = -1$

故

$$y_A = \frac{y_{A,0}(1-x_A)}{1+\delta_A y_{A,0} x_A} = \frac{0.2 \times (1-0.9)}{1-0.2 \times 0.9} = 0.024$$

$$y_B = \frac{y_{B,0} - y_{A,0} x_A}{1+\delta_A y_{A,0} x_A} = \frac{0.6 - 0.2 \times 0.9}{1-0.2 \times 0.9} = 0.512$$

$$y_R = \frac{y_{A,0} x_A}{1+\delta_A y_{A,0} x_A} = \frac{0.2 \times 0.9}{1-0.2 \times 0.9} = 0.220$$

$$y_{惰} = 1 - 0.024 - 0.512 - 0.220 = 0.244$$

(3)动力学方程

设某一气相变容反应系统:

$$\nu_A' A \Longrightarrow \nu_R R + \nu_S S$$

其反应动力学方程为

$$-r_A = k c_A^\alpha \tag{8-30}$$

式中: α 为反应级数; k 为反应速率常数, $k = A e^{-E/(RT)}$,其中 A 为频率因子, E 为活化能, R 为摩尔气体常数。

将组分浓度的表示式代入,得

$$-r_A = k \left[\frac{c_{A,0}(1-x_A)}{1+\delta_A y_{A,0} x_A} \right]^\alpha \tag{8-31}$$

从上面分析可知,变容系统中各组分的浓度,与恒容系统不同之处是应考虑体积变化,在表达式中多了一项体积校正因子 $(1+\delta_A y_{A,0} x_A)$。若分子数变化的气相反应在间歇反应器中进行,由于容积恒定,在等温下,将使反应系统的总压变化。

8.4 化学反应器中物料的流动模型

在连续流动系统内,各物料微团的运动是完全杂乱无序和十分复杂的。各微团在系统内的停留时间可能各不相同,致使各微团的反应转化率也不一定相同。为了找到这种直接影响化学反应转化率的紊乱而又随机的微团运动规律,在化学反应工程学中提出了几种流动模型。这些模型从宏观角度对反应系统内物料微团运动现象做了切合实际的简化,从而形成了便于定量描述微团运动结果的数学模型方法。

8.4.1　全混流模型

全混流模型是对应连续操作搅拌釜式反应器提出的。当物料在反应器内充分混合时，可以认为进入反应器内的新物料与反应器内原有物料在瞬间混合均匀。由于在连续进料的同时也连续出料，致使物料微团在反应器内的停留时间长短不一，从 $0 \sim \infty$ 都有，这种流动情况称为"全混流"或"理想混合"，具有全混流情况的反应器称为全混流反应器。应该指出，并不只是在连续操作搅拌釜式反应器内才有全混流，如鼓泡塔和流化床反应器中也可能出现全混流情况；但也不是连续操作搅拌釜式反应器内的物料流动情况都符合全混流条件。全混流只是一种理想的极端模型，即使连续操作搅拌釜式反应器内的物料混合充分，也只能接近全混流。

全混流与
活塞流

在全混流反应器中，物料微团间混合的概念，不仅表现在空间位置上运动所产生的混合，也表现为具有不同停留时间的物料微团之间的混合。为了区别于非流动系统内物料微团只有单纯空间坐标上的混合，将这种混合称为"返混"。在全混流反应器内，物料的返混程度最大。这是全混流作为一种理想极端流动模型的原因之一。

8.4.2　活塞流模型

活塞流模型是针对连续操作管式反应器内物料做高速流动情况提出的。该模型假定在反应器的任何横截面上无速度梯度，器内所有物料微团的流速均一，齐头并进，有如活塞向前推进一样，故称为"活塞流"。凡能满足活塞流模型条件的反应器都称为"活塞流反应器"，如图 8-3 所示。在活塞流反应器内，流体流动应处于高度湍流状态，此时的流动边界层很薄，边界层所占有的物料量可以小到忽略不计。因此，可以认为在反应器的横截面上无速度梯度，所有物料微团在反应器内的停留时间都相同，无任何形式的返混。与全混流模型相对应，活塞流模型是另一种理想的极端流动模型。但应指出，不是所有连续操作管式反应器内的物料流动状态都符合活塞流模型的条件，即使是在流速很高的湍流流动管式反应器内，其物料流动状态也只能接近活塞流。因为流动边界层总是存在的，在边界层内的流体流速缓慢，甚至可视为静止而产生速度梯度。

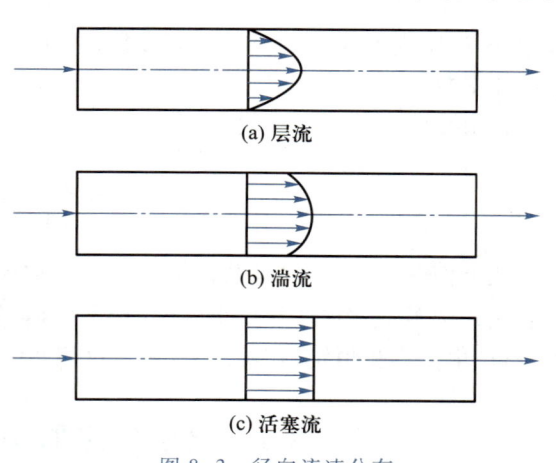

图 8-3　径向流速分布

活塞流和全混流都属于理想化的流动，所以这两种模型又称为理想流动模型。如上所述，从返混程度看这又属于两种理想状态情况，一是无返混，另一则返混最大。

凡是能用活塞流模型来描述其流动状况的反应器，不论其结构如何，均称为活塞流反应器。同样，凡是符合全混流假定的反应器则称为全混流反应器。事实上，完全符合这两个模型的假定的反应器在现实生活中是不存在的。模型总是近似的，如果与原型一模一样，那就无所谓模型。正是因为原型极其复杂,才提出模型。模型只能反映原型的主要方面,而忽略次要方面,它不可能反映全部。

8.4.3 非理想流动模型

非理想流动模型的流动状态介于上述两种理想流动模型之间。即物料微团在反应系统内有一定程度的返混,又不能达到完全返混。描述这种非理想流动状态的模型有轴向扩散模型和多级全混流模型两种。

1. 轴向扩散模型

轴向扩散模型是以活塞流模型为基础,再叠加轴向扩散形式表示的返混而成的。

在如图 8-4 所示的流动系统内,反应物料以流速 u 从左向右流动;而用轴向扩散表示的物料返混则与物料流动方向相反。这里的轴向扩散只是借用传质过程中分子扩散的概念来描述物料的返混,完全是一种虚拟的概念,并不是返混现象就等于分子扩散。这一模型的提出可以把极为杂乱无序的返混现象和产生返混的多种原因都用轴向扩散代替。虽然与过程进行的机理有所不同,但用于计算的结果可以做到一致。

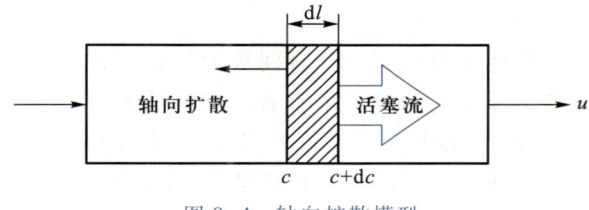

图 8-4　轴向扩散模型

用分子扩散的菲克定律:

$$N = -D_l \frac{dc}{dl} \tag{8-32}$$

来定量描述物料返混的程度,简单方便。式中: D_l 称为轴向扩散系数,是轴向扩散模型的模型参数,其概念与分子扩散系数完全不同。

2. 多级全混流模型

多级全混流模型是以全混流模型为基础,由若干全混流反应器串联组合而成的。物料在每一反应器内均处于全混流状态,而反应器与反应器之间的物料流动则完全无返混,如图 8-5 所示。假设将两个全混流反应器串联,则在前一级反应器中停留时间较长的物料微团,在进入第二级反应器后,其停留时间仍然较长的概率相对减小。与此同时,在前一级反应器中停留时间较短的物料微团,在进入第二级反应器后,其停留时间仍然较短的概率也相对减小。故整个物料微团在两级全混流反应器系统中的停留时间相对比较集中,返混获得一定程度的抑制,串联反应器的数量越多,这种抑制作用也越大。因此,串联级数可以用来衡量反应器内物料的返混程度。

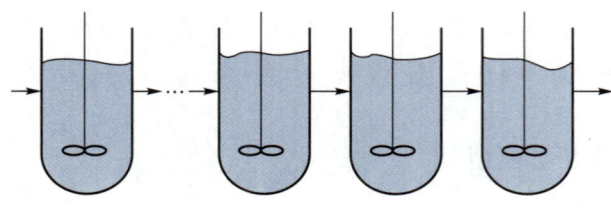

图 8-5　多级全混流模型

与轴向扩散模型一样,多级全混流模型也是借用概念,对实际反应器用多级全混流模型来模拟,也完全是虚拟的。反应器本身并不一定是用多级全混流反应器串联,只是用这种模型来表示其中物料的返混程度。虽然模型的概念与实际过程相比,返混的机理完全不同,但这种模型直观、简单,能对任何返混现象造成的返混程度作等效描述,相对于扩散模型也更便于求解。模型参数为串联级数 N。当 $N=1$ 时,反应器内物料的流动状态为全混流;当 $N \rightarrow \infty$ 时,类似于活塞流反应器,它的每一截面可以看成一个全混流反应器,反应器内物料的流动无返混而趋近于活塞流,在 $N = 0 \sim \infty$ 时,则表示存在一定程度的返混。

8.5　反应器内物料的停留时间分布

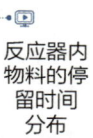

反应器内
物料的停
留时间
分布

物料微团从进入反应器到离开反应器的时间称为该微团在反应器中的停留时间。停留时间长短与化学反应的转化率有着密切的关系。对于间歇操作搅拌釜式反应器,物料一次投入,反应完成后一次排出,所有物料在反应器中的停留时间相同并等于反应时间。对于活塞流反应器,由于没有物料返混,所有物料微团在反应器中的停留时间也相等。在这两种反应器中物料的停留时间是很容易测量和控制的。至于全混流反应器,由于釜内有良好的搅拌,使刚进入反应器的物料立即与原先进入的物料充分混合,以致有些物料微团一进入反应器很快就被排出,而另一些物料则在反应器中停留较长的时间,从整体物料看,就形成了一定的停留时间分布,返混则是造成反应器内物料的停留时间分布的根本原因。除了活塞流反应器外,凡连续操作的反应器内物料微团的停留时间都不会一致,其停留时间分布的规律可用概率统计方法描述,即把具有不同停留时间的物料微团在物料总量中所占分数的分布情况,称为停留时间分布,其分布规律就是停留时间分布函数。

8.5.1　分布函数

如图 8-6 所示的反应系统,只有一个入口和一个出口,假定物料微团一旦进入系统,即不再返回输入管路,而一旦离开系统,也不再返回系统,这种假定系统基本上与实际情况相符,称为闭式系统。本书仅讨论这种闭式系统。

设进入反应系统的物料量为 N,在停留时间间隔 $t \sim (t + \mathrm{d}t)$ 内的物料量为 $\mathrm{d}N$,则在

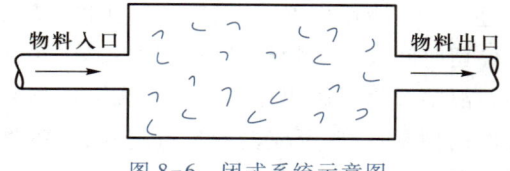

图 8-6　闭式系统示意图

$t \sim (t+\mathrm{d}t)$ 间隔内的物料占进料总量的分数为

$$\frac{\mathrm{d}N}{N} = \frac{停留时间为\, t \sim (t+\mathrm{d}t)\,的物料量}{进入系统的物料量}$$

令 $\left(\dfrac{\mathrm{d}N}{N}\right) \cdot \left(\dfrac{1}{\mathrm{d}t}\right) = E(t)$，表示单位时间间隔内物料的分率，该分率随时间变化，称为停留时间分布密度函数。用 $E(t)$ 对 t 作图，如图 8-7 所示。图中曲线表示物料在反应器内停留时间分布的变化，曲线下方阴影部分的面积表示某一时间间隔内的物料在进料总量中所占的分数。因此，$E(t)$ 和 $\mathrm{d}N/N$ 的关系为

$$\frac{\mathrm{d}N}{N} = E(t)\,\mathrm{d}t \tag{8-33}$$

如果将停留时间为 $0 \sim t$ 的物料在进料总量中所占的分数表示为反应系统内物料的停留时间分布，并记作 $F(t)$，则 $F(t)$ 也为时间的函数，称为停留时间分布函数。$E(t)$ 和 $F(t)$ 的关系为

$$F(t) = \int_0^t E(t)\,\mathrm{d}t \tag{8-34}$$

或

$$E(t) = \frac{\mathrm{d}F(t)}{\mathrm{d}t} \tag{8-35}$$

如图 8-8 所示，$F(t)$-t 关系为一单调递增曲线，其最大值等于 $1(t=\infty)$；最小值为 0 $(t=0)$。由式 (8-35) 可知，当已知 $F(t)$-t 曲线时，可通过曲线上一点作切线的方法作图，该切线的斜率即为切点的 $E(t)$ 值。如图中过 B 点的切线斜率即为 $t=t$ 时的 $E(t)$ 值。

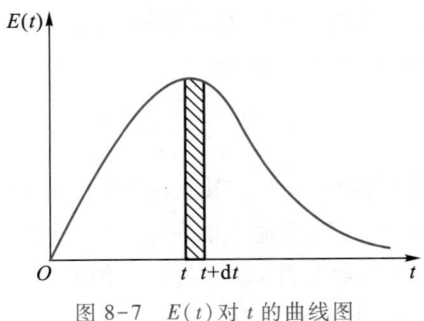

图 8-7　$E(t)$ 对 t 的曲线图

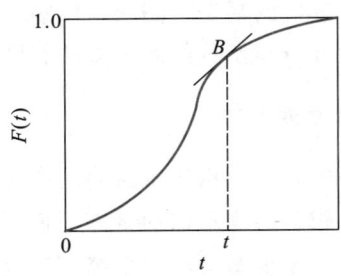

图 8-8　$F(t)$ 对 t 的曲线图

以上分布密度函数 $E(t)$ 和分布函数 $F(t)$ 所用的时间都是有单位的，若用停留时间来表示，在应用上较为方便。令

$$\theta = \frac{t}{\bar{t}} \tag{8-36}$$

称为"对比时间"，量纲为 1。式中：$\bar{t}$ 为平均停留时间。

由于 $F(t)$ 是表示停留时间小于 t 的物料占进入系统的总物料份额分数，其值与时间采用的单位无关，所以

$$F(t) = F(\theta) \tag{8-37}$$

即

$$E(t)\,\mathrm{d}t = E(\theta)\,\mathrm{d}\theta \tag{8-38}$$

则

$$E(\theta) = \bar{t}E(t) \tag{8-39}$$

式（8-39）为用有量纲和量纲为 1 的停留时间表示的分布密度函数的换算关系。同样,式（8-34）和式（8-35）也可以用量纲为 1 的停留时间表示,即

$$F(\theta) = \int_0^\theta E(\theta)\,\mathrm{d}\theta$$

$$E(\theta) = \frac{\mathrm{d}F(\theta)}{\mathrm{d}\theta}$$

8.5.2　停留时间分布函数的测定

设待测定系统内的流体做连续稳态流动,而且为恒容过程,并且是闭式系统。闭式系统指在系统进口处流体粒子有进无出,在系统出口处有出无进。这种假定通常是符合大多数实际情况的。

测定方法:对一连续流动的系统,当系统内的流体达到稳态流动时,于入口处注入一定量的示踪剂(惰性化学物质),利用示踪剂光学的、电学的、化学的或放射性等特点,在系统出口以相应的仪器检测示踪剂浓度随时间的变化,以获得物料在反应器中停留时间分布规律。凡能与反应混合物均匀混合,而又不与反应物料起化学反应的易于检测的惰性物质都可以作为示踪剂。物料在反应器中的停留时间分布密度函数和分布函数的测定方法有脉冲输入法和阶梯输入法两种。

1. 脉冲输入法

脉冲输入法是指将示踪剂从测定系统入口处瞬间注入做稳态流动的物料中,同时在系统出口处跟踪检测示踪剂量随时间的变化。图 8-9 为脉冲输入法测定停留时间分布示意图。左下方坐标图表示在系统入口处输入的示踪剂初始浓度 $c_0(t)$ 与时间的变化关系,右下方坐标图为系统出口示踪剂浓度 $c(t)$ 随时间 t 的变化曲线。

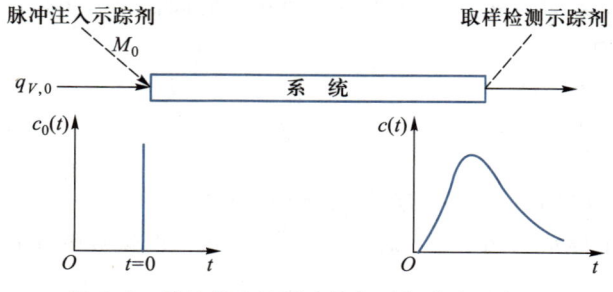

图 8-9　脉冲输入法测定停留时间分布示意图

设 $c(t)$ 为任意时刻 t 从出口测得的示踪剂浓度，q_V 为物料体积流量，则在 $t \sim (t+\mathrm{d}t)$ 时间间隔内自系统出口流出的示踪剂占输入示踪剂总量 M_0 的分数为

$$E(t)\,\mathrm{d}t = \frac{q_V c(t)\,\mathrm{d}t}{M_0}$$

所以

$$E(t) = \frac{q_V c(t)}{M_0} \qquad (8-40)$$

式中：q_V 和 M_0 均为已知，只要测出出口示踪剂浓度 $c(t)$ 的值，即可计算出停留时间分布密度函数 $E(t)$。式(8-40)中的 M_0 也可以按下式计算：

$$M_0 = \int_0^\infty q_V c(t)\,\mathrm{d}t \qquad (8-41)$$

如果测定的 $c(t)$-t 曲线拖尾很长，用式(8-41)计算不易准确，此时应尽可能事先确定输入示踪剂的量。若物料体积流量不变($q_V = q_{V,0}$)，将式(8-41)代入(8-40)得

$$E(t) = \frac{c(t)}{\displaystyle\int_0^\infty c(t)\,\mathrm{d}t} \qquad (8-42)$$

可写成离散形式为

$$E(t) = \frac{c(t)}{\displaystyle\sum c(t)\,\Delta t} \qquad (8-43)$$

在应用式(8-42)和式(8-43)时，如果在系统出口检测的不是浓度而是其他物理量，如电导率、毫伏信号等，只要这些物理量与浓度呈线性关系，就可以将这些物理量的值直接代入计算，其结果与用浓度计算相同。

例 8-3　为了测定某液相反应系统中物料的停留时间分布，以水代替物料，用脉冲法从反应系统入口注入少量 KCl 作示踪剂，用电导率仪检测系统出口 KCl 溶液的电导率随时间的变化，并用记录仪跟踪记录（数据为毫伏值），其大小与溶液电导或浓度成正比，其结果如表 8-3 所示。试计算 3 min 时的停留时间分布密度函数和停留时间分布函数。

表 8-3　例 8-3 附表 1

t/min	0.6	0.95	1.3	1.9	2.3	2.6	3.1	3.6	4.1	4.6	5.1	5.6	6.1
V/mV	1.12	2.60	3.62	4.02	3.62	3.12	2.33	1.62	1.12	0.72	0.42	0.23	0.02

解　计算 $E(t)$ 函数，可以用式(8-43)，并以毫伏值代替式中的浓度计算。

$$\sum c(t)\,\Delta t_i = 1.12\ \mathrm{mV} \times (0.6-0)\ \mathrm{min} + 2.60\ \mathrm{mV} \times (0.95-0.6)\ \mathrm{min} + 3.62\ \mathrm{mV} \times (1.3-0.95)\ \mathrm{min} + \cdots$$

$$= 10.875\ \mathrm{mV \cdot min}$$

当 $t = 0.6$ min，$V = 1.12$ mV 时：

$$E(t) = \frac{1.12\ \mathrm{mV}}{10.875\ \mathrm{mV \cdot min}} = 0.10\ \mathrm{min}^{-1}$$

同理,可计算出其他时间下的 $E(t)$ 值,结果列于表 8-4。

表 8-4　例 8-3 附表 2

$t/\min$	0.6	0.95	1.3	1.9	2.3	2.6	3.1	3.6	4.1	4.6	5.1	5.6	6.1
$E(t)/\min^{-1}$	0.10	0.24	0.33	0.37	0.33	0.29	0.21	0.15	0.10	0.07	0.04	0.02	0.002

利用本例附表所列的 $E(t)$ 对 t 作图,得图 8-10。由图可得 $E(3)=0.225\ \min^{-1}$。

$F(t)$ 的计算采用式(8-34) $F(t)=\int_{0}^{t}E(t)\mathrm{d}t$,利用图 8-10 图解积分得 $F(3)=0.73$(图中阴影部分的面积)。

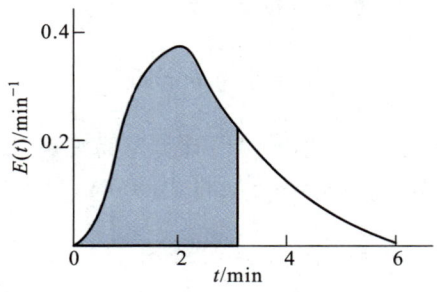

图 8-10　例 8-3 附图[$E(t)$-t 图]

2. 阶梯输入法

阶梯输入法是指在测定系统入口将做稳态流动的物料从某一时刻起切换为流量与原稳态流动物料相同的含有示踪剂的流体,同时在系统出口检测示踪剂浓度随时间的变化。

图 8-11 所示为阶梯输入法测定停留时间分布函数示意图。设开始切换的时间为 $t=0$,示踪剂初始浓度为 c_0,在整个输入过程中,c_0 保持不变。显然,在系统入口处,当 $t<0$ 时,$c_0(t)=0$;当 $t\geq0$ 时,$c_0(t)=c_0$,如图 8-11 左下方坐标图所示。

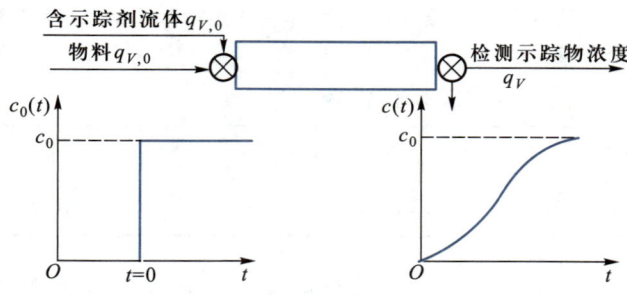

图 8-11　阶梯输入法测定停留时间分布函数示意图

由于示踪剂是源源不断地输入的,所以在切换后的某个时刻 t,从出口测得的示踪剂量应为停留时间小于或等于 t 的量,则用阶梯输入法在 t 时间测得的示踪剂浓度 $c(t)$ 为

$$c(t) = \frac{\text{停留时间为 } 0 \sim t \text{ 的示踪剂量}}{t \text{ 时间内输入物料的体积}}$$

$$= \frac{t \text{ 时间内进入系统的示踪剂量} \times \text{停留时间为 } 0 \sim t \text{ 的分数}}{t \text{ 时间内输入物料的体积}}$$

$$= \frac{q_{V,0} c_0 t \cdot \int_0^t E(t)\,\mathrm{d}t}{q_{V,0} t}$$

$$= c_0 \int_0^t E(t)\,\mathrm{d}t$$

$$= c_0 F(t)$$

所以

$$F(t) = \frac{c(t)}{c_0} \tag{8-44}$$

由此可见,用阶梯输入法也可以直接测定停留时间分布函数。

例 8-4　采用阶梯输入法测得不同时间反应系统出口示踪剂的浓度如表 8-5 所示。求 $F(t)\text{-}t$ 曲线图和第 55 s 时的停留时间分布密度函数。

表 8-5　例 8-4 附表 1

t/s	0	15	25	35	45	55	65	75	95	105
$c/(10^{-3}\,\mathrm{mol \cdot m^{-3}})$	0	0.5	1.0	2.0	4.0	5.5	6.5	7.0	7.7	7.7

解　由出口示踪剂浓度最后稳定在 $7.7 \times 10^{-3}\,\mathrm{mol \cdot m^{-3}}$ 不变和阶梯输入法的特点可以判断,示踪剂初始浓度为 $7.7 \times 10^{-3}\,\mathrm{mol \cdot m^{-3}}$。当 $t = 15\,\mathrm{s}$,$c = 0.5 \times 10^{-3}\,\mathrm{mol \cdot m^{-3}}$ 时,$F(15) = 0.5 \times 10^{-3}\,\mathrm{mol \cdot m^{-3}}/(7.7 \times 10^{-3}\,\mathrm{mol \cdot m^{-3}}) = 0.065$。

同理,可计算出其他时间的 $F(t)$ 值,如表 8-6 所示。

表 8-6　例 8-4 附表 2

t/s	0	15	25	35	45	55	65	75	95	105
$F(t)$	0	0.065	0.13	0.26	0.52	0.714	0.844	0.909	1.0	1.0

利用附表数据作 $F(t)\text{-}t$ 图,如图 8-12 所示。过 $t = 55\,\mathrm{s}$ 作 x 轴的垂线交 $F(t)\text{-}t$ 曲线于 B 点,过 B 点作该曲线的切线 AB,AB 线的斜率为 0.015,即该点的分布密度函数 $E(55)$ 为 0.015 $\mathrm{s^{-1}}$。

阶梯输入法消耗示踪剂的量较大。虽然脉冲输入法在如何使示踪剂的输入时间缩短到最短较难,尤其对于平均停留时间短的流动系统难度更大些。但是由于脉冲输入法直接测得的是停留时间分布密度函数 $E(t)$,在分析反应器的特性时,$E(t)$ 是最有用的参数,而且示踪剂消耗量也少,所以脉冲输入法的使用更为普遍。

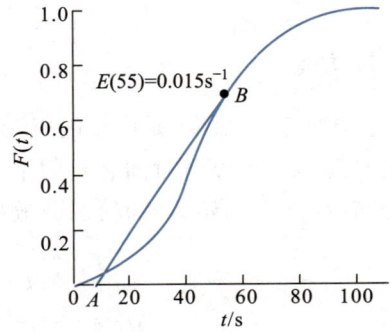

图 8-12　例 8-4 附图 $[F(t)\text{-}t$ 图 $]$

8.5.3   停留时间分布函数的统计特征值

物料在反应器中的停留时间分布是一随机变量,分析不同流动状况下的停留时间分布规律,可以采用随机函数的特征值来表示。常用的统计特征值有两个,一个是数学期望,即平均停留时间;另一个是方差,表示停留时间分布的离散程度。

平均停留时间

1. 平均停留时间

数学期望是随机变量在数轴取值的集中位置,即随机变量的分布中心,它说明随机变量值的大多数集中在哪里。数学期望的实际意义就是平均值,停留时间分布的数学期望就是物料粒子在反应器中的平均停留时间 $\bar{t}$。

各流体微团通过反应器所需时间的平均值称为平均停留时间,其值相当于停留时间分布密度函数 $E(t)-t$ 曲线下方面积重心在横坐标轴上的投影,即对坐标原点的一次矩。根据一次矩的定义,平均停留时间 $\bar{t}$ 为

$$\bar{t} = \frac{\int_0^\infty tE(t)\,\mathrm{d}t}{\int_0^\infty E(t)\,\mathrm{d}t} = \int_0^\infty tE(t)\,\mathrm{d}t \qquad (8-45)$$

根据 $E(t)$ 和 $F(t)$ 的关系,平均停留时间也可由下式计算:

$$\bar{t} = \int_0^\infty F(t)\,\mathrm{d}t \qquad (8-46)$$

若是离散型数据,平均停留时间由下式计算:

$$\bar{t} = \frac{\sum_0^\infty tE(t)\,\Delta t}{\sum_0^\infty E(t)\,\Delta t} = \frac{\sum_0^\infty tc(t)\,\Delta t}{\sum_0^\infty c(t)\,\Delta t} \qquad (8-47)$$

2. 方差

方差也称离散度,是度量随机变量与数学期望的偏离程度。这里指流体微团通过反应器的时间与平均停留时间之差的平方的平均值,用符号 σ_t^2 代表,以表示物料停留时间相对于分布中心(平均停留时间)的分散程度,其定义式为

$$\sigma_t^2 = \frac{\int_0^\infty (t-\bar{t})^2 E(t)\,\mathrm{d}t}{\int_0^\infty E(t)\,\mathrm{d}t} = \int_0^\infty (t-\bar{t})^2 E(t)\,\mathrm{d}t \qquad (8-48)$$

可见,σ_t^2 越大,分布越宽,所以方差又称为散度。若是离散型数据,方差以下式计算:

$$\sigma_t^2 = \frac{\sum_0^\infty (t - \bar{t})^2 E(t) \Delta t}{\sum_0^\infty E(t) \Delta t} = \frac{\sum_0^\infty t^2 E(t) \Delta t}{\sum_0^\infty E(t) \Delta t} - \bar{t}^2 \qquad (8-49)$$

对脉冲实验数据：

$$\sigma_t^2 = \frac{\int_0^\infty t^2 c(t) \mathrm{d}t}{\int_0^\infty c(t) \mathrm{d}t} - \bar{t}^2 \qquad (8-50)$$

或

$$\sigma_t^2 = \frac{\sum_0^\infty t^2 c(t)}{\sum_0^\infty c(t)} - \bar{t}^2 \qquad (8-51)$$

为方便对不同平均停留时间的体系进行比较，还常用量纲为 1 的时间作参数，其定义为

$$\theta = \frac{t}{\bar{t}} \qquad (8-52)$$

以 $E(\theta)$ 表示量纲为一的时间为自变量的停留时间分布密度函数，$F(\theta)$ 表示停留时间分布函数，因为

$$F(\theta) = F(t)$$

即

$$E(t) \mathrm{d}t = E(\theta) \mathrm{d}\theta$$

则

$$E(\theta) = \bar{t} E(t) \qquad (8-53)$$

量纲为 1 的时间表示的方差 σ_θ^2 为

$$\sigma_\theta^2 = \int_0^\infty (\theta - \bar{\theta})^2 E(\theta) \mathrm{d}\theta = \frac{1}{\bar{t}^2} \int_0^\infty (t - \bar{t})^2 E(t) \mathrm{d}t$$

$$= \frac{\sigma_t^2}{\bar{t}^2} \qquad (8-54)$$

例 8-5 在一连续稳态操作的反应器中，用脉冲输入法将某示踪剂样品注入测得流出的示踪剂浓度随时间的变化数据如表 8-7 所示。试求：

（1）停留时间分布密度函数、平均停留时间和方差；

（2）确定停留时间 $\leqslant 6$ min 时流出的物料分数。

表 8-7 例 8-5 附表

t/min	0	2	4	6	8	10	12	14	16	18	20
$c(t)/(\mathrm{g \cdot m^{-3}})$	0	3	8	18	30	20	9	5	2	1	0

解 （1）$\displaystyle\sum_0^\infty c(t)\Delta t = 2\times(0+3+8+18+30+20+9+5+2+1+0)$

$$= 192$$

$$E(t) = \frac{c(t)}{\displaystyle\sum_0^\infty c(t)\Delta t} = \frac{c(t)}{192}$$

$$E(2) = \frac{3}{192} = 0.0156 \qquad\qquad E(4) = \frac{8}{192} = 0.0417$$

停留时间分布密度函数计算结果列于表 8-8。

$$\bar{t} = \frac{\displaystyle\sum_0^\infty tE(t)}{\displaystyle\sum_0^\infty E(t)} = \frac{4.241}{0.5}\ \text{min} = 8.482\ \text{min}$$

$$\sigma_t^2 = \frac{\displaystyle\sum_0^\infty t^2 E(t)}{\displaystyle\sum_0^\infty E(t)} - \bar{t}^2 = \left(\frac{40.725}{0.5} - 8.482^2\right)\ \text{min}^2 = 9.506\ \text{min}^2$$

$$\sigma_\theta^2 = \frac{\sigma_t^2}{\bar{t}^2} = \frac{9.506}{8.482^2} = 0.1321$$

表 8-8 例 8-5 附表计算结果

t	$E(t)$	$tE(t)$	$t^2 E(t)$
0	0	0	0
2	0.0156	0.0312	0.0624
4	0.0417	0.1668	0.6672
6	0.0938	0.5628	3.3768
8	0.1563	1.2504	10.00
10	0.1042	1.042	10.42
12	0.0469	0.5628	6.7536
14	0.0260	0.3640	5.0960
16	0.0104	0.1664	2.6624
18	0.0052	0.0937	1.6866
20	0	0	0

$$(2)\, F(6) = \frac{q_V \displaystyle\sum_0^6 c(t)\Delta t}{q_V \displaystyle\sum_0^\infty c(t)\Delta t} = \frac{\displaystyle\sum_0^6 c(t)}{\displaystyle\sum_0^\infty c(t)} = \frac{0+3+8+18}{0+3+8+18+30+20+9+5+2+1+0} = 0.3021$$

8.6 理想流动模型的停留时间分布

停留时间分布函数是描述反应器内物料流动状况的一种数学手段。各种反应器内物料的流动状况，都有其独自的停留时间分布函数关系，故可用停留时间分布函数来定量描述反应器内物料的返混程度。理想反应器中物料的流动状况是确定的,停留时间分布可以直接计算。

8.6.1　活塞流模型的停留时间分布

当物料在反应器内呈活塞流流动时,所有物料质点的停留时间相同,等于平均停留时间,无停留时间分布。这种情况下,分布密度函数是一个宽度为 0、高度为无限高的尖峰,其面积等于 1,峰顶在 $\bar{t}=\dfrac{V_R}{q_v}$ 处。在数学上,这种峰用 δ 函数表示。停留时间分布密度函数可用 δ 函数表示。

$$E(t)=\delta(t-\bar{t})=\begin{cases}0 & t<\bar{t}\\ \lim_{\varepsilon\to 0}\dfrac{1}{\varepsilon} & \bar{t}<t<\bar{t}+\varepsilon\\ 0 & t>\bar{t}+\varepsilon\end{cases}$$

方差

$$\sigma_t^2=\int_0^\infty (t-\tau)^2\delta(t-\tau)\,\mathrm{d}x=0,\ \sigma_\theta^2=\frac{\sigma_t^2}{\bar{t}^2}=0$$

在活塞流模型内物料微团的停留时间分布密度函数和分布函数曲线如图 8-13 所示。

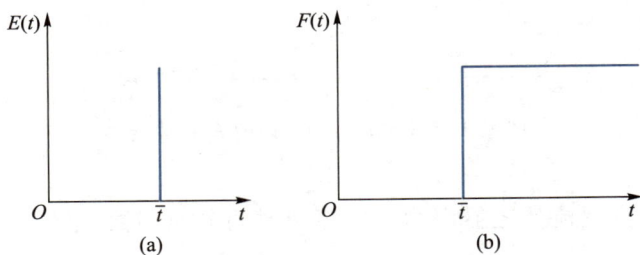

图 8-13　在活塞流模型内物料微团的停留时间分布
密度函数和分布函数曲线

8.6.2　全混流模型的停留时间分布

反应器内物料的质点达到完全混合,各处浓度相等,并且等于出口处的浓度。以阶梯输入法测定流体在反应器中的停留时间分布。反应器进口处示踪剂的浓度为 c_0,在 $\mathrm{d}t$ 时间内进入反应器的示踪剂量为 $q_{V,0}c_0\mathrm{d}t$,流出反应器的示踪剂量为 $q_{V,0}c(t)\mathrm{d}t$,示踪剂的累积量为 $V_R\mathrm{d}c(t)$,在整个反应器有效体积范围内对示踪剂做物料衡算,得

$$q_{V,0}c_0\mathrm{d}t=q_{V,0}c(t)\mathrm{d}t+V_R\mathrm{d}c(t) \tag{8-55}$$

或

$$\frac{q_{V,0}}{V_R}\mathrm{d}t = \frac{q_{V,0}}{V_R}\frac{c(t)}{c_0}\mathrm{d}t + \mathrm{d}\frac{c(t)}{c_0}$$

由于 $v/q = \tau$，所以

$$\frac{1}{\tau}\mathrm{d}t = \frac{1}{\tau}F(t)\,\mathrm{d}t + \mathrm{d}F(t)$$

$$\int_0^\infty \frac{1}{\tau}\mathrm{d}t = \int_0^{F(t)}\frac{\mathrm{d}F(t)}{1-F(t)}$$

$$-\frac{t}{\tau} = \ln[1-F(t)]$$

$$F(t) = 1 - e^{-t/\tau} \tag{8-56}$$

$$E(t) = \frac{1}{\tau}e^{-t/\tau} \tag{8-57}$$

依据式(8-57)作得 $E(t)$ 曲线，如图 8-14 所示。

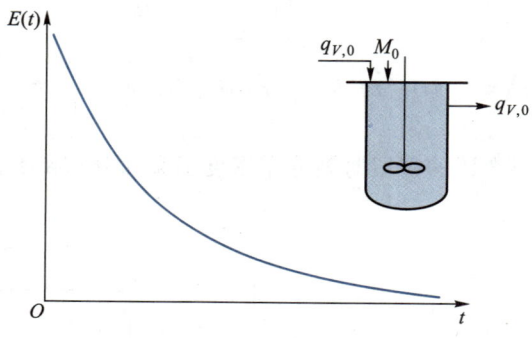

图 8-14　全混流反应器内的 $E(t)$ 曲线

式(8-56)即为全混流反应器内物料的停留时间分布函数。停留时间分布密度函数 $E(t)$ 的方差 σ_t^2 为

$$\sigma_t^2 = \int_0^\infty t^2 E(t)\,\mathrm{d}t - (\bar{t})^2$$

$$= \int t^2 \frac{1}{\tau}e^{-t/\tau}\mathrm{d}t - (\bar{t})^2$$

$$= (\bar{t})^2$$

用对比时间 θ 表示的方差 $\sigma_\theta^2 = 1$，而活塞流模型的方差 $\sigma_\theta^2 = 0$。显然，前者表示返混程度最大，后者表示无返混，这是两种理想的极端流动情况。对于一般的实际流动状况，$0 < \sigma_\theta^2 < 1$；方差越小，停留时间分布越集中，即越趋向于数学期望值，此时流动状况越接近活塞流。

对于正常反应动力学，活塞流反应器优于全混流反应器。从停留时间分布的不同也可进一步证明这一结论。设两个反应器进行的反应相同，且平均停留时间相等。对于活塞流反应器，所有流体粒子的停留时间相等，且都等于平均停留时间。而全混流反应器并非如此，由式(8-56)知，停留时间小于平均停留时间的流体粒子占全部流体的分数为 $F(\bar{t}) = 1-$

$e^{-1} = 0.632$, 这部分流体的转化率小于活塞流反应器是毫无疑义的。其余 36.8% 的反应物料, 其停留时间大于平均停留时间, 转化率可大于活塞流反应器, 但却抵偿不了由于停留时间短而损失的转化率。所以, 活塞流反应器的转化率要高于全混流反应器。由此可见, 使停留时间分布集中, 可以提高反应器的生产强度。当然, 这里只是从流体的停留时间长短去分析, 转化率的高低还与流体分子间的混合有关。

8.7 非理想流动模型

显然, 不是所有的连续操作釜式反应器都具有全混流的特性, 也不是所有的管式反应器都符合活塞流的假设。要测算非理想反应器的转化率及收率, 需要对其流动状况建立适宜的流动模型。建立流动模型的依据是该反应器的停留时间分布, 普遍应用的技巧是对理想流动模型进行修正, 或者是将理想流动模型与停滞区、沟流和短路等做不同的组合。所建立的数学模型应该便于数学处理, 模型参数不应超过两个, 且要能正确反映模拟对象的物理实质。

8.7.1 轴向扩散模型

轴向扩散模型适合于返混程度较小的非理想流动系统, 如管式反应器、固定床反应器。该模型处理非理想流动系统的方法为: 将实际流动过程简化为在活塞流基础上叠加一个与流动方向相反的轴向扩散。该模型提出下列假设:

① 流体以恒定的速率流过系统。
② 与流体流动方向垂直的每一截面上, 具有均匀的径向浓度。
③ 扩散仅发生在轴向上, 物料浓度是流体流动距离的函数。

轴向扩散模型可由物料衡算导出。如图 8-15 所示, 设反应管长为 L, 管直径为 d, 反应器有效体积为 V_R, 在距反应器进口 l 处, 取长度为 dl 微元段做物料衡算。

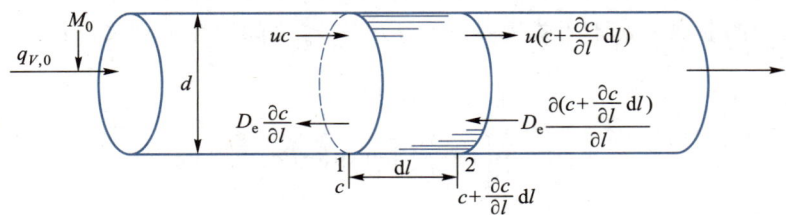

图 8-15 轴向扩散模型示意图

单位时间进入微元段的量:

$$\left[uc + D_e \frac{\partial}{\partial l} \left(c + D_e \frac{\partial c}{\partial l} dl \right) \right] \frac{\pi}{4} d^2$$

单位时间离开微元段的量:

$$\left[u\left(c + D_e \frac{\partial c}{\partial l} \mathrm{d}l \right) + D_e \frac{\partial c}{\partial l} \right] \frac{\pi}{4} d^2$$

单位时间微元段内累积的量：

$$\frac{\partial c}{\partial t} \left(\frac{\pi}{4} d^2 \right) \mathrm{d}l$$

根据输入量＝输出量＋累积量，将上列各式整理得

$$\frac{\partial c}{\partial t} = D_e \frac{\partial^2 c}{\partial l^2} - u \frac{\partial c}{\partial l} \tag{8-58}$$

式中：u 为流体线速度；c 为某一组分的浓度；D_e 为轴向扩散系数；t 为时间；l 为轴向距离。

式（8-58）为轴向扩散模型方程，若引入量纲为 1 的变量

$$\bar{c} = \frac{c}{c_0} \quad \theta = \frac{t}{\bar{t}} \quad Z = \frac{l}{L}$$

则

$$\frac{\partial \bar{c}}{\partial \theta} = \frac{1}{Pe} \frac{\partial^2 c}{\partial Z^2} - \frac{\partial c}{\partial Z} \tag{8-59}$$

式中：$\dfrac{1}{Pe} = \dfrac{D_e}{uL}$，为轴向扩散特征数，是表征返混大小的量纲为 1 的数群，其倒数 Pe 称为佩克莱（Peclet）数，其物理意义为

$$Pe = \frac{对流传递速率}{对流扩散速率}$$

Pe 表示对流流动和轴向扩散传递阻力的相对大小，当 $Pe \to 0$ 时，对流传递阻力远大于对流扩散阻力，轴向混合达到最大程度，即为全混流；当 $Pe \to N$ 时，对流传递阻力可以忽略，对流传递速率远大于对流扩散速率，即为活塞流。可见，Pe 越大，轴向返混程度越小，所以 Pe 是轴向扩散模型的参数。对于闭式边界，Pe 与方差 σ_θ^2 之间存在下列关系：

$$\bar{\theta} = 1 \tag{8-60}$$

$$\sigma_\theta^2 = \frac{2}{Pe} \left\{ 1 - \frac{1}{Pe} \left[1 - \exp(-Pe) \right] \right\} \tag{8-61}$$

当流体的返混程度较小时，可以不考虑边界条件的影响，近似由下式求：

$$\sigma_\theta^2 = \frac{2}{Pe} \tag{8-62}$$

若反应器内进行一级等温不可逆反应，$(-r_A = kc_A)$，用轴向扩散模型计算稳态非理想流动反应器的转化率时，方程（8-58）表示为

$$D_e \frac{\partial^2 c_A}{\partial l^2} - u \frac{\partial c_A}{\partial l} - kc_A = 0 \tag{8-63}$$

结合边界条件,此二阶线性常微分方程的解析解为

$$\frac{c_A}{c_{A,0}} = \frac{4\alpha \exp\left(\dfrac{Pe}{2}\right)}{(1+\alpha)^2 \exp\left(\dfrac{\alpha}{2}Pe\right) - (1-\alpha)^2 \exp\left(-\dfrac{\alpha}{2}Pe\right)} \tag{8-64}$$

式中:$\alpha = \sqrt{1 + \dfrac{4k\tau}{Pe}}$;$c_{A,0}$ 为反应物 A 的入口浓度;c_A 为反应物 A 的浓度。

8.7.2 多釜串联模型

多釜串联模型是指以 N 个等体积的全混流反应器串联来模拟一个实际反应器(图 8-16)。N 是该模型参数,N 的大小反映了实际反应器中不同的返混程度。N 个串联反应器的总体积与实际反应器体积相同。因此,在模型中总的平均停留时间与实际反应器相同,每一级平均停留时间为

$$\bar{t}_i = \frac{\bar{t}}{N}$$

式中:$\bar{t}_i$ 为每一个釜的平均停留时间;$\bar{t}$ 为总的平均停留时间。

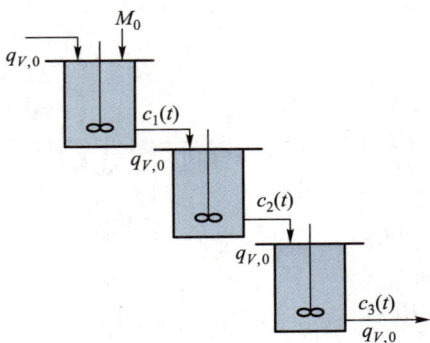

图 8-16　多釜串联模型示意图

设每一个釜内完全返混,釜与釜之间不返混。在物料总体积流量恒定为 $q_{V,0}$ 下,于系统入口以阶梯输入法注入浓度为 c_0 的示踪剂,从第一釜流出的示踪剂浓度为 $c_1(t)$,从第二釜流出的示踪剂浓度为 $c_2(t)$……从第 N 釜流出的示踪剂浓度为 $c_N(t)$。

第一釜停留时间分布函数为

$$F_1(t) = \frac{c_1(t)}{c_0} = 1 - e^{-t/\bar{t}_i}$$

第二釜对示踪剂做物料衡算:

$$q_{V,0}c_1(t)\,\mathrm{d}t = q_{V,0}c_2(t)\,\mathrm{d}t + V_R\,\mathrm{d}c_2(t)$$

$$c_1(t) - c_2(t) = \frac{V_R}{q_{V,0}} \frac{dc_2(t)}{dt}$$

式中
$$\frac{c_1(t)}{c_0} = F_1(t) = 1 - e^{-t/\bar{t}_i}$$

$$\frac{d[c_2(t)/c_0]}{dt} + \frac{1}{\bar{t}_2} \frac{c_2(t)}{c_0} = \frac{1}{\bar{t}_i}(1 - e^{-t/\bar{t}_i}) \tag{8-65}$$

式(8-65)为一阶线性常微分方程,其解为

$$\frac{c_2(t)}{c_0} = F_2(t) = 1 - e^{-t/\bar{t}_i}\left(1 + \frac{t}{\bar{t}_i}\right) \tag{8-66}$$

同理,求得第三釜的为

$$\frac{c_3(t)}{c_0} = F_3(t) = 1 - e^{-t/\bar{t}_i}\left[1 + \frac{t}{\bar{t}_i} + \frac{1}{2!}\left(\frac{t}{\bar{t}_i}\right)^2\right]$$

$$\cdots\cdots\cdots\cdots$$

第 N 釜的为

$$F_N(t) = \frac{c_N(t)}{c_0} = 1 - e^{-t/\bar{t}_i}\left[1 + \frac{t}{\bar{t}_i} + \frac{1}{2!}\left(\frac{t}{\bar{t}_i}\right)^2 + \cdots \frac{1}{(N-1)!}\left(\frac{t}{\bar{t}_i}\right)^{N-1}\right] \tag{8-67}$$

式(8-67)对 t 求导得

$$E(t) = \frac{1}{\bar{t}_i} \frac{1}{(N-1)!} e^{-t/\bar{t}_i}\left(\frac{t}{\bar{t}_i}\right)^{N-1} \tag{8-68}$$

以总平均停留时间 $\bar{t}=N\bar{t}_i$ 代入得

$$E(t) = \frac{N^N}{(N-1)!} \frac{1}{\bar{t}}\left(\frac{t}{\bar{t}}\right)^{N-1} e^{-Nt/\bar{t}} \tag{8-69}$$

以量纲为 1 的时间 $\theta = \dfrac{t}{\bar{t}}$ 表示为

$$E(\theta) = \frac{N^N}{(N-1)!}\theta^{N-1}e^{-N\theta} \tag{8-70}$$

不同 N 值计算的 $E(\theta)$ 曲线表示在图 8-17 中。分析各曲线特征可知,随着 N 值的增加,停留时间分布变窄,越接近活塞流。

利用多釜串联模型来模拟一个实际反应器的流动状况时,首先要测定停留时间分布,然后求出该停留时间分布的方差,再求出模型参数。

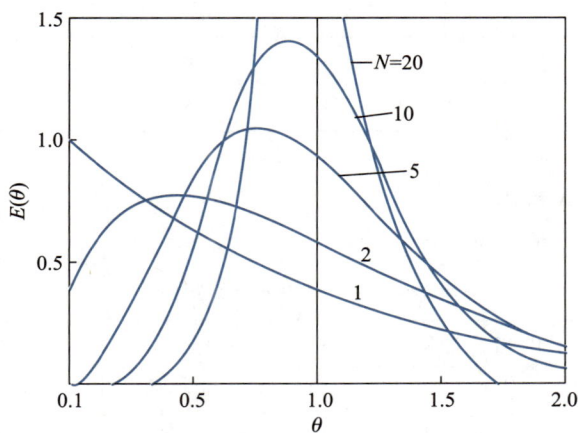

图 8-17　多釜串联模型的停留时间分布曲线

$$\sigma_\theta^2 = \int_0^\infty (\theta - \bar\theta)^2 E(\theta)\,\mathrm{d}\theta$$

$$= \int_0^\infty \theta^2 \frac{N^N}{(N-1)!}\theta^{N-1}\mathrm{e}^{-N\theta}\,\mathrm{d}\theta - 1$$

$$= \frac{N^N}{(N-1)!}\int_0^\infty \theta^{N+1}\mathrm{e}^{-N\theta}\,\mathrm{d}\theta - 1$$

$$= \frac{N+1}{N} - 1$$

$$= \frac{1}{N} \tag{8-71}$$

即一个实际反应器的停留时间分布与 N 个等体积全混流反应器串联的停留时间分布相当,两者的平均停留时间相同,方差相等。当 $N=1$ 时,$\sigma_\theta^2 = 1$,为全混流流动;当 $N \to \infty$ 时,$\sigma_\theta^2 = 0$,为活塞流流动;实际反应器的 N 为任何正整数时,方差 σ_θ^2 介于 $0 \sim 1$。以上述方法估计的模型参数 N 值,若出现非整数时,可以把小数部分视作一个体积较小的全混流反应器。有了模型参数 N,即可照多釜串联反应器的方法求反应器的出口转化率。如果各釜体积相同、停留时间相同、反应温度也相同,而且进行一级不可逆反应,反应器出口转化率可按下式计算:

$$x_A = 1 - \frac{1}{(1+k\bar t_i)^N} \tag{8-72}$$

式中:$\bar t_i$ 为每一个釜的平均停留时间。

例 8-6　对某一闭式反应器,采用脉冲输入法测定反应器出口示踪剂浓度随时间变化如表 8-9 所示。若在该反应器中进行某均相一级反应,并已知其反应速率常数 $k = 0.2\ \mathrm{min}^{-1}$。试分别用多釜串联模型和轴向扩散模型求反应器的出口转化率。

表 8-9　例 8-6 附表

t/min	0	2	4	6	8	10	12
$c(t)/(\text{g}\cdot\text{L}^{-1})$	0	2	10	8	4	2	0

解　（1）求模型参数 N 和 Pe。

将计算的有关数据列于表 8-10 中。

表 8-10　例 8-6 计算数据

t/min	0	2	4	6	8	10	12	$\sum$
$c(t)/(\text{g}\cdot\text{L}^{-1})$	0	2	10	8	4	2	0	26
$tc(t)/(\text{g}\cdot\text{min}\cdot\text{L}^{-1})$	0	4	40	48	32	20	0	144
$t^2c(t)/(\text{g}\cdot\text{min}^2\cdot\text{L}^{-1})$	0	8	160	288	256	200	0	912

$$\bar{t} = \frac{\sum\limits_0^\infty tc(t)}{\sum\limits_0^\infty c(t)} = \frac{144}{26} = 5.54$$

$$\sigma_t^2 = \frac{\sum\limits_0^\infty t^2 c(t)}{\sum\limits_0^\infty c(t)} - \bar{t}^2 = \frac{912}{26} - 5.54^2 = 4.39$$

$$\sigma_\theta^2 = \frac{\sigma_\theta^2}{\bar{t}^2} = \frac{4.39}{5.54^2} = 0.143$$

$$N = \frac{1}{\sigma_\theta^2} = \frac{1}{0.143} = 6.99 \approx 7.0$$

$$\sigma_\theta^2 = \frac{2}{Pe}\left\{1 - \frac{1}{Pe}\left[1 - \exp(-Pe)\right]\right\}$$

$$0.143 = \frac{2}{Pe}\left\{1 - \frac{1}{Pe}\left[1 - \exp(-Pe)\right]\right\}$$

$$Pe \approx 13$$

（2）求反应器出口转化率。

多釜串联模型

$$x_A = 1 - \frac{1}{(1 + k\bar{t}_i)^N} = 1 - \frac{1}{\left(1 + 0.2 \times \dfrac{5.54}{7}\right)^7} = 0.642$$

轴向扩散模型

$$\alpha = \sqrt{1 + \frac{4k\tau}{Pe}} = \sqrt{1 + \frac{4 \times 0.2 \times 5.54}{13}} = 1.158$$

$$x_A = 1 - \frac{c_A}{c_{A,0}} = 1 - \frac{4\alpha\,\exp\left(\dfrac{Pe}{2}\right)}{(1+\alpha)^2\,\exp\left(\dfrac{\alpha}{2}Pe\right) - (1-\alpha)^2\,\exp\left(-\dfrac{\alpha}{2}Pe\right)}$$

$$= \frac{4\times1.158\,\exp\left(\dfrac{13}{2}\right)}{(1+1.158)^2\,\exp\left(\dfrac{1.158}{2}\times13\right) - (1-1.158)^2\,\exp\left[-\left(\dfrac{1.158}{2}\times13\right)\right]}$$

$$= 0.644$$

本章物理量符号说明

英文字母：

c——浓度，$mol\cdot m^{-3}$；

D_i——轴向扩散系数；

$E(t)$——停留时间分布密度函数，即单位时间间隔内物料的分数；

$F(t)$——停留时间分布函数，即停留时间 $0\sim t$ 的物料在进料总量中所占的分数；

l——轴向距离，m；

N——反应器个数；

n——物质的量，mol；

Pe——佩克莱数；

Q,q_V——反应器中物料的体积流量，$m^3\cdot s^{-1}$；

SV——空速，即在规定的条件下单位时间单位体积催化剂处理的气体量，$m^3\cdot m^{-3}h^{-1}$，可简化为 h^{-1}；

t——时间，s；

$\bar{t}$——平均停留时间，s；

V——反应器有效体积，m^3；

x——转化率。

希腊字母：

β——选择性；

δ——气体反应的膨胀因子；

ξ——反应进度；

ν_i——组分 i 的化学计量数；

θ——对比时间；

σ_t^2——方差，也称离散度；

τ——空时，$\tau = V/q$，s。

习　　题

8-1　已知某气相反应在 450 K 下进行时，其反应速率方程为

$$-\frac{dp_A}{dt} = 2.58 \times 10^{-6} p_A^2,\ Pa \cdot h^{-1}$$

试求：(1) 反应速率常数 k_p 的单位；

(2) 假如反应速率方程可表示为 $-r_A = -\frac{1}{V_R} \cdot \frac{dn}{dt} = kc_A^2,\ kmol \cdot m^{-3} \cdot h^{-1}$，那么 k_c 为多少？

答：(1) $Pa^{-1} \cdot h^{-1}$；(2) $9.65 \times 10^{-3}\ m^3 \cdot mol^{-1} \cdot h^{-1}$

8-2　乙烷脱氢裂解反应方程式为

$$C_2H_6 \longrightarrow C_2H_4 + H_2$$
$$\text{A} \qquad\quad \text{R} \quad\ \text{S}$$

已知反应物 A 的初始浓度 $y_{A,0} = 1.000$，出口物料中 A 的浓度为 $y_A = 0.0900$，求 A 的转化率。

答：83.5%

8-3　氨接触氧化的主、副反应为

$$4NH_3 + 5O_2 \rightleftharpoons 4NO + 6H_2O + Q \qquad (主反应)$$
$$4NH_3 + 3O_2 \rightleftharpoons 2N_2 + 6H_2O + Q \qquad (副反应)$$

已知反应器进、出口处物料组成如表 8-11 所示。求氨的转化率和一氧化氮的收率及选择性。

表 8-11　习题 8-3 附表

组成	进口处 $x/\%$	出口处 $x/\%$
NH_3	11.52	0.22
O_2	23.04	8.7
N_2	62.67	
H_2O	2.76	
NO	0	

答：98.07%；97.64%；99.56%

8-4　物料以稳态连续流过某反应器，其体积流量为 $q_{V,0} = 2\ m^3 \cdot min^{-1}$。用脉冲输入法输入 1 g 示踪剂后，立即在出口测得示踪剂浓度随时间的变化曲线，如图 8-18 所示。试说明利用本题附图绘制停留时间分布密度函数随时间变化图形的方法。

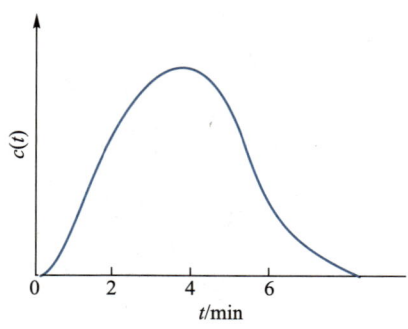

图 8-18　习题 8-4 附图

8-5　物料以 $0.01\ m^3 \cdot s^{-1}$ 的恒定流量流经反应器有效体积为 $2.5\ m^3$ 的全混流反应器，试计算物料在反应器内停留时间为 $0 \sim \bar{t}$、$\bar{t} \sim (\bar{t} + 100\ s)$ 的物料分数。

答：0.632；0.121

8-6　物料以 $0.25\ m^3 \cdot s^{-1}$ 的体积流量流经反应器有效体积均为 $1\ m^3$ 的活塞流反应器和全混流反应器

串联系统,试求:

(1) 物料经过该系统的平均停留时间;

(2) 该系统出口处物料的停留时间分布密度函数表达式和图形;

(3) $t=0$ s,4 s,8 s 时的 $E(t)$ 值。

答:(1) 8 s;(2) $E(t)=\dfrac{1}{4}\mathrm{e}^{-(t-4)/4}$,图形见下;(3) 0,0.25 s^{-1},0.092 s^{-1}

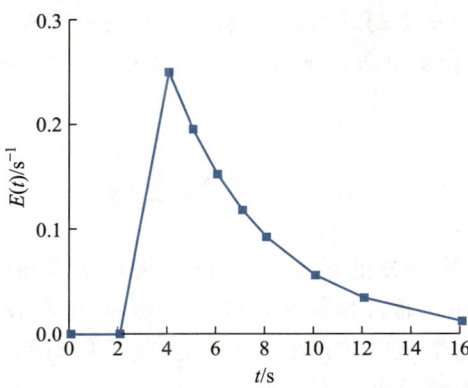

8-7   试根据脉冲输入法测得的数据(表8-12),判断所测系统接近于何种理想流动模型。

表 8-12   习题 8-7 附表

t/min	6	12	60	120	300	600	1200	1800
$c(t)/(10^{-3}\mathrm{kg\cdot m^{-3}})$	1.96	1.93	1.64	1.34	0.74	0.27	0.034	0.004

8-8   试利用例8-4中的 t-$c(t)$ 数据,计算:

(1) 平均停留时间 $\bar{t}$;

(2) 方差 σ_θ^2。

答:(1) 51.50 s;(2) 0.156

8-9   用脉冲输入法自一反应器出口测得如表8-13所示数据,若物料的初始体积流量 $q_{V,0}=0.8$ m^{3}min^{-1},求反应器的有效体积。

表 8-13   习题 8-9 附表

t/min	0	2	4	6	8	10	12	14	16
$c(t)/(\mathrm{kg\cdot m^{-3}})$	0	6.5	12.5	12.5	10	5.0	2.5	1.0	0

答:5.0 m^3

8-10   在测定动力学数据时常用内循环式无梯度反应器。该反应器实质上是一个全混流反应器。为了判断是否达到了全混流,以氩作主流体,氢为示踪剂。氢的初始浓度为 c_0,用阶梯输入法测得反应器出口处氢的浓度 $c(t)/c_0$ 如表8-14所示。表中 s 为记录纸的移动距离,记录纸的移动速率 u 是恒定不变的。试根据以上数据判断是否达到了全混流。

表 8-14   习题 8-10 附表

$(s/u)/\mathrm{min}$	0	4	9	14	24	34	44
$c(t)/c_0$	0	0.333	0.579	0.757	0.908	0.963	0.986

答:略

第9章 均相反应过程

均相反应是指所有参加反应的物质均处于同一相内的化学反应,它不存在相间传质。在化学反应工程中,研究均相反应的目的,在于了解均相反应器内物料流动状况对于反应过程的影响。

9.1 间歇反应器

间歇反应器

在间歇反应器内,由于物料分批加入,每批反应物料浓度随时间变化,所有反应物料的反应时间相同。通常物料在器内混合均匀,不存在浓度梯度和温度梯度。间歇反应器内化学反应转化率(或浓度)随反应时间变化的规律,可由物料衡算和反应速率方程导出。

9.1.1 反应器结构和操作

图 9-1 是常见的搅拌釜式间歇反应器。除配有良好的搅拌装置外,还配有夹套(或蛇管),可以向系统提供热量或移走热量,以便控制反应系统的温度。顶盖上配有各种工艺接管,用以测量温度、压力和添加物料。反应物料按一定配比加入反应器内,搅拌,经过一定反应时间,达到规定转化率后,将物料排放出反应器,完成一个操作周期。

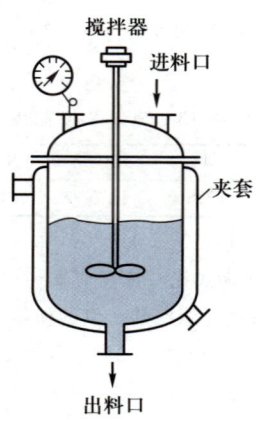

图 9-1 搅拌釜式间歇
反应器示意图

9.1.2　反应器基本关系式

在间歇反应器内，物料分批加入，每批反应物料浓度随时间变化，所有反应物料的反应时间相同。通常，物料在反应器内混合均匀，不存在浓度梯度和温度梯度。间歇反应器内化学反应转化率（或浓度）随反应时间变化的规律，可由物料衡算和反应速率方程导出。

如图 9-2 所示，设在有效容积为 V_R 的间歇反应器内，反应物组分 A 的浓度为 c_A。对 $t \sim (t+dt)$ 的时间间隔进行物料衡算，则原有反应物 A 的量为 $V_R \cdot c_A$，减去反应器内剩余反应物 A 的量 $V_R(c_A + dc_A)$，等于反应过程消耗 A 的量 $(-r_A) \cdot V_R \cdot dt$，即

$$V_R \cdot c_A - V_R(c_A + dc_A) = (-r_A) \cdot V_R \cdot dt$$

整理得

$$-r_A = -\frac{dc_A}{dt}$$

所以

$$t = -\int_{c_{A,0}}^{c_A} \frac{dc_A}{(-r_A)} = \int_{c_A}^{c_{A,0}} \frac{dc_A}{(-r_A)} \tag{9-1}$$

式中：$c_{A,0}$ 为反应物初始浓度。

式（9-1）用转化率 x_A 表示，则为

$$t = c_{A,0} \int_0^{x_A} \frac{dx_A}{(-r_A)} \tag{9-2}$$

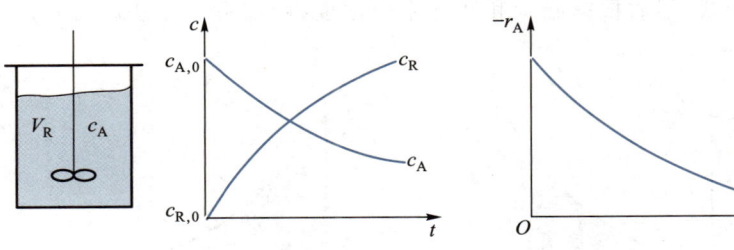

图 9-2　间歇反应器特征

1. 简单一级反应

对于简单一级反应：

$$A \longrightarrow R$$

$$-r_A = kc_A = kc_{A,0}(1-x_A)$$

则

$$t = c_{A,0} \int_0^{x_A} \frac{dx_A}{kc_{A,0}(1-x_A)} = \frac{1}{k} \ln \frac{1}{1-x_A} \tag{9-3}$$

或

$$t = \frac{1}{k} \ln \frac{c_{A,0}}{c_A} \qquad (9-4)$$

反应物 A 的残余浓度和转化率为

$$c_A = c_{A,0} \cdot e^{-kt}; \quad x_A = 1 - e^{-kt} \qquad (9-5)$$

2. 简单二级反应

对于简单二级反应： $A + B \longrightarrow R (c_{A,0} = c_{B,0})$

$$-r_A = k c_A^2 = k c_{A,0}^2 (1 - x_A)^2$$

$$t = c_{A,0} \int_0^{x_A} \frac{dx_A}{k c_{A,0}^2 (1 - x_A)^2} = \frac{x_A}{k c_{A,0} (1 - x_A)} \qquad (9-6)$$

或

$$t = \frac{1}{k} \left(\frac{1}{c_A} - \frac{1}{c_{A,0}} \right) \qquad (9-7)$$

反应物 A 的残余浓度和转化率为

$$c_A = \frac{c_{A,0}}{1 + k t c_{A,0}}; \quad x_A = \frac{k t c_{A,0}}{1 + k t c_{A,0}} \qquad (9-8)$$

当反应动力学模型复杂,难以积分求解或者尚不知动力学模型时,也可用数值积分法求解。

首先由实验测出一组 x_A 与 $-r_A$ 或 c_A 与 $-r_A$ 数据,在直角坐标上绘出 x_A 与 $c_{A,0}/(-r_A)$ 或 c_A 与 $1/(-r_A)$ 的曲线,然后根据起始和转化率或浓度,用图解积分法即可求出反应时间,如图 9-3 所示。

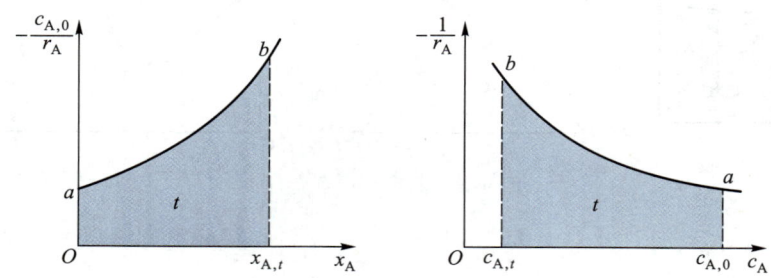

图 9-3   图解积分法求间歇反应器反应时间

由上可知,在间歇反应器内,反应物达到一定的转化率所需的反应时间,只取决于反应速率,即动力学因素,与反应器的大小无关。反应器的大小将由所处理的物料量决定,上述计算式对小型设备和大型设备均适用。因此,用实验室或中试数据设计大型设备时,只要保证两种情况下的反应条件相同,就可以做到高倍数的放大,达到同样的反应效果。

3. 反应器体积

间歇反应器的反应体积大小由单位时间反应器处理的物料量和操作时间决定,单位时间内反应器处理的物料量通常由生产任务决定。该类反应器为间歇操作,每进行一批生产,除了一定的反应时间外,还需要装料、卸料、升(或降)温和清洗等辅助生产时间。所以,每一周期的实际操作时间包含反应时间 t 和辅助生产时间 t'。

根据反应时间可计算反应器有效容积 V_R:

$$V_R = \frac{日处理量}{24}(t+t') \tag{9-9}$$

实际所需反应器体积,考虑物料上方有一定的空间,可通过下式计算:

$$V = \frac{V_R}{\varphi} \tag{9-10}$$

式中:φ 为反应器装料系数,其值取决于物料性质。对于易起泡和在沸腾下操作的液体,$\varphi = 0.4 \sim 0.6$;对于不易起泡和不在沸腾条件下操作的液体,$\varphi = 0.7 \sim 0.85$。

若计算得到的 V 值很大,可以选用几个小的反应釜,所需釜数 m 按下式确定:

$$m = \frac{V}{V_m} \tag{9-11}$$

式中:V_m 为小釜的体积,m^3。

考虑反应釜制造和使用的方便,釜的体积和尺寸都有规定的标准。在确定实际反应釜的体积时,应将计算结果进行圆整后,选择与计算结果 V 相当或稍大的标准体积。从提供劳动生产率和降低设备投资考虑,选用体积大、个数少的设备更为有利。但是,一般还需综合考虑其他因素做全面比较,有时还需要考虑大型设备的操作工艺和生产控制方法是否成熟。

例 9-1 已知某一级反应 $A \xrightarrow{328\,K} B+C$,在反应温度 328 K 下的反应速率常数 $k = 0.23\ s^{-1}$,要求反应转化率达到 90%,日处理量为 24 m^3,采用间歇反应器,每批料的辅助时间为 2 h,装料系数 $\varphi = 0.80$,试计算反应器的有效容积 V_R 和反应器体积 V。

解 一级反应转化率

$$x_A = 1 - e^{-kt}$$

将 $x_A = 0.9$ 和 $k = 0.23\ s^{-1}$ 代入,得

$$0.9 = 1 - e^{-0.23\,t}$$

$$t = 10\ s$$

$$V_R = \frac{24}{24} \times (10/3600 + 2)\ m^3 = 2.00\ m^3$$

$$V = V_R/\varphi = (2.00/0.8)\ m^3 = 2.5\ m^3$$

9.2 活塞流反应器或理想管式反应器

管式反应器可用于均相反应,也可用于多相反应。化工生产过程使用的连续操作管式反应器,在反应器内存在不同程度的径向和轴向上的返混,当物料的流动处于湍流状态时接近活塞流。人们将物料在这类反应器内的流动模拟为活塞流流动,提出连续操作的理想管

式反应器,也叫活塞流反应器。

该反应器具有以下特点:物料中的所有流体微元在反应器内以相同的流速、沿同一个方向向前移动,即所有质点的停留时间相同;在径向上不存在浓度分布,沿轴线方向上不存在返混;由于流体的主体流动和发生化学反应,反应器内物料的有关参数(如浓度、温度等)及反应速率仅沿空间位置变化(图9-4),不随时间变化。物料流经活塞流反应器的空间时间和转化率的关系可由物料衡算和反应速率方程求出。

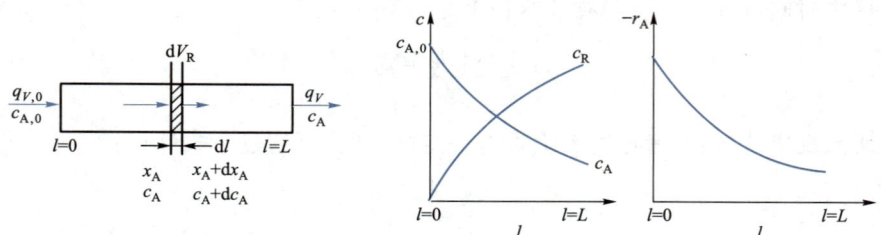

图 9-4   活塞流反应器特性

由图 9-4 可以看出,管式反应器内反应物的浓度经历一个由大到小逐渐变化的过程,相应地,反应速率也有一个逐渐变化的过程,并在出口处达到最小。

在活塞流反应器内,物料的浓度沿轴向变化。如图 9-4 所示,反应物料以体积流量 $q_{V,0}$ 进入反应器,其中组分 A 的浓度为 $c_{A,0}$,反应器中物料的转化用组分 A 的转化率 x_A 表示,反应速率为 $-r_A$。在反应器内取一微元 $\mathrm{d}V_R$ 做物料衡算的范围,以反应物中的组分 A 做衡算组分,单位时间进入微元体积 $\mathrm{d}V_R$ 的组分 A 的量为 $q_{V,0}c_{A,0}(1-x_A)$,单位时间离开微元体积 $\mathrm{d}V_R$ 的组分 A 的量为 $q_{V,0}c_{A,0}[1-(x_A+\mathrm{d}x_A)]$,单位时间反应消耗的组分 A 的量为 $(-r_A)\mathrm{d}V_R$,则该微元体积内的物料衡算关系为

$$q_{V,0}c_{A,0}(1-x_A) = q_{V,0}c_{A,0}[1-(x_A+\mathrm{d}x_A)]+(-r_A)\mathrm{d}V_R$$

简化得

$$-r_A = c_{A,0}\frac{\mathrm{d}x_A}{\mathrm{d}V_R/q_{V,0}}$$

积分得

$$\frac{V_R}{q_{V,0}} = c_{A,0}\int_0^{x_A}\frac{\mathrm{d}x_A}{-r_A} \tag{9-12}$$

根据空间时间定义得

$$\tau = \frac{V_R}{q_{V,0}} = c_{A,0}\int_0^{x_A}\frac{\mathrm{d}x_A}{-r_A} \tag{9-13}$$

9.2.1   简单一级反应

对于简单一级反应:

$$A \longrightarrow R$$

$$-r_A = kc_A = kc_{A,0}(1-x_A)$$

$$\tau = \frac{V_R}{q_{V,0}} = c_{A,0} \int_0^{x_A} \frac{\mathrm{d}x_A}{kc_{A,0}(1-x_A)} = \frac{1}{k} \ln \frac{1}{1-x_A} \tag{9-14}$$

反应物残余浓度和反应转化率分别为

$$c_A = c_{A,0} \cdot e^{-k\tau}; \quad x_A = 1 - e^{-k\tau} \tag{9-15}$$

9.2.2 简单二级反应

对于简单二级反应: $\qquad A + B \longrightarrow R(c_{A,0} = c_{B,0})$

$$-r_A = kc_A^2 = kc_{A,0}^2(1-x_A)^2$$

$$\tau = \frac{V_R}{q_{V,0}} = c_{A,0} \int_0^{x_A} \frac{\mathrm{d}x_A}{kc_{A,0}^2(1-x_A)^2} = \frac{1}{kc_{A,0}} \frac{x_A}{1-x_A} \tag{9-16}$$

反应物残余浓度和反应转化率分别为

$$c_A = \frac{c_{A,0}}{1+k\tau c_{A,0}}; \quad x_A = \frac{k\tau c_{A,0}}{1+k\tau c_{A,0}} \tag{9-17}$$

9.2.3 反应器体积

当反应前后物质的量发生变化时, δ_A 为膨胀因子, $y_{A,0}$ 为 A 组分的起始摩尔分数, 对于气相 n 级反应, 有

$$-r_A = k \left[\frac{c_{A,0}(1-x_A)}{1+\delta_A y_{A,0} x_A} \right]^n \tag{9-18}$$

$$\frac{V_R}{q_{V,0}} = c_{A,0} \int_0^{x_A} \frac{1}{k} \left[\frac{1+\delta_A y_{A,0} x_A}{c_{A,0}(1-x_A)} \right]^n \mathrm{d}x_A$$

$$= \frac{1}{kc_{A,0}^{n-1}} \int_0^{x_A} \left(\frac{1+\delta_A y_{A,0} x_A}{1-x_A} \right)^n \mathrm{d}x_A \tag{9-19}$$

当不知反应动力学模型或动力学模型较复杂而不能解析求解时, 可用如图 9-5 所示的数值积分法近似求解。图中曲线下方面积为所求反应器有效容积, 其作图方法与间歇反应器图解积分的作图方法相同。

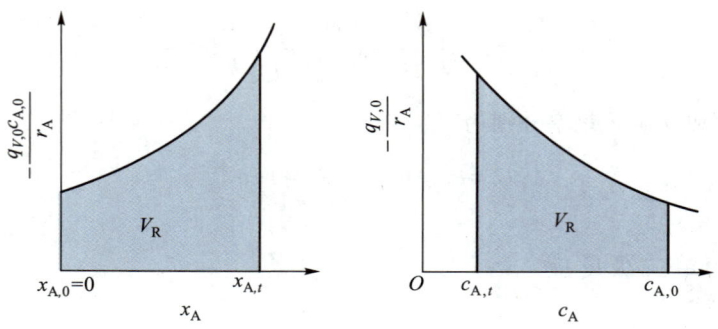

图 9-5　活塞流反应器有效容积的图解

例 9-2　用管式反应器裂解乙烷生产乙烯$C_2H_6 \longrightarrow C_2H_4 + H_2$，该反应为简单一级反应：$-r_A = kc_A$，已知 $k = 1.535 \times 10^{14} e^{-E/(RT)}$，$E = 2.94 \times 10^5$ J·mol^{-1}，物料在反应器内的流速为 124 m·s^{-1}。管子的长径比很大，可视为活塞流反应器。生产中用蒸汽稀释原料气，稀释的汽、烃物质的量之比为 0.3，操作压强为 1.42×10^5 Pa，当反应温度由原来的 800 ℃ 提高到900 ℃ 而转化率仍为 50% 时，若不计副反应的影响，试比较反应段的长度。

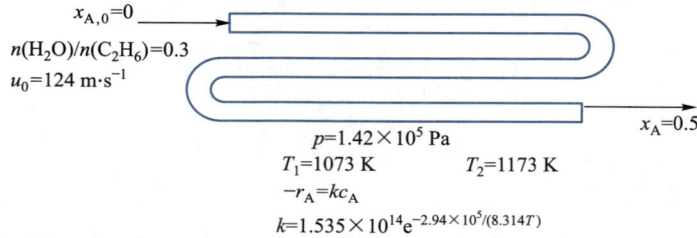

解　已知　$p = 1.42 \times 10^5$ Pa，　$x_A = 0.5$

$u_0 = 124$ m·s^{-1}，　$y_{A,0} = 1/(1+0.3) = 0.769$

$\delta_A = (1+1-1)/1 = 1$

$T_1 = 1073$ K，　$T_2 = 1173$ K

$k_{1073} = 1.535 \times 10^{14} e^{-2.94 \times 10^5 \times (8.314 \times 1073)}$ s^{-1} = 0.747 s^{-1}

$k_{1173} = 1.535 \times 10^{14} e^{-2.94 \times 10^5 \times (8.314 \times 1173)}$ s^{-1} = 12.40 s^{-1}

根据活塞流反应器体积计算公式，$n = 1$ 时，有

$$\tau = \frac{V_R}{q_{V,0}} = c_{A,0} \int_0^{x_A} \frac{dx_A}{(-r_A)}$$

$$-r_A = k\left[\frac{c_{A,0}(1-x_A)}{1+\delta_A y_{A,0} x_A} \right]$$

$$\frac{V_R}{q_{V,0}} = \frac{1}{k} \int_0^{x_A} \left(\frac{1+\delta_A y_{A,0} x_A}{1-x_A} \right) dx_A$$

积分得

$$\frac{V_R}{q_{V,0}} = \frac{1}{k} \left[(1+\delta_A y_{A,0}) \ln \frac{1}{1-x_A} - \delta_A y_{A,0} x_A \right]$$

而 $\dfrac{V_R}{q_{V,0}} = \tau = \dfrac{1}{u_0}$，即　　　　　　　　　　　　　　　$l = u_0 \tau$

当 $T_1 = 1073$ K 时，
$$\tau = \frac{1}{0.747}\left[\,(1+0.769\times1)\ln\frac{1}{1-0.5}-0.769\times1\times0.5\right]\text{ s}=1.13\text{ s}$$
$$L_1 = 1.13\times124\text{ m}=140\text{ m}$$

当 $T_1 = 1173$ K 时，
$$\tau = \frac{1}{12.40}\left[\,(1+0.769\times1)\ln\frac{1}{1-0.5}-0.769\times1\times0.5\right]\text{ s}=6.79\times10^{-2}\text{ s}$$
$$L_2 = 6.79\times10^{-2}\times124\text{ m}=8.4\text{ m}$$

由以上计算可知，裂解温度由 800 ℃ 提高到 900 ℃ ，可使反应段长度大幅度减少。

9.3　连续搅拌釜式反应器

连续搅拌釜式反应器是化工生产中广泛使用的一种反应器。该反应器结构和间歇釜式反应器相同，反应器内物料被充分搅拌，混合均匀而接近于全混流反应器。反应物料连续加到反应器中，反应产物不断从反应器流出。理想连续操作的釜式反应器又叫全混流反应器。

由于强烈的搅拌作用，全混流反应器内物料的浓度和温度各处相等；进入反应器的反应物料立即与存留于反应器内的物料达到瞬间混合；反应器出口处物料的浓度、温度与反应器内物料的浓度、温度相等，即反应物处于出口状态的低浓度。若在等温下，该反应器内为低浓度、恒速率反应，如图 9-6 所示。

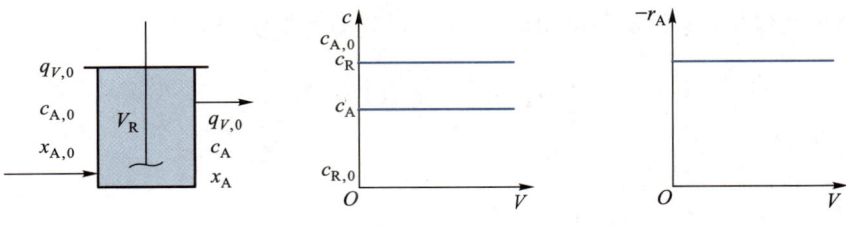

图 9-6　全混流反应器特性

物料在连续搅拌釜式反应器内运行的空间时间和反应转化率的关系，可由物料衡算和化学反应速率方程导出。假设在稳态流动时，反应物的流量为 $q_{V,0}$，组分 A 的浓度为 $c_{A,0}$，反应器有效体积为 V_R，反应速率为 $-r_A$，则单位时间输入反应器中的反应物 A 的量为 $q_{V,0}c_{A,0}$，而单位时间离开反应器的反应物 A 的量为 $q_{V,0}c_A$，单位时间因化学反应消耗反应物 A 的量为 $(-r_A)\cdot V_R$。则

$$q_{V,0}\,c_{A,0}=q_{V,0}c_A+(-r_A)\cdot V_R$$

整理得

$$\frac{V_R}{q_{V,0}}=\frac{c_{A,0}-c_A}{-r_A}=c_{A,0}\cdot\frac{x_A}{-r_A} \tag{9-20}$$

9.3.1   简单一级反应

对于简单一级反应：$A \longrightarrow R$，其动力学模型为

$$-r_A = kc_A = kc_{A,0}(1-x_A)$$

代入式(9-20)，并令 $\dfrac{V_R}{q_{V,0}} = \tau$（空间时间），则

$$\tau = \frac{V_R}{q_{V,0}} = \frac{c_{A,0}x_A}{kc_{A,0}(1-x_A)} = \frac{x_A}{k(1-x_A)} \qquad (9-21)$$

反应物残余浓度和反应转化率分别为

$$c_A = \frac{c_{A,0}}{1+k\tau}; \quad x_A = \frac{k\tau}{1+k\tau} \qquad (9-22)$$

9.3.2   简单二级反应

对于简单二级反应：$A+B \longrightarrow R(c_{A,0}=c_{B,0})$，其动力学模型为

$$-r_A = kc_A^2 = kc_{A,0}^2(1-x_A)^2$$

代入式(9-20)得

$$\tau = \frac{V_R}{q_{V,0}} = \frac{c_{A,0}x_A}{kc_{A,0}^2(1-x_A)^2} = \frac{x_A}{kc_{A,0}(1-x_A)^2} \qquad (9-23)$$

反应物残余浓度和反应转化率分别为

$$c_A = \frac{\sqrt{1+4k\tau c_{A,0}}-1}{2k\tau}; x_A = 1 - \frac{\sqrt{1+4k\tau c_{A,0}}-1}{2k\tau c_{A,0}} \qquad (9-24)$$

9.3.3   反应器体积

全混流反应器有效容积的计算，一般不需要用图解法。当反应动力学关系已知时，式(9-20)也可用如图9-7所示的方法图解。

对照式(9-20)可知，图中矩形面积为全混流反应器的有效容积。

对于复杂化学反应，用解析法求解较麻烦时，可采用下述图解法求解。

将式(9-20)改写成如下形式：

$$-r_A = \frac{c_{A,0}x_A}{V_R/q_{V,0}} = \frac{c_{A,0}x_A}{\tau} \qquad (9-25)$$

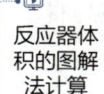

反应器体积的图解法计算

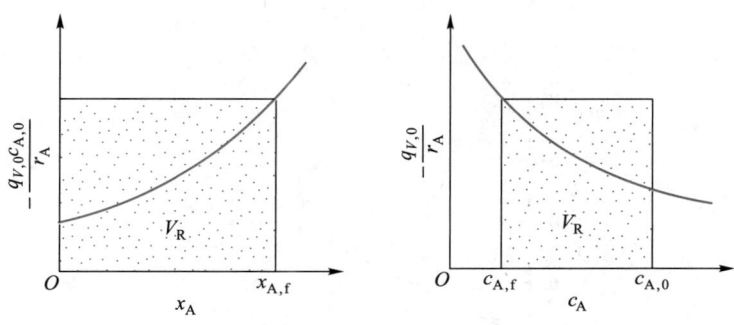

图 9-7　全混流反应器有效容积的图解

等式左边为 $-r_A = kc_A^n$，由该化学反应动力学参数 (k, δ_A, n) 所决定的反应速率，为指数函数曲线，如图 9-8 所示曲线①；等式右边为由全混流反应器操作条件 $(c_{A,0}, \tau)$ 决定的反应速率。由于反应器内浓度均一，故为直线方程，如图 9-8 所示直线②。两线的交点 O'，即为全混流反应器的操作点，表明全混流反应器维持在该点操作的反应速率，其对应于横坐标上的值，应为反应器的出口转化率与反应物 A 的初始浓度乘积 $c_{A,0} x_A$。图中指数函数曲线，可根据动力学实验数据描绘出，而直线则可根据全混流反应器的速率方程 $-r_A = \dfrac{c_{A,0} x_A}{\tau}$ 的斜率作出。

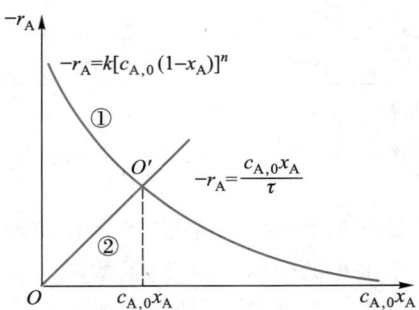

图 9-8　图解法求复杂化学反应的
全混流反应器出口转化率

例 9-3　在全混流反应器中进行不可逆二级反应 A+B ⟶ R+S，若 $c_{A,0} = c_{B,0}$，则该反应动力学模型为 $-r_A = kc_A^2 = kc_{A,0}^2 (1-x_A)^2$。已知 $c_{A,0} = 1.00 \text{ mol·L}^{-1}$，$k = 1.00 \text{ L·s}^{-1}$，求空间时间为 2.0 s 时的反应转化率。

解　(1) 解析法

二级反应的转化率为

$$\bar{x}_A = 1 - \frac{\sqrt{1+4k\tau c_{A,0}} - 1}{2k\tau c_{A,0}} = 1 - \frac{\sqrt{1+4\times1.00\times2.0\times1.00} - 1}{2\times1.00\times2.0\times1.00} = 0.50 = 50\%$$

(2) 图解法

以 $-r_A$ 为纵坐标、$c_{A,0} x_A$ 为横坐标作图，如图 9-9 所示，由作图结果得到 $c_{A,0} x_A = 0.5$，因为 $c_{A,0} = 1.00 \text{ mol·L}^{-1}$，所以 $x_A = 0.5 = 50\%$。与解析法计算所得结果一致。

全混流反应器内物料的混合有微观混合和宏观混合两种混合状态。从混合尺度看，前者达到了分子尺度的均匀混合；后者则只能达到凝集微团尺度的均匀混合。两者的停留时间分布函数相同，而化学反应结果却有差别，如图 9-10 所示。

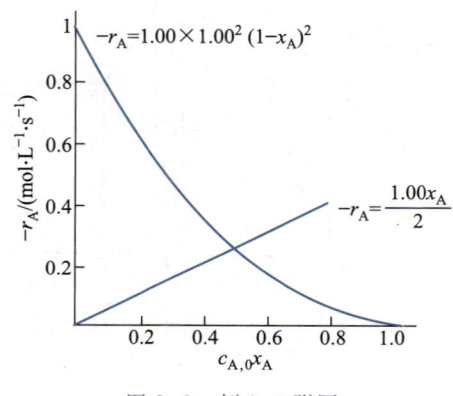

图 9-9   例 9-3 附图

图 9-10   微观混合和宏观混合示意图

　　在宏观混合系统内,反应器出口浓度只可能是不同停留时间物料微团的浓度平均值。从每一物料微团看,类似于一个很小的间歇反应器,各微团内的反应物浓度取决于各微元的停留时间和反应动力学;而在微观混合系统内,新加入的物料可立即与釜内物料混合均匀并达到出口物料浓度,反应器内物料浓度均一,反应速率也相同。显然,以前的讨论都是针对微观混合而言的。

　　为了说明微观混合和宏观混合之间的异同,设反应物料为凝集微团,其中组分 A 的初始浓度为 $c_{A,0}$,在反应进行 t 时间后,浓度降低至 $c(t)$,因为停留时间为 $t \sim (t+\mathrm{d}t)$ 的物料微团所占的分数为 $E(t)\mathrm{d}t$,运用分布函数求平均值的方法,则反应出口处组分 A 的平均浓度 $\bar{c}_A$ 和平均转化率 $\bar{x}_A$ 分别为

$$\bar{c}_A = \int_0^\infty c_A(t)E(t)\mathrm{d}t \qquad (9-26)$$

$$\bar{x}_A = \int_0^\infty x_A(t)E(t)\mathrm{d}t \qquad (9-27)$$

　　将简单一级反应的动力学方程 $x_A(t)=1-\mathrm{e}^{-kt}$ 和全混流反应器停留时间分布密度函数 $E(t)=\dfrac{1}{\tau}\mathrm{e}^{-t/\tau}$ 代入式(9-27),得

$$\overline{x}_A = \int_0^\infty (1-e^{-kt}) \frac{1}{\tau} e^{-t/\tau} dt$$

$$= 1 - \frac{1}{1+k\tau} = \frac{k\tau}{1+k\tau} \tag{9-28}$$

该式积分结果与微观混合的结果完全相同。这是因为一级反应的反应转化率与反应物浓度无关,才有上述结果。对于非一级反应,两者则不相同。

在全混流反应器中,设有浓度分别为 $c_{A,1}$ 和 $c_{A,2}$ 的两个容积(V)相等的物料微团,如为凝集流体的宏观混合,两种不同浓度微团的总反应速率为

$$(-r_A)_{宏} = (Vkc_{A,1}^n + Vkc_{A,2}^n)/2V = \frac{k(c_{A,1}^n + c_{A,2}^n)}{2} \tag{9-29}$$

若为互溶流体的微观混合,釜内达到分子状态的均匀混合,其总反应速率为

$$(-r_A)_{微} = \frac{2Vk}{2V}\left(\frac{c_{A,1}+c_{A,2}}{2}\right)^n = k\left(\frac{c_{A,1}+c_{A,2}}{2}\right)^n \tag{9-30}$$

对比式(9-29)和式(9-30),得

$$(-r_A)_{宏}/(-r_A)_{微} = \frac{(c_{A,1}^n + c_{A,2}^n)/2}{[(c_{A,1}+c_{A,2})/2]^n} \tag{9-31}$$

当 $n=1$ 时,　　　　　$(-r_A)_{宏}/(-r_A)_{微}=1$,　$(x_A)_{宏}=(x_A)_{微}$

当 $n>1$ 时,　　　　　$(-r_A)_{宏}>(-r_A)_{微}$,　$(x_A)_{宏}>(x_A)_{微}$

当 $n<1$ 时,　　　　　$(-r_A)_{宏}<(-r_A)_{微}$,　$(x_A)_{宏}<(x_A)_{微}$

对于无返混的反应器,如活塞流反应器和间歇反应器,物料在反应器内的停留时间相同,两种混合状况的反应结果一致。

9.4　全混流反应器的串联操作

单个全混流反应器因反应物浓度低,反应速率低,转化率低。为提高反应速率,可以采取若干个全混流反应器串联操作。多釜串联反应器是由几个连续搅拌釜串联而成的,物料在每一釜中的流动状况都接近于全混流反应器。

如图9-11所示,设 N 个连续搅拌釜串联,釜内物料流动状况均能满足全混流假设;釜与釜之间符合平推流,不存在返混,不发生反应;浓度呈阶梯形变化;各釜的有效容积 V_R 相同,物料的初始体积流量为 $q_{V,0}$。

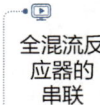

全混流反应器的串联

在多釜串联的反应器内,上一个反应器流出的物料作为下一个反应器的进料,第 i 个反应器入口处 A 的转化率为 $x_{A,i-1}$,出口处 A 的转化率为 $x_{A,i}$,反应器有效体积为 $V_{R,i}$,该釜的反应速率为 $-r_{A,i}$,在稳态流动时,若反应前后无物质的量变化,对于其中任一釜的物料衡算式为

$$q_{V,0} c_{A,0}(1-x_{A,i-1}) - q_{V,0} c_{A,0}(1-x_{A,i}) - (-r_{A,i})V_R = 0 \tag{9-32}$$

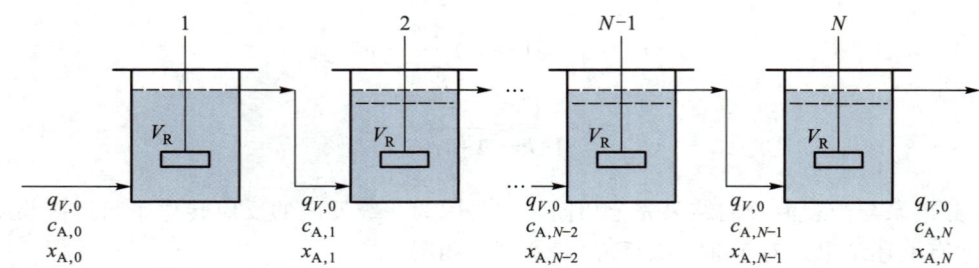

图 9-11   多釜串联反应器

简化得

$$c_{A,0}(x_{A,i}-x_{A,i-1})-(-r_{A,i})\tau_i=0 \tag{9-33}$$

即

$$\tau_i=\frac{V_{R,i}}{q_{V,0}}=c_{A,0}\frac{x_{A,i}-x_{A,i-1}}{-r_{A,i}} \tag{9-34}$$

式中：$\tau_i=\tau_1=\tau_2=\cdots=\tau_n$，为每一釜的空间时间。

恒容过程，$q_{V,0}$ 不变，$c_{A,i}=c_{A,0}(1-x_{A,i})$，$c_{A,i-1}=c_{A,0}(1-x_{A,i-1})$，则

$$\tau_i=\frac{V_{R,i}}{q_{V,0}}=\frac{c_{A,i-1}-c_{A,i}}{-r_{A,i}} \tag{9-35}$$

物料流经整个反应器的总空间时间 τ_t 应为

$$\tau_t=\sum_{i=1}^{n}\tau_i=\sum_{i=1}^{n}c_{A,0}\frac{x_{A,i}-x_{A,i-1}}{-r_{A,i}} \tag{9-36}$$

设多釜串联的反应器的总有效容积为 $V_{R,t}$，则

$$V_{R,t}=\sum_{i=1}^{n}V_{R,t}=\sum_{i=1}^{n}q_{V,0}c_{A,0}\frac{x_{A,i}-x_{A,i-1}}{-r_{A,i}} \tag{9-37}$$

将简单一级反应的反应速率方程 $-r_A=kc_A=kc_{A,0}(1-x_A)$ 代入式（9-34），得

$$\tau_i=c_{A,0}\frac{x_{A,i}-x_{A,i-1}}{kc_{A,0}(1-x_{A,i})}=\frac{x_{A,i}-x_{A,i-1}}{k(1-x_{A,i})} \tag{9-38}$$

或

$$\tau_i=\frac{c_{A,i-1}-c_{A,i}}{kc_{A,i}} \tag{9-39}$$

移项得

$$c_{A,i}=\frac{c_{A,i-1}}{1+k\tau_i}$$

第一釜 $i=1$ $\qquad\qquad c_{A,1}=\dfrac{c_{A,0}}{1+k\tau_1}$

第二釜　$i=2$

$$c_{A,2}=\frac{c_{A,1}}{1+k\tau_2}=\frac{c_{A,0}}{(1+k\tau_1)(1+k\tau_2)}$$

……………

第 N 釜　$i=N$

$$c_{A,N}=\frac{c_{A,N-1}}{1+k\tau_N}=\frac{c_{A,0}}{(1+k\tau_1)(1+k\tau_2)\cdots(1+k\tau_N)}$$

因

$$\tau_1=\tau_2=\cdots=\tau_N=\tau$$

所以

$$c_{A,N}=\frac{c_{A,0}}{(1+k\tau)^N}\tag{9-40}$$

以出口转化率 x_A 为变量,则第 N 釜出口最终转化率 $x_{A,N}$ 为

$$x_{A,N}=1-\frac{1}{(1+k\tau)^N}\tag{9-41}$$

上述多釜串联的反应器的总有效容积 $V_{R,t}$ 的逐级解析计算过程也可以在坐标图上进行,如图 9-12 所示。

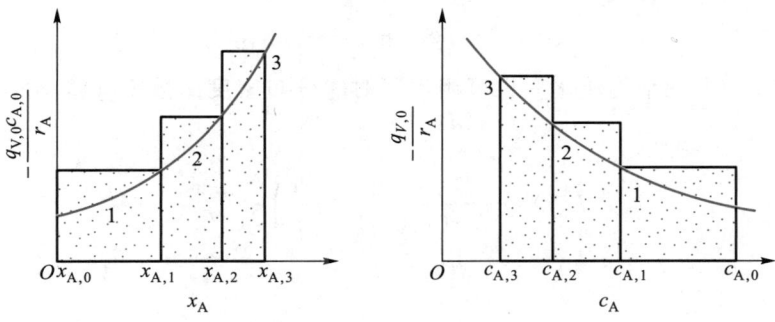

图 9-12　多釜串联的反应器容积图解

图 9-12 中以 $q_{V,0}c_{A,0}/(-r_A)$ 或 $q_{V,0}/(-r_A)$ 为纵坐标,以 x_A 或 c_A 为横坐标,将实验测得的动力学数据标绘成 $q_{V,0}c_{A,0}/(-r_A)$ 对 x_A 或 $q_{V,0}/(-r_A)$ 对 c_A 所作的曲线,然后在图上标出 $x_{A,0},x_{A,1},x_{A,2},\cdots,x_{A,N}$ 等各釜的进、出口转化率或 $c_{A,0},c_{A,1},c_{A,2},\cdots,c_{A,N}$,并作垂线与 $q_{V,0}c_{A,0}/(-r_A)$ 对 x_A 或 $q_{V,0}/(-r_A)$ 对 c_A 所作的曲线相交,其交点分别为 $1,2,\cdots,N$。由各交点逐一画出矩形面积,分别表示各反应釜的有效容积,所有矩形面积的总和为总有效容积 $V_{R,t}$。

对于尚不知动力学模型或动力学模型复杂而不易获得解析结果的情况,采用另一种图解法来计算各釜出口转化率和串联的釜数就比较方便,此时只要有一组由实验测定的动力学数据如 x_A 对 $-r_A$ 作图即可。

多釜串联反应器的反应速率为

$$-r_A=c_{A,0}\frac{x_{A,i}-x_{A,i-1}}{\tau}\tag{9-42}$$

该式表示如 x_A 对 $-r_A$ 的关系在坐标图上为直线,斜率为 $c_{A,0}/\tau$。

如图 9-13 所示的图解法作图步骤如下:

① 用已知动力学数据作 $-r_A$ 对 x_A 的曲线 MN。

② 在 x_A 轴上标出要求达到的各釜转化率 $x_{A,N}$。

③ 按上述物料衡算式逐级图解,当 $N=1$ 时,$x_{A,i}=x_{A,1}$,$x_{A,i-1}=x_{A,0}$。由 $x_{A,0}=0$ 自原点出发作斜率为 $c_{A,0}/\tau$ 的直线与曲线 MN 相交于 R_1,由 R_1 引垂线与 x_A 相交于 O_1,对应于 O_1 的转化率 $x_{A,1}$ 为第一釜出口转化率。再由 O_1 点出发作斜率为 $c_{A,0}/\tau$ 的直线与曲线 MN 相交于 R_2,对应于 R_2 的 x_A 轴上的 O_2 点,为第二釜出口转化率。以此类推,直至求出最终一釜出口转化率 $\geqslant x_{A,N}$ 为止,在 MN 曲线上的交点数,即为串联釜的个数。

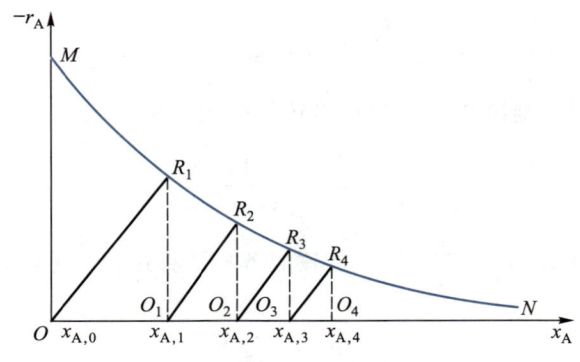

图 9-13　多釜串联图解计算法

多釜串联反应器的平均转化率也可用停留时间分布密度函数 $E(t)$ 积分求出。对于一级反应,已知

$$E(t) = \frac{1}{(N-1)!}\left(\frac{t}{\tau_i}\right)^{N-1}\left(\frac{1}{\tau_i}\right) \cdot \mathrm{e}^{-t/\tau_i}$$

$$x(t) = 1-\mathrm{e}^{-kt}$$

所以

$$\overline{x}_A = \int_0^\infty (1-\mathrm{e}^{-kt})\left[\frac{1}{(N-1)!}\left(\frac{t}{\tau_i}\right)^{N-1}\frac{1}{\tau_i}\mathrm{e}^{-t/\tau_i}\right]\mathrm{d}t$$

$$= 1-\left(\frac{1}{1+k\tau}\right)^N \tag{9-43}$$

其结果与上述解析法相同。

对于非一级反应,用分布函数积分求平均转化率的方法,仅适用于宏观流体。

例 9-4　用乙醇和乙酸水溶液在盐酸(催化剂)存在下制乙酸乙酯。

$$\underset{\text{A}}{\mathrm{CH_3COOH}} + \underset{\text{B}}{\mathrm{C_2H_5OH}} \underset{k_2}{\overset{k_1}{\rightleftharpoons}} \underset{\text{R}}{\mathrm{CH_3COOC_2H_5}} + \underset{\text{S}}{\mathrm{H_2O}}$$

已知 100 ℃ 时,该反应的平衡常数 $K_p = 2.93$,反应速率常数 $k_1 = 7.93\times10^{-6}$ m^3·kmol^{-1}·s^{-1},$c_{A,0} = 4.00$ kmol·m^{-3},$c_{B,0} = 10.4$ kmol·m^{-3},水的起始浓度 $c_{s,0} = 18.0$ kmol·m^{-3},若要求乙酸转化率 $x_A = 0.357$,乙酸乙酯日产量为 2500 kg,试计算采用二釜串联和四釜串联(各釜容积相等)的反应器总有效容积。

解 计算二釜串联时,所需反应器的总有效容积。

(1)由动力学方程,计算得如表9-1所示的动力学数据。

表9-1 例9-4附表

x_A	0	0.10	0.20	0.30	0.40
$-r_A/(10^{-4}\ kmol \cdot m^{-3} \cdot s^{-1})$	3.30	2.66	2.03	1.42	0.826

根据表中数据在直角坐标图上绘出$-r_A$对x_A的曲线,见图9-14(a)中AB线。

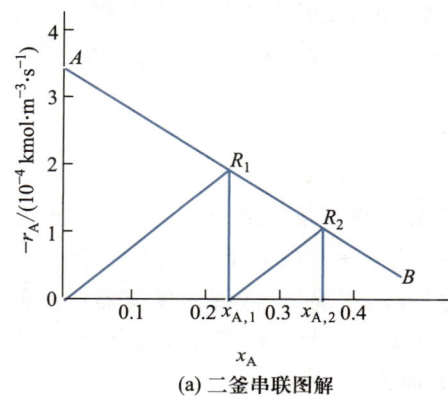 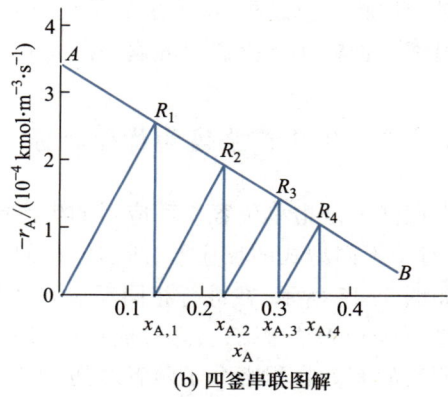

(a)二釜串联图解 (b)四釜串联图解

图9-14 例9-4附图

(2)因各釜有效容积相等,起始转化率$x_{A,0}=0$,用作图法在$x_A=0\sim0.357$作两个相似的直角三角形$\triangle 0R_1x_{A,1}$和$\triangle x_{A,1}R_2x_{A,2}$,使第二釜的出口转化率恰好为0.357,如图9-14(a)所示。

(3)由$0R_1$直线斜率计算反应器的有效容积。

测得$0R_1$线的斜率$=8.0\times10^{-4}$,则

$$c_{A,0}/\tau = q_{V,0}c_{A,0}/V_{R,i} = 8.0\times10^{-4}\ kmol \cdot m^{-3} \cdot s^{-1}$$

已知乙酸乙酯的摩尔质量$M=88\ kg \cdot kmol^{-1}$,则

$$q_{V,0} = \frac{日产量/(24\times3600)}{c_{A,0}x_AM} = \frac{2500/(24\times3600)}{4.00\times0.357\times88} = 2.30\times10^{-4}\ (m^3 \cdot s^{-1})$$

所以

$$V_{R,1} = \frac{2.30\times10^{-4}\times4.0}{8.0\times10^{-4}}\ m^3 = 1.15\ m^3$$

总有效容积为

$$V_R = 2\times V_{R,1} = 2\times1.15\ m^3 = 2.3\ m^3$$

四釜串联时所需要反应器的总有效容积也可用上述相同的图解法,在$x_A=0\sim0.357$作出四个相似的直角三角形$\triangle 0R_1x_{A,1}$、$\triangle x_{A,1}R_2x_{A,2}$、$\triangle x_{A,2}R_3x_{A,3}$和$\triangle x_{A,3}R_4x_{A,4}$,测得$0R_1$线的斜率为$1.923\times10^{-3}$,如图9-14(b)所示。则

$$V_{R,i} = \frac{2.30\times10^{-4}\times4.0}{1.923\times10^{-3}}\ m^3 = 0.478\ m^3$$

总有效容积为

$$V_R = 4\times V_{R,1} = 4\times0.478\ m^3 = 1.91\ m^3$$

从以上结果可知,在相同原料组成、处理量和转化率的情况下,串联釜数越多,所需反应器的总有效容积越小。由此推出,若串联无穷多个釜,反应器总有效容积可趋近于活塞流反应器。实际上,串联 10 级以上时即接近于活塞流反应器。但串联釜数越多,流程和操作越复杂。通常串联釜数最多不超过 5 级。

9.5   均相反应过程优化与反应器选择

对于均相反应过程,绝大多数是在恒温恒压下进行的,此时影响生产能力和产品质量的主要因素是物料在反应器内的返混。因此,可从物料的返混程度来讨论反应过程的优化。

9.5.1   以生产强度为优化目标

生产强度是指单位容积反应器的生产能力。当处理物料量和要求达到的最终转化率一定时,对于不同型式的反应器,所需容积的大小,也表明了该反应器生产强度的大小。

如图 9-15 所示,在进行相同反应和达到相同目标的情况下,活塞流反应器所需的有效容积最小($ABCM$ 的面积),全混流反应器所需的有效容积最大($ABCE$ 的面积),多釜串联反应器所需的有效容积则介于两者之间($ABCDFGH$ 的面积)。

由于活塞流反应器内物料无返混,反应物的浓度高,进行化学反应的平均推动力大,反应速率快,故所需反应器容积最小;而全混流反应器的返混程度最大,反应物浓度低,进行化学反应的平均推动力小,反应速率慢,故所需反应器容积最大;多釜串联反应器只具有一定程度的返混,故其所需反应器容积介于两者之间。

同一反应在相同条件下进行时,所需活塞流反应器和全混流反应器有效容积还与反应级数和反应转化率有关。反应级数越高,反应物浓度变化对反应速率的影响越大;反应转化率越高,反应

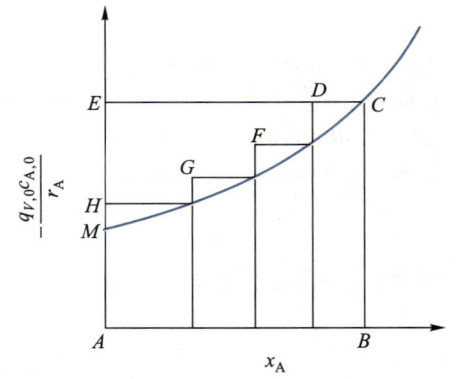

图 9-15   连续搅拌釜式反应器有效容积比较

混合物中残余反应物浓度越小,返混对反应速率的影响也越大。所以,两种理想反应器的有效容积差别也越大,如图 9-16 所示。

对于间歇反应器,由于在生产时间以外,还需要非生产的辅助时间,其生产强度必然低于活塞流反应器,故所需反应器容积比活塞流反应器的容积大。

以上结论仅适用于除零级反应和自催化反应以外的其他简单反应。因为零级反应的反应速率与浓度无关,故返混对反应速率不产生影响,各种型式反应器所需的有效容积皆相同。自催化反应的反应速率受产物浓度的影响,当产物浓度达到一定程度时,其反应速率最大。若采用全混流反应器,较易使反应器内产物浓度维持最佳值而达到最大反应速率,故所需的反应器容积应为最小。

此外,对于反应速率较慢的反应,虽然活塞流反应器所需的容积最小,但由于管路细长,物料流动的阻力大而少用。一般多采用间歇反应器代替。

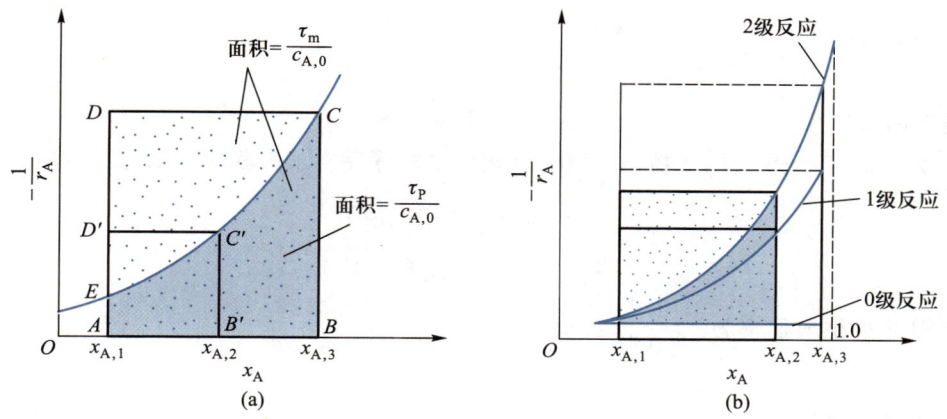

图 9-16　反应级数和反应转化率对活塞流反应器和全混流反应器有效容积的影响

9.5.2　以产率和选择性为优化目标

对于复杂反应以产率和选择性为优化目标,应考虑物料返混对于反应产物分布的影响。

1. 平行反应过程优化

设有平行反应

平行反应
的过程
优化

$$A \left\{ \begin{array}{l} \xrightarrow{k_1} R \text{（主产物）} \\ \xrightarrow{k_2} S \text{（副产物）} \end{array} \right.$$

如芳烃类化合物的卤化、硝化等。其主反应和副反应动力学模型如下:

$$-r_{A,R} = k_1 c_A^{n_1} \quad \text{（主反应）}$$

$$-r_{A,S} = k_2 c_A^{n_2} \quad \text{（副反应）}$$

在恒温操作时,反应速率常数 k_1 和 k_2 为定值。

当 $n_1 < n_2$ 时,降低反应物浓度 c_A,有抑制副反应速率的作用,从而提高了反应选择性。因此,选择全混流反应器比较适宜。

当 $n_1 > n_2$ 时,降低反应物浓度 c_A,对反应过程不利,应抑制反混提高反应物浓度 c_A 才能提高反应选择性,故选择活塞流反应器和间歇搅拌釜较合适。

当 $n_1 = n_2$ 时,反应选择性与反应物浓度无关,返混对反应选择性也就不产生影响,各种连续操作的反应器都可应用。

若从 $k_1/k_2 = \dfrac{A_1 e^{-E_1/(RT)}}{A_2 e^{-E_2/(RT)}}$ 考虑,当 $E_1 > E_2$ 时,升高温度有利于提高反应选择性;当 $E_1 < E_2$ 时,则降低温度有利于提高反应选择性。选择反应器时,应从改善反应器的传热面结构和强化热交换来考虑。

2. 串联反应过程优化

设有串联反应
$$A \xrightarrow{k_1} R \xrightarrow{k_2} S$$
其中 R 为目的产物;S 为副产物,如卤化、氧化和水解等反应。串联反应动力学模型如下:

$$-r_A = k_1 c_A \quad (主反应)$$

$$-r_A = k_2 c_R \quad (副反应)$$

目的产物 R 的生成速率为

$$r_R = k_1 c_A - k_2 c_R$$

而反应选择性则可表示为

$$S_R = \frac{r_R}{-r_A} = \frac{k_1 c_A - k_2 c_R}{k_1 c_A} = 1 - \frac{k_2 c_R}{k_1 c_A} \tag{9-44}$$

图 9-17 所示为串联反应的反应物浓度 c_A,目的产物浓度 c_R 和副产物浓度 c_S 随时间变化的曲线。

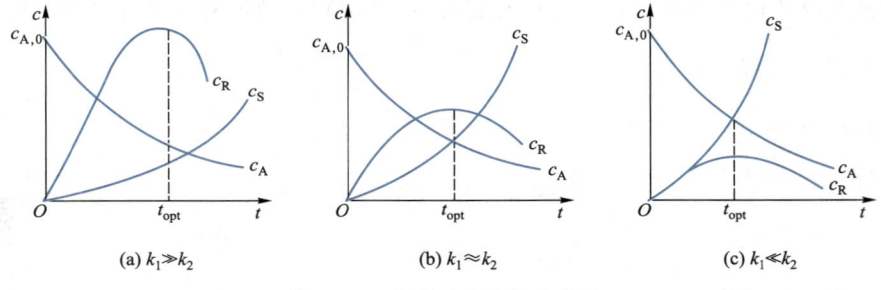

$$(a)\ k_1 \gg k_2 \qquad\qquad (b)\ k_1 \approx k_2 \qquad\qquad (c)\ k_1 \ll k_2$$

图 9-17   串联反应的浓度变化

图中 t_{opt} 为目的产物浓度最大时的最佳操作时间。根据式(9-44),在反应过程中凡提高 c_R/c_A 值的操作,都不利于提高反应的选择性。从 k_2/k_1 值看,当 $E_1 > E_2$ 时,温度升高,k_2/k_1 值下降,有利于提高反应选择性;反之,当 $E_1 < E_2$ 时,温度升高,k_2/k_1 值增大,不利于提高反应选择性。整个反应过程中存在最佳反应时间,要保持目的产物的浓度最大,控制反应时间尤为重要。

因此,凡具有返混的反应器,物料微团在反应器内的停留时间长短不一,且物料中目的产物值较高,使目的产物的浓度的产率偏离最佳值而不宜选用。如果选用间歇反应器或活塞流反应器,则因物料无返混,可以控制反应时间,使反应过程容易实现产率最大的操作条件,故选用间歇反应器和活塞流反应器较佳。

以上关于反应器选型分析是从浓度效应和温度效应来考虑的,除此之外,下述几条原则也可供参考。

① 活化能较大、反应温度较高的化学反应,对温度十分敏感,为了强化传热,减少温差,应该采用全混流反应器。

② 当反应物浓度较高易发生剧烈反应时,应该采用全混流反应器。

③ 反应速率较慢、反应时间较长的化学反应,应该选用间歇反应器或连续搅拌釜式反应器。

④ 气相反应多采用管式反应器。

⑤ 高压反应应该采用管式反应器(细长设备耐压高)。

⑥ 在高温条件下进行的强吸热反应(如裂解),通常采用管式反应器。

由此可见,反应器的选型是比较复杂的,必须结合实际工作经验,全面考虑各种因素的影响。

例 9-5 试以聚合物相对分子质量分布最小为优化目标,讨论反应器选型。

解 聚合物相对分子质量分布范围的宽窄,对聚合物性能的影响十分重要。

对于聚合物相对分子质量增长无链终止步骤的聚合反应,如缩聚反应,要使聚合物相对分子质量分布的范围窄,则应严格控制反应时间,宜选用间歇反应器或活塞流反应器。其中,气相聚合反应多采用连续流动的管式反应器,而液相或乳液聚合则采用间歇反应器,因为物料的黏度高,在管式反应器内较难实现活塞流,即使在高雷诺数下操作,管内层流底层仍然较厚,容易形成近似固态的高聚合度的聚合物黏附在管壁上,造成管道堵塞。

对于在聚合物相对分子质量增长有链终止步骤的聚合反应,例如,聚合反应中因两个自由基结合而终止反应,聚合物相对分子质量增长期可能极短。这类反应的聚合物相对分子质量主要取决于自由基浓度,返混程度对过程的影响不明显。采用全混流反应器,可以保持反应过程中单体和自由基浓度始终如一,故可获得相对分子质量分布范围较窄的聚合物。

<h2 style="text-align:center">习　题 </h2>

9-1　在间歇反应器中进行等温一级反应 A $\longrightarrow$ R+S,已知反应进行 30 s 时反应物 A 的转化率为 90%,问转化率达到 99% 时还需要多少时间? 计算结果说明了什么?

答:30 s

9-2　在间歇反应器中进行等温液相反应:

$$A+B \longrightarrow R$$

已知 $-r_A = kc_A c_B (\mathrm{mol \cdot L^{-1} \cdot min^{-1}})$,$k=0.3\ \mathrm{L \cdot mol^{-1} \cdot min^{-1}}$,$c_{A,0}=c_{B,0}=0.2\ \mathrm{mol \cdot L^{-1}}$,试计算反应物 A 的转化率分别达到 90% 和 99% 时所需要的时间,并做比较。

答:150 min;1650 min

9-3　在间歇反应器中用乙酸和丁醇生产乙酸丁酯,其反应式为

$$\underset{A}{CH_3COOH} + \underset{B}{C_4H_9OH} \longrightarrow \underset{C}{CH_3COOC_4H_9} + \underset{D}{H_2O}$$

反应在 100 ℃ 等温进行,进料物质的量之比为 A∶B=1∶4.97,并以少量硫酸为催化剂。由于丁醇过量,其动力学方程为 $-r_A = kc_A^2$,式中 k 为 $1.74 \times 10^{-2}\ \mathrm{m^3 \cdot kmol^{-1} \cdot min^{-1}}$。已知反应物密度 ρ 为 $750\ \mathrm{kg \cdot m^{-3}}$(反应前后基本不变),若每天生产乙酸丁酯 2450 kg(不考虑分离过程损失),每批物料的非生产时间取 0.5 h,求乙酸转化率为 55% 时所需间歇反应器的体积(装料系数 $\varphi=0.75$)。

答:1.41 m³

9-4　在间歇反应器中进行二级液相反应:

$$A+B \longrightarrow R+S$$

两种反应物的起始浓度均为 $1\ \mathrm{kmol \cdot m^{-3}}$,反应 10 min 后的转化率为 80%。如果将该反应改在全混流反应器

中进行,求达到相同转化率所需的反应时间。

答:50 min

9-5   在间歇反应器中进行液相反应:

$$A + B \longrightarrow R + S$$

反应温度为 75 ℃ ,实验测得的反应速率方程式为 $-r_A = k c_A c_B$, $k = 3 \times 10^{-3}$ $m^3 \cdot kmol^{-1} \cdot s^{-1}$ 。当反应物 A 和 B 的初始浓度均为 5 $kmol \cdot m^{-3}$, A 的转化率达 80% 时,该反应器每分钟能处理 0.684 kmol(A)。今若将反应移到一个内径为 300 mm 的管式反应器中进行,其他条件不变,试计算管式反应器的长度。

答:8.63 m

9-6   环氧乙烷催化水和生成乙二醇,其反应如下:

$$\underset{CH_2-CH_2}{\overset{O}{\diagup \diagdown}} + H_2O \xrightarrow{H_2SO_4} \begin{matrix} CH_2-OH \\ | \\ CH_2-OH \end{matrix}$$

该反应以硫酸作催化剂,其反应动力学方程为 $-r_A = k c_A$ (A 为关键组分——环氧乙烷) , $k = 0.311$ min^{-1} ,环氧乙烷和硫酸分别以 0.04 $kmol \cdot L^{-1}$ 和 0.90% (质量分数) 的水溶液等体积加入全混流反应器中。若转化率达 80% ,每天生产乙二醇 8500 kg ,试计算:

(1) 全混流反应器有效容积。

(2) 若用两个有效容积均为 40 L 的全混流反应器串联,其最终转化率为多少?

(3) 若用两个有效容积均为 40 L 的全混流反应器并联,其最终转化率为多少?

(4) 若将反应改在活塞流反应器中进行,其余条件不变,则反应器的有效容积为多少?

答:(1) 76.5 L;(2) 89.5%;(3) 80.7%;(4) 30.82 L

9-7   若将题 3 的酯化反应改在活塞流反应器中进行,请利用 9-3 题的已知条件和计算结果计算:

(1) 转化率达 55% 所需的反应器有效容积;

(2) 反应进行 80 min 时的残余乙酸浓度。

答:(1) 0.61 m^3;(2) 0.509 $kmol \cdot m^{-3}$

9-8   在活塞流反应器中进行乙醛分解反应:

$$CH_3CHO \longrightarrow CH_4 + CO$$

在 791 K,1.013×10^5 Pa,进料为纯乙醛的条件下,该反应的速率方程为 $-r_A = k c_A^2$, $k = 0.33$ $m^3 \cdot kmol \cdot s^{-1}$ 。若乙醛质量流量为 0.02 $kg \cdot s^{-1}$,求乙醛转化率为 40% 时所需要的反应器有效容积和物料在反应器中的平均停留时间。

答: 5.94 m^3;161.8 s

9-9   顺丁烯二酸酐的稀水溶液,在 298 K 下进行连续水解,由于酸酐浓度仅为 0.15 $kmol \cdot m^{-3}$,可作一级反应处理,$k = 0.024$ s^{-1} ,物料初始体积流量为 1×10^{-5} $m^3 \cdot s^{-1}$,现有两个 3×10^{-3} m^3,一个 6×10^{-3} m^3 的全混流反应器 (CSTR) 和两个 3×10^{-3} m^3 和一个 6×10^{-3} m^3 的活塞流反应器可供采用,问:

(1) 若用一个 6×10^{-3} m^3 的 CSTR 或 2 个 3×10^{-3} m^3 的 CSTR 串联操作,哪一个转化率较大?

(2) 若用一个 6×10^{-3} m^3 的 PFR 操作,转化率为多少?

(3) 若用两个 3×10^{-3} m^3 的 CSTR 并联操作,每个反应器取 1/2 的流量,转化率为多少?

(4) 若将一个 3×10^{-3} m^3 的 PFR 放在一个 3×10^{-3} m^3 的 CSTR 之前或之后,哪一个转化率较高?

(5) 若用 2 个 3×10^{-3} m^3 的 PFR 串联或并联操作,哪一个转化率较高?

答:(1) 50.92%,66.2%;(2) 76.31%;(3) 59.02%;
(4) 71.7%,71.7%;(5) 76.31%,76.31%

9-10　一活塞流反应器和一全混流反应器按图 9-18 所示两种方式连接。今分别在其中进行二级不可逆反应：

$$2A \xrightarrow{k} B+C$$

已知 $k = 0.0472\ m^3 \cdot kmol^{-1} \cdot s^{-1}$，物料在每个反应器中的停留时间均为 60 s，$c_{A,0} = 1\ kmol \cdot m^{-3}$。若两反应器温度相同，反应过程中物料密度基本不变，试计算两种情况下各反应器的出口浓度。

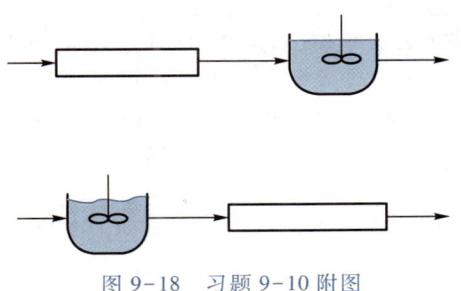

图 9-18　习题 9-10 附图

答：$0.175\ kmol \cdot m^{-3}$；$0.197\ kmol \cdot m^{-3}$

9-11　自催化反应 A+R ⟶ 2R，其速率方程式为 $-r_A = kc_A c_R$，在 70 ℃ 等温进行时，$k = 1.512\ m^3 \cdot kmol^{-1} \cdot h^{-1}$，已知 $c_{A,0} = 0.99\ kmol \cdot m^{-3}$，$c_{R,0} = 0.01\ kmol \cdot m^{-3}$，$q_{V,0} = 1\ m^3 \cdot h^{-1}$。若要求转化率达 99%，试求此反应分别在活塞流反应器和全混流反应器中进行时所需反应器的有效体积。

答：$6.1\ m^3$；$66.13\ m^3$

9-12　将 9-11 题改在由全混流反应器和活塞流反应器组成的组合反应器中进行（CSTR 在前），已知 $k = 1.512\ m^3 \cdot kmol^{-1} \cdot h^{-1}$，$c_{A,0} = 1\ kmol \cdot m^{-3}$，$c_{R,0} = 0.01\ kmol \cdot m^{-3}$，$q_{V,0} = 1\ m^3 \cdot h^{-1}$，求转化率达 98% 时所需组合反应器的总有效容积。

答：$3.9\ m^3$

9-13　有两种二级全混流反应器，一种串联两釜容积相等，另一种容积不等，现分别在两种二级全混流反应器中进行同一一级反应，反应条件相同，最终出口转化率也相同，其反应速率为 $-r_A = kc_A$，试证明两釜容积相等的二级全混流反应器总容积最小。已知 $k = 0.92\ h^{-1}$，$x_{A,2} = 0.90$。

9-14　在一全混流反应器中，进行硫酸催化过氧化氢异丙苯的分解反应：

$$\text{C}_6\text{H}_5\text{C(CH}_3)_2\text{OOH} \xrightarrow[55\,℃]{\text{H}_2\text{SO}_4} \text{C}_6\text{H}_5\text{OH} + \text{H}_3\text{C-CO-CH}_3$$

其动力学方程为 $-r_A = kc_A$，转化率可达 60%，问：

（1）若将反应器体积扩大到原来的 6 倍，其他条件不变，最终转化率为多少？

（2）若采用体积相同的活塞流反应器，其他条件不变，那么转化率为多少？

（3）若采用两个体积均为原体积 1/2 的全混流反应器串联操作，那么最终转化率为多少？

答：（1）90%；（2）77.69%；（3）67.35%

9-15　在活塞流反应器中进行丙烷裂解反应：

$$\underset{\text{A}}{\text{C}_3\text{H}_8} \longrightarrow \underset{\text{B}}{\text{C}_2\text{H}_4} + \underset{\text{C}}{\text{CH}_4}$$

其反应速率方程为 $-r_A = k_p p_A$，在常压和 772 ℃ 的等温条件下反应时，$k = 1 \times 10^{-4}\ s^{-1}$。若丙烷的初始体积流量为 $2 \times 10^{-2}\ L \cdot s^{-1}$，求转化率达 60% 时所需反应器的有效容积。

答：246.6 L

9-16 在四级全混流反应器中进行乙酸酐水解反应,各级反应器的参数如表9-2所示。

表 9-2 习题 9-16 附表

级数	1	2	3	4
T/K	283	288	298	313
k/min^{-1}	0.0567	0.0806	0.158	0.380

若各釜的容积均为 800 L,进料乙酸酐浓度 $c_{A,0}=0.3$ kmol·m^{-3},体积流量为 100 L·min^{-1},试求:

(1) 各釜的出口浓度;

(2) 若将反应固定在 298 K 下进行,且最终出口浓度为 0.015 kmol·m^{-3},求多级全混流反应器的级数。

答:(1) 0.206 kmol·m^{-3},0.125 kmol·m^{-3},0.055 kmol·m^{-3},

0.014 kmol·m^{-3};(2) 3.67

9-17 高温下 NO_2 的分解为不可逆二级反应:

$$2NO_2 \longrightarrow 2NO + O_2$$

现将纯 NO_2 在 1.013×10^5 Pa 及 354 ℃ 下在活塞流反应器中进行等温分解反应,已知 $k=1.7$ m^3·kmol^{-1}·s^{-1},在反应温度下原料气处理量为 0.03 m^3·s^{-1}。若 NO_2 分解率为 70%,试计算下列两种情况下反应器的有效容积。

(1) 不考虑反应过程的体积变化;

(2) 考虑反应过程的体积变化。

答:(1) 4.94 m^3;(2) 7.54 m^3

9-18 将一定量的示踪剂注入一管式反应器入口,并在出口检测示踪剂浓度 $c(t)$,结果如表 9-3 所示。

表 9-3 习题 9-18 附表

t/s	0	240	480	720	960	1200	1440	1680
$c(t)/(\text{kg·m}^{-3})$	0.0	3.0	5.0	5.0	4.0	2.0	1.0	0.0

若在反应器中进行一级不可逆反应 A $\xrightarrow{k}$ R,($k=0.045$ min^{-1}),试计算:

(1) 反应物 A 的平均转化率;

(2) 按活塞流反应器计算转化率并与(1)做比较。

答:(1) 40%;(2) 41.7%

要使化学反应在工业上得以实现,大多数都要通过催化作用,这些催化作用通常分为均相催化和多相催化两种方式。多相催化的实质就是用固体催化剂来加速化学反应的进行,石油化工生产中应用最为广泛的化学反应就是多相催化反应,如合成氨、乙烯氧化为环氧乙烷、乙炔与氯化氢合成氯乙烯、苯氯化、苯氧化为顺丁烯二酸酐等均属此类。在固体催化剂表面上进行的气体反应,为典型的非均相反应。反应所需的催化剂大多是多孔的固体颗粒,对该过程的研究,可以催化剂颗粒为研究对象,寻找反应过程的宏观动力学规律,也可以填充的催化剂床层为研究对象,寻找反应器工程放大的规律。

在气固相催化反应系统中发生化学反应的同时,还伴随着相间和相内的传递现象。因此,在研究气固相催化反应过程时,必须考虑传递对化学反应过程的影响。

10.1　固体催化剂的特性

绝大多数固体催化剂颗粒为多孔结构,颗粒内部由许许多多形状不规则互相连通的孔道所组成,形成几何形状复杂的网络结构。正是这种网状结构的存在,使催化剂颗粒内部存在着巨大的表面,化学反应便是在这些表面上发生的。评价催化剂性能的指标主要包括活性、选择性和寿命,影响催化剂物理性能的指标可以用比表面积、孔容积、孔隙率和颗粒密度等表示。此外,稳定性和毒性也是评价催化剂性能的重要因素。了解这些性能指标对于优化催化剂设计和提高工业化学反应的效率至关重要。

固体催化剂的特性

10.1.1　比表面积

单位质量催化剂颗粒所具有的表面积称为催化剂的比表面积,表示为 a_s,单位为 $m^2 \cdot g^{-1}$。气固相催化反应发生在气固接触的界面处。显然,单位质量固体催化剂的表面积越大,催化剂的活性越高。所以,大多数固体催化剂呈多孔结构,颗粒内部有许许多多形状不规则且互相连通的孔道,形成几何形状复杂的网络结构,使催化剂颗粒内部存在着巨大的表面积。如典型的二氧化硅-氧化铝裂化催化剂的孔体积为 0.6 $cm^3 \cdot g^{-1}$,平均孔径为 4 nm,相应的表面积达 300 $m^2 \cdot g^{-1}$。

10.1.2　孔容积

孔容积简称孔容,指单位质量催化剂颗粒所具有的孔体积,以 V_g 表示,常以 $cm^3 \cdot g^{-1}$ 为单位。有时为了便于比较和计算,常用平均孔半径 $\bar{r}_a$ 来表示微孔的大小。如果已知孔径分

布,平均孔径可用下式计算:

$$\bar{r}_a = \frac{1}{V_g} \int_0^{V_g} r_a \mathrm{d}V \tag{10-1}$$

式中:V 为半径 r_a 的孔体积;V_g 为催化剂的总孔容积。

当缺乏孔径分布数据时,可用平均孔半径。

设颗粒内部孔道均是彼此不相交的圆柱形,平均长度为 $\bar{L}_a$,若单位质量催化剂中含有 n 个这样的圆柱形孔道,则

$$a_S = n(2\pi \bar{r}_a \bar{L}_a) \tag{10-2}$$

$$V_g = n(\pi \bar{r}_a^2 \bar{L}_a) \tag{10-3}$$

两式相除,得

$$\bar{r}_a = 2\frac{V_g}{a_S} \tag{10-4}$$

催化剂颗粒的孔容积还可以用孔隙率 ε_p 表示。孔隙率定义为

$$\varepsilon_p = \frac{孔隙体积}{颗粒体积}$$

孔隙率与总孔容积的关系为

$$\varepsilon_p = V_g \rho_p \tag{10-5}$$

式中:ρ_p 为催化剂颗粒密度。

10.2　气固相催化反应过程

多相催化反应通常是在固体催化剂的表面上进行的。因此,流体相主体中的反应物必须传递到催化剂表面上,随后进行反应,而生成的反应产物也不断地从催化剂表面传递到流体相主体。

当流体通过固体颗粒时,颗粒外表面被气体层流边界层所包围,从而在气相主体与催化剂颗粒外表面间形成一定的传递阻力。化学反应发生在催化剂颗粒的表面上,如图10-1所示。其反应过程包括:① 反应物从气流主体向催化剂表面扩散(外扩散过程);② 反应物由催化剂外表面向内表面扩散(内扩散过程);③ 反应物在催化剂表面被吸附(吸附过程);④ 反应物在催化剂表面进行反应(表面反应过程);⑤ 产物由催化剂内表面脱附(脱附过程);⑥ 产物由催化剂内表面向外表面扩散(内扩散过程);⑦ 产物由催化剂外表面向气流主体扩散(外扩散过程)。以上步骤可归纳为表面反应③、④、⑤,外扩散①、⑦,内扩散②、⑥等三个过程,是一个串联进行的过程,存在着速率控制步骤,稳态下,各步的速率相等且等于控制步骤的速率。

气固相催化反应步骤

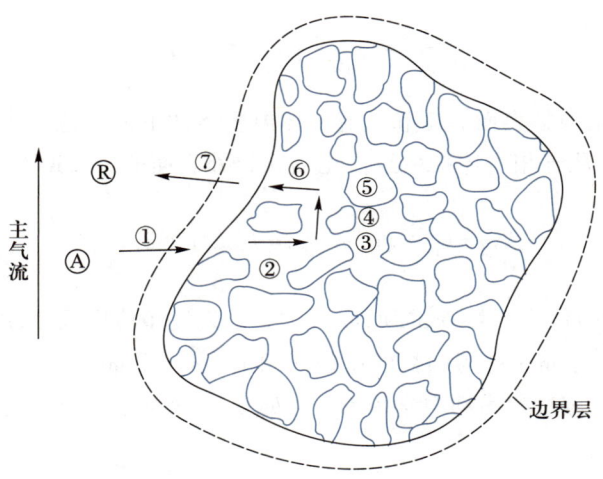

图 10-1　气固相催化反应过程示意图

气固相催化反应过程常常伴随着热效应,在质量传递的同时,还存在热量传递,这意味着气固相催化反应在受到动力学因素影响的同时,还受到传递因素的影响。在化学工程领域,综合考虑化学反应规律与传递规律对反应结果影响的动力学,称为宏观动力学;如果排除传递对过程影响的动力学称本征动力学。本节主要讨论传递对反应结果的影响。

从反应工程的观点看,研究多相催化反应的动力学,首要任务是找出反应速率方程。多相催化反应是一个多步骤过程,包括吸附、脱附及表面反应等步骤。

10.2.1　外扩散的影响

1. 气体与催化剂外表面间的传质

如图 10-2 所示,流体与催化剂颗粒外表面间存在一层层流边界层,使催化剂颗粒表面上反应物 A 的浓度 $c_{A,s}$ 小于气流主体的浓度 c_A。以固体颗粒 V_p 为基准,对于简单不可逆反应 A ⟶ R,催化剂表面的反应速率可表示为

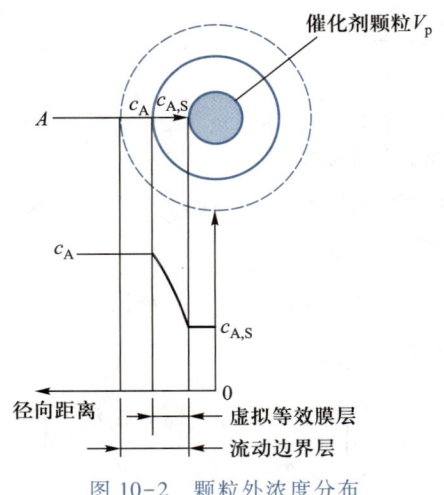

图 10-2　颗粒外浓度分布

$$-r_A = \frac{-\mathrm{d}n}{V_p \mathrm{d}t} = k_S c_{A,S}^n = k c_{A,S}^n \tag{10-6}$$

式中：k_S 和 k 分别表示颗粒表面温度和气流主体温度条件下的反应速率常数，等温时 $k_S = k$。反应物 A 通过边界层从气相主体扩散至催化剂颗粒外表面的传质速率 N_A 可表示为

$$N_A = k_g \frac{A_S}{V_p}(c_A - c_{A,S}) = k_g a_S(c_A - c_{A,S}) \tag{10-7}$$

式中：N_A 为单位时间内传递 A 物质的量，$\mathrm{mol \cdot s^{-1}}$；$k_g$ 为气相传质系数，$\mathrm{m \cdot s^{-1}}$；A_S 为体积为 V_p 的催化剂颗粒外表面积，$\mathrm{m^2}$；a_S 为颗粒的比表面积 $\mathrm{m^2 \cdot m^{-3}}$ 或 $\mathrm{m^2 \cdot g^{-1}}$。

当 $N_A \gg -r_A$ 时，反应过程为动力学控制，$c_A = c_{A,S}$，催化剂表面反应速率达到最大，成为极限反应速率，即

$$-r_A = k c_A^n \tag{10-8}$$

当 $N_A \ll -r_A$ 时，反应过程为外扩散控制，此时 $c_A \gg c_{A,S}$，且 $c_{A,S} \approx 0$，其反应速率等于外扩散速率，称为极限传质速率，即

$$-r_A = N_A = k_g a_S(c_A - c_{A,S}) = k_g a_S c_A \tag{10-9}$$

2. 外扩散对反应速率的影响

对于单一反应，外扩散存在时催化剂颗粒外表面的浓度 $c_{A,S}$ 低于气相主体的浓度 c_A，必然影响化学反应速率。为定量描述外扩散对多相催化反应的影响，引入外扩散有效因子 η_1 以校正由此引起的误差。

下面只讨论颗粒外表面与气相主体间不存在温度差且颗粒内也不存在内扩散阻力时的情况，即只考虑相间传质，而不考虑相间传热和内扩散的影响。对于一级不可逆反应，有

$$-r_A = \eta_1 k c_A^n \tag{10-10}$$

$$\eta_1 = \frac{有外扩散影响时催化剂外表面处的实际反应速率}{无外扩散影响时催化剂外表面处的极限反应速率}$$

$$= \frac{k c_{A,S}^n}{k c_A^n} = \frac{c_{A,S}^n}{c_A^n} \tag{10-11}$$

当 $c_{A,S} \approx c_A$，$\eta_1 = 1$，过程为动力学控制；

当 $c_{A,S} \approx 0$，$\eta_1 = 0$，过程为外扩散控制。

当实际过程不是上述两种极端控制情况，而是外扩散对反应速率产生一定程度的影响时，在达到稳态后，$N_A = -r_A$，则

$$k_g a_S(c_A - c_{A,S}) = k c_{A,S}^n \tag{10-12}$$

式（10-12）移项后，两边同除以 $k c_A^n$，得

$$\left(\frac{c_{A,S}}{c_A}\right)^n + \frac{k_g a_S c_A}{k c_A^n}\left(\frac{c_{A,S}}{c_A}\right) - \frac{k_g a_S c_A}{k c_A^n} = 0 \tag{10-13}$$

令

$$Da = \frac{kc_A^n}{k_g a_S c_A} \tag{10-14}$$

Da 称为达姆科勒(Damköhler)数,其物理意义为化学反应速率和外扩散速率之比。Da 越大,表示外扩散对过程的影响越显著。

将式(10-14)代入式(10-13),整理得

$$\left(\frac{c_{A,S}}{c_A}\right)^n + \frac{1}{Da}\left(\frac{c_{A,S}}{c_A}\right) - \frac{1}{Da} = 0 \tag{10-15}$$

显然,催化剂颗粒外表面的浓度 $c_{A,S}$ 是 Da 的函数,在已知反应的级数时,由式(10-15),即可求出颗粒表面的浓度。如

一级反应,$n = 1$,有

$$\eta_1 = \frac{c_{A,S}}{c_A} = \frac{1}{1+Da} \tag{10-16}$$

二级反应,$n = 2$,有

$$\eta_1 = \left(\frac{c_{A,S}}{c_A}\right)^2 = \frac{(\sqrt{1+4Da}-1)^2}{4Da^2} \tag{10-17}$$

根据上述 η_1 和 Da 各式,可作出图 10-3 中各曲线。由该图可知,除负级数反应外,η_1 总是随 Da 的增加而减小;当趋近 1 时,η_1 接近 1。反应级数越高,Da 的影响越大。因此,对高级数反应,应该采取措施,减小外扩散阻力,以提高外扩散有效因子 η_1。

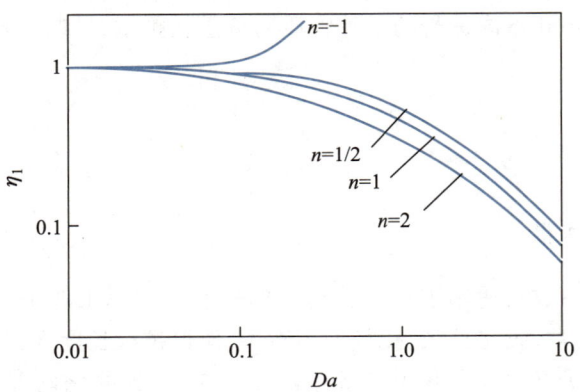

图 10-3   等温外扩散有效因子

10.2.2   内扩散对反应速率的影响

在气固相催化反应过程中,化学反应主要在催化剂颗粒的内表面上进行。已经从气相

主体扩散至催化剂颗粒外表面的反应组分,需要通过颗粒内部的孔道继续向催化剂内部扩散至不同深度的表面上。因此,内扩散的影响比外扩散的更为显著。

1. 单一孔道的孔扩散

因孔径 r_a 和分子运动平均自由程 λ 的相对大小不同,颗粒内部孔道中的扩散主要有分子扩散和克努森(Knudsen)扩散两种形式。

当 $\dfrac{\lambda}{2r_a} \leqslant 10^{-2}$ 时,扩散速率主要受分子间相互碰撞的影响,与孔径无关,称为分子扩散。对于两组分气体的分子扩散系数 D_{AB},应尽可能采用有关手册上的实验数据,或利用有关经验式估算。

当 $\dfrac{\lambda}{2r_a} \geqslant 10$ 时,扩散阻力主要来自分子与孔壁的碰撞,称为克努森扩散,克努森扩散系数 D_K 可按下式估算:

$$D_K = 9.7 \times 10^3 r_a \sqrt{T/M} \tag{10-18}$$

式中:M 为扩散物质的相对分子质量;T 为系统温度;r_a 为微孔的孔半径,cm;克努森扩散系数 D_K 的单位为 $cm^2 \cdot s^{-1}$。

不同压力下,气体的分子平均自由程 λ 按下式估算:

$$\lambda = 1.013/p \tag{10-19}$$

式中:λ 为分子平均自由程,cm;p 为系统总压,Pa。

当 $10^{-2} < \dfrac{\lambda}{2r_a} < 10$ 时,分子与分子间的碰撞阻力、分子与孔壁间碰撞的阻力均不可忽略,两种扩散均起作用。若在孔道内进行的是等物质的量逆相扩散,扩散系数 D 可用下式计算:

$$D = \cfrac{1}{\cfrac{1}{D_K} + \cfrac{1}{D_{AB}}} \tag{10-20}$$

2. 多孔颗粒中的扩散

上面讨论的扩散系数只适用于单一孔道中的扩散。实际工业中所用的催化剂,孔与孔之间交叉贯通、曲折无常、收缩扩张、孔径大小不一,使得扩散长度 X_L 比直圆孔长。因此,引入曲折因子 δ(也称迷宫因子)来修正扩散距离 $X_L = \delta l$,得到催化剂颗粒的有效扩散系数修正式:

$$D_e = \frac{\varepsilon_p}{\delta} D \tag{10-21}$$

式中:ε_p 为孔隙率;曲折因子 δ 值因催化剂颗粒的孔结构而变化,一般需由实验测定,通常等于 3~5。

气体在催化剂颗粒中的扩散,除克努森扩散之外,还可能有表面扩散,即被吸附在孔壁上的气体分子沿着孔壁的移动,其移动方向也是顺着其表面吸附层的浓度梯度的方向,而这个浓度梯度与孔内气相中该组分的浓度梯度相一致。

例 10-1 异丙苯在催化剂作用下裂解制苯,催化剂为球形,催化剂颗粒直径为 0.4 cm,密度为 1.069 $g \cdot cm^{-3}$,孔隙率为 0.52,比表面积为 350 $m^2 \cdot g^{-1}$,曲折因子为 3,异丙苯–苯的分子扩散系数 $D_{AB} = 0.155 \ cm^2 \cdot s^{-1}$。试求 500 ℃,0.1 MPa 时异丙苯在催化剂内部的有效扩散系数。

解 催化剂颗粒的平均孔径

$$r_a = 2 \frac{\varepsilon_p}{a_S} = \frac{2 \times 0.52}{1.069 \times 350 \times 10^4} \ cm = 2.78 \times 10^{-7} \ cm$$

分子平均自由程

$$\lambda = \frac{1.013}{p} = \frac{1.013}{0.1 \times 10^6} \ cm = 1.013 \times 10^{-5} \ cm$$

$$\frac{\lambda}{2r_a} = \frac{1.013 \times 10^{-5}}{2 \times 2.78 \times 10^{-7}} = 18.22 > 10, \text{以克努森扩散为主}$$

$$D_K = 9.7 \times 10^3 r_a \sqrt{T/M} = \left(9.7 \times 10^3 \times 2.78 \times 10^{-7} \times \sqrt{\frac{500 + 273}{120}} \right) \ cm^2 \cdot s^{-1}$$

$$= 6.48 \times 10^{-3} \ cm^2 \cdot s^{-1} = 6.84 \times 10^{-7} \ m^2 \cdot s^{-1}$$

综合扩散系数

$$D \approx D_K = 6.84 \times 10^{-7} m^2 \cdot s^{-1}$$

有效扩散系数

$$D_e = \frac{\varepsilon_p}{\delta} D = \frac{0.52}{3} \times 6.84 \times 10^{-7} \ m^2 \cdot s^{-1} = 1.18 \times 10^{-7} \ m^2 \cdot s^{-1}$$

3. 球形催化剂颗粒内的浓度分布

多孔催化剂内反应组分的浓度分布是不均匀的,对于反应物,催化剂外表面处浓度最高,而中心处浓度则最低,形成由外向里逐渐降低的浓度分布。对于反应产物,情况正好相反。温度一定时,浓度的高低直接影响反应速率的大小。所以,确定催化剂颗粒内反应组分的浓度分布是十分必要的。

图 10-4 所示为一球形催化剂颗粒,半径为 R,反应物 A 从颗粒表面向颗粒内部扩散并发生化学反应,颗粒表面 A 的浓度为 $c_{A,S}$,距圆心 r 处 A 的浓度为 $c_{A,i}$。在距圆心 r 处取一厚度为 dr 的薄壳程,对组分 A 做物料衡算。

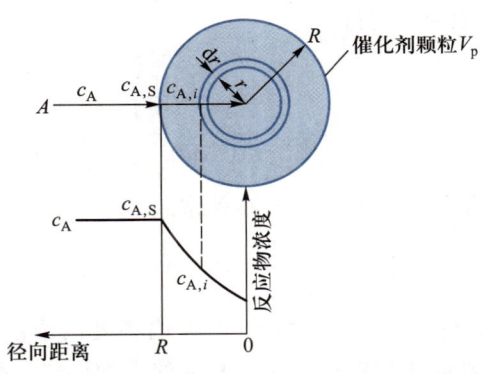

图 10-4 催化剂颗粒内浓度分布

对于连续稳态过程,单位时间内,输入 A 的量为

$$4\pi(r+\mathrm{d}r)^2 D_e \frac{\mathrm{d}}{\mathrm{d}r}\left(c_A + \frac{\mathrm{d}c_A}{\mathrm{d}r}\mathrm{d}r\right)$$

输出 A 的量为

$$4\pi r^2 D_e \frac{\mathrm{d}c_A}{\mathrm{d}r}$$

反应消耗 A 的量为

$$(4\pi r^2 \mathrm{d}r)(-r_A)$$

根据物料平衡原理,有

输入微元体的量 = 输出微元体的量 + 反应消耗量

即

$$4\pi(r+\mathrm{d}r)^2 D_e \frac{\mathrm{d}}{\mathrm{d}r}\left(c_A + \frac{\mathrm{d}c_A}{\mathrm{d}r}\mathrm{d}r\right) = 4\pi r^2 D_e \frac{\mathrm{d}c_A}{\mathrm{d}r} + (4\pi r^2 \mathrm{d}r)(-r_A)$$

略去 $(\mathrm{d}r)^2$ 项,整理得

$$\frac{\mathrm{d}^2 c_A}{\mathrm{d}r^2} + \frac{2}{r}\frac{\mathrm{d}c_A}{\mathrm{d}r} = \frac{R^2}{D_e}(-r_A) \tag{10-22}$$

该式为二阶线性常微分方程,边界条件为

$$r = 0, \quad \frac{\mathrm{d}c_A}{\mathrm{d}r} = 0$$

$$r = R, \quad c_A = c_{A,s}$$

设在球形催化剂上发生等温一级不可逆反应,$-r_A = kc_A$,令

$$\varphi_S = \frac{R}{3}\sqrt{\frac{k}{D_e}} \tag{10-23}$$

式中:φ_S 为蒂勒(Thiele)模数;k 为以催化剂颗粒体积为基准的本征动力学常数;R 为球形催化剂颗粒半径。

将式(10-23)代入式(10-22),得

$$c_A = \frac{c_{A,s} R \mathrm{sh}\left(3\varphi_S \dfrac{r}{R}\right)}{r \mathrm{sh}(3\varphi_S)} \tag{10-24}$$

式(10-24)为球形催化剂内 A 组分的浓度分布关系式。

4. 内扩散有效因子

从式(10-24)可知,由于受内扩散的影响,颗粒内各处的浓度不同,从而在颗粒内各处的实际反应速率不相同。以催化剂颗粒体积为基准的平均反应速率可以按下式计算:

$$-R_A = \frac{\int_0^{V_S} -r_A dV_S}{\int_0^{V_S} dV_S} = \frac{1}{V_S}\int_0^{V_S} -r_A dV_S \tag{10-25}$$

球形体积为 $V_S = \frac{4}{3}\pi r^3$，所以 $dV_S = 4\pi r^2 dr$，则

$$-R_A = \frac{1}{\frac{4}{3}\pi R^3}\int_0^R kc_A 4\pi r^2 dr$$

$$= \frac{1}{\frac{4}{3}\pi R^3}\int_0^R \frac{kc_{A,S}R\,\mathrm{sh}\left(3\varphi_S\dfrac{r}{R}\right)}{r\,\mathrm{sh}(3\varphi_S)}4\pi r^2 dr$$

$$= \frac{1}{\varphi_S}\left[\frac{1}{\tanh(3\varphi_S)} - \frac{1}{3\varphi_S}\right]kc_{A,S} \tag{10-26}$$

式(10-26)为一级反应的宏观动力学，与一级反应的本征动力学 $(-r_{A,S}) = kc_{A,S}$ 比较得

$$\eta_2 = \frac{-R_A}{-r_{A,S}} = \frac{1}{\varphi_S}\left[\frac{1}{\tanh(3\varphi_S)} - \frac{1}{3\varphi_S}\right] \tag{10-27}$$

式中：η_2 为内扩散有效因子，其物理意义为

$$\eta_2 = \frac{\text{内扩散对过程有影响时的反应速率}}{\text{内扩散对过程无影响时的反应速率}}$$

则

$$-R_A = \eta_2(-r_{A,S}) \tag{10-28}$$

　　由于内扩散的存在，催化剂颗粒内任一处的浓度都小于颗粒表面处的浓度，使 $-R_A < -r_{A,S}$，所以 $\eta_2 < 1$。内扩散阻力越大，内扩散有效因子将越小。利用式(10-27)可以计算内扩散有效因子，并且从该式可知，内扩散有效因子是蒂勒模数的函数。

　　5. 蒂勒模数的物理意义

　　由蒂勒模数的定义：

$$\varphi_S = \frac{R}{3}\sqrt{\frac{k}{D_e}}$$

$$\varphi_S^2 = \frac{\frac{4}{3}\pi R^3}{4\pi R^2}\frac{kc_{A,S}}{D_e(c_{A,S}-0)} = \frac{1}{3}\frac{\text{表面反应速率}}{\text{内扩散速率}} \tag{10-29}$$

　　由此可见，蒂勒模数是以催化剂颗粒体积为基准时，表示表面反应速率与内扩散速率的相对大小。蒂勒模数越大，扩散速率相对表面反应速率越小，内扩散对过程的影响越大，η_2 越低。显然，减小催化剂颗粒的粒度，设法增大有效扩散系数，采用活性较低的催化剂，都可

以降低 φ_s 值,提高内扩散有效因子。其中,减小催化剂的粒度是减小内扩散影响最直接、最有效的方法。

以上比较详细地讨论了多相催化反应过程中的扩散与反应问题,引入了有效因子这一概念,使复杂的扩散反应问题的处理得以简化。特别是内扩散有效因子这一概念更为有用,它表征了多相催化反应过程催化剂内表面利用的程度,对催化剂的生产和应用均起到指导作用,使反应器的设计计算得以简化。

前面有关内扩散与反应问题的讨论只限于等温情况,即假定催化剂颗粒温度均一。在颗粒温度非均匀的情况下,则除了要建立颗粒内浓度分布方程以外,还要建立温度分布微分方程,两者同时求解才能求得内扩散有效因子。显然,这种情况较等温情况复杂得多。好在大多数的情况下,气体主体与催化剂颗粒内部的传递过程中,传热阻力主要存在于颗粒外表面周围的层流边界层,而传质阻力则主要存在于颗粒内部。因此,除少数特例外,按等温情况来处理颗粒内的扩散与反应问题不会带来太大的误差。

10.3　固定床催化反应器

气固相固定床催化反应器是化学工业生产中广泛使用的一类非均相反应器,这类反应器的应用包括合成环氧乙烷、邻苯二甲酸酐、苯乙烯及石油炼制中的催化裂化、催化重整等。在固定床催化反应器中,反应物流体通过催化剂组成的床层并在表面进行化学反应,催化剂的固体颗粒静止不动,因此称为固定床反应器。

10.3.1　固定床催化反应器的类型

固定床中催化剂床层静止不动,由于热量不能及时传出或传入,床层温度分布不匀。所以,大多数固定床催化反应器为非等温反应器,主要有绝热和非绝热两种类型,在化工生产中都有广泛应用。

1. 绝热式反应器

绝热式反应器中催化剂均匀堆置于床层内,在反应过程中催化床层不与外界进行热量交换,反应器中无换热装置,但这仅仅是个理想化的概念。通常,反应温度变化对反应过程影响较小,反应热效应不大或单程转化率较低的场合,一般用单段绝热反应器。反应热效应较大、反应速率较慢或单程转化要求较高的场合,一般用多段绝热反应器。

(1) 单段绝热反应器

图 10-5 所示为用于甲醇氧化的单段(一层催化剂)绝热反应器。在绝热反应器上部,填充一薄层银或铜催化剂,下部为冷却器。空气和甲醇以一定流速自顶部进入,通过催化剂床层并进行反应,但在反应时不与外界进行热量交换。反应混合物离开催化剂床层后,立即进入冷却器降温,以防止甲醛进一步被氧化或裂解。此外,为了控制床层温度不致太高,常用水蒸气稀释原料,减小反应热量。

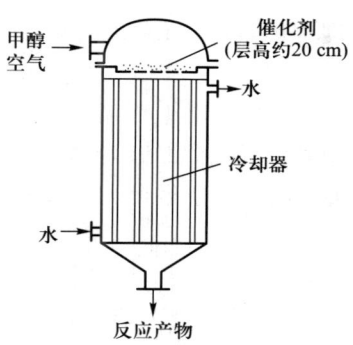

图 10-5　甲醇氧化反应器

（2）多段绝热反应器

多段绝热反应器有两种类型,一种是多段绝热中间换热式反应器,其将催化剂分成几段,段间装有换热器。反应混合物经过一段催化剂层反应后,偏离了最适宜温度,此时将其导入换热段,通过间壁换热器,使其温度回到适宜值,然后再依次进入下一段催化剂层和换热器进行反应和换热,如图10-6(a)所示。

另一种是多段绝热中间直接冷激式反应器,这种反应器也是将催化剂分成几段,但段间不安装换热器,而是用原料或用对反应有利的组分直接与反应混合物混合实现换热,以降低反应温度,称为冷激。如合成氨工艺中的半水煤气变换,除用原料气冷激外,还可用水蒸气、水冷激,水汽化既能降低反应温度,又能增加水蒸气分压,有利于一氧化碳转化成二氧化碳和氢,如图 10-6(b)所示。

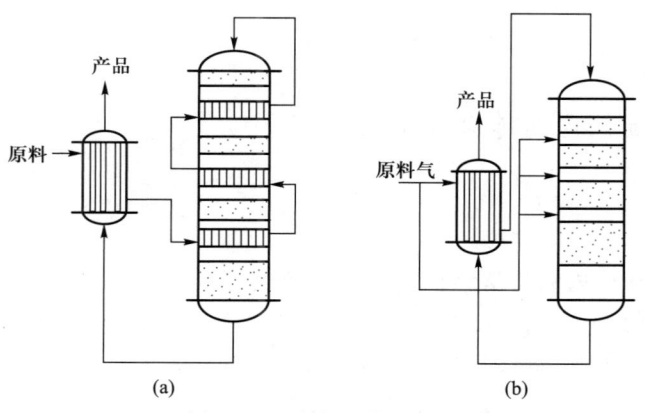

图 10-6　多段绝热反应器

2. 换热式反应器

换热式反应器又称非绝热变温反应器,这类反应器的特点是反应物在催化剂层中进行反应的同时,又通过反应器间壁进行换热,在工业上应用非常广泛,如乙炔与氯化氢反应生产氯乙烯、乙烯氧化生产环氧乙烷和乙苯脱氢生产苯乙烯等过程。

换热式反应器比绝热式固定床反应器应用更为普遍,其中最常见的是多管式固定床反应器。这种反应器的管内充填催化剂,载热体在管间由下向上流动,管径的大小根据反应热、催化剂传热性能及允许的温度等因素而定,常用的管径为 20～35 mm,催化剂粒径应小于管径的 1/8。

换热式反应器有多种结构形式,大部分类似于列管式换热器,如图 10-7 所示。催化剂可以填充在管内,也可以填充在管外。反应物自反应器上部进入管内,产物从下部排出;载热体则从下部进入管间,和反应混合物逆流进行换热。这种反应器既适用于放热反应,又适用于吸热反应。

也有只适用于放热反应的自热式固定床反应器,用原料冷却反应混合物,同时自身被预热。合成氨和二氧化硫氧化中广泛使用这类反应器,图 10-8 为自热式双套管催化反应器示意图,原料先进入双套管的内管,再从外管折回,经过两次预热后进入催化剂层反应,然后再从顶部排出,催化剂层也得到了有效的冷却。

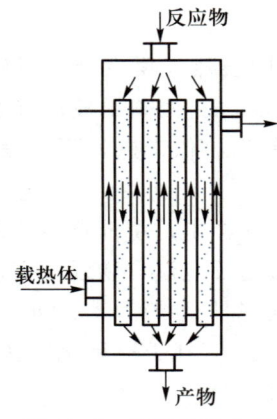

图 10-7　换热式反应器

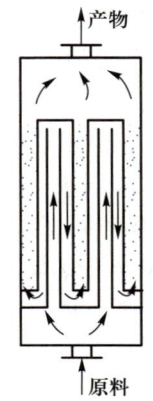

图 10-8　自热式反应器

10.3.2　固定床内的传递特性

1. 床层孔隙率

流体在催化剂床层内只能从颗粒之间缝隙通过,而且不断与颗粒相碰撞改变流向。在讨论流体在床层中的行为时,床层孔隙率是一个重要参数。固定床的孔隙率是床层中颗粒间的自由孔隙体积与整个床层体积之比,以 ε_B 表示,即

$$\varepsilon_B = \frac{\text{孔隙体积}}{\text{床层体积}} = 1 - \frac{\text{颗粒体积}}{\text{床层体积}} = 1 - \frac{V_p}{V_B} = 1 - \frac{\rho_B}{\rho_p} \quad (10-30)$$

式中:V_p 为床层内颗粒的总体积,m^3;V_B 为床层体积,m^3;ρ_B 为颗粒堆积密度,$kg \cdot m^{-3}$;ρ_p 为颗粒密度,$kg \cdot m^{-3}$。

床层孔隙率与催化剂颗粒形状、颗粒表面粗糙度、粒度分布、颗粒直径与床层直径之比及颗粒充填方式等有关。颗粒的表面越光滑,孔隙率越小。颗粒粒度分布越不均匀,因小颗粒充填在大颗粒间的孔隙,使床层孔隙率变小。床层同一截面上,孔隙率是不均匀的,如图 10-9所示(图中 r 为与壁处的距离,d 为颗粒粒径),粒度均一的颗粒所构成的固定床,在与器壁的距离是颗粒直径 1～2 倍处,孔隙率最大;在壁面附近处,孔隙率变化也大,离壁越远,

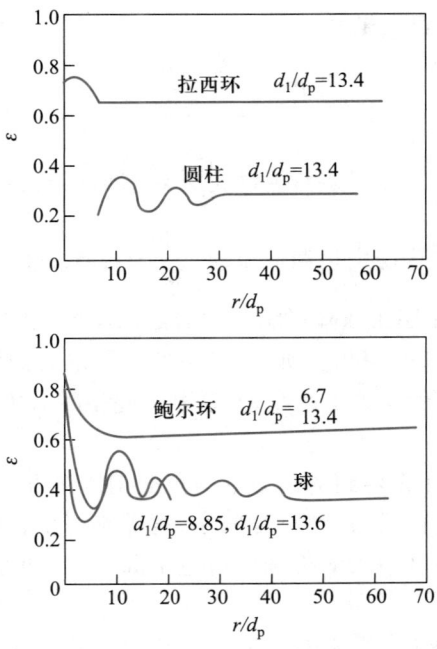

图 10-9 固定床孔隙率的径向分布

变化逐渐减小,最后趋于一个定值。由于床层径向孔隙率分布不均匀,必然造成流速分布不均匀,使流体与颗粒间传热、传质行为不同和停留时间不同,最终将影响化学反应的结果。

2. 床层压降

流体流过固定床时所产生的压力损失主要来自两方面:一方面是由于颗粒的黏滞曳力,即流体与颗粒表面间的摩擦;另一方面是由于流体流动过程中孔道截面积突然扩大和收缩,以及流体对颗粒的撞击及流体的再分布而产生。当流体处于层流时,前者起主要作用。在高流速及薄床层中流动时,起主要作用的是后者。

流体在固定床中的流动,与空管中的流体流动相似,只是流道不规则。因此,可将空管中流体流动的压力降计算公式修正后用于固定床。下式为常用的固定床压力降计算公式:

$$\Delta p = f \frac{L u_0^2 \rho_g (1 - \varepsilon_B)}{d_s \varepsilon_B^3} \tag{10-31}$$

式中:L 为固定床床层高;u_0 为空塔气速;ρ_g 为气体密度;d_s 为比表面当量直径,指与颗粒具有相同比表面积的球体的直径。比表面积(S_V)指单位颗粒体积所具有的外表面积,即

$$S_V = \frac{S_S}{V_S} \tag{10-32}$$

则

$$d_s = \frac{6}{S_V} = 6 \frac{V_S}{S_S} \tag{10-33}$$

式中:f 为摩擦系数,与雷诺数的关系为

$$f = \frac{150}{Re_m} + 1.75 \tag{10-34}$$

式中：Re_m 为修正雷诺数，其表达式为

$$Re_m = \frac{d_S u_0 \rho_g}{\mu_g (1-\varepsilon_B)}$$

当 $Re_m < 10$ 时，流体在床层中呈层流流动，$\frac{150}{Re_m} \gg 1.75$，此时 $f = \frac{150}{Re_m}$；

当 $Re_m > 1000$ 时，流体在床层中呈湍流流动，$\frac{150}{Re_m} \ll 1.75$，此时 $f = 1.75$。

由式（10-31）可见，对床层压强降影响最大的是床层的孔隙率和流体的流速，两者稍有增加，都可使压强降产生较大的变化。所以，设法使床层的孔隙增大至关重要，如采用粒度较大的颗粒。降低流速也可使压力降减小，但这可引起相间的传质和传热变差。因此，需做综合考虑，选择最佳流速。

需要注意的是，由公式计算得到的压力降一般是对新催化剂的预期压力降。在催化剂使用过程中会发生破损和粉化现象，使粒度减小，孔隙率降低，从而增加床层阻力。这一情况在设计上进行动力消耗估算和压缩机选型时应引起注意，即在压缩机的风压和供电容量上应留有足够的余量。

例 10-2   一多管式苯气相催化加氢反应器，有 ϕ 46 mm×3 mm 的反应管 230 根，管内催化剂装填高度为 3.6 m。催化剂颗粒为 5 mm 的光滑圆球，催化剂堆积密度为 1060 kg·m^{-3}，反应混合物的质量流量为 488.7 kg·h^{-1}。管外用水冷却，床层平均温度为 416 K。入口压力为 $1.013×10^5$ Pa（表压强），反应混合物气体平均黏度为 $1.342×10^{-5}$ Pa·s，混合气体平均密度为 1.013 kg·m^{-3}，催化剂床层的孔隙率为 0.35。试计算反应混合物流经该床层时的压力降。

解   空塔气速

$$u_0 = \frac{\dfrac{488.7}{3600×1.013}}{\dfrac{\pi}{4}×0.04^2×230} \text{ m·s}^{-1} = 0.464 \text{ m·s}^{-1}$$

修正雷诺数

$$Re_m = \frac{d_S u_0 \rho_g}{\mu_g (1-\varepsilon_B)} = \frac{5×10^{-3}×0.464×1.013}{1.342×10^{-5}×(1-0.35)} = 269.42$$

床层压降

$$\Delta p = \left(\frac{150}{Re_m} + 1.75\right) \frac{L u_0^2 \rho_g (1-\varepsilon_B)}{d_S \varepsilon_B^3}$$

$$= \left(\frac{150}{269.42} + 1.75\right) \frac{3.6×0.464×1.013×(1-0.35)}{5×10^{-3}×0.35^3} \text{ Pa}$$

$$= 4142.3 \text{ Pa}$$

10.3.3   固定床催化反应器有效容积的计算

固定床催化反应器的计算，采用数学模型法。若催化剂颗粒内的温度和浓度与气流主体相同，则可将催化剂床层视作拟均相模型处理；若催化剂颗粒内外温度和浓度分布不同，则需按非均相模型考虑。此外，按参数的空间分布，又可分为一维模型和二维模型两类。一

维模型只考虑参数的轴向分布,而二维模型则需同时考虑轴向和径向的参数分布。以下仅对一维拟均相活塞流模型的计算做简要介绍。

1. 等温反应器

在恒温条件下操作的气固相催化反应过程,其反应速率只与物料的组成有关。如果物料通过反应器的流动呈活塞流状态,则与均相活塞流反应器相似,只要已知该反应的动力学模型,通过物料衡算,即可求出反应器的有效容积(催化剂床层体积)V_R 与转化率 x_A 的关系:

$$V_R = q_{V,0} c_{A,0} \int_0^{x_A} \frac{\mathrm{d}x_A}{(-r_A)} \tag{10-35}$$

对于简单不可逆反应 A $\longrightarrow$ R,其反应动力学模型为

$$-r_A = kc_A^n = kc_{A,0}^n (1-x_A)^n \tag{10-36}$$

式(10-35)和式(10-36)联立求解,即可求出催化剂床层体积 V_R。

2. 非等温反应器

对于非等温条件下进行的化学反应,反应速率不仅与反应物的浓度有关,而且与反应温度有关。因此,反应器内的温度变化必须通过热量衡算才能确定。

如图 10-10 所示,若反应温度只沿催化剂床层轴向变化,而在床层每一截面上的径向温度均匀,则可取催化剂床层内微元体积 $\mathrm{d}V$ 做热量衡算基准,图中 $Q_入$ 表示单位时间内由物料带入微元体的热量,$Q_出$ 表示单位时间内物料从微元体带出的热量,Q_s 表示单位时间内通过微元体器壁传出或传入的热量,Q_r 表示微元体中单位时间内由于化学反应而放出或吸收的热量。

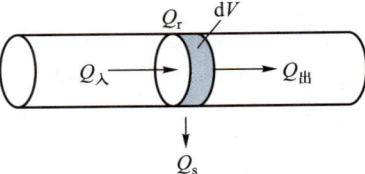

图 10-10 反应器热量衡算图

当微元体 $\mathrm{d}V$ 内的温度稳定不变时,微元体内输入和输出的热量达到平衡,即

$$Q_入 = (Q_出 + Q_s) - Q_r \tag{10-37}$$

式中:Q_s 为正值,表示器壁散热;Q_r 为负值,表示反应过程为放热。

令 $(q_{n,0})_i$ 为反应物料中组分 i 进入微元体的摩尔流量,单位为 $\mathrm{mol \cdot h^{-1}}$;$c_{p,i}$ 为组分 i 的比定压热容,$\mathrm{J \cdot mol^{-1} K^{-1}}$;$T$ 为反应器温度,K。则微元体 $\mathrm{d}V$ 内所产生的显热变化为

$$Q_出 - Q_入 = \sum_{i=1}^n (q_{n,0})_i c_{p,i} \mathrm{d}T \tag{10-38}$$

通过器壁传出的热量为

$$Q_s = K(T-T_W) \mathrm{d}A \tag{10-39}$$

式中:K 为催化剂床层与外界进行热交换的传热系数,$\mathrm{W \cdot m^{-2} \cdot K^{-1}}$;$A$ 为传热面积,$\mathrm{m^2}$;T_W 为反应器外围的介质温度,K;T 为反应器内温度,K。

化学反应放出的热量为

$$Q_r = - r_A \cdot \Delta H_r dV = (q_{n,0})_A \cdot \Delta H_r dx_A \tag{10-40}$$

式中:ΔH_r 为反应热效应,$J \cdot mol^{-1}$。

将式(10-38)、式(10-39)和式(10-40)代入式(10-37),得

$$\sum_{i=1}^{n} (q_{n,0})_i c_{p,i} dT = (q_{n,0})_A \cdot \Delta H_r dx_A - K(T - T_W)dA \tag{10-41}$$

(1) 绝热反应器

绝热反应时,$Q_s = 0$,反应过程放出的热量表现为反应物料温度的升高,即

$$Q_r = Q_{出} - Q_{入} \tag{10-42}$$

$$(q_{n,0})_A \cdot \Delta H_r dx_A = \sum_{i=1}^{n} (q_{n,0})_i c_{p,i} dT \tag{10-43}$$

假定反应转化率由 $x_{A,0}$ 变化到 x_A,相应于物料温度由 T_0 升高至 T,若忽略反应过程中物质的量的变化,并以平均比定压热容 $\bar{c}_p$ 代替各组分的比定压热容 $c_{p,i}$,则式(10-43)右端为

$$\int_{T_0}^{T} \sum_{i=1}^{n} (q_{n,0})_i c_{p,i} dT = \int_{T_0}^{T} q_{n,0} \bar{c}_p dT = q_{n,0} \bar{c}_p (T - T_0) \tag{10-44}$$

式(10-43)左端的 $(q_{n,0})_A = q_{n,0} y_{A,0}$($y_{A,0}$为初始进料中组分 A 的摩尔分数),则式(10-43)可改写为

$$q_{n,0} y_{A,0} (\Delta H_r)(x_A - x_{A,0}) = q_{n,0} \bar{c}_p (T - T_0) \tag{10-45}$$

所以

$$(T - T_0) = \frac{y_{A,0}(\Delta H_r)}{\bar{c}_p}(x_A - x_{A,0}) \tag{10-46}$$

令 $y_{A,0} \Delta H_r / \bar{c}_p = \lambda$,$\lambda$ 称为绝热温升系数,表示转化率 x_A 在 0~100%时,反应混合物的温度升高或降低的数值。则

$$T - T_0 = \lambda(x_A - x_{A,0}) \tag{10-47}$$

式(10-47)为绝热温升方程式,表明绝热反应过程转化率 x_A 和反应温度 T 的关系,通常绝热温升系数 λ 为常数,故 x_A-T 呈线性关系。

由此可见,计算绝热反应器有效容积 V_R 时,应结合物料衡算式、热量衡算式和反应动力学模型,由三式联立求解方可求得。对于简单不可逆反应,则为

$$\begin{cases} V_R = (q_{n,0})_A \displaystyle\int_{x_{A,0}}^{x_A} \frac{dx_A}{-r_A} \\ x_A - x_{A,0} = \dfrac{1}{\lambda}(T - T_0) \\ -r_A = A e^{-E/RT} [c_{A,0}(1 - x_A)]^n \end{cases}$$

(2) 非绝热变温反应器

当气流通过催化剂床层的速率较小,而反应过程又为强放热时,热量常在催化剂床层内

积聚,不能被及时带走。为了维持正常的反应温度,通常采用冷却介质与器壁接触,以加速移走反应器内的热量。在这种情况下,反应器内轴向和径向温度都不均匀。例如,用直径为 50 mm 的管式反应器,进行二氧化硫催化反应生成三氧化硫,管外夹套用冷却介质冷却,反应器壁温度可保持在 197 ℃,而在催化剂床层中心温度则高达 520 ℃,如图 10-11 所示。

要对这种反应器进行计算,必须同时考虑轴向和径向温度变化,其数学模型十分复杂。作为一种简化,可采取床层平均温度 T_m 代替径向温度分布,而且在进行换热过程中,T_m 也是基本不变的,故式(10-32)中 Q_s 项可用下式表示:

$$Q_s = K(T_m - T_W)\,\mathrm{d}A \qquad (10-48)$$

用式(10-48)与物料衡算式和反应动力学模型联立求解,即可近似计算出非绝热变温反应器的有效容积 V_R。

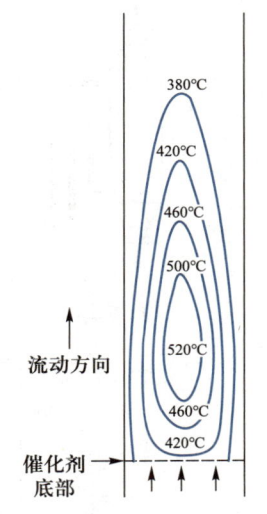

图 10-11 催化剂层内温度分布

10.4 固体流态化和流化床反应器

当流动的液体或气体通过固体颗粒层时,在适当的流速下,颗粒会被托起并做随机运动,运动的固体颗粒与流体所组成的体系具有流体的某些特征,这种现象称为固体的流态化,相应的床层称流化床。流化床反应器是工业上较广泛应用的一类反应器,适用于催化或非催化的气固、液固和气液固反应系统。

流化床

10.4.1 固体流态化

固体流态化具有某些与液体相似的性质,如床层倾斜,其表面能自动趋于水平;将两个流化床连通,两床层表面能自动趋于水平;若从床层的侧壁开口,床层内的固体颗粒会自动从侧口流出等。因此,流化床容易实现连续加料和卸料。由于床层内固体颗粒处于不断搅动的悬浮状态,物料温度和浓度容易混合均匀,便于工艺条件操作和控制。

图 10-12 所示为固体流态化过程。流体自下而上通过固体颗粒床层,当流速很低时(指空床流速 u),固体颗粒处于静止状态,床层的压强降 Δp 与流速成正比,相对于图 10-12(d)中的 AB 直线,此时床层为固定床。当流速增加至超过 B 点后,床层内的固体颗粒开始松动,床层的孔隙率 ε 增大。由于床层膨胀,导致压强降 Δp 的增加减缓,如 BC 线段所示。在 C 点以后,由于床层孔隙率 ε 随流速的增加而增加较快,致使床层压强降 Δp 反而稍有降低,至 E 点以后,固体颗粒在流体中已处于悬浮状态,随着流速的增加,床层孔隙率相应增大,此时流体通过颗粒间隙的真实速率等于颗粒的沉降速率并保持不变,故床层的压强降维持恒定,如 EF 线段所示,此时床层处于固体流态化状态。

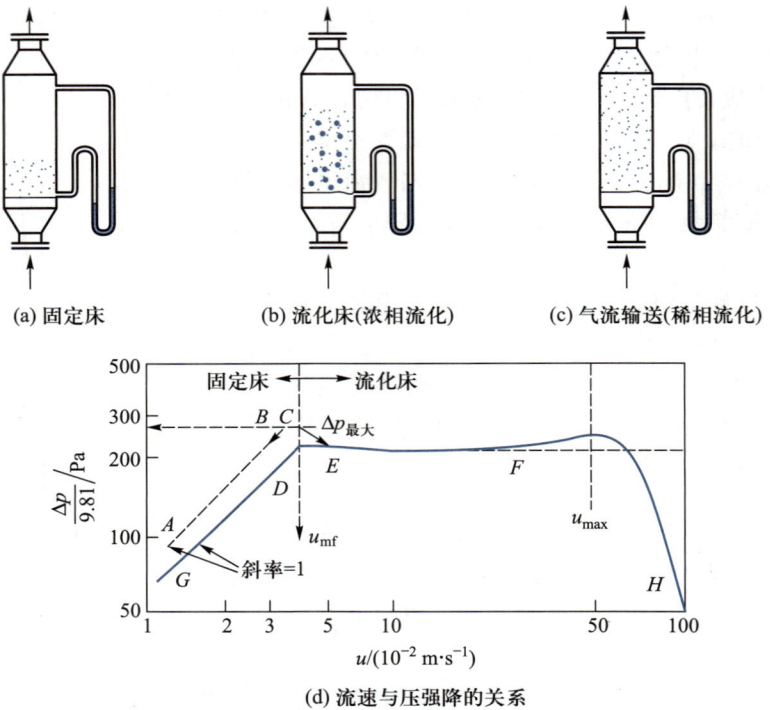

(a) 固定床　　　(b) 流化床(浓相流化)　　　(c) 气流输送(稀相流化)

(d) 流速与压强降的关系

图 10-12　固体流态化过程

　　当形成固体流态化以后,逐渐降低流速,床层内压强降 Δp 沿 FE 线返回至 D 点后,固体颗粒开始静止并相互接触而成固定床状态。由于床层系吹松后均匀落下,所以其孔隙率比原固定床有所增大。再继续降低流速,流速与压强降的关系已不能恢复到 AB 线的位置,而是沿 DG 线变化。D 点对应的流速 u_{mf} 称为"临界流化速率"。

　　当固体颗粒床层达到流态化状态后,继续增大流体流速,直到通过颗粒间的实际流速大于颗粒的沉降速率时,颗粒将被流体带出器外,对应图中最大流化速率 u_{max} 点。在此以后,由于床层固体颗粒越来越少,流体的压强降也急剧下降,如 FH 线。从图上看,在 F 点以后的压强降尚略有上升,是流速提高后,流体与器壁和床底分布板的摩擦阻力增加所引起的。

　　当流体的流速提高达到能带走固体颗粒时,就形成了"气力(或液力)输送"现象,如果在流化床设备顶部安装分离回收颗粒的装置,将带出的固体颗粒加以回收再返回流化床,也可以用于固体颗粒与流体之间的化学加工或物理加工。从广义上看,这种操作可算作固体流态化的另一种形式。

　　在实验中还发现,随着流体状态和颗粒运动状况不同,而有散式流态化和聚式流态化的区别,如图10-13所示。

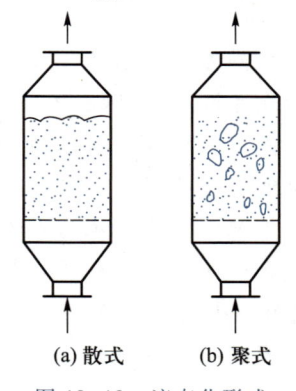

(a) 散式　　(b) 聚式

图 10-13　流态化形式

1. 散式流态化

这种流态化现象一般发生在液固流态化系统内。当流体通过固体颗粒床层的流速达到

临界流速 u_{mf} 时，床层内的颗粒开始松动并均匀摇摆，表明流态化已经开始；继续增大流速，床层逐渐膨胀，但固体颗粒在床层内始终处于均匀分布状态，颗粒的运动则呈无规律的随机运动；在流体流速由 u_{mf} 至 u_{max} 的流态化阶段以内，流化床层的界面是十分清晰的，这种流态化形式接近于理想状态。

理想流态化具有以下几个特征：

① 颗粒处于运动状态而容器内床层具有明显的相界面。

② 固体颗粒具有相流体一样的性质。

③ 床层压强降为一常数。

④ 流化床层的孔隙率均匀，不因床层位置发生变化。

2. 聚式流态化

在气固流化床中，气速大于临界流化速率时，部分气体以气泡的形式通过床层，类似于气体在液体中形成泡沫。气泡外的区域固体颗粒浓度高，称为乳相。图 10-14 为气固流化床中气泡的放大示意图。气泡内部几乎不含固体颗粒，气泡相所含颗粒的总量为全床层颗粒总量的 $0.2\% \sim 0.4\%$。气泡的顶部成球形，底部则向内凹陷。气泡底部压力较周围略低，以致吸入部分颗粒，形成局部涡流，此区域称为尾涡。气泡周围为循环气体所渗透的区域，叫做泡晕。泡晕与尾涡一起随气泡向上升，气泡在上升过程中不断长大，最后在床层顶部破裂而离开。这与液体沸腾时产生气泡的运动相似，故聚式流化床又称为"鼓泡流化床"或"沸腾床"。

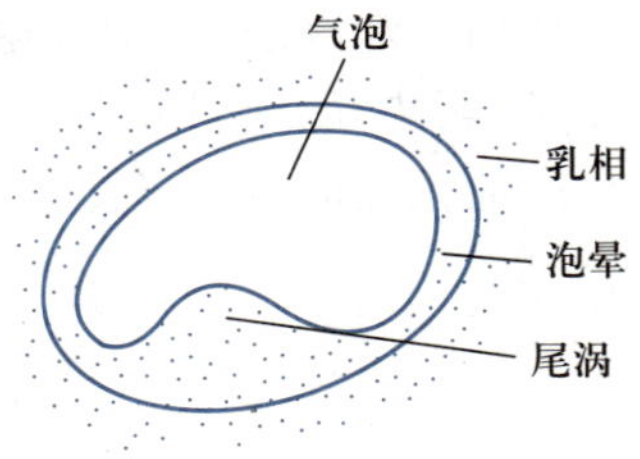

图 10-14 气固流化床中气泡的放大示意图

在聚式流化床内，存在气泡相和乳化相两种状态。在乳化相内，固体颗粒接近于起始流态化时的情况，其孔隙率也接近于起始流态化时的孔隙率，颗粒较密集，分散较均匀。而气泡相则指形成的空穴，由于空穴内的气流速率大于临界流化速率，当高速的气体穿过空穴时，空穴内的气体则不断更新。在这一点上，与液体沸腾时产生的气泡不同。

聚式流化床的界面并不平稳，而是处于频繁波动状态。由于气泡穿过界面破裂后会带出一定量的固体颗粒悬浮于气体中，故将界面以下的区域称为"浓相区"。界面以上的区域则称为"稀相区"。在聚式流化床内，由于空穴在上升过程中不断地合并和增大，容易产生腾涌，使许多固体颗粒成团地被抛起又跌落，造成设备震动。

当床层直径小而气速又不高时，床层大部分颗粒做向上运动，近壁处则向下运动，从而构成颗粒的循环运动。床层直径大，气速又大时，则在床层中可存在多个颗粒循环运动区。乳相中的气体主要做向上和向下运动。向上的速率等于临界流化速率。由于气体的扩散、向下流动的颗粒的夹带及气体在颗粒上的吸附，使得部分气体又向下流动。稳态下，在同一床层横截面上向上流的气量与向下流动的气量大致是恒定的。气速增大时，向下流的气量增多。当 $6 < u/u_{mf} < 11$ 时，向下流的气量超过上流气量，净结果是乳相中的气体是向下流动的。但在乳相中的气体毕竟是小部分，大部分气体是以气泡形式通过床层的。

正是由于床层内气体和颗粒的剧烈运动，床层内温度均匀，这是流化床的一个主要特点，明显地不同于固定床。流化床传热效果也要优于固定床，传热系数显著大于后者。

对于大直径的流化床,因固体颗粒堆积不均匀而易产生沟流,使通过床层的气体发生短路,造成气固接触不良而导致工艺过程恶化。因此,无论腾涌还是沟流在流化床操作中都是应该避免的。

流化床反应器中的气泡现象使床层中气体和固体催化剂颗粒处于复杂的运动状态,造成床层的不均匀性。流化床技术应用中突出问题是流化床反应器设计和放大。近年来,人们对流态化技术的研究具有很大的进展,研究的重点以气泡模型和两相模型为基础,研究流化床中气、固流动,传质,混合和扬析等问题,但流化床反应器设计和放大仍有许多问题需要进一步探讨。因此,设计中仍以经验方法为主。

10.4.2　流化床反应器

1. 流化床反应器的结构型式

随着流态化研究的深入和流化床反应器应用的增多,根据不同的反应特征,流化床反应器的结构不断改进,形式日益增多。流化床反应器一般都包括壳体、气体分布器、床层内部构件、换热装置、气固分离装置及催化剂的加入和卸出装置等。图 10-15 所示为一种典型的流化床催化反应器示意图。

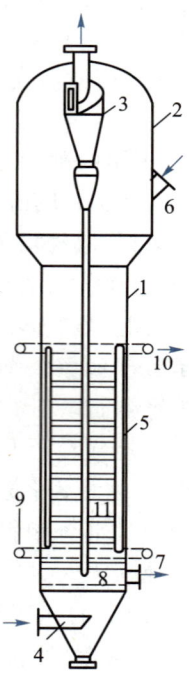

1—壳体; 2—扩大管; 3—旋风分离器;
4—流化气体入口; 5—换热管; 6—催化剂入口;
7—催化剂排出口; 8—气体分布板; 9—冷却水进口;
10—冷却水排出口; 11—内部构件

图 10-15　流化床催化反应器

　　气体离开床层时总是要带走部分细小的颗粒,为此,将反应器上部的直径增大,做成一扩大段,使气流速率降低,从而部分较大的颗粒可以沉降下来,落回床层中去。较细的颗粒则通过反应器上部的旋风分离器 3 分离出来返回床层。反应后的气体由顶部排出。

　　根据使用要求不同,流化床反应器具有不同的型式,如图 10-16 所示。图10-16(a)为没有内部构件的所谓自由流化床。为了保证流化均匀,床的高、径比一般不超过 1.5,主要用于催化剂活性比较稳定和反应热效应不大的场合。

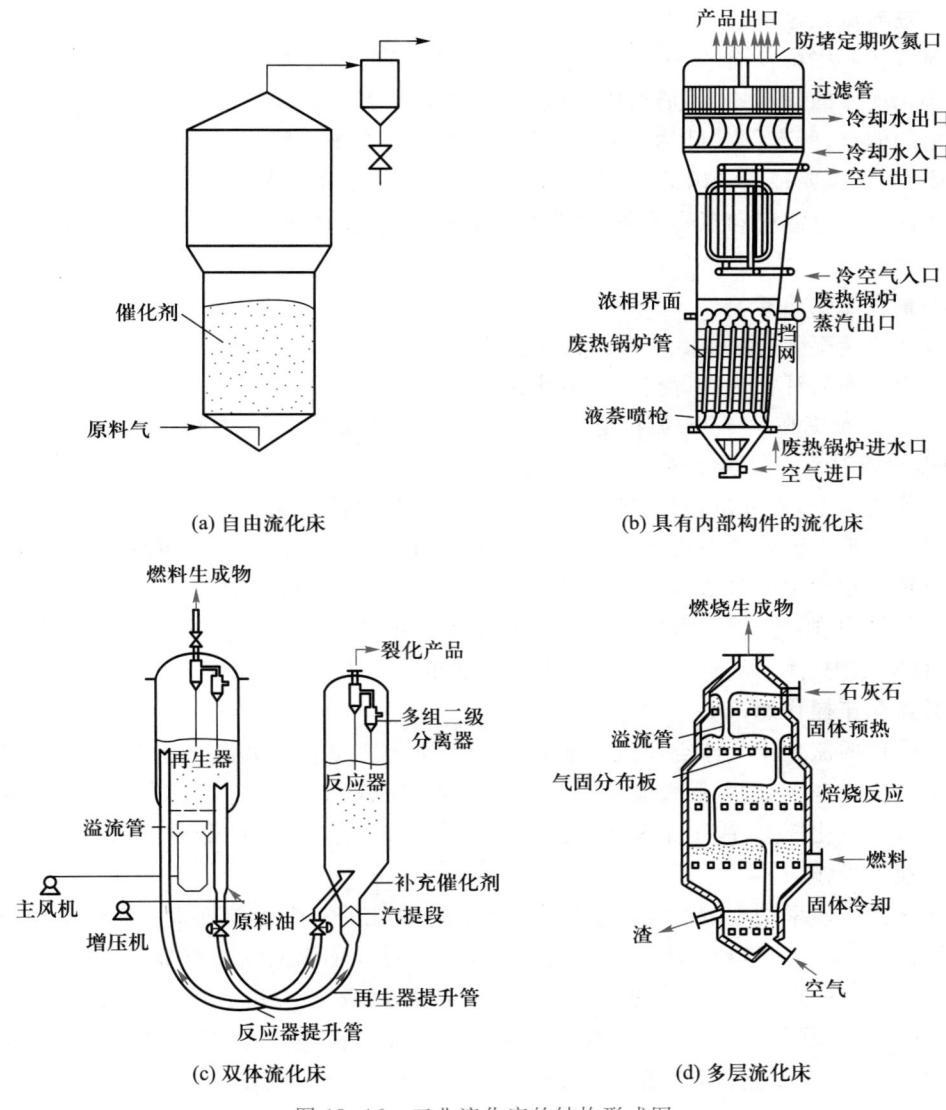

(a) 自由流化床　　　　　　　　(b) 具有内部构件的流化床

(c) 双体流化床　　　　　　　　(d) 多层流化床

图 10-16　工业流化床的结构形式图

　　图 10-16(b)为具有纵向和横向内部构件的流化床,用于热效应较大的场合。设置水平构件的目的是减少催化剂的返混和被气流带出,而设置垂直构件则是为了通入载热体,与催化剂层交换热量,并抑制气泡相互并聚长大。例如,萘氧化生成苯酐就是采用这种反应器的。

　　图 10-16(c)为双体流化床,其中一个用于烃类催化裂化,另一个用于失活催化剂再生,

两器用 U 形管连接。我国的石油催化裂化装置大多采用这种形式的流化床反应器。

图 10-16(d) 为多层流化床,当要求转化率较高或要求分段控制条件时,常采用这种流化床反应器,如石灰石的焙烧。在多层流化床中,催化剂或反应物被分层流化,连续反应,逐步达到较高转化率。

2. 流化床反应器的操作速率

(1) 临界流化速率

临界流化速率可以通过 $\Delta p - u$ 的关系进行实验测定,也可以用公式计算。文献介绍了很多临界流化速率的计算式,都是经验的或半经验的,具有一定的局限性,计算结果与实际情况有一定的偏差,所有偏差可达30%~50%。特别是对于细颗粒,由于在流化过程中易于聚成粒子团,往往偏差很大。因此,有条件的应直接测定颗粒的临界流化速率。只要与实验测定时的流体、颗粒、温度和压强等条件相同,实验所测定的 u_{mf} 可以推广到大型工业生产设备的应用。

(2) 最大流化速率

最大流化速率 u_{max} 也称颗粒带出速率。颗粒带出速率也等于粒子的自由沉降速率,通过颗粒沉降速率的计算可以得到最大流化速率。

u_{max}/u_{mf} 的范围在 10~90,颗粒越细,比值越大,表示从能够流化到被带出的速率范围越广,说明流化床中采用细颗粒是比较适宜的。

临界流化速率是床层从固定床状态向流化床状态的转折点,此时流体阻力用固定床压强降来表示。最大流化速率是床层从流化床状态到气流输送状态的转折点,流体阻力以相当于颗粒在流化床中的自由沉降阻力来表示。在流化床操作速率稍大于 u_{mf} 时,整个床层颗粒悬浮于气体中,阻力、浮力和重力是对整个床层而言的;在操作速率大于 u_{max} 时,固体颗粒被吹出,此时阻力、浮力和重力是对某一颗粒而言的。

(3) 流化床操作速率

实际操作的流化床气体空床流速应处于临界流化速率和最大流化速率之间,一般都是先确定临界流化速率 u_{mf} 和最大流化速率 u_{max} 后,再根据经验选定操作速率。颗粒的临界流化速率和最大流化速率,决定了流化床操作速率的范围,流化床反应器通常在比临界流化速率高的流速下操作。

流化床操作速率是影响反应器流化状态和操作性能的一个重要因素。在确定操作速率时,应考虑一些工艺因素和要求。影响流化床反应器操作速率的因素有催化剂强度、粒度分布、反应速率、反应热效应、床层内部构件及粉尘回收效率等。对反应速率快,热效应大,颗粒强度好,要求床层等温,要求固体颗粒循环好及设备内有挡板、挡网等内部构件和粉尘回收设备的流化床,可以选择较高的操作速率。否则,操作速率宜小。

当流化床反应器在稍高于临界流化速率下操作时,可以减少催化剂颗粒的磨损,降低催化剂损失量,还可降低能耗。但在低气速操作时,可导致床层传热和传质性能较差。只有当反应速率较低、热效应不大、对传热要求不高的反应过程才能用较低的操作速率。相反,提高流化床操作速率可以增强颗粒循环流动,促进床层的传热和传质性能,改善流化质量。因此,目前工业流化床都在远高于临界流化速率下操作。

操作速率 u 与临界流化速率 u_{mf} 之比称为"流化数 K",即 $K = u/u_{mf}$。通常 K 值在 1.5~

10,但有时也高达几十甚至几百。如萘氧化制苯酐的流化数 $K \geqslant 10 \sim 40$,石油催化裂化的流化数 $K \geqslant 300 \sim 1000$。为提高设备生产能力,一般采用较高的操作速率。因此,流化床内应设置内部构件,提高催化剂活性和强度,改进粉尘回收系统以减少催化剂损失。表 10-1 给出了工业流化床反应器操作速率。

表 10-1　工业流化床反应器操作速率

生产过程	催化剂颗粒直径/μm	反应温度/℃	操作速率/(m·s⁻¹)
丁烯氧化脱氢制丁二烯	40 ~ 80	430 ~ 500	0.8 ~ 1.2
丙烯氨氧化制丙烯腈	40 ~ 80	440	0.6 ~ 0.8
萘氧化制苯酐	50 ~ 100	370	0.3 ~ 0.4
石油催化裂化	20 ~ 80	470	0.6 ~ 1.8

10.4.3　流化床反应器的放大

流化床反应器的放大在国内和国外都有一些成功的经验,并有许多报道和评述。总结起来主要是催化剂性能、操作条件和反应器结构三方面的问题。

1. 催化剂性能

催化剂性能表现为活性、选择性和稳定性。就活性而言,若活性太低,反应速率低,活性太高又有可能导致反应热不能及时排出。对于活性的要求应以试验选择为准,不是越高越好。

对于选择性和稳定性,则要求越高越好。但由于流化床内返混程度大,停留时间分布较宽,容易产生副反应而降低选择性,甚至由于某些副产物的生成和积累,促使催化剂过早失活。因此,催化剂在流化床中经受的考验应比固定床更严格,特别是催化剂必须耐磨。实际上,工业流化床使用的催化剂,其稳定性和强度都要求较高,但活性并不一定为最高。

此外,催化剂的粒度和粒度分布对于维持良好的流化质量也具有重要意义。细颗粒床层($d_p = 50 \sim 100$ μm)比粗颗粒床层($d_p = 200$ μm)的流化性能优越,特别适宜于工业放大。因为放大后气速增大,床层高度增加,粗颗粒容易产生短路,使床层的不稳定性加剧,严重影响化学反应的均匀性。如果采用不同粒径的颗粒按一定比例混合的催化剂,将比催化剂颗径均一的流化状态好。

2. 操作条件

流化床反应器放大后的操作条件相对于放大前往往有所改变,如放大后因气、固两相接触不良而需要适当加高床层或延长接触时间予以弥补,但床层增高、径比增大后,容易产生节涌,对于床径较小的流化床特别明显。通常工业化流化床的高、径比多控制在 3 以下。又如,为了提高流化质量、强化传热和传质往往需要加大空间速率,势必引起接触时间的变化。有时在放大后需要提高反应温度才能达到试验时的某些指标,这种现象往往与床层内返混程度大小和气固接触的均匀性有关。以上情况,都使流化床反应器放大后的操作条件与试验时的条件不同。

通常,床径增大后,床层内乳化相的扩散系数随之增大,轴向和径向的浓度梯度减小甚至消失;而小直径流化床中的轴向和径向浓度梯度特别明显,如从床径为 25~50 mm 的小试装置放大到床径为 500 mm 的中试装置,其放大效应特别明显,若从中试放大至工业规模,其放大效应很小。因此,可以把 500 mm 床径作为流化床反应器放大的临界条件,而冷模试验也应在床径大于 500 mm 的装置中进行,才能取得可靠的结果。

3. 反应器结构

反应器结构一般指流化床的气流分布板和反应器的内部构件。

分布板的作用是使气体均匀分散,促进流化均匀,一般距分布板350 mm以内的区域为主要反应区,分布板对这一区域的影响最大。因此,分布板的结构多采用均匀分布于板面上具有侧气孔的小型锥帽,这种分布板既可达到气流通畅、分布均匀和造成床层搅混的目的,又可防止催化剂颗粒下漏。

至于床层的内部构件,有垂直安装的管束和挡板。若用垂直管束作内部构件,具有传热和限制气泡增大的作用,它不影响床层内的自由混合,便于实现放大。各种形式的横向挡板,具有限制气固流动和改变床层内温度和浓度分布的作用,但对整个流化床层的影响较为复杂。实验证明,由小床径放大,床层内的挡板间距应适当增大,并不影响反应结果。因为放大后的床层,气流运动加速,抵消了挡板间距加大的影响。

例如,萘氧化制苯酐的工业反应器,在放大设计时采用高床层,高空速加横向挡板,使生产能力获得较大的提高。因为该反应过程的特点是不可逆反应,需要的空气量大,反应速率与萘的浓度成正比,表面反应快,相间传递慢,主反应速率大于副反应速率,故采取上述措施起到了良好作用。

总之,对于流化床反应器放大,也必须了解主、副反应的动力学特性,以及床层中传热和传质等特征,方能对催化剂性能,操作条件和反应器结构做出正确选择。

流化现象极其复杂,至今人们尚无充分认识,以致流化床反应器的放大困难重重。如前所述,气体进入床层后,部分通过乳相流动,其余则以气泡形式通过床层。毫无疑问,乳相中的气体与催化剂颗粒接触良好,而气泡中的气体与催化剂颗粒的接触就差,因为气泡中几乎不含催化剂颗粒,仅靠与相界面处的和尾涡中的颗粒相接触。另外,气体在床层流动过程中,还发生气泡与乳相间气体的交换及气泡合并和破裂的现象,使得床内气固接触问题变得更为复杂。固定床内的流动为单相流体流动,而流化床内的流动为两相流动。流化床反应器模型的建立,其最大的困难就是还没有找出合适的流动模型,以定量地关联各种流体力学因素,如气体分布、气泡大小及停留时间、相间交换等的影响。除了流体力学因素外,影响流化床反应器工况的是化学因素,如反应动力学、化学计量学等,但这是化学反应和所采用的催化剂的固有性质,与反应器的结构无关。

流化床催化反应器的主要优点是可以使用小粒度的催化剂,因而内扩散的影响完全可以忽略,提高了催化剂的利用率;再有就是温度均匀,完全可以实现等温操作,这对于某些反应温度范围要求很窄的催化反应过程十分适宜。如果催化剂需要连续再生,流化床反应器是最合适的反应器,催化剂的加入和卸出都十分方便,压力降不随气速而变化也是其优点。流化床反应器的主要缺点包括由磨损和气体带走导致的催化剂损失,尤其是对于贵金属催化剂来说,这种损失可能难以承受。此外,由于气体以气泡形式通过床层,可能导致气固接触效率不佳,同时床内严重的返混也是其主要缺点之一。采用循环流化床可以有效解决催化剂损失和气固接触效率问题。总体来说,是否采用流化床反应器,应根据具体的反应过程需求决定,并不能仅依据一般性原则做选择。

本章物理量符号说明

英文字母:

a_s——催化剂的比表面积,$m^2 \cdot g^{-1}$;

A_s——体积为 V_p 的催化剂颗粒的外表面积,m^2;

Da——达姆科勒数;

De——有效扩散系数,$cm^2 \cdot s^{-1}$;

D_K——克努森扩散系数,$cm^2 \cdot s^{-1}$;

k_g——气相传质系数,$m \cdot s^{-1}$;

N_A——单位时间内传递 A 物质的量,$mol \cdot s^{-1}$;

r_a——微孔的孔半径,cm;

V_g——孔容积;$cm^3 \cdot g^{-1}$;

V_p——固体催化剂的体积,m^3。

希腊字母:

λ——分子的平均自由程,cm;

φ_s——蒂勒模数。

思 考 题

10-1　固体催化剂有哪些特点?

10-2　对于气固相反应,什么情况下,可以不考虑分子扩散的影响?

10-3　对于球形催化剂粒子,蒂勒模数的定义是什么?

10-4　孔结构对内扩散有无影响?

10-5　在气体的扩散控制中,如果催化剂的孔径远远小于分子的平均自由程,可以不考虑哪种扩散?

10-6　固相催化反应过程一般概括为哪些步骤?

10-7　引起固定床床层压强降的原因?有哪些因素影响压强降?工程上对压强降有何要求?如何降低床层压强降?

10-8　对于球形催化剂,蒂勒模数越大,则催化剂的内扩散有效因子如何变化?

10-9　随气速不同,流化床经历哪三个阶段?

10-10　有哪些不正常的流化现象?如何判断床层中出现了不正常流化现象?可采取哪些措施改善流化质量?

10-11　什么是流化床反应器?与固定床反应器相比,其有哪些缺点?

10-12　具有反应热效应很大、反应对返混敏感、反应需要温度分布及催化剂强度差的特征反应,应选固定床反应器还是流化床反应器?

10-13　综合学习过的化工知识,思考工业上可能采取哪些措施进行放热速率和移热速率的调整以降低热点温度?

10-14　探讨不同类型的反应动力学模型。

习　题

10-1　在固定床反应器中进行如下一级不可逆气相催化分解反应:

$$A \longrightarrow B+C$$

在反应温度为 420 ℃时 ,反应速率常数 $k = 6.95 \times 10^{-3} \ s^{-1}$。若原料处理量为 0.8 L·s^{-1},A 的转化率为 40.0%,试按活塞流模型计算催化反应器所需的有效体积。

答:71.52 L

10-2　在固定床反应器中于一定温度下进行某气相反应 A ⟶B+C,其动力学方程为 $-r_A = k_c c_A^{0.5} c_B^{0.5}$;若 $c_A = c_B$,则 $-r_A = k_c c_A$,式中 $k_c = 0.0965 \ s^{-1}$。若已知 A 的转化率为 80.0%,原料气混合物的体积流量 $q_{V,0} = 1.0 \ m^3 \cdot s^{-1}$,催化剂孔隙率 ε 为 0.40,求催化剂床层的体积。

答:12.5 m^3

10-3　在固定床催化反应器中催化氧化二氧化硫合成三氧化硫,已知催化剂床层体积为 1.5 L ,孔隙率 $\varepsilon = 0.4$,反应器入口处原料的体积流量为 600 L·h^{-1},求物料在反应器中的空间时间和空间速率。

答:3.6 s;0.278 m·s^{-1}

10-4　某气相反应 2A ⟶R+S 在催化剂存在下进行,已知该反应的速率方程为 $-r_A = k_c c_A^2$,要求纯 A 的体积流量为 2.5 $m^3 \cdot h^{-1}$,在 350 ℃、2 MPa下加入装有 3 L 催化剂的中试管式反应器中,反应物 A 的转化率为 70.0%。现要求设计一反应器,在 4 MPa、350 ℃下处理体积流量为150 $m^3 \cdot h^{-1}$的原料气,原料气中 A 和稀释剂的体积分数分别为 0.70 和 0.30,求 A 的转化率为 90.0%时,所需的催化剂床层体积。

答:0.496 m^3

10-5　反应 A $\underset{k_2}{\overset{k_1}{\rightleftharpoons}}$ R 为一级可逆放热反应,在 200 ℃反应时,$\Delta H_r = 1.35 \times 10^5 \ J \cdot mol^{-1}$,$k_1 = 0.3 \ s^{-1}$,$k_2 = 0.6 \ s^{-1}$。试求:

(1) 在该温度下能达到的最大转化率。

(2) 若要使转化率 x_h 达到 0.92,应采用多高的反应温度?

答:(1) 0.33;(2) 160.4 ℃

10-6　已知可逆反应 A $\underset{k_2}{\overset{k_1}{\rightleftharpoons}}$ B 的正反应和逆反应均为一级反应,$E_1 = 8370 \ J \cdot mol^{-1}$,$E_2 = 16740 \ J \cdot mol^{-1}$,正、逆反应的指前因子(即频率因子)$A_1 = A_2 = 1.0 \times 10^{12} \ s^{-1}$。求:

(1) 在固定床反应器中反应时,若希望转化率 x_A 达到 80.0%,最佳反应温度应是多少?

(2) 整个反应过程是否都是控制在这个温度为最好?为什么?应怎样控制?

答:(1) 484 K;(2) 略.

10-7　某反应的反应温度为 673 K,活化能为 146545 J·mol^{-1},试求保持在稳定点操作的冷却剂温度。

答:647.3 K

10-8　某液相反应的动力学方程为 $-r_A = k_c c_A$,式中 $k_c = 7.83 \times 10^{11} \ e^{-94207.5/RT} \ s^{-1}$,今将初始浓度 $c_{A,0} = 5 \ mol \cdot m^{-3}$、温度为 300 K 的原料液以$1 \times 10^{-3} \ m^3 \cdot s^{-1}$的速率导入一体积为 2 m^3 的连续搅拌反应器中进行绝热反应。若物料的密度 $\rho = 1000 \ kg \cdot m^{-3}$,比定压热容为 $c_p = 4.187 \ J \cdot kg^{-1} \cdot K^{-1}$,反应热为 $\Delta H_r = -4.187 \times 10^4 \ J \cdot mol^{-1}$,试求反应的稳定操作温度和相应的转化率。

答:306 K,11.5%;344 K,88.6%

10-9 苯氧化生产顺丁烯二酸酐的反应为强放热反应,反应温度为 400 ℃,设备为列管式固定床催化反应器,用熔盐作冷却介质,冷却介质控制温度不低于 380 ℃,其传热温度差仅 20 ℃。为什么不用水作冷却介质,以提高传热推动力?

![第11章图标] **第 11 章　　　　　　　　　　　　　　　　　生化反应器**

　　生化反应器即"生物化学反应器"，又称"生物反应器"，是进行细胞增长和酶催化反应并以形成产物为目的的设备，有人定义它为利用生物催化剂进行生化反应的设备。生化反应器是实现生物技术产品产业化的关键设备。

　　生物技术作为一门迅猛发展的高科技学科，已受到世界各国的高度重视。目前被广泛接受的生物技术定义是："应用自然科学及工程学原理，依靠生物作用剂（biological agent）的作用将物料进行加工以提供产品为社会服务的技术"。这里的生物作用剂，又称生物催化剂，包括酶、整体细胞或生物体。所以，生化反应器一般就是指利用生物催化剂进行生化反应的设备。它可以给活细胞或酶提供适宜的反应环境和条件，在生物体外实现生物细胞内进行的多种化学反应及物质代谢过程。

　　本章主要介绍以生化反应器为核心的有关生化反应过程的基本内容，包括酶催化反应动力学和细胞培养动力学、常见的生化反应器及相关计算等内容。

11.1　生化反应过程

　　工业上凡利用生物催化剂（游离或固定化的细胞或酶）将原料转化为产物（如医药、化工、食品等方面的产品）的生产过程统称为生物产品生产过程。生物产品生产过程可用图 11-1 表示。

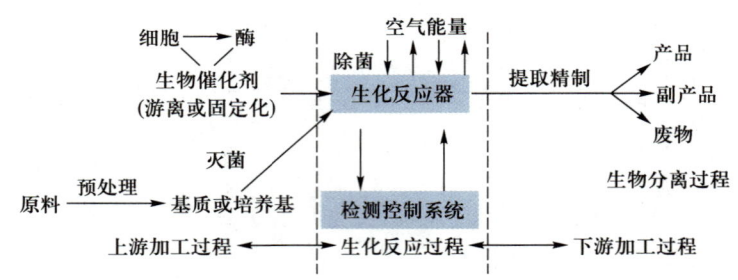

图 11-1　生物产品生产过程示意图

　　生物产品生产过程可分为三大部分。

1. 上游加工过程

　　上游加工过程主要包括两个方面，其一是原料的预处理，它包括原料的选择，必要的物理、化学加工，培养基（指用于培养过程中供给细胞生长和产物形成所需要的多种基本物质和必要的微量元素，又称为营养基质）或底物和必要的缓冲液的配置和灭菌等；其二是生物催化剂的制备。对于发酵过程，应选择高产、稳产、培养要求不很苛刻的菌种，经多次扩大培养后接种至发酵罐。对于酶催化反应过程,则与加入酶的量及其纯度、底物的量和产品的要求有关。当采用固定化酶或固定化细胞时,应将酶或细胞通过适宜的固定化技术加以固定后,再装入生化反应器内。

2. 生化反应过程

生化反应过程是整个生物产品生产过程的关键工序,在生化反应器中完成。因此,生化反应器是生化反应过程的核心,它为生物催化剂提供适宜的反应环境,在其中完成细胞增殖和由原料到产品的转化。目前在工业生产上已有适合微生物发酵、酶催化反应和培养大量动植物细胞的各类生物反应器。例如,发酵多采用间歇操作的釜式反应器或发酵罐,在特殊情况下也可采用多罐串联进行连续操作。对于酶催化反应,则可根据反应特性采用连续操作釜式反应器或管式反应器。至于动植物细胞培养的反应器一般都采用间歇操作,只有在要求高密度培养时可采用灌注培养,即连续注入新鲜培养基,并连续排出不含细胞的废液(如使用中空纤维生化反应器培养大量生物细胞)。反应条件对生化反应过程的影响是十分重要的,应特别注意。

3. 下游加工过程

下游加工过程包括产物分离或提取精制工序,如采用适当方法将含量很低的产品从反应滤液或细胞中作初步提取,然后做进一步精制使之达到最终产品的要求。采用的方法除了化学工业中常用的单元操作,如过滤、离心分离、萃取、吸附、蒸馏、蒸发、沉淀、结晶和干燥等外,还有一些特殊的分离提纯方法,如透析、凝胶过滤、超滤、反渗透、离子交换、双水相萃取、超临界萃取和亲和层析等。

11.1.1 生化反应过程概述

利用生物催化剂将原料转化为产品过程中发生的一系列生物化学变化过程,即为生化反应过程。生物催化剂是游离的或固定化的细胞和酶的总称。当采用游离的整体活微生物细胞作催化剂时,其生化反应过程称为发酵过程(在特定情况下有时也称为微生物转化过程);当所用生化催化剂为游离或固定化酶时,其生化反应过程称为酶反应过程(有时也称为酶促反应过程或酶催化反应过程)。此外,还有动植物细胞(组织)的培养和污水的生物处理等也属于生化反应过程。

1. 发酵过程

微生物是人类利用发酵过程生产大量生物产品的重要来源。除了氨基酸、维生素等初级代谢产物外,微生物还用于生产许多次级代谢产物。细菌、酵母和丝状真菌等已被大量培养来生产酶、抗生素和蛋白质等产物。发酵工业的发展不仅依赖发酵工艺和设备的改进,还依赖优良菌种的获得。菌种的筛选和选育对发酵过程具有决定性的意义。筛选菌株时一般要考虑产物收率、产物在培养液中的浓度和回收难易情况、菌的营养条件、温度条件和菌在生产过程中的适应性和稳定性等多项指标。菌种选育得到各种类型的突变株,为生产不断提供优良菌种,推动了发酵工业的快速发展。

目前菌种选育主要有自然选育和诱变育种等方法,具有一定的随机性。随着微生物学、遗传学、分子生物学等学科的迅猛发展,转化、转导、原生质体融合、代谢调控和基因工程等较为定向的育种方法已显示了诱人的应用前景。

不少重要的蛋白质等生物产品必须利用动植物细胞培养才能获得。动植物细胞培养与微生物培养有很大不同,培养条件要求较高。有兴趣的读者可参看有关书籍。

2. 酶反应过程

酶是酶反应过程的核心成分,它一般由活细胞产生的具有催化功能的蛋白质组成,是促进一切生物体代谢反应的物质。与一般催化剂相比,酶促反应通常无副反应和副产品,具有高催化效率、高专一性等显著特点。

酶催化能力比一般催化剂高 $10^7 \sim 10^{14}$ 倍。大多数酶对底物和反应都是高度专一的;有些酶专一性较低,可以作用于很多底物,只要求化学键相同;还有一些中等程度专一性酶具有基团专一性;但大多数酶具有几乎绝对的专一性,它们只催化一种底物进行快速反应。

酶的研究工作包括酶理论研究和酶应用研究两个方面。酶理论研究主要是酶理化性质和催化性质的研究,而酶应用研究则促进了酶工程的发展。酶理论和酶工程的发展过程就是人们如何认识酶、改造酶和构建新酶,又如何利用新酶的过程,它与基因工程、蛋白质工程、细胞工程和发酵工程等生物技术相互渗透交叉,为人类有效利用酶提供了广阔的前景。

11.1.2　生化反应过程的特点

生化反应过程与常规的化学反应过程不同,它经常受到在技术条件下的蛋白质稳定性及在细胞中的生理生化作用的影响。与化工生产过程相比,生物产品生产过程具有一些自身的特点。生物催化过程的开发需要多学科不同专业人员的积极参与。由于生物催化剂易于失活,一般生化反应要求的条件(如温度、压力、pH 等)较为温和,但是对原料和设备的卫生洁净度要求很高。虽然发酵过程和酶反应过程同属于生化反应过程,但这两类生化反应过程之间仍有一些不同的特征。

1. 发酵过程的特点

① 反应步骤简单,如微生物细胞的催化反应,由于所有的中间步骤都在细胞内进行,可实现一步生产,不必由细胞提取酶。

② 由于采用了生物细胞作生物催化剂,反应过程在常温常压和一定的 pH 下进行,反应条件温和,消耗能量较少。

③ 反应产物的含量低,副产物较多,在多数情况下含有细胞体,使后期的产品分离和纯化过程变得复杂。特别是当产品为胞内产物时,还需要进行细胞破碎处理。

④ 在反应过程中反应体系容易被杂菌污染,从而使底物的转化率降低,甚至有可能造成生物细胞的活性丧失,因此在生产时必须对设备、原料及培养基等进行严格灭菌。

⑤ 采用生物细胞,特别是利用微生物作为催化剂时,由于细胞具有一定的自身调节功

能和适应性,细胞的稳定性较高,但仍需保持其遗传上的稳定性。

⑥ 反应物可以是糖类、蛋白质等可再生资源,原料来源丰富,价格低廉。

⑦ 生产设备简单,同一装置可以生产多种产品,设备投资较少。

2. 酶催化反应的特点

① 酶催化反应具有专一性,这是酶催化反应与非酶催化反应的显著区别之一。酶催化的专一性可表现为绝对专一性(指一种酶只能催化一种物质)和相对专一性(指一种酶能催化一类结构相似的物质)。

② 酶催化剂具有非常高的活性和选择性。

③ 酶催化反应条件温和,通常反应在常温常压下进行;有些酶也可以在较高温度下反应,如 α-淀粉酶可在 $80\sim90$ ℃下进行催化反应。

④ 酶是一种蛋白质,具有蛋白质的一切性质,对于环境条件的改变比较敏感,稳定性差,如温度、pH 等因素改变时,会使酶的活性下降甚至失活。和生物细胞催化反应相比,酶催化反应对反应条件要求较高。

⑤ 酶催化反应对原料的要求较高。

⑥ 酶催化剂是从细胞中提取的,制作工艺复杂,价格昂贵,限制了它在工业上的广泛应用。

11.1.3 酶催化剂的主要类型和用途

发酵过程主要是利用活细胞或生物体内的酶来完成生化反应过程,而酶催化反应过程是直接利用分离提纯得到的活性酶来完成生化反应过程。它们的共同点是都利用酶的催化活性来进行生化反应过程。所以,生化反应过程中涉及的酶的种类、性质和用途,对生物产品的生产过程具有非常重要的意义。

1. 酶的命名

酶的命名有习惯命名法和系统命名法两种。1961 年以前,酶的名称是按习惯沿用的。习惯命名法的命名原则通常是根据底物和酶所催化的反应性质来命名,如淀粉酶、氧化酶;有些酶的命名还加上酶的来源或酶的特点,如胃蛋白酶、唾液淀粉酶、枯草杆菌蛋白酶、碱性磷酸酯酶和酸性磷酸酯酶等。

习惯命名法比较简单,应用时间也较长,但由于缺乏系统性和严格性,有时会出现一酶数名或一名数酶的情况。

为了避免酶命名的重复和混淆,国际酶学委员会以酶的专一性为基础,制定了一套系统的命名规则。

系统命名法规定:酶的名称应包括酶的系统名和分类编号,其中酶的系统名依次由底物名称、反应类型和表示酶的后缀词-ase 构成。

根据酶所催化的反应类型将酶分成六大类,再由具体的作用方式和性质把各大类进一步分成亚类、亚亚类。分类编号即 EC 编号(EC 是国际酶学委员会 Enzyme Commission 的英文缩写)由四个数字组成,各个数字之间用圆点分开。前三个数字依次表示该酶所属的大类、亚类、亚亚类,第四个数字表示该酶在这一类型酶中的排号。如 EC3·1·1·3表示第三大类(水解酶)、第一亚类(作用于酯键的反应)、第一亚亚类(羧基酯水解)的第三号酶,即甘油酯水解酶(习惯名为脂肪酶)。

2. 酶的分类和用途

按酶的催化反应类型,可将酶分成七类。

(1) 氧化还原酶类

氧化还原酶(oxido-reductase)对氧化还原反应起催化作用,其通式是

$$AH_2 + B \rightleftharpoons A + BH_2$$

式中:AH_2 为供氢体;B 为受氢体。

许多这类酶都需要有辅酶参与作用。辅酶是作为酶蛋白辅因子的小分子有机化合物,它本身并不是酶,也不是蛋白质。辅酶在反应过程中常伴随光学、电学性质的变化。因此,这类反应可以通过光学、电学性质的变化来测定。通常,氧化酶催化的反应都有氧分子直接参与;而脱氢酶催化的反应总是伴有氢原子的转移。例如,葡萄糖氧化酶催化葡萄糖变成葡萄糖酸:

$$\underset{\text{葡萄糖}}{\overset{\displaystyle CH_2OH}{\underset{\displaystyle CHO}{(CHOH)_4}}} + O_2 \underset{\text{葡萄糖氧化酶}}{\rightleftharpoons} \underset{\text{葡萄糖酸}}{\overset{\displaystyle COOH}{\underset{\displaystyle CHO}{(CHOH)_4}}} + H_2O$$

又如,乙醇在乙醇脱氢酶的催化作用下氧化成乙醛的反应,由乙醇氧化脱下的氢,又使乙醇脱氢酶的辅酶 NAD[①] 还原为 $NADH_2$:

$$CH_3CH_2OH \xrightarrow[\text{乙醇脱氢酶}]{NAD \quad NADH_2} CH_3CHO$$

氧化还原酶是在生物体内现已发现的数量最大的一类酶,它具有氧化、产能和解毒等功能,此类酶在工业上的应用仅次于水解酶。

(2) 转移酶类

转移酶(transferase)的作用是催化功能基团的转移反应,其通式为

$$AG + B \rightleftharpoons A + BG$$

式中:G 为被转移的基团,它可以是醛基、酮基、磷酸基、糖苷基及氨基等。例如,谷丙转氨酶是催化氨基转移的酶,在氨基酸代谢中起重要作用:

---

① NAD:尼克酰胺核苷酸,又称烟酰胺核苷酸,是一种辅酶,尼克酰胺环是参加氧化还原反应的核心。

$$
\begin{array}{c}
\text{COOH} \\
|\\
\text{CH}_2 \\
|\\
\text{CH}_2 \\
|\\
\text{CHNH}_2 \\
|\\
\text{COOH}
\end{array}
+
\begin{array}{c}
\text{CH}_3 \\
|\\
\text{C—O} \\
|\\
\text{COOH}
\end{array}
\xrightleftharpoons{\text{谷丙转氨酶(GPT)}}
\begin{array}{c}
\text{COOH} \\
|\\
\text{CH}_2 \\
|\\
\text{CH}_2 \\
|\\
\text{C=O} \\
|\\
\text{COOH}
\end{array}
+
\begin{array}{c}
\text{CH}_3 \\
|\\
\text{CHNH}_2 \\
|\\
\text{COOH}
\end{array}
$$

谷氨酸　　丙酮酸　　　　　　　　　α-酮戊二酸　丙氨酸

再如,催化高能基团的转移酶,因为此类反应伴随有能量的转移,特称为激酶。常见的有底物分子与 ATP[①] 分子间进行的高能磷酸基团的转移反应。如葡萄糖分子分解时首先被活化为 6-磷酸葡萄糖:

$$
\begin{array}{c}
\text{CH}_2\text{OH} \\
|\\
(\text{CHOH})_4 \\
|\\
\text{CHO}
\end{array}
\xrightarrow[\text{己糖激酶}]{\text{ATP}\quad\text{ADP}[②]}
\begin{array}{c}
\text{CH}_2\text{OPO}_3\text{H}_2 \\
|\\
(\text{CHOH})_4 \\
|\\
\text{CHO}
\end{array}
$$

葡萄糖　　　　　　　　　　　　6-磷酸葡萄糖

大部分转移酶需有辅酶的参与,但反应过程不伴随光、电性质变化,使得测定较为困难。转移酶在生物机体内会参与很多反应,如某些生理活性物质(核酸、抗生素、激素等)的合成和某些物质的活性转化等。

(3) 水解酶类

水解酶(hydrolase)类对水解反应起催化作用,在水的参与下,把大分子底物水解成为较小分子的物质,其通式为

$$
\text{AB} + \text{HOH} \rightleftharpoons \text{AOH} + \text{BH}
$$

式中:AB 代表底物。

这类酶包括淀粉酶、核酸酶、蛋白酶和脂肪酶等,在生物体内担负降解作用,在营养物质吸收过程中也起重要作用,是目前工业上应用最广的酶类。

例如,蔗糖酶催化蔗糖水解的反应:

$$
\text{C}_{12}\text{H}_{22}\text{O}_{11} + \text{H}_2\text{O} \xrightleftharpoons{\text{蔗糖酶}} \text{C}_6\text{H}_{12}\text{O}_6 + \text{C}_6\text{H}_{12}\text{O}_6
$$

蔗糖　　　　　　　　　　　　葡萄糖　　果糖

和淀粉酶水解淀粉的反应:

$$
\text{淀粉} + \text{H}_2\text{O} \xrightleftharpoons{\alpha\text{-淀粉酶}} \text{糊精}
$$

这些都是常见的酶催化水解反应。

(4) 裂合酶类

裂合酶(lyase)的作用是从底物上催化移去一个基团而形成双键的反应或逆反应。此类

---

① ATP:腺苷三磷酸,ATP 水解生成 ADP,反应同时放出高能量。

② ADP:腺苷二磷酸。

反应的特点是裂合酶对底物进行非水解性或非氧化性分解时,往往在形成双键的同时,生成 H_2O,NH_3,CO_2 及醛等小分子。其通式是

$$AB \rightleftharpoons A+B$$

这类酶有醛缩酶、水化酶及脱氢酶等,在生物代谢中起重要作用。例如:

$$\begin{array}{c} HOOCCHNH_2 \\ | \\ HOOCCH_2 \end{array} \xrightarrow[]{天冬氨酸脱氢酶} \begin{array}{c} HOOCCH \\ \| \\ HOOCCH \end{array} + NH_3$$

天冬氨酸　　　　　　　　　　　丁烯二酸　　氨

和

$$\begin{array}{c} CH_2COOH \\ | \\ HO-C-COOH \\ | \\ CH_2COOH \end{array} + CoA① \xrightarrow[]{柠檬酸裂合酶} \begin{array}{c} COOH \\ | \\ C=O \\ | \\ CH_2 \\ | \\ COOH \end{array} + \begin{array}{c} CH_3 \\ | \\ COCoA \end{array}$$

柠檬酸　　　　　　　　　　　　　　草酰乙酸　乙酰-CoA

(5) 异构酶类

异构酶(isomerase)的催化作用是使各种同分异构体相互转变,包括消旋作用、差向异构化、顺反式转换、分子内氧化还原及分子内转移等反应,其通式为

$$A \rightleftharpoons B$$

例如:

$$\begin{array}{c} CHO \\ | \\ HC-OH \\ | \\ HO-CH \\ | \\ HC-OH \\ | \\ HC-OH \\ | \\ CH_2OPO_3^{2-} \end{array} \xrightarrow[]{6-磷酸葡萄糖异构酶} \begin{array}{c} CH_2OH \\ | \\ C=O \\ | \\ HO-CH \\ | \\ HC-OH \\ | \\ HC-OH \\ | \\ CH_2OPO_3^{2-} \end{array}$$

葡萄糖-6-磷酸　　　　　　　　　　果糖-6-磷酸

$$\begin{array}{c} CH_2OH \\ | \\ HC-OH \\ | \\ HC-OH \\ | \\ HO-CH \\ | \\ HC-OH \\ | \\ CHO \end{array} \xrightarrow[]{葡萄糖异构酶} \begin{array}{c} CH_2OH \\ | \\ HC-OH \\ | \\ HC-OH \\ | \\ HO-CH \\ | \\ C=O \\ | \\ CH_2OH \end{array}$$

D-葡萄糖　　　　　　　　　　　　D-果糖

---

① CoA:辅酶 A。

（6）连接酶类

连接酶（ligase）又称合成酶，一般指有腺苷三磷酸（ATP）参加的合成反应。这类合成反应关联着蛋白质、脂肪等重要生命物质的合成，一般为吸能过程，通式为

$$A + B + ATP \rightleftharpoons AB + ADP + Pi①$$

例如：

尿苷三磷酸（UTP）   胞苷三磷酸（CTP）

（7）转位酶类

转位酶（translocases）又称易位酶，是催化离子或分子穿越膜结构的酶。转位酶中的一部分能够催化 ATP 水解，曾经被归类为水解酶，但由于催化 ATP 水解并非其主要功能，现已划归为转位酶。

11.2　生化反应动力学

生化反应动力学的内容是研究生化反应速率的规律，即在一定条件下研究生化反应过程中底物或基质的消耗速率或细胞的生长速率及产物生成速率等。这种研究不考虑反应器的结构型式，也不考虑热量传递和质量传递等工程因素对反应速率的影响，仅专门研究生物反应的本征动力学（微观动力学）。通过研究，可以了解生化反应过程中底物或基质的消耗速率，细胞生长速率和产物生成速率的变化规律。根据生物催化剂种类的不同，生化反应过程有以下两种情况：一种是底物在游离或固定化酶催化剂的作用下进行反应，即酶催化反应；另一种是促进细菌生长的发酵过程或细胞培养过程，利用细胞中的酶把培养基通过复杂的生物反应转化成新的细胞及其代谢产物。其中，酶催化反应是生物反应过程的基础之一，因此首先介绍酶催化反应动力学。

11.2.1　酶催化反应动力学

酶催化反应动力学主要是研究各种因素对酶催化反应速率的影响，以及反应物到产物之间可能进行的历程，希望用数学原理和质量作用定律解释酶催化反应的进程。

1902 年，亨利（Henri）和布朗（Brown）分别提出了酶催化反应中有酶-底物配合物的形成，并推导了酶催化反应动力学的数学关系式。1913 年，米夏埃利斯（Michaelis）和门腾（Menten）用简单的平衡态或准平衡态概念推导出了单底物的酶催化反应动力学方程。1925

---

① Pi：无机磷酸。
② PPP：三磷酸，triphosphate。

年,布里格斯(Briggs)和霍尔丹(Haldane)又引入了稳态的概念。20 世纪 50 年代中期以前,大多数单底物的酶催化反应动力学研究都是以 Henri 和 Michaelis-Menten 或 Briggs-Haldane 方程为基础的。后来人们又提出了变构酶动力学模型和基于科什兰(Koshland)诱导模型的变构酶动力学模型。

可见,不仅酶催化反应有许多类型,酶催化反应动力学方程也有多种模型。本章所介绍的是简单而典型的单底物酶催化反应动力学方程。

1. 米氏方程及动力学参数的求法

(1) 米氏方程

单底物酶催化反应的反应历程:通常认为是底物 S 与酶 E 首先形成中间产物 ES,然后由中间产物 ES 分解形成产物 P,同时释放出游离酶 E。例如,酶反应:

$$S \xrightarrow{E} P$$

其反应机理可表示为

$$E+S \underset{k_{-1}}{\overset{k_{+1}}{\rightleftharpoons}} ES \xrightarrow{k_{+2}} P+E \tag{11-1}$$

酶的总浓度、游离酶浓度、底物浓度、中间产物浓度及产物浓度分别用 $c_{E,0}, c_E, c_S, c_{ES}$ 和 c_P 表示。酶与底物生成中间产物的反应为可逆反应,正、逆反应的速率常数分别为是 k_{+1} 和 k_{-1};中间产物分解为产物和游离酶的反应一般为不可逆反应,速率常数为 k_{+2}。

假设底物浓度比酶浓度大得多,由中间产物分解产生的游离酶 E 立即与底物 S 再结合,从而使中间产物浓度 c_{ES} 可以保持不变,这种假设称为拟稳态法。根据式(11-1),中间产物的生成速率为

$$\frac{dc_{ES}}{dt} = k_{+1}c_E \cdot c_S - k_{-1}c_{ES} - k_{+2}c_{ES}$$
$$= k_{+1}(c_{E,0}-c_{ES})c_S - k_{-1}c_{ES} - k_{+2}c_{ES} = 0 \tag{11-2}$$

式中:$c_E = c_{E,0} - c_{ES}$。产物的生成速率为

$$r_P = \frac{dc_P}{dt} = k_{+2}c_{ES} \tag{11-3}$$

由式(11-2)解出中间产物浓度 c_{ES} 后,代入式(11-3),得

$$r_P = \frac{dc_P}{dt} = \frac{k_{+2}c_{E,0}c_S}{c_S + \dfrac{k_{-1}+k_{+2}}{k_{+1}}} \tag{11-4}$$

令 $K_m = \dfrac{k_{-1}+k_{+2}}{k_{+1}}$,则式(11-4)变为

$$r_P = \frac{k_{+2}c_{E,0}c_S}{c_S + K_m} \tag{11-5}$$

式中：K_m 为米氏常数，$kmol \cdot m^{-3}$；r_P 为产物 P 的生成速率，$kmol \cdot m^{-3} \cdot s^{-1}$。

此式称为米氏方程（Michaelis-Menten equation）。

式（11-5）所描述的反应是最简单的单底物无抑制的不可逆反应，故有底物 S 的消耗速率 $(-r_S)$ 等于产物 P 的生成速率 r_P。

米氏方程描述了酶催化反应速率与酶的浓度和底物浓度之间的关系。图 11-2 表示反应速率随底物浓度变化的情况。

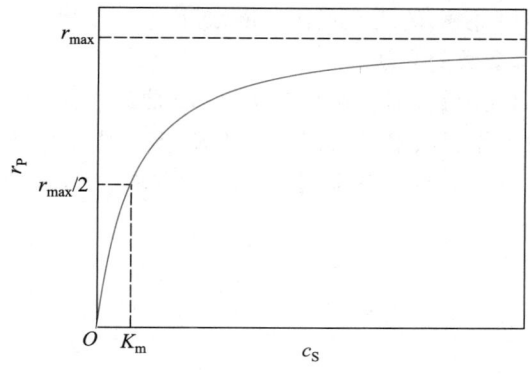

图 11-2　$c_{E,0}$ 恒定时 c_S 与 r_P 的关系

当酶的总浓度 $c_{E,0}$ 固定、底物浓度 c_S 较低时，增加底物浓度 c_S，反应速率也随之增大。当底物浓度增加至一定程度后，所有的酶已转变为中间产物 ES，即酶被底物所饱和，$c_{E,0} = c_{ES}$。此时，反应速率的增量减小并逐渐趋于平稳，此最大反应速率用 r_{max} 表示。即

$$r_{max} = k_{+2}c_{ES} = k_{+2}c_{E,0} \tag{11-6}$$

由图 11-2 可以看出，当底物浓度增至一定程度后，底物浓度对 r_P 的影响很小，反应可看成零级反应，并且这时的反应速率与酶的总浓度成正比。

当底物浓度 c_S 比 K_m 小得多，即 $c_S \ll K_m$ 时，式（11-5）变为

$$r_P = \frac{k_{+2}c_{E,0}c_S}{K_m} = \frac{r_{max}c_S}{K_m} \tag{11-7}$$

显然，这种情况的反应速率与底物浓度成正比，酶催化反应表现为一级反应，当底物浓度 c_S 接近 K_m，即 $c_S \approx K_m$ 时，反应级数随底物浓度的变化在 $0 \sim 1$ 变动；若底物浓度 c_S 与 K_m 相等，即 $c_S = K_m$ 时，式（11-5）可写为

$$r_P = \frac{k_{+2}c_{E,0}c_S}{2c_S} = \frac{k_{+2}c_{E,0}}{2} = \frac{r_{max}}{2} \tag{11-8}$$

式（11-8）表明米氏常数 K_m 相当于反应速率为最大反应速率一半时的底物浓度。

米氏常数 K_m 是一个特征数，在一定条件（如 pH、温度、底物浓度等）下，它只与酶的性质有关，而与酶的浓度无关。不同的酶，其 K_m 值不同，即使同一种酶也因底物不同而不同。K_m 反映了酶与底物的亲和程度，K_m 越小，表明酶与底物的亲和力越大；反之，K_m 越大，则说

明这种亲和程度越小。

由米氏方程式(11-5)可知,当底物浓度 c_S 变化不大,即 $c_S \gg c_{E,0}$ 时,$\dfrac{k_{+2}c_S}{c_S+K_m}$ 项不变,反应速率正比于酶浓度 $c_{E,0}$。以反应速率对酶浓度作图,反应速率与酶浓度呈直线关系,见图11-3。

测定酶活性,应选择在底物浓度很大,酶被底物所饱和时,以排除底物浓度的影响,使酶的活性正比于酶浓度。

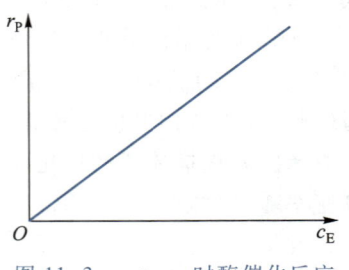

图 11-3 $c_S \gg c_{E,0}$ 时酶催化反应
速率与 c_E 的线性关系

(2) 米氏方程动力学参数的求法

米氏方程是一个双曲线函数,不容易直接从 r_P-c_S 曲线求出动力学参数,故常将米氏方程转变为线性形式,然后用作图法求出动力学常数 K_m 和最大反应速率 r_{max}。

① 莱恩威弗-伯克(Lineweaver-Burk,也称双倒数作图)法。式(11-5)可写成

$$r_P = \frac{r_{max}c_S}{c_S+K_m} \tag{11-9}$$

将式(11-9)化为倒数形式:

$$\frac{1}{r_P} = \frac{1}{r_{max}} + \frac{K_m}{r_{max}} \cdot \frac{1}{c_S} \tag{11-10}$$

用 $\dfrac{1}{r_P}$ 对 $\dfrac{1}{c_S}$ 作图得一直线(图 11-4),横轴截距为 $-\dfrac{1}{K_m}$,纵轴截距为 $\dfrac{1}{r_{max}}$,斜率为 $\dfrac{K_m}{r_{max}}$,可得到 K_m 和 r_{max} 值。双倒数作图法最为常用,其缺点是实验点过分集中于直线的左端,作图误差较大。

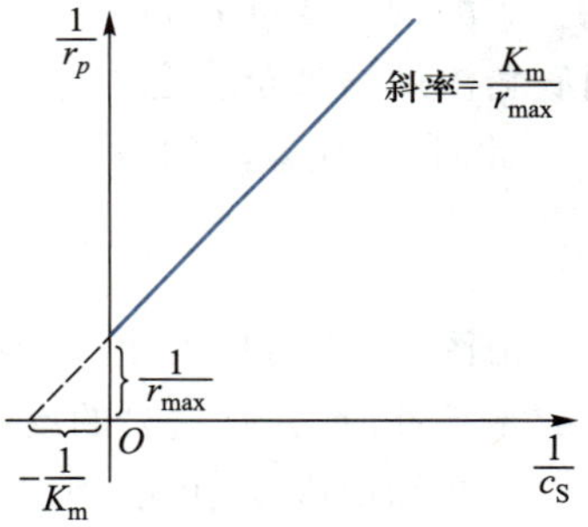

② 伊迪-霍夫施蒂(Eadie-Hofstee)法。将式(11-9)改写成

$$r_P = r_{max} - K_m \cdot \frac{r_P}{c_S} \tag{11-11}$$

图 11-4   双倒数作图法

以 r_P 对 $\dfrac{r_P}{c_S}$ 作图,绘出直线。其纵轴截距为 r_{max},横轴截距为 r_{max}/K_m,斜率为 $-K_m$(图 11-5)。此法不存在对测量数据取倒数而造成的误差放大,但因实验点分布不均匀而使结果不太精确。

③ 黑尼斯-伍尔夫(Hanes-Woolf)作图法,简称 H-W 作图法,又称朗缪尔(Langmuir)作图法。式(11-9)可化为

$$\frac{c_S}{r_P} = \frac{K_m}{r_{max}} + \frac{c_S}{r_{max}} \tag{11-12}$$

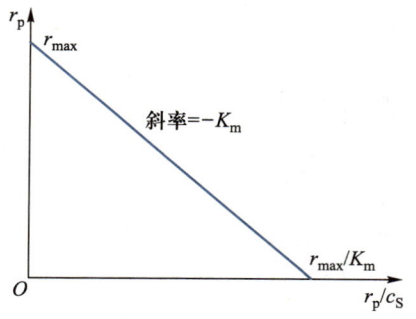

图 11-5　伊迪-霍夫施蒂作图法

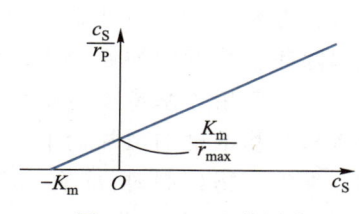

图 11-6　H-W 作图法

将 c_S/r_P 对 c_S 作图可得到一直线,其纵轴截距为 K_m/r_{max},横轴截距为 $-K_m$,斜率为 $1/r_{max}$ (图 11-6)。此法存在误差放大问题。

例 11-1　用葡萄糖淀粉酶水解麦芽糖,在 pH = 5.1,15 ℃时测得该反应的初始速率如表 11-1 所示,试求这一反应的 K_m 和 r_{max} 值。

表 11-1　例 11-1 附表

$c_S/(10^{-3} \text{ kmol·m}^{-3})$	5.55	8.33	11.11	13.89	16.66	22.22	27.77
$r_P/(10^{-4} \text{ kmol·m}^{-3}\text{·min}^{-1})$	1.63	2.11	2.41	2.76	3.01	3.39	3.47

解　将实验数据化为 $1/c_S$ 和 $1/r_P$,如表 11-2 所示。

表 11-2　例 11-1 实验数据计算结果

$(1/c_S)/(\text{m}^3\text{·kmol}^{-1})$	180	120	90	72	60	45	36
$(1/r_P)/(10^4 \text{ m}^3\text{·min·kmol}^{-1})$	0.61	0.47	0.41	0.36	0.33	0.295	0.288

以 $1/r_P$ 对 $1/c_S$ 作图,如图 11-7 所示,得横轴截距为 -83 m³·kmol⁻¹,纵轴截距为 0.2×10^4 m³·min·kmol⁻¹。则

$$K_m = \frac{1}{83 \text{ m}^3\text{·kmol}^{-1}} = 1.2 \times 10^{-2} \text{ kmol·m}^{-3}$$

$$r_{max} = \frac{1}{0.2 \times 10^4 \text{ m}^3\text{·min·kmol}^{-1}} = 5.0 \times 10^{-4} \text{ kmol·m}^{-3}\text{·min}^{-1}$$

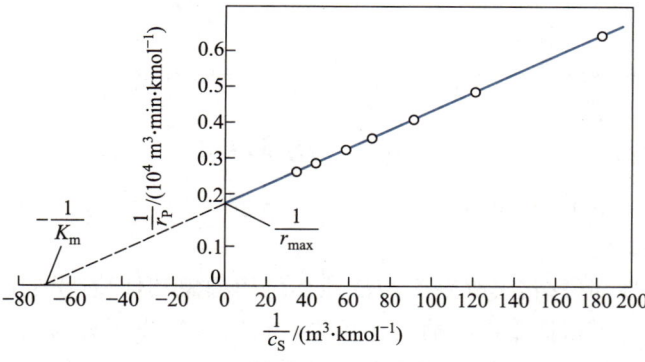

图 11-7　双倒数作图法图解

2. 影响酶催化反应的因素

(1) 底物抑制

由米氏方程式(11-5)可知,当酶的浓度恒定时,反应速率随底物浓度增加而增大,直到反应速率趋近于某一最高值后才基本稳定不变;有时也会出现反应速率随底物浓度的增加而下降的现象,称为底物抑制。发生底物抑制时,反应速率与底物浓度的关系曲线有一极大值点(图 11-8)。对于发生底物抑制的酶催化反应,在按式(11-1)进行反应的同时,中间产物 ES 又和底物生成不具有催化反应活性、不能分解为产物的三元复合物 ES_2。发生底物抑制的酶催化反应历程可表示为

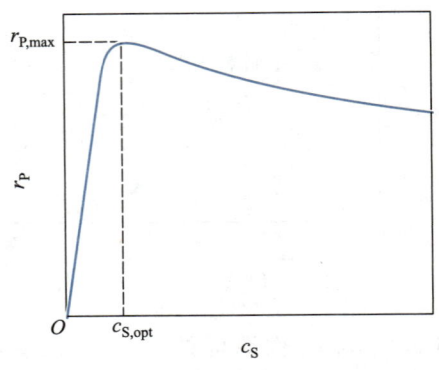

图 11-8   底物抑制酶反应的 r_P-c_S 曲线

$$E+S \underset{k_{-1}}{\overset{k_{+1}}{\rightleftharpoons}} ES \xrightarrow{k_{+2}} P+E$$
$$+$$
$$S$$
$$k_{+3} \| k_{-3}$$
$$ES_2 \tag{11-13}$$

对 ES 和 ES_2 应用拟稳态法处理,可得底物抑制酶催化反应的动力学方程:

$$r_{PS} = \frac{k_{+2}c_{E,0}}{1+\dfrac{K_m}{c_S}+\dfrac{c_S}{K_S}} \tag{11-14}$$

式中:r_{PS} 为底物抑制时的反应速率,$kmol \cdot m^{-3} \cdot s^{-1}$;$K_S$ 为底物抑制的解离常数,$kmol \cdot m^{-3}$,$K_S = \dfrac{k_{-3}}{k_{+3}}$。

当 K_S 较大时,复合物 ES_2 不太稳定,此时底物抑制作用较弱;当 K_S 较小时,底物抑制作用较强。

当 $r_{PS} = r_{max}$ 时,底物浓度 $c_S = c_{S,opt}$,由 $\dfrac{d(r_{PS})}{dc_S}\bigg|_{c_{S,opt}} = 0$,可得

$$c_{S,opt} = \sqrt{K_m K_S} \tag{11-15}$$

式中:$c_{S,opt}$ 为最佳底物浓度,$kmol \cdot m^{-3}$。

(2) 抑制剂的影响

抑制剂与酶活性部位结合,改变了酶活性部位的构象和性质,引起酶的活性下降,使酶催化反应速率减慢。根据抑制剂与酶的作用方式可将抑制作用分为两类:可逆抑制和不可逆抑制。可逆抑制是指抑制剂与酶的结合是可逆的,并且反应存在平衡。可用透析法除去抑制剂,恢复酶的活性。根据抑制剂、底物和酶三者的相互关系,可逆抑制又可分为竞争性抑制、非竞争性抑制和反竞争性抑制三种类型。不可逆抑制是指抑制剂以共价键形式与酶

结合使酶永久失活,而不能用透析等物理方法除去抑制剂来恢复酶的活性。如有机汞、有机砷化合物对于含巯基酶就是不可逆抑制剂;而有机磷则可强烈抑制某些蛋白酶和酯酶等。本章只讨论可逆抑制。

① 竞争性抑制。竞争性抑制剂与底物结构类似,能在酶的活性部位与酶结合,从而阻碍酶与底物的结合,使酶催化反应速率下降。若以 I 表示抑制剂,EI 表示抑制剂与酶生成的复合物,则竞争性抑制机理可表示为

$$
\begin{array}{c}
E+S \xrightleftharpoons[k_{-1}]{k_{+1}} ES \xrightarrow{k_{+2}} P+E \\
+ \\
I \\
k_{+3} \Big\Vert k_{-3} \\
EI
\end{array}
\qquad (11\text{-}16)
$$

上述反应中产物的生成速率为

$$
R_{PI} = k_{+2}c_{ES}
$$

通过对复合物 ES、EI 的拟稳态分析,可列出以下方程:

$$
\frac{\mathrm{d}c_{ES}}{\mathrm{d}t} = k_{+1}c_E c_S - (k_{-1}+k_{+2})c_{ES} = 0
$$

$$
\frac{\mathrm{d}c_{EI}}{\mathrm{d}t} = k_{+3}c_E c_I - k_{-3}c_{EI} = 0
$$

$$
c_{E,0} = c_E + c_{ES} + c_{EI}
$$

经整理得

$$
r_{PI} = \frac{k_{+2}c_{E,0}c_S}{K_m\left(1+\dfrac{c_I}{K_I}\right)+c_S} = \frac{r_{max}c_S}{K_{mI}+c_S}
\qquad (11\text{-}17)
$$

式中:r_{PI} 为可逆抑制时的产物生成速率,$kmol \cdot m^{-3} \cdot s^{-1}$;$c_I$ 为抑制剂浓度,$kmol \cdot m^{-3}$;c_{EI} 为非活性复合物浓度,$kmol \cdot m^{-3}$;K_I 为复合物 EI 的解离常数,$kmol \cdot m^{-3}$,$K_I = k_{-3}/k_{+3}$;K_{mI} 为竞争性抑制时的米氏常数,$kmol \cdot m^{-3}$,$K_{mI} = K_m\left(1+\dfrac{c_I}{K_I}\right)$。

K_I 越大,说明抑制剂与酶的结合程度越小,对酶催化反应的抑制作用越弱;反之,K_I 越小,对酶催化反应的抑制作用就越强。同米氏方程式(11-5)相比,K_m 项增大了 $(1+c_I/K_I)$ 倍,表明由于抑制剂与酶的结合,使酶与底物的亲和程度降低,因而酶催化反应速率减小。若增大底物浓度,有利于酶和底物的结合,可以减小竞争性抑制作用。

竞争性抑制是最常见的抑制类型。例如,丙二酸 $HOOC—CH_2—COOH$ 和戊二酸 $HOOC—(CH_2)_3—COOH$ 对琥珀酸脱氢酶的抑制,底物琥珀酸 $HOOC—CH_2—CH_2—COOH$ 在结构上与丙二酸和戊二酸相似。

② 非竞争性抑制。抑制剂在酶的活性中心以外的部位与酶结合,不影响底物与酶活性中心的结合,即酶可以同时与底物及抑制剂结合,二者不存在竞争关系。抑制剂还可与复合物 ES 生成酶-底物-抑制剂复合物 ESI,反应机理可表示如下:

$$E+S \underset{k_{-1}}{\overset{k_{+1}}{\rightleftharpoons}} ES \xrightarrow{k_{+2}} P+E$$

$$\begin{array}{cc} + & + \\ I & I \\ k_{+3}\Big\|k_{-3} & k_{+4}\Big\|k_{-4} \\ EI & ESI \end{array} \tag{11-18}$$

根据拟稳态法,可得到非竞争性抑制的动力学方程为

$$r_{\mathrm{PI}} = \cfrac{\cfrac{k_{+2}c_{\mathrm{E,0}}c_{\mathrm{S}}}{1+\cfrac{c_{\mathrm{I}}}{K_{\mathrm{I}}}}}{K_{\mathrm{m}}\cfrac{1+\cfrac{c_{\mathrm{S}}}{K_{\mathrm{I}}}}{1+\cfrac{c_{\mathrm{S}}}{K_{\mathrm{L}}}}+c_{\mathrm{S}}} \tag{11-19}$$

式中:$K_{\mathrm{L}}=k_{-4}/k_{+4}$ 为复合物 ESI 的解离常数。

一般情况下,复合物 ESI 和 EI 浓度很小,$K_{\mathrm{L}} \approx K_{\mathrm{I}}$,则式(11-19)变为

$$r_{\mathrm{PI}} = \frac{k_{+2}c_{\mathrm{E,0}}c_{\mathrm{S}}}{(K_{\mathrm{m}}+c_{\mathrm{S}})\left(1+\cfrac{c_{\mathrm{I}}}{K_{\mathrm{I}}}\right)} = \frac{r_{\max}c_{\mathrm{S}}}{(K_{\mathrm{m}}+c_{\mathrm{S}})\left(1+\cfrac{c_{\mathrm{I}}}{K_{\mathrm{I}}}\right)} \tag{11-20}$$

和米氏方程式(11-5)比较,K_{m} 项不变,而最大反应速率减小了 $1+(c_{\mathrm{I}}/K_{\mathrm{I}})$ 倍。随着抑制剂浓度增大,最大反应速率降低的程度变大,对反应的抑制程度也越大,非竞争性抑制作用的强弱取决于抑制剂的绝对浓度。此外,虽然底物与抑制作用无关,但由于抑制剂与中间产物 ES 的结合,使一部分 ES 不能生成产物 P,因而降低了产物的生成速率。

③ 反竞争性抑制。抑制剂仅与中间产物 ES 作用生成酶-底物-抑制剂复合物 ESI,而不与游离酶结合,称为反竞争性抑制。其反应机理可表示为

$$E+S \underset{k_{-1}}{\overset{k_{+1}}{\rightleftharpoons}} ES \xrightarrow{k_{+2}} P+E$$

$$\begin{array}{c} + \\ I \\ k_{+3}\Big\|k_{-3} \\ ESI \end{array} \tag{11-21}$$

经上述类似推导,得到反竞争性抑制的动力学方程:

$$r_{\mathrm{PI}} = \frac{k_{+2}c_{\mathrm{E,0}}c_{\mathrm{S}}}{K_{\mathrm{m}}+\left(1+\cfrac{c_{\mathrm{I}}}{K_{\mathrm{I}}}\right)c_{\mathrm{S}}} = \frac{r_{\max}c_{\mathrm{S}}}{K_{\mathrm{m}}+\left(1+\cfrac{c_{\mathrm{I}}}{K_{\mathrm{I}}}\right)c_{\mathrm{S}}} \tag{11-22}$$

式中:$K_{\mathrm{I}}=k_{-3}/k_{+3}$ 为复合物 ESI 的解离常数。

对于反竞争性抑制作用的反应体系,会因抑制剂的存在使反应 E+S ⇌ ES 的平衡向生成 ES 的方向移动。也就是说,加入抑制剂而增加了底物和酶的亲和力。这种情况正好与竞争性抑制作用相反。但是,由于复合物 ESI 的形成减少了产物 P 的生成,故酶催化反应速率

降低(表 11-3)。

表 11-3　几种不同类型抑制反应情况与无抑制剂存在时的比较

类型	动力学方程	r_{max}	K_m
无抑制剂	$r_P = \dfrac{r_{max}c_S}{K_m + c_S}$	r_{max}	K_m
竞争性抑制	$r_{PI} = \dfrac{r_{max}c_S}{c_S + K_m\left(1 + \dfrac{c_I}{K_I}\right)}$	不变	增大
非竞争性抑制	$r_{PI} = \dfrac{r_{max}c_S}{(c_S + K_m)\left(1 + \dfrac{c_I}{K_I}\right)}$	减小	不变
反竞争性抑制	$r_{PI} = \dfrac{r_{max}c_S}{K_m + \left(1 + \dfrac{c_I}{K_I}\right)c_S}$	减小	减小

　　若抑制剂浓度 c_I 不变,以上三种酶催化反应的抑制作用都可以用作图法表示(图 11-9)。

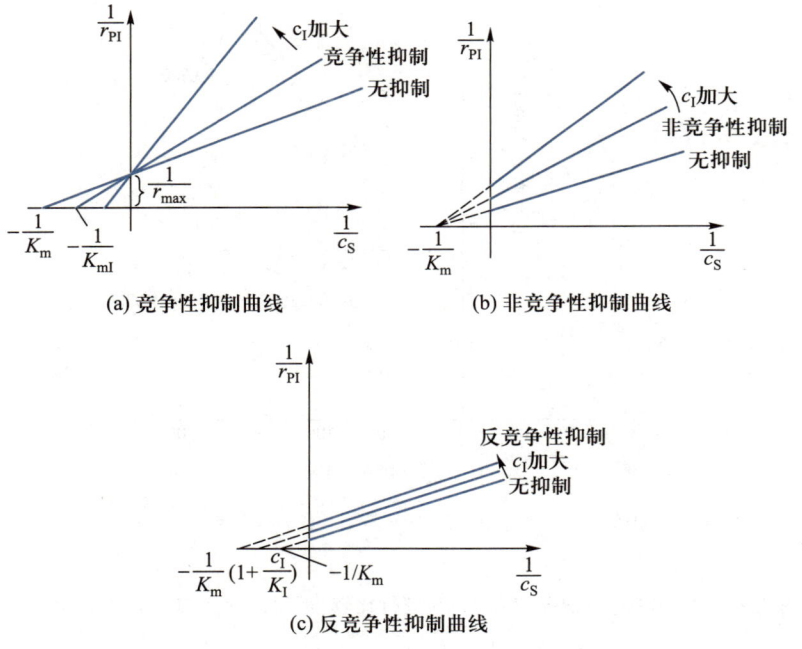

(a) 竞争性抑制曲线

(b) 非竞争性抑制曲线

(c) 反竞争性抑制曲线

图 11-9　不同类型抑制反应的双倒数图解

　　发生竞争性抑制时,图 11-9(a)中直线与 $\dfrac{1}{r_{PI}}$ 轴的交点与不存在抑制剂时相同,但与 $1/c_S$ 轴的交点右移。发生非竞争性抑制时,图 11-9(b)中直线与 $1/c_S$ 轴交点与不存在抑制剂时相同,但与 $\dfrac{1}{r_{PI}}$ 轴交点上移。当发生反竞争性抑制时,图 11-9(c)中直线上移,与不存在抑制剂时的直线平行。

几种不同类型抑制反应情况与无抑制剂存在时的比较列于表 11-3。

例 11-2   对于谷氨酸脱氢酶催化的脱氢反应,水杨酸是一种抑制剂。实验分别得到无水杨酸和含 4× 10^{-2} kmol·m^{-3} 水杨酸时的数据见表 11-4,试根据实验结果判定抑制类型并确定 K_m 和 K_I 值。

表 11-4   例 11-2 附表

谷氨酸 c_S/(10^{-3} kmol·m^{-3})	r_P/(ΔR_{340}·min^{-1})*(无水杨酸)	r_{PI}/(ΔR_{340}·min^{-1})(含水杨酸)
1.5	0.21	0.08
2.0	0.25	0.10
3.0	0.28	0.12
4.0	0.33	0.13
8.0	0.44	0.16
16.0	0.40	0.18

* 脱氢反应速率 r 的单位是用 340 nm 波长下光吸收速率的增加来表示的。

解   将实验数据化为 $1/c_S$,$1/r_P$ 和 $1/r_{PI}$,以 $1/r_P$ 对 $1/c_S$ 和以 $1/r_{PI}$ 对 $1/c_S$ 作图,结果见图 11-10。

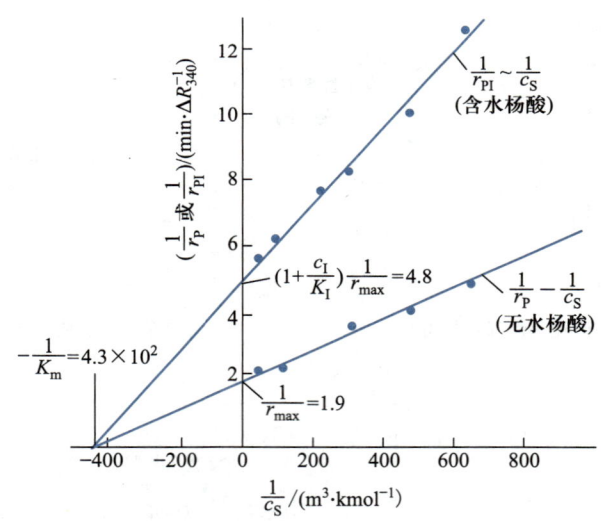

图 11-10   水杨酸对谷氨酸脱氢酶反应的非竞争性抑制作用

将图中所得直线的截距和斜率情况与表 11-3 进行比较,可得出此反应为非竞争性抑制。

从横轴截距得 $K_m = 2.32 \times 10^{-3}$ kmol·m^{-3};由纵轴截距得 $r_{max} = 0.53 \Delta R_{340}$·min^{-1} 和 $\left(1 + \dfrac{c_I}{K_I}\right)\left(\dfrac{1}{r_{max}}\right) = 4.8$ min·ΔR_{340}^{-1}。

将 $c_I = 4 \times 10^{-2}$ kmol·m^{-3} 代入,得 $K_I = 2.62 \times 10^{-2}$ kmol·m^{-3}。

(3)pH 对酶催化反应的影响

酶是蛋白质,在酶分子上有许多羧基、氨基等酸性或碱性的氨基酸侧链基团,在反应系统内 pH 的变化不仅会影响酶的稳定性,而且还能引起酶的活性变化,使酶缓慢地发生可逆或不可逆的变性。当 pH 一定时,酶催化反应具有最大反应速率,一旦偏离此值,反应速率下降,对应最大反应速率的 pH 称为最适 pH。最适 pH 会因底物种类、浓度及缓冲溶液的成分不同而不同,因此它不是一个特征常数,只是在一定条件下才有意义,而且往往与酶的等电点不一致。

（4）温度对酶催化反应的影响

温度对酶催化反应的影响应从两方面考虑:一方面是温度升高,分子运动加快,反应速率提高;另一方面是随着温度上升至超过某一温度值后,酶即逐渐变性而使反应速率降低。因此,酶催化反应具有一个最适温度(图 11-11)。最适温度不是酶的特征常数,而是与酶作用时间有关。因为酶在短时间内可以耐受较高的温度,当反应时间较长时,最适温度向低温方向移动。此外,最适温度也与底物浓度、酶的浓度和状态及反应的 pH 等条件有关。

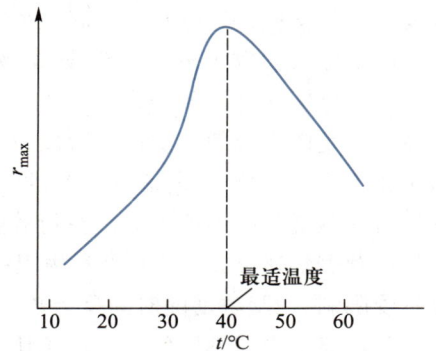

图 11-11　酶的最适温度

温度对反应速率的影响通常用阿伦尼乌斯式(Arrhenius equation)表示:

$$k = A\mathrm{e}^{-E/RT} \tag{11-23}$$

式中:k 为反应速率常数;A 为频率因子;E 为反应活化能;R 为摩尔气体常数,8.314 $\mathrm{J \cdot K^{-1} \cdot mol^{-1}}$。

将式(11-23)取对数得

$$\lg k = -\frac{E}{2.303R} \cdot \frac{1}{T} + \lg A \tag{11-24}$$

以 $\lg k$ 对 $1/T$ 作图为一直线,可求出 E。

当温度分别为 T_1,T_2 时,则得

$$\lg \frac{k_2}{k_1} = 0.052E \left(\frac{1}{T_1} - \frac{1}{T_2} \right) \tag{11-25}$$

在蛋白酶不变性的温度范围内,通常反应温度每升高 10 ℃,反应速率可加倍。

（5）金属离子的影响

酶不含金属离子,但有些金属离子对酶可以起到活化剂的作用,如 Co^{2+},Mg^{2+},Mn^{2+} 等;而另一些金属离子又可能抑制酶的活性,如 Cu^{2+},Hg^{2+},Pb^{2+},Zn^{2+} 等。其中,Hg^{2+},Pb^{2+} 甚至可以使某些酶变性或不可逆地强烈抑制巯基酶,使其永久失活。总之,金属离子不仅能影响酶的活性,也能影响酶的稳定性。所以,工业上在制备酶或者进行酶催化反应时,要使用蒸馏水或去离子水,对于反应容器的材质也要特别注意。在生产中可采用 EDTA 等螯合剂来减少金属离子的影响。

11.2.2　发酵和细胞培养动力学

发酵或细胞培养过程首先要涉及细胞的生长。底物(常称为基质)在细胞内一部分转化

为代谢产物,另外一部分转化为新生细胞的组成物质,从而导致新生细胞的生长。因此,发酵或细胞培养过程的生物反应动力学就是探讨细胞生长、基质消耗和产物形成的动力学。下面仅介绍细胞培养动力学中较为简单的细胞分批培养动力学。

1. 细胞分批培养动力学

细胞分批培养是一种间歇培养方式,操作简单,是广为使用的一种细胞培养方式。在培养阶段,除了为保持一定的培养条件而进行一些必要的调节外,生化反应器内物料与外界基本没有物料交换,但细胞浓度、底物浓度和产物浓度按一定的规律发生变化。

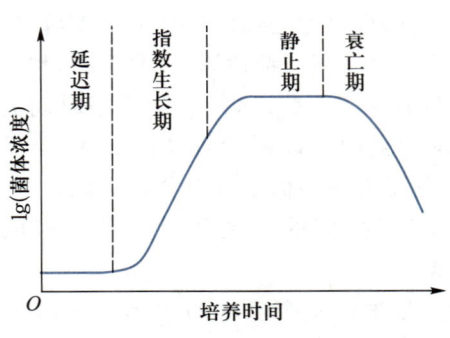

图 11-12　微生物分批培养时的生长曲线

细胞生长大致可分为延迟期、指数生长期、静止期和衰亡期几个阶段(图 11-12)。延迟期是细胞在新环境中表现的一个适应阶段,在此阶段中细胞正在合成新的原生质,其浓度无明显增加,底物浓度对细胞增长的影响不大。在指数生长期,由于底物中营养物质充足,有害代谢物很少,细胞的生长不受限制,细胞浓度随时间呈指数增长。其增长速率与培养基中活细胞的浓度成正比,故细胞生长速率为

$$r_X = \frac{dc_X}{dt} = \mu c_X \qquad (11-26)$$

式中:r_X 为细胞生长速率,$kg_{干重} \cdot m^{-3} \cdot s^{-1}$;$c_X$ 为细胞浓度,$kg_{干重} \cdot m^{-3}$;t 为时间,s;μ 为细胞比生长速率,$\mu = \frac{1}{c_X} \cdot \frac{dc_X}{dt}$,$s^{-1}$。

细胞比生长速率 μ 是相对于单位质量干细胞在单位时间内增加的干细胞的质量。它与细胞种类、温度、溶液 pH、培养基组成和限制性底物浓度(是指在培养或发酵过程中影响大、用量大且容易测定其浓度的某一底物,碳质、氮源或氧源常用作限制性底物)等因素有关。在指数生长期,细胞比生长速率达到最大值 μ_{max},那么

$$\frac{dc_X}{dt} = \mu_{max} c_X \qquad (11-27)$$

从 $t_1 \sim t_2$,$c_{X,1} \sim c_{X,2}$ 对式(11-27)进行积分,得

$$\ln \frac{c_{X,2}}{c_{X,1}} = \mu_{max}(t_2 - t_1) \qquad (11-28)$$

整理得

$$c_{X,2} = c_{X,1} \exp[\mu_{max}(t_2 - t_1)] \qquad (11-29)$$

故指数生长期也称为对数生长期。在此阶段细胞浓度随时间呈指数增长。工业生产应控制在指数生长期内。

莫诺(Monod)基于以下假设,研究了限制性底物浓度 c_S 和比生长速率 μ 的关系:

① 细胞生长为均衡型非结构式生长,细胞仅需细胞浓度一个参数表示。

② 培养基中只有一种底物是生长限制性底物,其他组分含量充足,不影响细胞生长。

③ 将细胞生长过程视为简单反应,并假定细胞得率为常数,无动态滞后。

因此,他提出了一个形式与米氏方程式(11-5)类似的经验式:

$$\mu = \frac{\mu_{\max} c_S}{K_S + c_S} \tag{11-30}$$

式(11-30)称为莫诺方程。其中,K_S 称为饱和常数,其单位与限制性底物浓度相同,$kg \cdot m^{-3}$,K_S 值很小,如微生物细胞的 K_S 值在 $10^{-5} \sim 10^{-2}$ $kg \cdot m^{-3}$;c_S 为限制性底物浓度;$\mu_{\max}$ 为最大比生长速率,s^{-1}。

当 c_S 很小时,$\mu \approx \frac{\mu_{\max}}{K_S} c_S$,增加 c_S 可以明显提高细胞的比生长速率;当限制性底物浓度 c_S 很大($c_S \gg K_S$)时,比生长速率 $\mu \approx \mu_{\max}$,再增大 c_S 也不能明显提高细胞的比生长速率。

莫诺方程形式简单,适用面广,故应用相当普遍。关于限制性底物浓度 c_S 与比生长速率 μ 的关系还有其他经验式,如描述在底物或产物抑制情况下细胞生长动力学的经验式等,这些经验式都可以看成对莫诺方程的修正。

随着细胞数量的增长,培养基中的营养物质迅速消耗,加上有害代谢物的不断积累,细胞的比生长速率逐渐下降,细胞生长由对数生长期进入静止期。在这一阶段因营养物质耗尽或有害物质的大量积累,细胞浓度不再增加而达到最大值。维持一段时间之后,由于环境恶化,细胞开始死亡,活细胞浓度不断下降,由静止期转入衰亡期。

例 11-3　在 5 m^3 的发酵液中,按 3% 接种量接种。已知原料液中含菌 4×10^6 个·mL^{-1},经过培养后发酵液中的含菌量需要达到 4×10^9 个·mL^{-1},求所需的培养时间。已知 $\mu_{\max} = 0.8$ h^{-1},假定整个培养过程均满足 $c_S \gg K_S$。

解　接种后菌体浓度为

$$c_{X,0} = \frac{5 \times 10^6 \ mL \times 3\% \times 4 \times 10^6 \ 个 \cdot mL^{-1}}{(5 + 5 \times 3\%) \times 10^6 \ mL} = 1.17 \times 10^5 \ 个 \cdot mL^{-1}$$

已知 $c_{X,t} = 4 \times 10^9$ 个·mL^{-1},因 $c_S \gg K_S$,故 $\mu \approx \mu_{\max} = 0.8$ h^{-1},代入式(11-28)得所需培养时间 t。

$$t = \frac{1}{\mu_{\max}} \ln \frac{c_{X,t}}{c_{X,0}} = \frac{1}{0.8 \ h^{-1}} \ln \frac{4 \times 10^9 \ 个 \cdot mL^{-1}}{1.17 \times 10^5 \ 个 \cdot mL^{-1}} = 13.1 \ h$$

2. 基质消耗和产物生成速率

在细胞培养过程中,底物的消耗主要用于细胞的增长;而在发酵过程中,底物除了消耗于细胞增长之外,还消耗于产物的生成。此外,还要消耗部分底物用于产生能量以维持细胞正常的生命活动。

对于只有单纯的细胞培养过程,限制性底物消耗速率表示为

$$-r_S = -\frac{dc_S}{dt} = \frac{1}{Y_{X/S}} \cdot \frac{dc_X}{dt} = \frac{1}{Y_{X/S}} \cdot \mu c_X \tag{11-31}$$

式中:$-r_S$ 为底物 S 的消耗速率,$kg \cdot m^{-3} \cdot s^{-1}$;$Y_{X/S}$ 为限制性底物转化为细胞的得率系数,包括细胞生长过程的能量消耗,$kg_{细胞(干重)} \cdot kg_{底物}^{-1}$。

如果以碳源为限制性底物,当有产物生成时,根据物料衡算,表示底物的消耗速率为

$$-\frac{dc_S}{dt} = \frac{1}{Y_G} \cdot \mu c_X + mc_X + \frac{1}{Y_P} \cdot \frac{dc_P}{dt} \tag{11-32}$$

式中:Y_G 为底物用于细胞生长的得率系数,$kg_{细胞(干重)} \cdot kg_{底物}^{-1}$;$Y_P$ 为底物用于产物生成的得率系数,$kg_{产物} \cdot kg_{底物}^{-1}$;$m$ 为维持细胞正常生命活动所消耗的底物,称为维持系数,$kg_{底物} \cdot kg_{细胞(干重)}^{-1} \cdot s^{-1}$;$c_P$ 为产物浓度,$kg_{产物} \cdot m^{-3}$。

如果用比速率来表示底物消耗或产物生成,那么式(11-32)化为

$$q_S = \frac{\mu}{Y_G} + m + \frac{q_P}{Y_P} \tag{11-33}$$

式中:q_S 为比底物消耗速率,$q_S = \frac{1}{c_X} \frac{dc_S}{dt}$,即单位时间内单位质量干细胞的底物消耗量,$kg_{底物} \cdot kg_{细胞(干重)}^{-1} \cdot s^{-1}$;$q_P$ 为比产物生成速率,$q_P = \frac{1}{c_X} \frac{dc_P}{dt}$,即单位时间内单位质量干细胞的产物生成量,$kg_{产物} \cdot kg_{细胞(干重)}^{-1} \cdot s^{-1}$。

若无产物生成,式(11-32)变为

$$-\frac{dc_S}{dt} = \frac{\mu c_X}{Y_G} + mc_X \tag{11-34}$$

将式(11-31)代入式(11-34),并整理得

$$\frac{1}{Y_{X/S}} = \frac{1}{Y_G} + \frac{m}{\mu} \tag{11-35}$$

通常 $Y_{X/S}$ 容易测出,而 Y_G 和 m 较难直接测定。但可通过测出细胞在不同比生长速率 μ 下的 $Y_{X/S}$,然后根据式(11-35)作图应为一直线,从其截距和斜率即可求出 Y_G 和 m 值。

当培养过程底物丰富时,$m \approx 0$,则 $Y_{X/S} = Y_G$。

产物生成动力学较为复杂,产物的生成与细胞增长以及底物消耗的关系会因培养条件和细胞种类的不同而各异。如果产物的生成仅与细胞的生长有关[图 11-13(a)],则产物的生成速率为

$$\frac{dc_P}{dt} = Y_{P/X} \frac{dc_X}{dt} \tag{11-36}$$

式中:$Y_{P/X}$ 为产物对于干细胞的得率系数,即单位质量干细胞生成的产物量,$kg_{产物} \cdot kg_{细胞(干重)}^{-1}$。例如,乙醇发酵就属于这种情况。

如果产物的生成与细胞的生长只部分相关,见图 11-13(b),产物的生成速率可表示为

$$\frac{dc_P}{dt} = \alpha \frac{dc_X}{dt} + \beta \cdot c_X \tag{11-37}$$

式中:α 和 β 均为常数。等号右边第一项与细胞的生长有关,而第二项仅与细胞浓度有关。

式（11-37）也可表示为

$$q_P = \alpha\mu + \beta \tag{11-38}$$

属于这种情况的有乳酸和柠檬酸的发酵。

　　如果产物的生成与细胞的生长无关，即细胞处于生长阶段时无产物积累，而在细胞生长基本停止时，才有大量产物开始积累，见图 11-13（c），如抗生素等次级代谢产物的生成。其产物的生成速率可写成

$$\frac{dc_P}{dt} = \beta c_X \tag{11-39}$$

　　关于产物生成动力学研究，首先需要通过实验找到细胞生长、基质消耗和产物生成的规律，然后建立合理的数学模型并确定模型参数，用数学模型就可以模拟分批培养过程，从而达到优化控制过程的目的。

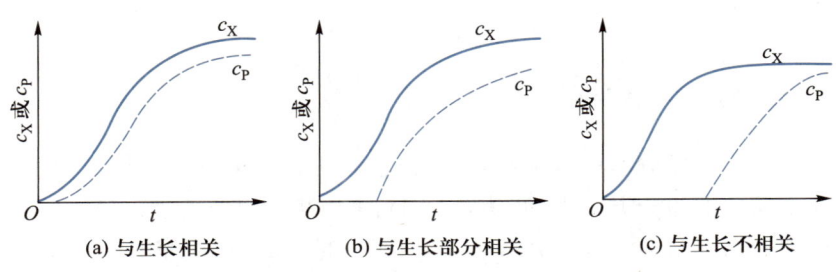

图 11-13　分批培养中产物生成与细胞生长的关系

11.3　生化反应器

　　生化反应器是利用生物催化剂生产生物产品的反应装置。在生化反应器内进行的生化反应与化学反应相似，它与化学反应器有许多相似之处，但因生物细胞的一些特性，对生化反应器也提出了一些特殊要求。

11.3.1　生化反应器的特殊要求

　　① 结构严密，内壁光滑无死角，尽量减少内部构件以便于清洗和灭菌，须采用对生物催化剂无害和耐蚀的材料制作，并且能耐灭菌时的蒸汽压力。

　　② 反应器上应尽量少开口，减少阀门、接口和法兰的数量，而且要使反应器各种部件都能做到彻底灭菌。

　　③ 在操作过程中反应器应保持一定的表压强，使气体只从内部向外渗透，以减少染菌机会。

　　④ 应尽可能减少泡沫的产生以提高装料量，同时还应避免因料液外溢而引起染菌。

　　⑤ 应能保持良好的气液接触和液固混合状态及热量交换能力，以保证生化反应能正常高效地进行。

由此可见,生化反应器和化学反应器也有许多不同之处。

在生物催化剂浓度或比活力较低时,生物催化剂的因素是生化反应器生产能力的限制因素。从生产速率考虑,一般希望在反应器中装有足够的生物催化剂。但在生物催化剂的浓度和比活力较高时,传质和传热等反应器的操作因素就成为生产能力的限制因素。

传质问题一般在底物难溶或高耗氧的生化反应过程中非常严重。为了提高传质效率,设计出了许多结构不同的生化反应器。

传热问题一般在大型的生化反应器中更为严重,因为生化反应通常在常温下进行,这使得从反应器及时移出热量的问题变得非常突出。反应产生的热量随反应器体积线性增加,而传热表面积却随体积的 2/3 次幂增加,在没有有效冷却条件下,最大反应器体积必将受到传热速率的限制。

所以,在生化反应器放大时需要有效解决好传热和传质问题。目前,生化反应器正向大型化和自动化方向发展,尤其是随着生物催化剂比活力的提高,对改进生化反应器传递性能的要求也会更加紧迫。

11.3.2　生化反应器类型

工业上使用的生化反应器有多种形式,即使在同一行业也可能选用不同形式的生化反应器。参照化学反应器的分类方法,可以从不同角度对生化反应器进行分类。

按几何外形和内部结构划分,生化反应器有釜(罐)式、管式、塔式、膜式等类型。釜式反应器的高径比小,一般为 1~3,通常装有机械搅拌装置或通空气搅拌,习惯称为搅拌罐。固定床管式反应器的长径比较大,一般大于 30。塔式反应器的高径比介于罐式的高径比与管式的高径比之间,竖直安装。

按生物催化剂类型划分,生化反应器有酶促反应器、微生物培养发酵罐、植物细胞反应器和动物细胞反应器等,其中酶促反应器有游离酶反应器和固定化酶反应器之分,固定化酶反应器还可以进一步分为颗粒状、膜状、管状和纤维状等几种类型,而微生物细胞反应器(发酵罐)又有厌氧与好氧的区别。

另外,根据反应器动力输入方式,生化反应器可以分为机械搅拌式、气升式和液体喷射环流式反应器;根据操作方式有间歇式、连续式和半连续式生化反应器;根据生物催化剂在反应器中的分布方式不同,有填充床生化反应器、流化床生化反应器、生物转盘生化反应器和膜生化反应器等;根据物料的流动和混合状态分类,有全混流型生化反应器和活塞流型生化反应器;按培养底物的物料状态,生化反应器又可分为液态生化反应器和固态生化反应器。

11.3.3　机械搅拌反应釜

在工业上,一般将进行微生物深层培养的机械搅拌反应釜称为发酵罐。因为大多数工业微生物都需要用氧来维持其正常的新陈代谢,故微生物反应器常采用通气和搅拌的方式以增加氧在发酵液中的溶解。机械搅拌式发酵罐因其易于控制,应用最为普遍,故又称通用型发酵罐。

1. 机械搅拌式发酵罐的结构

机械搅拌式发酵罐主要由罐体、搅拌器、挡板、轴封、空气分布器、传动装置、冷却管、消沫器、人孔、视镜等组成,见图 11-14。

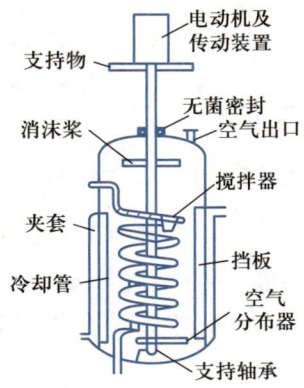

图 11-14　机械搅拌式发酵罐

发酵罐的高径比通常为 2~3,材质多为不锈钢或碳钢,顶和底呈碟形,罐内装有机械搅拌器和空气分布器。搅拌桨大多采用圆盘涡轮式,不仅使气泡分散的效果好,而且产生径向液流,可延长气泡在发酵液中的停留时间。机械搅拌的作用首先是打碎空气气泡,增加气液接触面积,以提高气液间的传质速率;其次是使发酵液中的固形物料保持悬浮状态,以达到所有物料充分混合的目的。搅拌轴的密封是动密封,轴封的目的是防止泄漏和染菌,常采用填料函密封和机械密封方式。

发酵罐内还安装了与壁面垂直的挡板,通常设 4~6 块挡板,以提高罐内发酵液的轴向混合效果,防止液面中央形成漩涡流动,增强湍动和溶氧传质效果。

为了保持发酵过程在恒温下进行,需采用夹套或蛇管换热方式,及时移走发酵过程中由微生物氧化产生的热量和机械搅拌产生的热量。此外,发酵液在强烈的通气搅拌的情况下会产生大量泡沫,而导致发酵液外溢,增加了染菌的机会,故在罐内液面上方还装有机械消沫装置。这种发酵罐的缺点是:搅拌消耗功率较大,内部结构复杂,清洗和灭菌困难,容易染杂菌,并且搅拌桨叶转动时也容易损伤细胞。

2. 搅拌轴功率的计算

(1) 不通气条件下的轴功率计算

发酵罐内物料中的溶氧速率和气液固相的混合强度都依赖于搅拌轴功率的大小。通过量纲分析和实验归纳,对牛顿流体有下列经验关联式:

$$N_{\text{p}} = K(Re_{\text{M}})^x(Fr_{\text{M}})^y \tag{11-40}$$

式中: $N_{\text{p}} = \dfrac{P}{n^3d^5\rho}$;$Re_{\text{M}} = \dfrac{nd^2\rho}{\mu}$;$Fr_{\text{M}} = \dfrac{n^2d}{g}$。其中,$N_{\text{p}}$ 为功率准数,量纲为 1;Re_{M} 为搅拌下的雷诺数,量纲为 1;Fr_{M} 为搅拌下的弗劳德数,量纲为 1;P 为搅拌器输出的轴功率,W;n 为搅拌器的转速,r·min^{-1};d 为搅拌器直径,m;ρ 为流体密度,kg·m^{-3};μ 为液体黏度,Pa·s;g 为重力加

速度,$m \cdot s^{-2}$;K 为常数,与搅拌器类型和发酵罐几何尺寸有关,不同搅拌器的 K 值见表 11-5。

表 11-5   不同搅拌器的 K 值

搅拌器形式	K 值		搅拌器形式	K 值	
	层流	湍流		层流	湍流
六平叶涡轮式搅拌器	71	6.3	六箭叶涡轮式搅拌器	70	4.0
六弯叶涡轮式搅拌器	71	4.8	六弯叶涡轮式搅拌器	97.5	1.08

在发酵罐液面未出现漩涡的全挡板条件下,$y=0$,则

$$N_p = K(Re_M)^x \tag{11-41}$$

设 D 为发酵罐直径,m;H_L 为液柱高度,m;B 为搅拌器与罐底的距离,m。实验研究表明,在挡板数等于 4,$D/d=3$、$H_L/d=3$、$B/d=1$ 时,平叶涡轮式、螺旋桨式和平桨式搅拌器的功率准数与雷诺数的关系如图 11-15 所示。

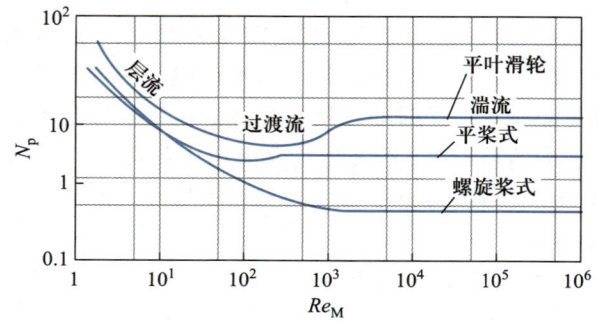

图 11-15   不同桨型的功率准数与雷诺数的关系

当 $Re_M < 10$,物料处于层流状态时,则 $x=-1$,即

$$N_p = KRe_M^{-1} \tag{11-42}$$
$$P = Kn^2 d^2 \mu \tag{11-43}$$

当 $Re_M > 10^4$,物料处于湍流状态时,则 $x=0$,搅拌器轴功率与流体黏度 μ 和搅拌下的雷诺数 Re_M 无关。即

$$N_p = K \tag{11-44}$$
$$P = Kn^3 d^5 \rho \tag{11-45}$$

当 $10 < Re_M < 10^4$,物料处于过渡流时,K 与 x 将都与 Re_M 有关。

因为一般情况下,发酵罐搅拌器是在湍流状态下操作,搅拌轴功率可以用式(11-45)计算。

当 $D/d \neq 3$、$H_L/d \neq 3$ 时,搅拌轴功率需按下式进行校正:

$$P^* = Pf \tag{11-46}$$

校正系数 f 计算如下：

$$f = \frac{1}{3}\sqrt{\left(\frac{D}{d}\right)^* \left(\frac{H_L}{d}\right)^*} \tag{11-47}$$

式中：* 代表设备的实际几何尺寸情况。

鉴于常用工业发酵罐的 H_L/D 一般在 $2\sim3$，而且在同一搅拌轴上常装有多层搅拌器，其搅拌轴功率可估算如下：

$$P_m = P(0.4 + 0.6m) \tag{11-48}$$

式中：m 代表搅拌器层数。

（2）通气条件下的轴功率计算

当有压缩空气通入发酵罐时，搅拌需要的轴功率将小于不通气条件下的轴功率，它与通气量有关。为此，引入通气数 N_a，即发酵罐内空气的表观流速与搅拌叶端流速之比：

$$N_a = \frac{Q_G}{nd^3} \tag{11-49}$$

式中：Q_G 为工作状态下的通气量，$m^3 \cdot s^{-1}$；n 为搅拌器转速，$r \cdot s^{-1}$；d 为搅拌器直径，m。

当 $N_a < 0.035$ 时，

$$\frac{P_g}{P_0} = (1 \sim 12.6) N_a \tag{11-50}$$

当 $N_a \geqslant 0.035$ 时，

$$\frac{P_g}{P_0} = (0.62 \sim 1.85) N_a \tag{11-51}$$

式中：P_g 为通气搅拌功率，W；P_0 为不通气搅拌功率，W。

图 11-16 反映了在不同搅拌情况下 P_g/P_0 与通气数 N_a 的关系。n_b 指搅拌叶片数。

另外，还有其他一些经验公式可用于计算 P_g/P_0，有兴趣的读者可参考有关书籍。

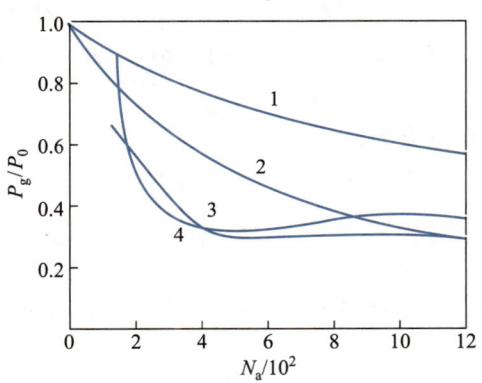

1—平桨涡轮($n_b=8$); 2—叶盘式($n_b=6$);
3—叶盘式($n_b=4$); 4—短桨

图 11-16　各种搅拌情况下，通气与不通气功率之比与通气数的关系

11.3.4   塔式生化反应器

为了克服机械搅拌釜的缺点,又开发了多种非机械搅拌式微生物反应器,塔式生化反应器就是这样一种类似塔式反应器的发酵罐,其中最有代表性的是鼓泡塔和环流式反应器。这类反应器高径比较大,结构比较简单,功率消耗小,而且排除了因轴封易造成染杂菌的可能性。

1. 鼓泡塔生化反应器

鼓泡塔生化反应器大多是气液两相反应器,气体鼓泡通过含有生物催化剂的液体物料以实现气液相生化反应。最简单的鼓泡塔生化反应器由筒体和底部安装的筛板或气体分布器组成,也有在筒体内安装多层水平筛板的。图 11-17 所示为高位筛板式发酵罐示意图。

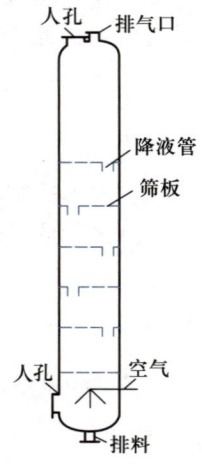

图 11-17   高位筛板式
发酵罐示意图

鼓泡塔生化反应器以气体为分散相、液体为连续相,液相中一般有固体培养基、微生物等固体悬浮颗粒。鼓泡塔生物反应器内的流体流动状况是:压缩空气由塔底导入,经过筛板逐渐上升,同时带动发酵液上升并混合,上升后的发酵液又通过筛板上的降液管下降而形成循环。这种反应器用压缩空气搅拌,造价和操作费用均较低,但由于高径比较大,一般安装在室外,而且要求压缩空气具有较高的压强。鼓泡塔生化反应器适用于培养液含固量少、黏度小、耗氧量较低的发酵过程。

因为鼓泡塔生化反应器结构简单,易于操作,传质和传热效果较好,所以在生物工业中被广泛采用。

一般用气含率、压降、液体速率分布、分散和混合特征等来描述鼓泡塔生物反应器内的多相流体流动特征。气含率是鼓泡塔生化反应器的重要设计参数之一,它是反应器内气体体积占总体积的百分数。气含率对反应器内的氧传递、气液界面大小和液体速率分布都有较大的影响。

鼓泡塔生化反应器的气含率计算如下:

$$\varepsilon_G = \frac{V_G}{V} = \frac{V_G}{V_G + V_L} \tag{11-52}$$

式中:ε_G 为气含率;V 为反应器体积,m^3;V_G 为反应器内气相的体积,m^3;V_L 为反应器内液相的体积,m^3。

气含率与流体密度有如下关系:

$$\rho = \varepsilon_G \rho_G + (1 - \varepsilon_G) \rho_L \tag{11-53}$$

$$\varepsilon_G = \frac{\rho - \rho_L}{\rho_G - \rho_L} \tag{11-54}$$

式中:ρ 为反应器内物料混合相密度,$kg \cdot m^{-3}$;ρ_G 为反应器内气相的密度,$kg \cdot m^{-3}$;ρ_L 为反应器内液相的密度,$kg \cdot m^{-3}$。

因为反应床压强差 Δp 与反应床高度 H 和物料密度有如下关系:

$$\rho = \frac{\Delta p}{gH} \tag{11-55}$$

所以可以利用反应床压强差按下列数学公式计算气含率：

$$\varepsilon_{\mathrm{G}} = \frac{\dfrac{\Delta p}{gH} - \rho_{\mathrm{L}}}{\rho_{\mathrm{G}} - \rho_{\mathrm{L}}} \qquad (11\text{-}56)$$

式（11-56）表明，鼓泡塔生化反应器的气含率可以通过测量反应床压强差而实现在线测量。如果将差压变送器与计算机控制系统连接，很容易进行自动化控制。

鼓泡塔生化反应器内的热量传递通常有两种方式，一种是夹套、蛇管或列管式冷却器，另一种是液体循环外冷却器。该类型反应器内的传热特点如下：

① 气、液物料的温度分布比较均匀。

② 由于物料的湍动，壁膜给热系数显著增大，其传热速率接近机械搅拌式反应器。

③ 鼓泡位置对给热系数有影响。在表观气速相等时，当仅在近器壁处鼓泡时反应器的给热系数较大；在全截面均匀鼓泡时，给热系数次之；而仅在反应器截面的中央鼓泡时，给热系数最小。

④ 当表观气速较小，流动型态属于层流状态时，给热系数随表观气速增加而迅速增大；当表观气速较大，流动型态属于湍流状态时，给热系数随表观气速增加仅缓慢上升。

2. 环流式生化反应器

环流式生化反应器主要有气体提升式（简称气升式）和液体喷射自吸式两种型式。它是利用空气或发酵液的喷射作用和流体重度差形成反应器内的液体循环流动，以实现物料的搅拌、混合和氧传递功能。

气升式生化反应器是在鼓泡塔生化反应器的基础上发展起来的，是应用较广泛的一类无机械搅拌的生化反应器。气升式反应器（又称气升式发酵罐）以压缩空气带动发酵液上升并供氧以满足发酵需要。空气在罐上部空间逸出液面，从顶口排出罐外，而发酵液则从内套筒外下降形成循环，见图 11-18（a）。气升式发酵罐无机械运动构件，易保持纯种培养，造价较低，氧的传递效果较好，但由于压缩空气量较大，能耗也较大。这种反应器已用于生产谷氨酸等。

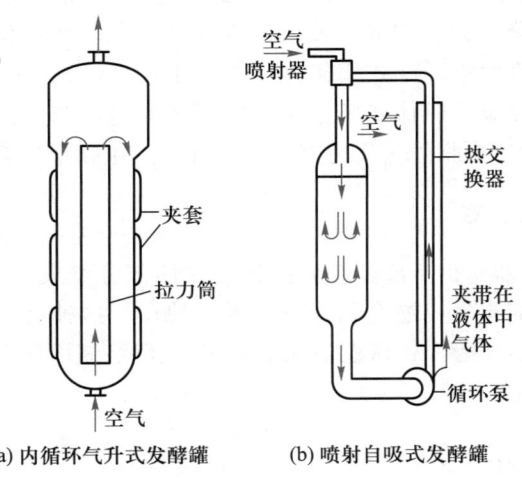

(a) 内循环气升式发酵罐　　**(b) 喷射自吸式发酵罐**

图 11-18　环流式生化反应器示意图

气升式生化反应器的流动与传递特性参数有气含率、体积氧传递速率系数、循环周期与循环速率、混合时间、停留时间和通气功率等。气含率是气升式生化反应器的一个重要参数。气含率太低,氧传递量不够;气含率太高,则会使反应器的利用率显著降低。在含同轴导流筒的内循环气升式发酵罐中,根据不同的计算方法,气含率还可以进一步分为平均体积气含率、导管内(上升区域)气含率、环隙内(下降区域)气含率和局部气含率等。

气升式生化反应器的主要结构参数有高径比、导流筒径与罐径比、空气喷嘴直径与反应器直径比、导流筒上下端面到罐顶及罐底的距离等。

气升式生化反应器的主要操作参数有液面高度、表观气速、溶液物化性质等。

喷射自吸式发酵罐一般是通过文氏管吸气装置进行通气操作,既不用空气压缩机,也不用机械搅拌吸气转子,而是用泵为动力,使发酵液从喷嘴高速喷出形成真空,将外界空气吸入罐内,见图 11-18(b)。其特点是不需压缩空气,如果泵的严密性好,不会引起料液污染,但启动后产生严重的机械剪切力,可能使生成菌丝体的真菌和放线菌等微生物遭到断裂性破坏,必须引起注意。这种发酵罐多用于培养酵母。

11.3.5　膜生化反应器

膜生化反应器将膜分离技术与生物技术相结合,具有一般传统工艺没有的独特优点,是近几十年来发展起来的高新技术和研究热点。一般来说,膜生化反应器具有反应速率大、转化率高、能耗小、成本低的显著优点,而且可以使反应过程和分离过程在同一个生产过程中完成,简化了操作步骤和工艺流程。膜生化反应器主要由膜组件和生化反应器两部分组成。膜组件按结构形式分类,有管式、板框式、螺旋卷式和中空纤维式膜生化反应器;按膜孔径大小分,有微滤、超滤和纳滤膜生化反应器;按膜材料分,有无机膜和有机膜生化反应器;按反应器内生化催化剂的状态分,有游离态和固定化膜生化反应器;按膜组件和生化反应器的组合方式分,有分置式和一体式膜生化反应器。另外,还有其他不同的分类方法,这里不再一一列举。

就分置式和一体式膜生化反应器的比较而言,分置式易于清洗、更换,但泵产生的高剪切力会使一些微生物菌体失活;而一体式膜生化反应器不使用循环泵,克服了上述分置式的缺点,但通常膜组件部分的拆装和清洗较为困难。由于中空纤维膜体积小,组装灵活,便于从曝气池中取出,已有将中空纤维式膜组件直接置于曝气池内,用真空泵抽吸,或利用液位差作为膜出水的动力,克服了一体式膜生化反应器不易清洗和更换的缺点。下面简单介绍一下目前应用较广的循环式膜生化反应器和中空纤维膜生化反应器。

1. 循环式膜生化反应器

循环式膜生化反应器是由反应器和膜分离装置两部分组成的,如图 11-19(a)所示。在分离装置中,生物催化剂与反应混合物分离后循环使用。这种反应器将反应和分离耦合为一体,使用方便。目前已在酶催化橄榄油水解反应、发酵法制丙酮和丁醇及葡萄糖发酵制乙醇等工艺中得到了应用。

2. 中空纤维膜生化反应器

中空纤维膜生化反应器是将酶固定在半透性的中空纤维上,底物在酶催化作用下反应

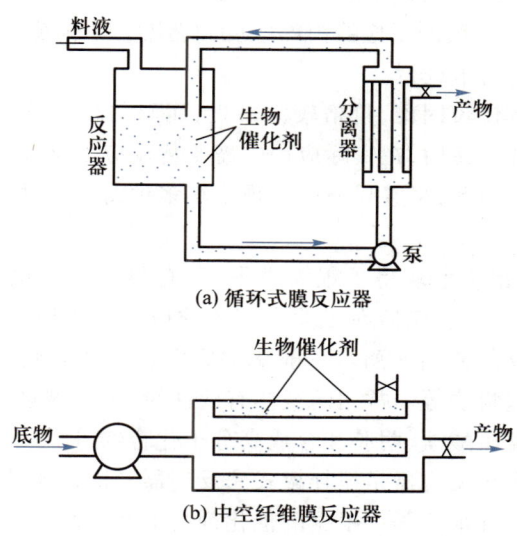

图 11-19 膜生化反应器示意图

生成产物,产物和底物的分子都较小,能透过半透膜,而酶则不能透过,从而将反应混合物与酶催化剂分开。最简单的中空纤维膜生化反应器采用成束的非对称膜制成中空纤维,然后组装成与列管式换热器类似的结构。酶或细胞可以固定在纤维内中心孔道中,也可以固定在纤维和纤维之间的孔隙中。底物在固定有酶或细胞的反应区反应后透过膜从另一侧输出,如图 11-19(b)所示。

膜生化反应器是一种新型反应器,还有许多问题有待研究解决。例如,底物和产物在膜反应器中的传递特性、膜生化反应器的数学模型和优化设计等都是人们目前研究的重点。

在工业应用中,膜生化反应器最重要的优点是能够将细胞或酶截留在反应器内,在常规连续反应器的连续灌流中常发生的洗出现象一般不会发生。由于膜对不同物质的选择透过性能,可去除抑制性代谢物和回收不稳定产物,防止了不稳定产物的降解。在膜生化反应器中,细胞或酶处于相对静止的环境,免受一般反应器的机械伤害,而且不与空气直接接触,对细胞或酶有保护作用,在需要时还可以快速更换培养基。总之,膜生化反应器在未来生物产品的生产中有着广阔的应用前景和发展潜力。

11.3.6 酶生化反应器

酶生化反应器是以酶为催化剂进行生化反应的设备,是酶工程研究的重要内容之一。根据酶催化剂类别和使用方式的不同,酶生化反应器有游离酶和固定化酶生化反应器之分。固定化酶生化反应器又可以进一步分为固定化单一酶、复合酶等不同形式。根据反应器几何形状划分,酶反应器可大致分为罐型反应器、管型反应器和膜型反应器三种类型。根据操作方式分,有连续操作酶反应器和间隙操作酶反应器;按流体流动特性分,有全混流式酶反应器和活塞流式酶反应器。

游离酶生化反应器一般为搅拌罐式反应器,主要由罐体、夹套换热器和搅拌器组成,一般有 pH 探头和温度探头,以监测反应器内的酸度和温度。游离酶生化反应器的选择可以按照一般生物反应器的选择要求进行。

由于酶的提取和纯化比较困难,价格较为昂贵,而酶的稳定性一般较差,不能在有机溶剂、强酸、强碱或高温条件下使用,在实际应用中需要从反应混合物中回收有活性的酶,这在技术上也有一定的困难。因此,尽管目前已发现了很多种酶,但实际应用于工业生产的酶却占很小比例。

近几十年来,酶固定化技术取得了很大进展,已有很多商业化的载体酶或固定化酶出售,大大促进了固定化酶生化反应器在工业生产上的应用和推广。固定化酶是限制在一定的空间范围内并能连续反复使用的酶。一般酶的固定化方法有吸附法、包埋法、交联法、化学共价法及酶的逆胶束包囊法等。常用的载体有活性炭、多孔玻璃、纤维素、交联葡萄糖、琼脂糖、聚丙烯酰胺凝胶、海藻酸盐、明胶和合成高分子化合物等。

最常用的固定化酶生化反应器是搅拌罐式酶反应器和固定床酶反应器。固定化酶的形式有颗粒状、膜状、管状和纤维状等。根据酶催化剂的形状,大致可以决定反应器的形式,如小颗粒的固定化酶,可选用流化床反应器。固定化酶生化反应器不仅需要考虑酶催化反应的需要,而且要考虑载体酶在使用后需要分离出来的要求,因此,一些固定化酶生化反应器将酶分离装置直接安装在反应器上。

除了上述几种生化反应器外,固定床反应器和流化床反应器也是常用的生化反应器,它们既可用于固定化酶催化反应过程,也可用于微生物反应过程,其结构和原理与化学工业用的固定床反应器和流化床反应器类似。

11.3.7　生化反应器的计算

1. 生化反应器的基本方程

（1）物料衡算式

物料衡算是反应器设计的基础。在反应器内,取一体积微元 dV 进行物料衡算,其总物料衡算式可写为

$$
\begin{bmatrix} \text{反应物组} \\ \text{分进入体} \\ \text{积微元 } dV \\ \text{的速率} \end{bmatrix} - \begin{bmatrix} \text{反应物组} \\ \text{分离开体} \\ \text{积微元 } dV \\ \text{的速率} \end{bmatrix} - \begin{bmatrix} \text{在体积微元 } dV \\ \text{中反应物组分因} \\ \text{发生化学反应而} \\ \text{消耗的速率} \end{bmatrix} = \begin{bmatrix} \text{体积微元} \\ dV \text{ 中反应} \\ \text{物组分的} \\ \text{累积速率} \end{bmatrix} \tag{11-57}
$$

对于间歇反应器,式(11-57)的第一项、第二项均为零;对于稳态操作的管式反应器或连续搅拌式反应器,等号右边项为零,此时,反应物消耗速率等于进料速率和出料速率之差。

（2）热量衡算式

同样对体积微元 dV 进行热量衡算,其总热量衡算式为

$$
\Phi_{\text{in}} + \varphi_{\text{m}} - \varphi_{\text{out}} - \varphi_{e} = \varphi_{\text{k}} \tag{11-58}
$$

式中：Φ_{in} 为反应物组分带入体积微元 dV 的热流量，W；φ_m 为反应物组分在体积微元 dV 中发生化学反应或细胞增殖等过程而产生的热流量，W；φ_{out} 为反应组分排出体积微元 dV 的热流量，W；φ_e 为体积微元 dV 中反应组分向环境或通过制冷剂移走的热流量，W；φ_k 为体积微元 dV 中反应组分的累积热流量，W。

（3）反应动力学方程式

反应动力学方程式是用数学方法定量描述反应速率的规律。该方程式与物料衡算式和热量衡算式结合，即可对反应器进行设计和计算。关于均相酶催化反应器计算，可取微观动力学方程；而对于非均相固定化酶反应器计算，则应采用宏观动力学方程。

2. 生化反应器的计算

（1）间歇搅拌式反应器计算

对于间歇搅拌式反应器，见图 11-20，假设反应器内搅拌充分，各组分混合均匀，组分浓度不随空间位置而变化，反应过程中无物料进出，则根据式（11-57）对整个反应器体积做物料衡算：

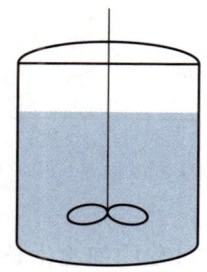

图 11-20　间歇搅拌式反应器示意图

$$-r_S = \frac{dc_S}{dt} \tag{11-59}$$

对式（11-59）积分

$$\int_0^t dt = -\int_{c_{s,0}}^{c_{s,t}} \frac{1}{-r_S} dc_S$$

得到

$$t = -\int_{c_{s,0}}^{c_{s,t}} \frac{1}{-r_S} dc_S \tag{11-60}$$

式中：$-r_S$ 为底物 S 的消耗速率，$kmol \cdot m^{-3} \cdot s^{-1}$。式（11-60）即为间歇操作反应时间的计算式。

① 均相酶催化反应器。均相酶催化反应速率遵从米氏方程：

$$r_p = -r_S = \frac{r_{max} c_S}{K_m + c_S}$$

将上式代入式（11-60）中，得

$$t = -\int_{c_{s,0}}^{c_{s,t}} \frac{K_m + c_S}{r_{max} c_S} dc_S = -\frac{K_m}{r_{max}} \ln \frac{c_{S,t}}{c_{S,0}} + \frac{c_{S,0} - c_{S,t}}{r_{max}} \tag{11-61}$$

式中等号右边第一项相当于一级反应,第二项相当于零级反应,$c_{S,t}$ 与 t 的关系见图 11-21。

以转化率 x 表示,式(11-61)变为

$$t = \frac{x c_{S,0}}{r_{max}} - \frac{K_m}{r_{max}} \ln(1-x) \tag{11-62}$$

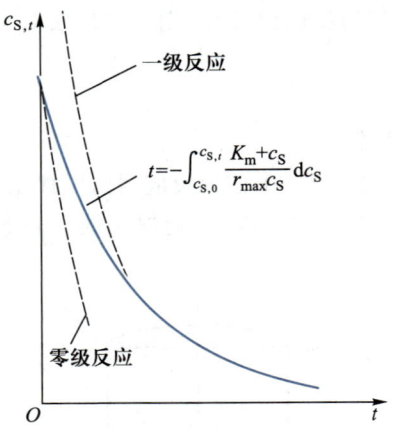

图 11-21 底物浓度与反应时间的关系

② 微生物反应器。假定间歇培养过程的细胞生长速率符合莫诺方程(11-30),细胞得率 $Y_{X/S}$ 为常数,将莫诺方程代入细胞浓度变化率的表达式得

$$\frac{dc_X}{dt} = \frac{\mu_{max} c_S}{K_S + c_S} c_X \tag{11-63}$$

底物的消耗速率:

$$-\frac{dc_S}{dt} = \frac{1}{Y_{X/S}} \cdot \frac{dc_X}{dt} \tag{11-31}$$

式(11-63)和式(11-31)表示细胞的生长规律。

利用初始条件 $t=0$ 时,$c_X = c_{X,0}$,$c_S = c_{S,0}$,对式(11-31)积分

$$\int_{c_{s,0}}^{c_s} dc_S = -\frac{1}{Y_{X/S}} \int_{c_{X,0}}^{c_X} dc_X$$

得

$$c_X = c_{X,0} - Y_{X/S}(c_S - c_{S,0}) \tag{11-64}$$

将 c_X 与 c_S 的关系式(11-64)代入式(11-63)并积分,分别得到 t 与 c_X 和 t 与 c_S 的关系式:

$$t=\frac{Y_{X/S}(K_S+c_{S,0})+c_{X,0}}{\mu_{max}Y_{X/S}(Y_{X/S}c_{S,0}+c_{X,0})}\ln\frac{Y_{X/S}c_{S,0}c_X}{c_{X,0}(Y_{X/S}c_{S,0}+c_{X,0}-c_X)}+\frac{1}{\mu_{max}Y_{X/S}}\ln\frac{Y_{X/S}c_{S,0}+c_{X,0}-c_X}{Y_{X/S}c_{S,0}}$$

$$(11-65)$$

$$t=\frac{Y_{X/S}K_S}{\mu_{max}(Y_{X/S}c_{S,0}+c_{X,0})}\ln\frac{c_{S,0}(c_{X,0}+Y_{X/S}c_{S,0}-Y_{X,S}c_S)}{c_{X,0}c_{S,0}}-\frac{1}{\mu_{max}Y_{X/S}}\ln\frac{c_{X,0}}{c_{X,0}+Y_{X/S}c_{S,0}-Y_{X/S}c_S}$$

$$(11-66)$$

（2）连续搅拌式反应器计算

① 酶催化反应器。连续搅拌式反应器接近于全混流反应器,反应器内物料搅拌均匀,各组分浓度不随时间和空间位置变化,料液以一定体积流量 q_V 进入反应器,同时又以相同体积流量流出,在反应器内无物料累积,根据式(11-57):

$$q_V(c_{S,0}-c_S)=r_P V_R \qquad (11-67)$$

又 $\tau=V_R/q_V$,解得

$$\tau=(c_{S,0}-c_S)/r_P \qquad (11-68)$$

式中: V_R 为反应器有效容积,m^3;$c_{S,0}$ 为进料中底物浓度,$kmol\cdot m^{-3}$;c_S 为出料中底物浓度,$kmol\cdot m^{-3}$。

式(11-68)适用于稳态操作的均相酶催化反应,对于固定化酶,若酶催化反应是控制步骤,反应速率仍可用米氏方程式(11-5),则

$$\tau=\frac{c_{S,0}-c_S}{r_{max}}\left(1+\frac{K_m}{c_S}\right) \qquad (11-69)$$

② 恒化器。恒化器是一种用来连续进行细胞培养的连续搅拌式反应器,见图 11-22。恒化器的基本假设为:培养液以恒定的流量流入器内并以相等流量排出,培养液中只有一种组分是限制性底物,其他组分含量充足,且不发生底物抑制。

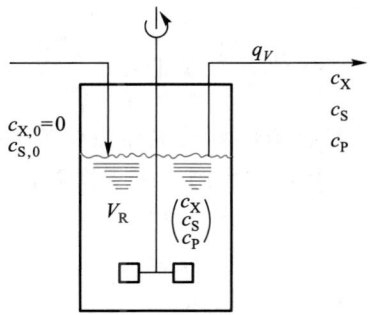

图 11-22　连续搅拌式反应器

在稳态下,对反应器内细胞进行物料衡算:

$$细胞加入量+生长量-流出量=积累量$$

$$0 + r_X V_R - q_V c_X = 0$$

故有

$$\frac{q_V}{V_R} = \frac{r_X}{c_X} \tag{11-70}$$

令 $D = \dfrac{q_V}{V_R}$，则

$$D = \frac{r_X}{c_X} = \mu \tag{11-71}$$

式中：D 为稀释率，s^{-1}；μ 为细胞比生长速率，s^{-1}；r_X 为细胞生长速率，$\text{kg}_{\text{干重}} \cdot \text{m}^{-3} \cdot \text{s}^{-1}$。

由式（11-71）可知，在稳态时，细胞的比生长速率与稀释率相等。这是连续搅拌式微生物反应器的重要特性，说明细胞的生长速率可通过改变培养液体积流量 q_V 来控制。

在稳态下，根据式（11-57），对限制性底物进行物料衡算，得

$$q_V c_{S,0} - q_V c_S = -r_S V_R \tag{11-72}$$

将式（11-31）和式（11-71）代入式（11-72），得到出口细胞浓度：

$$c_X = Y_{X/S}(c_{S,0} - c_S) \tag{11-73}$$

将式（11-71）代入莫诺方程（11-30），得

$$c_S = \frac{K_S D}{\mu_{\max} - D} \tag{11-74}$$

代入式（11-73）得

$$c_X = Y_{X/S}\left(c_{S,0} - \frac{K_S D}{\mu_{\max} - D} \right) \tag{11-75}$$

细胞的生长速率 r_X 或反应器的生产能力 P_X 为

$$P_X = r_X = D c_X = D Y_{X/S}\left(c_{S,0} - \frac{K_S D}{\mu_{\max} - D} \right) \tag{11-76}$$

恒化器中细胞浓度、限制性底物浓度和反应器生产能力随稀释率的变化见图 11-23。由图可见，c_S 随 D 的增大而增大。当 D 增大到一定程度时，$c_S = c_{S,0}$，此时的稀释率称为临界稀释率，用符号 D_{crt} 表示。

$$D_{\text{crt}} = \frac{c_{S,0} \mu_{\max}}{K_S + c_{S,0}} \tag{11-77}$$

显然，进、出口底物浓度相等，说明无细胞生成，故 D 应小于 D_{crt}。

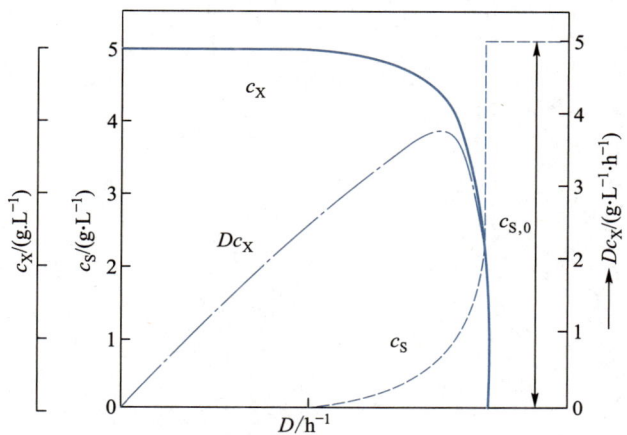

图 11-23　连续搅拌式反应器中 c_X，c_S 与 D 的关系

本章物理量符号说明

英文字母：

A——频率因子；

$c_{E,0}$——酶的总浓度；

c_{EI}——非活性复合物浓度；

c_{ES}——中间产物浓度；

c_E——游离酶浓度；

c_I——抑制剂浓度；

c_P——产物浓度；

$c_{S,0}$——进料中底物浓度；

$c_{S,opt}$——最佳底物浓度；

c_S——底物浓度；

c_X——细胞浓度；

D_{crt}——临界稀释率；

d——搅拌器直径；

D——稀释率；

E——反应活化能；

Fr_M——搅拌下的弗劳德数；

f——校正系数；

g——重力加速度；

H——反应床高度；

K_I——复合物 EI 的解离常数；

K_L——复合物 ESI 的解离常数；

K_{mI}——竞争性抑制时的米氏常数；

K_m——米氏常数；

K_S——饱和常数；

K_S——底物抑制的解离常数；

K——常数；

k——反应速率常数；

m——搅拌器层数；

m——维持系数；

N_a——通气数；

n_b——搅拌叶片数；

N_p——功率准数；

n——搅拌器的转速；

P_0——不通气搅拌功率；

P_g——通气搅拌功率；

P_X——反应器的生产能力；

P——搅拌器输出的轴功率；

Q_G——工作状态下通气量；

q_P——比产物生成速率；

q_S——比底物消耗速率；

R——摩尔气体常数；

Re_M——搅拌下的雷诺数；

r_{max}——最大反应速率；

r_{PI}——可逆抑制时的产物生成速率；

r_{PS}——底物抑制时的反应速率；

r_P——产物 P 的生成速率；

$-r_S$——底物 S 的消耗速率；

r_X——细胞生长速率；

t——时间；

V_G——反应器内气相的体积；

V_L——反应器内液相的体积；

V_R——反应器有效容积；

V——反应器容积；

Y_G——底物用于细胞生长的得率系数；

$Y_{P/X}$——产物对于干细胞的得率系数；

Y_P——底物用于产物生成的得率系数；

$Y_{X/S}$——限制性基质转化为细胞的得率系数。

希腊字母：

Δp——反应床压强差；

ε_G——气含率；

μ——细胞比生长速率；

μ——液体黏度；

μ_{max}——最大细胞比生长速率；

ρ——反应器内物料混合相密度；

ρ——流体密度；

ρ_G——反应器内气相的密度；

ρ_L——反应器内液相的密度；

φ_e——反应组分向环境移走的热流量

φ_k——反应组分的累积热流量；

φ_m——反应物组分产生的热流量；

Φ_{in}——反应物组分带入的热流量；

φ_{out}——反应组分排出的热流量。

习 题

11-1 水解酶催化底物水解反应一般按如下两步机理进行：

$$E+S \xrightleftharpoons[k_{-1}]{k_{+1}} ES \xrightarrow{k_{+2}} ES'+P_1$$

$$ES'+H_2O \xrightarrow{k_{+3}} E+P_2$$

试用拟稳态法推导该反应的动力学方程式为 $r_P = \dfrac{kc_{E,0}c_S}{K'_m+c_S}$，并指出 k 及 K'_m 分别与 $k_{+1}, k_{-1}, k_{+2}, k_{+3}, c_{H_2O}$ 的关系。

答：略

11-2 举例说明酶催化反应和生化反应的优缺点。

答：略

11-3 对于 葡萄糖+ATP  6-磷酸葡萄糖+ADP 的反应，在不同的葡萄糖浓度下测得生成 6-磷酸葡萄糖的速率如表 11-6 所示。求 K_m 和 r_{max} 值。

表 11-6 习题 11-3 附表

葡萄糖浓度 $c_S/(10^{-6}\ mol \cdot L^{-1})$	33	40	50	66	100
生成速率 $r_P/(mol \cdot L^{-1} \cdot min^{-1})$	0.025	0.027	0.030	0.033	0.040

答：$3.8 \times 10^{-5}\ mol \cdot L^{-1}$；$0.053\ mol \cdot L^{-1} \cdot min^{-1}$

11-4 某一酶催化反应 $S \longrightarrow P$，实验测得其动力学数据如表 11-7 所示。试采用三种作图法确定该反应的 K_m 和 r_{max} 值。

表 11-7　习题 11-4 附表

$c_S/(10^{-5}\ mol\cdot L^{-1})$	$r_P/(10^{-9}\ mol\cdot L^{-1}\cdot min^{-1})$	$c_S/(10^{-5}\ mol\cdot L^{-1})$	$r_P/(10^{-9}\ mol\cdot L^{-1}\cdot min^{-1})$
0.833	13.8	3.33	36.3
1.00	16.0	4.00	40.0
1.25	19.0	5.00	44.4
1.67	23.6	6.00	48.0
2.00	26.7	8.00	53.3
2.50	30.8	10.00	57.1
3.00	34.3	20.00	66.7

答：$4\times10^5\ mol\cdot L^{-1}$；$8\times10^{-8}\ mol\cdot L^{-1}\cdot min^{-1}$

11-5　根据式(11-16)、式(11-18)和式(11-21)的机理,用拟稳态法分别推导竞争性抑制、非竞争性抑制和反竞争性抑制的动力学方程式(11-17)、式(11-20)和式(11-22)。

答：略

11-6　某酶催化反应的 r_{max} 为 $2.2\times10^{-5}\ mol\cdot L^{-1}\cdot min^{-1}$,$K_m=4.7\times10^{-5}\ mol\cdot L^{-1}$,当底物浓度 $c_S=2\times10^{-4}\ mol\cdot L^{-1}$,$K_I=3\times10^{-4}\ mol\cdot L^{-1}$ 时,分别求：(1) 竞争性抑制,(2) 非竞争性抑制,(3) 反竞争性抑制情况下的反应速率并比较计算结果。其中抑制剂的浓度皆为 $5\times10^{-4}\ mol\cdot L^{-1}$。

答：(1) $13.52\times10^{-6}\ mol\cdot L^{-1}\cdot min^{-1}$；(2) $6.68\times10^{-6}\ mol\cdot L^{-1}\cdot min^{-1}$；
(3) $7.57\times10^{-6}\ mol\cdot L^{-1}\cdot min^{-1}$；24%；62.5%；57.5%

11-7　维生素 B_1 分解反应活化能为 $92114\ J\cdot mol^{-1}$,频率因子为 $9.30\times10^{10}\ L\cdot min^{-1}$,如果温度从 120 ℃上升至 150 ℃,求 120 ℃ 和 150 ℃ 温度下维生素 B_1 的分解速率常数。

答：$t=120$ ℃,$k=0.055\ min^{-1}$；$t=150$ ℃,$k=0.404\ min^{-1}$

11-8　以乙醇为单一碳源培养 Saccharomyces cerevisiae,碳源浓度和比消耗速率见表 11-8,求 μ_{max} 和 K_S 值。

表 11-8　习题 11-8 附表

乙醇 $c_S/(10^{-3}\ mol\cdot L^{-1})$	$\mu/(10^{-3}\ mol\cdot L^{-1}\cdot g_{菌体}^{-1}\cdot h^{-1})$
1.3	2.92
1.5	3.16
1.5	4.44
4.7	5.48
8.0	6.47
96.0	10.00
121.0	12.30

答：$0.01\ mol_{乙醇}\cdot L^{-1}\cdot g_{菌体}^{-1}\cdot h^{-1}$；$K_S=3\times10^{-3}\ mol_{乙醇}\cdot L^{-1}$

11-9　举出工业上提高生化反应产物收率的方法或措施,并分别加以论述。

答：略

11-10　试说明为什么连续搅拌式反应器对底物抑制酶催化反应有利,而管式反应器对产物抑制酶催化反应有利。

答：略

11-11　用一恒化器培养细胞,设 $\mu_{max}=1.0\ h^{-1}$,$Y=0.5$,$K_S=0.2\ g\cdot L^{-1}$,$c_{S,0}=10\ g\cdot L^{-1}$。若操作稀释率 $D_P=0.5\ h^{-1}$,试分别求 c_S,c_X,μ 和 D_{crt}。

答：$0.2\ g\cdot L^{-1}$；$4.9\ g\cdot L^{-1}$；$0.5\ h^{-1}$；$1.0\ h^{-1}$

11-12 为充分利用底物,要求自反应釜中流出的底物浓度控制在 $0.2 \text{ g} \cdot \text{L}^{-1}$ 以下。如果由原先单釜操作改为两个釜串联,并设第一釜流出液中底物浓度为 $5 \text{ g} \cdot \text{L}^{-1}$,第二釜流出液中底物浓度不大于 $0.2 \text{ g} \cdot \text{L}^{-1}$。问改为两釜操作后,产量可提高多少? 已知 $\mu_{max} = 0.5 \text{ min}^{-1}$, $K_S = 0.2 \text{ g} \cdot \text{L}^{-1}$, $c_{S,0} = 50 \text{ g} \cdot \text{L}^{-1}$, $Y_{X/S} = 1.0(\text{g}_{细胞} \cdot \text{g}_{底物}^{-1})$。

答:1.92 倍

附 录

附录一　化工常用法定计量单位及常用单位的换算

1. 基本单位

量的名称	单位名称	单位符号
长　　度	米	m
质　　量	千克	kg
时　　间	秒	s
热力学温度	开[尔文]	K
物质的量	摩[尔]	mol

2. 常用的十进倍数单位及分数单位的词头

词头符号	词头名称	所表示的因数
M	兆	10^6
k	千	10^3
d	分	10^{-1}
c	厘	10^{-2}
m	毫	10^{-3}
μ	微	10^{-6}

3. 长度和质量

长度			质量		
m（米）	in（英寸）	ft（英尺）	kg（千克）	t（吨）	lb（磅）
1	39.3701	3.2808	1	0.001	2.20462
0.025400	1	0.073333	1000	1	2204.62
0.30480	12	1	0.4536	4.536×10^{-4}	1

4. 力

N（牛顿）	kgf[千克（力）]	lbf[磅（力）]	dyn[达因]
1	0.102	0.2248	1×10^5

续表

N（牛顿）	kgf[千克（力）]	lbf[磅（力）]	dyn[达因]
9.80665	1	2.2046	9.80665×10^5
4.448	0.4536	1	4.448×10^5
1×10^{-5}	1.02×10^{-6}	2.248×10^{-6}	1

5. 压强

Pa（帕斯卡）	bar（巴）	$kgf \cdot cm^{-2}$（工程大气压）	atm（大气压）	mmHg	$lbf \cdot in^{-2}$
1	1×10^{-5}	1.02×10^{-5}	0.99×10^{-5}	0.0075	14.5×10^{-5}
1×10^5	1	1.02	0.9869	750.1	14.5
98.07×10^3	0.9807	1	0.9678	735.56	14.2
1.01325×10^5	1.013	1.0332	1	760	14.697
133.32	1.333×10^{-3}	0.136×10^{-2}	0.00132	1	0.01931
6894.8	0.06895	0.0703	0.068	51.71	1

6. 动力黏度（简称黏度）

$Pa \cdot s$	P（泊）	cP（厘泊）	$kgf \cdot s \cdot m^{-2}$	$lb \cdot ft^{-1} \cdot s^{-1}$
1	10	1×10^3	0.102	0.672
1×10^{-1}	1	1×10^2	0.0102	0.0672
1×10^{-3}	0.01	1	0.102×10^{-3}	6.720×10^{-4}
9.81	98.1	9810	1	6.59
1.4881	14.881	1488.1	0.1519	1

7. 能量、功、热量

J（N·m）	kgf·m	kW·h	（马力·时）	kcal	Btu
1	0.102	2.778×10^{-7}	3.725×10^{-7}	2.39×10^{-4}	9.485×10^{-4}
9.8067	1	2.724×10^{-6}	3.653×10^{-6}	2.342×10^{-3}	9.296×10^{-3}
3.6×10^6	3.671×10^5	1	1.3410	860.0	3413
2.685×10^6	273.8×10^3	0.7457	1	641.33	2544
4.1868×10^3	426.9	1.1622×10^{-3}	1.5576×10^{-3}	1	3.963
1.055×10^3	107.58	2.930×10^{-4}	3.926×10^{-4}	0.2520	1

注：$1 \text{ erg} = 1 \text{ dyn} \cdot cm = 10^{-7} \text{ J} = 10^{-7} \text{ N} \cdot m$。

8. 功率、热流量

W	kgf·m·s⁻¹	马力	kcal·s⁻¹	Btu·s⁻¹
1	0.10197	1.341×10^{-3}	0.2389×10^{-3}	0.9486×10^{-3}
9.8067	1	0.01315	0.2342×10^{-2}	0.9293×10^{-2}
745.69	76.0375	1	0.17803	0.70675
4186.8	426.85	5.6135	1	3.9683
1055	107.58	1.4148	0.251996	1

9. 比热容

kJ·kg⁻¹·K⁻¹	kcal·kg⁻¹·℃⁻¹	Btu·lb⁻¹·℉⁻¹
1	0.2389	0.2389
4.1868	1	1

10. 导热系数

W·m⁻¹·K⁻¹	kcal·m⁻¹·h⁻¹·℃⁻¹	cal·cm⁻¹·s⁻¹·℃⁻¹	Btu·ft⁻¹·h⁻¹·℉⁻¹
1	0.8598	2.389×10^{-3}	0.578
1.163	1	2.778×10^{-3}	0.6720
418.6	360	1	241.9
1.73	1.488	4.134×10^{-3}	1

11. 传热系数、传热膜系数

W·m⁻²·K⁻¹	kcal·m⁻²·h⁻¹·℃⁻¹	cal·cm⁻²·s⁻¹·℃⁻¹	Btu·ft⁻²·h⁻¹·℉⁻¹
1	0.86	2.389×10^{-5}	0.176
1.163	1	2.778×10^{-5}	0.2048
4.186×10^{4}	3.6×10^{4}	1	7374
5.678	4.882	1.356×10^{-4}	1

12. 温度

$$K = 273.2 + ℃ \qquad ℃ = (℉ - 32)\times\frac{5}{9} \qquad ℉ = ℃\times\frac{9}{5} + 32℃$$

13. 摩尔气体常数

$R = 8.314 \ \text{J·mol}^{-1}\text{·K}^{-1}$

$\quad = 1.987 \ \text{cal·mol}^{-1}\text{·K}^{-1}$

$\quad = 0.08206 \ \text{atm·m}^{3}\text{·kmol}^{-1}\text{·K}^{-1}$

$\quad = 848 \ \text{kgf·m}^{-1}\text{·kmol}^{-1}\text{·K}^{-1}$

$\quad = 82.06 \ \text{atm·cm}^{3}\text{·kmol}^{-1}\text{·℃}^{-1}$

附录二 水的物理性质

温度 t ℃	饱和蒸气压 p kPa	密度 ρ kg·m^{-3}	焓 H kJ·kg^{-1}	比热容 c_p kJ·kg^{-1}·K^{-1}	导热系数 λ 10^{-2}W·m^{-1}·K^{-1}	黏度 μ 10^{-5}Pa·s	体积膨胀系数 β 10^{-4}K^{-1}	表面张力 σ 10^{-3}N·m^{-1}	普朗特数 Pr
0	0.6082	999.9	0	4.212	55.13	179.21	-0.63	75.6	13.66
10	1.2262	999.7	42.04	4.191	57.45	130.77	0.70	74.1	9.52
20	2.3346	998.2	83.90	4.183	59.89	100.50	1.82	72.6	7.01
30	4.2474	995.7	125.69	4.174	61.76	80.07	3.21	71.2	5.42
40	7.3766	992.2	165.71	4.174	63.38	65.60	3.87	69.6	4.32
50	12.34	988.1	209.30	4.174	64.78	54.94	4.49	67.7	3.54
60	19.923	983.2	251.12	4.178	65.94	46.88	5.11	66.2	2.98
70	31.164	977.8	292.99	4.187	66.76	40.61	5.70	64.3	2.54
80	47.379	971.8	334.94	4.195	67.45	35.65	6.32	62.6	2.22
90	70.136	965.3	376.98	4.208	68.04	31.65	6.95	60.7	1.96
100	101.33	958.4	419.10	4.220	68.27	28.38	7.52	58.8	1.76
110	143.31	951.0	461.34	4.238	68.50	25.89	8.08	56.9	1.61
120	198.64	943.1	503.67	4.260	68.62	23.73	8.64	54.8	1.47
130	270.25	934.8	546.38	4.266	68.62	21.77	9.17	52.8	1.36
140	361.47	926.1	589.08	4.287	68.50	20.10	9.72	50.7	1.26
150	476.24	917.0	632.20	4.312	68.38	18.63	10.3	48.6	1.18
160	618.28	907.4	675.33	4.346	68.27	17.36	10.7	46.6	1.11
170	792.59	897.3	719.29	4.379	67.92	16.28	11.3	45.3	1.05

续表

温度 t / ℃	饱和蒸气压 p / kPa	密度 ρ / kg·m⁻³	焓 H / kJ·kg⁻¹	比热容 c_p / kJ·kg⁻¹·K⁻¹	导热系数 λ / 10⁻²W·m⁻¹·K⁻¹	黏度 μ / 10⁻⁵Pa·s	体积膨胀系数 β / 10⁻⁴K⁻¹	表面张力 σ / 10⁻³N·m⁻¹	普朗特数 Pr
180	1003.5	886.9	763.25	4.417	67.45	15.30	11.9	42.3	1.00
190	1255.6	876.0	807.63	4.460	66.99	14.42	12.6	40.0	0.96
200	1554.77	863.0	852.43	4.505	66.29	13.63	13.3	37.7	0.93
210	1917.72	852.8	897.65	4.555	65.48	13.04	14.1	35.4	0.91
220	2320.88	840.3	943.70	4.614	64.55	12.46	14.8	33.1	0.89
230	2798.59	827.3	990.18	4.681	63.73	11.97	15.9	31.0	0.88
240	3347.91	813.6	1037.49	4.756	62.80	11.47	16.8	28.5	0.87
250	3977.67	799.0	1085.64	4.844	61.76	10.98	18.1	26.2	0.86
260	4693.75	784.0	1135.04	4.949	60.48	10.59	19.7	23.8	0.87
270	5503.99	767.9	1185.28	5.070	59.96	10.20	21.6	21.5	0.88
280	6417.24	750.7	1236.28	5.229	57.45	9.81	23.7	19.5	0.89
290	7443.29	732.3	1289.95	5.485	55.82	9.42	26.2	16.9	0.93
300	8592.94	712.5	1344.80	5.736	53.96	9.12	29.2	14.4	0.97
310	9877.96	691.1	1402.16	6.071	52.34	8.83	32.9	12.1	1.02
320	11300.3	667.1	1462.03	6.573	50.59	8.53	38.2	9.81	1.11
330	12879.6	640.2	1526.19	7.243	48.73	8.14	43.3	7.67	1.22
340	14615.9	610.1	1594.75	8.164	45.71	7.75	53.4	5.67	1.38
350	16538.5	574.4	1671.37	9.504	43.03	7.26	66.8	3.81	1.60
360	18667.1	528.0	1761.39	13.984	39.54	6.67	109	2.02	2.36
370	21040.9	450.5	1892.43	40.319	33.73	5.69	264	0.48	6.80

附录三　饱和水蒸气表

1. 按温度排序

温度 t ℃	绝对压强 p kPa	水蒸气的密度 ρ kg·m^{-3}	焓 $H/(\text{kJ·kg}^{-1})$		汽化热 r kJ·kg^{-1}
			液体	水蒸气	
0	0.6082	0.00484	0	2491.1	2491.1
5	0.8730	0.00680	20.94	2500.8	2479.86
10	1.2262	0.00940	41.87	2510.4	2468.53
15	1.7068	0.01283	62.80	2520.5	2457.7
20	2.3346	0.01719	83.74	2530.1	2446.3
25	3.1684	0.02304	104.67	2539.7	2435.0
30	4.2474	0.03036	125.60	2549.3	2423.7
35	5.6207	0.03960	146.54	2559.0	2412.1
40	7.3766	0.05114	167.47	2568.6	2401.1
45	9.5837	0.06543	188.41	2577.8	2389.4
50	12.340	0.0830	209.34	2587.4	2378.1
55	15.743	0.1043	230.27	2596.7	2366.4
60	19.923	0.1301	251.21	2606.3	2355.1
65	25.014	0.1611	272.14	2615.5	2343.1
70	31.164	0.1979	293.08	2624.3	2331.2
75	38.551	0.2416	314.01	2633.5	2319.5
80	47.379	0.2929	334.94	2642.3	2307.8
85	57.875	0.3531	355.88	2651.1	2295.2
90	70.136	0.4229	376.81	2659.9	2283.1
95	84.556	0.5039	397.75	2668.7	2270.5
100	101.33	0.5970	418.68	2677.0	2258.4
105	120.85	0.7036	440.03	2685.0	2245.4
110	143.31	0.8254	460.97	2693.4	2232.0
115	169.11	0.9635	482.32	2701.3	2219.0
120	198.64	1.1199	503.67	2708.9	2205.2
125	232.19	1.296	525.02	2716.4	2191.8
130	270.25	1.494	546.38	2723.9	2177.6
135	313.11	1.715	567.73	2731.0	2163.3
140	361.47	1.962	589.08	2737.7	2148.7
145	415.72	2.238	610.85	2744.4	2134.0
150	476.24	2.543	632.21	2750.7	2118.5
160	618.28	3.252	675.75	2762.9	2087.1
170	792.59	4.113	719.29	2773.3	2054.0
180	1003.5	5.145	763.25	2782.5	2019.3
190	1255.6	6.378	807.64	2790.1	1982.4
200	1554.77	7.840	852.01	2795.5	1943.5
210	1917.72	9.567	897.23	2799.3	1902.5

续表

温度 t /℃	绝对压强 p /kPa	水蒸气的密度 ρ /kg·m⁻³	焓 H/(kJ·kg⁻¹)		汽化热 r /kJ·kg⁻¹
			液体	水蒸气	
220	2320.88	11.60	942.45	2801.0	1858.5
230	2798.59	13.98	988.50	2800.1	1811.6
240	3347.91	16.76	1034.56	2796.8	1761.8
250	3977.67	20.01	1081.45	2790.1	1708.6
260	4693.75	23.82	1128.76	2780.9	1651.7
270	5503.99	28.27	1176.91	2768.3	1591.4
280	6417.24	33.47	1225.48	2752.0	1526.5
290	7443.29	39.60	1274.46	2732.3	1457.4
300	8592.94	46.93	1325.54	2708.0	1382.5
310	9877.96	55.59	1378.71	2680.0	1301.3
320	11300.3	65.95	1436.07	2468.2	1212.1
330	12879.6	78.53	1446.78	2610.5	1116.2
340	14615.8	93.98	1562.93	2568.6	1005.7
350	16538.5	113.2	1636.20	2516.7	880.5
360	18667.1	139.6	1729.15	2442.6	713.0
370	21040.9	171.0	1888.25	2301.9	411.1
374	22070.9	322.6	2098.0	2098.0	0

2. 按压强排列

绝对压强 p /kPa	温度 t /℃	水蒸气的密度 ρ /kg·m⁻³	焓 H/(kJ·kg⁻¹)		汽化热 r /kJ·kg⁻¹
			液体	水蒸气	
1.0	6.3	0.00773	26.48	2503.1	2476.8
1.5	12.5	0.01133	52.26	2515.3	2463.0
2.0	17.0	0.01486	71.21	2524.2	2452.9
2.5	20.9	0.01836	87.45	2531.8	2444.3
3.0	23.5	0.02179	98.38	2536.8	2438.1
3.5	26.1	0.02523	109.30	2541.8	2432.5
4.0	28.7	0.02867	120.23	2546.8	2426.6
4.5	30.8	0.03205	129.00	2550.9	2421.9
5.0	32.4	0.03537	135.69	2554.0	2416.3
6.0	35.6	0.04200	149.06	2560.1	2411.0
7.0	38.8	0.04864	162.44	2566.3	2403.8
8.0	41.3	0.05514	172.73	2571.0	2398.2
9.0	43.3	0.06156	181.16	2574.8	2393.6
10.0	45.3	0.06798	189.59	2578.5	2388.9
15.0	53.5	0.09956	224.03	2594.0	2370.0
20.0	60.1	0.13068	251.51	2606.4	2354.9
30.0	66.5	0.19093	288.77	2622.4	2333.7
40.0	75.0	0.24975	315.93	2634.1	2312.2
50.0	81.2	0.30799	339.80	2644.3	2304.5

续表

绝对压强 p	温度 t	水蒸气的密度 ρ	焓 $H/(\text{kJ}\cdot\text{kg}^{-1})$		汽化热 r
kPa	℃	kg·m^{-3}	液体	水蒸气	kJ·kg^{-1}
60.0	85.6	0.36514	358.21	2652.1	2393.9
70.0	89.9	0.42229	376.61	2659.8	2283.2
80.0	93.2	0.47807	390.08	2665.3	2275.3
90.0	96.4	0.53384	403.49	2670.8	2267.4
100.0	99.6	0.58961	416.90	2676.3	2259.5
120.0	104.5	0.69868	437.51	2684.3	2246.8
140.0	109.2	0.80758	457.67	2692.1	2234.4
160.0	113.0	0.82981	473.88	2698.1	2224.2
180.0	116.6	1.0209	489.32	2703.7	2214.3
200.0	120.2	1.1273	493.71	2709.2	2204.6
250.0	127.2	1.3904	534.39	2719.7	2185.4
300.0	133.3	1.6501	560.38	2728.5	2168.1
350.0	138.8	1.9074	583.76	2736.1	2152.3
400.0	143.4	2.1618	603.61	2742.1	2138.5
450.0	147.7	2.4152	622.42	2747.8	2125.4
500.0	151.7	2.6673	639.59	2752.8	2113.2
600.0	158.7	3.1686	676.22	2761.4	2091.1
700.0	164.7	3.6657	696.27	2767.8	2071.5
800.0	170.4	4.1614	720.96	2773.7	2052.7
900.0	175.1	4.6525	741.82	2778.1	2036.2
1×10^3	179.9	5.1432	762.68	2782.5	2019.7
1.1×10^3	180.2	5.6333	780.34	2785.5	2005.1
1.2×10^3	187.8	6.1241	797.92	2788.5	1990.6
1.3×10^3	191.5	6.6141	814.25	2790.9	1976.7
1.4×10^3	194.8	7.1034	829.06	2792.4	1963.7
1.5×10^3	198.2	7.5935	843.86	2794.4	1950.7
1.6×10^3	201.3	8.0814	857.77	2796.0	1938.2
1.7×10^3	204.1	8.5674	870.58	2797.1	1926.1
1.8×10^3	206.9	9.0533	883.39	2798.1	1914.8
1.9×10^3	209.8	9.5392	896.21	299.2	1903.0
2×10^3	212.2	10.0338	907.32	2799.7	1892.4
3×10^3	233.7	15.0075	1005.4	2798.9	1793.5
4×10^3	250.3	20.0969	1082.9	2789.8	1706.8
5×10^3	263.8	25.3663	1146.9	2776.2	1629.2
6×10^3	275.4	30.8494	1203.2	2759.5	1556.3
7×10^3	285.7	36.5744	1253.2	2740.8	1487.6
8×10^3	294.8	42.5768	1299.2	2720.5	1403.7
9×10^3	303.2	48.8945	1343.5	2699.1	1356.6
10×10^3	310.9	55.5407	1384.0	2677.1	1293.1
12×10^3	324.5	70.3075	1463.4	2631.2	1167.7
14×10^3	336.5	87.3020	1567.9	2583.2	1043.4

续表

绝对压强 p	温度 t	水蒸气的密度 ρ	焓 H/($kJ \cdot kg^{-1}$)		汽化热 r
kPa	℃	$kg \cdot m^{-3}$	液体	水蒸气	$kJ \cdot kg^{-1}$
16×10^3	347.2	107.8010	1615.8	2531.1	915.4
18×10^3	356.9	134.4813	1699.8	2466.0	766.1
20×10^3	365.6	176.5961	1817.8	2364.2	544.9

附录四　干空气的物理性质（101.33 kPa）

温度 t	密度 ρ	比定压热容 c_p	导热系数 λ	黏度 μ	普朗特数
℃	$kg \cdot m^{-3}$	$kJ \cdot kg^{-1} \cdot K^{-1}$	$10^{-2} W \cdot m^{-1} \cdot K^{-1}$	$10^{-5} Pa \cdot s$	Pr
−50	1.584	1.013	2.035	1.46	0.728
−40	1.515	1.013	2.117	1.52	0.728
−30	1.453	1.013	2.198	1.57	0.723
−20	1.395	1.009	2.279	1.62	0.716
−10	1.342	1.009	2.360	1.67	0.712
0	1.293	1.005	2.442	1.72	0.707
10	1.247	1.005	2.512	1.77	0.705
20	1.205	1.005	2.593	1.81	0.703
30	1.165	1.005	2.675	1.86	0.701
40	1.128	1.005	2.756	1.91	0.699
50	1.093	1.005	2.826	1.96	0.698
60	1.060	1.005	2.896	2.01	0.696
70	1.029	1.009	2.966	2.06	0.694
80	1.000	1.009	3.047	2.11	0.692
90	0.972	1.009	3.128	2.15	0.690
100	0.946	1.009	3.210	2.19	0.688
120	0.898	1.009	3.338	2.28	0.686
140	0.854	1.013	3.489	2.37	0.684
160	0.815	1.017	3.640	2.45	0.682
180	0.779	1.022	3.780	2.53	0.681
200	0.746	1.026	3.931	2.60	0.680
250	0.674	1.038	4.268	2.74	0.677
300	0.615	1.048	4.605	2.97	0.674
350	0.566	1.059	4.908	3.14	0.676
400	0.524	1.068	5.210	3.30	0.678
500	0.456	1.093	5.745	3.62	0.687
600	0.404	1.114	6.222	3.91	0.699
700	0.362	1.135	6.711	4.18	0.706
800	0.329	1.156	7.176	4.43	0.713
900	0.301	1.172	7.630	4.67	0.717
1000	0.277	1.185	8.071	4.90	0.719
1100	0.257	1.197	8.502	5.12	0.722
1200	0.239	1.206	9.153	5.35	0.724

附录五 某些气体的重要物理性质

名称	分子式	密度(0℃,101.3kPa) kg·m⁻³	比热容 c_p kJ·kg⁻¹·K⁻¹	黏度 μ 10⁻⁵Pa·s	沸点(101.3 kPa) ℃	汽化热(101.3 kPa) kJ·kg⁻¹	临界点 温度/℃	临界点 压强/kPa	导热系数(0℃,101.3 kPa) W·m⁻¹·K⁻¹
空气		1.293	1.009	1.73	−195	197	−140.7	3768.4	0.0244
氧	O_2	1.429	0.653	2.03	−132.98	213	−118.82	5036.6	0.0240
氮	N_2	1.251	0.745	1.70	−195.78	199.2	−147.13	3392.5	0.0228
氢	H_2	0.0899	10.13	0.842	−252.75	454.2	−239.9	1296.6	0.163
氦	He	0.1785	3.18	1.88	−268.95	19.5	−267.96	228.94	0.144
氩	Ar	1.7820	0.322	2.09	−185.87	163	−122.44	4862.4	0.0173
氯	Cl_2	3.217	0.355	1.29(16℃)	−33.8	305	144.0	7708.9	0.0072
氨	NH_3	0.771	0.67	0.918	−33.4	1373	132.4	11295	0.0215
一氧化碳	CO	1.250	0.754	1.66	−191.48	211	−140.2	3497.9	0.0226
二氧化碳	CO_2	1.976	0.653	1.37	−78.2	574	31.1	7384.8	0.0137
二氧化硫	SO_2	2.927	0.502	1.17	−10.8	394	157.5	7879.1	0.0077
二氧化氮	NO_2	—	0.615	—	21.2	712	158.2	10130	0.0400
硫化氢	H_2S	1.539	0.804	1.166	−60.2	548	100.4	19136	0.0131
甲烷	CH_4	0.717	1.70	1.03	−161.58	511	−82.15	4619.3	0.0300
乙烷	C_2H_6	1.357	1.44	0.850	−88.50	486	32.1	4948.5	0.0180
丙烷	C_3H_8	2.020	1.65	0.795(18℃)	−42.1	427	95.6	4355.9	0.0148
正丁烷	C_4H_{10}	2.673	1.73	0.810	−0.5	386	152	3798.8	0.0135
正戊烷	C_5H_{12}	—	1.57	0.874	−36.08	151	197.1	3342.9	0.0128
乙烯	C_2H_4	1.261	1.222	0.935	−103.7	481	9.7	5135.9	0.0164
丙烯	C_3H_6	1.914	1.436	0.835(20℃)	−47.7	440	91.4	4599.0	—
乙炔	C_2H_2	1.171	1.352	0.935	−83.66(升华)	829	35.7	6240.0	0.0184
氯甲烷	CH_3Cl	2.308	0.582	0.989	−24.1	406	148	6685.8	0.0085
苯	C_6H_6	—	1.139	0.72	80.2	394	288.5	4832.0	0.0088

附录六　某些液体的重要物理性质

名称	分子式	密度(20℃) $kg \cdot m^{-3}$	沸点(101.3kPa) ℃	汽化热 $kJ \cdot kg^{-1}$	比热容(20℃) $kJ \cdot kg^{-1} \cdot K^{-1}$	黏度 μ(20℃) $10^{-3} Pa \cdot s$	导热系数(20℃) $W \cdot m^{-1} \cdot K^{-1}$	体积膨胀系数 α(20℃) $10^{-4} K^{-1}$	表面张力 σ(20℃) $10^{-3} N \cdot m^{-1}$
水	H_2O	998	100	2258	4.183	1.005	0.599	1.82	72.8
氯化钠盐水(25%)	—	1186(25℃)	107	—	3.39	2.3	0.57(30℃)	(4.4)	
氯化钙盐水(25%)	—	1228	107	—	2.89	2.5	0.57	(3.4)	
盐酸(30%)	HCl	1149	340(分解)	—	2.55	2(31.5%)	0.42		
硫酸	H_2SO_4	1831			1.47(98%)		0.38	5.7	
硝酸	HNO_3	1513	86	481.1		1.17(10℃)			
二硫化碳	CS_2	1262	46.3	352	1.005	0.38	0.16	12.1	32
戊烷	C_5H_{12}	626	36.07	357.4	2.24(15.6℃)	0.229	0.113	15.9	16.2
己烷	C_6H_{14}	659	68.74	335.1	2.31(15.6℃)	0.313	0.119		18.2
庚烷	C_7H_{16}	684	98.43	316.5	2.21(15.6℃)	0.411	0.123		20.1
辛烷	C_8H_{18}	763	125.67	306.4	2.19(15.6℃)	0.540	0.131		21.8
三氯甲烷	$CHCl_3$	1489	61.2	253.7	0.992	0.58	0.138(30℃)	12.6	28.5(10℃)
四氯化碳	CCl_4	1594	76.8	195	0.850	1.0	0.12		26.8
1,2-二氯乙烷	$C_2H_4Cl_2$	1253	83.6	324	1.260	0.83	0.14(50℃)		30.8
苯	C_6H_6	879	80.10	393.9	1.704	0.737	0.148	12.4	28.6
甲苯	C_7H_8	867	110.63	363	1.70	0.675	0.138	10.9	27.9
邻二甲苯	C_8H_{10}	880	144.42	347	1.74	0.811	0.142		30.2

续表

名称	分子式	密度(20℃) kg·m⁻³	沸点(101.3kPa) ℃	汽化热 kJ·kg⁻¹	比热容(20℃) kJ·kg⁻¹·K⁻¹	黏度 μ(20℃) 10⁻³Pa·s	导热系数(20℃) W·m⁻¹·K⁻¹	体积膨胀系数 α(20℃) 10⁻⁴K⁻¹	表面张力 σ(20℃) 10⁻³N·m⁻¹
间二甲苯	C_8H_{10}	864	139.10	343	1.70	0.611	0.167	10.1	29.0
对二甲苯	C_8H_{10}	861	138.35	340	1.704	0.643	0.129		28.0
苯乙烯	C_8H_8	911 (15.6℃)	145.2	(352)	1.733	0.72			32
氯苯	C_6H_5Cl	1106	131.8	325	1.298	0.85	0.14 (30℃)		32
硝基苯	$C_6H_5NO_2$	1203	210.9	396	1.47	2.1	0.15		41
苯胺	$C_6H_5NH_2$	1022	184.4	448	2.07	4.3	0.17	8.5	42.9
苯酚	C_6H_5OH	1050 (50℃)	181.8 (熔点 40.9)	511		3.4 (50℃)			
萘	$C_{10}H_8$	1145 (固体)	217.9 (熔点 80.2)	314	1.80 (100℃)	0.59 (100℃)			
甲醇	CH_3OH	791	64.7	1101	2.48	0.6	0.212	12.2	22.6
乙醇	C_2H_5OH	789	78.3	846	2.39	1.15	0.172	11.6	22.8
乙醇(95%)		804	78.3			1.4			
乙二醇	$C_2H_4(OH)_2$	1113	197.6	780	2.35	23			47.7
甘油	$C_3H_5(OH)_3$	1261	290 (分解)	—		1499	0.59	53	63
乙醚	$(C_2H_5)_2O$	714	34.6	360	2.34	0.24	0.14	16.3	18
乙醛	CH_3CHO	783 (18℃)	20.2	574	1.9	1.3 (18℃)			21.2
糠醛	$C_5H_4O_2$	1168	161.7	452	1.6	1.15 (50℃)			43.5
丙酮	CH_3COCH_3	792	56.2	523	2.35	0.32	0.17		23.7
甲酸	$HCOOH$	1220	100.7	494	2.17	1.9	0.26		27.8
乙酸	CH_3COOH	1049	118.1	406	1.99	1.3	0.17	10.7	23.9

续表

名称	分子式	密度(20℃) kg·m⁻³	沸点(101.3kPa) ℃	汽化热 kJ·kg⁻¹	比热容(20℃) kJ·kg⁻¹·K⁻¹	黏度 μ (20℃) 10⁻³Pa·s	导热系数(20℃) W·m⁻¹·K⁻¹	体积膨胀系数 α (20℃) 10⁻⁴K⁻¹	表面张力 σ (20℃) 10⁻³N·m⁻¹
乙酸乙酯	$CH_3COOC_2H_5$	901	77.1	368	1.92	0.48	0.14 (10℃)		
煤油		780~820				3	0.15	10.0	
汽油		680~800				0.7~0.8	0.19 (30℃)	12.5	

附录七 某些有机物的蒸气压

单位:kPa

物质	温度/℃						
	0	20	40	60	80	100	沸点
氯乙烷	62.0	128.8	255.9	453.4	748.4	1162.8	12.7
乙醚	24.7	59.0	122.8	303.3	525.1	852.3	34.6
溴乙烷	22.1	51.6	106.9	201.6	351.8	574.8	38.4
甲酸乙酯	9.65	25.7	60.0	113.7	228.1	393.4	54.4
丙酮		24.6	46.2	114.7	214.8	372.8	56.3
四氯化硅	10.4	26.1	57.3	111.6			56.8
乙酸甲酯	8.28	22.6	53.3	111.6	212.0	372.0	57.1
三氯甲烷	8.13	21.3	48.8	98.6	187.0	323.8	61.4
甲醇	3.95	12.8	34.7	83.3	178.8	349.8	64.5
正己烷	6.17	16.3	37.5	76.9	141.6	244.7	68.95
四氯化碳	4.40	12.1	28.8	60.1	112.4	195.0	76.75
乙酸乙酯	3.24	9.70	24.8	55.4	111.0	202.2	77.15
乙醇	1.63	5.85	18.0	47.0	108.3	218.5	78.3
丙酸甲酯	2.92	8.83	22.6	50.7	94.8	187.7	79.9
苯	3.53	9.96	24.1	51.8	100.5	179.2	80.1
环己烷	3.68	10.3	24.2	51.3	98.8	173.8	80.8
甲酸丙酯	2.85	8.52	21.8	48.6	97.9	179.0	81.1
正丙醇	0.45	1.93	6.69	19.6	50.1	112.4	97.2
正庚烷	1.53	4.73	12.3	27.9	56.9	106.0	98.4
丙酸乙酯	1.11	3.71	10.4	25.1	53.8	104.1	99.1
甲酸		4.41	11.0	25.0	53.1	100.4	100.5
丁酸甲酯	0.97	3.28	9.22	22.3	48.2	93.4	102.7
甲苯			7.88	18.6	38.6	77.0	110.8
乙酸		1.56	4.64	11.9	27.0	55.6	118.1
正辛烷	0.39	1.40	4.12	10.3	23.3	47.1	125.8
氯苯	0.33	1.17	3.47	8.73	19.3	39.0	131.8
乙苯	0.79	2.04	4.81	10.5	21.3	40.9	133.9
对二甲苯	1.11	2.19	4.53	9.41	18.9	36.1	138.3
间二甲苯	0.24	0.85	2.60	6.75	15.4	31.8	139.0
邻二甲苯	0.53	1.35	3.16	6.99	14.5	28.4	143.6
正丙苯	0.84	1.33	2.51	5.07	10.4	20.6	156.3
顺丁三烯酸				0.28	1.24	3.76	184.4
邻甲酚				0.48	1.53	4.21	190.1
间甲酚				0.24	0.85	2.55	200.5
对甲酚				0.23	0.83	2.44	201.1

附录八 某些气体和蒸气的导热系数

下表中所列出的极限温度数值是实验范围的数值。若外推到其他温度时,建议将所列出的数据按 $\lg\lambda$ 对 $\lg T$(λ 为导热系数,$W\cdot m^{-1}\cdot K^{-1}$;$T$ 为温度,K)作图,或者假定 Pr 数与温度(或压强,在适当范围内)无关。

物质	温度/℃	导热系数 $\dfrac{}{W\cdot m^{-1}\cdot K^{-1}}$	物质	温度/℃	导热系数 $\dfrac{}{W\cdot m^{-1}\cdot K^{-1}}$
丙酮	0	0.0098	空气	300	0.0459
	46	0.0128	氮	−60	0.0164
	100	0.0171		0	0.0222
	184	0.0254		50	0.0272
空气	0	0.0242		100	0.0320
	100	0.0317	苯	0	0.0090
	200	0.0391		46	0.0126

续表

物质	温度/℃	导热系数 $\overline{W \cdot m^{-1} \cdot K^{-1}}$	物质	温度/℃	导热系数 $\overline{W \cdot m^{-1} \cdot K^{-1}}$
苯	100	0.0178	甲醇	100	0.0222
	184	0.0263	氯甲烷	0	0.0067
	212	0.0305		46	0.0085
正丁烷	0	0.0135		100	0.0109
	100	0.0234		212	0.0164
异丁烷	0	0.0138	乙烷	−70	0.0114
	100	0.0241		−34	0.0149
二氧化碳	−50	0.0118		0	0.0183
	0	0.0147		100	0.0303
	100	0.0230	乙醇	20	0.0154
	200	0.0313		100	0.0215
	300	0.0396	乙醚	0	0.0133
二硫化物	0	0.0069		46	0.0171
	−73	0.0073		100	0.0227
一氧化碳	−189	0.0071		184	0.0327
	−179	0.0080		212	0.0362
	−60	0.0234	氧	−100	0.0164
四氯化碳	46	0.0071		−50	0.0206
	100	0.0090		0	0.0246
	184	0.01112		50	0.0284
氯	0	0.0074		100	0.0321
三氯甲烷	0	0.0066	丙烷	0	0.0151
	46	0.0080		100	0.0261
	100	0.0100	二氧化硫	0	0.0087
	184	0.0133		100	0.0119
硫化氢	0	0.0132	水蒸气	46	0.0208
水银	200	0.0341		100	0.0237
甲烷	−100	0.0173		200	0.0324
	−50	0.0251		300	0.0429
	0	0.0302		400	0.0545
	50	0.0372		50	0.0763
甲醇	0	0.0144			

附录九　某些液体的导热系数

液体	温度/℃	导热系数 $\overline{W \cdot m^{-1} \cdot K^{-1}}$	液体	温度/℃	导热系数 $\overline{W \cdot m^{-1} \cdot K^{-1}}$
乙酸 100%	20	0.171	硫酸 30%	30	0.52
50%	20	0.35	盐酸 12.5%	32	0.52
硫酸 90%	30	0.36	25%	32	0.48
60%	30	0.43	38%	32	0.44

续表

液体	温度/℃	导热系数 W·m⁻¹·K⁻¹	液体	温度/℃	导热系数 W·m⁻¹·K⁻¹
氯化钠盐水 25%	30	0.57	乙苯	60	0.142
12.5%	30	0.59	乙醚	30	0.138
氯化钙盐水 30%	30	0.55		75	0.135
15%	30	0.59	汽油	30	0.135
氯化钾 15%	32	0.58	正庚烷	30	0.140
30%	32	0.56		60	0.137
氢氧化钾 21%	32	0.58	正己烷	30	0.138
42%	32	0.55		60	0.135
硫酸钾 10%	32	0.60	正庚醇	30	0.163
甲醇 100%	20	0.215		75	0.157
80%	20	0.267	正己醇	30	0.164
60%	20	0.329		75	0.156
40%	20	0.405	煤油	20	0.149
20%	20	0.492		75	0.140
100%	50	0.197	硝基甲苯	30	0.216
乙醇 100%	20	0.182		60	0.208
80%	20	0.237	正辛烷	60	0.14
60%	20	0.305		0	0.138~0.156
40%	20	0.388	石油	20	0.180
20%	20	0.486	蓖麻油	0	0.173
100%	50	0.151		20	0.168
三元醇 100%	20	0.284	橄榄油	100	0.164
80%	20	0.327	正戊烷	30	0.135
60%	20	0.381		75	0.128
40%	20	0.448	氯甲烷	−15	0.192
20%	20	0.481		30	0.154
100%	100	0.284	硝基苯	30	0.164
二硫化碳	30	0.161		100	0.152
	75	0.152	四氯化碳	0	0.185
异戊醇	30	0.152		68	0.163
	75	0.151	氯苯	10	0.144
苯胺	0~20	0.173	三氯甲烷	30	0.138
苯	30	0.159	乙酸乙酯	20	0.175
	60	0.151	丙酮	30	0.177
正丁醇	30	0.168		75	0.161
	75	0.164	丙烯醇	25~30	0.180
异丁醇	10	0.157	氨	25~30	0.50
乙苯	30	0.149	氨水溶液	20	0.45

续表

液体	温度/℃	导热系数 $\dfrac{}{\mathrm{W \cdot m^{-1} \cdot K^{-1}}}$	液体	温度/℃	导热系数 $\dfrac{}{\mathrm{W \cdot m^{-1} \cdot K^{-1}}}$
氨水溶液	60	0.50	二氯化硫	15	0.22
正戊醇	30	0.163		30	0.192
	100	0.154	甲苯	30	0.149
正丙醇	30	0.171		75	0.145
	75	0.164	松节油	15	0.128
异丙醇	30	0.157	二甲苯 邻位	20	0.155
	60	0.155	对位	20	0.155
水银	28	8.36			

附录十　常用金属和非金属材料的导热系数

1. 金属材料

单位：$\mathrm{W \cdot m^{-1} \cdot K^{-1}}$

材料	温度/℃				
	0	100	200	300	400
铝	227.95	227.95	227.95	227.95	227.95
铜	383.79	379.14	372.16	367.51	362.86
铁	73.27	67.45	61.64	54.66	48.85
铅	35.12	33.38	31.40	29.77	—
镁	172.12	167.47	162.82	158.17	—
镍	93.04	82.57	73.27	63.97	59.31
银	414.03	409.38	373.32	361.69	359.37
锌	112.81	109.90	105.83	101.18	93.04
碳钢	52.34	48.85	44.19	41.87	34.89
不锈钢	16.28	17.45	17.45	18.49	—

2. 非金属材料

材料	温度/℃	导热系数/$(\mathrm{W \cdot m^{-1} \cdot K^{-1}})$
石棉绳	—	0.10~0.21
石棉板	30	0.10~0.14
软木	30	0.04303
玻璃棉	—	0.03489~0.06978
保温灰	—	0.06978
膨胀珍珠岩散料	25	0.021~0.062
锯屑	20	0.04652~0.05815
棉花	100	0.06978
厚纸	20	0.1396~0.3489
玻璃	30	1.0932
	−20	0.7560

续表

材料	温度/℃	导热系数/$(W \cdot m^{-1} \cdot K^{-1})$
搪瓷	—	0.8723~1.163
云母	30	0.4303
泥土	20	0.6978~0.9304
冰	0	2.326

附录十一 常用固体材料的密度和比热容

名称	密度 $kg \cdot m^{-3}$	比热容 c_p $kJ \cdot kg^{-1} \cdot K^{-1}$	名称	密度 $kg \cdot m^{-3}$	比热容 c_p $kJ \cdot kg^{-1} \cdot K^{-1}$
钢	7850	0.4605	高压聚氯乙烯	920	2.2190
不锈钢	7900	0.5024	干砂	1500~1700	0.7955
铸铁	7220	0.5024	黏土	1600~1800	0.7536（−20~20℃）
铜	8800	0.4062	黏土砖	1600~1900	0.9211
青铜	8009	0.3810	耐火砖	1840	0.8792~1.0048
黄铜	8600	0.378	混凝土	2000~2400	0.8374
铝	2670	0.9211	松木	500~600	2.7214（0~100℃）
镍	9000	0.4605	软木	100~300	0.9630
铅	11400	0.1298	石棉板	770	0.8164
酚醛	1250~1300	1.2560~1.6747	玻璃	2500	0.6699
脲醛	1400~1500	1.2560~1.6747	耐酸砖和板	2100~2400	0.7536~0.7955
聚氯乙烯	1380~1400	1.8422	耐酸搪瓷	2300~2700	0.8374~1.2560
聚苯乙烯	1050~1070	1.3398	有机玻璃	1180~1190	
低压聚氯乙烯	940	2.5539	多孔绝热砖	600~1400	

附录十二 管内流体常用流速范围

液体的类别及情况	流速范围/$(m \cdot s^{-1})$	液体的类别及情况	流速范围/$(m \cdot s^{-1})$
液体：		离心泵（吸入管:水一类液体）	1.5~2
自来水　（405 kPa）	1~1.5	（排出管:水一类液体）	2.5~3
工业供水（810 kPa 以下）	1.5~3	齿轮泵（吸入管）	<1
锅炉给水（810 kPa 以上）	>3	（排出管）	1~2
蛇管、螺旋管内冷却水	<1	气体：	
黏度和水相仿的液体	和水相同	烟道气（烟道内）	3~6
（常压）		（管道内）	3~4
油和黏度较高的液体	0.5~2	一般气体（常压）	10~20
过热水	2	化工设备上的排出管	10~25
往复泵（吸入管:水一类液体）	0.7~1	压缩空气（1~2 表压）	10~15
（排出管:水一类液体）	1~2	（高压）	10

续表

液体的类别及情况	流速范围/(m·s⁻¹)	液体的类别及情况	流速范围/(m·s⁻¹)
气体:		水蒸气:	
空气压缩机(吸入管)	<10~15	饱和水蒸气(405 kPa 以下)	20~40
(排出管)	20~25	(912 kPa 以下)	40~60
通风机(吸入管)	10~15	(3140 kPa 以上)	80
(排出管)	10~20	过热水蒸气	35~50
车间通风换气(主管)	4~15		
(支管)	2~8		
真空管道	<10		

附录十三 列管换热器传热系数的参考值

1. 在无相变的情况下

管内流体	管间流体	传热系数/(W·m⁻²·K⁻¹)
水(流速,0.9~1.5 m·s⁻¹)	净水(流速,0.3~0.6 m·s⁻¹)	600~700
水	水(流速较高时)	800~1200
冷水	轻有机物 $\mu<0.5$ cP	400~800
冷水	中有机物 $\mu=0.5~1$ cP	300~700
冷水	重有机物 $\mu>$cP	120~400
盐水	轻有机物 $\mu<0.5$ cP	250~600
轻有机物	轻有机物	250~500
中有机物	中有机物	120~350
重有机物	重有机物	60~250
重有机物	轻有机物	250~500

2. 在一侧被蒸发,一侧被冷却的情况下

管内流体	管间流体	传热系数/(W·m⁻²·K⁻¹)
水	冷冻剂(蒸发)	400~800
热的轻柴油	氯(蒸发)	230~350

3. 在一侧被蒸发,一侧被冷凝的情况下

管内流体	管间流体	传热系数/$(W \cdot m^{-2} \cdot K^{-1})$
饱和蒸气	水(沸腾)	1400~2500
饱和蒸气	氨或氯(蒸发)	800~1600
油(沸腾)	饱和蒸气	300~900
饱和蒸气	油(沸腾)	300~900
氯(冷凝)	氟利昂(蒸发)	600~750

4. 在一侧被冷凝,一侧被加热的情况下

管内冷流体	管间热流体	传热系数/$(W \cdot m^{-2} \cdot K^{-1})$
水(流速约 1 $m \cdot s^{-1}$)	水蒸气(有压强)	2500~4500
水	水蒸气(常压或负压)	1750~3500
水溶液 $\mu<2$ cP	饱和水蒸气	1200~4000
水溶液 $\mu>2$ cP	饱和水蒸气	600~3000
轻有机物	饱和水蒸气	600~1200
中有机物	饱和水蒸气	300~600
重有机物	饱和水蒸气	120~350
水	有机物蒸气及水蒸气	600~1200
水	重有机物蒸气(常压)	120~350
水	重有机物蒸气(负压)	60~180
水	饱和有机溶剂蒸气(常压)	600~1200
水或盐水	有不凝气的饱和有机溶剂蒸气(常压)	250~460
水或盐水	不凝气较多的饱和有机溶剂蒸气(常压)	60~250
水	含饱和水蒸气的氯(293~323 K)	180~350
水	二氧化硫(冷凝)	800~1200
水	氨(冷凝)	700~950
水	氟里昂(冷凝)	750

附录十四　管子规格

　　钢管的外径和壁厚分为三类:普通钢管的外径和壁厚、精密钢管的外径和壁厚、不锈钢管的外径和壁厚。

　　钢管的外径分为三个系列:系列 1、系列 2 和系列 3。系列 1 是通用系列,属推荐选用系列;系列 2 是非通用系列;系列 3 是少数特殊、专用系列。

普通钢管的外径分为系列 1、系列 2 和系列 3。

1. 普通无缝钢管外径和壁厚(摘自 GB/T 17395—2008)

外径/mm			壁厚/mm	外径/mm			壁厚/mm
系列 1	系列 2	系列 3		系列 1	系列 2	系列 3	
	6		0.25~2.0		57		1.0~14
	7		0.25~2.5	60(60.3)			1.0~16
	8		0.25~2.5		63(63.5)		1.0~16
	9		0.25~2.8		65		1.0~16
10(10.2)			0.25~3.5		68		1.0~16
	11		0.25~3.5		70		1.0~17
	12		0.25~4.0			73	1.0~19
	13(12.7)		0.25~4.0	76(76.1)			1.0~20
13.5			0.25~4.0		77		1.4~20
		14	0.25~4.0		80		1.4~20
	16		0.25~5.0			83(82.5)	1.4~22
17(17.2)			0.25~5.0		85		1.4~22
		18	0.25~5.0	89(88.9)			1.4~24
	19		0.25~6.0		95		1.4~24
	20		0.25~6.0		102(101.6)		1.4~28
21(21.3)			0.40~6.0			108	1.4~30
		22	0.40~6.0	114(114.3)			1.5~30
	25		0.40~7.0		121		1.5~32
		25.4	0.40~7.0		127		1.8~32
27(26.9)			0.40~7.0		133		2.5~36
	28		0.40~7.0	140(139.7)			3.0~36
		30	0.40~8.0			142(141.3)	3.0~36
	32(31.8)		0.40~8.0		146		3.0~40
34(33.7)			0.40~8.0			152(152.4)	3.0~40
		35	0.40~9.0			159	3,5~45
	38		0.40~10	168(168.3)			3.5~45
	40		0.40~10			180(177.8)	3.5~50
42(42.4)			1.0~10			194(193.7)	3.5~50
	45(44.5)		1.0~12		203		3.5~55
48(48.3)			1.0~12	219(219.1)			6.0~55
	51		1.0~12			232	6.0~65
		54	1.0~14			245(244.5)	6.0~65

续表

外径/mm			壁厚/mm	外径/mm			壁厚/mm
系列 1	系列 2	系列 3		系列 1	系列 2	系列 3	
		267(267.4)	6.0~65		480		9.0~100
273			6.5~85		500		9.0~110
	299(298.5)		7.5~100	508			9.0~110
		302	7.5~100		530		9.0~120
		318.5	7.5~100			560(559)	9.0~120
325(323.9)			7.5~100	610			9.0~120
	340(339.7)		8.0~100		630		9.0~120
	351		8.0~100			660	9.0~120
356(355.6)			9.0~100			699	12~120
		368	9.0~100	711			12~120
	377		9.0~100		720		12~120
	402		9.0~100		762		20~120
406(406.4)			9.0~100			788.5	20~120
		419	9.0~100	813			20~120
	426		9.0~100			864	20~120
	450		9.0~100	914			25~120
457			9.0~100			965	25~120
	473		9.0~100	1016			25~120

2. 低压流体输送用焊接钢管(摘自 GB/T 3091—2015)

水、空气、采暖蒸汽和燃气等低压流体输送用直缝电焊钢管、直缝埋弧焊钢管和螺旋缝埋弧焊钢管的直径和壁厚如下表所示。

公称口径 (DN)/mm	外径(D)/mm			最小公称壁厚 (t)/mm	不圆度不 大于/mm
	系列 1	系列 2	系列 3		
6	10.2	10.0	—	2.0	0.20
8	13.5	12.7	—	2.0	0.20
10	17.2	16.0	—	2.2	0.20
15	21.3	20.8	—	2.2	0.30
20	26.9	26.0	—	2.2	0.35
25	33.7	33.0	32.5	2.5	0.40
32	42.4	42.0	41.5	2.5	0.40
40	48.3	48.0	47.5	2.75	0.50

续表

公称口径 (*DN*)/mm	外径(*D*)/mm			最小公称壁厚 (*t*)/mm	不圆度不 大于/mm
	系列 1	系列 2	系列 3		
50	60.3	59.5	59.0	3.0	0.60
65	76.1	75.5	75.0	3.0	0.60
80	88.9	88.5	88.0	3.25	0.70
100	114.3	114.0	—	3.25	0.80
125	139.7	141.3	140.0	3.5	1.00
150	165.1	168.3	159.0	3.5	1.20
200	219.1	219.0	—	4.0	1.60

注：(1) 表中的公称口径系近似内径的名义尺寸，不表示外径减去两倍壁厚所得的内径。

(2) 系列 1 是通用系列，属推荐选用系列；系列 2 是非通用系列；系列 3 是少数特殊、专用系列。

附录十五　管壁的绝对粗糙度

管子材料及使用情况	绝对粗糙度 ε/mm
干净的拉制铜、黄铜、铅管及玻璃管	0.0015～0.01
橡胶软管	0.01～0.03
水泥浆粉管	0.45～3.0
陶土排水管	0.35～6
新无缝钢管	0.04～0.07
煤气管路上用过一年的无缝钢管	～0.12
略受腐蚀的无缝钢管	0.2～0.3
旧的不锈钢管	0.6～0.7
镀锌管或新铸铁管	0.25～0.4
受腐蚀的旧铸铁管	>0.85

注：一般计算中，对于干净的玻璃、铜、铅等拉制管，可视为光滑管($\varepsilon=0$)；新无缝钢管，取 $\varepsilon=0.1$ mm；稍受腐蚀的无缝钢管及新有缝钢管，取 $\varepsilon=0.35$ mm；旧铸铁管或受强烈腐蚀的管，取 $\varepsilon=1$ mm。

附录十六　IS 型单级单吸离心泵规格（摘录）

型号	转速 n / r·min⁻¹	流量 m³/h	流量 L/s	扬程 H / m	效率 η / %	轴功率	电动机功率	必需汽蚀余量(NPSH) / m	质量(泵/底座) / kg
IS50-32-125	2900	7.5	2.08	22	47	0.96	2.2	2.0	32/46
		12.5	3.47	20	60	1.13		2.0	
		15	4.17	18.5	60	1.26		2.5	
	1450	3.75	1.04	5.4	43	0.13	0.55	2.0	32/38
		6.3	1.74	5	54	0.16		2.0	
		7.5	2.08	4.6	56	0.17		2.5	
IS50-32-160	2900	7.5	2.08	34.3	44	1.59	3	2.0	50/46
		12.5	3.47	32	54	2.02		2.0	
		15	4.17	29.6	56	2.16		2.5	
	1450	3.75	1.04	13.1	35	0.25	0.55	2.0	50/38
		6.3	1.74	12.5	48	0.29		2.0	
		7.5	2.08	12	49	0.31		2.5	
IS50-32-200	2900	7.5	2.08	82	38	2.82	5.5	2.0	52/66
		12.5	3.47	80	48	3.54		2.0	
		15	4.17	78.5	51	3.95		2.5	
	1450	3.75	1.04	20.5	33	0.41	0.75	2.0	52/38
		6.3	1.74	20	42	0.51		2.0	
		7.5	2.08	19.5	44	0.56		2.5	

续表

型号	转速 n r/min	流量 m³/h	流量 L/s	扬程 H m	效率 η %	轴功率	电动机功率	必需汽蚀余量(NPSH) m	质量(泵/底座) kg
IS50-32-250	2900	7.5	2.08	21.8	23.5	5.87	11	2.0	88/110
		12.5	3.47	20	38	7.16		2.0	
		15	4.17	18.5	41	7.83		2.5	
	1450	3.75	1.04	5.35	23	0.91	1.5	2.0	88/64
		6.3	1.74	5	32	1.07		2.0	
		7.5	2.08	4.7	35	1.14		3.0	
IS65-50-125	2900	7.5	4.17	35	58	1.54	3	2.0	50/41
		12.5	6.94	32	69	1.97		2.0	
		15	8.33	30	68	2.22		3.0	
	1450	3.75	2.08	8.8	53	0.21	0.55	2.0	50/38
		6.3	3.47	8.0	64	0.27		2.5	
		7.5	4.17	7.2	65	0.30		2.0	
IS65-50-160	2900	15	4.17	53	54	2.65	5.5	2.0	51/66
		25	6.94	50	65	3.35		2.0	
		30	8.33	47	66	3.71		2.5	
	1450	7.5	2.08	13.2	50	0.36	0.75	2.0	51/38
		12.5	3.47	12.5	60	0.45		2.0	
		15	4.17	11.8	60	0.49		2.5	

续表

型号	转速 n r/min	流量 m³/h	流量 L/s	扬程 H m	效率 η %	功率/kW 轴功率	功率/kW 电动机功率	必需汽蚀余量(NPSH) m	质量(泵/底座) kg
IS65-40-200	2900	15	4.17	53	49	4.42		2.0	62/66
		25	6.94	50	60	5.67	7.5	2.0	
		30	8.33	47	61	6.29		2.5	
	1450	7.5	2.08	13.2	43	0.63		2.0	62/46
		12.5	3.47	12.5	55	0.77	1.1	2.0	
		15	4.17	11.8	57	0.85		2.5	
IS65-40-250	2900	15	4.17	82	37	9.05		2.0	82/110
		25	6.94	80	50	10.89	15	2.0	
		30	8.33	78	53	12.02		2.5	
	1450	7.5	2.08	21	35	1.23		2.0	82/67
		12.5	3.47	20	46	1.48	2.2	2.0	
		15	4.17	19.4	48	1.65		2.5	
IS65-40-315	2900	15	4.17	127	28	18.5		2.0	152/110
		25	6.94	125	40	21.3	30	2.0	
		30	8.33	123	44	22.8		3.0	
	1450	7.5	2.08	32.2	25	6.63		2.0	152/67
		12.5	3.47	32.0	37	2.94	4	2.0	
		15	4.17	31.7	41	3.16		3.0	

续表

型号	转速 n r/min	流量 m³/h	流量 L/s	扬程 H m	效率 η %	功率/kW 轴功率	功率/kW 电动机功率	必需汽蚀余量 (NPSH) m	质量(泵/底座) kg
IS80-65-125	2900	30	8.33	22.5	64	2.87	5.5	3.0	44/46
		50	13.9	20	75	3.63		3.0	
		60	16.7	18	74	3.98		3.5	
	1450	15	4.17	5.6	55	0.42	0.75	2.5	44/38
		25	6.94	5	71	0.48		2.5	
		30	8.33	4.5	72	0.51		3.0	
IS80-65-160	2900	30	8.33	36	61	4.82	7.5	2.5	48/66
		50	13.9	32	73	5.97		2.5	
		60	16.7	29	72	6.59		3.0	
	1450	15	4.17	9	55	0.67	1.5	2.5	48/66
		25	6.94	8	69	0.79		2.5	
		30	8.33	7.2	68	0.86		3.0	
IS80-50-200	2900	30	8.33	53	55	7.87	15	2.5	64/124
		50	13.9	54	69	9.87		2.5	
		60	16.7	47	71	10.8		3.0	
	1450	15	4.17	13.2	51	1.06	2.2	2.5	64/46
		25	6.94	12.5	65	1.31		2.5	
		30	8.33	11.8	67	1.44		3.0	

续表

型号	转速 n r/min	流量 m³/h	流量 L/s	扬程 H m	效率 η %	功率/kW 轴功率	功率/kW 电动机功率	必需汽蚀余量 (NPSH) m	质量（泵/底座）kg
IS80-50-250	2900	30	8.33	84	52	13.2		2.5	90/110
		50	13.9	80	63	17.3	22	2.5	
		60	16.7	75	64	19.2		3.0	
	1450	15	4.17	21	49	1.75		2.5	90/64
		25	6.94	20	60	2.22	3	2.5	
		30	8.33	18.8	61	2.52		3.0	
IS80-50-315	2900	30	8.33	128	41	25.5		2.5	125/160
		50	13.9	125	54	31.5	37	3.0	
		60	16.7	123	57	35.3		2.5	
	1450	15	4.17	32.5	39	3.4		2.5	125/66
		25	6.94	32	52	4.19	5.5	3.0	
		30	8.33	31.5	56	4.6		4.0	
IS100-80-125	2900	60	16.7	24	67	5.86		4.5	49/64
		100	27.8	20	78	7.00	11	5.0	
		120	33.3	16.5	74	7.28		2.5	
	1450	30	8.33	6	64	0.77		2.5	49/46
		50	13.9	5	75	0.91	1	3.0	
		60	16.7	4	71	0.92			

续表

型号	转速 n r/min	流量 m³/h	流量 L/s	扬程 H m	效率 η %	功率/kW 轴功率	功率/kW 电动机功率	必需汽蚀余量 (NPSH) m	质量(泵/底座) kg
IS100-80-160	2900	60	16.7	36	70	8.42		3.5	
		100	27.8	32	78	11.2	15	4.0	69/110
		120	33.3	28	75	12.2		5.0	
	1450	30	8.33	9.2	67	1.12		2.0	
		50	13.9	8.0	75	1.45	2.2	2.5	69/64
		60	16.7	6.8	71	1.57		3.5	
IS100-65-200	2900	60	16.7	54	65	13.6		3.0	
		100	27.8	50	76	17.9	22	3.6	81/110
		120	33.3	47	77	19.9		4.8	
	1450	30	8.33	13.5	60	1.84		2.0	
		50	13.9	12.5	73	2.33	4	2.0	81/64
		60	16.7	11.8	74	2.61		2.5	
IS100-65-250	2900	60	16.7	87	61	23.4		3.5	
		100	27.8	80	72	30.0	37	3.8	90/160
		120	33.3	74.5	73	33.3		4.8	
	1450	30	8.33	21.3	55	3.16		2.0	
		50	13.9	20	68	4.00	5.5	2.0	90/66
		60	16.7	19	70	4.44		2.5	

续表

型号	转速 n r/min	流量 m³/h	流量 L/s	扬程 H m	效率 η %	轴功率	电动机功率	必需汽蚀余量（NPSH） m	质量（泵/底座） kg
	2900	60	16.7	133	55	39.6	75	3.0	180/295
		100	27.8	125	66	51.6		3.6	
IS100-65-315		120	33.3	118	67	57.5		4.2	
	1450	30	8.33	34	51	5.44	11	2.0	180/112
		50	13.9	32	63	6.92		2.0	
		60	16.7	30	64	7.67		2.5	

附录十七　管板式热交换器系列标准（摘录）

1. 固定管板式换热器（JB/T 4715—92）

(1) 换热管 ϕ19 mm 的基本参数

公称直径 DN/mm	公称压力 PN/MPa	管程数 N_p	管子根数 n	中心排管数	管程流通面积/m²	计算换热面积/m² 换热管长度 L/mm 1000	2000	3000	4500	6000	9000
159		1	15	5	0.0027	1.3	1.7	2.6	—	—	—
219	1.60	1	33	7	0.0058	2.8	3.7	5.7	—	—	—
273	2.50	1	65	9	0.0115	5.4	7.4	11.3	17.1	22.9	—
	4.00	2	56	8	0.0049	4.7	6.4	9.7	14.7	17.7	—
325	6.40	1	99	11	0.0175	8.3	11.2	17.1	26.0	34.9	—
		2	88	10	0.0078	7.4	10.0	15.2	23.1	31.0	—
		4	68	11	0.0030	5.7	7.7	11.8	17.9	23.9	—

续表

公称直径 DN/mm	公称压力 PN/MPa	管程数 N_p	管子根数 n	中心排管数	管程流通面积/m²	计算换热面积/m²　换热管长度 L/mm					
						1000	2000	3000	4500	6000	9000
400		1	174	14	0.0307	14.5	19.7	30.1	45.7	61.3	—
		2	164	15	0.0145	13.7	18.6	28.4	43.1	57.8	—
		4	146	14	0.0065	12.2	16.6	25.3	38.3	51.4	—
450		1	237	17	0.0419	19.8	26.9	41.0	62.2	83.5	—
		2	220	16	0.0194	18.4	25.0	38.1	57.8	77.5	—
		4	200	16	0.0088	16.7	22.7	34.6	52.5	70.4	—
500	0.60	1	275	19	0.0486	—	31.2	47.6	72.2	96.8	—
	1.00	2	256	18	0.0226	—	29.0	44.3	67.2	90.2	—
	1.60	4	222	18	0.0098	—	25.2	38.4	58.3	78.2	—
600	2.50	1	430	22	0.0760	—	48.8	74.4	112.9	151.4	—
	4.00	2	416	23	0.0368	—	47.2	72.0	109.3	146.5	—
		4	370	22	0.0163	—	42.0	64.0	97.2	130.3	—
		6	360	20	0.0106	—	40.8	62.3	94.5	126.8	—
700		1	607	27	0.1073	—	—	105.1	159.4	213.8	—
		2	574	27	0.0507	—	—	99.4	150.8	202.1	—
		4	542	27	0.0239	—	—	93.8	142.3	190.9	—
		6	518	24	0.0153	—	—	89.7	136.0	182.4	—

续表

公称直径 DN/mm	公称压力 PN/MPa	管程数 N_p	管子根数 n	中心排管数	管程流通面积/m²	计算换热面积/m² 换热管长度 L/mm					
						1000	2000	3000	4500	6000	9000
800		1	797	31	0.1408	—	—	138.0	209.3	280.7	—
		2	776	31	0.0686	—	—	134.3	203.8	273.3	—
		4	722	31	0.0319	—	—	125.0	189.8	254.3	—
		6	719	30	0.0209	—	—	122.9	186.5	250.0	—
900	0.60 1.00 1.60 2.50 4.00	1	1009	35	0.1783	—	—	174.7	265.0	355.3	536.0
		2	988	35	0.0873	—	—	171.0	259.5	347.9	504.9
		4	938	35	0.0414	—	—	162.4	246.4	330.3	498.3
		6	914	34	0.0269	—	—	158.2	240.0	321.9	485.6
1000		1	1267	39	0.2239	—	—	219.3	332.8	446.2	673.1
		2	1234	39	0.1090	—	—	213.6	324.1	434.6	655.6
		4	1186	39	0.0524	—	—	205.3	311.5	417.7	630.1
		6	1148	38	0.0338	—	—	198.7	301.5	404.3	609.9

（2）换热管 φ25 mm 的基本参数

公称直径 DN/mm	公称压力 PN/MPa	管程数 N_p	管子根数 n	中心排管数	管程流通面积/m² φ25 mm×2 mm	管程流通面积/m² φ25 mm×2.5 mm	计算换热面积/m² 换热管长度 L/mm 1500	2000	3000	4500	6000	9000
159	1.60	1	11	3	0.0038	0.0035	1.2	1.6	2.5	—	—	—
219		1	25	5	0.0087	0.0079	2.7	3.7	5.7	—	—	—
273	2.50	1	38	6	0.0132	0.0119	4.2	5.7	8.7	13.1	17.6	—
	4.00	2	32	7	0.0065	0.0050	3.5	4.8	7.3	11.1	14.8	—
325	6.40	1	57	9	0.0197	0.0179	6.3	8.5	13.0	19.7	26.4	—
		2	56	9	0.0097	0.0088	6.2	8.4	12.7	19.3	25.9	—
		4	40	9	0.0035	0.0031	4.4	6.0	9.1	13.8	18.5	—
400		1	98	12	0.0339	0.0308	10.8	14.6	22.3	33.8	45.4	—
		2	94	11	0.0163	0.0148	10.3	14.0	21.4	32.5	43.5	—
		4	76	11	0.0066	0.0060	8.4	11.3	17.3	26.3	35.2	—
450		1	135	13	0.0468	0.0424	14.8	20.1	30.7	46.6	62.5	—
		2	126	12	0.0218	0.0198	13.9	18.8	28.7	43.5	58.4	—
		4	106	13	0.0092	0.0083	11.7	15.8	24.1	36.6	49.1	—
500	0.60	1	174	14	0.0603	0.0546	—	26.9	39.6	60.1	80.6	—
	1.00	2	164	15	0.0284	0.0257	—	24.5	37.3	56.6	76.0	—
	1.60	4	144	15	0.0125	0.0113	—	21.4	32.8	49.7	66.7	—
600	2.50	1	245	17	0.0849	0.0769	—	36.5	55.8	84.6	113.5	—
	4.00	2	232	16	0.0402	0.0364	—	34.6	52.8	80.1	107.5	—
		4	222	17	0.0192	0.0174	—	33.1	50.5	76.7	102.8	—
		6	216	16	0.0125	0.0113	—	32.2	49.8	74.6	100.0	—
700		1	355	21	0.1230	0.1115	—	—	80.0	122.6	164.4	—
		2	342	21	0.0592	0.0537	—	—	77.9	118.1	158.4	—
		4	322	21	0.0279	0.0253	—	—	73.3	111.2	149.1	—
		6	304	20	0.0175	0.0159	—	—	69.2	105.0	140.8	—

续表

公称直径 DN/mm	公称压力 PN/MPa	管程数 N_p	管子根数 n	中心排管数	管程流通面积/m²		计算换热面积/m² 换热管长度 L/mm						
					φ25 mm×2 mm	φ25 mm×2.5 mm	1500	2000	3000	4500	6000	9000
800	0.60 1.60 2.50 4.00	1	467	23	0.1618	0.1466	—	—	106.3	161.3	216.3	—
		2	450	23	0.0779	0.0707	—	—	102.4	155.4	208.5	—
		4	442	23	0.0383	0.0347	—	—	100.6	152.7	204.7	—
		6	430	24	0.0248	0.0225	—	—	97.9	148.5	119.2	—
900		1	605	27	0.2095	0.1900	—	—	137.8	209.0	280.2	422.7
		2	588	27	0.1018	0.0923	—	—	133.9	203.1	272.3	410.8
		4	554	27	0.0480	0.0435	—	—	126.1	181.4	256.6	387.1
		6	538	26	0.0311	0.0282	—	—	122.5	185.8	249.2	375.9
1000		1	749	30	0.2594	0.2352	—	—	170.5	258.7	346.9	523.3
		2	742	29	0.1285	0.1165	—	—	168.9	256.3	343.7	518.4
		4	710	29	0.0615	0.0557	—	—	161.6	245.2	328.8	496.0
		6	698	30	0.0403	0.0365	—	—	158.9	241.1	323.3	487.7

2. 浮头式换热器 (JB/T 4714—92)

(1) 内导流浮头式换热器的基本参数

公称直径 DN/mm	管程数 N_p	排管数 n 换热管外径 d/mm		管道流通面积/m² 换热管外径 d/mm×壁厚 δ/mm			换热面积/m² 换热管长度 L=3 m		换热管长度 L=4.5 m		换热管长度 L=6 m	
		19	25	19×2	25×2	25×2.5	19	25	19	25	19	25
325	2	60	32	0.0053	0.0055	0.0050	10.5	7.4	15.8	11.1	—	—
	4	52	28	0.0023	0.0024	0.0022	9.1	6.4	13.7	9.7	—	—
426	2	120	74	0.0106	0.0126	0.0116	20.9	16.9	31.6	25.6	42.3	34.4
400	4	108	68	0.0048	0.0059	0.0053	18.8	15.6	28.4	23.6	38.1	31.6
500	2	206	124	0.0182	0.0215	0.0194	35.7	28.3	54.1	42.8	72.5	57.4
	4	192	116	0.0085	0.0100	0.0091	33.2	26.4	50.4	40.1	67.6	53.7
600	2	324	198	0.0286	0.0343	0.0311	55.8	44.9	84.8	68.2	113.9	91.5
	4	308	188	0.0136	0.0163	0.0148	53.1	42.6	80.7	64.8	108.2	86.9
	6	284	158	0.0083	0.0091	0.0083	48.9	35.8	74.4	54.4	99.8	73.1
700	2	468	268	0.0414	0.0464	0.0421	80.4	60.6	122.3	92.1	164.1	123.7
	4	448	256	0.0198	0.0222	0.0201	76.9	57.8	117.0	87.9	157.1	118.1
	6	382	224	0.0112	0.0129	0.0116	65.6	50.6	99.8	76.9	133.9	103.4
800	2	610	366	0.0539	0.0634	0.0575	—	—	158.9	125.4	213.5	168.5
	4	588	352	0.0260	0.0305	0.0276	—	—	153.2	120.6	205.8	162.1
	6	518	316	0.0152	0.0182	0.0165	—	—	134.9	108.3	181.3	145.5
900	2	800	472	0.0707	0.0817	0.0741	—	—	207.6	161.2	279.2	216.8
	4	776	456	0.0343	0.0395	0.0353	—	—	201.4	155.7	270.8	209.4
	6	720	426	0.0212	0.0246	0.0223	—	—	186.9	145.5	251.3	195.6

续表

公称直径 DN/mm	管程数 Np	换热管外径 d/mm 排管数 n, 19	25	排管数 n, 19	25	管道流通面积/m² 19×2	25×2	25×2.5	换热面积/m² L=3 m, 19	L=3 m, 25	L=4.5 m, 19	L=4.5 m, 25	L=6 m, 19	L=6 m, 25
1000	2	1006	606	24	19	0.0890	0.1050	0.0952	—	—	260.6	206.6	350.6	277.9
	4	980	588	23	18	0.0433	0.0509	0.0462	—	—	253.9	200.4	341.6	269.7
	6	892	564	21	18	0.0263	0.0326	0.0295	—	—	231.1	192.3	311.0	258.7

（2）外导流浮头式换热器的基本参数

公称直径 DN/mm	管程数 Np	换热管外径 d/mm 排管数 n, 19	25	排管数 n, 19	25	管道流通面积/m² 19×2	25×2	25×2.5	换热面积/m² 换热管长度 L=6 m, 19	25
500	2	224	132	13	10	0.0198	0.0229	0.0207	78.8	61.1
	4	218	124	12	9	0.0092	0.0107	0.0161	73.2	67.4
600	2	338	206	16	12	0.0298	0.0357	0.0324	118.8	95.2
	4	320	196	15	12	0.0141	0.0170	0.0154	112.4	90.6
700	2	480	280	18	15	0.0425	0.0485	0.0440	168.3	129.2
	4	460	268	17	14	0.0203	0.0232	0.0210	161.3	123.6
800	2	636	378	21	16	0.0562	0.0655	0.0594	222.6	174.0
	4	612	364	20	16	0.0271	0.0315	0.0285	214.2	167.6
900	2	822	490	24	19	0.0726	0.0848	0.0769	286.9	225.1
	4	796	472	23	18	0.0357	0.0409	0.0365	277.8	216.7
	6	742	452	23	16	0.0217	0.0261	0.0237	259.0	207.5

续表

公称直径 DN/mm	管程数 N_p	排管数 n 换热管外径 d/mm				管道流通面积/m² 换热管外径 d/mm×壁厚 δ/mm			换热面积/m² 换热管长度 L=6 m	
		19	25	19	25	19×2	25×2	25×2.5	19	25
1000	2	1050	628	26	21	0.0929	0.1090	0.0987	365.9	288.0
	4	1020	608	27	20	0.0451	0.0526	0.0478	355.5	278.9
	6	938	580	25	20	0.0276	0.0335	0.0301	327.0	266.0

附录十八　几种常用填料的特性数据

1. 瓷质拉西环填料(乱堆)

规格 外径×高×壁厚/mm	比表面积 $m^2 \cdot m^{-3}$	孔隙率 %	填料个数 个·m^{-3}	堆积密度 $kg \cdot m^{-3}$	干填料因子 $\dfrac{a_t}{\varepsilon^3}$ m^{-1}	填料因子 Φ m^{-1}
6.4×6.4×0.8	789	0.73	3.11×10^6	737	2.03×10^3	3.20×10^3
8.0×8.0×1.5	570	0.64	1.47×10^6	600	2.17×10^3	2.50×10^3
10×10×1.5	440	0.70	7.20×10^6	700	1.28×10^3	1.50×10^3
15×15×2	330	0.70	2.50×10^5	690	9.60×10^2	1.02×10^3
16×16×2.5	305	0.73	1.93×10^5	730	7.84×10^2	9.00×10^2
25×25×2.5	190	0.78	4.90×10^4	505	4.00×10^2	4.00×10^2
40×40×4.5	126	0.75	1.27×10^4	577	3.05×10^2	3.50×10^2
50×50×4.5	93	0.81	6.00×10^3	457	1.77×10^2	2.20×10^2

2. 鲍尔环填料(乱堆)

材质	公称尺寸 D_g mm	规格 外径×高×厚/mm	比表面积 a_t $m^2 \cdot m^{-3}$	孔隙率 %	填料个数 个·m^{-3}	堆积密度 $kg \cdot m^{-3}$
金属	16	16×15×0.8	239	0.928	143000	216
	38	38×38×0.8	129	0.945	13000	365
	50	50×50×1	112.3	0.949	6500	395
塑料	16	16.2×16.7×1.1	188	0.911	112000	141
	25	25.6×25.4×1.2	174.5	0.901	42900	150
	38	38.5×38.5×1.2	155	0.89	15800	98.0
	50	50×50×1.5	112	0.901	6500	74.8
	50	50×50×1.5	92.7	0.90	6100	73.7
	76	76×76×2.6	73.2	0.92	1930	70.9

3. 阶梯环填料(乱堆)

材质	公称尺寸 D_g mm	规格 外径×高×厚/mm	比表面积 a_t $\mathrm{m^2 \cdot m^{-3}}$	孔隙率 %	填料个数 个·$\mathrm{m^{-3}}$	堆积密度 $\mathrm{kg \cdot m^{-3}}$
金属	50	50×25×0.5	99.1	0.975	12500	194
	50	50×28×1	103.9	0.949	11600	400
塑料	25	25×12.5×1.4	228	0.90	81500	97.8
	38	38×19×1	132.5	0.91	27200	57.5
	50	50×25×1.5	114.2	0.927	10700	54.8
	50	50×30×1.5	121.8	0.915	9980	76.8

4. 矩鞍形填料(乱堆)

材质	公称尺寸 D_g mm	规格 外径×高×厚/mm	比表面积 a_t $\mathrm{m^2 \cdot m^{-3}}$	孔隙率 %	填料个数 个·$\mathrm{m^{-3}}$	堆积密度 $\mathrm{kg \cdot m^{-3}}$
陶瓷	16	25×12×2.2	378	0.710	269900	686
	25	40×20×3.0	200	0.772	58230	544
	38	60×30×4.0	131	0.804	19680	502
	50	75×45×5.0	103	0.782	8710	538
塑料	16	24×12×0.7	461	0.806	365100	167
	25	37×19×1.0	288	0.847	97680	133
	76	76×38×3.0	200	0.885	3700	104

附录十九　多釜串联的极限

多釜串联公式

$$t = N\left[\left(\frac{1}{1-x_{AN}}\right)^{1/N} - 1\right] / k$$

当 $N \to \infty$ 时　　　　　　　$t = \ln \dfrac{1}{1-x_A} / k$

证明：

设 $\dfrac{1}{1-x_A} = a$，$\dfrac{1}{N} = y$，当 $N \to \infty$ 时，$y \to 0$，则

$$t = N\left[\left(\frac{1}{1-x_A}\right)^{1/N} - 1\right]/k = \frac{1}{k}\frac{\left(\frac{1}{1-x_A}\right)^{1/N} - 1}{\frac{1}{N}} = \frac{1}{k}\left(\frac{a^y - 1}{y}\right)$$

应用罗必达法则,有

$$\lim_{y \to 0}\frac{(a^y - 1)'}{y'} = \lim_{y \to 0}\frac{a^y \ln a}{1} = \ln a$$

代入上式,得

$$t = \lim_{y \to 0}\frac{1}{k}\left(\frac{a^y - 1}{y}\right) = \frac{1}{k}\ln a$$

所以

$$t = \ln\frac{1}{1-x_A}/k$$

此式为活塞流反应器内进行一级反应的反应时间计算式,它表明:当串联釜数 $N \to \infty$ 时,反应器内的物料流动模型趋近于活塞流。

 中英文词汇对照表

第 1 章

单元操作　　unit operation
流体流动　　fluid flow
热量传递　　heat transfer
质量传递　　mass transfer
动量传递　　momentum transfer
量纲　　dimension

第 2 章

绝对压力　　absolute pressure
表压　　gauge pressure
真空度　　vacuum
体积流量　　volumetric flow rate
质量流量　　mass flow rate
稳态流动　　steady flow
非稳态流动　　unsteady flow
连续性方程　　equation of continuity
伯努利方程式　　Bernoulli's equation
黏度　　viscosity
层流　　laminar flow
湍流　　turbulent flow
雷诺数　　Reynolds number
压头损失　　head loss
摩擦损失　　friction loss
量纲分析法　　dimensional analysis
当量直径　　equivalent diameter
局部阻力系数　　local resistance coefficient
当量长度　　equivalent length
孔板流量计　　orifice meter
转子流量计　　rotameter

第 3 章

稳态传热　　steady-state heat transfer
非稳态传热　　unsteady-state heat transfer
热传导(导热)　　heat conduction
热对流(对流)　　heat convection

热辐射　　thermal radiation
对流传热　　convection heat transfer
自然对流　　natural convection
强制对流　　forced convection
热交换器　　heat exchanger
热流量(传热速率)　　rate of heat transfer
面积热流量　　heat flow
温度梯度　　temperature gradient
导热系数(热导率)　　thermal conductivity
传热膜系数　　the film coefficient
传热有效膜　　effective film
膜状冷凝　　film-type condensation
滴状冷凝　　drop-wise condensation
沸腾　　boiling
大容器沸腾(池内沸腾)　　pool boiling
自然对流区　　free convection
泡状沸腾(泡核沸腾区)　　nucleate boiling
膜状沸腾区　　film boiling
总传热系数　　overall heat-transfer coefficient
并流　　parallel-current flow
逆流　　counter-current flow
错流　　deflected-current flow
折流　　cross-current flow
对数平均温度差　　the logarithmic mean temperature difference
对数平均温差校正系数　　correction factor for logarithmic mean temperature difference

第 4 章

分子扩散　　molecular diffusion
扩散速率　　rate of diffusion
单方向扩散　　unidirectional diffusion
等分子反向扩散　　equimolecular counter diffusion
双膜理论　　two-film theory

第 5 章

吸收　　absorption

解吸   desorption

传质单元高度   height of a transfer unit

传质单元数   number of transfer units

第 6 章

蒸馏   distillation

间歇蒸馏   batch distillation

连续蒸馏   continuous distillation

精馏   distillation（rectification）

双组分   bicomponent

多组分   multi-component

挥发度   volatility

相对挥发度   relative volatility

拉乌尔定律   Raoult's law

泡点   bubble point

露点   dew point

气液平衡相图   gas-liquid equilibrium phase chart

精馏段   rectifying section

提馏段   stripping section

操作线方程   operating line equation

进料状况参数   variables of feed thermal state

回流比   reflux ratio

全回流   total reflux

最小回流比   minimum reflux ratio

逐板计算法   step-by-step construction

图解法   graphical method

理论塔板数   number of ideal plate

共沸精馏   azeotropic distillation

萃取精馏   extractive distillation

板式塔   tray column

填料塔   packed column

第 7 章

膜分离   membrane separation

截留率   retention ratio

分离因子   separation factor

渗透通量   permeation flux

反渗透   reverse osmosis

渗透压   osmotic pressure

毛细孔流动模型   sorption surface - capillary flow theory

溶解扩散模型   solution-diffusion model

浓差极化   concentration polarization

纳滤   nanofiltration

微滤   microfiltration

唐南排斥机理   Donnan exclusion

介电排斥机理   dielectric exclusion

超滤   ultrafiltration

电渗析   electrodialysis

气体分离膜   gas separation membrane

渗透汽化膜   pervaporation membrane

溶解度系数   solubility coefficient

渗透率   permeability

液膜   liquid membrane

超临界流体萃取   supercritical fluid extraction

浸取   leaching

萃取剂   extractant

原料   feed

萃取塔   extraction column

萃取相   extract

萃余相   raffinate

三角相图   triangle phase diagram

溶解度曲线   equilibrium curve

结线   tie line

临界点   critical point

静态法   static method

动态法   dynamic method

合成法   synthetic method

单通路法   single-pass method

循环法   recirculation method

收缩核模型   shrinking-core leaching model

吸附与离子交换   adsorption and ion exchange

吸附剂   adsorbent

吸附质   adsorbate

吸附热   adsorption heat

吸附等温线   adsorption isotherm

吸附势   adsorption potential

格子溶液模型   lattice solution model

理想溶液理论   ideal adsorption solution theory

扩散压   spreading pressure

透过曲线   breakthrough curve

破点   breakthrough point

变压吸附   pressure swing adsorption

变温吸附   thermal swing adsorption

离子交换   ion exchange

离子交换剂   ion exchanger

离子基团　ionized group

可离子化的基团　ionizable group

阳离子交换剂　cation exchanger

阴离子交换剂　anion exchanger

第 8 章

管式反应器　tubular reactor

釜式反应器　tank reactor

塔式反应器　column reactor

固定床反应器　packed-bed reactor

流化床反应器　fluidized-bed reactor

移动床反应器　moving-bed reactor

滴流床反应器　trickle-bed reactor

间歇操作　butch operation

连续操作　continuous operation

半间歇操作　fed-batch operation

反应进度　extent of reaction

转化率　conversion

关键组分　key component

选择性　selectivity

压缩因子　compressibility factor

空间速度　space velocity

空间时间　space time

膨胀因子　expansion factor

轴向扩散　axial diffusion

停留时间分布　residence time distribution

多釜串联　tanks in series

第 9 章

间歇反应器　butch reactor

活塞流反应器　piston flow reactor

连续搅拌釜式反应器　continuous stirred tank reactor

全混流反应器　mixed flow reactor

第 10 章

气固相催化反应器　gas-solid phase catalytic reactor

催化剂　catalyst

比表面积　specific surface area

孔容积　pore volume

外扩散　external diffusion

内扩散　internal diffusion

反应速率　reaction rate

绝热式反应器　adiabatic reactor

换热式反应器　heat exchange reactor

孔隙率　porosity

固体流态化　solid fluidization

第 11 章

生化反应器　biochemical reactor

酶　enzyme

生物作用剂　biological agent

氧化还原酶　oxide-reductase

转移酶　transferase

水解酶　hydrolase

裂合酶　lyase

异构酶　isomerase

连接酶　ligase

米氏方程　Michaelis-Menten equation

发酵过程　fermentation

酶催化反应　enzymatic reaction

底物　substrate

抑制剂　inhibitor

莫诺德方程　Monod equation

分批培养动力学(间歇反应动力学)　batch kinetics

反应罐　reaction tank

鼓泡塔　bubble column(tower)

膜生化反应器　membrane bioreactor

分置式膜生化反应器　recirculated membrane bioreactor

主要参考文献

读者意见反馈

为收集对教材的意见建议，进一步完善教材编写并做好服务工作，读者可将对本教材的意见建议通过如下渠道反馈至我社。

咨询电话　400-810-0598

反馈邮箱　hepsci@pub.hep.cn

通信地址　北京市朝阳区惠新东街 4 号富盛大厦 1 座
　　　　　高等教育出版社理科事业部

邮政编码　100029